"大国三农"系列规划教材

农药合成化学

Pesticide
Synthesis
Chemistry

刘尚钟　黄修柱　主编

化学工业出版社

· 北京 ·

内 容 简 介

本书在概述化学合成农药的发展概况、有机化合物的价键结构及性质、有机化学的反应类型、酸碱理论在有机化学反应中的应用以及有机化合物结构异构与农药活性的关系等内容的基础上，分别系统介绍了具有除草活性、杀虫活性、杀菌活性、植物生长活性等化合物的合成技术，包括相关的重要反应、示例性的合成实例和先进合成技术等内容，特别是对农药产品合成路线的设计、工业化生产路线的选择及其农药生产进行了重点介绍。

本书可作为高等农林院校农药专业学生的教材，也可作为相关专业和相关从业者的教学及学习参考书。

图书在版编目（CIP）数据

农药合成化学/刘尚钟，黄修柱主编. —北京：化学
工业出版社，2023.5
ISBN 978-7-122-43174-5

Ⅰ.①农…　Ⅱ.①刘…　②黄…　Ⅲ.①农药-化学合
成-教材　Ⅳ.①TQ450.1

中国国家版本馆 CIP 数据核字（2023）第 052283 号

责任编辑：刘　军　孙高洁　　　　　　文字编辑：李娇娇
责任校对：李雨函　　　　　　　　　　装帧设计：王晓宇

出版发行：化学工业出版社（北京市东城区青年湖南街 13 号　邮政编码 100011）
印　　装：三河市延风印装有限公司
787mm×1092mm　1/16　印张 21¼　字数 529 千字　2023 年 7 月北京第 1 版第 1 次印刷

购书咨询：010-64518888　　　　　　售后服务：010-64518899
网　　址：http://www.cip.com.cn

定　　价：78.00 元　　　　　　　　　　　　　　版权所有　违者必究

─── "大国三农"农药学系列规划教材编写指导委员会 ───

顾　问：**陈万义**　中国农业大学
　　　　陈馥衡　中国农业大学
　　　　钱传范　中国农业大学
　　　　钱旭红　华东师范大学
　　　　宋宝安　贵州大学
　　　　吴文君　西北农林科技大学
　　　　江树人　中国农业大学
　　　　张文吉　中国农业大学
　　　　王道全　中国农业大学
　　　　陈年春　中国农业大学

主　任：**王　鹏**　中国农业大学
　　　　黄修柱　农业农村部农药检定所
　　　　张友军　中国农业科学院蔬菜花卉研究所

委　员：（按姓名汉语拼音排序）
　　　　丁　伟　西南大学
　　　　高希武　中国农业大学
　　　　郝格非　贵州大学
　　　　何雄奎　中国农业大学
　　　　黄修柱　农业农村部农药检定所
　　　　李建洪　华中农业大学
　　　　李　忠　华东理工大学
　　　　刘尚钟　中国农业大学
　　　　刘西莉　中国农业大学
　　　　潘灿平　中国农业大学
　　　　邱立红　中国农业大学
　　　　陶传江　农业农村部农药检定所
　　　　王成菊　中国农业大学
　　　　王鸣华　南京农业大学
　　　　王　鹏　中国农业大学
　　　　吴学民　中国农业大学
　　　　席　真　南开大学
　　　　向文胜　东北农业大学
　　　　徐汉虹　华南农业大学
　　　　杨光富　华中师范大学
　　　　杨　松　贵州大学
　　　　杨新玲　中国农业大学
　　　　张　莉　中国农业大学
　　　　张友军　中国农业科学院蔬菜花卉研究所
　　　　郑永权　中国农业科学院植物保护研究所
　　　　周志强　中国农业大学

序言

　　粮食安全、食品安全和重要农产品有效供给是我国的立国之本，是国家稳定和繁荣发展的基石。农药是保证粮食供给与食品安全的重要物资，是有效控制危害农林业及公共卫生方面病、虫、草、鼠等有害生物的重要生产资料和保障物资。农药学是一门理论与实际密切结合的学科，涉及化学、农学、生物学、环境科学、毒理学及化学工程等多门学科。中国农业大学等高校开设了农药学学科及相关专业，为农药科研、教学、行政管理、生产、国内外贸易等行业培养人才，为我国农药事业持续发展做出了重要贡献。基于新时期我国农业实践和农药科学的飞速发展，急需针对农药及相关专业课程出版一批高质量的专业教材。

　　中国农业大学从事农药学教学与科研的老师们组织国内同行专家，在总结多年教学经验的基础上结合科研成果，编写了"'大国三农'系列规划教材"中的"'大国三农'农药学系列规划教材"，具有新时代特色，反映了农药学专业的高水平。该系列教材包括：农药学概论、农药信息学、农药专业英语、简明农药分子设计、农药合成化学、农药分析化学、农药生物测定原理与方法、农药制剂学和农药使用机械与施药技术等。系列教材注重分册之间内容的传承性和协调性，确保教材内容的深度和广度。编委们重视基础理论知识和最新研究成果结合，采用了诸多国内外最新研究案例，以提升学生的理论与实践结合能力。通过普及系统化的专业系列教材，可培养具有先进理念、牢固化学基础知识、良好农业理论与实践技能、宽广国际视野的综合性"知农爱农"人才。

　　这套丛书传承了诸多农药学老前辈的思想，凝聚了作者、审稿专家和编辑们的辛勤劳动成果。化学工业出版社长期以来大力支持农药学学科教材、专著和参考书的出版。丛书的出版得到了中国农业大学"大国三农"系列规划教材建设立项支持。该农药学系列教材丛书的出版可为我国高等院校植物保护和食品安全等相关学科的本科生、硕士研究生与博士研究生教学提供权威的参考。

"大国三农"农药学系列规划教材编写指导委员会

2021 年 12 月

前言

　　农药合成化学是农药学及相关专业的重要课程之一。该课程需要授课对象在熟练掌握有机化学基础知识和实验技能的基础上，熟练利用有机化学知识，基于基本化工原材料供应情况，基于化学工艺的可操作性，满足绿色化学生产需要的同时，设计原子利用率高、工艺路线安全的农药产品的工业合成路线。

　　目前，国内农业高校逐步开设农药合成课程，但是农药相关专业设在植保一级学科下面。植保学科给学生规划的有机化学的学时数较少，大多学生对于有机化学反应、农药合成化学的本质一知半解，难以基于实际需要设计合成反应、优化农药产品的合成工艺。

　　农药合成化学是中国农业大学农药学科本科生培养中的一门重要课程，该课程已开展数十年，具有雄厚的教学基础。随着我国农药研究和农药生产能力的提升，对复合型研究人才的需求也在不断增加。

　　本书立足于授课对象具有一定的有机化学基础，进一步强化授课对象理解有机化学反应的特点、重要原子外层电子和有机化合物电子云分布与有机化学反应之间的本质联系。在熟练掌握理论知识的基础上，结合现有重要产品的合成充分理解理论知识在实际生产中的应用。

　　基于上述目的，本书由三部分内容组成。第一部分，介绍化学农药产品的发展和各类产品的演变，阐述农药产品的发现方法和结构优化思路等，在一定程度上激发授课对象对于学习农药合成化学的兴趣；第二部分，基于重点原子的外层电子与有机化合物的电子云分布，阐述有机化合物的反应位点、反应特性，有机化合物酸碱性以及 pK_a 在有机化学反应中的作用，有机化学反应类型与反应机理的关系，有机化合物结构异构同生物活性的关系等基础理论知识；第三部分，四类重要农药活性产品以及相关中间体的合成，主要介绍现有重要产品各种合成路线的理论基础，以及其工业化生产路线的科学性与合理性。同时，就产品实例穿插专题介绍重要反应与危险反应的机理、应用以及生产上的安全控制措施，例如硝化反应、氧化反应、催化氢化反应、维蒂希反应、Suzuki 反应、格氏反应等；也对一些新兴的技术与方法进行介绍，例如合成生物学、微流（微通道）反应、不对称合成技术等。部分产品的合成路线介绍中，附有示例性的合成反应实例，帮助读者进一步理解理论知识点在生产实践中的应用。

总之，本书在强化授课对象掌握理论知识的基础上，结合当前农药合成化学发展的要求和先进技术，使授课对象不仅能够充分理解理论知识点而且能够融会贯通应用知识点，并具备一定的设计农药活性分子合成反应路线的能力和设计新农药活性分子的能力。

目前，我国已成为农药生产大国，同时随着新产品新技术的发展，我国农药合成化学的发展也相继被带动。感谢中国农业大学农药学科培养的人才对我国农药行业发展的贡献，感谢陈馥衡教授和陈万义教授在农药制备化学教学方面的积累及指导，感谢编写团队的贡献。

本书涉及了农药合成化学领域的多个方面，在编写过程中难免有遗漏与不足，敬请广大读者批评指正。

编者

2022 年 12 月

目录

第1章
有机合成农药发现及演变概论

1.1 农药及农药合成化学

农药，也可称为作物保护产品，是防治有害生物和调节作物生长的物质。自20世纪40年代初期开始，易获得、易贮存、易使用、高效的有机合成化学农药在农业生产实践中广泛使用，在农作物增产丰收、保护生态环境、减少传染病对人类的危害等方面发挥了重要作用。

现代农业和环境生态的可持续发展，对农药友好特性的要求越来越高，促使农药科学研究者一直在孜孜不倦地研究发现高效、低毒、低残留的绿色化学农药分子，同时也促使农化公司研发满足各国农药管理法规的产品，提供能够给予作物及环境有益生物保护的技术及产品方案。

化学农药实现工业化生产后，才满足了农业生产实践的需要。农药的工业化生产，实质上是各种实验室有机合成反应规模的放大。工业化生产之前，农药合成需要基于农药合成化学理论和易得的小分子化工原料，然后设计和选择原子经济性高的反应路线、易于精准控制和安全的反应条件。

农药合成化学是指运用有机化学及其他化学学科的理论与技术，设计筛选适合当地管理法规、适合当地原材料供应、满足知识产权要求等的反应路线和方法，研究农药产品及中间体清洁化、绿色化的工业化生产工艺，保证我国农药生产持续发展。结合靶标结构和活性分子结构或者重要活性片段，设计、合成和发现新农药分子，为新农药的开发奠定基础。

1.2 杀虫活性化合物的发现及结构演变与发展

10000年前进行农业生产时，人类就同危害作物健康生长的病、虫、草害等做斗争。文献记载，4500年前硫化物作为农药控制害虫和螨类危害；公元1000~1850年间，植物、动物或者其提取物，以及矿物质被开发为可利用的农药；1850~1940年，一些易得的无机物或者部分工业副产物也被作为农药使用。20世纪40年代开始，有机合成的化学农药产品不断出现，而且同天然物质及无机化合物为主的农药产品相比，其拥有高的生物活性、低的生产成本、方便贮存和使用等优点。从此，开启了农药活性有机化合物分子的设计、合成、结构改造等研究，带动了有机合成农药的发展。下面就不同活性有机合成农药的发现及发展进行简要概述。

1.2.1　有机氯杀虫活性化合物的发现及研究

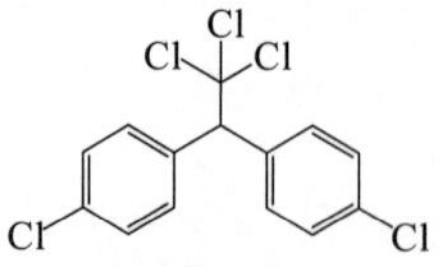

滴滴涕

早在 1874 年德国齐德勒博士合成了 2,2-二(4-氯苯基)三氯乙烷分子，即后来的杀虫剂滴滴涕（DDT），当时并未对其农药活性进行研究。60 年后，瑞士嘉基公司化学家缪勒在优化防蛀剂结构时，再次合成了滴滴涕分子，并于 1939 年发现了它的杀虫效能，发现其可以用于防治家蝇、葡萄害虫和马铃薯甲虫等。1940 年滴滴涕作为农药开始被生产和使用，从此也开启了农药的有机合成。在第二次世界大战期间，滴滴涕在卫生防疫上的贡献十分突出，使千百万人免受传染病的危害，因此缪勒教授于 1948 年获得诺贝尔奖。

滴滴涕广泛使用之后，1943 年和 1945 年法国的杜皮尔（Dupire）和英国的斯拉德（Slade）在光的作用下用氯气对苯氯化制得六氯环己烷，简称六六六，并于 1946 年投入工业生产。大量研究确认六氯环己烷共有八个立体异构体，为纪念林丹（Lindane）首先发现γ-六六六对昆虫的毒力最大，将γ-六六六称为林丹（图 1-1）。

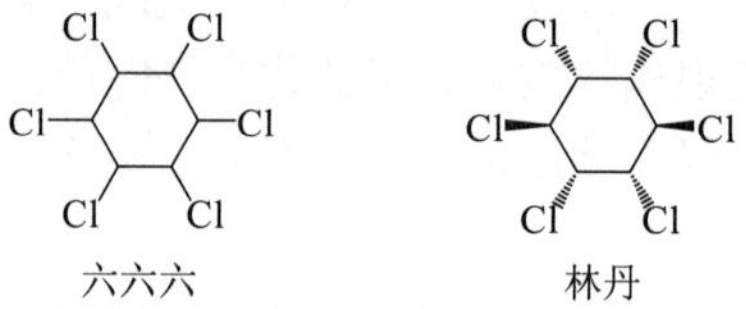

六六六　　　　　　　　林丹

图 1-1　六六六和林丹的化学结构

滴滴涕和六六六能够有效毒杀害虫，而且合成容易、廉价，又容易大量生产，引起研发人员的广泛重视。随后不少类似产品相继问世，如乙滴涕、氟滴滴涕、甲氧滴滴涕、毒杀芬、七氯、氯丹、三氯杀螨砜、三氯杀螨醇、三氯杀虫酯等，形成有机氯农药系列。

1.2.2　有机磷杀虫活性化合物的发现及研究

有机磷化合物作为杀虫剂研究，几乎是与有机氯农药同时进行的。1937 年德国施拉德尔（Schrader）提出有机磷杀虫活性化合物的结构通式，受第二次世界大战影响，至 1950 年该通式结构才被确认（图 1-2）。

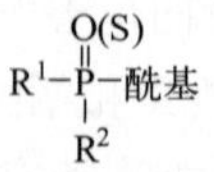

图 1-2　有机磷杀虫活性化合物的结构通式

五价磷直接同硫原子或者氧原子相连，取代基 R^1 和 R^2 可以是烷氧基、烷基或氨基，
而酰基可以是无机酸基或有机酸基如氟、氰基、硫氰基、烯醇基、硫酸基等

该结构中有机磷化合物，不仅具有高效的杀虫活性，而且部分化合物对温血动物有强烈的毒性和触杀作用。例如曾作为战争毒气使用的塔林和沙林。

$(H_3C)_2N-\overset{\displaystyle O}{\underset{\displaystyle OC_2H_5}{P}}-CN$ 塔林

$H_3C-\overset{\displaystyle O}{\underset{\displaystyle OCH(CH_3)_2}{P}}-CN$ 沙林

施拉德尔等于 1941 年发现内吸杀虫剂八甲磷（schradan）和特普（TEPP），后者于 1944 年在德国商品化。

八甲磷   特普

随后对硫磷、倍硫磷、马拉硫磷、杀螟松等有机磷杀虫剂先后出现，研究人员也不断总结和研究有机磷化合物结构与杀虫活性之间的关系。

对硫磷   倍硫磷   马拉硫磷   杀螟松

1948 年高效内吸性产品内吸磷及一系列新品种出现。同期，研究人员也开始关注一些有机磷化合物（如对硫磷）对哺乳动物的毒性，发现对结构稍加修饰，可在一定程度上降低该类化合物对哺乳动物的毒性。

内吸磷

有机磷农药药效高、残效期较短、原料廉价易得、结构上可修饰位点多，并且具有杀虫、杀螨、杀菌、除草、杀鼠和调节植物生长活性等特点，部分产品到目前仍被广泛使用，如除草剂草铵膦和草甘膦，植物生长调节剂乙烯利。

1.2.3　氨基甲酸酯类杀虫活性化合物的发现及研究

杜邦公司 1931 年开始研究二硫代氨基甲酸衍生物的生物活性，首先发现四乙基硫代氨基甲酰硫化物对软体昆虫，特别是对蚜虫有明显的触杀毒性，福美双有拒食活性，代森钠对螨类有毒杀活性。然而由于有机氯和有机磷杀虫剂可满足当时的使用需求，于是科研人员大量研究了二硫代氨基甲酸衍生物的杀菌活性，以及杀菌剂用途的开发。

四乙基硫代氨基甲酰硫化物   福美双   代森钠

20 世纪 40 年代中后期，瑞士嘉基公司在芳香酰胺类化合物中寻找更有效的忌避剂时，虽然合成的系列环烷基氨基甲酸酯的忌避作用不佳，但发现地麦威等对家蝇、蚜虫及其他几种害虫的毒性很大。随后，20 世纪 50 年代杂环烯醇的氨基甲酸酯类化合物在欧洲实现了商品化，如异索威、敌蝇威等，都属于二甲基氨基甲酸酯类杀虫剂。

地麦威　　　　　　　异索威　　　　　　　敌蝇威

同时期，1953 年美国联合碳化物公司合成了试验代号 UC7744 的化合物，经几年试验发现其具有非常优异的杀虫活性，而且具有广谱、高效、低毒的特点，随后于 1958 年以商品化名称甲萘威（carbaryl），其他名称西维因，正式推广使用。甲萘威合成简便、原料易得，短短几年内发展为年产万吨的产品，有力地促进了氨基甲酸酯类杀虫剂农药的发展。

甲萘威

随着农业现代化的发展，有机氯、有机磷和氨基甲酸酯类农药在作物生产中越来越重要，种植者使用量也越来越大。随着 1962 年蕾切尔·卡逊的《寂静的春天》的出版，农药大量使用后造成的环境污染问题，逐渐引起了人们的重视。为了减少高毒合成农药产品对环境的影响，各国开始加强农药的生产、销售和使用管理，例如 1970 年 12 月美国成立环境保护局（Environment Protection Agency，EPA）后，将农药管理的责任从美国农业部转移到了 EPA，负责管理农药评审与登记、撤销等。我国农业农村部农药检定所成立于 1963 年，承担农业农村部赋予的全国农药登记和管理的具体工作。

一些有机氯、有机磷和氨基甲酸酯类农药因其不同的弊端而被禁用或者限用前，基于分析和鉴定天然活性物质的结构，以及人工模拟合成仿生农药及其类似物的研究已取得了明显进展，发现了一些可以满足农业需要的农药活性化合物。该方面最早取得突破性进展的是拟除虫菊酯类农药。

1.2.4　除虫菊素的发现及除虫菊酯类杀虫剂

19 世纪前红花除虫菊在波斯栽培，供观赏和制作杀虫剂用。白花除虫菊形似西瓜叶，1840年在欧洲地区被发现，经多年治虫应用，其杀虫效果高于红花除虫菊，广泛用于人工栽培，成为世界上三大植物源杀虫剂之一（其余 2 种为烟草和鱼藤），至今仍在使用。除虫菊花中有效活性物质除虫菊素的研究始于 1908 年，日本藤谷首先分离出杀虫活性成分，之后各国科学家相继进行了大量研究，反复考证，终于在 1947 年完全确定了除虫菊素的组成及化学结构（图 1-3）。

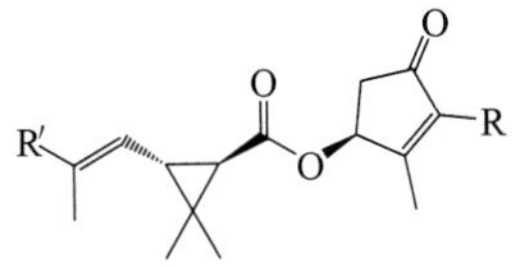

图 1-3 天然除虫菊素的结构通式

除虫菊素包括六个结构相近的羧酸酯：除虫菊素 I 和 II；瓜叶除虫菊素 I 和 II，茉酮除虫菊素 I 和 II，各自的结构如下所示：

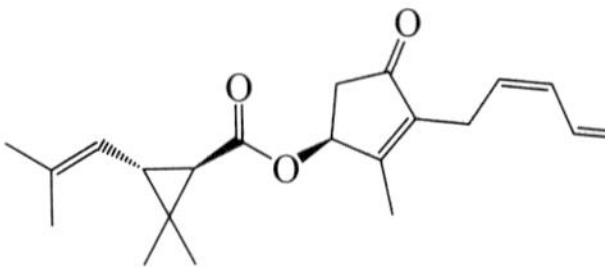

除虫菊素 I

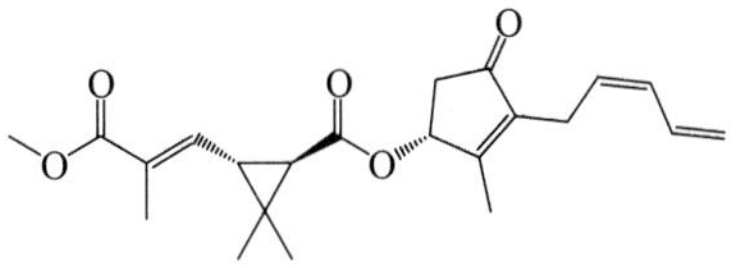

除虫菊素 II

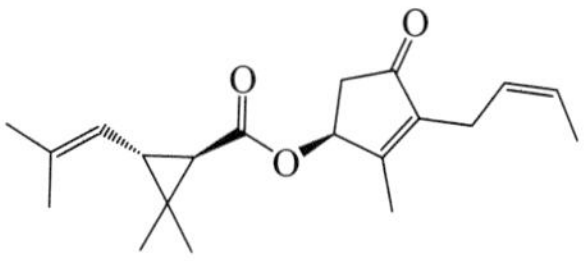

瓜叶除虫菊素 I

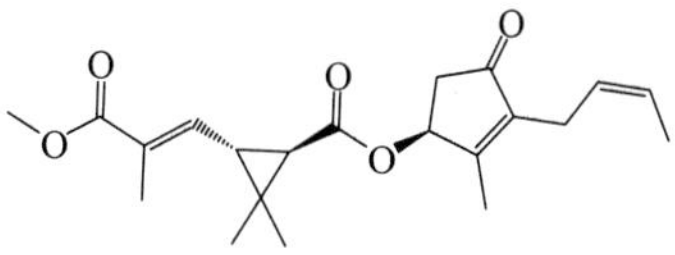

瓜叶除虫菊素 II

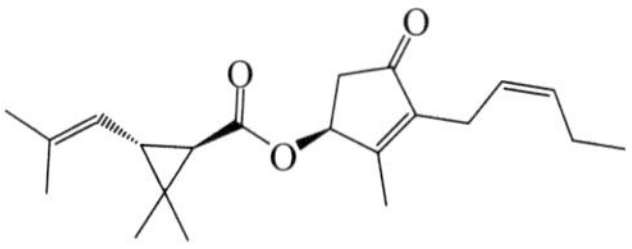

茉酮除虫菊素 I

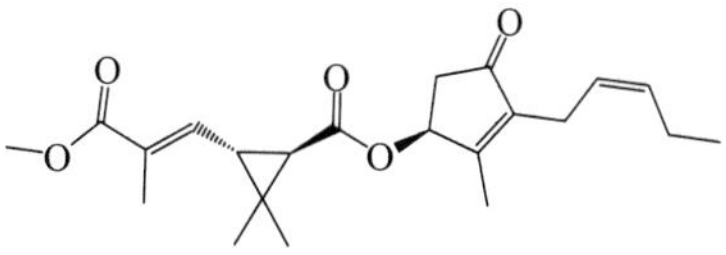

茉酮除虫菊素 II

天然除虫菊素拥有击倒力强、速效性好、杀虫谱广、易降解，而且对高等动物及鱼类低毒，使用后对环境影响较小等特点。然而天然除虫菊素的自然产量有限，且不耐光和热，残效期极短，不适于农田使用。1949 年美国谢奇特（Rchechter）在前人研究的基础上，第一次人工合成了烯丙菊酯，1954 年投入工业化生产。它的结构与天然除虫菊素相似，对光不稳定、容易分解，仅适用于防治室内害虫。1967 年英国埃利奥特（Elliott）等人合成了苄呋菊酯，提高了该类化合物的光稳定性，20 世纪 70 年代初，引入苯氧基苄基后，光稳定性明显改善，随之日本住友公司在苯氧苄基上引入氰基，使杀虫毒力大为改善，促进了拟除虫菊酯类农药的发展。1972 年埃利奥特等将三元环的异丁烯侧链替换为二氯乙烯基，得到二氯苯醚菊酯分子，其光稳定性满足农业生产的要求，而且活性比滴滴涕高几十倍。随后，发现了氯氰菊酯、溴氰菊酯、氰戊菊酯、氟氯氰菊酯等重要产品（图 1-4）。

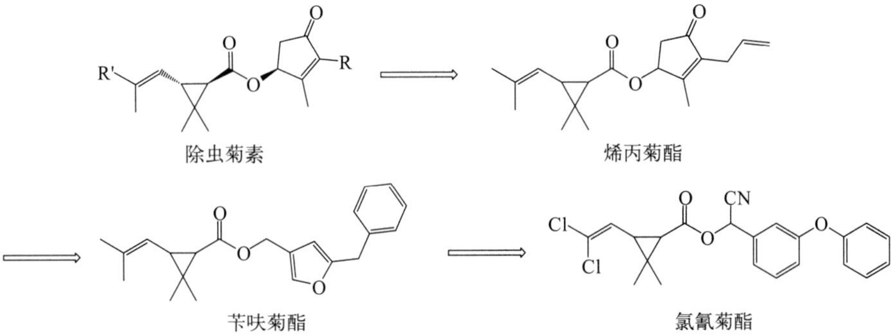

除虫菊素

烯丙菊酯

苄呋菊酯

氯氰菊酯

图 1-4 除虫菊酯类杀虫剂的发现历程

1.2.5 沙蚕毒素的发现及沙蚕毒素类杀虫剂

沙蚕毒素类杀虫剂是 20 世纪 60 年代开发的一种新型有机合成的仿生杀虫剂。1934 年 Nitta 发现蚊、蝇、蝗、蚂蚁等在沙蚕 [即异足索沙蚕 (Lumbriconereis heteropoda)] 死尸上爬行或取食后会中毒死亡或者麻痹瘫痪。1941 年, 他首次分离了其中的有效成分, 并取名为沙蚕毒素 (nereistoxin, NTX)。此后近 20 年, NTX 的作用未受重视。直到 1960 年, Hashimoto 和 Okaichi 重新研究并提出 NTX 的分子式为 $C_5H_{11}NS_2$, 不久又确立其结构式为 4-N,N-二甲氨基-1,2-二硫戊环。1962 年, Hagiwara 等首次合成了 NTX 及其衍生物, Okaichi 和 Hashimoto 证实其具有杀虫活性。1968 年, Hagiwara 等与 Okaichi 合成了 NTX 的多种衍生物, 并发现了一类具有特异杀虫作用的沙蚕毒素类杀虫剂, 接着日本武田药品工业株式会社成功开发了第一个 NTX 类杀虫剂——杀螟丹 (巴丹), 这也是人类历史上第一次成功利用动物毒素进行仿生合成的动物源杀虫剂。1974 年, 我国贵州省化工研究院首次发现杀虫双对水稻螟虫的防治效果, 并成功将其开发为商品。1983 年 Jacobsen 等报道, 源于藻类生物的 1,3-二巯基-2-甲硫基丙烷的衍生物二硫戊环和三硫己环的类似物具有与 NTX 相似的杀虫作用。随后, 杀虫单、杀虫双、多噻烷、杀虫环等 NTX 类杀虫剂纷纷出现 (图 1-5)。

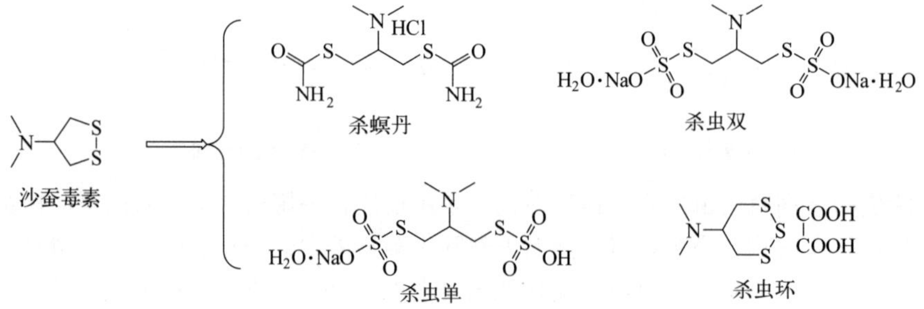

图 1-5 沙蚕毒素类杀虫剂的发现历程

1.2.6 烟碱类杀虫活性化合物的发现及新烟碱类杀虫剂

烟碱作为杀虫剂使用的历史可以追溯到 17 世纪, 最初人类用烟草浸取液作为杀虫剂。1828 年确定该浸取液有效成分为烟碱 (nicotine), 1904 年人工成功合成出烟碱。烟草中除了烟碱, 还含有去甲烟碱 (nornicotine) 和毒藜碱 (anabasine) 等生物碱, 均可作为杀虫剂防治果树、蔬菜和水稻等的害虫。

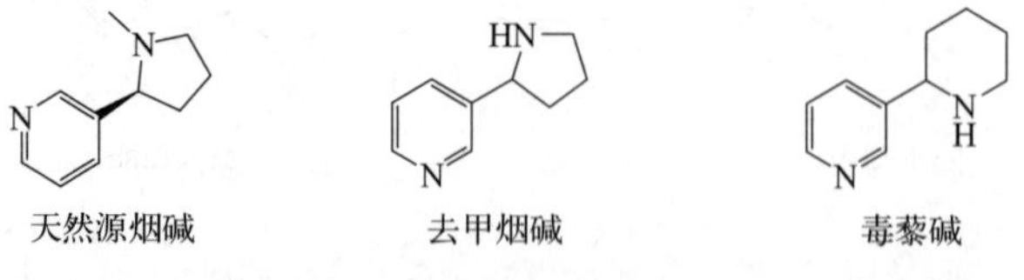

天然源烟碱　　　　去甲烟碱　　　　毒藜碱

1970 年壳牌公司发现化合物 2-(二溴硝甲基)-3-甲基吡啶、硝基噻唑等具有较好的生物活性并引起研究人员的重视, 但均存在易水解、光稳定性差、对哺乳动物毒性高等问题。拜耳公司对硝虫噻嗪结构改进中, 先后将噻唑环优化为咪唑环, 且在咪唑环氮原子上引入 4-氯苄基和吡啶甲基, 于 1984 年得到了化合物 NTN32692, 杀虫活性有了明显提高, 但光稳定性仍然较差。20 世纪 80 年代后期，日本岐阜大学教育学院化学系的 Shizo Kagabu 和德国拜耳公司的 Yuki 研究中心发现，引入 6-氯代吡啶甲基可以提高 2-硝基亚甲基咪唑系列杂化体系的杀虫活性和光稳定性等。随之拜耳公司在世界各地进行大田实验后，于 1991 年在全球上市销售新型高效杀虫剂——吡虫啉（imidacloprid）（图 1-6）。后续该类杀虫剂引起全球范围的研发热潮，至今开发出啶虫脒（acetamiprid）、噻虫嗪（thiamethoxam）、哌虫啶（paichongding）、环氧虫啶（cycloxaprid）、戊吡虫胍（guadipyr）等 10 多个新烟碱类高效杀虫剂，以及砜亚胺类氟啶虫胺腈（sulfoxaflor）、丁烯酸内酯类氟吡呋喃酮（flupyradifurone）和介离子类或两性离子类三氟苯嘧啶（triflumezopyrim）、dichloromezotiaz。

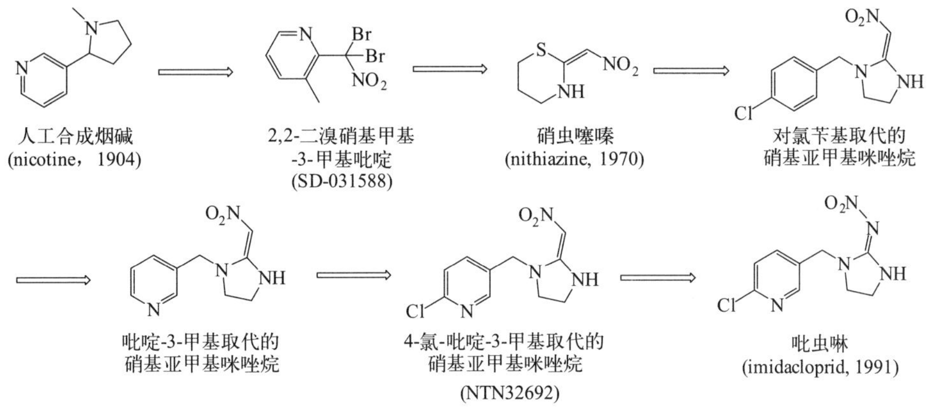

图 1-6　新烟碱类杀虫剂吡虫啉的发现历程

　　烟碱类和新烟碱类杀虫剂都作用于神经后突触烟碱型乙酰胆碱受体，也都是激动剂，但这两类杀虫剂的选择性毒性差异很大：烟碱类对哺乳动物毒性高，而杀虫活性有限；新烟碱类是高活性的杀虫剂，却对哺乳动物低毒。

1.2.7　蜕皮激素类似物及昆虫生长调节剂

　　1967 年，Williams 提出将以保幼激素（juvenile hormone, JH）及蜕皮激素（molting hormone, MH）为主的昆虫生长调节剂（insect growth regulators, IGRs）作为第三代杀虫剂。赵善欢认为 IGRs 应包括保幼激素、蜕皮激素及其类似物、抗保幼激素、几丁质合成抑制剂、植物源次生物的拒食剂、昆虫信息素、引诱剂等干扰害虫行为及抑制生长发育特异性作用的缓效型"软农药"，从而拓宽了 IGRs 的范畴。

　　昆虫蜕皮激素最早由 Kurlsmn 等于 1954 年从家蚕蛹中分离得到。1965 年，Huber 等鉴定其分子结构为 α-蜕皮素，并从蚕蛹及烟草天蛾中分离鉴定出 β-蜕皮素（即 20-羟基蜕皮素）。1988 年美国罗姆·哈斯公司对大量天然或者人工合成化合物进行筛选，开发出第一个与天然蜕皮激素结构不同，却同样具有蜕皮激素活性的双酰肼类昆虫生长调节剂——抑食肼。其可以诱使鳞翅目幼虫提早蜕皮，同时又具有抑制取食作用，还可以促使昆虫打破休眠，干扰昆虫的正常发育过程。此外，由于分解缓慢，抑食肼能在受体内存在较长时间，故而有可能作用于昆虫的整个生长期。随后的结构改造又发现甲氧虫酰肼（methoxyfenozide）、虫酰肼（fufenozide）和环虫酰肼（chromafenozide）等 IGRs。

α-蜕皮素　　　　　β-蜕皮素

抑食肼　　　　虫酰肼　　　　甲氧虫酰肼

1.2.8　保幼激素类似物及昆虫生长调节剂

保幼激素类按其结构和来源，可分为三类：保幼激素类似物、具保幼激素活性的昆虫生长调节剂和植物源昆虫生长调节剂。

天然昆虫保幼激素具有较高的活性。Schmialek 从大黄粉虫（*Tenebrio molitor*）的粪便中分离出昆虫保幼激素法尼醇（farnesol）和法尼醛（farnesal）。Wigglesworth 确证了它们对吸血昆虫长红锥蝽（*Rhodnius prolixus*）有保幼激素活性。虽然它们具有保幼激素活性，但其合成比较复杂，而且光照射下容易分解失去活性，因而不能实际使用。自从昆虫体内分泌出来的保幼激素结构确定后，Bowers 发现某些杀虫剂的增效剂（如胡椒叔丁醚）具有保幼激素活性，因此合成了增效剂的类似物。其中，芳基类萜醚化合物能够使大黄粉虫和马利筋长蝽（*Oncopeltus fasciatus*）变态。后来，通过引入取代基和变化链长，发现了保幼醚（epofenonane），它对蚜虫、介壳虫和鳞翅目昆虫有效。另外，1973 年 Zoecon 公司发现(2*E*,4*E*)-3,7,11-三甲基-2,4-十二碳二烯酸酯具有保幼激素活性，成功开发了烯虫酯（methoprene）、烯虫乙酯（hydroprene）、烯虫炔酯（kinoprene），其中烯虫酯是保幼激素活性的 400 倍，而且光照下稳定（图 1-7）。

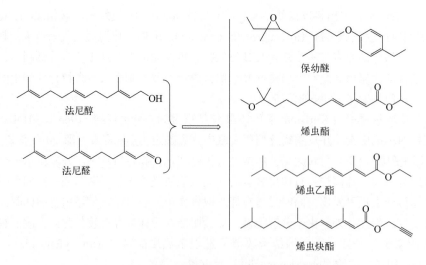

法尼醇

法尼醛

保幼醚

烯虫酯

烯虫乙酯

烯虫炔酯

图 1-7　保幼激素及类似的昆虫生长调节剂化学结构

瑞士 Roche/Maag 公司在生产保幼醚的过程中，利用氨基甲酸酯片段代替异戊二烯片段，发现了苯氧威（fenoxycard），其具有很高的 JH 活性。该化合物结构上含有氨基甲酸酯和类保幼激素的特点，但不含萜类部分，容易合成，对哺乳动物的毒性很低，具有胃毒和触杀作用，能够杀卵、导致幼虫期蜕皮异常和抑制成虫变态，从而造成幼虫后期或蛹期死亡。随后，日本住友公司在 1983 年将吡啶环引入开发了几丁质合成抑制剂吡丙醚（pyriproxyfen）。吡丙醚具有独特的作用方式及显著的防治效果，被认为是害虫综合治理的有效产品之一，成为杀虫剂研究开发的热点。

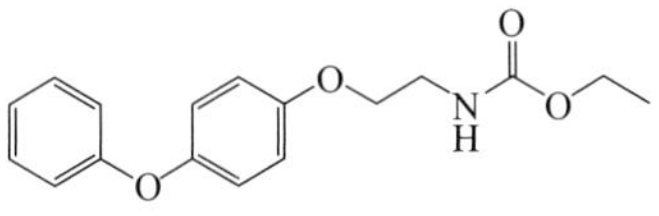

苯氧威 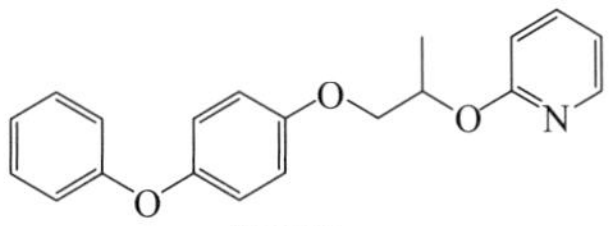　　　　　　　　　　　　　吡丙醚

1.2.9 阿维菌素类杀虫剂

1975 年日本北里研究所从日本静冈县土样中分离出一种链霉菌（*Streptomyces avermitilis*），该菌株的发酵液具有驱除肠道寄生虫活性。后来美国默克公司做进一步研究，于 1976 年分离出一组具有驱虫活性的物质，将其命名为 avermectin。默克公司原始菌株的发酵单位只有 9mg/L，经紫外线诱变后的一株突变体，发酵单位可达 500mg/L。他们从发酵组分中分离出 8 个不同的结构，组成 4 对同系物，每对的主要成分称为 a-组分，次要成分称为 b-组分，其含量通常为 80:20 及 90:10（图 1-8）。其中 B_1 的含量最高，杀虫活性也最高，B_2 含量次之，但 B_2 对哺乳动物最安全。其他异构体杀虫活性较低且毒性较高。商品化的阿维菌素，即是阿维菌素 B_{1a}（>80%）和 B_{1b}（<20%）的混合物，英文通用名称为 abamectin。该产品对牲畜体内的寄生线虫、害虫及螨类有高效，于 1985 年开始作为杀虫剂引入作物保护市场。

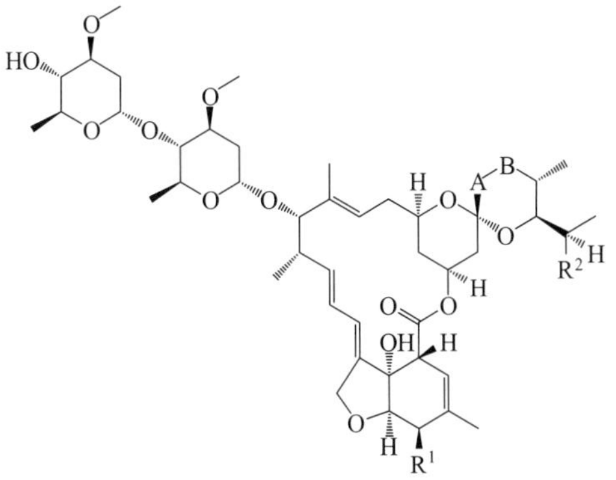

	R^1	A—B	R^2
A_{1a}	—OMe	—CH=CH—	s-butyl
A_{1b}	—OMe	—CH=CH—	s-propyl
A_{2a}	—OMe	—CH₂-CH（OH）—	s-butyl
A_{2b}	—OMe	—CH₂-CH（OH）—	s-butyl
B_{1a}	—OMe	—CH=CH—	s-butyl
B_{1b}	—OMe	—CH=CH—	s-butyl
B_{2a}	—OMe	—CH₂-CH（OH）—	s-butyl
B_{2b}	—OMe	—CH₂-CH（OH）—	s-butyl

图 1-8　自然界存在的阿维菌素组成及结构

butyl 为丁基；propyl 为丙基

阿维菌素分子中含有诸多可修饰位点，不同组分的活性、毒性也不相同。科研人员对其结构进行了大量的衍生化，以及结构与活性关系研究工作。在对其 B_1 和 B_2 组分进行活性和结构对比研究时，发现分子中 22 位和 23 位取代基的不同对活性有明显影响。在 B_1 组分中 22 位和 23 位之间是双键，而在 B_2 组分中 22 位和 23 位之间是双键的水合物，这一差别导致大环在构象上的不同。研究发现药剂经口进入昆虫体内时，B_1 组分活性高于 B_2 组分，但不

是经口投药时，则相反。该现象启发研究者设计一种具有 B_2 组分构象但 23 位又不含羟基的新分子，旨在体现出二者的共同特性。通过选择性还原 B_1 组分的 22 位和 23 位之间双键后，得到设计的分子，即依维菌素（ivermectin）（图 1-9）。如前期设计，依维菌素比阿维菌素的毒性降低一半，体外活性、稳定性和生物利用度均有所提高。

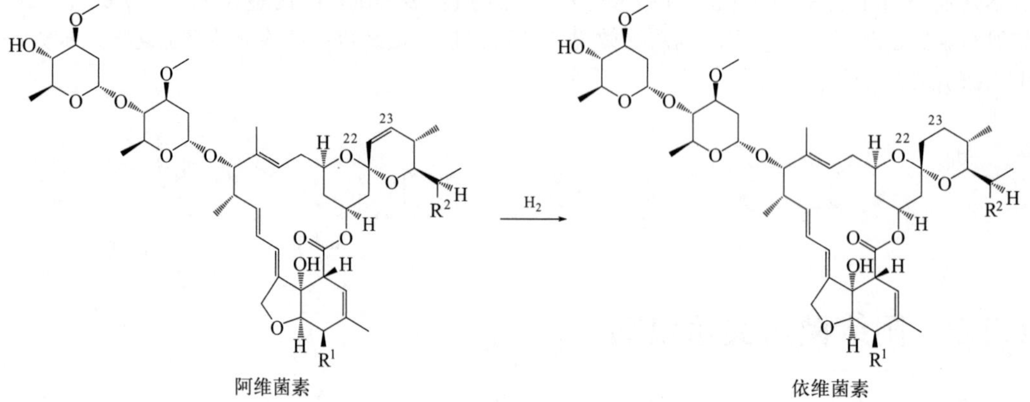

图 1-9　依维菌素的发现历程

阿维菌素 B_1 组分虽对各类螨虫具有活性，但对于鳞翅目昆虫的活性一般。默克公司研究发现，一些大环内酯化合物的结构中含有氨基糖片段，而阿维菌素结构中不含有该片段。为此研究者以南方灰翅夜蛾为靶标害虫，合成一系列含有氨基糖的阿维菌素 B_1 衍生物，并筛选出对鳞翅目害虫活性最高的甲氨基阿维菌素 B_1（图 1-10）。生测表明，它对南方灰翅夜蛾和甜菜夜蛾幼虫的活性分别较阿维菌素 B_1 提高了 1500 倍和 1160 倍，对哺乳动物的毒性远低于阿维菌素 B_1。甲氨基阿维菌素 B_1 的缺点是稳定性较差，制成相应的盐能提高其稳定性，其苯甲酸盐，即甲氨基阿维菌素苯甲酸盐（emamectin benzoate）的稳定性最好。

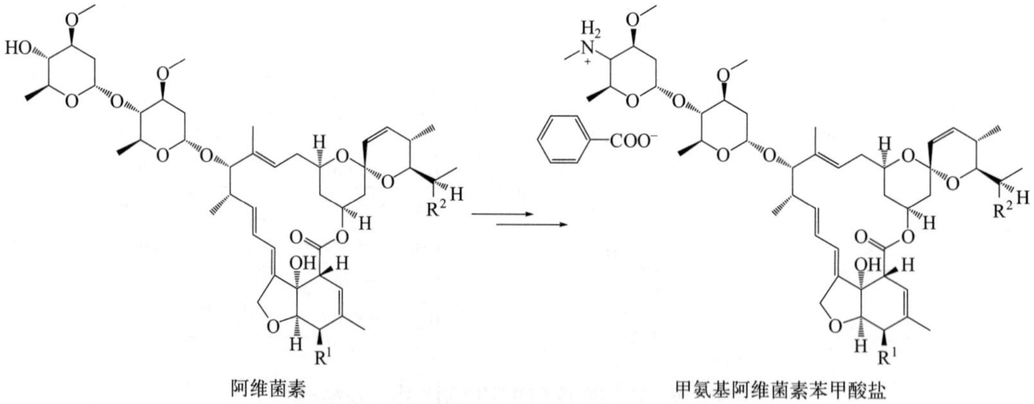

图 1-10　甲氨基阿维菌素苯甲酸盐的发现历程

1.2.10　多杀菌素的发现及乙基多杀菌素

多杀菌素（spinosad）是土壤放线菌刺糖多孢菌（*Saccharopolyspora spinosa* Mertz & Yao）有氧发酵而得到的次级代谢物，由美国礼来公司对大量的土样筛选，于 1985 年发现。1990

年，Boeck 等首次从刺糖多孢菌的培养液中分离出多杀菌素组分 A、B、C、D、E、F、H、G 和多杀菌素 A 假糖苷配基，其中多杀菌素 A（spinosyn A）组分占 85%～90%，多杀菌素 D（spinosyn D）组分占 10%～15%，后期又分离得到 10 多个组分，Gary D Crouse 等对其中 8 个中性组分进行衍生化（图 1-11）。多杀菌素 A 和多杀菌素 D 的杀虫活性最高，二者合称为 spinosad，中文通用名称为多杀菌素，多杀菌素 A 和多杀菌素 D 混合比例为 85∶15。多杀菌素兼有生物农药的安全性和化学合成农药的速效性，且具有低毒、低残留、对害虫天敌昆虫安全、自然分解快的特点，曾获得"美国总统绿色化学挑战奖"。

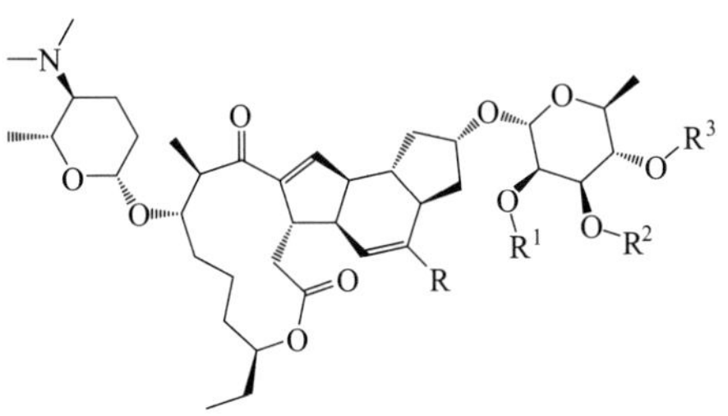

多杀菌素	R	R^1	R^2	R^3
A	H	CH_3	CH_3	CH_3
D	CH_3	CH_3	CH_3	CH_3
H	H	H	CH_3	CH_3
Q	CH_3	H	CH_3	CH_3
J	H	CH_3	H	CH_3
L	CH_3	CH_3	H	CH_3
K	CH_3	H	CH_3	H
O	CH_3	CH_3	CH_3	H

图 1-11　多杀菌素组成及结构

多杀菌素作用于烟碱型乙酰胆碱受体（nAChR），虽然吡虫啉等烟碱类杀虫剂也作用于 nAChR，但是两者的作用方式不同。多杀菌素不是抑制乙酰胆碱的反应，而是极大地延长其作用时间。另外，也有研究表明多杀菌素作用于 γ-氨基丁酸（GABA）门控氯离子通道，但是同阿维菌素类、氟虫腈或者环戊二烯类杀虫剂的作用模式有较大差别。

研究人员采用人工神经网络（artificial neutral network，ANN）推测多杀菌素的定量结构与活性关系，对预测的高活性类似物进行了制备和活性测试，发现了乙基多杀菌素（spinetoram）。乙基多杀菌素也是一对混合物，由多杀菌素 J 和多杀菌素 L 的鼠李糖的 3′位进行乙基化，通过主要成分多杀菌素 J 的 5 位和 6 位之间的双键还原得到（图 1-12）。其对于甜菜夜蛾的活性是多杀菌素的 50～60 倍，对鳞翅目害虫活性也有一定程度的提高，对非靶标生物的毒性和在环境中的归趋与多杀菌素相同。

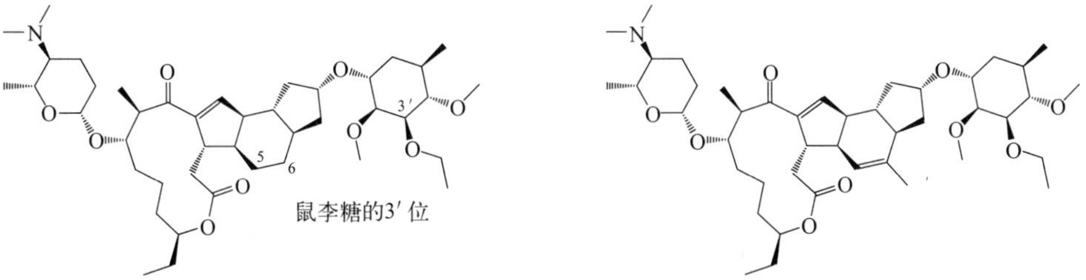

图 1-12　乙基多杀菌素组成及结构

1.2.11　氟苯虫酰胺的发现

鱼尼丁存在于南美及加勒比海的一种大风子科的豆科植物内，因其可同鱼尼丁受体结合，将该种具有毒性的天然生物碱称之为鱼尼丁碱。20世纪中期，美国默克公司开始研究大风子科植物中杀虫活性成分。提取得到的鱼尼丁粗取物，可以干扰昆虫肌肉收缩，有较好的光稳定性，害虫中毒后停止摄食，但是死亡缓慢。将鱼尼丁粗提取物中活性成分分离后，确认了鱼尼丁碱和脱氢鱼尼丁的结构，发现脱氢鱼尼丁虽然活性没有鱼尼丁高，但是比鱼尼丁碱有更高的选择毒性，即对昆虫具有高活性而对哺乳动物毒性相对较低。鱼尼丁碱的结构十分复杂，难以人工合成。基于其结构改造，没有发现可以深入研究的杀虫剂分子。

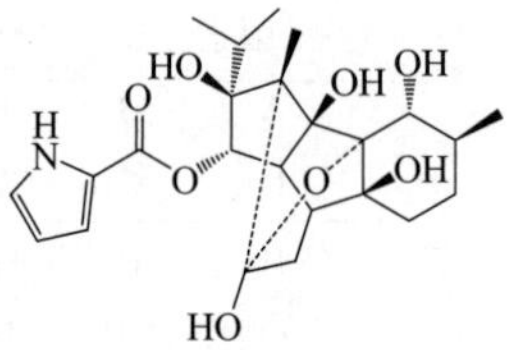

鱼尼丁碱 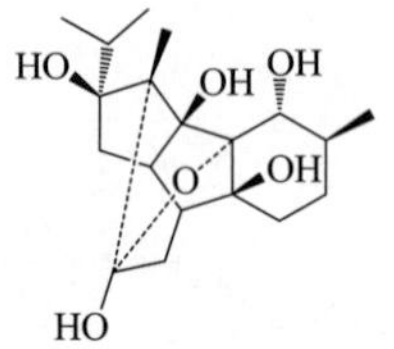　　　　　　　　脱氢鱼尼丁

日本农药株式会社在以吡嗪二酰胺类结构为先导的除草剂开发过程中，意外地发现化合物邻苯二甲酰胺结构Ⅰ在一定浓度下对鳞翅目害虫具有杀虫活性，且害虫中毒症状与已有杀虫剂完全不同。这一发现引起了研究者的极大兴趣，他们通过对邻苯二甲酰胺结构Ⅰ的母体结构进行不断改造，先后合成了数千个邻苯二甲酰胺结构Ⅱ类的化合物，最后在酰胺氮原子上引入4-七氟异丙基-2-甲基苯基后，发现了第一个作用于鱼尼丁受体的杀虫活性分子——氟苯虫酰胺（flubendiamide）（图1-13）。氟苯虫酰胺拥有高活性、低剂量、对环境友好的特点，也是第一个邻苯二甲酰胺类杀虫剂。随后的作用机理研究揭示该类杀虫剂作用于昆虫的鱼尼丁受体。

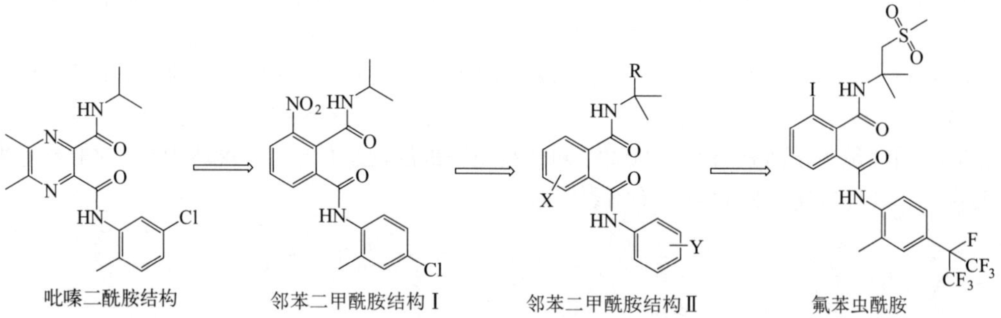

吡嗪二酰胺结构　　　邻苯二甲酰胺结构Ⅰ　　　邻苯二甲酰胺结构Ⅱ　　　氟苯虫酰胺

图1-13　氟苯虫酰胺的发现历程

1.2.12　氯虫苯甲酰胺的发现及邻氨基苯甲酰胺类杀虫剂

美国杜邦公司对日本农药公司1999年公开的邻苯二甲酰胺杀虫剂专利非常感兴趣，但因受限于专利保护，难以优化出新型邻苯二甲酰胺类结构杀虫活性分子。由于该公司曾对于邻氨基苯甲酰胺类化合物进行过大量研究，继而将邻苯二甲酰胺中的一个甲酰胺键颠倒，得到邻甲酰氨基苯甲酰胺结构Ⅰ化合物，该化合物具有杀虫活性，但是活性较弱。接着根据构效关系对基团种类、位置进行筛选，将吡啶、嘧啶、吡唑、噻唑、吡咯、三唑、苯基吡唑、吡

啶基吡唑等杂环引入到先导化合物的羧酸部分，发现了活性高于邻甲酰氨基苯甲酰胺结构Ⅰ化合物的邻甲酰氨基苯甲酰胺结构Ⅱ化合物，继续对骨架的苯环上的取代基优化发现邻甲酰氨基苯甲酰胺结构Ⅲ，再进一步将吡唑环上的三氟甲基优化为溴原子发现了高活性的氯虫苯甲酰胺（chlorantraniliprole）（图1-14）。氯虫苯甲酰胺比氟苯虫酰胺合成简单、对环境更友好、可修饰的位点更多，因而随后不断有邻甲酰氨基苯甲酰胺类杀虫剂溴氰虫酰胺（cyantraniliprole）、四氯虫酰胺（tetrachlorantraniliprole）、四唑虫酰胺（tetraniliprole）等产品出现。

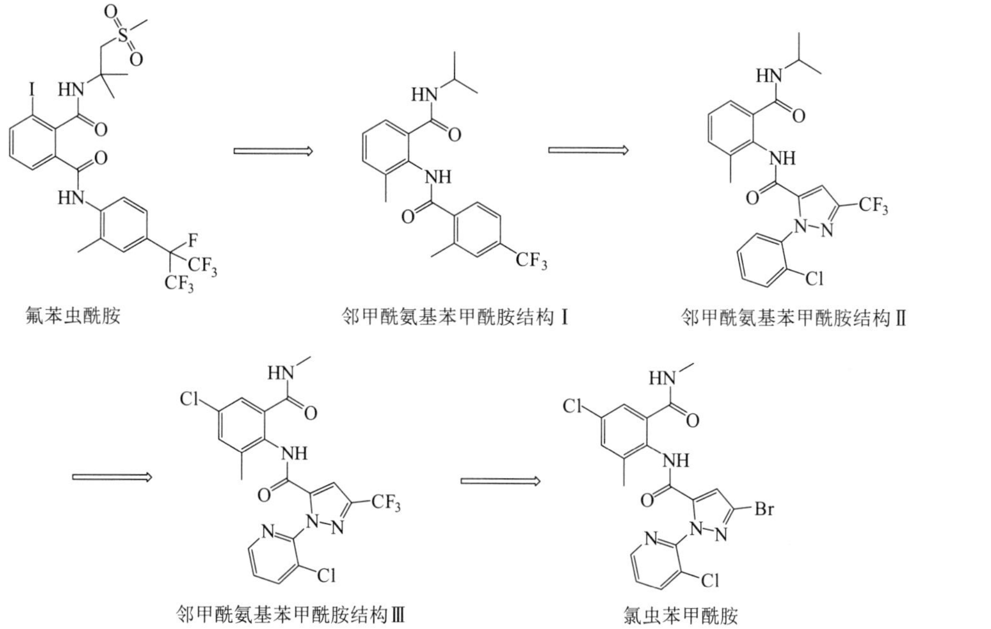

图1-14　氯虫苯甲酰胺的发现历程

1.2.13　杀螨剂 pyflubumide 的发现

日本农药株式会社 1998 年和 1999 年分别发现了新型杀虫剂氟苯虫酰胺和氟虫吡喹（pyrifluquinazon），前期还发现邻位含有大位阻基团的酰胺结构Ⅰ具有生物活性，尝试将独特的4-七氟异丙基引入到酰胺结构Ⅰ中，设计合成了含4'-七氟异丙基的酰胺结构Ⅱ-1，该化合物仅具有较低的杀菌活性。考虑该分子本身的高亲脂性可能会影响活性，又设计合成了具有较低亲脂性的酰胺结构Ⅱ-2。尽管酰胺结构Ⅱ-2 的杀菌活性没有得到改善，但却意外发现其具有一定的杀螨活性。该意想不到的杀螨活性引起了研究人员的高度关注，由此开始对该化合物的结构进行一系列的改造与活性筛选，最终得到了具有优异杀螨活性的化合物pyflubumide（图1-15）。

1.2.14　溴虫氟苯虫酰胺的发现

氟苯虫酰胺中的七氟异丙基吸引了众多研究。2002 年 Hiroyuki Katsuta 等以氟苯虫酰胺为先导化合物，结构改造中发现间双酰胺（*meta*-diamide）结构的化合物对鳞翅目害虫具有活性，但是杀虫症状不同于氟苯虫酰胺。该类化合物表现出的不同毒杀症状和新颖骨架结构，激励 Hiroyuki Katsuta 等继续优化，随后发现了新的杀虫活性分子溴虫氟苯双酰胺（broflanilide）（图 1-16）。与氟苯虫酰胺相比，该分子不仅在结构上有较大差别，而且作用机制也不同。由于其作用于 GABA 门控氯离子通道，对二酰胺和其他杀虫剂产生抗性的鳞翅目害虫具有高活性。

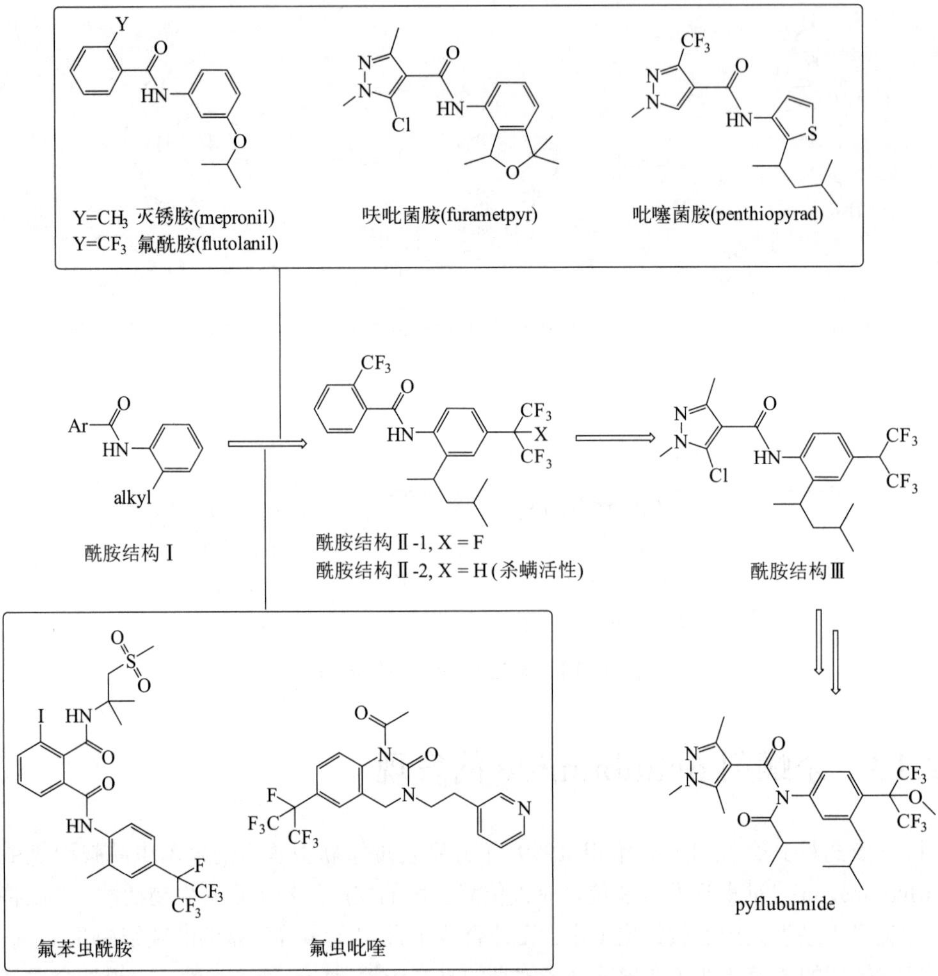

图 1-15　pyflubumide 的发现历程

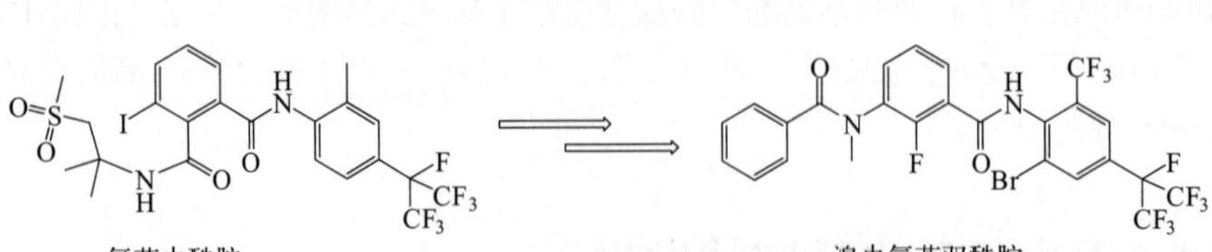

图 1-16　溴虫氟苯双酰胺的发现历程

1.3 除草活性化合物的发现及结构演变与发展

1.3.1 苯氧乙酸结构的生长素类除草剂

1934 年，Kogl 等发现苯氧羧酸类化合物与天然生长素吲哚-3-乙酸（IAA）同样具有促进细胞生长的功能。1942 年，美国科学家 Zimmermann 和 Hitchcock 指出，某些含氯的苯氧乙酸如 2,4-二氯苯氧乙酸 [2-(2,4-dichlorophenoxy)-acetic acid,2,4-D 或 2,4-滴] 比天然 IAA 具有更高的活性，却不像 IAA 可在植物体内被代谢与降解，从而引起植物致命的异常生长，最终导致植物因营养耗尽死亡（图 1-17）。

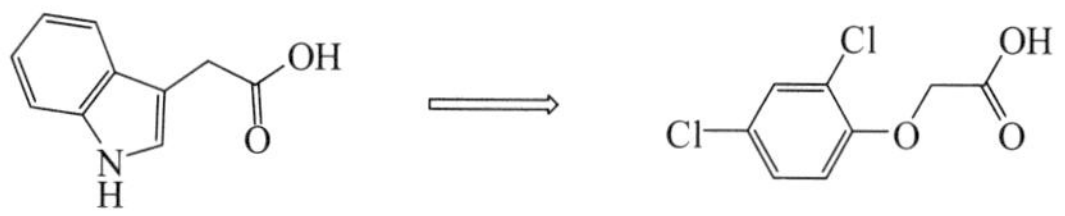

吲哚-3-乙酸 (IAA)　　　　2,4-二氯苯氧乙酸 (2,4-D)

图 1-17　2,4-D 的发现历程

这一发现真正开创了有机合成除草剂工业的新纪元。到二次世界大战末，2,4-D 及其类似结构的 2-甲基-4-氯苯氧乙酸（MCPA）、2,4,5-三氯苯氧乙酸（2,4,5-T）均已作为除草剂在农业和非农业中使用。

1.3.2 苯甲酸结构的生长素类除草剂

同期，Zimmermann 也发现卤代苯甲酸、苯甲酰胺、苯腈、对苯二甲酸及其衍生物均具有除草活性。20 世纪 50 年代，2,4,6-三氯苯甲酸就被推荐为非选择性除草剂。1956 年，研究者对一系列硝基取代的苯甲酸进行了除草活性测试，发现地草平（3-硝基-2,5-二氯苯甲酸）是一种有效的选择性苗前除草剂。1958 年发现其还原产物豆科威（3-氨基-2,5-二氯苯甲酸）更具有选择性，20 世纪 60 年代开发了麦草畏（2-甲氧基-3,6-二氯苯甲酸）。

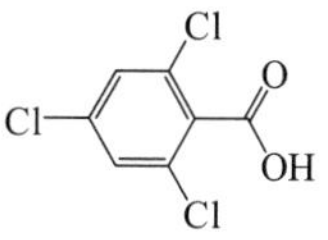

2,4,6-三氯苯甲酸 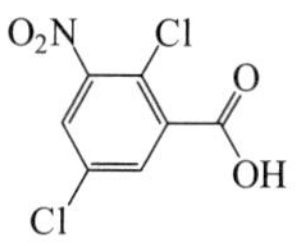　　　　地草平 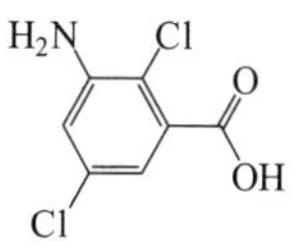　　　　豆科威 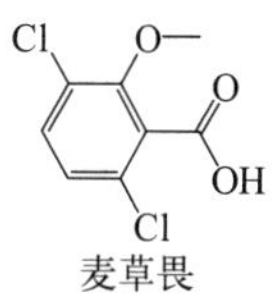　　　　麦草畏

1.3.3 吡啶甲酸及芳香吡啶甲酸的生长素类除草剂

20 世纪 50 年代，偶然发现氮肥硝化抑制剂氯啶（nitrapyrin）的土壤微生物代谢产物具有除草活性，经过研究确认氯啶或者其中的杂质在土壤中被微生物降解后，吡啶环上的三氯甲基转化为羧基，形成 2-吡啶甲酸结构，该结构具有一定除草性，然后经过结构优化于 20 世纪 50 年代后期发现除草活性的氨氯吡啶酸（picloram）分子。接着对氨氯吡啶酸分子进行结构

改造，于 20 世纪 60 年代发现二氯吡啶酸（clopyralid）分子。随后对于 2-吡啶甲酸的结构优化研究较少，并且仅围绕 2-吡啶甲酸分子中的羧基进行修饰，例如将羧基转化为酰胺、腈和酯。

氨氯吡啶酸和二氯吡啶酸出现将近 40 年后，1998 年发现氨氯吡啶酸 5 位的氯原子可以被选择性地电解还原，生成和氨氯吡啶酸非常相似的氯氨吡啶酸（aminopyralid）分子，但活性比氨氯吡啶酸高 5 倍左右，该分子于 2005 年商品化。随之，对 2-吡啶甲酸的活性与结构进行分析，并尝试以氨氯吡啶酸和氯氨吡啶酸为先导化合物，在其 6 位引入取代苯基代替氯原子。发现引入 2-氟-4-氯苯基后，生成的新化合物具有理想的除草活性，但是在土壤中难以降解。通过参照甲氧咪草烟的发现思路，将先导化合物 6 位优化为 2-氟-4-氯-3-甲氧基苯基后，得到了满足登记法规和环境要求的优异除草活性分子，并于 2016 年商品化氟氯吡啶酯（halauxifen-methyl）为谷物田除草剂，2018 年商品化氯氟吡啶酯（florpyrauxifen-benzyl）为水稻田除草剂（图 1-18）。

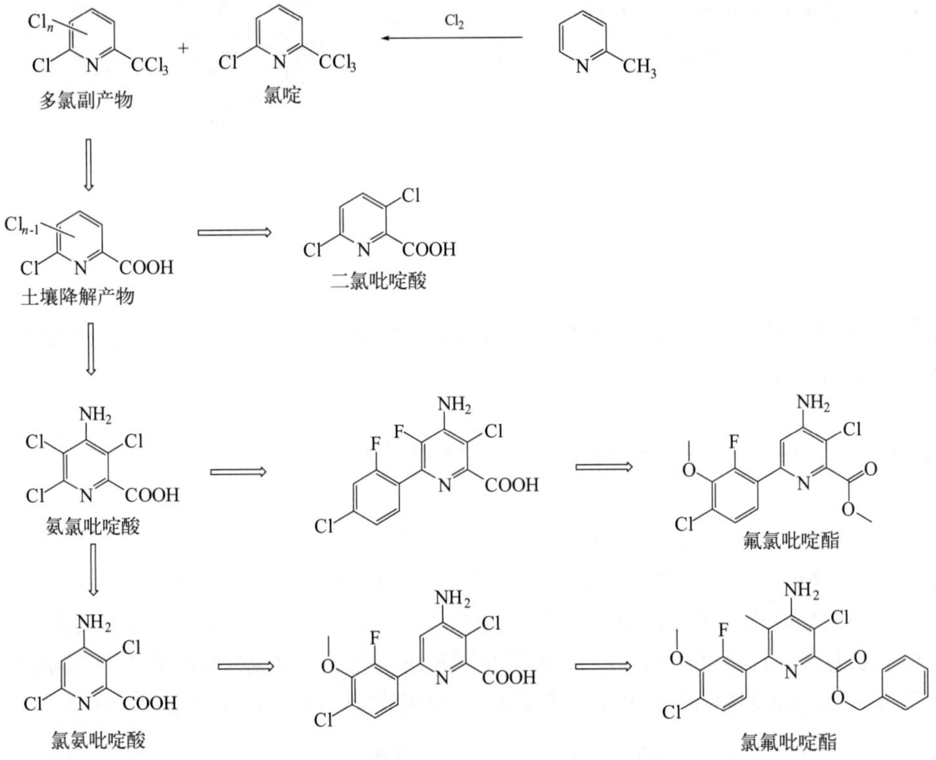

图 1-18　吡啶甲酸及芳氧吡啶甲酸类除草剂的发现历程

1.3.4　三嗪类除草剂

三嗪类结构除草剂的发现和开发主要集中在 20 世纪 50～70 年代。1950 年早期，瑞士汽巴-嘉基公司的农业专家和顶级科学家为发现满足现代农业的新型除草剂，组成一个包含化学家、生物学家和农艺学家的研究团队。刚开始，汽巴-嘉基的首席科学家 Enrico Knüsli 博士试图通过生物等排的概念，改造当时主要使用的苯氧乙酸类除草剂分子，发现得到的肉桂酰胺结构化合物具有脱叶活性，但无实用价值；发现甘氨酸酯结构的化合物具有显著促进根生长的活性（图 1-19）。

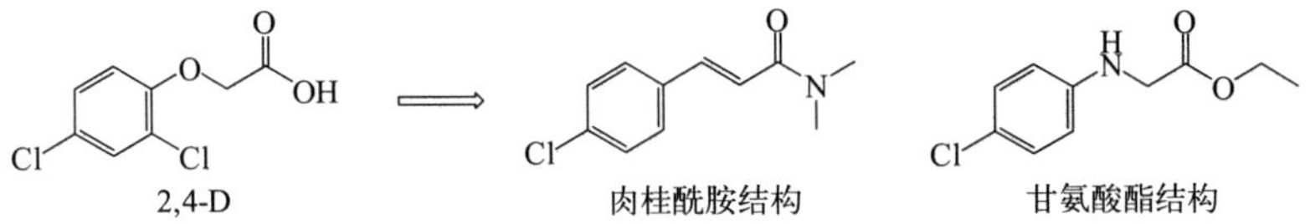

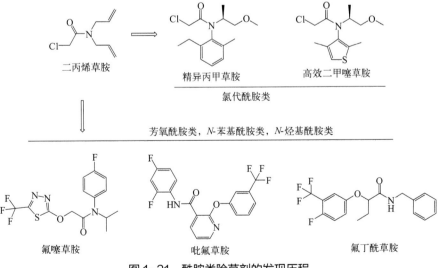

图1-19 三嗪类除草剂的先导结构

同时，汽巴-嘉基在含有三嗪环（均三氮苯结构）染料和医药化合物的合成中，对于三聚氯氰的反应积累了丰富经验。在改造苯氧羧酸类结构没有得到理想除草分子的情况下，转而尝试修饰三聚氯氰结构，意外发现 2,4-二烷基氨基三嗪类结构的除草活性，然后集中对该类结构进行大量结构与活性研究，很快于 1954 年和 1955 年发现了西玛津（simazine）和莠去津（atrazine）分子（图1-20）。这两个除草活性分子对双子叶杂草和一些单子叶杂草有效，可以苗前使用，在相对干旱的条件下莠去津仍然表现出优异的除草活性，而且两个产品对玉米安全。后续不断对该类结构进行改造，同类产品扑灭津（propazine）、氰草津（cyanazine）、敌草净（desmetryne）、环丙津（cyprazine）、莠灭净（ametryn）等也先后出现。

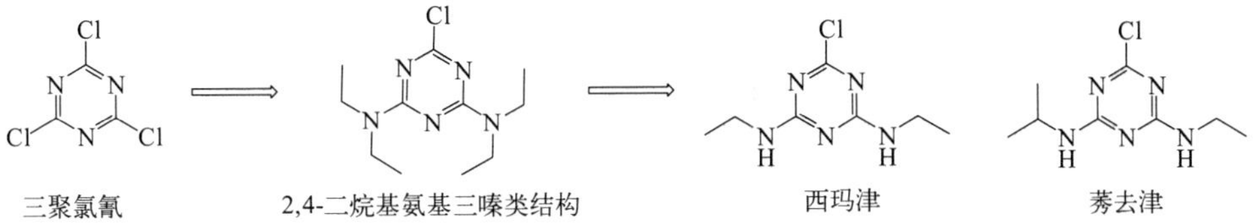

三聚氯氰　　2,4-二烷基氨基三嗪类结构　　西玛津　　莠去津

图1-20 三嗪类除草剂的发现历程

1.3.5 酰胺类除草剂

1952 年美国孟山都公司发现氯乙酰胺类化合物具有除草活性，1956 年商品化第一个氯代酰胺类除草剂二丙烯草胺（allidochlor）。随后不断进行结构修饰，甲草胺（alachlor）、乙草胺（acetochlor）、异丙甲草胺（metolachlor）、丙草胺（pretilachlor）、丁草胺（butachlor）等氯代酰胺类除草剂，以及芳氧乙酰胺类、N-烃基酰胺类、N-苯基酰胺类除草剂相继出现，构成酰胺类除草剂（图1-21）。

二丙烯草胺　　精异丙甲草胺　　高效二甲噻草胺

氯代酰胺类

芳氧酰胺类，N-苯基酰胺类，N-烃基酰胺类

氟噻草胺　　吡氟草胺　　氟丁酰草胺

图1-21 酰胺类除草剂的发现历程

1.3.6　二苯醚类除草剂

罗门哈斯公司科研人员将酚类与氯代硝基苯反应，20 世纪 30 年代合成了二苯醚结构 I 的化合物，1960 年发现其具有除草活性，进一步结构优化发现化合物除草醚（nitrofen），该除草剂于 1964 年商品化，后发现其毒性等问题停产。日本三菱化成公司修饰除草醚结构，发现了草枯醚，而罗门哈斯公司在除草醚的基础上，先合成了二苯醚结构 II，继而优化发现乙氧氟草醚（oxyfluorfen）；在此同时，Mobil（后归罗纳-普朗克公司，现为拜耳公司）也在进行此类化合物的研究，并发现化合物甲羧除草醚（bifenox）。随后，罗门哈斯和 Mobil 两公司同时发现化合物三氟羧草醚（RH-6201 和 MC-10978，acifluorfen）。后期发现的氟磺胺草醚（fomesafen）和乳氟禾草灵（lactofen）均是三氟羧草醚的衍生物（图 1-22）。

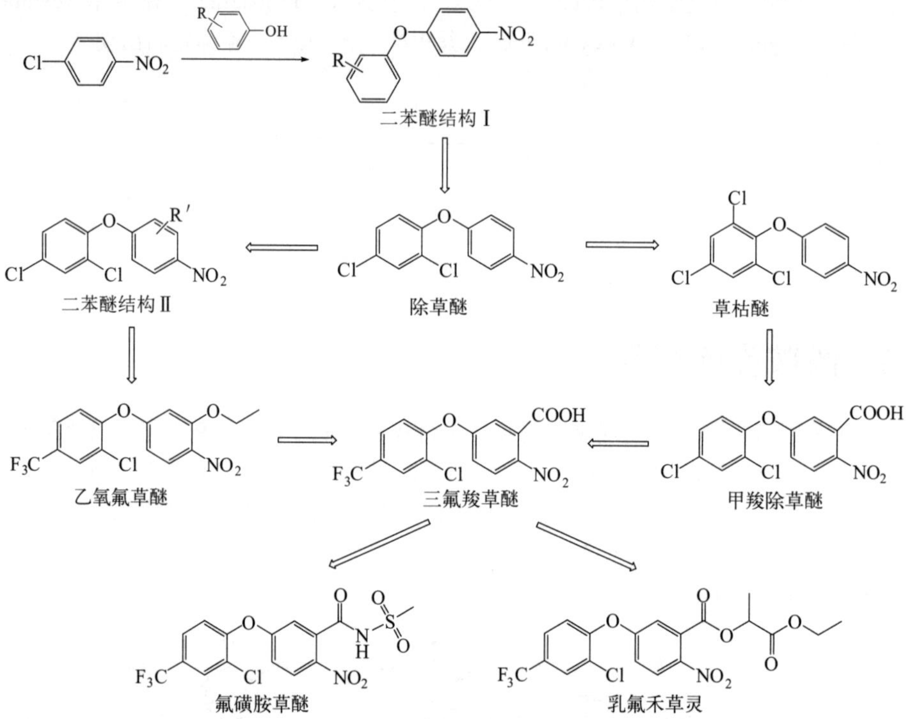

图1-22　二苯醚类除草剂的发现历程

1.3.7　酰亚胺及苯基三唑啉酮类除草剂

酰亚胺及苯基三唑啉酮类除草剂具有一个明显的结构特征，即皆含有 1,2,4,5-四取代的苯骨架结构或者 1-杂环基-2,4,5-三取代苯骨架结构。该类骨架结构化合物的研发，可以追溯到 1969 年罗纳-普朗克公司对噁草酮和 1973 年三菱化成公司对四氢化邻苯酰亚胺类衍生物的杀菌活性研究，当时发现化合物 chlorophthalim 具有除草活性。随后巴斯夫、拜耳、住友化学等几十家公司持续对该骨架结构进行研发，先后发现了丙炔氟草胺（flumioxazin，1986）、甲磺草胺（sulfentrazone，1991）、唑草酮（carfentrazone-ethyl）和苯嘧磺草胺（saflufenacil，2000）等产品（图 1-23）。

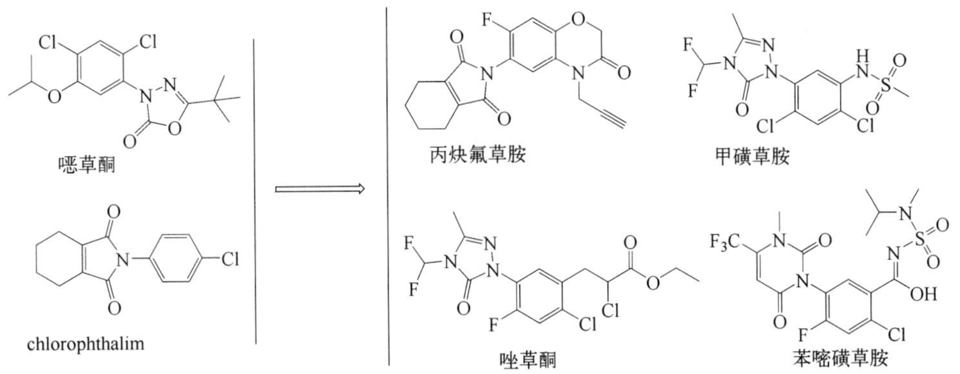

图1-23 酰亚胺及苯基三唑啉酮类除草剂的发现历程

1.3.8 联吡啶类除草剂

敌草快（diquat）分子最早由英国的 ICI 公司合成，1955 年由先正达在英国 Jealott's Hill 研究中心研究季铵盐化合物的除草活性时，发现敌草快分子的优异除草活性。在对该类结构的活性与结构关系总结中发现，连接两个氮原子的烷基链中 n 为 1 时活性最优，n 为 2 时活性下降，n 为 3 时化合物无活性。由此，Homer 等开始大量合成敌草快分子同分异构的联吡啶季铵盐化合物，并在 1960 年前发现百草枯（paraquat）具除草活性。敌草快和百草枯分子中的季铵阳离子具有除草活性，而结构中阴离子对活性没有贡献。虽然百草枯分子具有优异的除草活性，但是因为其毒性问题，2020 年后该产品在很多地区被禁用。

实际上，百草枯及类似分子早在 1933 年前就被合成，并用作紫罗碱染料，而且具有氧化还原指示剂的特性。百草枯和敌草快在溶液中完全解离为离子，在植物体叶绿体进行光合作用时，两个正离子被还原为相对稳定的水溶性自由基。在有氧条件下，自由基又被氧化成原来的正离子，并生成过氧化氢，后者可能是最终破坏植物组织的化合物，而且它们的除草活性与其还原反应形成的自由基的能力有关（图 1-24）。

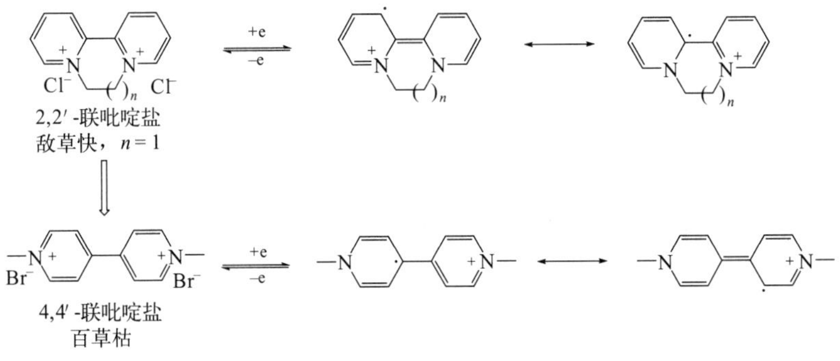

图1-24 联吡啶类除草剂的发现历程及作用机理

1.3.9 草铵膦

20 世纪 60 年代，人们发现某些植物病原体假单胞细菌（*Pseudomanas syringe* pv. *tabaci*）

可在染菌的叶面处释放出一种有毒代谢产物，导致寄主叶片萎黄。该代谢产物是已知的毒性化合物 tabtoxinine β-lactam，可高效抑制植物谷氨酰胺合成酶的活性。随后发现类似结构化合物甲硫氨酸亚砜亚胺（蛋氨酸亚砜亚胺，methionine sulfoximine）也是谷氨酰胺合成酶的高效抑制剂。

20 世纪 60～70 年代，从链霉菌中发现一种三肽化合物，后称为双丙氨膦（bialaphos）。该三肽化合物包含两分子丙氨酸和一个 4-膦酰基氨基酸片段，其本身没有除草活性，但在植物体内可代谢为具有除草活性的草丁膦分子。草丁膦作为谷氨酸的类似物，也对细菌谷酰胺合成酶有很强抑制活性。1970 年中期，其外消旋体被命名为草铵膦（glufosinate-ammonium），并被开发为苗后非选择性除草剂。实质上，外消旋体草铵膦中，仅 L-型异构体（也称为精草铵膦）具有除草活性（图 1-25）。

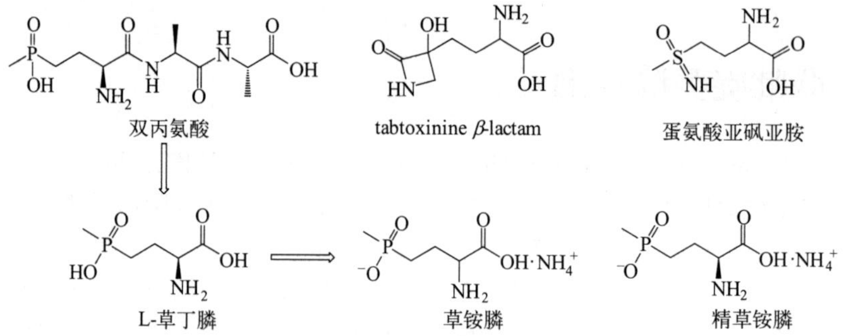

图 1-25　草铵膦的发现历程

1.3.10　草甘膦

1950 年，瑞士科学家 HenriMartin 首次发现 N-(膦酰基甲基)甘氨酸，但没有发现其除草效用。1964 年 Stauffer 化学公司发现草甘膦分子能与钙、镁、锰、铜和锌结合，并能去除矿物质，因而将其开发为化学螯合剂，并且获得了发明专利权。1971 年孟山都公司测试不同化合物软化水的潜在性能时，发现与草甘膦密切相关的两种化合物对多年生杂草具有一定的除草性能。科学家 JohnE. Franz 随即对这 2 种分子的衍生物进行了合成，发现草甘膦（glyphosate）分子的除草活性。同年，孟山都公司成功研制出了具有跨越时代意义的草甘膦除草剂制剂——农达（Roundup）。

1.3.11　咪唑啉酮类除草活性化合物的发现及咪唑啉酮类除草剂

咪唑啉酮类除草活性化合物由美国氰胺公司随机筛选发现。氰胺公司为研究抗痉挛剂，合成了邻苯二甲酰胺结构Ⅰ。在 1971 年发现该结构具有一定的除草活性。结构初步改进后，发现邻苯二甲酰胺结构Ⅱ具有较好的植物生长调节活性，而且该结构自身容易缩合转变为异吲哚酮结构Ⅰ，继续优化发现异吲哚酮结构Ⅱ的活性优于起始的邻苯二甲酰胺结构Ⅰ。再进一步结构改造得到咪唑啉酮结构Ⅰ，发现该化合物具有较高的除草活性，但是对作物没有选择性。接着尝试吡啶环取代咪唑啉酮结构Ⅰ中的苯环，得到除草活性极大提高的咪唑啉酮结构Ⅱ，即第一个咪唑啉酮类除草剂咪唑烟酸（imazapyr）（图 1-26）。

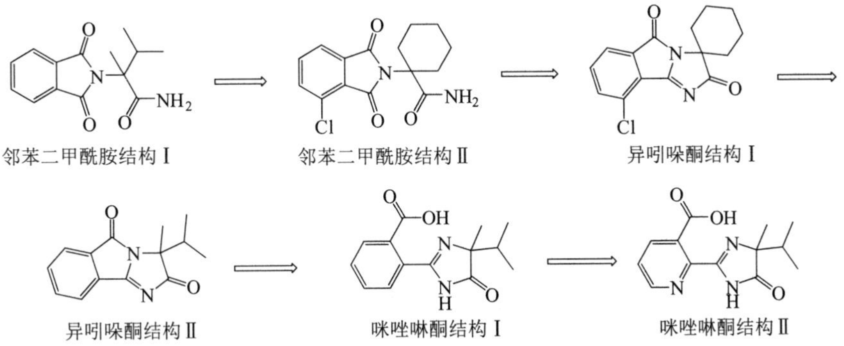

邻苯二甲酰胺结构 Ⅰ   邻苯二甲酰胺结构 Ⅱ   异吲哚酮结构 Ⅰ

异吲哚酮结构 Ⅱ   咪唑啉酮结构 Ⅰ   咪唑啉酮结构 Ⅱ

图 1-26   咪唑啉酮类除草剂的发现历程

1.3.12   磺酰脲类除草活性化合物的发现及磺酰脲类除草剂

    Levitt 博士进入杜邦公司后不久，开始合成磺酰基异氰酸酯，目的是将磺酰基引入脲类结构的除草活性化合物中，以期发现新的除草活性化合物。合成的磺酰脲结构 Ⅰ 和磺酰脲结构 Ⅱ 类化合物均没有表现出预期的生物活性，持续优化中发现磺酰脲结构 Ⅲ 中的 R 为氯原子时，活性优于前两个结构，而且 R 为氰基时，化合物具有微弱的植物生长调节活性。然而将杂环结构引入后，磺酰脲结构 Ⅳ 的活性比前面化合物的活性高 1000 倍，继续进行结构优化，于 1975 年发现了首个磺酰脲类除草剂氯磺隆（chlorsulfuron）（图 1-27），继续结构改造发现了甲磺隆（metsulfuron-methyl）、烟嘧磺隆（nicosulfuron）、吡嘧磺隆（pyrazosulfuron-ethyl）、噻吩磺隆（thifensulfuron-methyl）、磺酰磺隆（sulfosulfuron）、单嘧磺隆等磺酰脲系列除草剂产品。

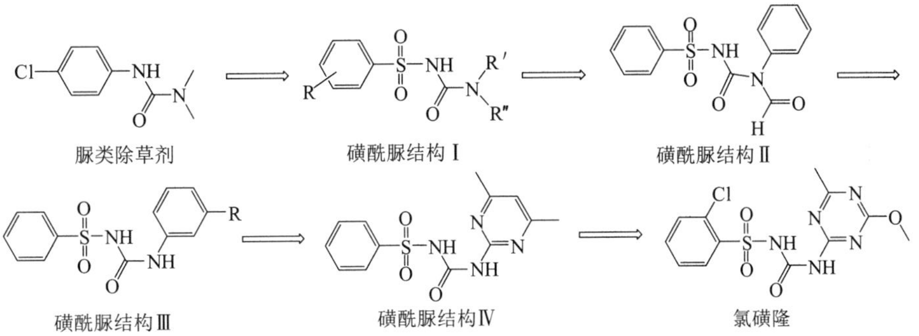

脲类除草剂   磺酰脲结构 Ⅰ   磺酰脲结构 Ⅱ

磺酰脲结构 Ⅲ   磺酰脲结构 Ⅳ   氯磺隆

图 1-27   磺酰脲类除草剂的发现历程

1.3.13   环己二酮类除草剂

    日本曹达公司在探索苯甲酸类化合物同羟胺反应时，于 1967 年发现了杀螨剂苯螨特（benzoximate）。接着，设计在其结构中引入天然产物香豆素的吡喃环片段，试图提高新化合物的杀螨活性过程中，意外发现吡喃肟醚结构的新化合物对禾本科杂草具有杀灭作用，而且其苗前活性优于苗后活性。为提高其苗后活性，对吡喃肟醚结构进行优化，于 1973 年发现第一个环己二酮除草剂分子禾草灭（alloxydim）。此后，对环己二酮肟醚活性骨架进行结构修饰，发现了 10 多个高活性的除草剂候选分子。目前，烯禾啶（sethoxydim）和烯草酮（clethodim）是该类结构的代表性除草剂（图 1-28）。

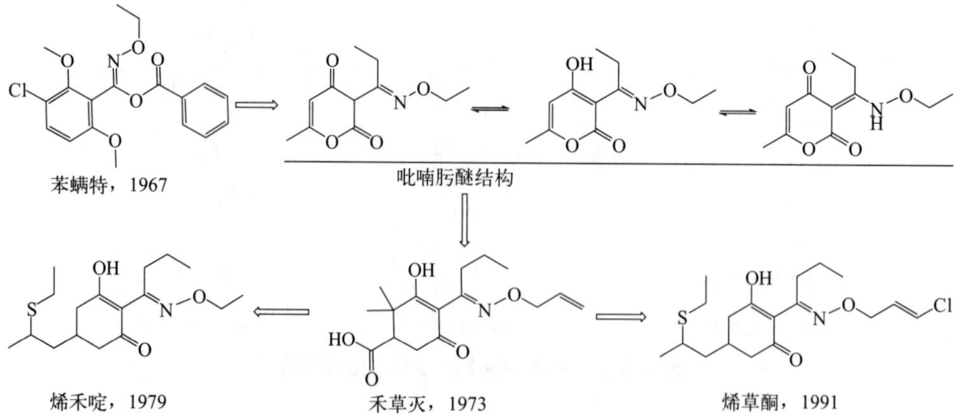

苯螨特，1967　　　　　吡喃肟醚结构

烯禾啶，1979　　　　　禾草灭，1973　　　　　烯草酮，1991

图1-28　含肟醚结构的环己二酮类除草剂的发现历程

1.3.14　三酮类除草剂

1977 年，Stauffer 公司（现属先正达）在加州西部研究中心的研究人员发现在红千层树（*Callistemon citrinus*）下很少有杂草生长，经过对树下土壤分析，发现红千层树在生长过程中释放一种除草活性物质纤精酮（leptospermone），该天然产物之前也在澳大利亚的桃金娘科（Myrtaceae）植物挥发性油中分离得到。纤精酮在几种杂草上都产生白花症状，其除草活性在 1980 年被申请专利。随后研究人员对纤精酮中的环己二酮结构进行修饰，期望发现新颖的 ACC 酶抑制剂。合成的第一个化合物环己二酮结构Ⅰ具有一定的除草活性，因此尝试用相同的方法合成苯基类似物环己二酮结构Ⅱ，并没有得到该化合物，而是得到了具有三酮结构Ⅰ的化合物。生测发现该化合物完全没有除草活性，但幸运发现其对硫代氨基甲酸酯除草剂具有解毒作用。然后通过新一轮的合成优化，发现三酮结构Ⅱ的化合物具有较好的除草活性，而且对杂草的白化症状与纤维酮一样。再进一步优化发现，去掉环己二酮上甲基可以大大提高三酮结构化合物对阔叶杂草的除草活性，并且对玉米安全，进而于 1991 年成功开发了三酮类除草剂磺草酮（sulcotrione）。然后各大公司跟随研究，发现了硝磺草酮（mesotrione）、环磺酮（tembotrione）、tefuryltrione 等同类产品（图 1-29）。

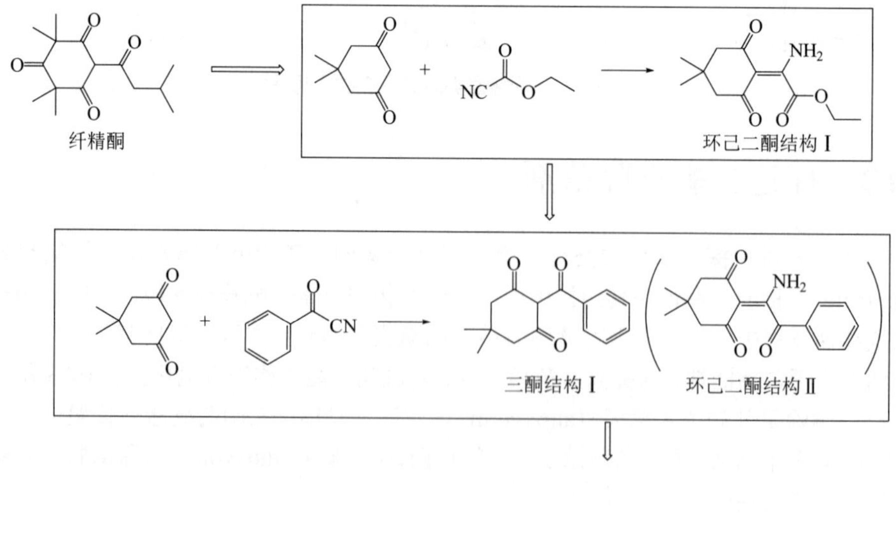

纤精酮　　　　　　　　　　　　　　　　　　　环己二酮结构Ⅰ

三酮结构Ⅰ　　　　环己二酮结构Ⅱ

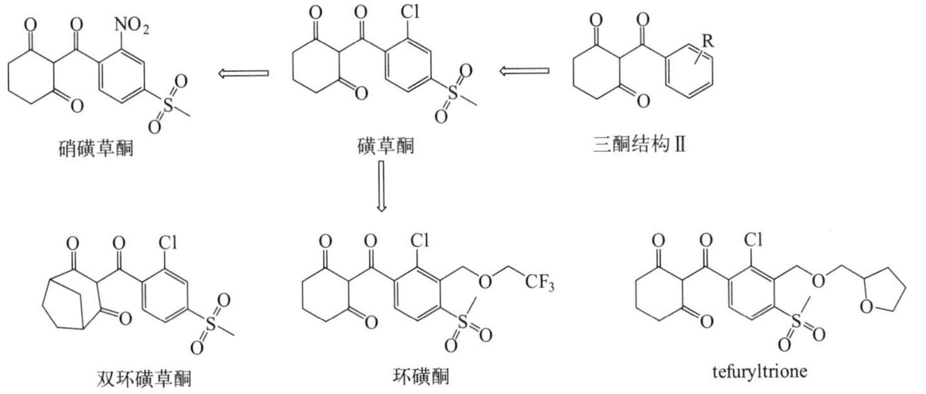

图 1-29 三酮类除草剂的发现历程

1.3.15 芳氧苯氧丙酸酯类除草剂

道化学公司研究 2,4-滴类似物时，用吡啶环替换 2,4-滴中的苯环得到具有除草活性的吡啶氧乙酸结构化合物。1971 年，赫斯特公司测试医用抗血脂候选性分子的除草活性时，发现禾草灵（diclofop-methyl）分子对禾本科杂草具有除草活性，并于 1972 年申请了专利。20 世纪 70 年代早期，日本石原产业公司也基于 2,4-滴和除草醚结构合成了禾草灵，发现该分子没有内吸活性。石原产业又基于吡啶氧乙酸结构与禾草灵结构，设计合成了吡氧苯氧乙酸酯结构，其活性比禾草灵高 10 倍以上，再经优化于 1980 年发现了吡氟禾草灵（fluazifop-butyl）分子，也是第一个芳氧苯氧丙酸酯类除草剂。此后，道化学、赫斯特、日产化学等各大公司加大对芳氧苯氧丙酸酯结构的优化，先后研制出氟吡甲禾灵（haloxyfop-methyl）、氰氟草酯（cyhalofop-butyl）、噁唑酰草胺（metamifop）、炔草酯（clodinafop）、喹禾糠酯（quizalofop-P-tefuryl）等产品（图 1-30）。

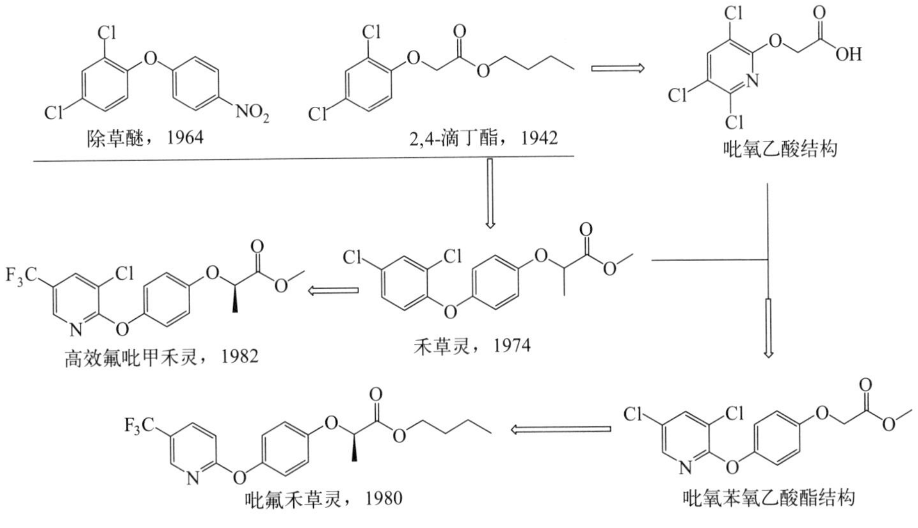

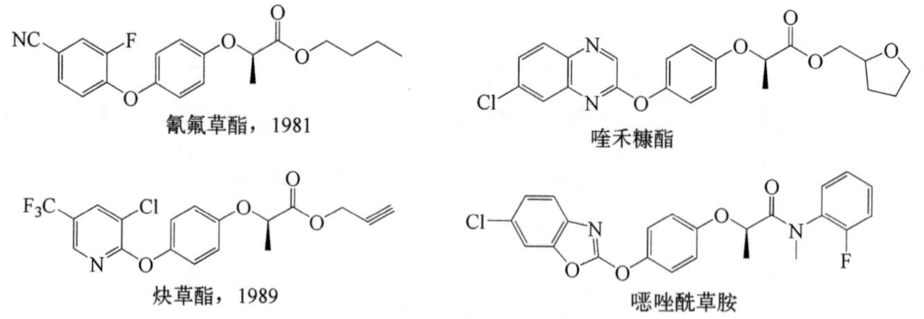

图1-30 芳氧苯氧丙酸酯类除草剂的发现历程

1.3.16 三唑并嘧啶磺酰胺类除草剂

三唑并嘧啶类除草剂是继磺酰脲和咪唑啉酮类抑制剂后的第三类乙酰乳酸合成酶（AHAS）抑制剂类除草剂。陶氏益农公司借鉴杀虫活性化合物 LY-131215 设计采用生物电子等排（bioisostere relationship）理论，即将苯甲酰脲杀虫剂结构中的酰胺键融合在噻二唑环中的方法（图 1-31），尝试将磺酰脲类除草活性化合物中一个酰胺键与杂环融合形成磺酰胺结构Ⅰ，接着将噁二唑环中的氧原子优化为氮原子，得到结构更为合理的磺酰胺结构Ⅱ，而且发现该结构的化合物具有较好的除草活性。为了进一步拓展磺酰胺结构Ⅱ的除草活性，将磺酰胺键翻转得到了三唑并嘧啶的磺酰胺结构，该结构表现出令人满意的除草活性，继而先后开发出唑嘧磺草胺（flumetsulam）、氯酯磺草胺（cloransulam-methyl）、双氯磺草胺（diclosulam）、五氟磺草胺（penoxsulam）等产品（图 1-32）。

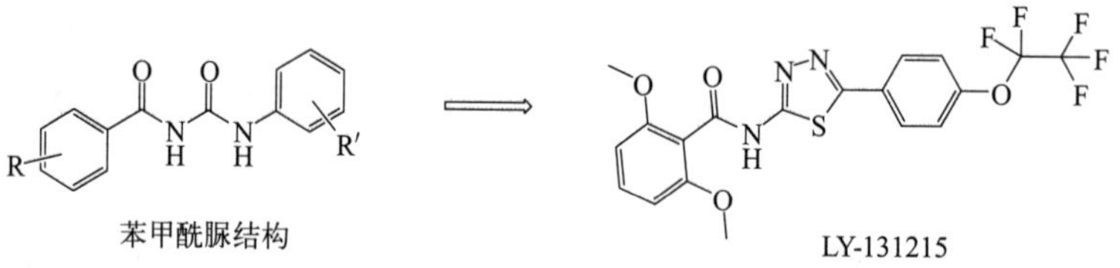

图1-31 活性分子设计中生物电子等排的应用

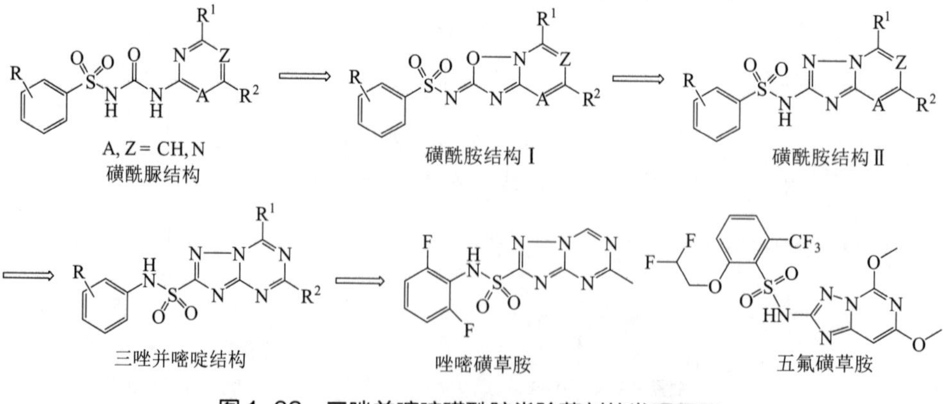

图1-32 三唑并嘧啶磺酰胺类除草剂的发现历程

1.4 杀菌活性化合物的发现及结构演变与发展

1.4.1 二硫氨基甲酸有机硫杀菌剂

杜邦公司 1931 年开始研究二硫代氨基甲酸衍生物，1934 年第一个二硫代氨基甲酸酯杀菌剂福美双（四甲基秋兰姆二硫化物，thirum）的专利获得授权，此产品在 1940 年主要用途是种衣剂。1942 年，福美铁（二甲基二硫代氨基甲酸铁）和与其紧密相关的福美锌（二甲基二硫代氨基甲酸锌，ziram）被合成和开发。1943 年，第一个福美系列的类似物代森钠（亚乙基双二硫代氨基甲酸钠，disodium ethylene bisdithiocarbamate，EBDC）开发为杀菌剂，1945 年代森锌进入市场。代森锌（亚乙基双二硫代氨基甲酸锌，zineb）是代森钠和硫酸锌反应后得到的产品。该产品被广泛用于防治马铃薯早疫病、晚疫病，后来扩展到其他蔬菜和水果作物。在不断的研究和开发下，1950 年另一个 EBDC 杀菌剂代森锰（亚乙基双二硫代氨基甲酸锰，maneb）获得专利授权，而且比代森锌更有效。1962 年，锌离子和代森锰构成的代森锰锌（亚乙基双二硫代氨基甲酸锰和 2% 锌离子，mancozeb）获得登记（图 1-33）。代森锰锌的产品稳定性、杀菌活性以及对作物的安全性均优于其他代森杀菌剂产品，也成为二硫代氨基甲酸盐类杀菌剂中最重要的产品。

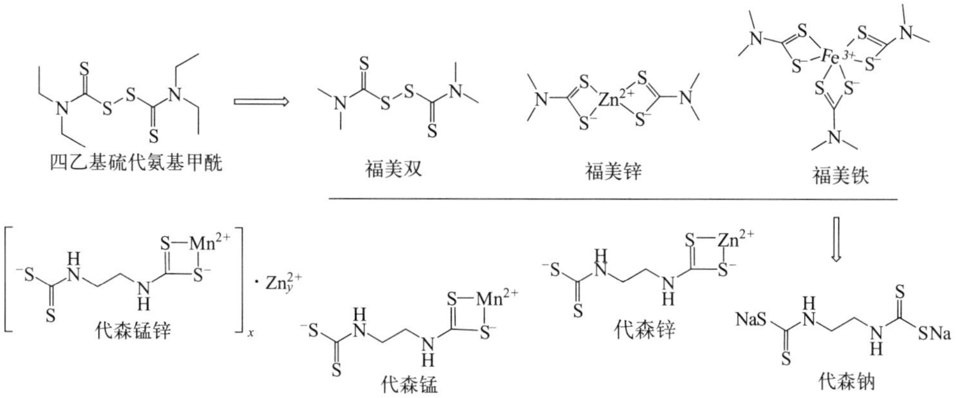

图 1-33 二硫代氨基甲酸盐类杀菌剂的发现历程

起初二硫代氨基甲酸盐杀菌剂在田间不能表现出稳定的杀菌活性。Heuberger 和 Manns 在代森钠中加入硫酸锌和石灰后，发现其在田间活性得到改善。二硫代氨基甲酸盐类杀菌剂在植物体内或者真菌体内被转化为亚乙基双硫代异氰酸酯(ethylene-bis-isothiocyanate, EBIC)（图 1-34），此物质会干扰真菌细胞质和线粒体中的不同生化过程。EBIC 也是硫醇抑制剂，能使酶的氨基酸巯基失活，也可以和金属酶形成络合物。所以，其会扰乱不同的代谢过程，如脂质代谢、真菌呼吸和三磷酸腺苷（ATP）的产生。

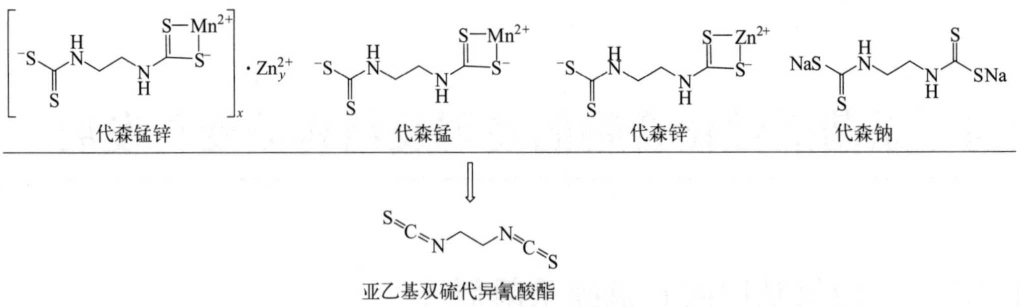

亚乙基双硫代异氰酸酯

图1-34 亚乙基双二硫代氨基甲酸盐类杀菌剂在病菌体内的转变

1.4.2 芳基酰胺类杀菌剂

酰胺类杀菌剂是通过三种不同的方法发现的：①随机筛选发现早期产品；②天然产物改造发现含吗啉环的产品，如烯酰吗啉、氟吗啉等；③近期的产品来自类似结构的再优化。

1960年美国发现水杨酰苯胺具有杀菌活性，主要用于日用品的防霉，商品名为防霉胺（水杨酰苯胺，salicylanilid）。美国有利来路公司于1966年发现具有杀菌活性的萎锈灵（carboxin）分子，其对担子菌类（谷物赤霉病、黑穗病等重要病原菌）及土传病害丝核菌病（*Rhizoctonia solani*）具有较高活性，并开发为种子消毒剂。接着，于1973年将萎锈灵氧化衍生得到其亚磺酸体——氧化萎锈灵（oxycarboxin），并将其开发为园艺用杀菌剂。巴斯夫公司将防霉胺中的羟基以甲基或者碘原子取代，分别于1969年和1986年发现了灭萎灵（mebenil）和麦锈灵（benodanil），将其用作大麦的种子消毒剂。

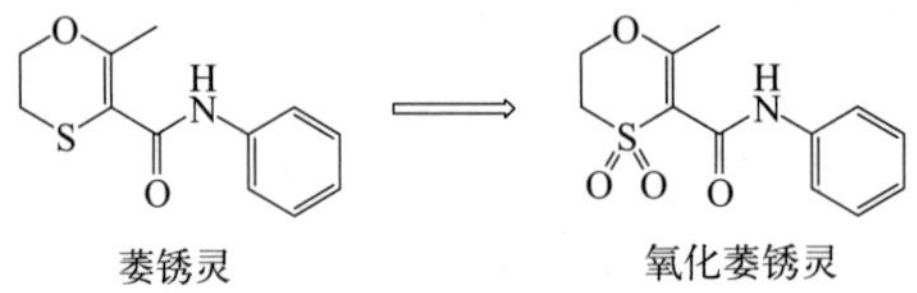

萎锈灵　　　　　　　　　　氧化萎锈灵

日本组合化学公司通过对担子菌类具有高活性的萎锈灵、氧化萎锈灵、灭萎灵、麦锈灵等化合物进行探讨，选择此类结构作为防治水稻纹枯病的药剂进行探索研究，于1980年发现了灭锈胺（mepronil）。与此同时，日本农药公司进一步用三氟甲基取代灭锈胺苯环上的甲基，发现了活性分子氟酰胺（flutolanil）（图1-35），氟酰胺具有施药窗口长的特点。

防霉胺　　　　　　　　灭萎灵，R＝CH₃　　　　　　　　氟酰胺
　　　　　　　　　　　麦锈灵，R＝I　　　　　　　　　　灭锈胺

图1-35 酰胺类杀菌剂的发现历程

氟酰胺在水稻纹枯病上的成功应用，以及灭锈胺与氟酰胺结构上均有一个异丙氧基，并参照残杀威的异丙氧基闭环发现克百威分子的思路，对结构再进行逐步优化，住友化学于

1989 年发现了呋吡菌胺（furametpyr）（图 1-36），其活性较灭锈胺和氟酰胺有大幅提高，特别是对水稻纹枯病等担子菌类。

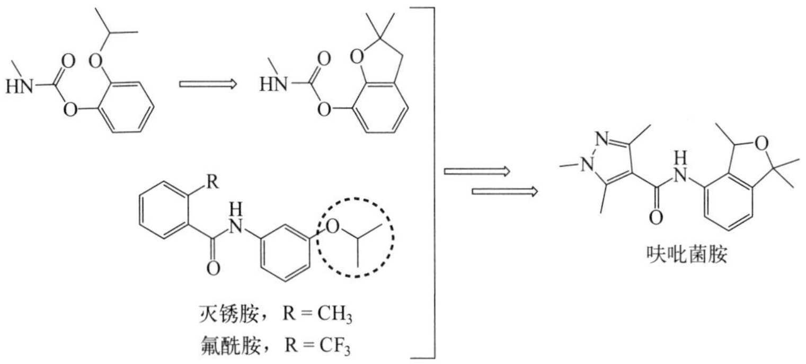

图 1-36　呋吡菌胺的发现历程

日本三菱化学也不断对该类化合物的结构和活性进行研究，确认了酰胺酸部分芳香环邻位取代基对化合物发挥杀菌活性具有重要作用。同时，为了扩大新化合物的杀菌谱，并保留氟酰胺防治纹枯病的特性，在新化合物设计合成中尝试以 2-氯烟酸代替原来的邻位取代苯甲酸，发现合成的化合物失去对稻瘟病的活性，但对纹枯病和灰霉病有效。接着，巴斯夫公司对灰霉病药效起着重要作用的苯胺部分邻位取代基进行优化，于 2003 发现了含有联苯基团的啶酰菌胺（boscalid）。同期日本三井化学，对酰胺的酸部分进行优化，发现了吡噻菌胺（penthiopyrad）（图 1-37）。随后，环丙酰菌胺（carpropamid）、双炔酰菌胺（mandipropamid）等一些列有相同作用机制的杀菌剂分子出现。

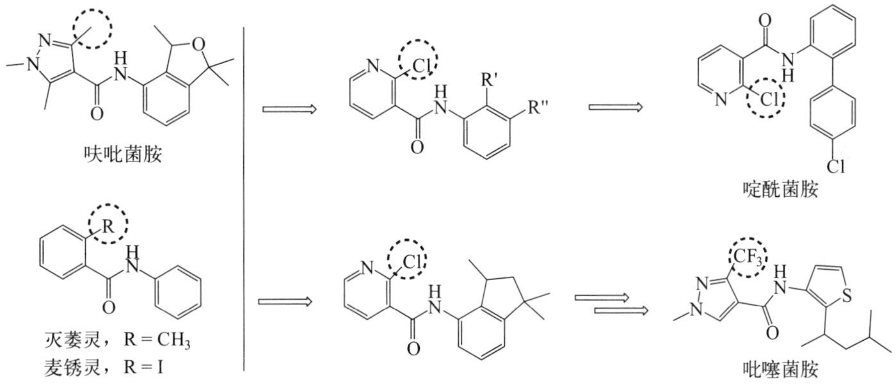

图 1-37　啶酰菌胺和吡噻菌胺的发现历程

1.4.3　羧酸酰胺类杀菌剂

德国巴斯夫公司在 1968 年首次开发了具有杀菌活性的吗啉类化合物十三吗啉，1988 年又合成 N-吗啉的肉桂酰胺类化合物，经过活性筛选发现了杀菌活性分子烯酰吗啉（dimethomorph），接着沈阳化工研究院刘长令和中国农业大学覃兆海对烯酰吗啉分子羧酸部分的芳香环进行修饰，于 2000 年和 2013 年发现杀菌剂活性分子氟吗啉（flumorph）和丁吡吗啉（pyrimorph）（图 1-38）。

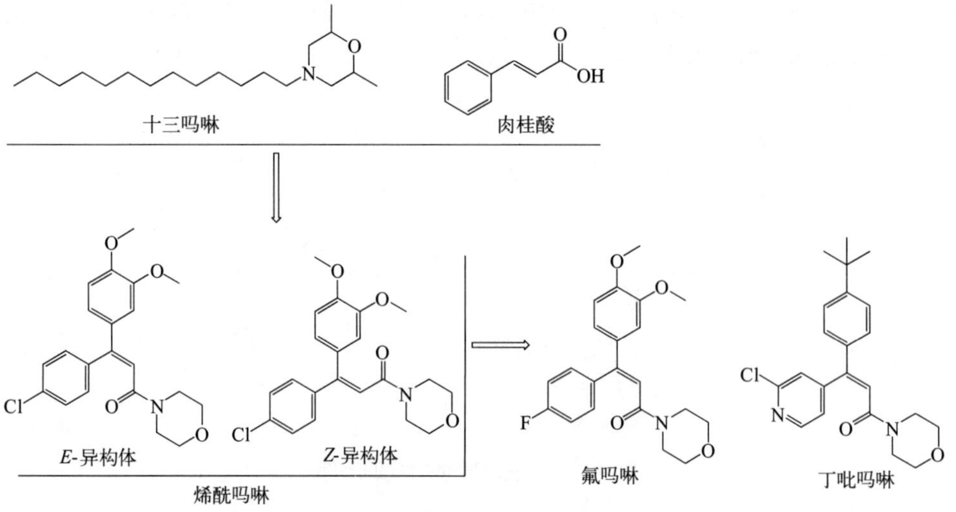

图 1-38　含吗啉环的羧酸酰胺类杀菌剂的发现历程

1.4.4　二羧酰亚胺类杀菌剂

20 世纪 50 年代，日本住友化学株式会社计划研发氨基甲酸酯类除草剂时，尝试利用生产丙烯腈的副产物 β-羟基腈 [$CH_3CH(OH)CN$] 合成了一系列氨基甲酸酯类化合物，没有发现具除草活性的化合物，但意外发现 N-苯基氨基甲酸酯结构（R=CN）的化合物具有杀菌活性。随后合成一系列相关化合物，发现该类结构中苯基为 3,5-二氯取代，R 为羧基、氰基或者烷氧羰基时，合成的化合物拥有高活性。此外，田间试验时发现，储存容器内的样品发生了环化反应变化，生成了 N-苯基噁唑啉酮结构的化合物。进一步研究发现，N-苯基噁唑啉酮结构化合物具有明显杀菌活性。接着，研究人员利用回归方程进行了大量结构与活性关系研究，并总结了结构及各取代基与活性的关系。20 世纪 60 年代灰霉病对大量使用的苯并咪唑类杀菌剂产生了抗性，各大公司不断对 N-苯基噁唑啉酮结构进行结构修饰，1976 年巴斯夫公司和爱尔兰 AgriGuard 公司先后开发了保护性杀菌剂乙烯菌核利（vinclozolin）和广谱性杀菌剂异菌脲（iprodione），1977 年日本住友化学公司开发了内吸性杀菌剂腐霉利（procymidone）（图 1-39）。

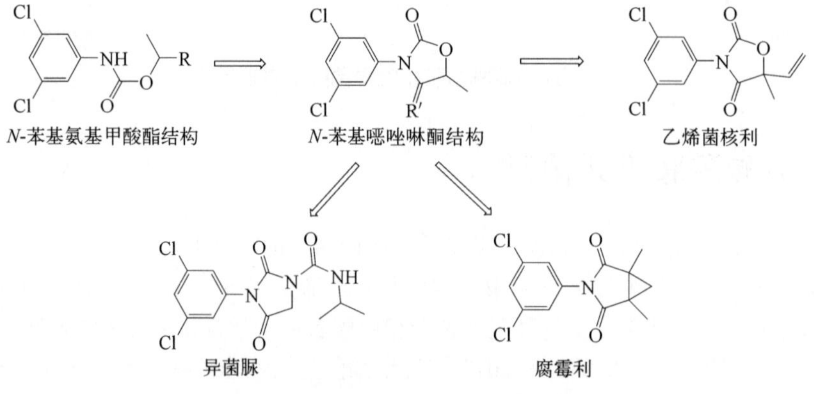

图 1-39　二羧酰亚胺类杀菌剂的发现历程

1.4.5　三唑类杀菌活性化合物的发现及三唑类杀菌剂

20世纪60年代，对植物体内萜、烯、酮、酚、水杨酸和茉莉酸等具有抗病抗虫活性的有机物质进行研究，Bayer公司发现环庚三烯衍生物及N-三苯甲基胺类化合物都具有生物活性，而且这些化合物在结构上有一个共同的特征，即都可以形成相对稳定的碳正离子，Büshel等推测很可能是相应的碳正离子干扰了生物体的代谢过程。进而基于含氮杂环是良好的离去基团，尝试将咪唑和三唑五元杂环中的氮原子同三苯甲基相连，合成了N-三苯甲基咪唑类化合物，并发现该类化合物对人体与植物的致病真菌和酵母均具有很好的活性，尤其是抑制粉状霉菌的活性特别引人注目。

随后，Büshel在优化N-三苯甲基含氮杂环结构时，发现含氮杂环咪唑和1,2,4-三唑是活性所必需的结构单元，而相应的吡唑、四唑、苯并咪唑的N-取代衍生物以及咪唑和三唑的碳取代衍生物的活性非常低或者几乎没有活性；在1,2,4-三唑中，仅1-位取代的衍生物具有好的杀菌活性，而相应的4-位取代的异构体几乎没有活性；杀菌活性分子中的三苯甲基单元可以被广泛修饰或者改变而不丧失活性，即碳正离子形成的难易与生物活性之间并不存在直接的联系。1973年Ragsdale和Sisler等在研究嘧菌醇（triarimol）的作用方式时，第一次提出该化合物是真菌甾醇生物合成抑制剂，该作用机制与开始的设想全然不同。随着对其作用机制的深入研究，研究人员不断进行结构设计和合成，发现了三唑酮（triadimefon）、三唑醇（triadimenol）、戊唑醇（tebuconazole）、氟环唑（epoxiconazole）、种菌唑（ipconazole）等含有三唑环结构，以及含有咪唑环的抑霉唑（imazalil）、咪鲜胺（prochloraz）、稻瘟酯（pefurazoate）、噁咪唑（oxpoconazole）等咪唑类结构的一系列杀菌剂（图1-40）。

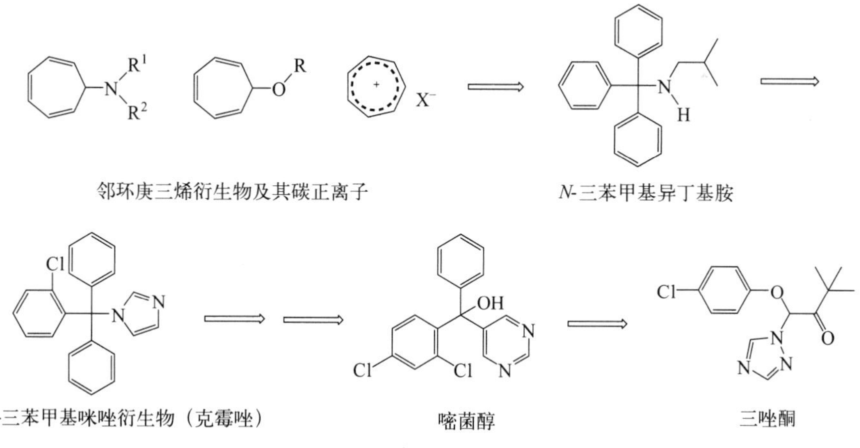

图1-40　三唑类杀菌剂的发现历程

1.4.6　嘧啶类杀菌剂

苯基氨基嘧啶类杀菌剂的发现非常有戏剧性。最初，日本K-1化学研究所和组合化学公司在进行ALS酶的潜在抑制剂——嘧啶羧酸类化合物的研发过程中，设想以N-苯基邻羟基苯甲醛亚胺和磺酰基嘧啶为原料，合成含有苯基亚氨基的苯基嘧啶基化合物，但是出人意料地得到了2-(N-苯基)氨基嘧啶结构的化合物，而且该化合物对灰葡萄孢菌表现出抑制活性。随后，研究组合成一系列苯氨基嘧啶化合物，并于 1985 年后先后筛选得到嘧菌胺（mepanioyrim）、嘧霉胺（pyrimethanil）和嘧菌环胺（cyprodinil）杀菌剂分子（图 1-41）。

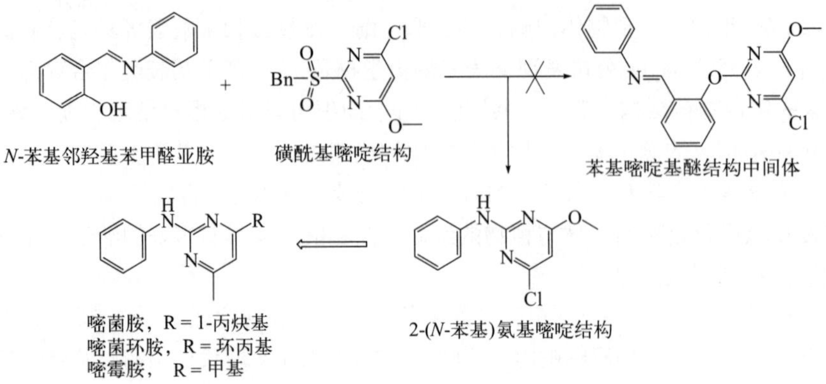

图 1-41 嘧啶类杀菌剂的发现历程

1.4.7 甲氧丙烯酸酯类杀菌活性化合物的发现及甲氧丙烯酸酯类杀菌剂

甲氧丙烯酸酯类杀菌剂是在天然产物 β-甲氧基丙烯酸酯的基础上发现的。最简单的天然 β-甲氧基丙烯酸酯是 strobilurin A 和 oudemansin A。它们光稳定性差，且挥发性高，虽然在离体或者温室条件下具有较好的活性，但不适宜作为农用杀菌剂。

两个相互独立的公司 ICI（后为捷立康，现为先正达公司）和巴斯夫公司在 20 世纪 80 年代初，以 strobilurin A 为先导化合物合成大量含 β-甲氧基丙烯酸酯的化合物，旨在不断改善其结构稳定性、提高其杀菌活性和内吸活性。经过大量的研究工作，于 1992 年发现第一个甲氧丙烯酸酯类杀菌剂嘧菌酯（azoxystrobin）（图 1-42）。随后，醚菌酯（kresoxim-methyl）、苯氧菌胺（metominostrobin）、肟菌酯（trifloxystrobin）、吡唑醚菌酯（pyraclostrobin）、氟嘧菌酯（fluoxastrobin）、丁香菌酯和啶氧菌酯（picoxystrobin）等系列产品不断出现。

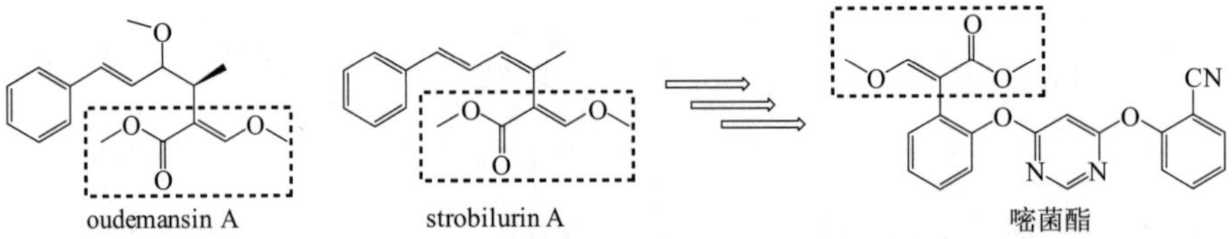

图 1-42 甲氧丙烯酸酯类杀菌剂的先导化合物及发现历程

1.4.8 吡啶甲酰胺类杀菌活性化合物的发现及吡啶甲酰胺类杀菌剂

20 世纪 90 年代中期，日本大阪市立大学 Uber 等从链霉菌属放线菌发酵液中分离得到天然抗菌化合物 UK-2A，随后日本明治制果株式会社联合科迪华（原陶氏益农公司）对 UK-2A

结构衍生，在 2010 年前后发现可商品化的杀菌剂新分子 fenpicoxamid。fenpicoxamid 由天然化合物 UK-2A 通过发酵衍生而来，拥有良好的毒理学特性，是新型吡啶酰胺类（picolinamides）谷物用杀菌剂中的第一个成员。该杀菌剂在作物体内转化为 UK-2A，然后同新的靶标位点结合，抑制真菌复合体Ⅲ Qi 泛醌（即辅酶 Q）键合位点上的线粒体呼吸作用而发挥杀菌活性。因此，fenpicoxamid 与现有任何谷物用杀菌剂无交互抗性，包括三唑类、甲氧基丙烯酸酯类和琥珀酸脱氢酶抑制剂类（SDHIs）杀菌剂。科迪华对 fenpicoxamid 的结构进一步修饰，发现了新的吡啶甲酰胺类杀菌剂 florylpicoxamid（图 1-43），其可控制壳针孢属、链格孢属、葡萄孢菌等病原菌。

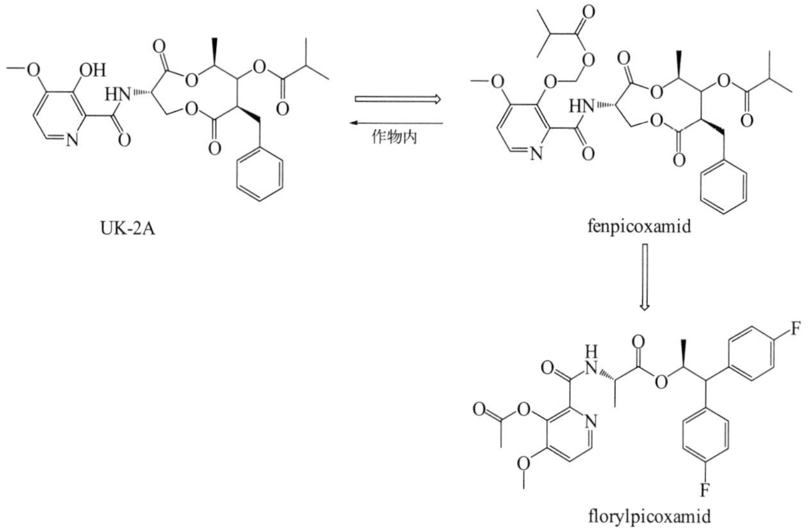

图 1-43　吡啶甲酰胺类杀菌剂的发现历程

农药分子结构和生物活性的关系研究提高了农药活性分子发现效率的同时还降低了成本，这也吸引了各国科学工作者参与其中。随着计算机和人工智能的发展，满足现代农业实践的农药活性分子会不断出现。展望未来，新技术、新反应会不断赋能农药合成化学，满足环境保护和安全生产需要的合规农药生产将会持续发展。

参考文献

[1]　Umetsu N，Shirai Y. Development of novel pesticides in the 21st century. Journal of Pesticide Science, 2020, 45(2): 54-74.

[2]　杨华铮，邹小毛，朱有全，等. 现代农药化学. 北京: 化学工业出版社, 2013.

[3]　刘长令. 世界农药大全: 除草剂卷. 北京: 化学工业出版社, 2002.

[4]　刘长令，柴宝山. 新农药创制与合成. 北京: 化学工业出版社, 2013.

[5]　Marek J, Lenka B. The juvenile hormone receptor as a target of juvenoid "insect growth regulators". Archives of Insect Biochemistry and Physiology, 2020: 103, e21615.

[6]　张一宾. 芳酰胺类杀菌剂的沿变——从萎锈灵、灭锈胺、氟酰胺到吡噻菌胺、啶酰菌胺. 世界农药, 2007, 19: 1-7.

[7]　Lamberth C. Carboxylic acid amide fungicides for the control of downy mildew diseases. Bioactive

Carboxylic Compound Classes, 2016: 395-403.

[8]   Gary D C, Thomas C S, Joseph S, et al. Recent advances in the chemistry of spinosyns. Pest Management Science, 2001, 57: 177-185.

[9]   Jeffrey B E, Paul R S, Gary D C. Fifty years of herbicide research: comparing the discovery of trifluralin and halauxifen-methyl. Pest Management Science, 2018, 74 (1): 9-16.

[10] Jeffrey B E, Anita L A, Terry W B, et al. The discovery of Arylex[TM] active and Rinskor[TM] active: Two novel auxin herbicides. Bioorganic & Medicinal Chemistry, 2016, 24(3): 362-371.

[11] LeBaron H M, McFarland J E, Burnside O C. History of the discovery and development of triazine herbicides. Triazine Herbicides, 2008: 13-29.

[12] Akhavein A A, Linscott D L. The dipyridylium herbicides, paraquat and diquat. Residue reviews, 1968, 23: 97-145.

第2章
有机化合物的结构及有机化学反应

2.1 有机化合物结构中的电子效应及共价键的形成

2.1.1 原子的电子结构及成键性

2.1.1.1 碳原子的电子结构及成键性

基态碳原子的外层电子排布是 $2s^2 2p_x^1 2p_y^1$，显然外层的 p_x、p_y 是不饱和轨道，p_z 是空轨道。当碳原子参与化学反应时，2s 轨道上的一个电子跃迁到 2p 轨道而呈激发态，跃迁所需能量为 795kJ/mol，与其他原子成键时，放出的能量补偿了跃迁能而有余，使生成的新分子处于稳定状态。例如 CH_4 的 C–H 键的键能为 413kJ/mol，形成四个 C–H 键放出的能量除补偿电子激发所需能量外，还富裕很多，从而使 CH_4 分子能量低而稳定。这一事实给杂化轨道理论提供了实验依据。

当 2s 电子跃迁后，一个 s 轨道电子和三个 p 轨道电子以均等的比率相互杂化，形成四个新的 sp^3 杂化正交轨道。以甲烷分子为例，四个杂化轨道的轴互成 109°28′，如果碳原子在中心位置，四个氢原子正好处于正四面体的四个顶点，形成的四个键在碳原子周围的空间中均匀分布，该种构型有利于成键和新形成分子的稳定（图 2-1）。

图 2-1 甲烷分子

碳原子除了进行 sp^3 杂化以外，还可发生 sp^2 和 sp 的杂化。sp^2 杂化轨道由一个 s 轨道和两个 p 轨道杂化而成，形成的三个 sp^2 杂化轨道在一个平面上互成 120°角；sp 杂化轨道是由一个 s 轨道和一个 p 轨道杂化而成的。s 轨道成分愈多的杂化轨道构成的共价键，其键能愈大。例如，sp 杂化轨道所构成的键最稳定，sp^2、sp^3 所构成键的稳定性依次减弱。

有机化学中碳原子与其他原子所构成的主要为共价键。在乙烯（图 2-2）和乙炔（图 2-3）分子中，由氢原子的 s 轨道和碳原子的 sp^2 或者 sp 杂化轨道重叠形成σ键，其键中的电子云呈轴对称状，而两个碳原子中未参与杂化的 p 轨道彼此平行重叠构成π键，其键轴的平面是轨道的对称面。

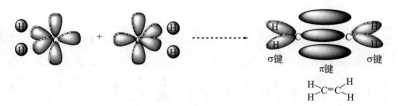

图2-2 乙烯分子中 σ 键和 π 键

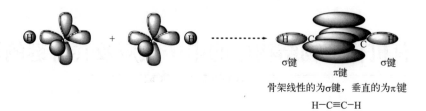

骨架线性的为σ键，垂直的为π键

H—C≡C—H

图2-3 乙炔分子中 σ 键和 π 键

2.1.1.2 氧和硫原子的电子结构及成键性

基态氧原子的最外层电子结构为 $2s^2 2p_x^2 2p_y^1 2p_z^1$。以水分子为例氧原子杂化后形成四个 sp^3 轨道，两对孤对电子各占一个轨道，剩余的两个轨道与氢原子成键。由于孤对电子、原子之间的空间排斥作用，成键后的键角既不是 90°也不是 109°28′。

水分子的电子结构

碳原子与氧原子成键时，有两种情形。其一是碳原子的一个 sp^3 杂化轨道与羟基氧相连形成醇结构；其二是碳原子的一个 sp^2 杂化轨道与氧原子杂化轨道以 σ 键相连，而碳氧中未参与杂化的 p 轨道此时正好相互平行，形成 π 键而成为羰基。

基态硫原子最外层电子结构为 $3s^2 3p_x^2 3p_y^1 3p_z^1 3d^0$。硫原子 3s 和 3p 轨道杂化形成的 sp^3 杂化轨道与其他原子成键情况和氧原子大体相同，但硫原子含有 3d 轨道，因此在形成 π 键时与氧原子有所区别。碳原子与氧原子形成 π 键时 2p 轨道相互重叠，由于形状和能量相近，相互重叠较多，形成的 π 键也较为稳定。然而碳原子与硫原子形成的 π 键是碳原子 2p 轨道与硫原子 3p 轨道重叠，由于能量和形状的差异重叠较少，形成的硫代羰基（C=S）化合物稳定性弱于类似的羰基化合物。在实际反应过程中，硫原子的 d 轨道也会参与杂化，其中 sp^3d 杂化和 sp^3d^2 杂化比较重要，这两种杂化轨道参与形成的分子构型分别是三角双锥和八面体。

2.1.1.3 氮和磷原子的电子结构及成键性

基态氮原子外层电子结构是 $2s^2 2p_x^1 2p_y^1 2p_z^1$。以氨分子为例，氮原子与氢原子成键时，如果仅通过氮原子 p 轨道形成三个键，理论上键角应为 90°。然而，实际则是氮原子最外层电子通过杂化形成四个 sp^3 杂化轨道，进而参与成键，形成分子。该分子中，孤对电子占据正四面体的一个顶点，三个质子占据另外三个顶点，由于孤对电子与三个质子的电荷性质和体积大小的差异，该分子不呈正四面体构型。同时，裸露在外的孤对电子易与亲电试剂结合，或者说,它易受到亲核试剂进攻而形成季铵离子。氮原子的 2p 轨道也很容易与其他原子的 2p 轨道相互交盖构成 π 键,而形成亚胺、硝基和亚硝基等结构。

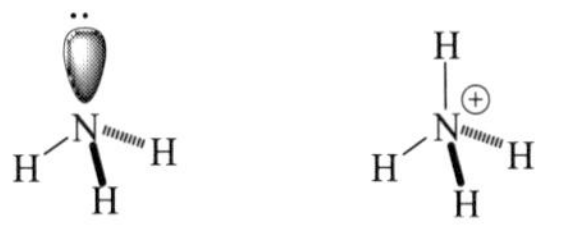

氨和季铵离子的电子结构

基态磷原子的外层电子结构是 $3s^2 3p_x^1 3p_y^1 3p_z^1 3d^0$,与氮原子相似,在与其他原子成键时,以 sp^3 杂化轨道参与形成四个 σ 键,但与氮原子不同的是,一个电子可跃迁至 d 轨道与其他原子 p 轨道重叠形成 π 键。其轨道的主体形状仍是一个不规则的四面体。同样,磷原子的 3p 轨道与其他原子的 2p 轨道重叠很少,难以形成稳定的 π 键。例如,氮原子可通过 π 键形成偶氮化合物、亚硝基化合物及腈,而磷原子则难以形成相应的化合物,或者形成的相应化合物很不稳定;磷原子的 sp^3d 杂化轨道可以参与构成 5 个 σ 键,如化合物 PCl_5,而氮原子却由于缺少 d 轨道而不能形成类似结构的化合物。

2.1.2 分子中电子云的分布

2.1.2.1 诱导效应

不同原子之间成键时,由于电负性不同,键内的电子云不能均匀分布在两个原子之间,这样构成的键叫极性键。在有机化合物中,当任何原子或基团取代 C-H 键中的质子时,键内电子云的分布会发生相应变化。例如:三氯乙醛分子中,连接 α-碳原子的三个氯原子具有强烈的诱导效应 (inductive effect),使它与乙醛的性质有显著差异。三氯乙醛在空气中不稳定,易吸水形成稳定的水合三氯乙醛 (图 2-4)。

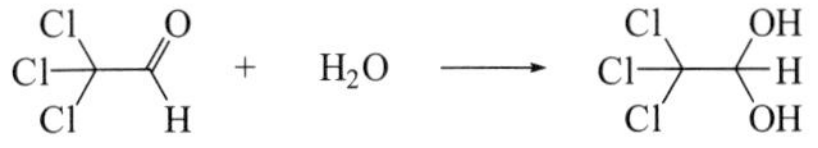

图 2-4 水合三氯乙醛的形成

三氯乙醛遇醇可形成半缩醛和缩醛 (图 2-5),而乙醛相对稳定。

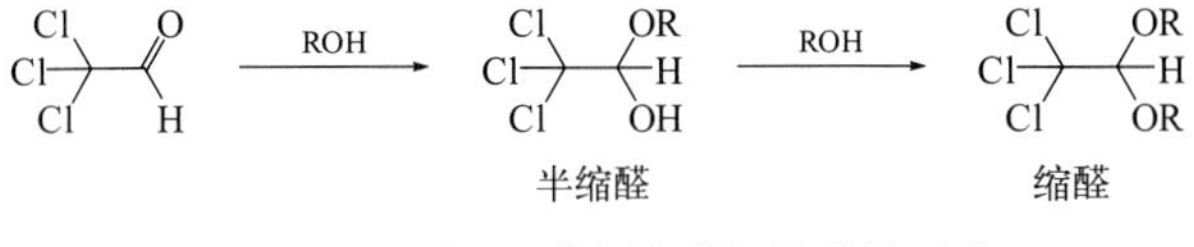

图 2-5 三氯乙醛半缩醛和缩醛的形成

一氯醋酸的酸性 (pK_a=2.8) 强于醋酸的酸性 (pK_a=4.7),也是受到氯原子诱导效应的影响。

如果取代原子或基团的电负性大于氢原子,那么该原子或基团为吸电子基团,用下式表示吸电子效应。

$$\overset{\delta-}{Y}\text{——}\overset{\delta+}{CR_3} \quad \text{Y为吸电子基团}$$

反之,如果取代原子或基团的电负性小于氢原子,那么该原子或基团为给电子基团,可用下式表示给电子效应。

$$\underset{Y——CR_3}{\overset{\delta+\quad\ \ \delta-}{}} \qquad \text{Y为给电子基团}$$

诱导效应的强弱是由原子或基团的电负性所决定的。一般来说，在同族元素中，原子量愈大，电负性愈小，吸电子能力愈弱；在同周期元素中，原子量愈大，吸电子能力愈强。测定取代酸强度或取代衍生物偶极矩可确定诱导效应的大小。下列各基团的吸电子诱导效应从甲基开始不断增大：

$$\longleftarrow —F, \ —Cl, \ —Br, \ —I, \ —OCH_3, \ —NHCOCH_3, \ —C_6H_6, \ —CH=CH_2, \ —H, \ —CH_3$$

如果静电诱导沿着单键（或双键中的 δ 键）传递，且是分子静止状态时固有的极性引起，则为静态诱导效应。如上述提到的三氯乙醛、一氯醋酸。相应地，动态诱导效应则是由于外来因素的影响引起分子中电子云状态的临时改变所引起的。动态诱导效应的强弱是由原子或基团参与成键电子的极化度来决定的。在同族或同周期元素中，原子电负性愈大，对电子的约束性愈大，动态诱导效应愈小。在含有双键或三键的化合物中，不饱和程度愈大，动态诱导效应愈大。例如，乙烯在极性溶剂中会发生如下瞬间极化：

$$\underset{H_2C=CH_2}{\overset{\delta+\quad\ \delta-}{}}$$

2.1.2.2　共轭效应

共轭效应（conjugative effect）存在于共轭体系中，共轭效应是通过 π 键传递的，最常见的共轭体系是 π-π 共轭（$CH_2=CH-CH=CH_2$）和 p-π 共轭（$CH_2=CH-Br$）。与诱导效应类似，也有动态共轭与静态共轭之分，静态共轭效应是共轭体系中内在的性质，例如 1,3-丁二烯电子云分布是对称的，在受试剂电场影响下，电子云重新分布，而发生动态共轭效应。

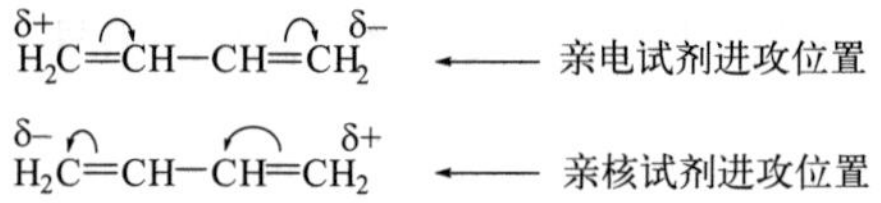

$$\underset{H_2C=CH-CH=CH_2}{\overset{\delta+\qquad\qquad\quad\delta-}{}} \longleftarrow \text{亲电试剂进攻位置}$$

$$\underset{H_2C=CH-CH=CH_2}{\overset{\delta-\qquad\qquad\quad\delta+}{}} \longleftarrow \text{亲核试剂进攻位置}$$

丙烯醛和氯乙烯属于不对称结构，分子中存在静态共轭效应。它们在试剂的影响下，易产生动态共轭效应，加强了原来静态共轭时电子云的偏移。

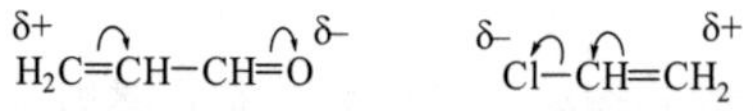

$$\underset{H_2C=CH-CH=O}{\overset{\delta+\qquad\qquad\delta-}{}} \qquad \underset{Cl-CH=CH_2}{\overset{\delta-\qquad\quad\delta+}{}}$$

由此可见，共轭效应的产生是 π 轨道中电子容易移动的结果，其强弱取决于组成共轭体系的原子或基团以及组成的形式。一般情况下，同族元素组成的取代基，原子量越小，形成的 π 键越牢固，π 电子活性越强，共轭效应也越强，如氯乙烯的共轭效应大于溴乙烯；对同周期元素组成的取代基，原子量越大，电负性越大，共轭效应也越强。如：C—O > C—N > C—C 等。

共轭效应影响着化合物的化学行为，例如羧酸分子中羟基氧原子的未共用电子对与羰基 π 电子共轭，使羟基氢较易解离，因此羧酸具有酸性（图 2-6）；对硝基苯酚的酸性（pK_a=7.14）强于间硝基苯酚（pK_a=8.40）、烯醇式 1,3-二酮具有微弱的酸性、酰胺显中性或弱酸性等都是由共轭效应引起的。

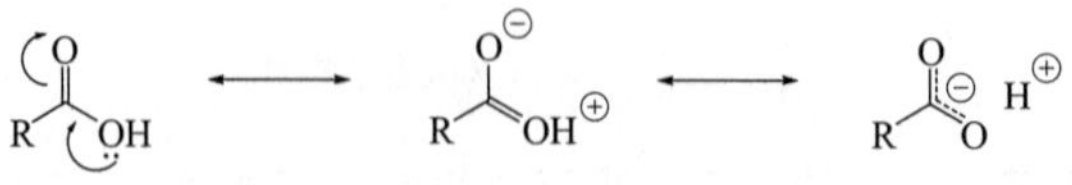

图 2-6　羧酸分子的共轭效应

2.1.2.3 超共轭效应

单键与双键的 σ-π 共轭、单键和相邻碳原子 p 轨道的 σ-p 共轭属于特殊的电子转移效应，也叫超共轭效应。例如，C–H 构成的 σ 键可发生电子离域，补偿相邻带正电荷碳原子的电子贫电性，提升正电荷烷基离子的稳定性，因而 $(CH_3)_3C^+$、$(CH_3)_2CH^+$、$(CH_3)CH_2^+$、$CH_3CH_2^+$、CH_3^+ 的稳定性依次降低。羰基化合物 α-碳原子上氢的活泼性也可以用超共轭效应来解释。

2.1.3 有机化学反应中共价键的形成

2.1.3.1 静电吸引导致的共价键形成

有机化合物的分子内部不是静止的，各个键时刻都在伸缩和弯曲振动；分子在空间中也不是静止的，它们之间在不停地相互碰撞。这样的运动如果足够剧烈，便会出现旧键断裂和新键形成，即发生了有机化学反应。

有机化合物分子的外层电子会排斥分子间的相互靠近或者碰撞，但是当分子出现瞬时极化，或者转化为带有相异电荷离子时，带有不同电荷的物质之间便出现静电吸引力。当阳离子和阴离子相互之间的静电吸引超过外层电子的排斥时，就可以发生碰撞而引起化学反应。例如，氯代烷和碘化钠在丙酮中反应时，除了生成碘代烷，氯离子（Cl^-）和钠离子（Na^+）也通过静电作用形成具有离子晶体结构的氯化钠沉淀。但是有机反应中，由无机离子之间的吸引引起的反应是非常少见的。常见的是带电荷的试剂（带正电荷的阳离子或者带负电荷的阴离子）同极性化合物之间因吸引而引起的反应（图 2-7）。

图 2-7 羰基极性引起的静电吸引

极化可以通过 σ 键产生，例如由于氟原子的强电负性，三氟化硼中氟硼键通过 σ 键发生极化而使硼原子带有部分正电荷，带正电荷的硼原子容易被丙酮中极性负电荷端吸引（图 2-8）。

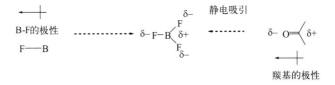

图 2-8 三氟化硼极性引起的静电吸引

有机化合物中 σ 键、π 键的极化，或者某个原子中由于空轨道、孤对电子的存在所导致的分子成键电子不平衡，均会使分子产生极性。除了极性引起的相互吸引外，轨道重叠也可以使两个分子发生反应。

2.1.3.2　轨道重叠导致的化学键形成

一些有机反应也可发生在两个完全没有极性的化合物之间，例如对称的烯烃和对称溴分子之间可以发生简单的加成反应。液溴中的溴原子虽含有孤对电子但在实验中却发现是烯烃中的电子流向溴原子，这与上文所讨论的静电作用相反，可见该反应不是依靠静电吸引发生的。事实上，这个反应能够发生的基础是溴原子具有可以接收电子的空轨道。该空轨道同三氟化硼中硼原子的空轨道不同，是溴原子的反键轨道。两个化合物之间的吸引力是充满电子的 π 键轨道和没有电子的反键轨道之间的相互作用，很多反应均通过此种作用发生。无论何种方式，有机化学反应都与电子从一个位点转移到另一个位点有关。

2.1.3.3　电子流动是形成共价键的关键

从根本上讲，大多数有机化合物是极性的。随着反应的进行，电子从一个分子转移到另一个分子。电子给予体称为亲核试剂，电子接受体则为亲电试剂。反应物之间的电荷吸引是化学反应的主要驱动力。例如，负离子作为亲核试剂，正离子作为亲电试剂，离子之间依靠电荷特性相反相互吸引而生成一个新的键（图 2-9）。

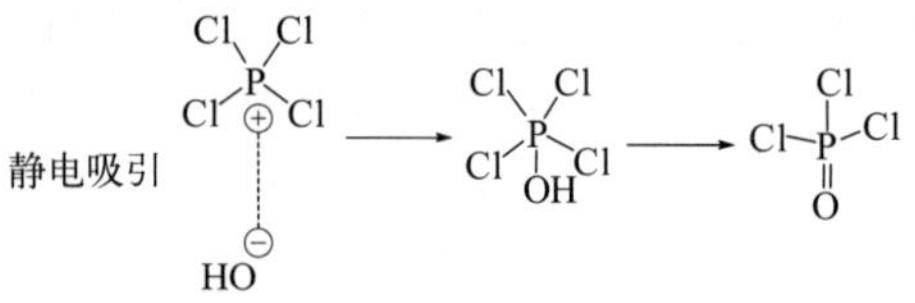

图 2-9　季镓离子和氢氧根反应生成三氯氧磷

部分反应通过将孤对电子转移到空轨道的方式进行。例如三甲胺和三氟化硼的反应，氮原子上的孤对电子和硼原子上的空 p 轨道之间发生作用，形成配位键（图 2-10）。

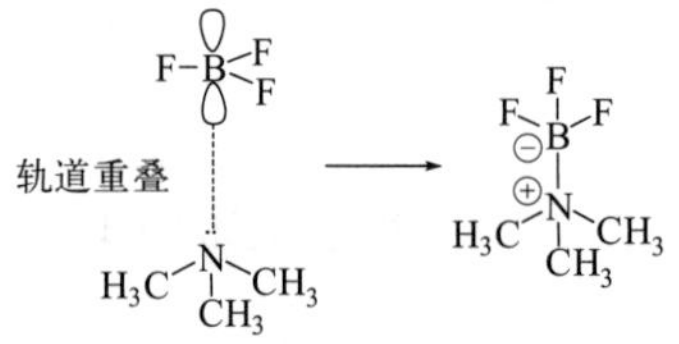

图 2-10　三氟化硼三甲胺盐的形成

在反应中，描述电子从一个分子转移到另一个分子的过程经常以弯曲的箭头来表示，该方法非常简单明了（图 2-11）。

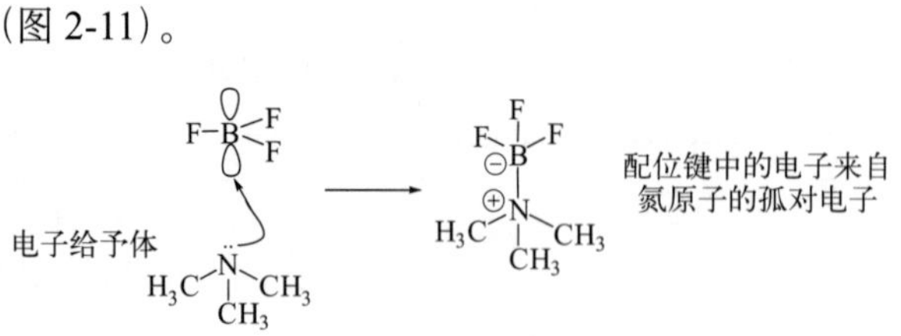

图 2-11　三氟化硼的三甲胺盐形成中的电子流动

2.1.3.4　轨道重叠需要一定的角度和能量

静电吸引提供了反应的驱动力，氯离子和钠离子属于球形离子，两个离子在任何角度的碰撞，都可以促成反应的发生。但在有机分子的反应中，由于分子的轨道是具有方向性的，所以只有分子间的两个轨道协同发生有效碰撞，才有可能形成一个新的键（图2-12）。

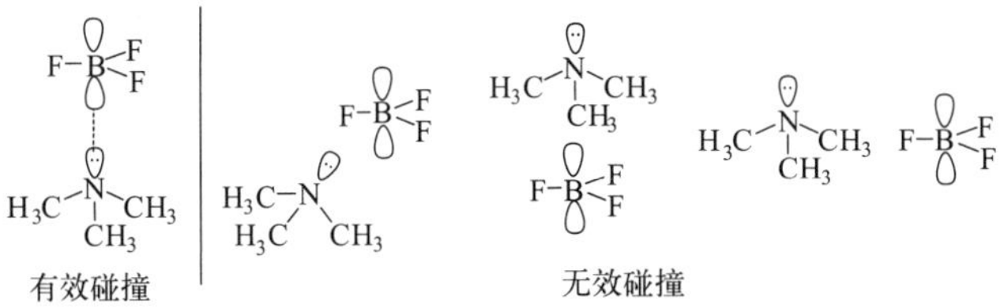

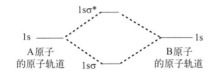

图2-12　三氟化硼和三甲胺分子的有效碰撞和无效碰撞

除了方向外，有效的碰撞还需要轨道具有合适的能量，这样电子才会从成键轨道转移到空轨道。一般情况下，成键轨道的能量低于空轨道，电子要发生转移，需要提升自身的能量，使之和空轨道的能量相匹配，能量提升的部分就是所谓的反应活化能。如果两个轨道之间的能量差别较大，仅有少数分子的能量能够提高到所要求的水平，这样的反应便较难发生；而当电子填充轨道和空轨道的能量相近时，反应则容易进行。

实际上，当A原子的原子轨道和B原子的原子轨道发生反应时，会形成一个能量低于两个原子轨道的分子成键轨道和一个能量高于两个原子轨道的未成键分子轨道，并放出较多能量（图2-13）。

图2-13　由两个原子轨道形成的分子轨道

2.1.3.5　亲核试剂贡献高能电子给亲电试剂形成共价键

亲核试剂通常为带有孤对电子的中性分子或者带有负电荷的离子，它能够将电子提供给亲电试剂，其中非成键孤对电子参与键的亲核试剂是最普遍的类型。通常情况下，它们含有O, N, P或者S等杂原子。例如中性分子氨、水、三甲基膦和二甲硫醚，其sp^3杂化轨道中都含有孤对电子，属于电子供体。第六主族的氧原子和硫原子具有两对未成键孤对电子，能量上相等，且高于相应成键电子。

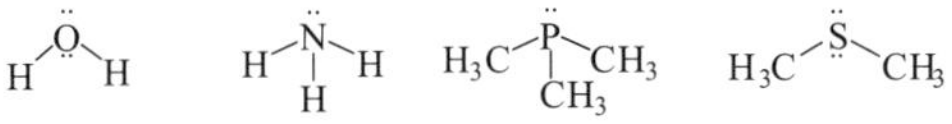

含杂原子分子中的孤对电子

负离子也可以是亲核体，图2-14中第一行是含有氧原子、硫原子以及卤素等的负离子。作为亲核体的基本结构，第二行显示了该亲核体中全部孤电子对，所有电子对都是等价的，不能将负电荷分配到任何一对孤对电子上。

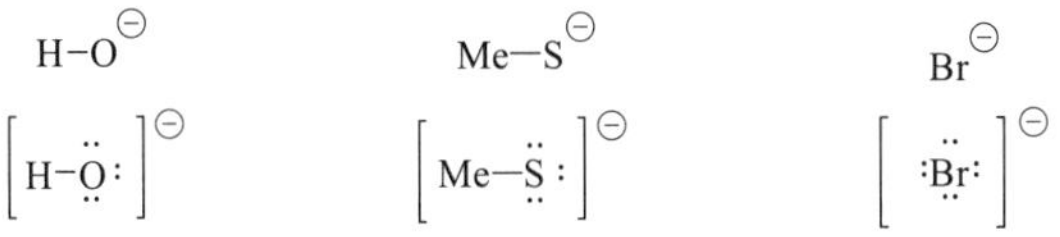

图2-14　负电荷离子中的孤对电子

在含有孤对电子的碳亲核体中，氰根离子是一个典型代表（图 2-15）。线性的氰根离子中氮原子和碳原子均有孤对电子，亲核原子不是中性的氮原子而是带有负电荷的碳原子，原因是带有负电荷的碳原子 sp 轨道比强电负性氮原子的能量高。然而，在大多数含有碳原子的负离子亲核体中杂原子是亲核原子，如图 2-14 中所述的甲硫基负离子。

图 2-15　氰基中的孤对电子

无孤对电子的中性碳亲核体通常以 π 键作为分子的亲核部分，因为当没有孤对电子占据高能非键轨道时，能量高于 σ 键的 π 轨道更易于贡献电子作为亲核体参与反应。简单的烯烃是弱的亲核体，能够和强的亲电体如溴分子发生反应，烯烃将 π 电子贡献给液溴分子的非键轨道，发生反应生成二溴烷烃（图 2-16）。

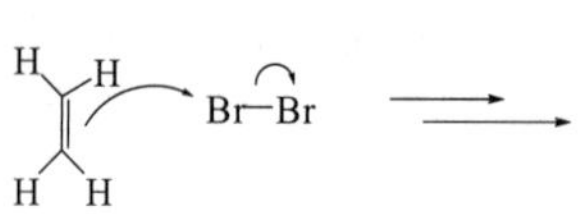

图 2-16　π 键作为亲核体

σ 键也可作为亲核体，如 BH_4^- 中的 B—H 单键能够贡献电子给羰基的非键轨道，生成相应的醇（图 2-17）。

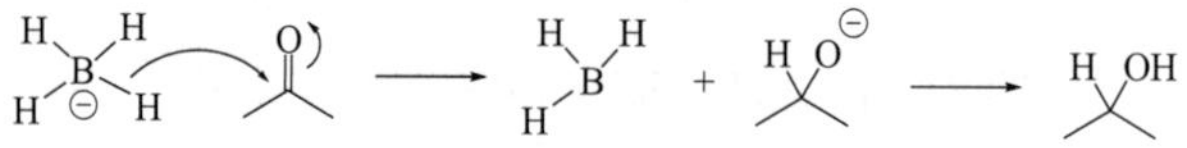

图 2-17　σ 键作为亲核体

2.1.3.6　具有低能量空轨道的亲电体

中性或者带有正电荷的物质，由于具有空的原子轨道或者低能量的反键轨道，也可成为亲电体。最简单的亲电体是质子，其只有 1s 空轨道，完全不含电子。质子非常活泼，几乎无法分离，而且任何亲核体都可以与它发生反应（图 2-18）。

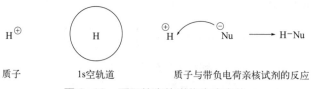

质子　　　　　　1s空轨道　　　　质子与带负电荷亲核试剂的反应
图 2-18　质子的空轨道作为亲电体

氢氧根和质子结合生成水，该反应是电荷控制，生成的水分子继续和质子反应得到质子化的水分子，在水溶液中为强酸（2-19）。

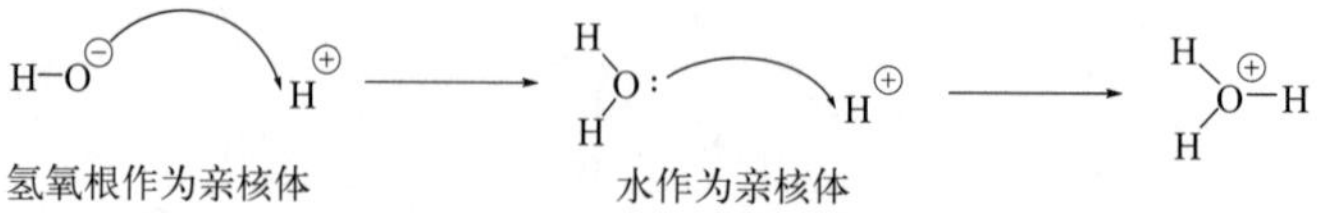

氢氧根为亲核体　　　　　　水作为亲核体
图 2-19　水的质子化

通常情况下，质子是酸而不是亲电体，然而酸也是一种特殊的亲电体。同理，路易斯酸 BF_3 和 $AlCl_3$ 中的中心原子具有空的 p 轨道，也是亲电体。例如，$AlCl_3$ 作为路易斯酸能够和水发生剧烈反应，其原因是铝原子上的空轨道被水亲核进攻，最终生成 Al_2O_3（图 2-20）。

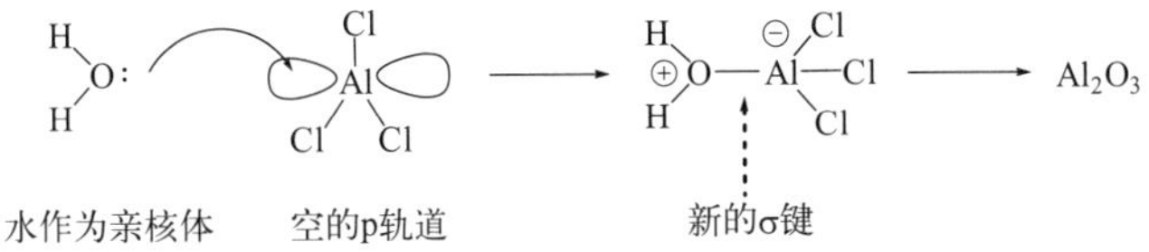

图 2-20　$AlCl_3$ 空轨道作为亲电体

2.2　有机合成化学反应中化合物的酸性、碱性和 pK_a

农药活性化合物或者有机化合物的合成中，需要进行碳-碳键的构建，或者在特定位置进行功能团引入、转换等反应。很多情况下，反应需要由酸或碱将反应物质子化或者去质子化，提高反应物的活性，而酸或碱的选择同反应物本身的 pK_a 相关。因此，全面理解有机化合物的酸碱性、pK_a 以及酸碱化学在有机化学反应中的作用有助于掌握不同反应的机理，进而基于机理设计绿色、清洁的化学反应。

2.2.1　有机化合物的酸性或者酸度

酸性分子 HA 和碱性分子 B 之间的反应可以简单表示如下：

$$HA + B: \xrightleftharpoons{K_a} HB^+ + A^-$$

这一过程也可表述为：酸性分子中的氢原子以质子的形式转移至碱 B，生成碱的共轭酸（HB^+）和酸的共轭碱 A^-。在一定条件下，该反应是一个平衡反应，其平衡常数或者酸性常数为 K_a。该反应的平衡点直接和 HA 的酸性强弱相关，HA 的酸性较强时，其质子较容易被碱 B 的孤对电子捕获，使平衡向右移动，K_a 较大；反之，HA 的酸性较弱，则不容易离解，K_a 较小。实际上该酸碱平衡受众多因素影响，例如溶剂、酸 HA 和共轭酸 HB 的相对稳定性等。化合物酸性常数 K_a 的范围跨度很大，从 10^{14} 到 10^{-50} 均有可能。将 K_a 值转化为其负对数值-$\lg K_a$ 得到 pK_a，pK_a 值的范围在-14 到 50 之间（图 2-21），可以更加方便地表示和用来比较酸的强度。化合物的酸性越强，K_a 值越大，对应的 pK_a 越小；若酸性越弱，则 pK_a 越大。例如，硫酸的 pK_a 为-9，质子化的水分子 pK_a 为-1.7，铵离子的 pK_a 为 9.4，甲烷作为极弱的酸其 pK_a 为 50。

$$K_a = \frac{[HB^+][A^-]}{[HA][B]} \quad pK_a = -\lg K_a \quad K_a = 10^{-pK_a}$$

图 2-21　化合物的酸性常数 K_a 和 pK_a 的计算以及它们之间的关系

一般来说，有机合成反应中化合物的酸性远低于我们熟悉的无机酸，如盐酸和硫酸等，同样其碱性也远低于氢氧化钠和氢氧化钾等。醇类化合物在强碱存在下表现为弱酸，而在强酸存在下则表现为弱碱，可见醇既具有酸性又具有碱性。在 3-戊醇[B]被盐酸[HA]质子化形成氧的𬭩盐[HB^+]的反应中，盐酸是酸，醇羟基中的氧原子是碱，两种物质之间存在可逆性平衡。随着氧𬭩盐的形成，H_2O 作为离去基团被体系中的氯离子取代生成产品 3-氯戊烷，发生氯离子取代羟基的反应（图 2-22）。

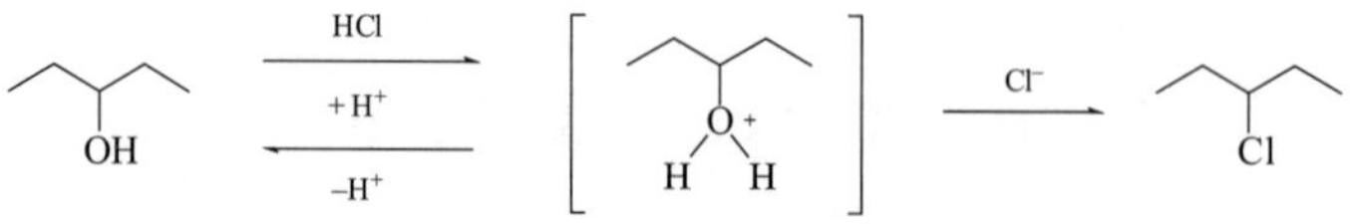

图 2-22　3-戊醇的质子化及氯化反应

其他含氧的化合物如醚也可以作为弱碱，如常用溶剂乙醚和四氢呋喃在强酸的存在下都是弱碱，四氢呋喃的碱性比乙醚稍强。有机化合物碱性的强弱可以通过测试其共轭酸的强度来确定，例如质子化乙醚[Et_2OH^+]的 pK_{aH} 为−3.12，质子化四氢呋喃[$C_4H_8OH^+$]的 pK_{aH} 为−2.08。具有α-活泼氢的 2-丁酮是一个非传统弱酸，2-丁酮（A）和乙醇钠（B）溶液反应生成其共轭碱烯醇负离子（CB）和共轭酸乙醇（CA），由于乙醇的酸性比 2-丁酮强，更易提供质子给烯醇负离子使平衡向左移动。达到平衡后，溶液中含有 2-丁酮、乙醇、烯醇负离子和乙醇钠（图 2-23）。

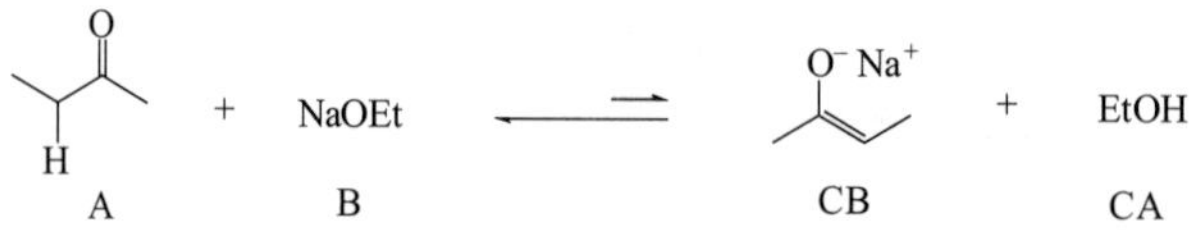

图 2-23　2-丁酮在醇钠作用下的烯醇化

通常情况下，强酸可以转化为弱的共轭碱，弱酸可以转化为强的共轭碱；强碱可以夺取弱酸的质子，弱碱可夺取强酸的质子。

$$\underset{\text{强酸}}{HCl} \longrightarrow H^+ + \underset{\text{弱的共轭碱}}{Cl^-}$$

$$\underset{\text{弱酸}}{NH_3} \longrightarrow H^+ + \underset{\text{强的共轭碱}}{NH_2^-}$$

元素周期表中，从左到右的含氢化合物的酸性逐渐增强，而相应的共轭碱碱性逐渐下降。

CH_4，NH_3，H_2O，HF（→ 弱酸 → 强酸）　　CH_3^-，NH_2^-，HO^-，F^-（← 强碱 ← 弱碱）

元素周期表中，从上到下尽管原子的电负性下降，但含氢化合物的酸性却在增加。氟原子比碘原子半径小，电负性强，对电子有更强的吸引力，但氟原子和氢原子之间能够形成较强的键，使氟化氢不容易失去质子，因此氟化氢是一个弱酸。

	HF,	HCl,	HBr,	HI
pK_a	−3.17	−7	−9	−10

另外，考虑简单化合物 HA 的酸性时，除了直接同酸性质子相连的原子性质外，至少还

需要考虑化合物中诱导效应、共轭效应和溶剂效应三个因素的影响。

供电子或者吸电子杂原子的诱导效应会通过碳链传导，给电子基团会增加碳链的电子云密度，产生正向的诱导效应，使生成的共轭碱稳定性下降，降低化合物的酸性；反之降低碳链的电子云密度，产生负向的诱导效应，使生成的共轭碱稳定性增加，增加化合物的酸性。

不考虑产物的稳定性是难以讨论化合物的酸性的，产物中共轭离域的稳定性是酸碱反应平衡中的一个重要因素。共轭使分子中存在的低能量分子轨道如 p 轨道中的电子离域到未饱和体系，离域所降低的能量带来额外的稳定性。如图 2-24 所示，乙酸负离子的电荷可以离域到三个原子上，而乙氧基负离子的电荷仅分布在氧原子上，因此乙酸 pK_a 为 4.76，而乙醇的 pK_a 为 18。

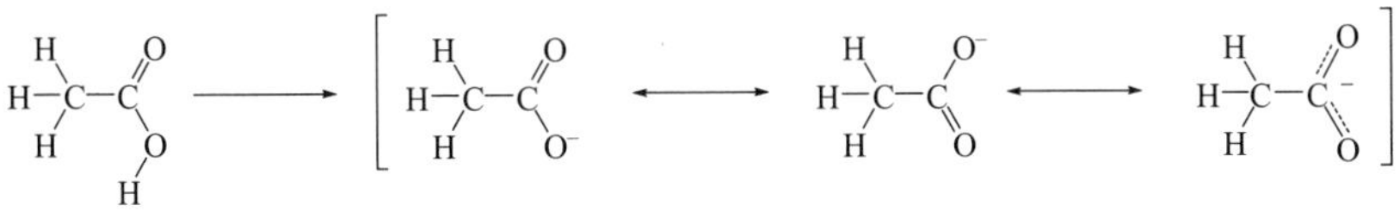

图 2-24   乙酸中共轭离域效应对其 pK_a 的影响

共轭效应也可以通过芳香环的 π 键进行传递。比较苯酚（pK_a 10.0）、4-硝基苯酚（pK_a 7.2）、2,6-二硝基苯酚（pK_a 3.6），可见硝基在三个位置的引入加强了苯酚的酸性，其部分原因是硝基降低了共轭碱苯氧基负离子的电子云密度。

化合物酸性也会受到溶剂极性的影响，具体见表 2-1。

表 2-1   溶剂对质子型酸酸性的影响

化合物	pK_a				
	H_2O	CH_3OH	DMF	DMSO	CH_3CN
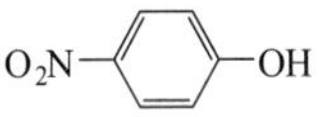 O_2N—⟨⟩—OH	7.15	11.2	10.9	9.9	7.0
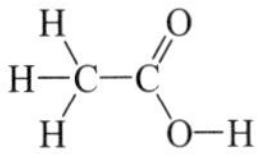 H₃C—COOH	4.76	9.6	11.1	11.4	22.3
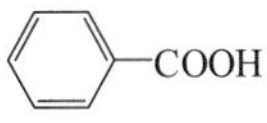 ⟨⟩—COOH	4.20	9.1	10.2	10.0	20.7

2.2.2   有机化合物的碱性或者碱度

有机化合物碱性的强弱同样受到影响酸性因素的影响，从元素周期表分析，含氢化合物共轭碱的碱性从右到左，从下到上逐渐加强。

$$F^- \quad > \quad Cl^- \quad > \quad Br^- \quad > \quad I^-$$

碱性的强弱通常可以用其共轭酸的 pK_a 进行表示，如图 2-25 所示：

$$HB^+ \xrightleftharpoons{K_a} B: + H^+ \qquad K_a = \frac{[B:][H^+]}{[HB^+]}$$

图 2-25   碱性化合物共轭酸的酸性常数 K_a

诱导效应对化合物碱性的影响与它们对化合物酸性的影响相反。例如，给电子基团能够增加胺类化合物氮原子的碱性，而吸电子基团则降低其碱性。除此之外，氮原子上的取代基位阻也会对碱性产生影响。大的位阻会阻碍氮原子的质子化，降低其碱性。因此，以下有机胺类化合物在溶液中的碱性强弱顺序为：

$$NH_3 \quad < \quad RNH_2 \quad \approx \quad R_2NH \quad > \quad R_3N$$

除了利用共轭酸的 pK_a 间接表示化合物碱性的强弱外，也可以利用 pK_b 直接进行表示。水溶液中，大多数化合物的 pK_a 和 pK_b 可以通过下式进行转换，具体方法如图2-26所示。

$$B(aq) + H_2O \rightleftharpoons OH^-(aq) + BH^+(aq) \qquad BH^+(aq) + H_2O \rightleftharpoons H_3O^+(aq) + B(aq)$$

$$K_b = \frac{[OH^-][BH^+]}{[B]} \qquad pK_b = -\lg(K_b) \qquad K_a = \frac{[H_3O^+][B]}{[BH^+]} \qquad pK_a = -\lg(K_a)$$

$$K_b \times K_a = \frac{[OH^-][BH^+]}{[B]} \times \frac{[H_3O^+][B]}{[BH^+]} = [OH^-][H_3O^+] = K_W \qquad pK_a + pK_b = pK_W = 14$$

图2-26 水溶液中化合物 pK_a 和 pK_b 之间的转换

两性化合物既可以提供质子，转变为其共轭碱，也可以得到质子，转变成其共轭酸。例如氨，其 pK_a 为33，而其共轭酸铵根离子的 pK_a 为9.24。为了进行区分，以 pK_{aH} 表示共轭酸的酸度。

2.2.3 pK_a 值与酸碱反应

质子转移的反应是非常快的，同时也是可逆的。任何时候，一个足够强的酸加入到碱中，首先发生的便是质子转移。

表2-2中的 pK_a 值可以用来预测酸碱反应是否发生。如果酸性反应物与碱性反应物的共轭酸的 pK_a 差别仅为 1~2 个单位，两个物质在溶液中会形成平衡，平衡后溶液中会存在两个酸和它们相应的共轭碱。而如果二者的 pK_a 有很大差别，它们之间的质子将几乎完全转移。例如，氨（NH_3）是否能够将三甲基氯化铵 $(CH_3)_3NH^+Cl^-$ 中的三甲胺 $(CH_3)_3N$ 游离出来？

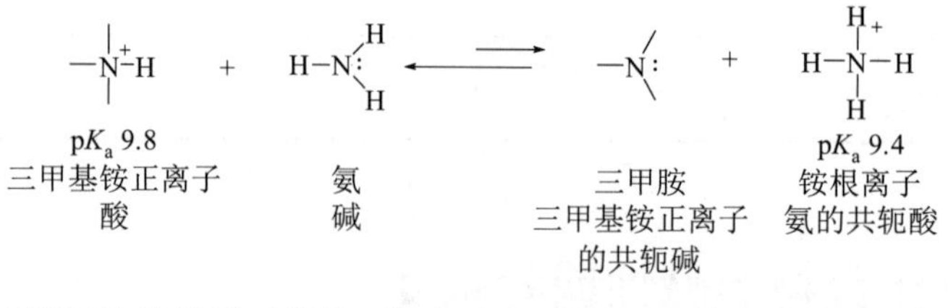

该反应中三甲基氯化铵是质子供体，氨为质子受体。三甲基铵正离子和铵根正离子的 pK_a 值非常接近，分别是9.8和9.4，三甲基铵正离子的酸性稍弱。三甲胺和氨竞争质子时，碱性强的三甲胺更易同质子结合，而不是将其转移给氨，因此不能利用氨将三甲胺从其共轭酸中游离出来，而需要比氨更强的碱。例如氢氧根离子，其 pK_a 为15.7，碱性远强于三甲胺，可以夺取三甲基铵正离子的质子，将三甲胺游离出来。

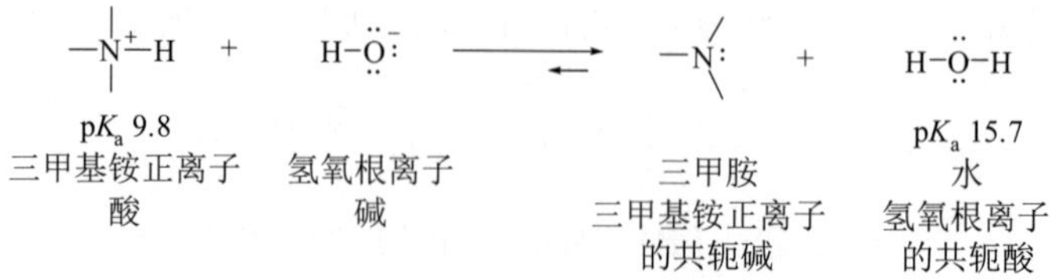

表 2-2　不同化合物的 pK_a值

酸	碱	pK_a
H_2SO_4	$H_2SO_3^-$	−9
$\overset{+}{\underset{}{O}H}$ CH_3CCH_3	$\overset{O}{\underset{}{}}$ CH_3CCH_3	−7.3
HCl	Cl^-	−7
$CH_3CH_2\overset{+}{O}CH_2CH_3$ $\underset{H}{}$	$CH_3CH_2OCH_2CH_3$	−3.6
$CH_3CH_2\overset{+}{O}H_2$	CH_3CH_2OH	−2.4
H_3O^+	H_2O	−1.7
HNO_3	NO_3^-	−1.3
⬡—SO_3H	⬡—SO_3^-	−0.6
O_2N—⬡(NO_2)(NO_2)—OH	O_2N—⬡(NO_2)(NO_2)—O^-	0.25
Cl_3CCOOH	Cl_3CCOO^-	0.64
$\underset{Ph}{\overset{H\ \ H}{\overset{+}{N}}}Ph$	$\underset{Ph}{\overset{H}{N}}Ph$	0.8
$Cl_2CHCOOH$	Cl_2CHCOO^-	1.3
$ClCH_2COOH$	$ClCH_2COO^-$	2.8
HF	F^-	3.2
O_2N—⬡—$COOH$	O_2N—⬡—COO^-	3.4
HCOOH	$HCOO^-$	3.7
O_2N—⬡(NO_2)—OH	O_2N—⬡(NO_2)—O^-	4.1
PhCOOH	$PhCOO^-$	4.2
$PhNH_3^+$	$PhNH_2$	4.6
CH_3COOH	CH_3COO^-	4.8
⬡$\overset{+}{N}$—H	⬡N	5.2
H_2CO_3	HCO_3^-	6.5
O_2N—⬡—OH	O_2N—⬡—O^-	7.2
PhSH	PhS^-	7.8
$\overset{O\quad\ \ O}{CH_3CCH_2CCH_3}$	$\overset{O\quad\ \ O}{CH_3C\overset{-}{C}HCCH_3}$	9.0
HCN	CN^-	9.1
NH_4^+	NH_3	9.4
$(CH_3)_3NH^+$	$(CH_3)_3N$	9.8

酸	碱	pK_a
C₆H₅—OH (苯酚)	C₆H₅—O⁻ (苯氧负离子)	10.0
HCO_3^-	CO_3^{2-}	10.2
CH_3NO_2	$\bar{C}H_2NO_2$	10.2
CH_3CH_2SH	$CH_3CH_2S^-$	10.5
$CH_3NH_3^+$	CH_3NH_2	10.6
$CH_3\overset{O}{C}CH_2\overset{O}{C}OCH_2CH_3$	$CH_3\overset{O}{C}\bar{C}H\overset{O}{C}OCH_2CH_3$	11.0
环戊二烯 (CH₂)	环戊二烯负离子 (C₅H₅⁻)	15.0
$CH_3\overset{O}{C}NH_2$	$CH_3\overset{O}{C}NH^-$	15.0
CH_3OH	CH_3O^-	15.5
H_2O	HO^-	15.7
CH_3CH_2OH	$CH_3CH_2O^-$	17
$(CH_3)_3C-OH$	$(CH_3)_3C-O^-$	19
$CH_3\overset{O}{C}CH_3$	$CH_3\overset{O}{C}CH_2^-$	19
$CH_3\overset{O}{C}OCH_2CH_3$	$\bar{C}H_2\overset{O}{C}OCH_2CH_3$	23
$HCCl_3$	$\bar{C}Cl_3$	25
$H-C\equiv C-H$	$H-C\equiv C^-$	26
$(Ph)_3CH$	$(Ph)_3C^-$	31
NH_3	NH_2^-	36
$H_2C=CH_2$	$H_2C=CH^-$	36
CH_4	$\bar{C}H_3$	49

2.2.4　布朗斯特酸和路易斯酸

酸的定义，较为常用的有两类。一类是布朗斯特酸，能够给出质子；一类是路易斯酸，可以接受电子对。

2.2.4.1　布朗斯特酸（质子论）

布朗斯特酸理论认为凡是能够释放质子的任何含有氢原子的分子或离子皆为酸，能够与质子结合的分子或离子皆为碱。可用下式表示：

$$酸（A）= 碱（B）+ 质子（H^+）$$

酸可以是正离子、负离子或中性分子，它们皆含有氢原子并在反应中放出质子。酸分子中去掉质子后的部分为碱，该碱也可以是正离子、负离子或中性分子，它们皆能与质子结合成酸。酸释放质子后而产生的碱为它的共轭碱，碱与质子结合而形成的酸称为它的共轭酸。

表 2-3 举出部分质子论中的酸和碱。

质子论认为酸碱反应是质子的转移过程，因此反应不仅可以在溶剂中进行，也可以在无溶剂或气相下进行。

表 2-3 代表性的质子论酸碱分子或离子

电荷状态	酸	碱
中性分子	HI, HBr, HCl, HF, HNO$_3$, HClO$_4$, H$_2$SO$_4$, H$_3$PO$_4$, H$_2$S, HCN, H$_2$CO$_3$, H$_2$O	NH$_3$, H$_2$O, RNH$_2$, N$_2$H$_4$, H$_2$NOH
正离子	[Al(OH$_2$)]$^{3+}$, NH$_4^+$, [Fe(OH$_2$)$_6$]$^{3+}$, [Cu(OH$_2$)$_6$]$^{2+}$	[Al(OH)$_5$OH]$^{2+}$, [Fe(OH)$_5$OH]$^{2+}$, [Cu(OH)$_3$OH]$^+$
负离子	HSO$_4^-$, H$_2$PO$_4^-$, HCO$_3^-$, HS$^-$	I$^-$, Br$^-$, Cl$^-$, F$^-$, HSO$_4^-$, SO$_4^{2-}$, HPO$_4^{2-}$, HS$^-$, S^{2-}, OH$^-$, O^{2-}, CN$^-$, HCO$_3^-$, CO$_3^{2-}$

从表 2-3 中可以看出，有些中性分子（如 H$_2$O）或离子（如 HSO$_4^-$,HS$^-$,HCO$_3^-$）既是酸又是碱，接受质子或给出质子与其所处环境有关。

质子论扩大了酸和碱的范围，把酸碱性质和环境联系起来，同时表现出酸碱的特征和其相对性。这一概念的不足之处在于，其描述范围只限于质子酸，而把非质子酸排除在外。

2.2.4.2 路易斯酸（电子论）

路易斯酸把酸碱定义为：酸是任何在反应过程中能够接受电子对的分子或离子，也称为电子对的接受体（或称受体）；碱是含有可以配给电子对位点的任何分子或离子，也称为电子对给予体（或称授体）。酸碱反应是碱的未共用电子对通过配位键进入酸的空轨道中的过程，反应产物是两者的加合产物或络合物。

由于配位键普遍存在，电子论中的酸碱范围十分广泛，许多有机化合物均可以解析为酸和碱两部分。该理论由大量实验事实推导而来，对研究有机化学反应历程有重要意义。

然而电子论也存在一些不足，主要有下列几个方面：①酸碱的相对强弱没有统一的标准；②由于涵盖范围过大，不便于辨别酸和碱中各式各样的差别；③因为电子论的酸碱概念与传统酸碱概念并不一致，一些传统的酸如 HClO、H$_2$SO$_4$、CH$_3$COOH 等本身不能接受电子对，在电子论看来并不是酸或至少不是直接的酸，易造成概念的混淆，在一定程度上妨碍了它的推广应用。

路易斯酸可接受电子对，是缺电子的化合物。例如，铝和硼的三价化合物（含三个共价键）是中性分子，但仍然可以接受路易斯碱的电子对形成络合或者配位复合物。

MX$_n$ + B $\longrightarrow$ MX$_n^-$B$^+$

路易斯酸   路易斯碱   络合或者配位复合物

路易斯酸的活泼性顺序：

BX$_3$, AlX$_3$, FeX$_3$, GaX$_3$, SbX$_5$, InX$_3$, SnX$_4$, AsX$_5$, SbX$_3$, ZrX$_4$

强   弱

路易斯酸广泛应用于有机合成，例如傅克反应、双烯加成、周环反应等碳碳键形成反应。虽然缺乏统一的衡量标准，但其强弱对于反应速率和反应产物的构成均有重要影响。三氯化铝是一个非常活泼、缺乏选择性的催化剂，几乎能够同所有含有路易斯碱性质的官能团相互作用。相比之下，四氯化锡则是一个温和的路易斯酸催化剂，可以催化活泼芳香环（例如噻吩）的酰化反应，针对这一反应，若改用三氯化铝为催化剂则会发生剧烈酰化反应，并伴随产物分解。由此看来，掌握路易斯酸的相对强度对于合成中许多重要反应的理解与应用非常重要。

2.2.5　软硬酸碱理论

1963 年美国化学家 R.G. Pearson 基于路易斯酸碱理论和对实验现象的观察提出了软硬酸碱理论（hard and soft acid-base, HSAB）。HSAB 理论将路易斯酸碱分为硬、软和交界三个部分。

按电子论把酸碱划分为软硬两类是从研究络合物的稳定性开始的。络合物由形成体（酸）和配位体（碱）组成。它的稳定性因配位体给电子原子的不同而表现出较大差异。每一种金属或其离子与同属一族的不同元素构成的配位体所形成的络合物的稳定性，随周期不同呈现出规律性的变化。卤素阴离子作为配体形成络合物的稳定性如表 2-4 所示。

表 2-4　软硬酸碱所形成络合物的稳定性

酸（形成体）\碱（配体）		硬	交界		软
		F^-	Cl^-	Br^-	I^-
硬	Fe^{3+}	6.04	1.41	0.49	—
	H^+	3.6	−7	−9	−9.5
交界	Zn^{2+}	0.77	−0.19	−0.6	−1.3
	Pb^{2+}	< 0.8	1.75	1.77	1.92
软	Ag^+	−0.2	3.4	4.2	7.0
	Hg^{2+}	1.03	6.72	8.94	12.87

从表 2-4 中可清楚地看出：酸有两类，对于 Fe^{3+}、H^+等，它们的卤素离子络合物的稳定性随卤素原子量的增加而降低；另外如 Ag^+、Hg^{2+}等，它们的卤素离子络合物的稳定性随卤素原子量增加而增大。Zn^{2+}、Pb^{2+}等则介于前两类之间，它们的络合稳定性改变不大。其他元素组成的配位体的络合物稳定性也有类似情况。按络合物稳定性顺序可把不同金属分为两类：

a 类金属与下列配位体的络合物稳定性顺序为：

$$F \gg Cl > Br > I;\quad O \gg S > Se > Te;\quad N \gg P > As > Sb > Bi$$

b 类金属与下列配位体的络合物稳定性顺序为：

$$F \ll Cl < Br < I;\quad O \ll S \sim Se \sim Te;\quad N \ll P > As > Sb > Bi$$

所谓硬酸就是指 a 类金属和其他受电原子。它们的特性是体积小，正电荷数高，可极化性低，也就是说，外层电子抓得紧，酸比较硬。相反，b 类金属和一些其他受电原子，其特性是体积大，正电荷数低或等于零，可极化性高，并一般拥有易于激发的 d 轨道电子，也就是说，外层电子抓得松，酸比较软。同理，所谓硬碱，即给电原子的可极化性低，电负性高，难氧化，外层电子抓得紧而难以失去的配位体；反之，软碱的给电原子可极化性高，电负性低，容易氧化，外层电子抓得松易于失去。介于软硬酸碱之间的部分称为交界酸碱，表 2-5 列举了部分酸碱的软硬分类。

表 2-5　软硬酸碱的分类、特点及代表物质

硬酸（Ha）	交界酸	软酸（Sa）
吸电子原子的体积小，带正电荷多，对外层电子的吸引力强，不易被极化，不易变形，不易发生还原反应	极化力和变形性介于硬酸和软酸间	吸电子原子的体积大，带正电荷少或不带电荷，对外层电子的吸引力弱，易被极化，易变形，易发生还原反应
H^+, Li^+, Na^+, K^+, Mg^{2+}, Ca^{2+}, La^{3+}, Ce^{4+}, Gd^{3+}, Ti^{4+}, Cr^{3+}, Al^{3+}, Cr^{6+}, MnO^{3+}, Mn^{2+}, Mn^{7+}, Fe^{3+}, Co^{3+}, BF_3, BCl_3, $AlMe_3$, $AlCl_3$, AlH_3, CO_2, RCO^+, Sn^{4+}, $B(OR)_3$, RPO_2^+, $ROPO_2^+$, SO_3, RSO_2^+, $ROSO_2^+$, HX（氢键分子）	Fe^{2+}, Co^{2+}, Ni^{2+}, Cu^{2+}, Zn^{2+}, Rh^{3+}, Ir^{3+}, Ru^{3+}, Os^{2+}, $C_6H_5^+$, R_3C^+, BMe_3, NO^+, Sn^{2+}, Pb^{2+}, Sb^{3+}, Bi^{3+}, SO_2	Pb^{2+}, Pt^{2+}, Pt^{4+}, Cu^+, Ag^+, Au^+, Cd^{2+}, Hg^+, Hg^{2+}, CH_3Hg^+, BH_3, Ti^+, $Ti(Me)_3$, π-受体, CH_2(卡宾), HO^+, RO^+, RS^+, RSe^+, Br_2, I_2, O, Cl, Br, I, N, RO, RO_2, M（金属原子）
硬碱(Hb)	交界碱	软碱（Sb）
碱中给电子原子体积小，电负性大，对外层电子吸引力强，不易被极化，不易发生氧化反应	极化力和变形性介于硬碱和软碱间	碱中给电子原子体积大，电负性小，对外层电子吸引力弱。易被极化，易发生氧化反应
NH_3, RNH_2, N_2H_4, H_2O, OH^-, O^{2-}, ROH, RO^-, R_2O, AcO^-, CO_3^{2-}, NO^-, PO_4^{3-}, SO_4^{2-}, ClO_4^-, $F^-(Cl^-)$	$PhNH_2$, C_5H_5N, N_3^-, N_2, NO^{2-}, SO^{2-}, Br^-	Br^-, R^-, $CH_2=CH_2$, C_6H_6, CN^-, RNC, CO, SCN^-, R_3P, $(RO)_3P$, R_2S, RSH, RS^-, $S_2O_3^{2-}$, I^-

　　需要说明的是一种原子的软硬度不是固定不变的，它随着电荷数的不同而改变，如 Fe^{3+} 为硬酸而 Fe^{2+} 为交界酸。中心原子上连接的基团对软硬度同样有所影响，NH_3 为硬碱而 $C_6H_5NH_2$ 为交界碱。另外，溶剂也会产生影响。因此要确定酸碱的软硬度须明确具体条件。

　　软硬酸碱原则是关于酸碱反应的一个经验结论，这个结论是从大量实验中归纳得到的，它体现了客观现象的规律。这个原则的内容可以概括为："软亲软，硬亲硬，软硬交界不分亲近。"所谓"亲"表现在生成物稳定性与反应速率两个方面。也就是说，硬酸和硬碱，软酸和软碱之间的反应速率较快，同时所生成的络合物也较稳定；反之，软酸（碱）和硬碱（酸）反应速率则较慢，形成的络合物也不太稳定；至于交界酸碱，不管对方是软或硬都能发生反应，反应速率适中，所生成的络合物稳定性差别不大。

　　利用软硬酸碱的原则可以解释反应的方向和速率，预料反应产物。虽然会存在例外，但就目前来说它不失为一个有用的简单规律。

　　碳烯（CH_2:）的碳原子只有六个电子，为软酸，很容易和烯烃（软碱）发生反应，生成环丙烷。拟除虫菊酯类农药中间体菊酸的合成便利用了该原理。

　　HSAB 理论所归纳总结的路易斯酸碱之间的反应规律，不仅能够解释一些化学现象，而且还可以预测一些化合物的性质，指导有机合成设计和反应。研究人员一直通过各种途径研究软硬酸碱的定量标度，但目前它仍然是一种经验性的定性理论，有一定的局限性，对一些反应现象无法解释。

2.2.6　软硬酸碱与分子轨道理论

　　20 世纪 50 年代，福井谦一提出前线分子轨道理论，认为分子的许多性质主要由分子中的前线轨道，即最高已占分子轨道（HOMO）和最低未占分子轨道（LUMO）决定。该理论依据为：分子中 HOMO 上的电子能量最高，所受束缚最小，所以最为活泼而容易变动；LUMO

在所有的未占轨道中能量最低，最容易接受电子，因此这两个轨道决定着分子的电子得失和转移能力，也决定着分子间反应的空间取向等重要化学行为，如图 2-27 所示。

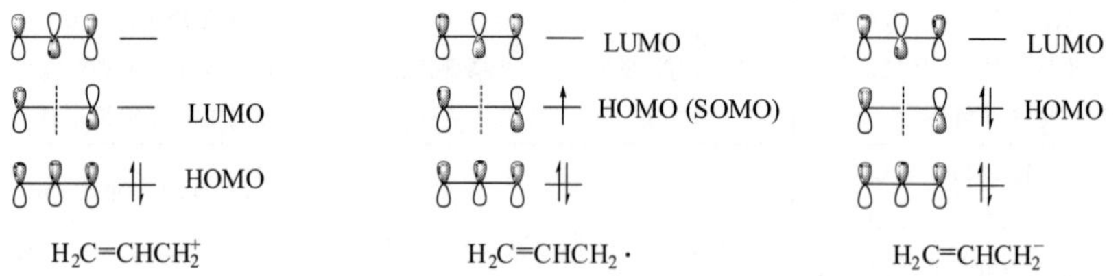

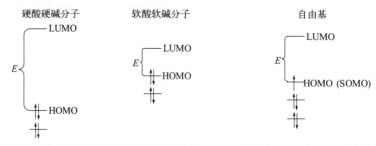

图 2-27　烯丙基正离子、烯丙基自由基、烯丙基负离子的 HOMO 和 LUMO 轨道示意图

软酸软碱分子的 HOMO 具有较高的能量，而 LUMO 具有较低的能量，HOMO 和 LUMO 之间的能量差较小；硬酸硬碱的 HOMO 具有较低的能量，而 LUMO 具有较高的能量，HOMO 和 LUMO 之间能量差较大，如图 2-28 所示。

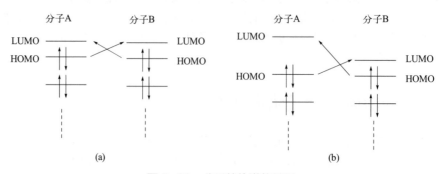

图 2-28　分子 LUMO 和 HOMO（SOMO）能级图比较

HOMO 和 LUMO 之间的能级差也是电子跃迁需要吸收的能量，可见光区域的低频率光能够改变软酸和软碱的电子分布，使之相互之间容易发生反应，而硬酸硬碱需要较高的能量才能实现电子从 HOMO 到 LUMO 的跃迁，因此硬酸硬碱之间的反应需要的能量比软酸软碱之间的多。例如对于 A 和 B 两个分子之间的反应，前线轨道理论给出的图像，见图 2-29 所示。分子 A 或者分子 B 的 HOMO 中的电子分别流向对方的未占 LUMO，从而引起化学键的断裂和生成，发生化学反应。只有分子 A（或 B）的 HOMO 与分子 B（或 A）的 LUMO 的能量比较接近，对称性也相互匹配时，才会发生电子流动，图 2-29（a）为分子 A 和 B 相同时的情形，图 2-29（b）为 A 和 B 不相同时的情形，以 A 的 HOMO 中的电子流向 B 的 LUMO 为主。著名的分子轨道对称守恒原理也可借助于前线轨道理论加以阐明。

图 2-29　分子的轨道能级图

2.2.7 软硬酸碱在合成反应中的应用

对于一些通常不属于酸碱范畴的化学反应，HSAB 理论可用来预测产物组成。但是，在一些重要反应中，需要综合考虑各方面因素。下面是可以利用软硬酸碱理论解释的一些反应实例。

2.2.7.1 亲核取代反应

根据软硬酸碱原理，Saville 提出了多中心的反应规律。按照路易斯酸碱理论，常见的化合物都可视为酸碱络合物。假设反应底物 A-B 中的酸部分（A）和碱部分（B）的软硬度不同，则选择合适的催化剂或者试剂将有利于取代反应的进行。根据反应底物的组成，概括为下列两种规律，如图 2-30 所示：

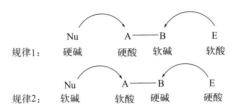

规律1：　Nu　　　　A——B　　　　E
　　　　硬碱　　硬酸　软碱　　软酸

规律2：　Nu　　　　A——B　　　　E
　　　　软碱　　软酸　硬碱　　硬酸

图 2-30　软硬酸碱反应的两个规律

如果反应底物（A-B）的酸中心（A）和碱中心（B）分别与亲核试剂（Nu）及亲电试剂（E）同时作用，发生硬-硬、软-软结合，即发生同步的亲核和亲电取代反应，则有利于反应的进行。如图 2-31 所示的两个反应清楚地说明这两个规律的运用。

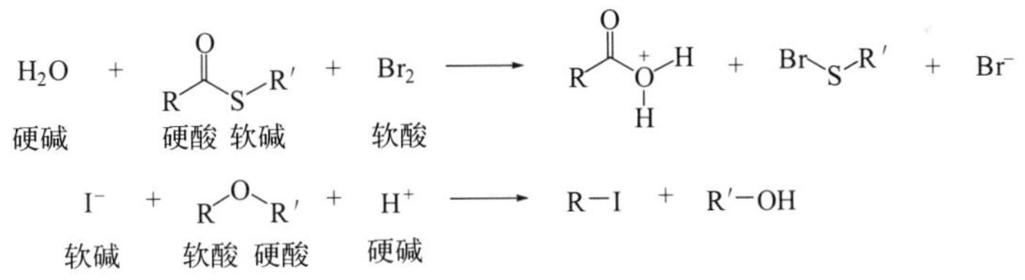

H_2O ＋ （R-C(=O)-S-R'） ＋ Br_2 ⟶ （R-C(=O)-O-H）$^+$ ＋ $Br-S-R'$ ＋ Br^-
硬碱　　　硬酸　软碱　　软酸

I^- ＋ （R-O-R'） ＋ H^+ ⟶ R-I ＋ R'-OH
软碱　　软酸　硬碱　　硬碱

图 2-31　亲核亲电同步进行的反应

被亲核试剂进攻碳原子的正电性越强，其硬度越大。以卤代烃为底物，当选用软酸（金属阳离子）作催化剂时，易与卤素作用，增加了卤代烷α-碳原子的硬度，因此卤代烷与两可亲核试剂反应时，先同硬的部位发生作用。例如，卤代烷与 2-吡啶酮盐作用时，在非极性溶剂中，2-吡啶酮的钠盐主要生成 N-烷基化衍生物，而它的银盐则生成唯一的 O-烷基化衍生物。类似的，氰化钠与卤代烷反应，主要产物是烷基腈，但用氰化银与其反应，主要产物是异腈，如图 2-32 所示。

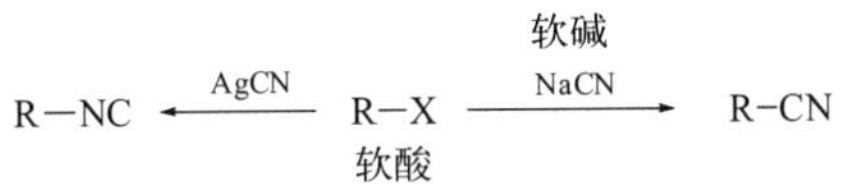

$$R—NC \xleftarrow{AgCN} R—X \xrightarrow{NaCN} R—CN$$
软碱
软酸

图 2-32　卤代烷与氰化钠和氰化银的反应

2-溴-5-硝基-1,3,4-噻二唑与硫酚盐的反应也是如此，如图2-33所示：

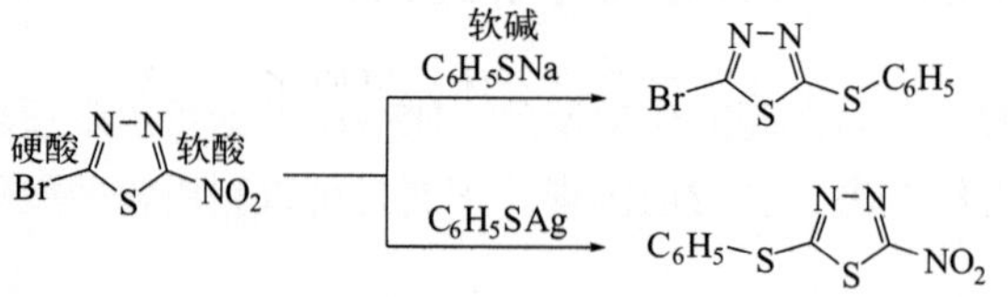

图2-33　2-溴-5-硝基-1,3,4-噻二唑与硫酚盐的反应

2.2.7.2　E2消除反应与S_N2取代反应

乙氧基负离子和丙二酸酯负碳离子的碱性相当，但是前者比后者作为碱的硬度高，在它们分别与2-溴丙烷反应时，乙氧基负离子倾向夺去质子，反应底物失去溴负离子发生消除反应；而丙二酸酯碳负离子则倾向于进攻碳原子置换溴原子完成取代反应，如图2-34所示。可见一般情况下，硬碱容易发生消除反应，而软碱容易发生取代反应。

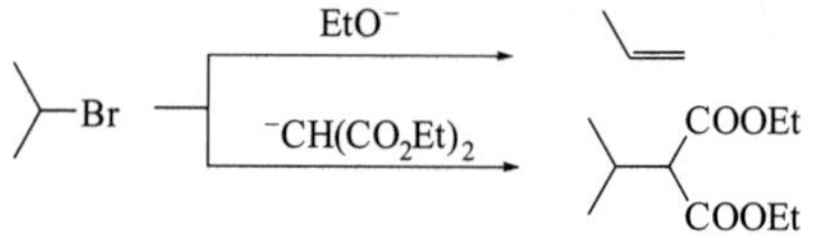

图2-34　2-溴丙烷的消除和取代反应

另外，如果反应位点所连接的原子性质不同，其和同一底物所发生的反应也会不同。例如，1-溴-2-氯乙烷与两种不同氮原子亲核试剂反应，一个发生卤化氢的消去，一个则发生烷基化，继而经烯胺取代得到关环产物，如图2-35所示。

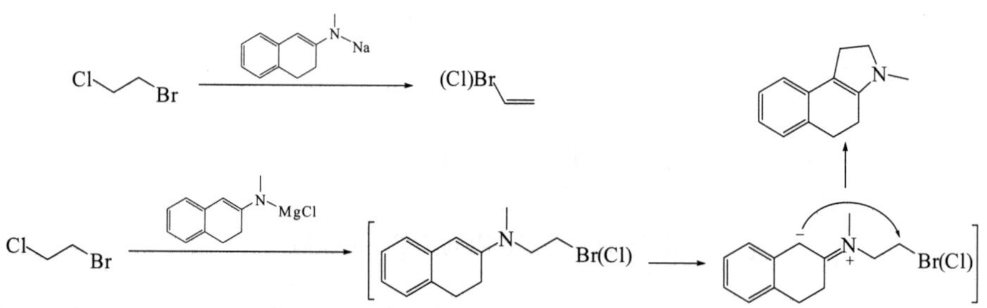

图2-35　1-溴-2-氯乙烷的消除和取代反应

2.2.7.3　环氧化反应

过酸中含有软酸硬碱的键，烯烃作为软碱选择与过酸分子中的软氧原子反应，生成环氧化合物，如图2-36所示。

图2-36　软酸原子和软碱的环氧化反应

2.2.7.4 羰基的加成反应

羰基结构中，碳原子是一个硬的电子接受体，氧原子是一个硬的电子给予体，如图 2-37 所示。

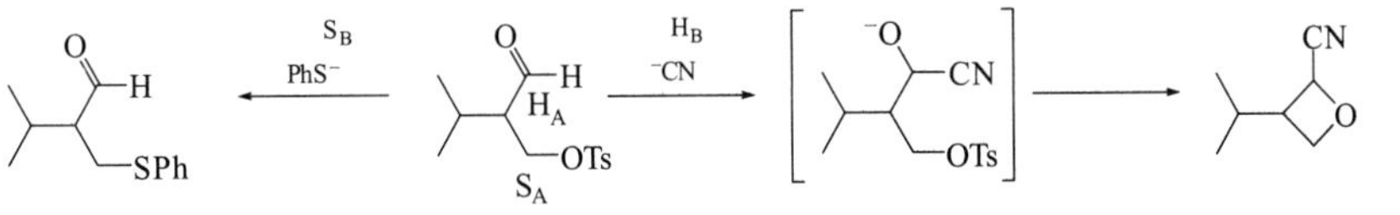

图 2-37 羰基化合物同软碱和硬碱的反应

羰基化合物的 α-活泼氢被碱夺取后，产生相应的碳负离子和其互变异构体烯醇负离子。若负电荷在碳原子上，则羰基 α-碳原子构成的亲核试剂属于软碱，而带有负电荷的氧原子位点则属于硬碱。因此，在同亲电基团或者亲电试剂如卤代烷反应中可能会发生碳烷基化反应或氧烷基化反应。如果相对硬度较大的氯代烷作为亲电试剂，容易生成氧烷基化的产物；而碘代烷烃硬度小，容易发生碳烷基化反应，如图 2-38 所示。

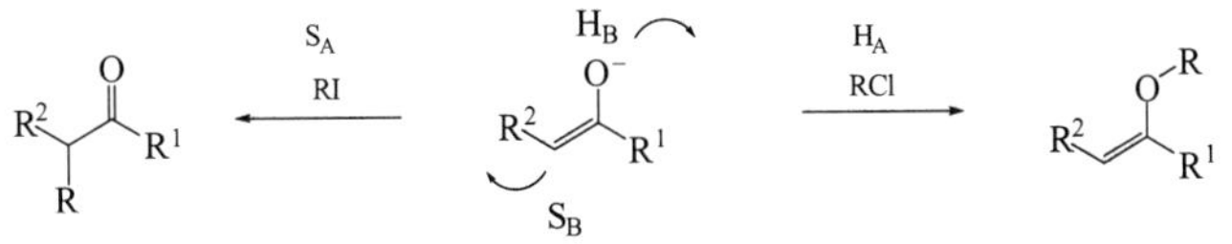

图 2-38 羰基化合物的 O 烷基化和 C 烷基化

2.2.7.5 硼氢化反应

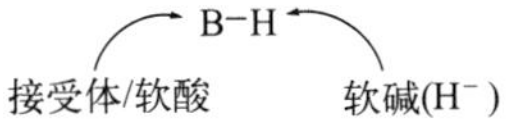

硼烷作为软酸能够与软碱烯烃发生硼氢化反应。氯原子和乙氧基作为硬碱都对环己烯上本位碳原子有影响，但是氯原子作为取代基引起的共轭稳定效应降低了本位碳原子硬度，使其和硼烷的结合成为主要反应。因此硼烷和 1-氯环己烯反应时，主要产物是 1-氯-1-环己基硼烷（60%），次要为 2-氯-1-环己基硼烷（40%），如图 2-39 所示。但是硼烷和 1-乙氧基环己烯反应时，得到唯一产物 2-乙氧基环己基硼烷，如图 2-40 所示。

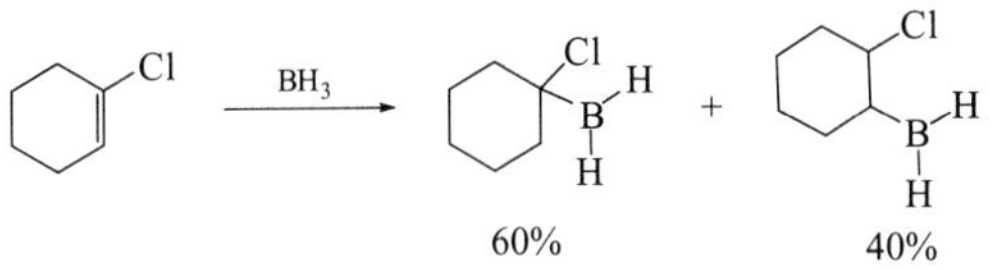

图 2-39 1-氯环己烯的硼氢化反应

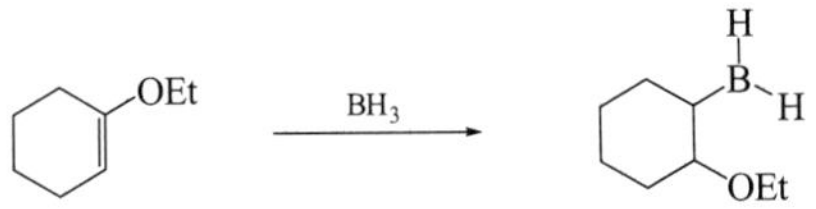

图 2-40 1-乙氧基环己烯的硼氢化反应

2.2.7.6 亚磺酸根离子的亲核反应

亚磺酸根离子是个双极亲核试剂，其硫原子和氧原子均可进行亲核进攻。具体反应中，究竟是硫原子还是氧原子进行亲核进攻，可采用软硬酸碱理论预测和解释。亚磺酸根离子中的氧原子和硫原子可分别看成是"硬"和"软"的亲核中心，"硬"的亲电试剂进攻氧原子，"软"的亲电试剂进攻硫原子。

例如，卤代烷同醛羰基碳原子等作为较"软"的亲电试剂通常与亚磺酸中的硫原子反应生成相应的磺酰基衍生物，如图 2-41 所示。

图 2-41　苯亚磺酸钠的磺酰化反应

2.3　有机化合物的同分异构及活性效应

化学界前辈在研究氰酸和雷酸，以及尿素和氰酸铵时，发现这些化合物的原子组成或者分子式相同，但是其性质不同。基于此，1830 年瑞典科学家贝采里乌斯提出同分异构概念。有机化合物中的同分异构主要表现为构造异构和立体异构，同分异构体之间不仅物理化学性质不同，而且其反应特性、生物活性特性也不同。在化学农药的合成中，异构体的生成难以避免，无农药活性的异构体杂质称为无效异构体。无效异构体在环境中的释放，不仅造成资源浪费，而且有的无效异构体对非靶标生物或者环境的负面影响甚至大于有效成分。因此，采用新反应、新技术、新方法、新条件改进农药合成工艺，实现在源头上降低或者避免无效异构体的产生具有重要的理论和实际意义。

2.3.1　构造异构

有机化合物的分子式相同，而分子中原子互相连接的次序不同所产生的同分异构现象称为构造异构，构造异构包括化合物的骨架异构、官能团异构、位置异构和互变异构等。构造异构体的物化性质、反应特性、生物活性往往不同。

2.3.1.1　己二烯的异构

在制备二氯菊酸乙酯的反应中，中间体Ⅰ和Ⅱ分子式相同，各个原子的连接顺序相同，但存在一个双键位置的不同，属于两个构造异构体。合成反应中Ⅰ是所需要的目标产物，副产物Ⅱ可以在对甲苯磺酸存在下转化成Ⅰ（图 2-42）。

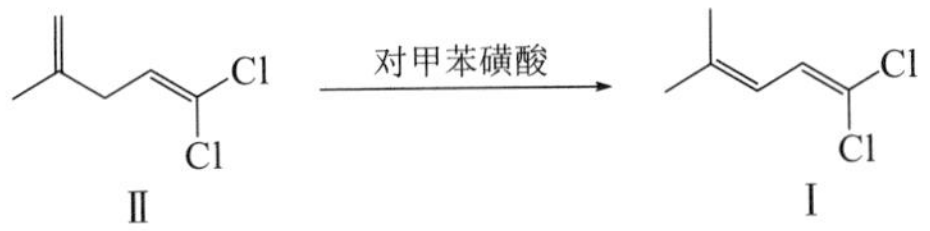

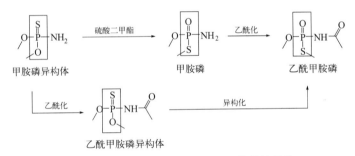

图 2-42　1,1-二氯-4-甲基-1,4-戊二烯的重排

2.3.1.2　DDT 的异构

在 DDT 的合成中，三个产物中仅有异构体 *p,p′*-DDT 有杀虫活性，反应生成物中其最高含量达到 74%。

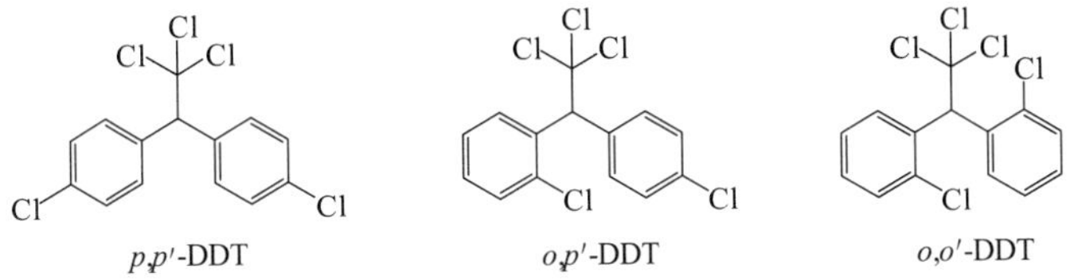

p,p′-DDT　　　　*o,p′*-DDT　　　　*o,o′*-DDT

DDT 分子的异构体

2.3.1.3　甲胺磷和乙酰甲胺磷的异构

有机磷杀虫杀螨剂甲胺磷和乙酰甲胺磷可在硫酸二甲酯存在下由其异构体转位得到（图2-43），但是其异构体对农业害虫及螨类无效。

甲胺磷异构体　　硫酸二甲酯　　甲胺磷　　乙酰化　　乙酰甲胺磷

乙酰化　　　　乙酰甲胺磷异构体　　　　异构化

图 2-43　甲胺磷和乙酰甲胺磷异构体的转位

2.3.2　互变异构

互变异构是构造异构中一种重要且特殊的类型。其特点是两个异构体可以迅速地直接相互转换，亦即一个异构体的某个原子通过位置转移与其他原子相连而形成另一个异构体，而后者又可将转移的原子恢复到其原来位置。常见的互变异构现象如存在于含羰基化合物中的酮式和烯醇式结构互变。该类异构在合成反应中应用十分广泛。例如，利用硫脲和 1,3-二羰基化合物的互变异构体合成杀菌剂拌种灵（图 2-44）。

2.3.3　立体异构

分子中原子连接次序相同，但空间位置不同，由此产生的异构现象称为立体异构，其中又分为构象异构与构型异构，而构型异构包含顺反异构和对映异构（旋光异构）。

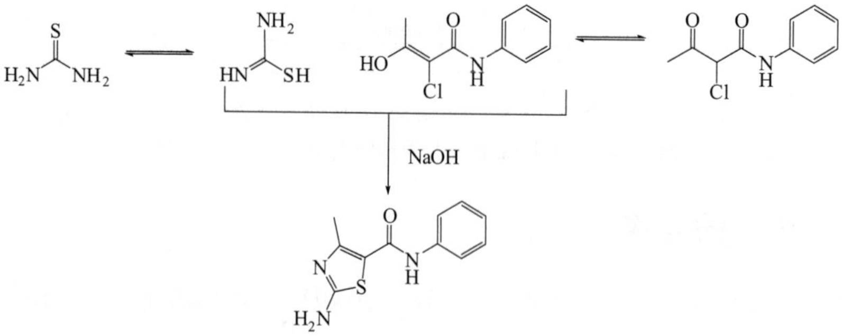

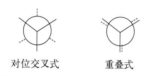

图2-44　硫脲和1,3-二羰基化合物的互变异构及其相互之间的反应

2.3.3.1　构象异构

由单键旋转而产生的分子中原子或原子团的不同排列形式叫作构象异构。简单的构象异构以乙烷分子为例，从它的纽曼投影式可以看出：一个甲基上的氢原子与另一个甲基上的氢原子在空间的相对位置随着单键（C—C 单键）旋转而不同。如图 2-45 所示，对位交叉式中两个甲基上的氢原子空间距离较远，彼此之间的排斥力最小，此时是乙烷最稳定的构象；相反，重叠式中两个甲基氢原子空间距离最近，排斥力大，这种构象最不稳定。

对位交叉式　　　　重叠式

图2-45　乙烷分子的两个构象

环己烷是一个六元脂肪环状化合物，其代表性构象有椅式构象和船式构象，椅式是最稳定的构象，船式（包括真船式和扭船式）比椅式的能量高约 23kJ/mol。

椅式环己烷的 C—H 键可以分为两类，六个与分子对称轴平行的 C—H 键，叫作直立键或 α 键，另外六个 C—H 键与直立键成 109°28′ 角，叫作平伏键或 e 键。

椅式　　　　真船式　　　　扭船式

在光照下，苯和氯气发生加成反应而生成的六氯环己烷（$C_6H_6Cl_6$，六六六）有八个非对映异构体（图 2-46）：

α-体	αααeee	⇌	eeαααα
β-体	eeeeee	⇌	αααααα
γ-体	αααeee	⇌	eeeααα
δ-体	αeeeee	⇌	eαααααα
ε-体	αeeαee	⇌	eααeαα
η-体	αααeαe	⇌	eeαeαα
θ-体	αeαeee	⇌	eαeαα α
ζ-体	αeαeαe	⇌	eαeαeα

图2-46　六六六的八个非对映异构体及其构象翻转

其中γ-体有很强的杀虫活性，而其他异构体杀虫活性很小。但γ-体（林丹）在工业合成的六六六中仅占 10%～15%，而 α-体含量最多，可达 55%～75%。利用各种异构体在某些溶剂中溶解度不同的现象来分步结晶提取γ-六六六是分离几何异构体的有效方法。而且杀虫剂六六六中 C—Cl 键和 C—H 的位置直接影响六六六在环境中的降解。

2.3.3.2 顺反异构

此类异构现象是由于双键或脂环结构限制原子或者基团自由旋转所致。两个相同基团或者原子在双键同一侧的称为顺式，在两侧的称为反式。例如，偶氮苯具有顺式偶氮苯和反式偶氮苯两个顺反异构体。

C₆H₅—N
‖
C₆H₅—N

顺式-偶氮苯   反式-偶氮苯

含有双键的化合物中反式异构体一般比较稳定，顺式异构体可以接受外界能量而转化成更稳定的反式构型。例如，当用紫外线长期照射，顺式偶氮苯可转变为更稳定的反式偶氮苯。

当两个双键碳原子所连接的四个原子或者基团均不相同时，在名称中不能使用顺反命名，而应采用 Z,E 命名法。具体的命名规则是：把连接在双键上的基团按"顺序规则"排列，如果两个优先排列的基团在双键同侧为 Z 型（德文 zusammen，"一起"），在异侧则为 E 型（德文 entgegen，"相反"）。

顺反异构体在化学反应中的行为也可能不相同。例如，2-溴二苯酮肟的两个异构体中，顺式体容易在碱作用下失去溴化氢生成 1,2-氧氮杂茂衍生物，如图 2-47 所示：

（省略结构式图）

(E)-异构体   (Z)-异构体

图 2-47　2-溴二苯酮肟的 E/Z 异构体

磷酰乙烯基酯类的有机磷农药均存在顺反异构现象，两种异构体的生物活性可能不同。如图 2-48 所示的磷胺和杀螟畏顺反异构体。

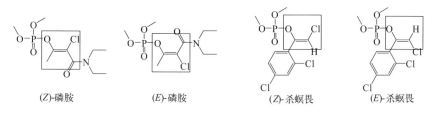

(Z)-磷胺   (E)-磷胺   (Z)-杀螟畏   (E)-杀螟畏

图 2-48　磷胺和杀螟畏的 E-或者 Z-异构体

一些拟除虫菊酯农药分子及其中间体，既含有双键又含有脂肪环状结构，而当烯烃的一端有两个相同基团时，四个二氯菊酸中间体的顺反结构由环丙烷 1 位和 3 位两个不同的取代基的空间位置决定。

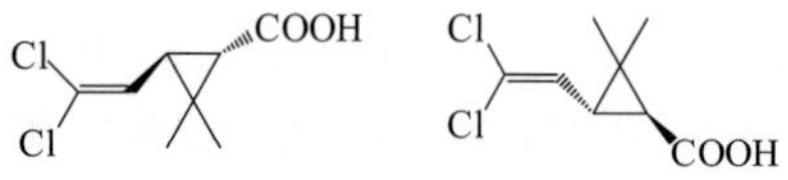

| 反式二氯菊酸 | 顺式二氯菊酸 |

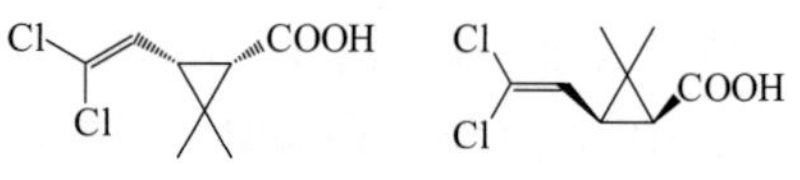

拟除虫菊酯的顺反异构体因结构差异往往表现出不同的物理化学性质。利用它们在某些溶剂中溶解度的不同，通过重结晶或柱层析的方法对它们进行分离。

2.3.3.3　旋光异构或对映异构

人体剧烈运动时肌肉代谢产生乳酸，乳糖经细菌发酵后也产生乳酸，两个来源乳酸的分子式、构造、物理性质、化学性质相同，但二者对平面偏振光的旋光性却不同。经研究发现，两种乳酸在空间上具有不同构型。该两种构型如同物体实物与其镜像之间的关系，即具有对映关系。将这种具有构造相同而构型不同，并且互呈镜像对映关系的立体对映现象称为对映异构，单一对映异构体具有可使平面偏振光旋转一定角度的性质，因而对映异构体也可称为旋光异构体。能使偏振光面向右旋转（顺时针方向）通常用（+）号表示，能使偏振光面逆时针旋转用（−）号表示。每一种旋光性物质都有特定的比旋光度值，可用下式计算：

$$|\alpha|_{\lambda}^{t} = \frac{\alpha}{C \cdot L}$$

式中，$|\alpha|_{\lambda}^{t}$ 表示当入射光波长为 λ，温度为 t 时某物质的比旋光度，一般旋光仪中光源为钠光灯 $\lambda=589000pm$；C 表示所测定的旋光性物质在溶剂中的浓度；L 表示盛液管的长度，dm。

那么究竟哪些物质具有旋光性呢？

2.3.3.4　四面体构型的不对称碳原子

sp^3 杂化的碳原子位于正四面体中心，而与碳原子相连接的四个原子（或原子团）则位于四面体的四个顶点，若这四个原子（或原子团）各不相同，在碳原子周围形成不对称排列，该碳原子称为不对称碳原子。化合物中含有一个不对称碳原子则有两种空间排列的形式，即两种构型异构体，如果含有多个不对称碳原子理论上应有 2^n 个构型。目前确定构型均采用 RS 构型分类法，即把连接在不对称碳原子上的原子（或原子团）按顺序规则大小依次排列，大的在前，小的在后，观察这些原子（或原子团）在不对称碳原子周围的分布情况。具体方法为沿着把最小的原子（或原子团）放在距观察者最远的轴观看，另外三个原子（或原子团）依次从大到小可能有两种次序，一种为顺时针，一种为逆时针，前者分子构型为 R 型，后者为 S 型，如图 2-49 所示三氯杀虫酯的两个构型。

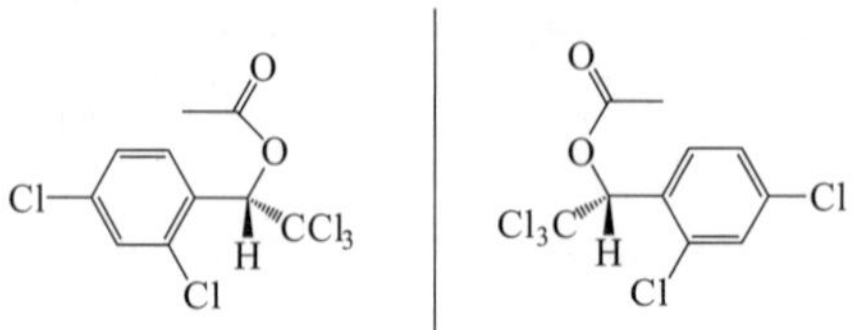

逆时针方向（S体）　　　　顺时针方向（R体）

图2-49　三氯杀虫酯的两个光学异构体

原子及原子团排列从大到小的次序：$OCOCH_3$，CCl_3，$2,4-Cl_2C_6H_3$，H。R,S 两种构型互为实物和镜像的关系，通常称它们二者为对映体。

拟除虫菊酯杀虫剂氰戊菊酯分子中含有两个不对称碳原子,每一个不对称碳原子都有 R、S 两种构型,因此氰戊菊酯具有两对对映异构体,即 (R, R) 与 (S, S),(R, S) 与 (S, R)。其中 (S, S) 构型是有效体,如果合成中完全没有对手性中心的构型进行控制,得到的混合物中有效体理论上只占整体的 25%。

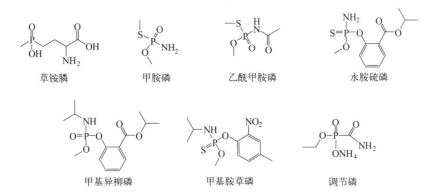

杀虫剂氰戊菊酯的化学结构

2.3.3.5 非碳原子引起的旋光异构

除碳原子以外,磷原子、氮原子、硅原子、硫原子等与不同原子或原子团相连时,也能形成不规则的四面体,因而也存在构型问题。在农药化学中遇到较多的是不对称的含磷原子和氮原子化合物。

大多数有机磷化合物中的磷原子也是四面体构型,因此其与其他四个不同基团相连结时也有 R、S 两种构型。如图 2-50 所示的农药活性有机磷化合物均具有 R、S 两种构型。

草铵膦　　甲胺磷　　乙酰甲胺磷　　水胺硫磷

甲基异柳磷　　甲基胺草磷　　调节磷

图 2-50　含手性磷原子的农药活性有机磷化合物

因氮原子连有四个不同基团而成为不对称化合物的情况可分为两种。其一,四个不同基团或者原子同氮原子相连形成季铵离子,出现不对称氮原子,如甲基乙基苯胺盐酸盐存在两种构型;其二,与三个不同基团相连的氮原子也呈四面体构型,未成键的电子对占据四面体一个顶点,理论上也应存在对映异构体,但因两种构型容易翻转,至今未拆分成功。

不对称季铵盐　　　　不对称含氮化合物

2.3.3.6 差向异构

凡是含有 2 个或多个不对称碳原子的两个旋光异构体,只有一个不对称碳原子的构型不同而其他的不对称碳原子的构型都相同时,则这两个旋光异构体互称为差向异构体。将一个差向异构体转变为另一个差向异构体的过程称为差向异构化。例如,在适当碱的作用下,差

向异构化可将 *S*、*R* 型氰戊菊酯转化成 *S*、*S* 型氰戊菊酯。

2.3.3.7 外消旋化合物的拆分

非手性条件下，合成的光活性化合物，一般情况下 *R* 和 *S* 两种构型生成的机会是均等的，产物是外消旋混合物。只有经过分离才能得到单一的 *R* 或 *S* 体对映异构体，分离 *R*、*S* 体的方法称为拆分。

合成的外消旋体一般不能通过普通的物理或化学方法将它们拆为两个对映异构体，因为两个对映体的物化性质基本完全相同。通常是将一对对映异构体转变为一对非对映异构体，基于两个非对映异构体性质的差异将其进行分离。如果外消旋体混合物分子内含有一个易于发生反应的所谓拆分基团，如羧基、氨基等，可使它与一个天然光学纯的化合物发生反应，生成一对非对映异构体，利用这一对非对映异构体物理性质的差异将它们分开、纯化，分解去掉原来发生反应的天然光活性物质（一般应回收利用）就可得到纯的 *R* 或 *S* 体。经常用于拆分具有光活性的天然碱有马钱子碱、奎宁等，光活性酸有酒石酸、樟脑磺酸等。例如要分离含等量 *R* 及 *S* 构型的酸的外消旋混合物，可使它与一个天然的 *R* 或 *S* 的植物碱发生作用，生成的（Ⅰ）和（Ⅱ）是非对映异构体，可用结晶法分离，接着再进行酸化得到纯的 *R* 酸及 *S* 酸的光学异构体（图 2-51）。

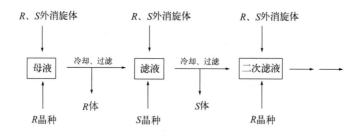

图 2-51　差向异构体的形成与分离

有些化合物可以采用添加晶种的分步结晶方法对一对 *R*、*S* 光学异构体进行拆分，该法最为经济。其原理是溶液中若一对对映体中的一个稍微过量，它会先沉淀出来，而且沉淀出来的量几乎是完全的。过滤分离后，滤液就含有过量的另一个对映体，升温加入 *R*、*S* 外消旋体，冷却后则另一个对映体就会沉淀出来。如此反复，就能交替地把外消旋体分为 *R* 体和 *S* 体。过程描述如图 2-52 所示：

图 2-52　晶种诱导的光学异构体的结晶分离

溴氰菊酯的拆分剂氯霉素碱的拆分方法是将 100g 的 *R*-、*S*-氯霉素碱和 1g 的 *R*-氯霉素碱在 80℃时溶于 100mL 水中，冷却至 20℃沉淀出 1.9g 的 *R*-氯霉素碱，过滤后，再加入 2g *R*-、*S*-氯霉素碱到滤液中，加热到 80℃，冷却后 2.1g 的 *S*-氯霉素碱就沉淀出来。

如果有合适的光活性吸附剂，用柱层析的方法也可以拆分对映体。一对旋光异构体和一个光活性吸附剂会形成两个非对映的吸附物，由于它们的稳定性或被吸附剂吸附强弱不同，如此便可以被脱洗剂分别洗脱出来。这些吸附剂往往是一些天然高聚物，像淀粉、纤维素、微晶三醋酸纤维等。人工合成的高聚物主要是光活性聚丙烯酰胺。

2.3.3.8　外消旋化合物的生物转化

生命有机体中的酶具有非常严格的空间专一反应性能。动植物体内代谢生成的旋光性分子全是 R 型，或全是 S 型。人体代谢中产生的糖是 R 型，而合成的氨基酸则是 S 型，可见动植物体内的生物化学反应的选择性极强，只能与一定构型的化合物结合发生生理化学变化。L-苯丙氨酸是任何动物都需要的氨基酸，但动物体不能自行在体内合成，而必须从外界摄取。L-苯丙氨酸可通过直接发酵法、物理法、化学法和酶法制备，其中酶法以选择性高、收率高、条件温和、步骤简单等特点而被广泛应用。如图 2-53 所示，D,L-N-乙酰苯丙氨酸乙酯的外消旋混合物，在氨基酰化酶的作用下，仅 L-N-苯丙氨酸乙酯发生反应生成 L-苯丙氨酸。

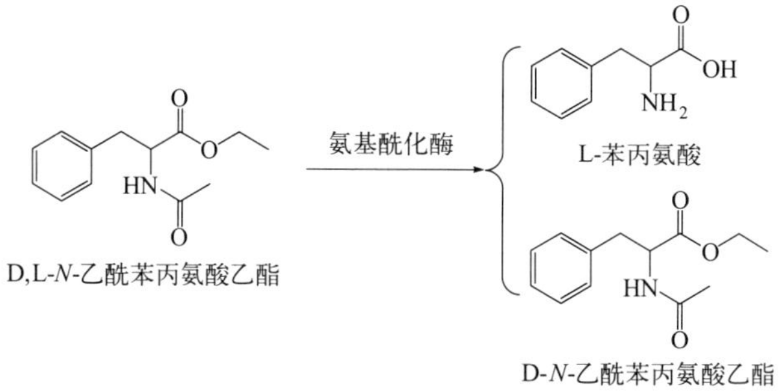

图 2-53　酶的专一反应性应用于分离光学异构体

酶的特异性反应，也逐渐开始在农药生产中应用。草铵膦是一种非选择性的除草剂，其市场需要逐年增加。草铵膦的外消旋混合物中，仅 L-草铵膦具有除草活性。化学合成的草铵膦大多为草铵膦的外消旋混合物，虽然在实验室可采用手性合成、酶催化等多种方法得到 L-草铵膦，但因成本等因素限制，难以实现大规模生产。最近王华磊等利用生物多酶偶联法将外消旋草铵膦中的 D-草铵膦转化为 L-草铵膦（图 2-54）。具体方法：在初始溶液中，加入外消旋草铵膦、微量氨基受体（丙酮酸，用以启动第一步反应），氨基供体（L-天冬氨酸，用以启动第二步反应），以及生物催化剂(R)-转氨酶和(S)-转氨酶。在第一步生物氧化反应中，(R)-转氨酶选择性介导 D-草铵膦的脱氨反应生成中间体 2-羰基-4-(羟基甲基膦酰基)丁酸（PPO）；

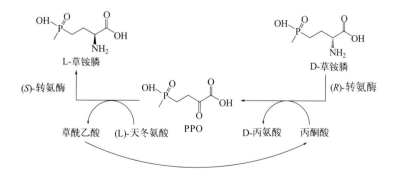

图 2-54　L-草铵膦或者精草铵膦的生物制备方法

在第二步反应中，PPO 及时被(S)-转氨酶还原胺化，生成 L-草铵膦，同时产生的副产物草酰乙酸自发降解为氨基受体丙酮酸。整个反应过程中，氨基受体的含量始终维持在低浓度，从而抑制或者降低氨基受体与 PPO 反应，而且由于副产物草酰乙酸的自发降解，推动反应平衡始终向产物进行，实现反应体系中 D-草铵膦完全转化为 L-草铵膦。该方法通过两种立体选择性互补转氨酶的偶联，实现外消旋草铵膦的去消旋化。

2.3.3.9 不对称合成

一个立体异构体的产生大大超过其他可能的立体异构体的化学反应叫作立体选择性反应。利用立体选择性反应实现合成两个对映体中一个过量的反应叫不对称合成。

不对称合成分为两类：一类是试剂与分子中的三角平面结构的原子基团，如羰基、亚胺、烯烃、烯胺等反应。如果这些基团附近预先有一个不对称中心，使分子这部分具有一个不对称平面，则试剂先从位阻较小的一边进攻，使得形成两个对映体的量不等。另一类是分子中的一些基团如羰基、亚胺、烯烃与不对称试剂（一般是具有不对称基团或配位化合物）或催化剂形成非对映异构体中间体，然后发生立体选择性的不对称合成反应。

不对称合成已在部分含手性中心的农药产品生产中得到应用，如除草剂 S-异丙甲草胺和茚虫威的工业化生产。

参考文献

[1] Jonathan C, Nick G, Stuart W. Organic chemistry. Oxford: Oxford University Press, 2012.

[2] 胡秉方, 陈馥衡. 有机化学. 北京: 农业出版社, 1988.

[3] Michael B S. Organic Synthesis 2nd version, 2002.

[4] Saville B. Concept of hard and soft acids and bases as applied to multi-center chemical reactions. Angew Chem Int Ed, 1967, 6: 928-939.

[5] 宋小平, 韩长日. 硬软酸碱原理与亲核取代反应的选择性. 化学通报, 1986(9): 46-51.

[6] 郑平. 软硬酸碱原理在有机化学亲核取代反应中的应用. 湖北教育学院学报(自然科学版), 1999(5): 67-68.

[7] 邹建平, 陈克潜. 有机硫化学. 苏州: 苏州大学出版社, 1998.

[8] 叶萱编译. 手性农化产品的现状. 世界农药, 2019(41): 1-12.

[9] 姜忠义, 陈洪钫. 苯丙氨酸光学异构体的酶法拆分. 应用化学, 2001(18): 231-232.

[10] 王华磊, 魏东芝, 吴承骏, 等. 利用生物多酶偶联法制备 L-草铵膦的方法. CN 112410383,2021.

[11] 何九龄. 高等有机化学. 北京: 化学工业出版社, 1987, 17-67.

[12] 邢其毅, 等. 基础有机化学(上册). 北京: 人民教育出版社, 1980, 22.

第 3 章
有机化学反应类型及反应机理

有机化学反应数量多、范围广，可以按照多种方式对其进行分类。在大多数有机化学反应中，一般均会有一根或者多根共价键的断裂，所以可以根据键的断裂方式加以分类。按照反应物在反应过程中是否产生离子、自由基，可将有机化学反应分为自由基或者游离基反应、离子型反应以及协同反应。

3.1 有机化学反应类型

3.1.1 自由基反应

如果化学键均等发生断裂，每个碎片各得一个电子，则形成自由基，这样的断键方式称为均裂，反应称作自由基反应。

3.1.1.1 自由基的生成

一个稳定的化合物在高温、光照的激发下（能量大于 209～398kJ/mol）或者在引发剂作用下可发生化学键的均等断裂，形成自由基。三苯甲基自由基是一个早期发现的自由基，它可以较为稳定地存在，如图 3-1 所示。

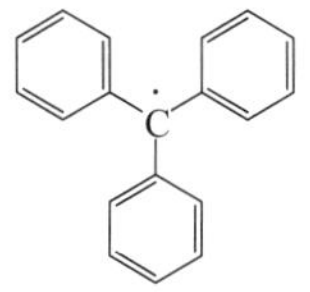

图 3-1 三苯甲基自由基

用波长 200～500nm 的光进行照射，能产生 57.2～143kJ/mol 能量，引发均裂；50～150℃范围的加热也同样能够产生自由基。例如，氯气在光照下的均裂（见图 3-2）。

$$Cl_2 \xrightarrow{\ h\nu\ } Cl\cdot$$

图 3-2 氯气均裂产生氯自由基

在一定条件下，有些化合物更容易发生均裂产生相应的自由基，这类物质可以被用作自由基反应的引发剂。引发剂一般为系列的偶氮化合物或过氧化合物，如图3-3所示：

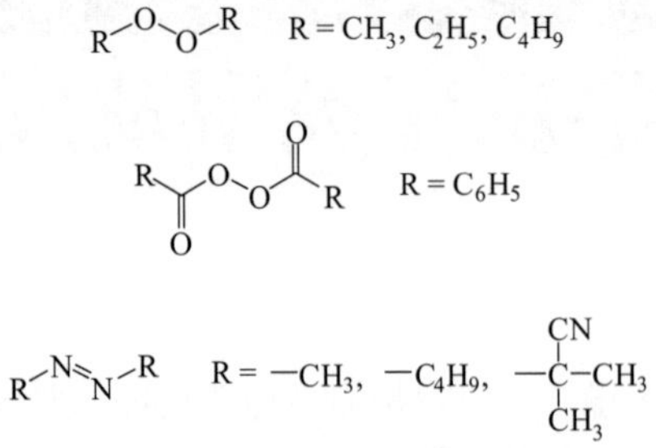

图 3-3　三类自由基引发剂的结构

这些引发剂的分解温度约为60℃，而且半衰期较长。分解后形成碳自由基，即四价碳原子失去一个自由基 R·或 H·，自身也变成分子轨道中带有未成对电子的活泼自由基。一种经常用到的引发剂偶氮异丁基失去一分子氮气后，形成的碳自由基同吸电子基团氰基相连，降低了分子轨道中单电子的能量，反应活性相对较低，选择性较高，如图3-4所示；另一种常用引发剂过氧化物会通过均裂形成烷氧基自由基，烷基是给电子基团，提升了分子轨道中单电子的能量，反应活性较高，选择性相对较低。

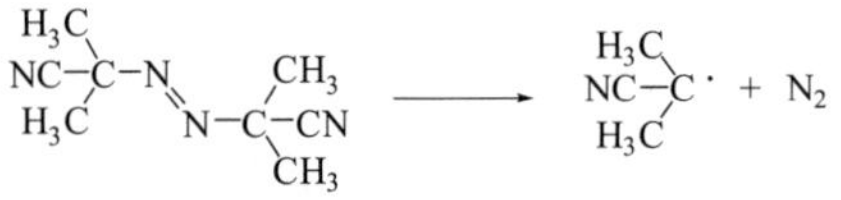

图 3-4　引发剂偶氮异丁腈脱氮气产生自由基

同理，引发剂自由基同底物分子作用后，形成新的自由基。如果该自由基同吸电子基团相连，其分子轨道中的电子不容易失去，容易获得其他分子的电子，则该类自由基具有亲电性；相反，连接给电子基团自由基，具有亲核性。sp^3 杂化的手性碳经历 sp^2 的碳自由基状态后可能会发生立体构型的翻转（见图3-5）。

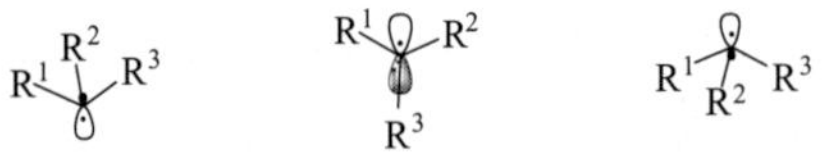

图 3-5　碳自由基的电子结构

如果分子轨道中含有两个未成键电子，该类碳自由基称为碳烯（也称卡宾）；而相应的形式对于氮来说则称为氮宾（也称乃春、氮烯），它们都是活泼的自由基。碳烯中碳原子连接两个原子（或基团），其未成键的两个电子有两种分布状态：一种为反平行自旋共同占据一个轨道，即单线态，原子之间的键角为120°，能量较高，具有亲核性；另一种状态是两个电子平行自旋分占两个轨道，为三线态，呈直线型，能量较单线态低一些，具有亲电性，如图3-6所示。

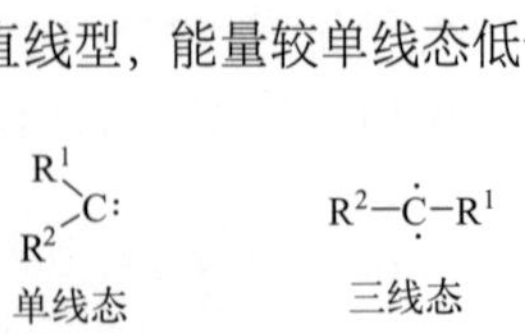

图 3-6　单线态和三线态卡宾

碳烯的生成一般可通过两种方法：铜锌介导的二碘甲烷脱碘和加热引发的重氮乙酸乙酯脱氮。

$$CH_2I_2 \xrightarrow[\text{醚}]{\text{Cu-Zn}} CH_2:$$

$$N_2CHCOOC_2H_5 \xrightarrow{\triangle} :CHCOOC_2H_5$$

和碳烯相同，烷基氮烯 R-N:也有单线态和三线态之分，氮烯可通过叠氮化物脱氮气分解得到。

3.1.1.2　自由基加成反应

六六六的合成利用了自由基的加成反应。氯气在紫外线照射下产生大量氯原子自由基，氯原子自由基同苯分子结合形成碳自由基中间体，该自由基迅速同另一个氯原子自由基结合，完成自由基加成，如图 3-7 所示。

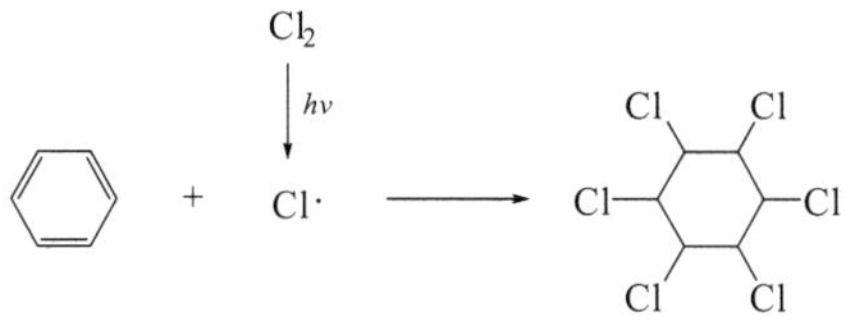

图 3-7　苯自由基加成生成六六六

3.1.1.3　自由基取代反应

在 120℃下以偶氮二异丁腈作为自由基引发剂，氯气可以选择性对甲苯侧链进行氯代反应。该反应条件下，引发剂先裂解产生少量碳自由基以引发氯自由基的生成，继而开启自由基链式氯化反应（见图 3-8）。侧链 C—H 键的键能低于苯环 C—H 的键能，所以氯化会选择性地发生在甲苯的侧链上（见 3-9）。

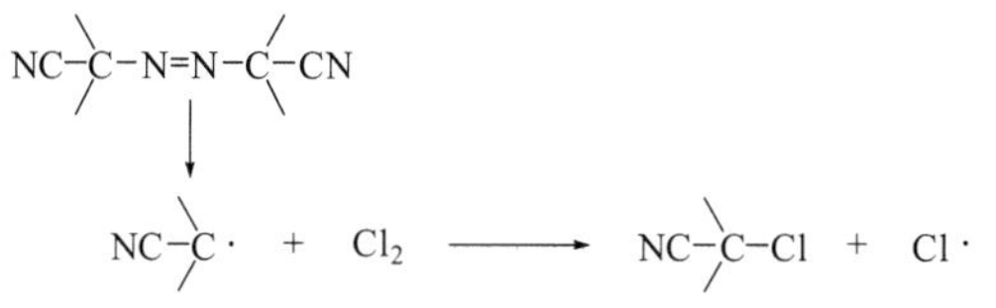

图 3-8　偶氮异丁腈引发氯自由基生成

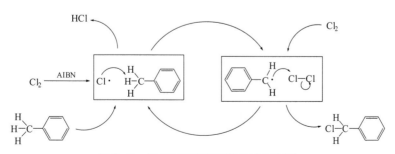

图 3-9　氯气对甲苯侧链的自由基氯化

3.1.1.4　自由基偶联反应

酚在氧化剂如铁离子的作用下，能够形成苯氧基自由基，随后两分子的苯氧基自由基发生偶联，再经过氧化得到二酮或者芳构化生成 4,4′-二羟基联苯结构（见图 3-10）。

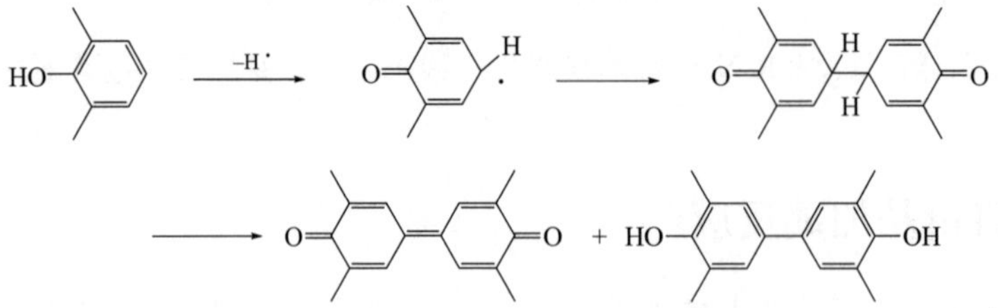

图 3-10　2,6-二甲基苯酚的偶联和重排

3.1.1.5　自由基重排反应

自由基是分子轨道中含有单电子的活泼反应中间体，其稳定性同其相连的原子或者基团相关，在一定环境下自身会发生重排，转变为相对稳定的自由基形式。

（1）单自由基重排　滴滴涕的 C—H 键均裂后形成碳自由基，该自由基稳定性较差，重排后的自由基结构比较对称，能量更低。

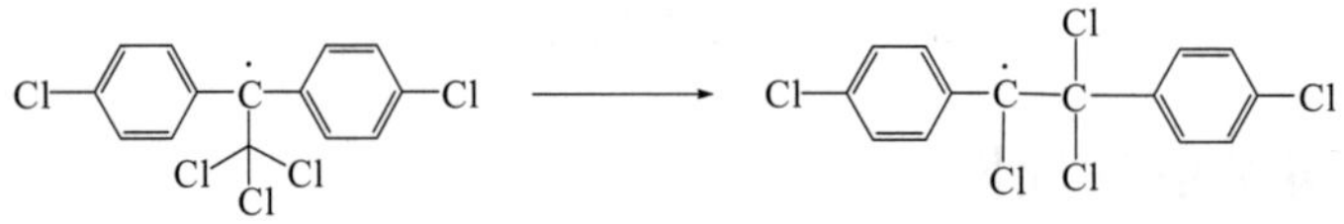

滴滴涕自由基的重排

（2）卡宾引起的分子重排　在光照和加热下，含有叠氮基团的分子容易失去一分子氮气，自身转变为卡宾（碳烯）。例如重氮酮分解失去一分子氮气后形成卡宾，卡宾中烷基发生迁移，重排生成烯酮，如图 3-11 所示。

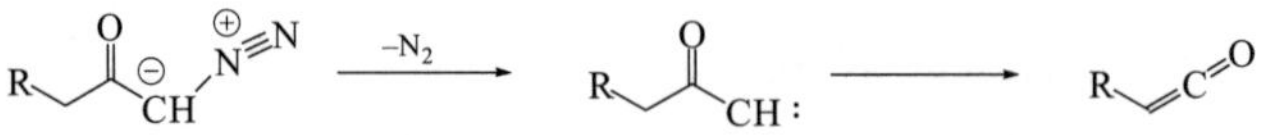

图 3-11　重氮酮经过卡宾重排生成异氰酸酯

烯酮分子具有连二双键，单体一般不稳定，两分子单体聚合形成稳定的二聚体双烯酮。

双乙烯酮非常活泼，可与醇、胺等反应可生成相应的酯或酰胺。例如，双烯酮与甲胺、甲醇、乙醇反应生成 N-甲基乙酰乙酰胺、乙酰乙酸甲酯、乙酰乙酸乙酯（见图 3-12）。

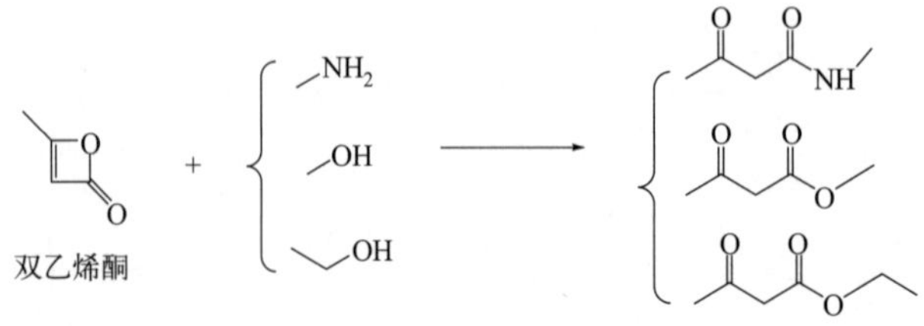

双乙烯酮

图 3-12　双烯酮和甲胺、甲醇和乙醇的反应

（3）氮宾引起的分子重排　氮宾也可以进行重排。例如，在碱作用下，霍夫曼（Hofmann）重排中的反应底物 N-卤代酰胺脱去卤化氢转变为乃春，然后重排生成异氰酸酯。该分子进而水解转化生成少一个碳原子的胺类化合物（见图 3-13）。

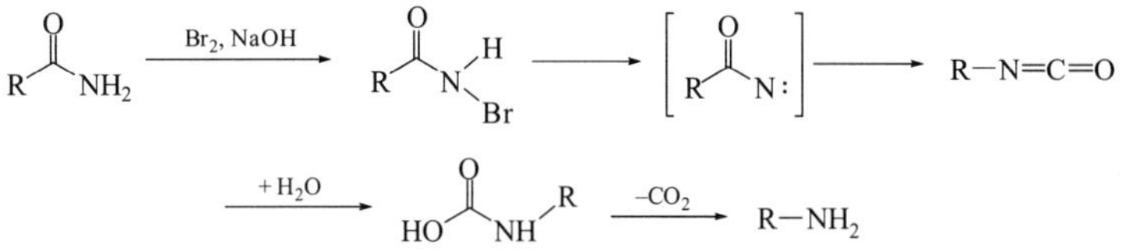

图 3-13　Hofmann 降解或者重排反应

类似霍夫曼重排的 Curtis 重排反应，反应底物酰氯先同叠氮化钠反应生成酰基叠氮，接着酰叠氮热分解失去一分子氮气形成氮烯，然后发生上述重排得到异氰酸酯。

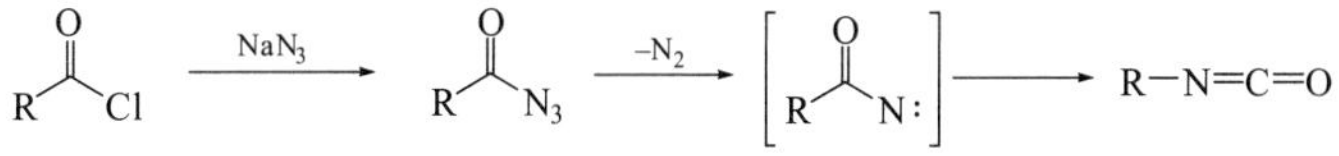

3.1.2　离子型反应

在有机化学反应中，一根共价键发生断裂，若两个原成键电子仅分布在一个碎片上，且两个碎片以带有电荷的离子形态存在，则该种断裂称之为异裂。异裂引起的反应通常都需经过离子型中间体。为了方便起见，有机化学反应中通常将一个反应物称为进攻试剂，另一个反应物称为底物。在异裂反应中，进攻试剂可以给予底物电子，也可以从底物获得电子。带来电子的试剂称为亲核试剂，相应的反应称为亲核反应；带走电子的试剂称为亲电试剂，相应的反应称为亲电反应。在底物分子共价键断裂中，有一方（不含碳原子的部分）通常称为离去基团。带走一对电子的离去基团称为离核体，不带电子对的，则称为离电体。

离子型反应是以带电荷离子为反应活性中间体，在一定温度和溶剂中所进行的反应，溶剂和催化剂对这类反应有较大的影响。

3.1.2.1　碳正离子和碳负离子的结构

碳正离子和碳负离子是两种最为重要的带电荷离子活性中间体。

（1）碳正离子　由有机分子中四价碳原子失去一个负氢离子（或其他负离子）而形成。碳正离子以 sp^2 杂化轨道与三个原子或基团结合，三个单键所连接的基团或者原子处于一个平面。

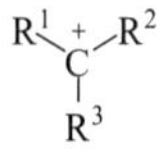

（2）碳负离子　碳负离子在四价碳失去质子或其他正离子后形成，带负电荷的碳处于 sp^3 杂化状态，与三个原子（或基团）和一对未共用孤对电子相连，带负电荷，具有四面体结构。

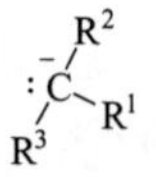

由于碳正离子和碳负离子空间结构不同，反应中的立体效应亦不同。碳正离子是平面的，试剂可以从平面的两面进攻碳正离子；碳负离子是四面体结构，试剂只能从一个方向进攻。

3.1.2.2 饱和碳原子的亲核取代反应

饱和碳原子的亲核取代反应是指连接在饱和碳原子上的一个基团被另一个基团所取代的化学过程。假设这个饱和碳原子为中心碳原子，则在该过程中离去基团（L）带着共价电子对（L:）离开中心碳原子，亲核试剂（Nu:）与中心原子成键。该类取代反应可概括为下列四种类型：

（1）中性反应物与中性亲核试剂作用。

$$R-L + Nu: \longrightarrow R-Nu^+ + L^-$$

例如：三甲胺与 1,2-二氯乙烷反应生成矮壮素。

$$ClCH_2CH_2Cl + N(CH_3)_3 \longrightarrow (CH_3)_3\overset{+}{N}-CH_2CH_2Cl \cdot Cl^-$$

（2）中性反应物与带负电荷亲核试剂作用。

$$R-L + Nu:^- \longrightarrow R-Nu + L^-$$

例如：苯乙腈（苄基腈）的合成以氰化钠和氯化苄为原料，在 105℃和三乙胺催化下，氰基取代氯原子得到产品。

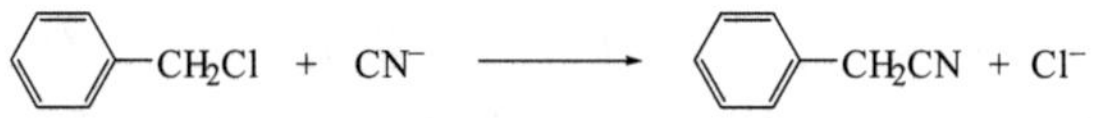

$$\text{⬡}-CH_2Cl + CN^- \longrightarrow \text{⬡}-CH_2CN + Cl^-$$

（3）带正电荷反应物与中性亲核试剂作用。

$$R-L^+ + Nu: \longrightarrow R-Nu^+ + L:$$

杀虫脒的合成反应中，在 10～20℃下，将 N,N-二甲基甲酰胺与光气或三氯氧磷反应得到亚胺正离子盐，也称为 Vilsmeier 试剂（见图 3-14）。

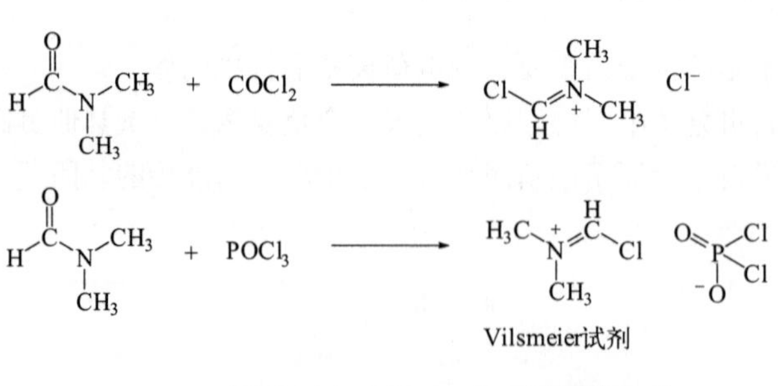

图 3-14 Vilsmeier 试剂的生成

该试剂与中性底物邻甲苯胺在 80℃反应，得到的中间体产物于 18～20℃的条件下可氯化得到杀虫脒（见图 3-15）。

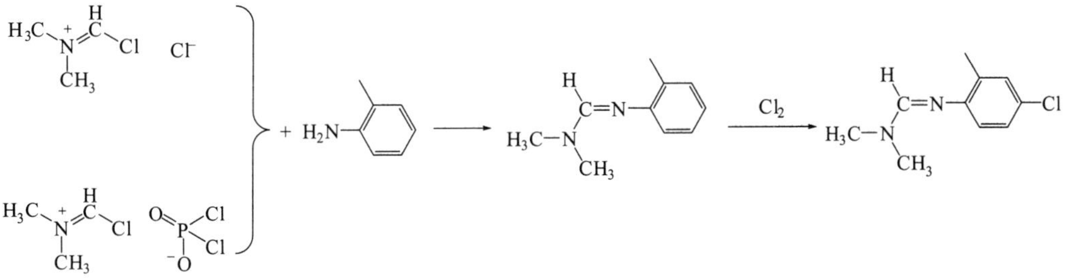

图 3-15　杀虫脒的合成反应

（4）带正电荷反应物与带负电荷亲核试剂作用。

$$R{-}L^+ + Nu\text{:}^- \longrightarrow R{-}Nu + L\text{:}$$

例如：质子化的甲醇与氯离子的反应可以合成一氯甲烷。

$$CH_3\overset{+}{O}H_2 + Cl^- \longrightarrow CH_3Cl + H_2O$$

亲核取代反应过程中，中心碳原子与离去基团之间的旧键先行断裂，然后亲核试剂再进攻中心碳原子构成新键，或者亲核试剂直接进攻底物中电子密度低的区域发生取代反应。对于前一种方式，通常来说，中心碳原子与离去基团断裂生成不稳碳正离子的过程是慢步骤，而碳正离子与亲核试剂构成新键是快步骤，整个反应速率取决于第一个慢步骤，该决速步骤的反应速率由单分子反应物（R-L）决定。这一反应模式叫作单分子亲核取代反应，或者 S_N1 反应，如图 3-16 所示。

$$R{-}L \xrightarrow{\text{慢}} R^+ + L^-$$
$$R^+ + Nu\text{:}^- \xrightarrow{\text{快}} R{-}Nu$$

图 3-16　S_N1 亲核取代反应的历程

不同于以上方式，在第二种方式中，亲核试剂从离去基团的背面进攻中心碳原子，在逐渐与中心碳原子接近并构成新键的同时，离去基团远离中心碳原子并发生原有键的断裂，进攻与离去两个过程协同进行。该模式中两个反应物分子（R-L 和 Nu）均与反应速率有关。按该过程进行的反应称为双分子亲核取代反应，或者 S_N2 反应，如图 3-17 所示。

$$R{-}L + Nu\text{:}^- \longrightarrow [L\cdots R\cdots Nu\text{:}]^- \longrightarrow R{-}Nu + L\text{:}^-$$

图 3-17　S_N2 亲核取代反应的历程

在亲核取代反应中，被取代物（R-L）的结构、离去基团、亲核试剂以及溶剂等因素对反应历程、反应速率均有一定的影响。溶剂的性质对键的断裂有显著影响，在有离子产生和消失的情况下，极性溶剂对反应更为有利。在 S_N2 反应过程中，亲核试剂参与了过渡态的形成，亲核性能的改变对反应速率有一定的影响。亲核试剂可以看作碱，根据酸碱理论可以对其亲核性能加以估计。离去基团总是带着电子对离开中心碳原子，所以被取代基团的性质对 S_N1 和 S_N2 两种过程均有影响。另外，空间效应对亲核取代反应也有影响，空间位阻过大，不利于 S_N2 过程进行，如果空间效应使碳正离子更加稳定，则会有利于 S_N1 过程的进行。

3.1.2.3　芳基重氮盐参与的芳环亲核取代反应

以芳基胺为底物前体生成重氮盐的亲核取代反应是芳环亲核取代反应中极为重要的一类。反应需先将芳香胺的氨基转化为重氮盐，它是合成各类芳香化合物的重要中间体，在脱氮气后参与亲核取代反应，从而得到产物。

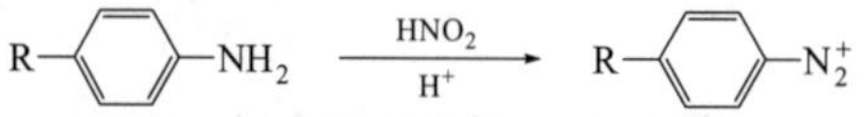

（1）芳基重氮盐的还原　芳核上的硝基或氨基可作为芳核上引入其他基团的定位基。在其他基团引入完成后，硝基和氨基可转变为重氮盐，然后在硼氢化钠、亚磷酸或者醇的作用下，被氢取代，将定位基去除。

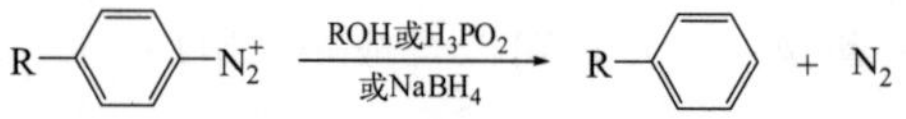

乙醇作还原剂时，重氮盐和乙醇先生成偶氮化合物，接着脱去氮气，生成两个自由基，苯基自由基同一个氢自由基结合，完成还原，反应中可能会有副产物芳基醚的产生，如图 3-18 所示。为了避免或者减少副产物醚的生成，可在反应体系中加入少量锌粉或者其他还原剂。

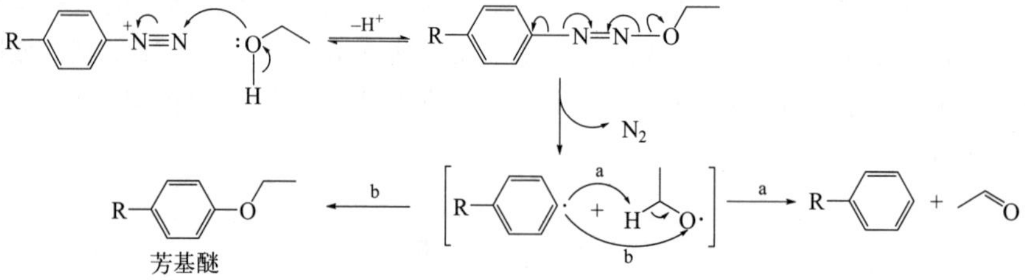

图 3-18　乙醇还原芳基重氮盐的机理

次磷酸作还原剂的具体反应历程如图 3-19 所示，在该过程中，有时会出现一些焦油状的生成物。

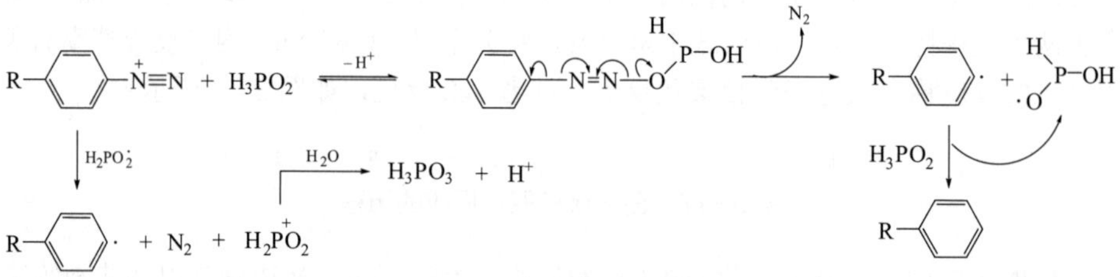

图 3-19　次磷酸还原芳基重氮盐的机理

氟硼酸重氮盐可在甲醇或者二甲基甲酰胺中，被硼氢化钠还原；也可以在醚或者乙腈中，被三正丁基锡甲烷或者三乙基硅甲烷还原。例如，利用对烷基苯胺中氨基定位效应，在其邻位引入两个溴原子，然后通过重氮盐的还原合成间二溴取代的芳基化合物。

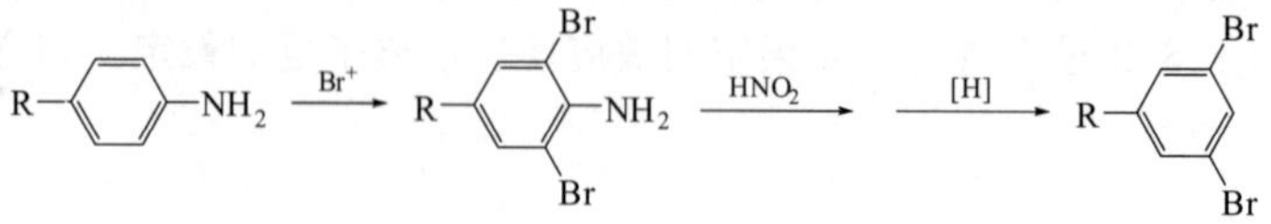

（2）芳基重氮盐的水解　一般情况下，重氮盐的水溶液并不稳定，即使在 0℃也会慢慢水解生成相应的酚并放出氮气，提高反应温度则可以使芳香重氮离子迅速水解成酚。利用该方法可以在芳环中使用硝基或者氨基定位引入羟基。

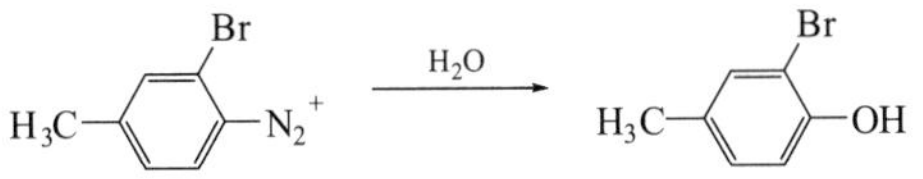

重氮盐的水解是一个单分子的芳香亲核取代反应，反应分两步进行。重氮盐首先分解成苯基正离子和氮气，苯基正离子一旦形成，则立即和亲核试剂水分子反应生成酚。可见，重氮盐的分解一步决定了反应的快慢。而且，该过程是一个可逆反应，但苯基正离子和氮气的结合远远慢于苯基重氮离子的分解，如图 3-20 所示。

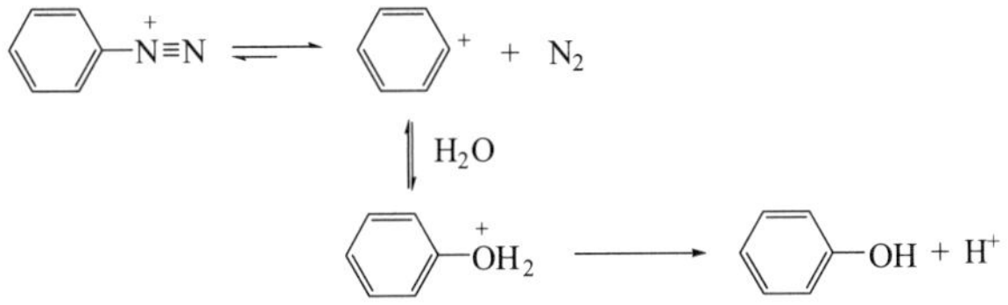

图 3-20　芳基重氮盐的水解机理

与双分子机理芳香亲核取代反应的趋势相反，在重氮盐分解过程中，重氮基的邻、对位上的吸电子取代基会降低芳核的电子云密度，不利于重氮基将正电荷转移至芳核，从而使分解速率变慢。邻对位上的给电子基团，会同重氮基发生共轭效应，使碳氮双键的性质增加而难以断裂，同样会使分解速率变慢。

（3）芳香环上引入氯原子或者溴原子　将重氮盐的水溶液与碘化钾一起加热，重氮基很快被碘原子取代，生成芳香碘代物，同时放出氮气。

三碘苯甲酸的合成是利用重氮盐生成碘代物的典型实例之一。

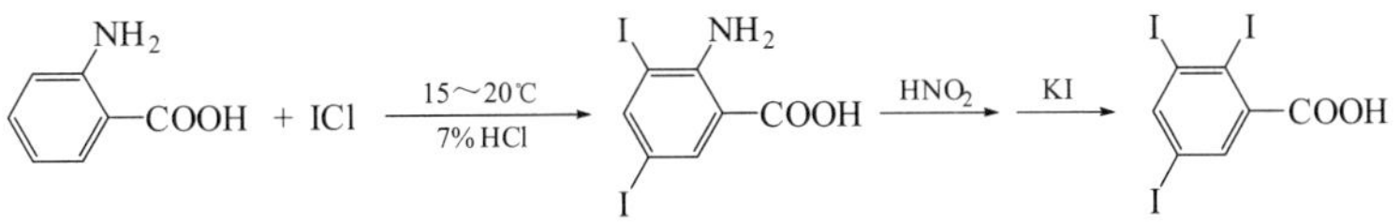

氯离子和溴离子的亲核能力较弱，同样的方法很难将它们通过重氮盐引入芳环。但在氯化亚铜或者溴化亚铜的催化下，将重氮盐在氢卤酸溶液中加热，重氮基可被卤代，生成相应的芳香氯化物或者溴化物。该反应在 1884 年被桑德迈尔发现，也称为桑德迈尔反应。其反应机理如图 3-21 所示。

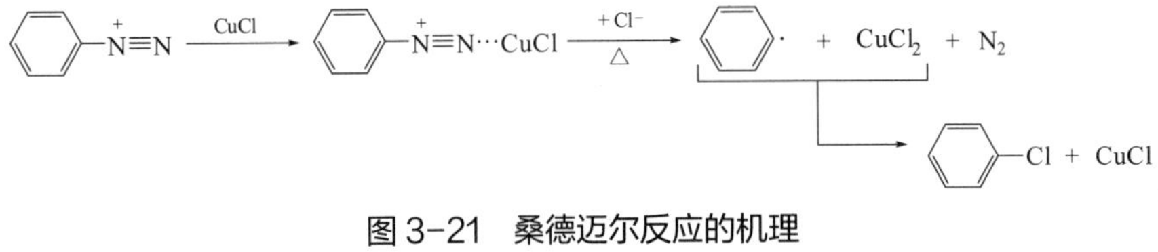

图 3-21　桑德迈尔反应的机理

该机理中，重氮盐与卤化亚铜形成络合物，在加热条件下，亚铜转移给氮原子一个电子，自身被氧化为二价，而后碳氮键均裂，分解产生苯基自由基和氮气；苯基自由基从二价铜盐中夺取一个卤素原子生成卤化苯，同时卤化铜恢复为卤化亚铜。虽然卤化亚铜在机理上起催化作用，但在实际反应中仍需要等量进行投料。

在氰化亚铜的催化下，重氮基可被氰基取代，生成芳香腈。但反应需在中性条件下进行，以避免剧毒氢氰酸的产生！该反应的应用范围和反应机制和桑德迈尔反应相同，见图3-22所示。

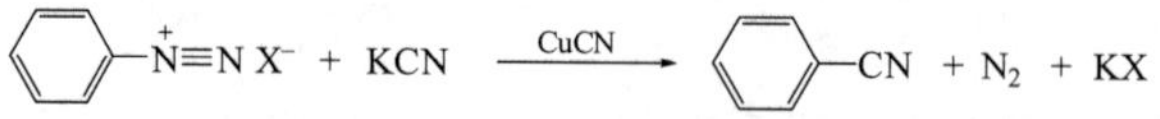

图 3-22　重氮盐合成苯甲腈的反应

加特曼反应与桑德迈尔反应类似，该反应使用金属铜和盐酸或者氢溴酸代替氯化亚铜或者溴化亚铜，也可用于芳香氯化物和溴化物的制取。适量的铜即可推进反应，所需温度一般较桑德迈尔反应更低，操作也更加简单，但一般情况下，产率不高于桑德迈尔反应。

此外，在金属铜的催化下，重氮盐可以分别和亚硝酸钠、亚硫酸钠、硫氰酸钾反应，制得芳香硝基化合物、芳香磺酸化合物和芳香硫氰化合物。

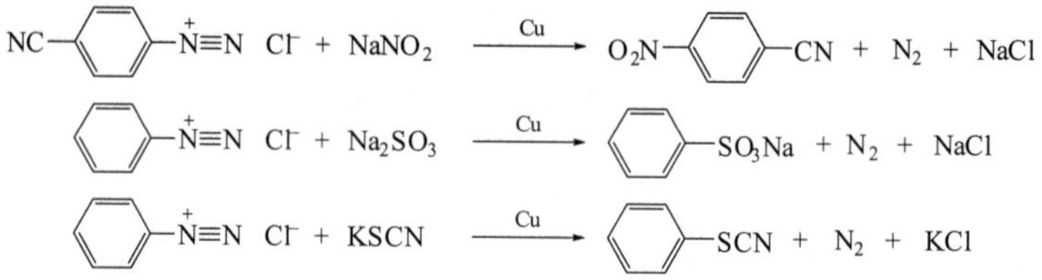

（4）芳香环上引入氟原子　1927年席曼（Schiemann G）发现，芳香重氮盐和氟硼酸能够生成溶解度较小的氟硼酸重氮盐，加热氟硼酸盐可使其分解并产生氟苯，这一过程称为席曼反应。席曼反应类似于桑德迈尔反应，是在实验室由芳胺制备氟代芳烃的最常用方法，工业上则可以利用氟化氢和重氮盐直接反应得到芳香氟化物，如图3-23所示。

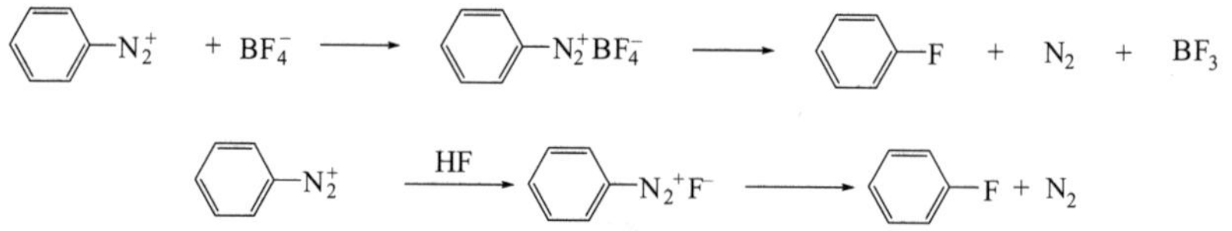

图 3-23　芳香重氮盐制备氟苯的合成反应

氟硼酸重氮盐的制备：先将芳胺在盐酸溶液中与亚硝酸钠反应进行重氮化，随后加入冷的氟硼酸、氟硼酸钠或者氟硼酸铵即可形成氟硼酸重氮盐沉淀。氟硼酸重氮盐干燥后比较稳定，只在加热下分解成氟化物，产率较高。

由氟硼酸重氮盐制备氟苯的反应是单分子芳香亲核取代反应，存在苯基正离子中间体，但实验证明，进攻苯基正离子的不是氟离子，而是氟硼酸根离子（BF_4^-）。

3.1.2.4　加成-消除机理的芳香亲核取代反应

在该类反应中，亲核试剂先同芳环加成，然后消去一个取代基完成亲核取代。芳环上存在强的拉电子基团如硝基、三氟甲基、乙酰基时，该类反应易于发生。

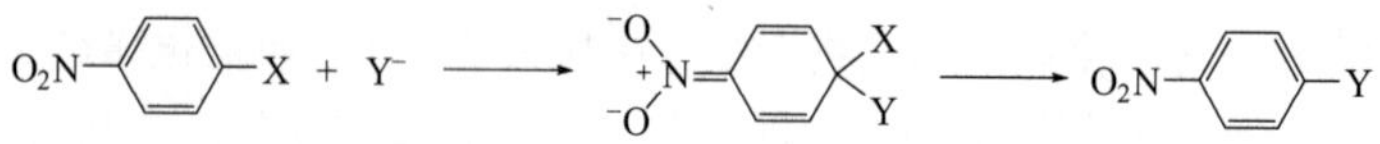

对硝基氯苯同乙醇钠反应，乙氧基取代氯原子后，得到产物对硝基苯基醚。

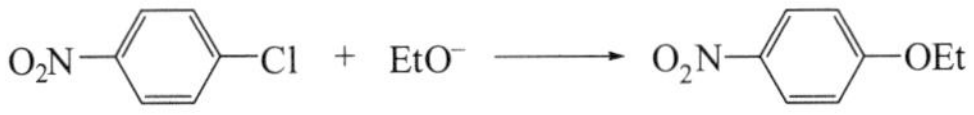

3.1.2.5　苯炔中间体机理的芳香亲核取代反应

在该类型反应中，芳环在碱的作用下，先脱去一分子卤化氢形成含有一个特殊三键并且高度活泼的苯炔中间体，如图 3-24 所示。

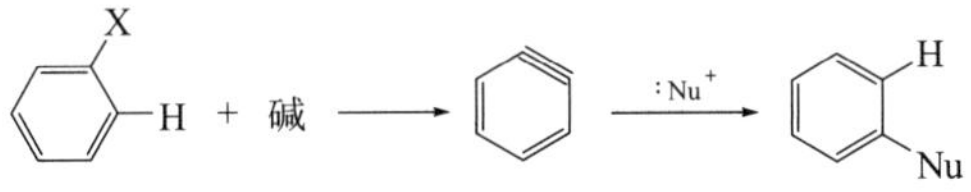

图 3-24　经过苯炔中间体的取代反应

一般情况下，炔烃中碳碳三键的碳原子呈 sp 杂化，σ键的键角为 180°，但该种杂化模式无法在苯环中存在。苯炔中的碳原子仍为 sp^2 杂化，碳碳三键中有一个π键是由两个碳原子的 sp^2 轨道微弱重叠形成，并与苯环的π体系相互垂直，位于苯环之外。如图 3-25 所示可以看出，两个 sp^2 轨道相距较远，彼此重叠较少，所以这个π键很弱且有张力，容易发生反应。

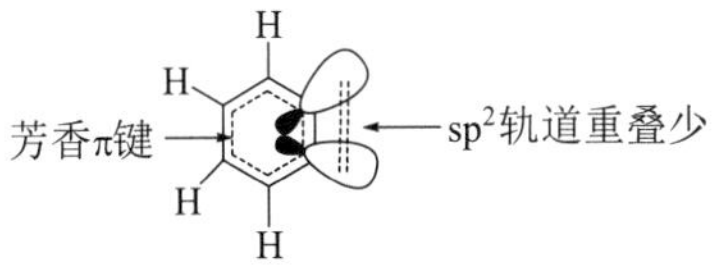

图 3-25　苯炔的电子结构

该机理的特征是亲核试剂的引入位置不一定为离去基团所在位置，因此可能会得到异构体。如图 3-26 所示，^{14}C 标记氯苯制取苯胺的实验证实了该机理的特征。

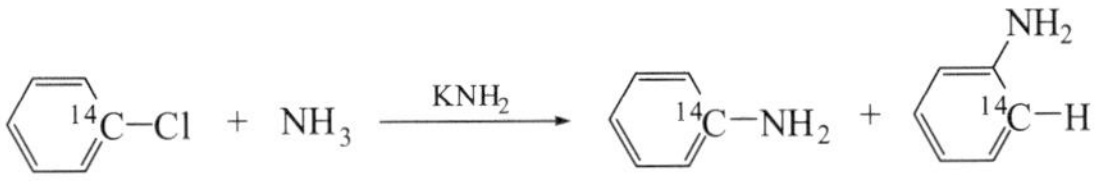

图 3-26　同位素标记实验验证苯炔中间体

3.1.2.6　芳香环的亲电取代反应

最简单、常见的芳香环是苯环。由苯环的电子结构可知，离域π电子使苯环中的 6 个碳原子所组成的平面上下集中着带负电荷的电子云，对苯环碳原子起着屏蔽作用。因此，该结构并不易于被亲核试剂进攻，但却较易受到亲电试剂的进攻，发生亲电取代反应。表 3-1 列出了常用亲电试剂及生成方法。

表 3-1　亲电试剂或者离子及生成方法

亲电试剂	生成方法
NO_2^+	$2H_2SO_4 + HNO_3 \longrightarrow NO_2^+ + H_3O^+ + 2HSO_4^-$
Br_2 或 $Br_2\text{-}MX_n$	$Br_2 + MX_n \longrightarrow Br_2\text{-}MX_n$
$B—OH_2^+$	$Br—OH + H_3O^+ \longrightarrow Br—OH_2^+ + H_2O$

亲电试剂	生成方法
Cl_2 或 $Cl_2\text{-}MX_n$	$Cl_2 + MX_n \longrightarrow Cl_2\text{-}MX_n$
SO_3	$H_2S_2O_7 \longrightarrow H_2SO_4 + SO_3$
RSO_2^+	$RSO_2Cl + AlCl_3 \longrightarrow RSO_2^+ + AlCl_4^-$
R_3C^+	$R_3CCl + AlCl_3 \longrightarrow R_3C^+ + AlCl_4^-$
	$R_3COH + H^+ \longrightarrow R_3C^+ + H_2O$
	$R_2C{=}CR'_2 + H^+ \longrightarrow R_2^+C{-}CHR'_2$

在该类亲电取代反应中，无论是正离子还是极性试剂中带正电荷部分进攻苯环，均会首先接触苯环上的π电子云，与其中的离域的π电子相互作用。例如，单质碘与苯环反应时，首先与其π键接触，通过π电子的离域与苯环发生微弱的结合（并非直接进攻碳原子），生成π络合物。在π络合物的形成中，苯作为电子的供予体，碘单质作为电子的接受体。在多数情况下，该类结合通常很弱（4～20kJ/mol），所形成的络合物并不稳定，会迅速分解，如图 3-27 所示。

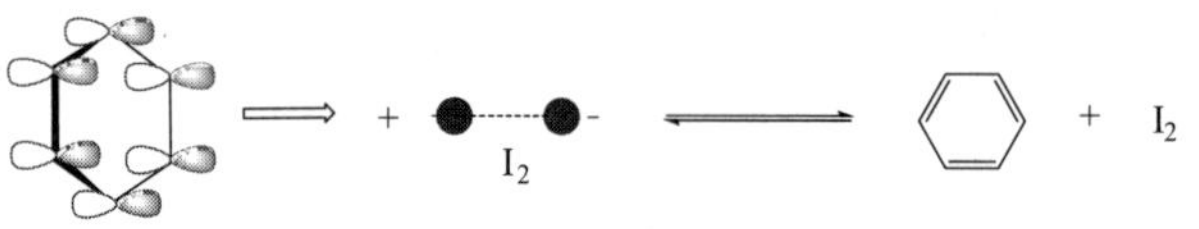

图 3-27　苯环 π 电子和碘之间的离域作用

在路易斯酸的促进下，亲电试剂与苯环发生作用，生成不同于π络合物的另一种中间体。例如，在 $AlCl_3$ 存在下，烷基卤代物或者酰基卤代物（EX）与苯环作用，亲电试剂 EX 中的 E 部分与苯环上的氢原子迅速发生交换，生成σ络合物中间体，也称为 Wheland 中间体。该σ络合物即环己二烯正离子，非常活泼，存在时间很短。σ络合物失去质子后，环状共轭体系恢复，C—H 键断裂所需要的能量因此得到补偿，如图 3-28 所示。

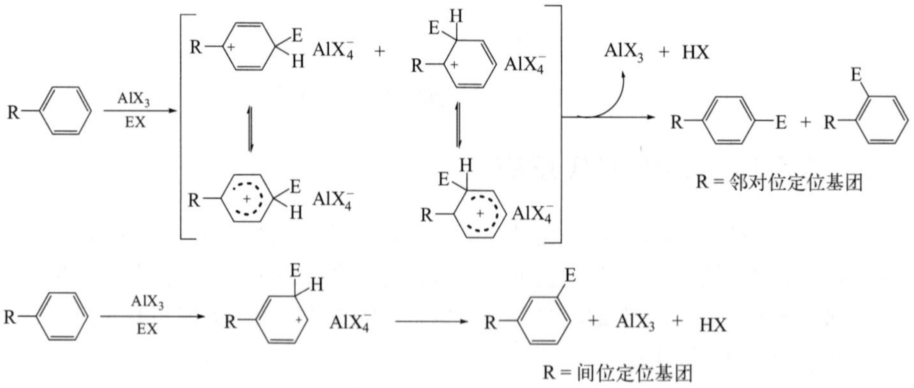

图 3-28　苯环的邻对位和间位亲电取代

σ络合物也可以通过另一种方式得到稳定，即它与 $AlCl_4^-$ 中的 Cl^- 发生亲核加成，像碳碳双键的加成反应一样。加成后的产物是环己二烯的衍生物，但由于失去了具有 6 个π电子的环状共轭体系，稳定性较差（如图 3-29 所示）。因此，σ络合物容易失去质子或者其他正离子，恢复苯环的芳香体系，生成取代产物。

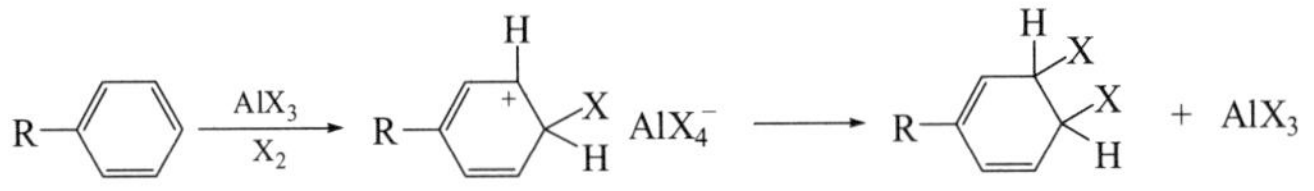

图 3-29 苯环的亲电加成

通常情况下，邻对位定位基团使芳环活化（卤素基团除外），间位定位基团使芳环钝化。芳环亲电取代反应是农药合成中的常用反应，可以用来合成一些重要中间体分子，例如萘被氯磺酸磺化后，得到的 1-萘磺酸可以转化为 1-萘酚。1-萘酚是合成氨甲基酸酯杀虫剂甲萘威的原料。

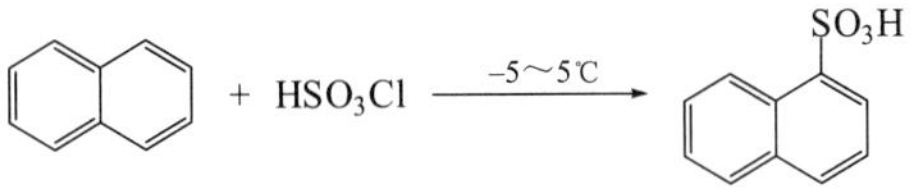

3.1.2.7 碳碳重键的亲电加成反应

碳碳重键（包括烯烃、炔烃）的 π 电子具有较大的活泼性，容易被亲电试剂进攻发生加成反应。常用的亲电试剂有强酸如硫酸、氢卤酸，以及卤素单质等，反应过程可分为同步加成和分步加成两种机理，如图 3-30 所示。

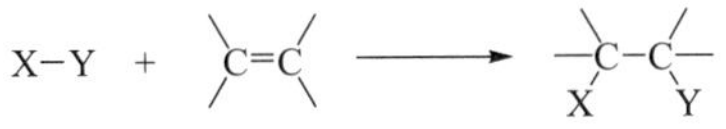

图 3-30 双键的亲电加成

同步加成反应是在双键的同侧同时形成两个 σ 键，该种亲电加成也称为顺式加成，像环加成反应、烯烃羟基化及臭氧化反应均属于此列，如图 3-31 所示的双键高锰酸钾氧化和图 3-32 所示的双键环氧化。

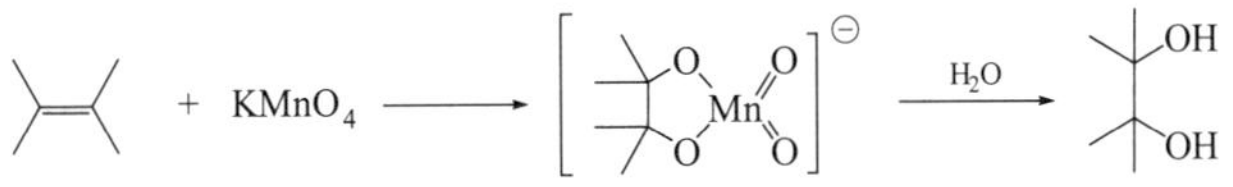

图 3-31 双键的亲电双羟基化

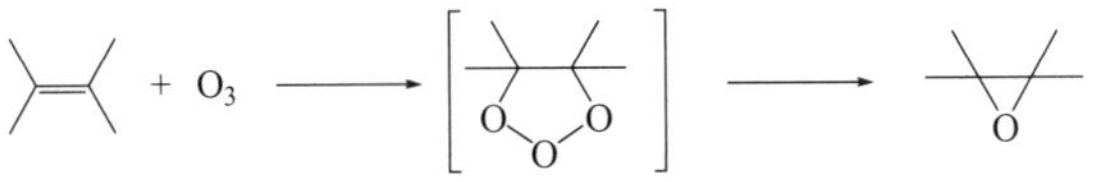

图 3-32 双键的亲电环氧化

分步亲电加成时，带正电荷基团与重键反应生成碳正离子或者三元环结构的𬭬型正离子，随后带负电荷基团进攻中间体生成加成产物。对于以三元环𬭬型正离子为中间体的反应，亲核试剂会从对侧进攻，得到反式加成产物如图 3-33 所示。烯烃与卤素、氢卤酸等的加成均属于分步加成反应。

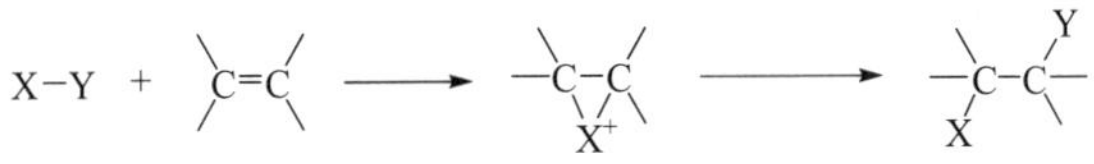

图 3-33 双键的亲电分步加成

杀虫剂二溴磷可以通过液溴对敌敌畏的亲电加成制得。

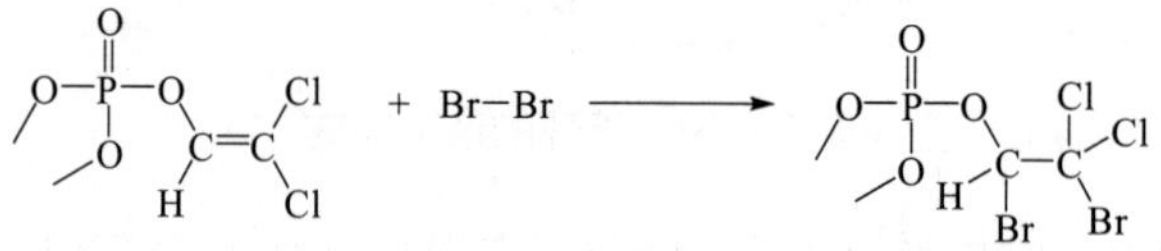

亚硝酰氯对异丁烯亲电加成所得中间体经过异构化、甲硫基取代，可以得到涕灭威中间体，如图3-34所示。

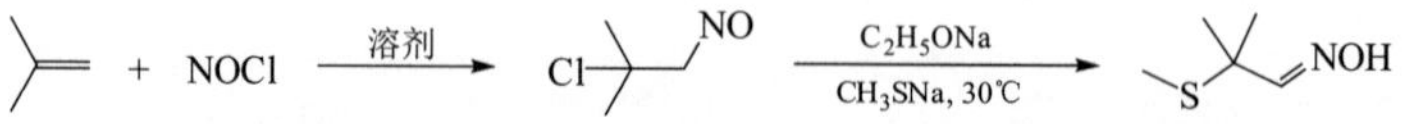

图 3-34　亚硝酰氯对双键的加成以及氮氧双键的重排

有机磷杀虫剂马拉硫磷可以通过 O,O-二甲基二硫代磷酸酯和马来酸二乙酯之间的亲电加成反应得到。

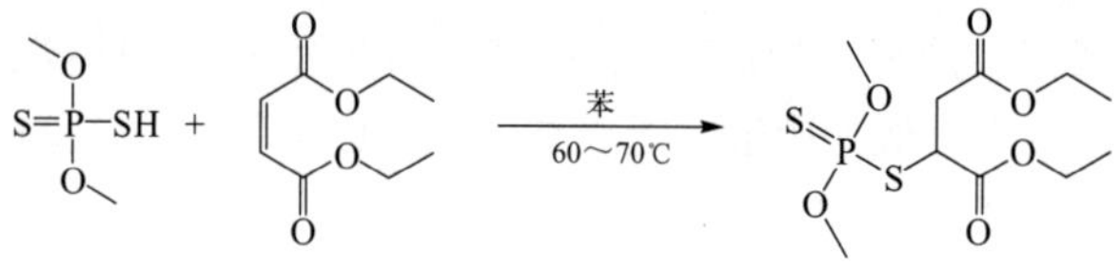

在三氯化铝的催化下，苯甲酰氯与乙烯发生亲电加成反应。

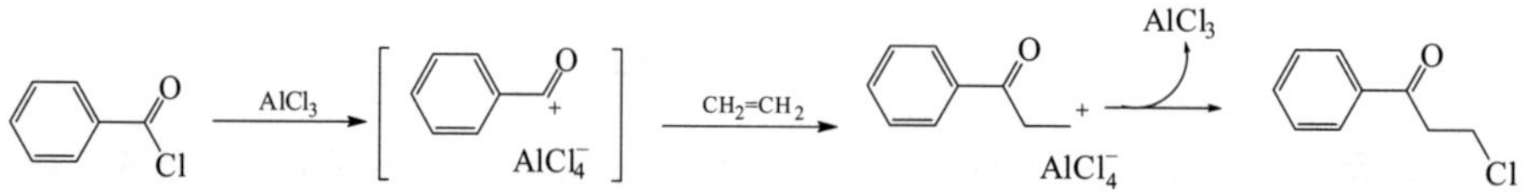

3.1.2.8　碳氧双键的亲核加成反应

碳氧双键也具有 π 电子，氧原子又具有较高的电负性，高度极化的碳氧双键非常活泼，如图3-35所示。

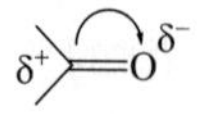

图 3-35　丙酮中的极性羰基双键

一般情况下，带负电荷的氧负离子中间体比带正电荷的碳正离子中间体稳定，因此亲核试剂容易进攻碳原子而发生亲核加成，如图3-36所示。

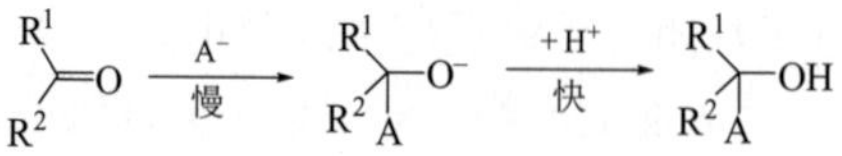

图 3-36　羰基的亲核加成反应机理

羰基化合物结构中的 R^1、R^2 的电子性质和立体效应以及亲核试剂的性质对加成反应均有不同的影响。

根据亲核试剂的性质，可以将其分为三类：①具有未共用电子对的化合物或离子，如 H_2O、ROH、H_2S、SO_3H^-、NH_2OH、$C_6H_5NHNH_2$ 等；②能形成碳负离子的化合物，如醛、酮、羧酸及衍生物、亚砜等；③可提供负氢离子的金属氢化物。下面是碳氧双键亲核加成反应的一些实例：

三氯乙醛在稀酸水溶液中与水加成生成水合三氯乙醛。

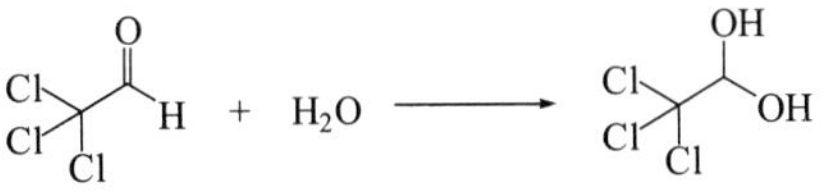

乙硫醇和甲醛加成生成乙基氯甲基硫醚。

$$C_2H_5SH + HCHO \xrightarrow{HCl} C_2H_5SCH_2Cl$$

邻苯二甲酰亚胺与甲醛加成生成 *N*-羟甲基邻苯二甲酰胺。

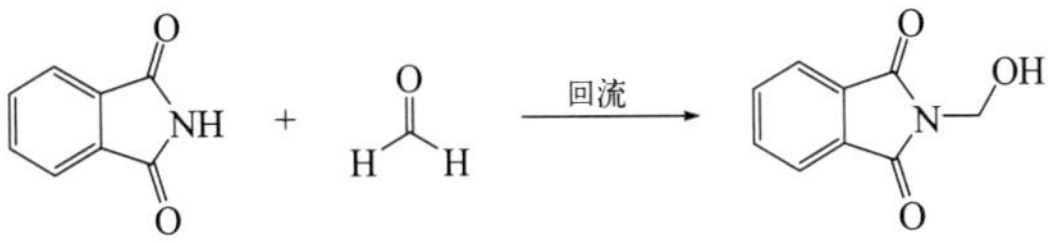

间苯氧基苯甲醛与氢氰酸亲电加成生成拟除虫菊酯的重要中间体。

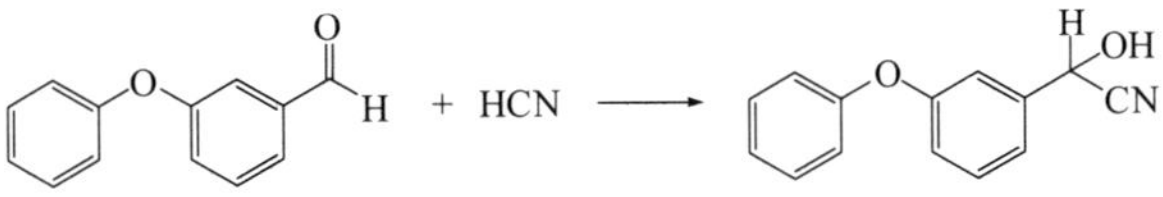

磷叶立德与菊醛酸乙酯合成溴氰菊酯的中间体二溴菊酸乙酯。

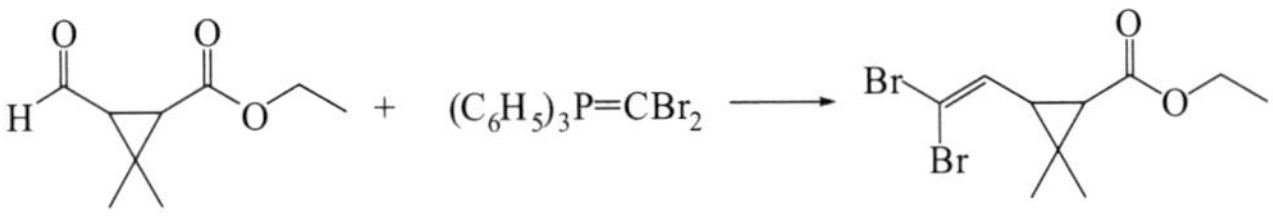

另外，羟醛缩合、安息香缩合、坎尼扎罗反应等均涉及碳氧双键的亲核加成。

3.1.2.9　其他重键的亲核加成反应

碳氮双键、碳氮三键、氮氧双键等也都具有极性的不饱和键，它们与羰基化合物类似，也能发生亲核加成反应。

亲核试剂对异氰酸酯的加成反应，可用于合成含有脲和氨基甲酸酯片段的农药活性化合物，如图 3-37 和图 3-38 所示。

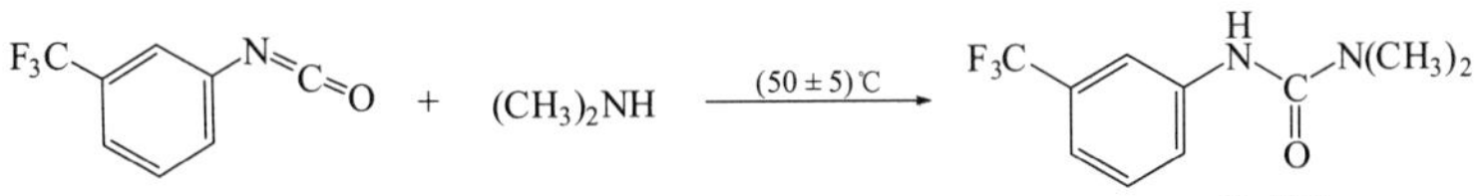

图 3-37　取代苯基异氰酸酯的亲核加成反应合成伏草隆

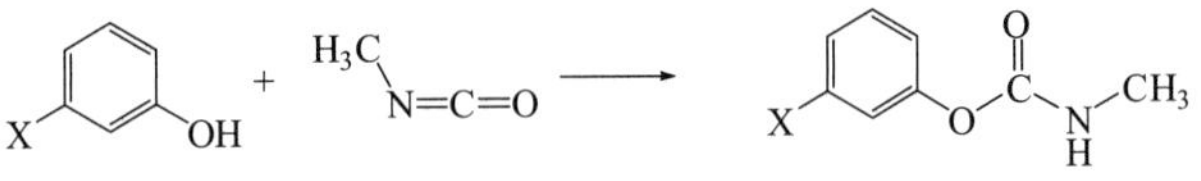

图 3-38　甲基异氰酸酯的亲核加成反应合成氨基甲酸苯酯

亲核试剂对氰基的加成，例如邻苯二胺和 N-氰基氨基甲酸甲酯反应，随后在酸性条件下关环，可得到杀菌剂多菌灵（图 3-39）。

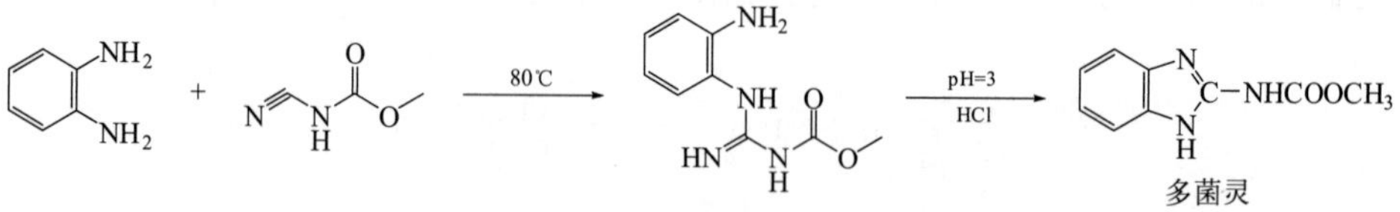

图 3-39　邻苯二胺对碳氮三键的亲核加成反应

亲核试剂也可对重氮离子中氮氮三键进行加成，如图 3-40 所示。

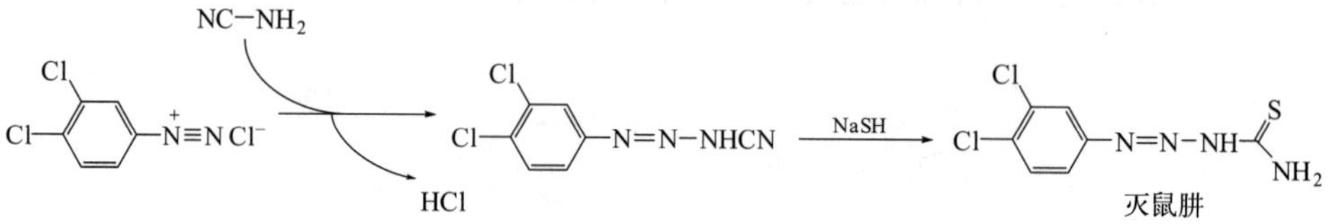

图 3-40　氨基腈对重氮三键的亲核加成反应

亲核试剂对碳硫重键的加成，例如亚胺对二硫化碳的加成。

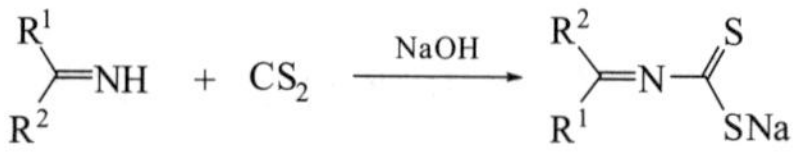

3.1.2.10　单分子消除反应和双分子消除反应

消除反应是指减少与碳原子相连的原子（或基团），而形成碳碳双键、碳氮双键、碳氧双键、碳硫双键，或者碳碳三键、碳氮三键及环状化合物的反应，通常为增加分子不饱和程度的反应。按反应机理可分为单分子消除和双分子消除两种。

（1）单分子消除反应，也称为 E1 反应。例如，在反应过程中，首先离去一个负离子，形成碳正离子，继而失去质子得到产物。

（2）双分子消除反应，也称为 E2 反应。通常在强碱下进行，并且该类型反应速率与碱的浓度有关。例如，在乙醇钠促进的溴乙烷消除溴化氢的反应中，碱性试剂乙氧基负离子（$C_2H_5O^-$）夺取 β-氢同时消除溴负离子（Br^-）生成乙烯。

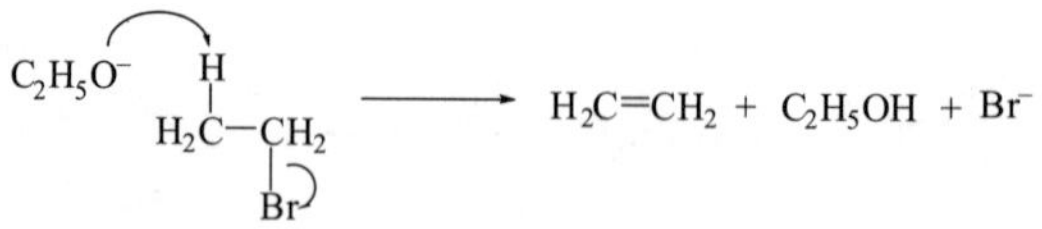

E2 消除反应的立体效应使得处于反式位置的两个原子（或原子团）易被消除。在六六六的 β-异构体中，氢原子与氯原子均处于顺式位置，碱作用下，其消除反应速率比其他异构体要慢约 99%，故不易通过消除被环境降解，其他异构体则较容易消除三分子氯化氢而生成三氯苯。通过该方法可对六六六无效体进行综合利用。

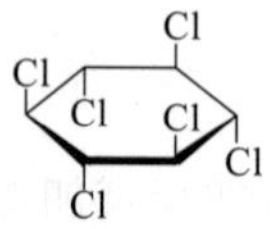

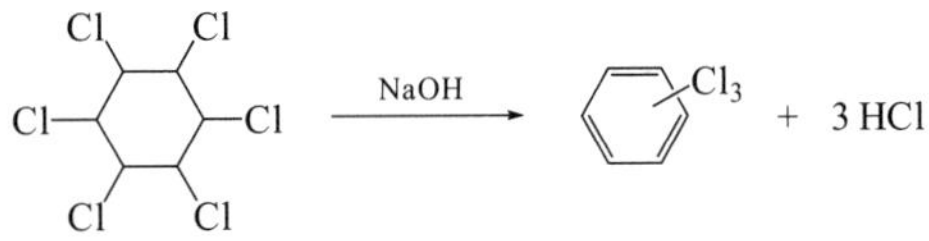

3.1.2.11　α-消除反应

消除反应中，如果被消除的两个原子（或基团）连接在同一个碳原子上，则称为 α-消除，最典型的 α-消除反应实例是二氯卡宾的生成反应。

$$CHCl_3 + (CH_3)_3COK \longrightarrow :CCl_2 + (CH_3)_3COH + KCl$$

3.1.2.12　β-消除反应

如果被消除的原子（或基团）连接在相邻的碳原子上，则称为 β-消除。β-消除反应中，最重要的是消除方向。大量实验事实总结出下列两条经验规则：

札依采夫（Zaitsev）规则：从卤代烷中消除卤化氢时，氢从含氢最少的碳原子上消除，主要生成不饱和碳原子上连有烷基数目最多的烯烃。

霍夫曼（Hofmann）规则：季铵碱分解时，生成在不饱和碳原子上连有烷基数目最少的烯烃。

在 E1 反应历程中，一般按札依采夫规则消除；在 E2 反应历程中，卤代烷消除反应也按札依采夫规则进行；而季铵碱按霍夫曼规则进行消除。

同理，如果被消除的原子（或基团）处在 1,3-或 1,4-碳原子位置上，会相应发生 1,3-或 1,4-消除反应。制备二氯菊酸乙酯的反应中，利用羰基的 α-氢和烯丙位的氯原子实现 1,3-消除反应，得到环丙烷结构。

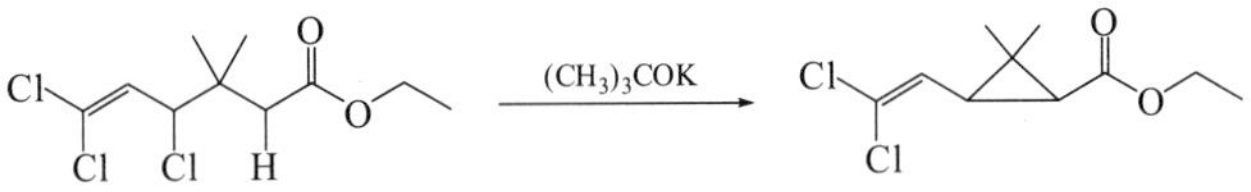

3.1.2.13　亲核重排反应

重排反应是指在试剂作用或其他因素影响下，分子中某些基团发生迁移生成另一种化合物的反应。根据迁移基团亲核或亲电的特性，可把重排反应分为亲核重排和亲电重排两类。

脂肪族化合物的亲核重排反应一般是碳正离子引起的分子重排。在该类重排反应中，反应物首先在相关试剂作用下形成碳正离子，进而邻近原子上的基团带着一对电子向带正电的碳原子迁移，迁移基团离开的碳原子又形成新的碳正离子并最后与亲核离子结合，生成重排产物，如图 3-41 所示。

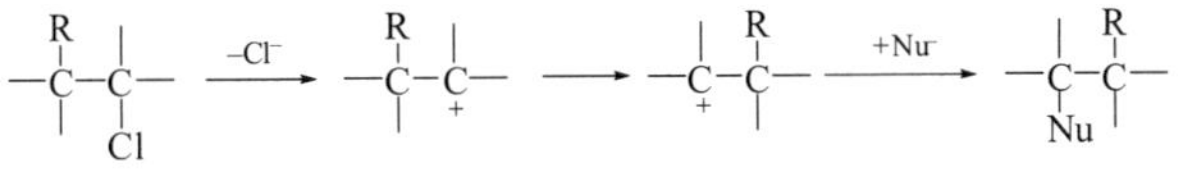

图 3-41　亲核重排反应机理

在酸性条件下，频哪醇的一个羟基质子化后以水分子形式离去，形成碳正离子，邻碳上的甲基带着电子对向碳正离子迁移，失去甲基的碳变成新的碳正离子并被所连接的羟基稳定，再经质子的离去得到频哪酮，如图 3-42 所示。

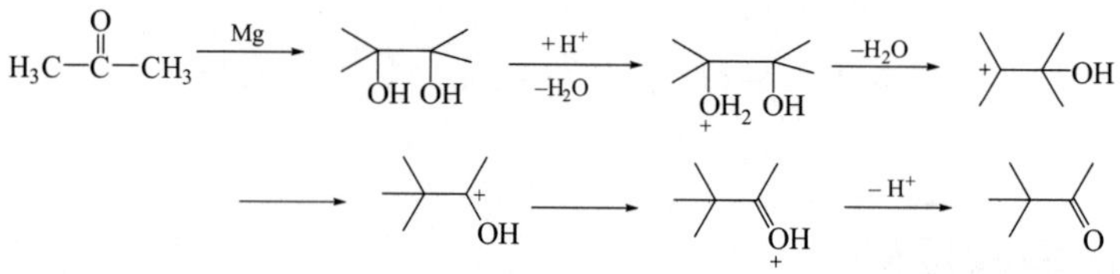

图 3-42　频哪酮的合成及重排机理

3.1.2.14　芳香族化合物的亲核重排反应

在重排过程中，迁移基团作为亲核试剂带着它原先与支链相结合的电子对，将它们从支键转移至芳环上，该种重排反应叫作芳香族亲核重排反应。例如稀硫酸作用于苯基羟胺，即发生 OH⁻ 转移，生成氨基酚。

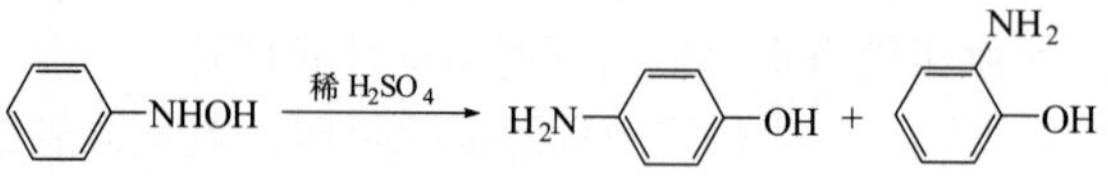

3.1.2.15　脂肪族化合物的亲电重排反应

脂肪族亲电重排反应是一个缺电子基团借碱性试剂作用，向带有负电或未共用电子对的原子迁移的过程，如图 3-43 所示。

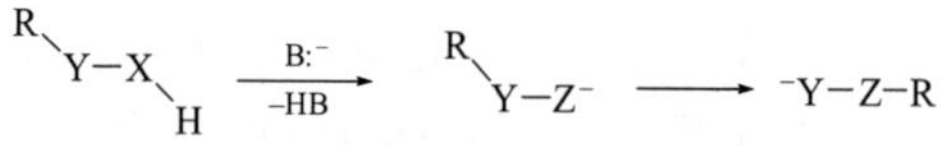

图 3-43　脂肪族亲电重排反应机理

例如：在碱的作用下，α-酰基取代的季铵盐重排生成氨基酮。

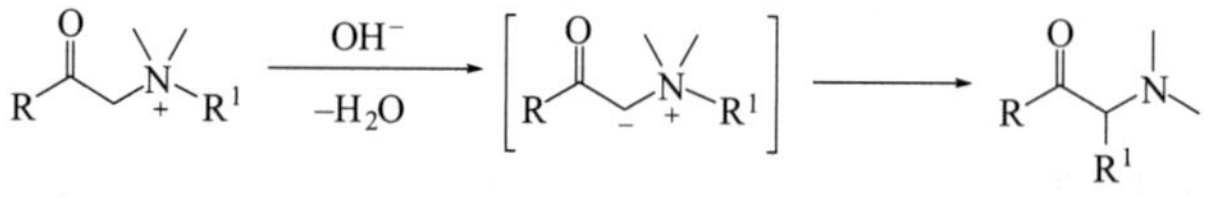

3.1.2.16　芳香族化合物的亲电重排

芳香族化合物的重排反应大多数是亲电重排。例如，在杀虫剂克百威中间体呋喃酚的合成中，邻苯二酚先同卤代异丁烯缩合，然后经过亲电重排反应（Claisen 重排）以及随后的双键加成，得到呋喃酚（图 3-44）。

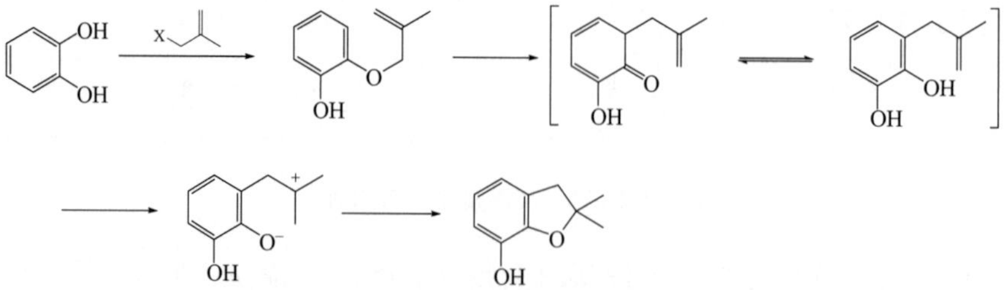

图 3-44　呋喃酚的合成与其中的 Claisen 重排

3.1.3 协同反应

有机化学反应中,一类反应的新键形成和旧键断裂同时发生,该类反应称为协同反应。协同反应中只存在过渡态,不涉及离子或者自由基等中间体。电环合反应、σ 键迁移反应以及环加成反应都是重要的协同反应,它们也被称作周环反应。

3.1.3.1 电环合反应

在电环合反应中,一个共轭 π 体系的两个原子之间形成一个 σ 键,形成一个比原分子少一个双键的环状分子,如图 3-45 所示。

图 3-45 丁二烯和环丁烯之间转换的协同反应

同样,它的逆反应也是协同反应。如果反应物是取代的 1,3-丁二烯,不同条件的环合将会产生不同的异构体。

3.1.3.2 σ 键迁移反应

该类迁移反应中,σ 键转移到相对于 π 骨架的另一端,如图 3-46 所示。

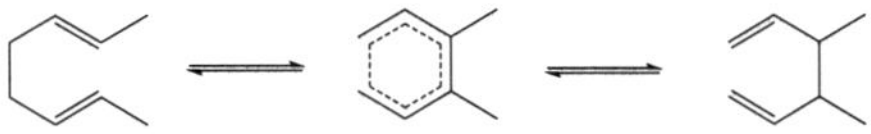

图 3-46 σ 迁移协同反应

3.1.3.3 环加成反应

在环加成反应中,两个独立体系相互作用,同时产生两个键以相互结合,形成一个环状产物,如图 3-47 所示。

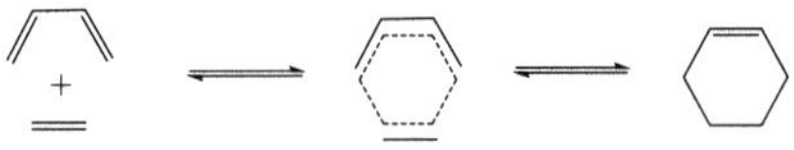

图 3-47 环加成协同反应

环加成反应具有高度的立体定向性,例如顺、反异构烯烃与二烯反应时,均能保持烯烃的原有空间关系。环状二烯与亲二烯物反应,一般优先生成内型加成物,例如丁二烯与丁二酸酐反应合成四氢苯酐,如图 3-48 所示。

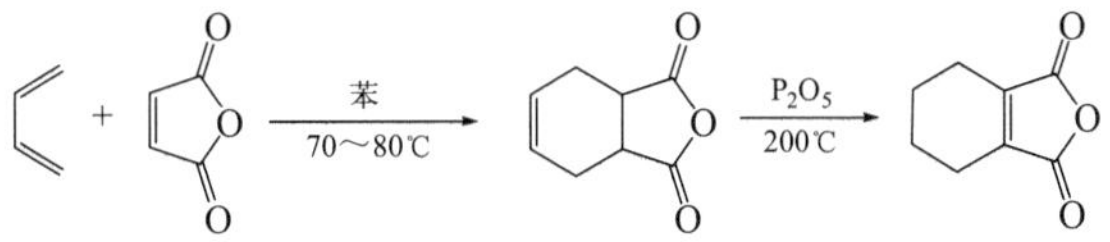

图 3-48 环加成协同反应合成四氢苯酐

环加成反应合成杀鼠剂灭鼠宁的反应如下:

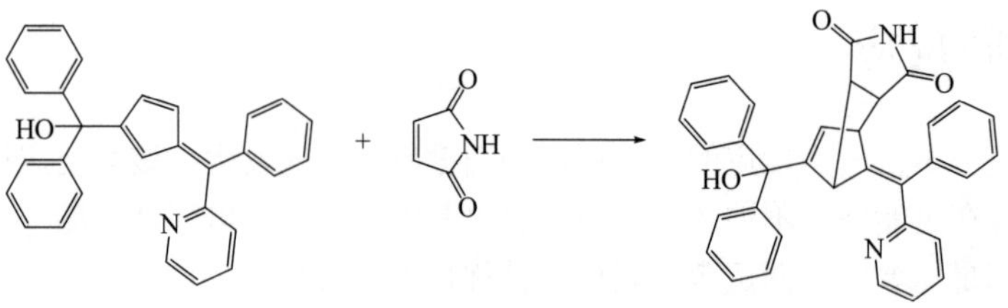

一些 1,3-偶极分子（表 3-2）也可以与双烯体进行如图 3-49 所示的加成反应。

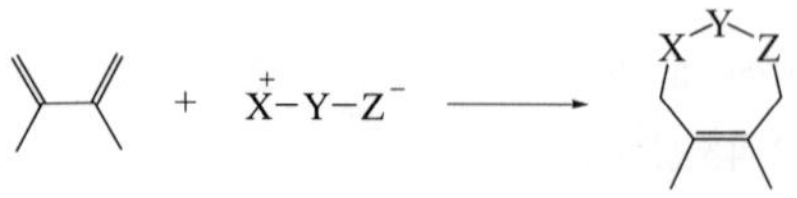

图 3-49　1,3-偶极分子同共轭双烯的协同反应

表 3-2　代表性 1,3-偶极分子

1,3-偶极分子	a-b-c
臭氧	$\overset{+}{O}-O-O^-$　或　$\overset{+}{O}-O=O$
叠氮物	$R-\overset{+}{N}\equiv N=N^-$　或　$R-\overset{+}{N}-N\equiv N$
重氮甲烷	$H_2\overset{-}{C}-N=N^+$　或　$H_2\overset{-}{C}-N\equiv N$
（烯）酮	$R_2\overset{+}{C}-N(R)-\overset{-}{O}$　或　$R_2C=\overset{+}{N}(R)-\overset{-}{O}$
氰亚胺	$R-\overset{-}{C}=N-\overset{-}{N}-R$　或　$R-C\equiv\overset{+}{N}-\overset{-}{N}-R$

3.1.3.4　协同反应理论

1965 年伍德华（Woodward）和霍夫曼（Hofmann）在提出轨道对称守恒原则后才确定了协同反应的理论。为了简要说明分子轨道对称守恒原理，首先回忆一下关于分子轨道的基本概念。

分子中的每个电子都是在原子核与其电子所组成的势场中运动。它的运动状态可以用波函数 ψ 来描述，这种分子中单个电子的状态函数叫作分子轨道。这正像原子中的单个电子的状态函数即原子轨道一样。二者不同的是：原子轨道是单中心的，电子云分布在一个原子核的周围，而分子轨道则是多中心的，电子云分布在两个或两个以上的原子核周围。每一个分子轨道 ψ 都有相应的能量 E，通常称为分子轨道的能级。和原子轨道一样，一个分子轨道最多只能容纳两个自旋方向相反的电子。处于基态的分子，电子首先占据能量最低的分子轨道。

分子轨道可用组成它的原子轨道的线性组合来表示，即在组成分子轨道 ψ 的各原子轨道前边分别乘上相应系数 C，然后再相加。

$$\psi=C_1\psi_1+C_2\psi_2+C_3\psi_3\cdots$$

准确计算或者描述含有多原子的有机分子的薛定谔方程非常困难，所以在此只定性地说明一下原子轨道组合成分子轨道的条件。

原子轨道组成分子轨道必须满足三个条件：第一，原子轨道的能量接近，如两个原子轨道沿 X 轴方向接近时 s 轨道和 $2p_x$ 轨道能量接近，能相互组成分子轨道；第二，轨道互相间重叠程度最好，构成的键最牢；第三，对称性相同的原子轨道才能组成分子轨道。所以根据原子轨道的一些对称因素（如对称轴、对称面等）的对称性相同或不同，即可判断这些原子轨道能否进行组合。

根据对称性也可将分子轨道加以分类。如以 X 轴为键轴，s 轨道和 p_x 轨道呈圆柱形对称，即键轴旋转任何角度，它们的形状和符号（符号是解波动方程时得到的，正负代表两种相反的位相，不代表电荷的正负）都不变，因此它们之间能够组成分子轨道。s-s，s-p_x，p_x-p_x 等，均围绕键轴圆柱形对称，这种分子轨道称为 σ 轨道。p_y 和 p_z 轨道与包含键轴的 XY 和 XZ 平面呈反对称（即形状不变，符号相反），它们之间形成分子轨道时，如 p_y-p_y，p_z-p_z，还保留着这种对称性，称之为 π 轨道。将分子轨道中具有相反符号的部分分割开来的平面（或曲面）称为节面。在分子轨道中，被节面分开的具有相反符号的各部分之间具有较大的排斥作用，节面数目愈多，排斥作用愈大，能量愈高，如图 3-50 所示的 1,3-丁二烯分子轨道图。

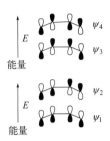

图 3-50　1,3-丁二烯的分子轨道图

分子轨道对称守恒原理就是当反应物和产物的分子轨道的对称性一致时，反应就易于发生，不一致时，反应难于发生。在协同反应中，分子轨道的对称性不变，即说明分子总是倾向于以保持轨道对称性不变的方式发生反应，得到轨道对称性不变的产物，一个固定性对称元素有效地贯穿于整个反应的始终。分子轨道对称守恒原理成功地解释了协同反应的机理，并且能够预测反应发生的可能性以及其立体化学特性。

分子轨道理论可解释芳香烃的特殊稳定性，判断分子中各原子的化学活性，解释过渡金属的催化机理，被广泛应用于有机合成的实践当中，对天然产物的合成具有重要指导意义。

3.2　有机化学反应机理

有机化学反应机理为反应物通过化学反应转变为产物所经历的全过程，是有机分子中反应原子在反应期间所经历的一系列步骤，是从开始到终了的全部动态过程，包括如试剂的进攻、反应中间体的形成、最后的产物生成等环节。

研究反应机理的目的是确认反应途径的信息，包括分子内相关原子或者原子团在结合位置、次序和方式上所发生的变化，以及这种变化的历程。反应进行的途径主要由分子本身的性能及反应条件等内外因素决定。

书面描述反应机理时常用到如下各种箭头和符号：

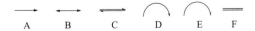

其中 A 用于表示反应进行的趋势，在其左右分别写出反应原料和主要产物；B 用于描述有机化合物的共振式；C 用于表示可逆反应，该箭头两边的物质所含元素和量相等；D 表示双电子转移，如单键异裂的情况；E 表示单电子转移，如单键均裂的情况；F 用于定量的反应，其反应式左右需要配平。

3.2.1　研究有机化学反应机理的意义

通过对反应机理的研究，能够掌握相关重要信息，对特定现象进行解释，指导反应设计、反应底物和条件的选择，优化反应条件以提高选择性和收率，减少副产物的生成，实现绿色和清洁合成。下面将围绕几种不同类型反应的机理，阐述反应条件与反应底物的选择对生成产物结构的影响。

3.2.1.1　醚化反应

取代和消除是一对竞争反应，在充分理解反应机理的前提下，即可通过控制反应条件或者选择不同的试剂，使反应按照设想的方向进行。例如，在甲基叔丁基醚的合成中，根据反应机理可选用甲醇钠和碘代烷的醚化反应；如果通过甲醇钠和碘代叔丁烷进行合成，则无法得到目标产物，如图 3-51 所示。

图 3-51　甲基叔丁基醚的合成反应

3.2.1.2　马氏规则的加成反应

当不对称烯烃与不对称试剂如 HX、H_2SO_4、H_2O、HOX 等质子酸加成时，产物遵循马氏规则。加成试剂中的质子主要结合到含氢较多的双键碳原子上，而负电性基团则结合到含氢较少的双键碳原子上，一般得到的是反式产物。例如丙烯和氢溴酸（HBr）加成，2-溴丙烷是主要产物（图 3-52）。

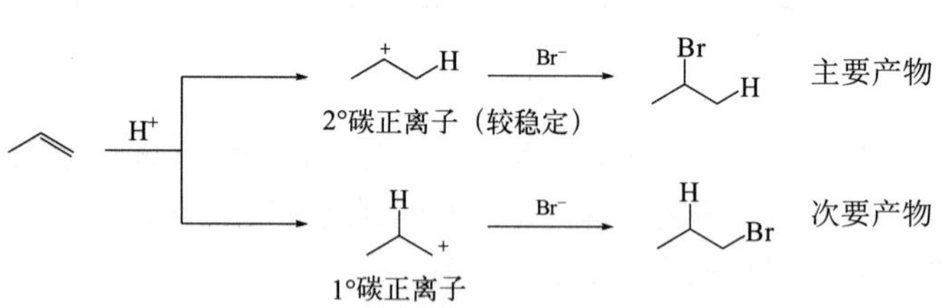

图 3-52　丙烯和溴化氢的马氏加成反应

机理研究显示不对称烯烃的加成反应是一个离子型反应，亲电试剂的正电性基团先和双键中电子云密度高的碳原子结合。丙烯中甲基是给电子基团，使双键上的 π 电子云变形，造成离甲基远的双键碳原子上电子云密度较高，使得质子倾向和双键末端的碳原子结合。

不对称小环环烷烃与类似不对称试剂发生反应时，断键易发生在取代基最多的和最少的碳原子之间，质子或者试剂的正电荷部分总是结合到含氢较多的碳原子上。该反应历程与马氏规则相似，如图 3-53 所示。

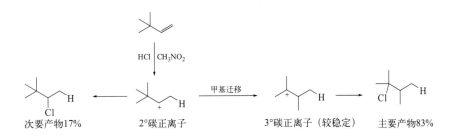

图 3-53　甲基环丙烷和溴化氢的马氏加成反应

3.2.1.3　反马氏规则的加成反应

在不对称烯烃加成反应中，因受烯烃底物或试剂结构等因素的影响，反应也可以不遵循马氏规则，从而得到反马氏加成产物，即氢原子或者试剂中正电荷部分结合到含氢较少的双键碳原子上。下面列出了四种代表性的反马氏规则加成反应。

(1) 双键碳原子上连有强吸电子基团　双键碳原子同具有强吸电子的基团，如与三甲基铵正离子 [$-(CH_3)_3N^+$]、三氟甲基（$-CF_3$）、氰基（$-CN$）、羧基（$-COOH$）等相连时，加成试剂中的质子或正电荷部分会倾向于结合到双键中含氢较少的碳原子上。该反应看似同马氏规则矛盾，但实质上和马氏加成遵循一样的规律。强吸电子基团通过电子效应使双键上的 π 电子云变形，造成离其远的双键碳原子上的电子云密度降低，于是质子或正电荷部分偏向与另一边含氢较少但电子密度更大的碳原子相结合，生成反马氏规则产物，如图 3-54 所示。

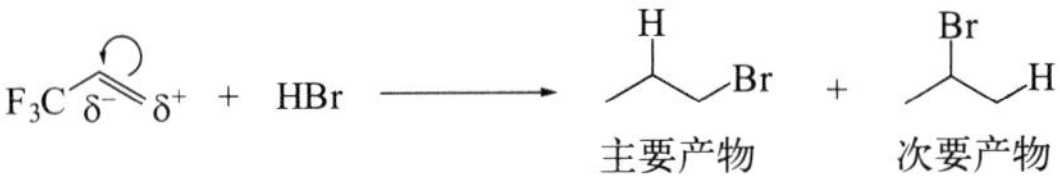

图 3-54　3,3,3-三氟-1-丙烯和溴化氢的反马氏加成反应

(2) 底物结构造成碳正离子重排　碳正离子是离子型反应中常见的中间体。生成的初始碳正离子倾向于转变为稳定性更高的碳正离子，即发生碳正离子的重排，该过程会导致反马氏规则加成产物的生成，如图 3-55 所示。

图 3-55　3,3-二甲基-1-丁烯和氯化氢加成反应中的碳正离子重排

(3) 过氧化物引起的自由基加成　过氧化物存在时，氢溴酸与不对称烯烃的加成属于自由基反应，生成反马氏规则的加成产物。例如在过氧化物存在下，丙烯和溴化氢的反应（图 3-56）。

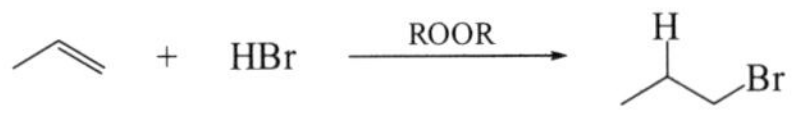

图 3-56　丙烯和溴化氢的自由基加成反应

虽然自由基不带电荷，但是它缺少一个电子，具有亲电试剂的性质，进攻双键时，可能产生两种不同的自由基，通常情况下倾向于生成稳定性高的自由基，因而随之得到反马氏加成产物，如图 3-57 所示。

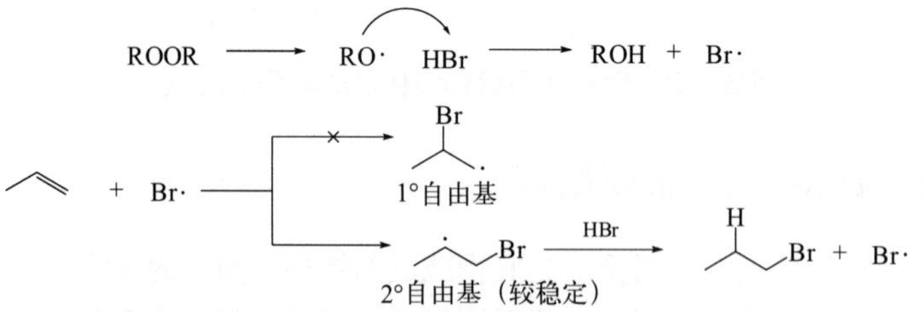

图 3-57 丙烯和溴化氢的自由基加成反应机理

（4）硼氢化反应　烯烃通过硼氢化反应可间接实现水对双键的加成，生成的醇是反马氏规则加成产物。例如，2-甲基-2-丁烯与硼烷的反应，受位阻及电子效应的影响（π 电子云偏向取代基少的碳原子），硼主要结合到双键中取代基较少的碳原子上，而负氢结合到取代较多的碳原子上，硼氢化产物在双氧水与碱的存在下水解可得到 3-甲基-2-丁醇，如图 3-58 所示。

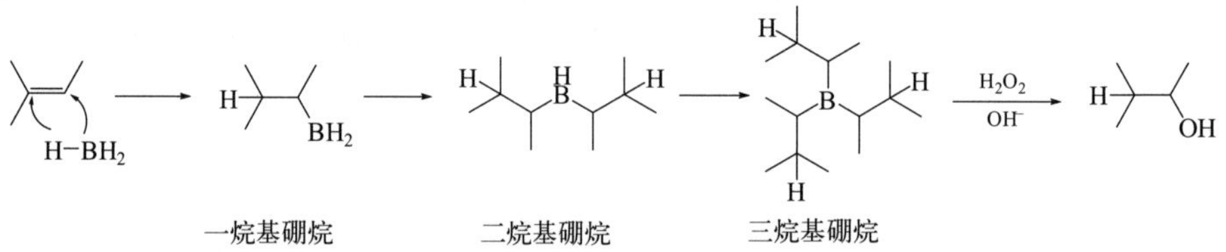

图 3-58　2-甲基-2-丁烯的硼氢化反应

3.2.1.4　重氮盐偶联反应

重氮盐的偶联反应会产生副产物，了解反应机理便可解释副产物的形成原因，从而控制反应条件，抑制重氮盐的分解从而抑制副产物的生成，如图 3-59 所示。

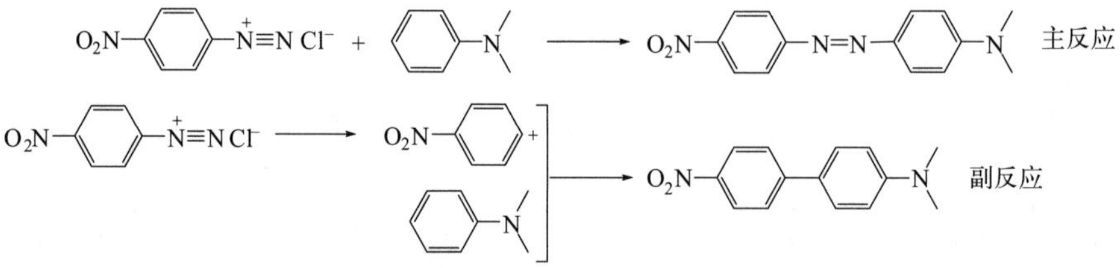

图 3-59　4-硝基苯基重氮盐和 N,N-二甲基苯的偶联反应

3.2.2　研究有机化学反应机理的方法

3.2.2.1　确定反应机理的基本原则

确证的反应机理既要简单，又要能够解释全部实验事实。如果有几种机理都能说明全部实验事实，则要选用其中最简单的一个；提出的机理从能量和化学反应角度分析应均合理；

机理中包含的单元反应一般为单分子或双分子反应；所提出的反应机理需要采用各种实验方法从不同角度加以证明。

3.2.2.2　测定产物的结构和组成

含双键或者三键的化合物与亲电试剂加成时，第一步是试剂带正电荷的部分对多重键进攻，使π键转变为σ键，然后加成试剂带负电荷部分同带正电荷的中间体结合生成产物，如图 3-60 所示。

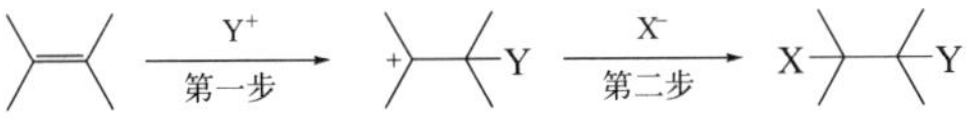

图 3-60　双键亲电加成的反应机理

通过一些不同的实验可证明烯烃的亲电加成是遵循分步机理的。例如溴和乙烯在水中的亲电加成反应，除了加成产物二溴乙烷外，还会得到溴代乙醇（图 3-61）。

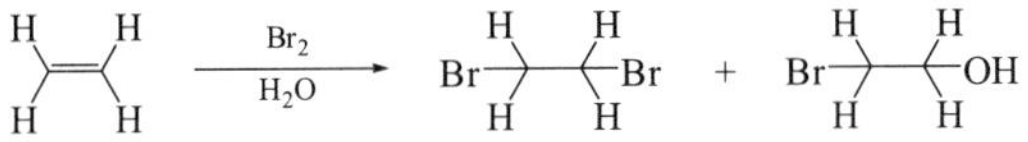

图 3-61　液溴在水中对乙烯双键亲电加成反应

基于所得两个产物的结构，推测加成反应历程如图 3-62 所示。

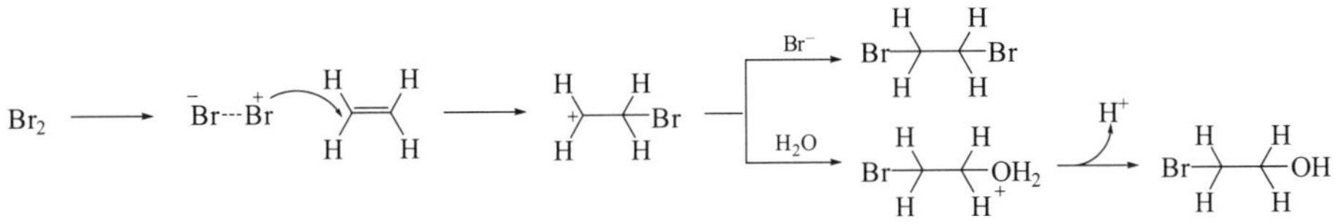

图 3-62　液溴在水中对乙烯双键亲电加成反应机理

当液溴和乙烯的加成反应在浓氯化钠水溶液中进行时，二溴乙烷和氯溴乙烷作为产物同时生成（图 3-63）。

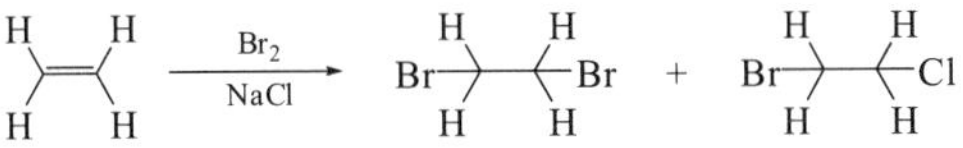

图 3-63　液溴在浓氯化钠溶液中对乙烯双键亲电加成反应

基于反应溶液中组成的变化和两个产物的结构，推测加成反应历程如图 3-64 所示。

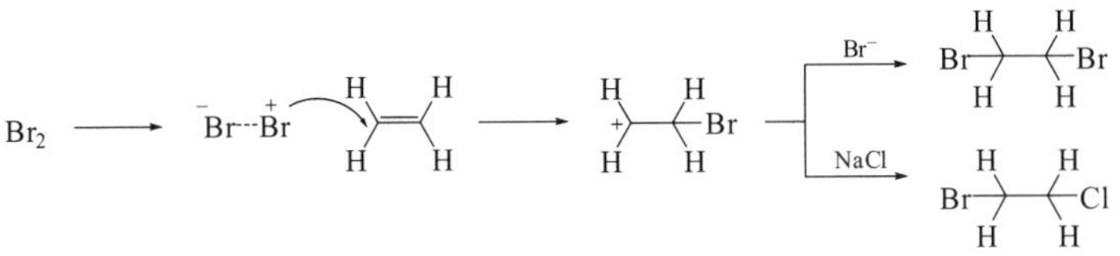

图 3-64　液溴在浓氯化钠溶液中对乙烯双键亲电加成反应机理

以甲醇为反应介质，液溴和 1,2-二苯乙烯反应生成的产物除 1,2-二溴-1,2-二苯乙烷外，还生成 1-溴-2-甲氧基-1,2-二苯乙烷（图 3-65）。

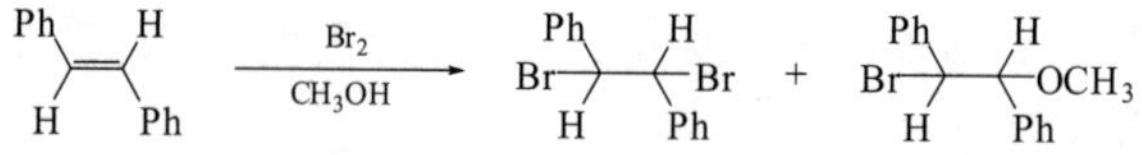

图 3-65　液溴在甲醇中对 1,2-二苯乙烯双键亲电加成反应

以上实验事实说明，卤素分子的两个部分并非同时加成到双键的不同碳原子上，否则不会生成混合产物。

又如 Fries 重排，实验证明该反应为分子内重排。例如，乙酸苯酯中加入苯和三氯化铝，加热反应后未发现有苯乙酮生成，说明重排过程被限制在分子内进行，体系中应没有乙酰基正离子形成（图 3-66）。

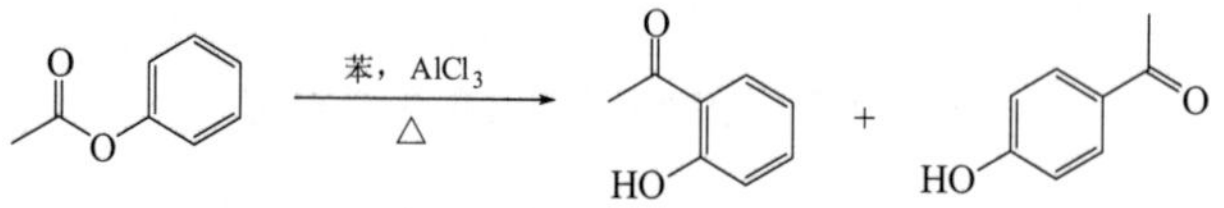

图 3-66　乙酸苯酯的 Fries 重排反应

3.2.2.3　反应中间体结构的测定

可以通过分离、截留、捕获反应中间体，或者借助紫外-可见光谱法、红外光谱法、核磁共振、电子顺磁共振法等在线技术，分析和鉴定反应中间体的结构。例如通过核磁共振鉴定碳正离子，使用拉曼光谱鉴定 NO_2^+，利用在线红外光谱确定不同官能团的转换等。自由基的三线态中间体可用顺磁共振光谱（ESR）和化学诱导动态核极化（chemically induced dynamic nuclear polarization，CIDNP）等方法进行检测。

3.2.2.4　同位素标记实验

同位素标记实验可以用于解析一些反应发生的过程。例如，对酯中的烷氧基氧原子进行 ^{18}O 同位素标记，水解后生成含有 ^{18}O 的乙醇，证明发生了酰氧键的断裂，如图 3-67 所示。

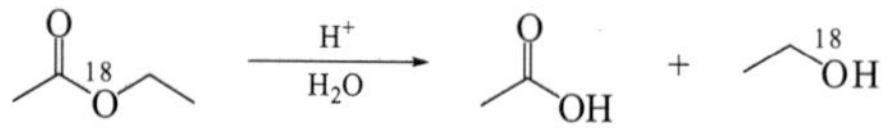

图 3-67　^{18}O 标记的乙酸乙酯的水解反应

频哪醇重排中，用 ^{14}C 原子标记五元环上与羟基所连碳原子。得到产物显示，标记碳原子处于螺碳原子位置，说明发生了小环的扩环反应等，如图 3-68 所示。

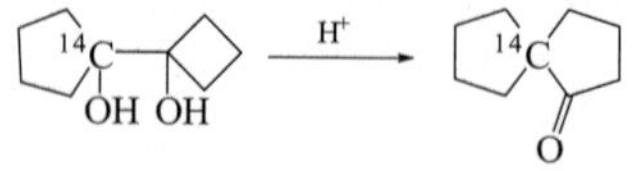

图 3-68　^{14}C 标记的 1-环丁基-2-环戊基-乙二醇的频哪醇重排反应

碳原子标记的氯苯经过氨解反应生成两种产物，表明反应机理是反应底物先脱去氯化氢形成苯炔中间体，然后再同氨气加成，如图 3-69 所示。

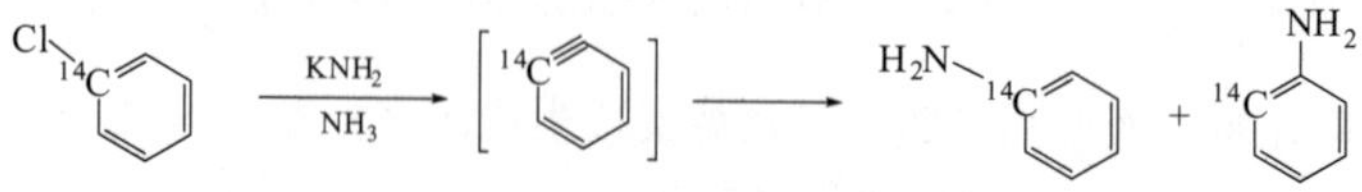

图 3-69　^{14}C 标记的氯苯的氨基取代重排反应

3.2.2.5 产物的立体化学结构

分析反应产物的立体结构，可以推断一些反应的机理。例如，顺式-2-丁烯和液溴加成，得到外消旋体；反式-2-丁烯和液溴加成，得到内消旋体。由此可以推断，该类反应为反式加成，如图 3-70 和图 3-71 所示。

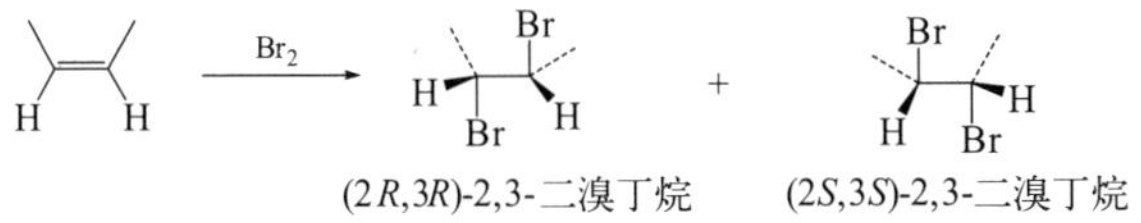

Br_2
H
H
Br
H
Br
H
+
Br
H
H
Br
(2R,3R)-2,3-二溴丁烷
(2S,3S)-2,3-二溴丁烷

图 3-70 顺式-2-丁烯和液溴的加成反应

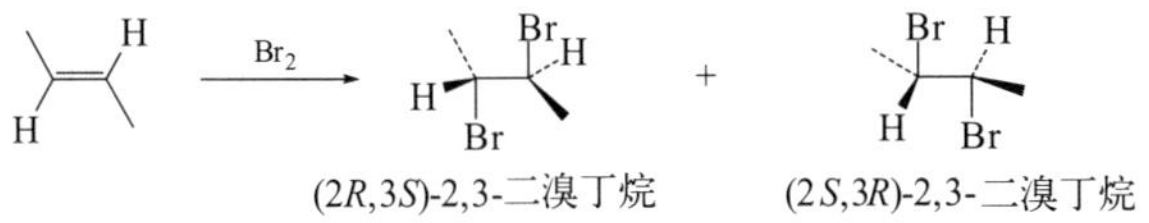

H
H
Br_2
Br
H
H
Br
+
Br
H
H
Br
(2R,3S)-2,3-二溴丁烷
(2S,3R)-2,3-二溴丁烷

图 3-71 反式-2-丁烯和液溴的加成反应

3.2.2.6 同位素效应

当反应底物中的特定原子被它的同位素所取代，它的化学反应特性并不会受到影响，但其反应速率可能发生明显变化。大多数元素的动力学同位素效应很小，但氕和氘的动力学同位素效应较大。

动力学同位素效应分为一级同位素效应和二级同位素效应。一级同位素效应：在决定速率步骤中，与同位素直接相连的键发生了形成或断裂，所观察到的 k_H/k_D 通常为 2 或更高。二级同位素效应：在决定速率步骤中，与同位素直接相连的键不发生断裂，而是分子中其他化学键发生变化，所观察到的 k_H/k_D 通常在 0.7～1.5 范围内，如图 3-72 和图 3-73 所示。

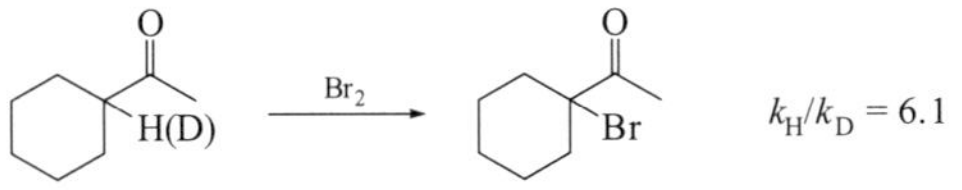

O
H(D)
Br_2
O
Br
$k_H/k_D = 6.1$

图 3-72 环己基甲基酮取代反应一级同位素效应

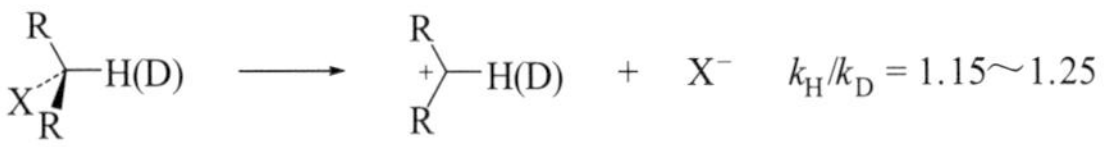

R
X
R
H(D)
R
+
H(D)
R
+
X^-
$k_H/k_D = 1.15～1.25$

图 3-73 取代反应二级同位素效应

同位素具有不同的零点振动能，零点振动能与质量的平方根呈反比，质量越大，零点振动能越低。对于涉及与同位素相连的键断裂的反应来说，过渡态的能量没有差别，而与质量较大的同位素相连的键零点振动能较低，因而需要较高的活化能，进而表现为反应速率较低，如图 3-74 所示。

图 3-74 中显著的同位素效应表明与同位素相连的键发生了变化，同时它的大小定性地指出了过渡态相对于产物和反应物的位置。一级同位素效应低，表明过渡态接近产物或者反应物；一级同位素效应较高，表明过渡态中氢与原成键原子和新成键原子之间都有较强的作用。

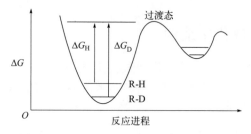

图 3-74 R-H 和 R-D 不同的零点振动能

3.2.2.7 反应的动力学

反应动力学是研究反应机理问题的有力工具，通过相关方法可以在反应物和催化剂的浓度及反应速率之间建立定量关系。反应速率是反应物消失的速率或产物生成的速率。反应速率随时间而变化，所以在讨论反应的真实速率时，通常用瞬间反应速率来表示。

如果反应速率仅同一种反应物的浓度呈正比，则反应物（A）的浓度随时间（t）的变化速率为：

$$反应速率 = -d[A]/dt = k[A]$$

服从该反应速率定律的反应称为一级反应。二级反应速率和两个反应物的浓度或者一个反应物浓度的平方呈正比，即：

$$-d[A]/dt = k[A][B]，若 [A] = [B]，则 -d[A]/dt = k[A]^2。$$

动力学数据只提供关于决定速率步骤和在它之前各步的情况，当有反应由两步或者两步以上的基元反应组成时，反应速率定律的确定一般比较复杂，通过平衡近似法等简化方法可求得反应的表观速率常数。

动力学研究反应机理的常规顺序是，提出可能的机理，并把实验得出的反应速率定律与根据不同可能性推导得到的反应速率作比较，从而排除与观测到的动力学不相符的机理。

3.2.2.8 反应过渡态的研究

采用反应的过渡态图解，可以清楚地看到反应的热力学和动力学的表现。图 3-75 和图 3-76 所示分别表明了 S_N1 和 S_N2 反应的能量变化情况。

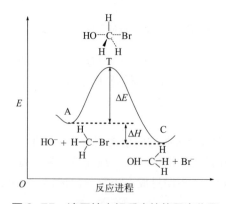

图 3-75 溴甲烷水解反应的能量变化图

从图 3-75 中可以看出反应物的总能量高于生成物的总能量，溴甲烷水解是放热反应。结合反应动力学速率公式$-d[CH_3Br]/dt = k[CH_3Br][OH^-]$可知，反应是二级反应，溴甲烷水解是 S_N2 反应。

图 3-76 亦显示反应物的总能量高于生成物的总能量，溴代叔丁烷水解反应同样是放热反应。该反应分两步进行，由于第一步过渡态能量高，所以它是决定反应速率的一步。结合反应动力学速率公式：

$-d[(CH_3)_3CBr]/dt = k[(CH_3)_3CBr]$可知，反应是一级反应，溴代叔丁烷水解是 S_N1 反应。

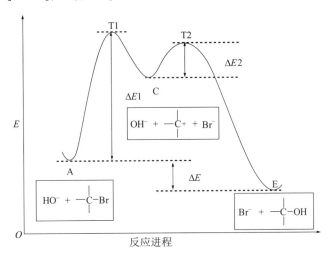

图 3-76　溴代叔丁烷水解反应的能量变化图

3.2.2.9　飞秒光谱方法

飞秒（femtosecond，简写 fs，$1fs = 1×10^{-15}s$）激光是一个让化学工作者感到兴奋不已的新科技领域。1999 年诺贝尔化学奖授予了埃及出生的科学家 Ahmed H Zewail，以表彰它在应用飞秒激光方法观测分子中原子在化学反应中如何运动方面的贡献，这一工作为化学及相关学科带来了一场革命。

飞秒激光的脉冲持续时间极短，仅有几个飞秒。它比利用电子学方法所获得的脉冲要短几千倍，是人类目前在实验条件下所能获得的最短脉冲技术手段。

Zewell 小组用飞秒光谱方法尽可能地对正处于化学反应过渡态的分子进行摄像，一般来说，反应分子中的原子完成一次振动的时间是 10～100fs。

他们首次成功发现了特定反应中反应中间体的存在。为了理解反应过程中的机理，他们从相对稳定的分子或分子碎片（中间体）开始，利用飞秒光谱的方法捕捉过渡态中的分子或者碎片。

第一次实验是观察 ICN 分解为碘自由基和氰基自由基的反应，整个过程在 200 fs 内完成，在 I-C 键即将断裂的时候，Zewell 小组准确地"观察"到了过渡态。

通过该方法对 $C_2I_2F_4$ 分解为 C_2F_4 和 2I 的反应进行研究，证明在反应中两个碳碘键是先后断裂的，而不是同时断裂的（图 3-77）。

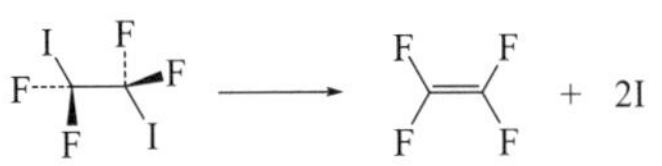

图 3-77　1,2-二碘-1,1,2,2-四氟乙烷的分解反应

在研究苯与双原子分子碘的反应时，发现两个分子先相互靠近形成复杂的结合体，激光使一个电子从苯环发射到碘分子上，形成正、负电荷，其中一个碘原子与苯环结合，同时碘的共价键断裂，另一个碘原子离开体系，整个反应过程持续750fs。

飞秒激光方法也证明了在环丁烷开环生成乙烯或者乙烯加成形成环丁烷过程中存在中间体，寿命为700fs，如图3-78所示。

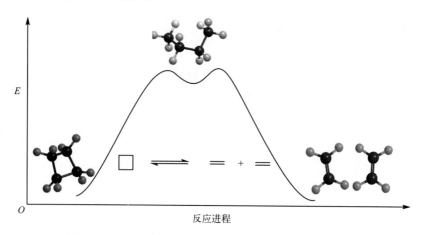

图3-78　环丁烷开环生成乙烯或者其逆反应的能量变化

利用飞秒光谱方法研究顺式-1,2-二苯乙烯的光异构化反应，发现在异构化过程中，两个苯环彼此同时旋转（图3-79）。

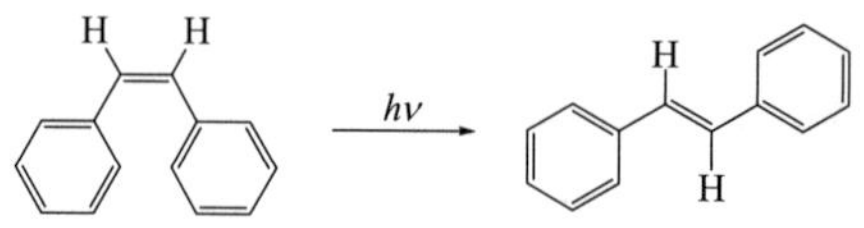

图3-79　顺式-1,2-二苯乙烯的光异构化反应

利用飞秒光谱的方法还可以观察植物叶绿素分子通过光合作用有效地进行能量转换的过程。

飞秒光谱方法的出现，让人们得以通过"慢动作"观察处于化学反应过程中的原子与分子的转变状态，通过计算清楚地"看"到每一个转变的细节，从根本上改变了人们对化学反应过程的认识，是从反应动力学向反应动态学研究的转变。

参考文献

[1]　王积涛. 高等有机化学. 北京: 人民教育出版社, 1980.
[2]　俞凌耶. 基础理论有机化学. 北京: 人民教育出版社, 1981.
[3]　司宗兴. 农药制备化学. 北京: 北京农业大学出版社, 1989.
[4]　魏荣宝. 高等有机化学(第三版). 北京: 高等教育出版社, 2017.

第 4 章

除草活性化合物的合成

除草剂是指能够杀死杂草及有害植物,或者能够控制它们对农作物正常生长或者环境生态危害的化学药剂。农田化学除草可以追溯到 19 世纪末期,欧洲在防治葡萄霜霉病时,偶尔发现波尔多液能伤害一些十字花科杂草而不伤害禾谷类作物;法国、德国、美国同时发现硫酸和硫酸铜等的除草作用,并用于小麦等地除草。1932 年发现的选择性除草剂二硝酚,以及 20 世纪 40 年代 2,4-滴的使用,促进了化学除草剂生产及使用的迅猛发展。1971 年合成的非选择性除草剂草甘膦,是有机磷除草剂中的重磅产品之一,随着生物技术的发展,耐草甘膦作物的种植,该产品在农用除草方面的作用更加彰显。除草剂新产品和新技术的使用简化了现代农业生产实践中的管理流程、降低了农业生产成本,因而 1980 年后除草剂一直占世界农药总销售额的 40%以上,超过杀虫剂和杀菌剂等而跃居第一位。随后至今,除草剂化合物结构、除草活性研究仍在不断发展,而产品本身对环境等的影响越来越小。

4.1 有机磷类除草剂

有机磷农药,是指含磷元素的有机化合物农药,可以用于防治危害植物生长的病、虫、草害等。20 世纪 40 年代后发现大量具有杀虫活性的有机磷化合物,在农业生产和卫生保健中发挥重要作用。由于该类杀虫剂对非靶标生物的高毒性,在 20 世纪 80 年代后期使用逐渐受到限制,目前仅有马拉硫磷、毒死蜱等产品仍在使用。

随着生物技术在农业实践中的应用以及高毒非选择性除草剂百草枯在不同地区或者国家的禁限用,作物种植以及非农用中的非选择性有机磷除草剂草甘膦和草铵膦使用量在不断增加,目前草甘膦已发展为化学合成农药中的第一大产品。

草甘膦   草铵膦

4.1.1 含磷基本化工原料的合成

4.1.1.1 磷原子外层电子的特性及磷氧酰键的特殊性

磷原子的外层电子构型为 $3s^2 3p_x^1 3p_y^1 3p_z^1 3d^0$,具有可利用的能量较低的 3d 轨道 (图 4-1),

可进行 sp^3 和 sp^3d 杂化，因此磷化合物中磷原子的主要氧化态为Ⅲ和Ⅴ，磷原子的配位数可以是 1、2、3、4、5、6 等，甚至可以形成十配位的化合物。

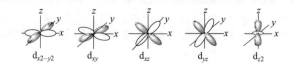

图 4-1　磷原子 d 原子轨道形状

氮原子和磷原子具有相同的价电子，他们所形成的化合物有许多相似之处。例如，它们皆可以形成三价化合物 NH_3、PH_3 等，都可以形成四配位正离子 R_4N^+、R_4P^+ 等。但是磷原子可以利用空的低能量 d 轨道使其在化学性质上与氮原子有所不同。例如磷原子能形成稳定的四面体氧负离子 PO_4^{3-}，而氮原子则没有 NO_4^{3-} 类似物存在；同样，磷原子有稳定的三氯氧磷 $POCl_3$，而氮原子则没有类似的 $NOCl_3$ 存在，但有 $R_3N^+\text{-}O^-$ 存在。

相比碳原子的 2p 轨道，磷原子的 3d 轨道能量较高，因而磷氧双键中的（d-p）π键中的轨道重叠小于碳氧双键中的（p-p）π键轨道重叠。当磷原子与氧原子形成 σ 单键时，因为电负性差异，使磷原子的正电性增加，此时氧原子容易将自己未成键 2p 轨道上的孤电子对反馈给磷原子空的 3d 轨道，形成反馈的（d-p）π键（见图 4-2）。值得注意的是，在磷氧酰键（P=O）之间存在两个反馈的（d-p）π键，第一个（d-p）π键是由氧原子的 $2p_z$ 轨道上的非键电子进入磷原子的 $3d_{xz}$ 空轨道形成，此时磷原子为 sp^3 杂化呈四面体构型，氧原子为 sp^2 杂化呈平面三角形构型［图 4-2（a）］；第二个（d-p）π键是在垂直于第一个（d-p）π键的方向，由氧原子的 $2p_y$ 轨道上的非键电子进入磷原子的 $3d_{xy}$ 空轨道形成，此时磷原子仍为 sp^3 杂化呈四面体构型，氧原子为 sp 杂化呈直线型结构，所形成的磷氧酰键类似炔键［图 4-2（b）］。磷氧双键的特殊稳定性给多种有机磷化合物提供了反应动力。最突出的例子是 Wittig 反应和有机磷能够夺取环氧乙烷类衍生物中的氧原子使环氧衍生物变为烯烃。此外，含磷氧酰键的化合物在生命过程的关键控制步骤中也起着十分重要的作用。

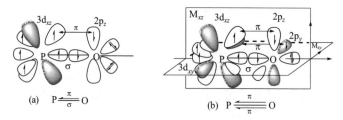

图 4-2　磷氧酰键（P=O）之间的 σ 键与（d-p）π 键

（a）O 原子 $2p_z$ 上非键电子进入 P 原子 $3d_{xz}$ 空轨道形成（d-p）π 键；（b）O 原子 $2p_y$ 和 $2p_z$ 上非键电子分别进入 P 原子 $3d_{xy}$ 和 $3d_{xz}$ 空轨道形成两个（d-p）π 键

4.1.1.2　含磷基本化工原料的合成

基础原料黄磷、氯气和硫黄用于合成含磷基本化工原料三氯化磷、三氯氧磷、五氧化二磷等。

三氯化磷的制备：将氯气通入熔融的黄磷中，回流反应制取三氯化磷。在此反应中应保持黄磷过量，防止生成五氯化磷。五氯化磷同黄磷反应也能生成三氯化磷，但是该反应激烈放热。三氯化磷易氧化,反应须用惰性气体保护。

$$P + Cl_2 \xrightarrow{80℃} PCl_3$$

$$PCl_3 + Cl_2 \longrightarrow PCl_5$$

$$PCl_5 + P \longrightarrow PCl_3 \quad 剧烈放热$$

三氯氧磷的制备:三氯化磷被氧化剂氧化制取三氯氧磷。

$$PCl_3 \xrightarrow{[O]} POCl_3$$

三氯硫磷的制备:三氯化磷在铝的催化作用下,与硫黄在 130℃下反应可以制备三氯硫磷。

$$PCl_3 + S \longrightarrow PSCl_3$$

五硫化二磷的制备:黄磷和硫黄在高温下焙烧得到十硫化四磷,或者简称五硫化二磷。

$$P + S \longrightarrow P_4S_{10}$$

以上化合物的物理化学性质如表 4-1 所示。

表 4-1　四种基本含磷化工原料的物理化学性质

名称	分子式	常温下状态	气味	相对密度	沸点/℃	熔点/℃	与水反应状态
三氯化磷	PCl_3	无色透明液体	刺激	1.574	75	−112	剧烈分解
三氯氧磷	$POCl_3$	无色透明液体	刺激	1.657	105.8	2	分解
三氯硫磷	$PSCl_3$	无色透明液体	刺激	1.68	126	−35	剧烈分解
五硫化二磷	P_2S_5	微黄色结晶	H_2S 味道	2.03	515	280	分解

4.1.1.3　阿布佐夫重排

20 世纪初到 20 世纪 50 年代,苏联著名化学家阿布佐夫(A.E.Arbuzov)对有机磷化学发展做出了重要贡献。其将工作重点集中在脂肪族 C—O—P 键化合物研究中,这期间不仅发现了有机磷化合物的许多制备方法,而且提出了许多重要理论问题。例如,Arbuzov 重排反应、有机磷化合物的异构问题、不同反应的机理、立体化学以及磷自由基等,其中 Arbuzov 重排反应是其代表性研究成果之一,也是有机磷化合物制备中的重要反应之一。

Arbuzov 首先将三氯化磷与醇(或者钠盐)作用,在反应体系中加入有机碱(如 *N,N*-二甲基苯胺、吡啶、三乙胺等)作缚酸剂,制得纯净的亚磷酸三烷基酯。产品亚磷酸三烷基酯与卤代烷、卤化氢作用,或者在酸性条件下水解得到膦酸酯类化合物,或者在没有缚酸剂存在下,制备亚磷酸三烷基酯的反应中,生成的亚磷酸三烷基酯能和卤化氢继续反应得到亚磷酸二烷基酯,如图 4-3 所示。

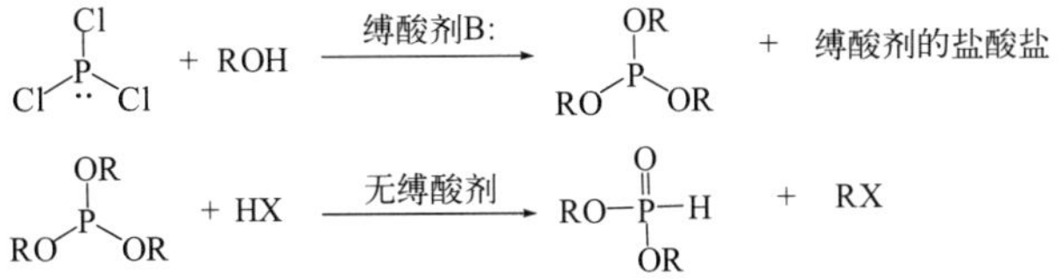

图 4-3　三氯化磷的反应

在卤代物存在下，亚磷酸三烷基酯转变为膦酸酯或者膦酸二酯的反应，称为 Arbuzov 重排反应。该重排反应，实质是磷原子上的孤对电子先同卤代烷的烷基作用，形成季鏻盐中间体，接着卤素负离子进攻烷基，生成膦酸酯（图 4-4）。该反应机理可以认为是 S_N2 的分子内重排反应。

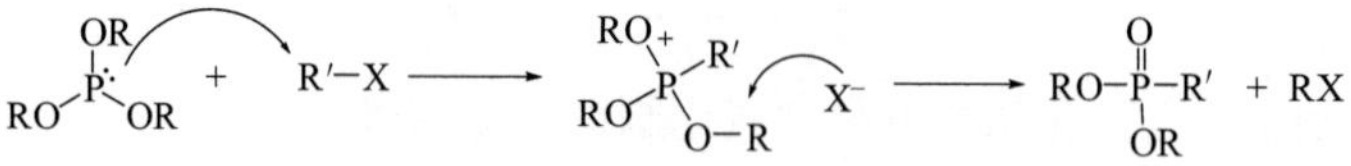

图 4-4　Arbuzov 重排反应机理

当卤代烷中的烷基被氢原子替换后，得到四配位体磷结构的化合物，类似于膦酸酯或者四配体结构的亚磷酸二酯。亚磷酸二酯有两种互变异构体，一种为三配位体，一种为四配位体，四配体中的磷原子为 sp^3 杂化，该配位体结构更为稳定（图 4-5）。

图 4-5　亚磷酸二酯的互变异构

4.1.1.4　克莱-金尼尔-佩林反应

卤代烷和三氯化磷在无水三氯化铝存在下生成络合物，该络合物可与不同的试剂作用生成含碳磷键的化合物，如图 4-6 所示，该反应称为克莱-金尼尔-佩林（Clay-Kinnerar-Perren）反应。

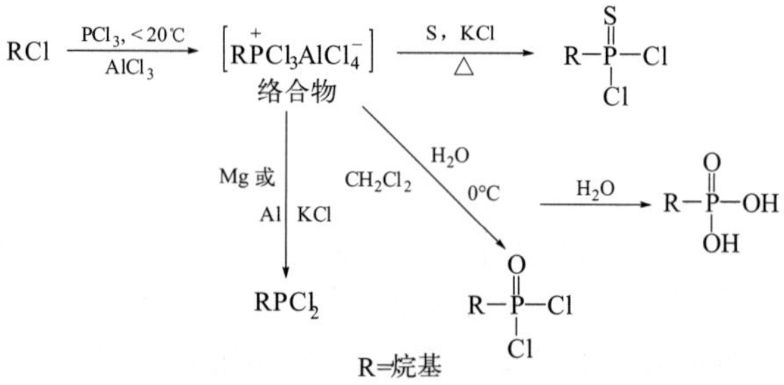

图 4-6　卤代烷和三氯化磷克莱-金尼尔-佩林反应

溴代烷、氟代烷、多卤化物、脂肪族醚类及卤素衍生物都能发生类似的反应。

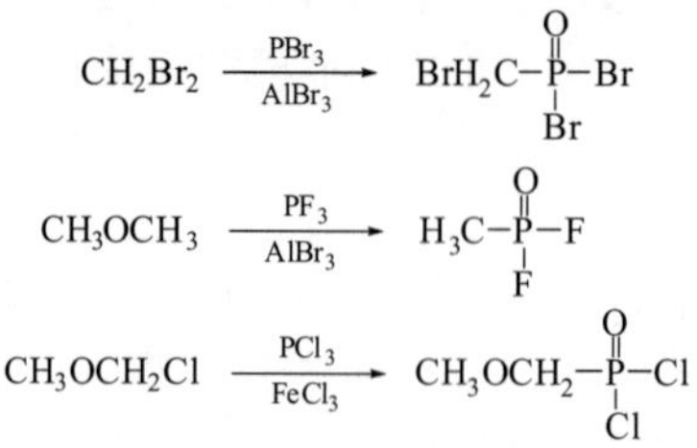

该类反应伴随的主要副反应是卤代烷的异构化，影响产品纯度，从而限制了该反应的应用。

4.1.1.5 科南特氯甲基化反应

醛类与三氯化磷在醋酸或醋酐中反应，然后经水解，可制得 α-羟基烷基膦酸，该反应称为科南特（Connat）氯甲基化反应。

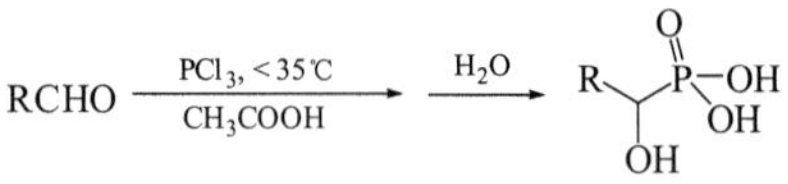

三氯化磷和多聚甲醛反应可以制备合成草甘膦的主要中间体氯甲基膦酸。

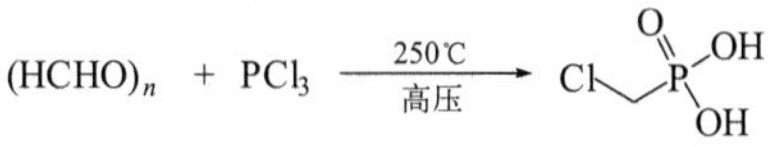

4.1.2 草甘膦的合成

4.1.2.1 甘氨酸合成路线

草甘膦的工业化生产方法目前主要有甘氨酸（glycine）路线和亚氨基二乙酸（IDA）路线。

以氯乙酸或氢氰酸等原料合成甘氨酸，然后甘氨酸再与氯甲基膦酸反应合成草甘膦。

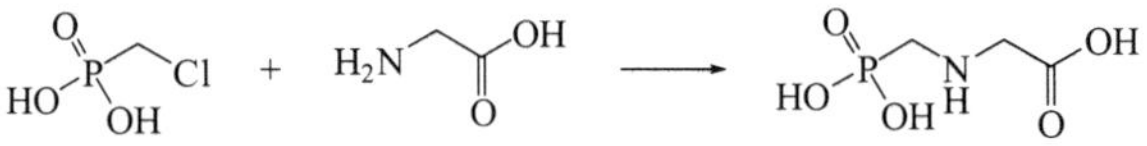

或者三氯化磷、甲醛、甘氨酸直接反应，反应过程与前面的分步法类似，三氯化磷先与多聚甲醛或者甲醛反应生成氯甲基膦酸，然后再和甘氨酸反应，得到草甘膦。

该路线反应简单，但是需要较复杂的设备，能耗也高，副产物及母液较难处理，也难以得到高纯度的产品。

4.1.2.2 亚氨基二乙酸合成路线

在氢氧化钙作用下，氯乙酸和氨气反应生成亚氨基二乙酸，然后与甲醛、亚磷酸（或三氯化磷）等反应生成双甘膦，双甘膦再经氧化得到草甘膦（图4-7）。

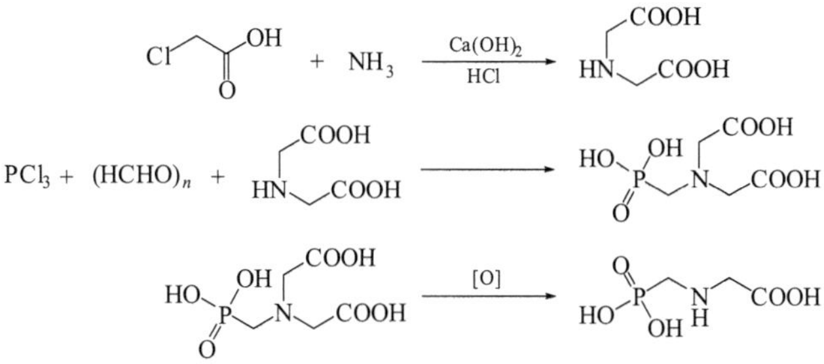

图4-7 草甘膦的亚氨基二乙酸合成路线

该路线也可以天然气为起始原料，经过氨氧化得到氢氰酸，接着同甲醛和氨气反应得到中间体亚氨基二乙腈，然后水解得到亚氨基二乙酸（图4-8）。

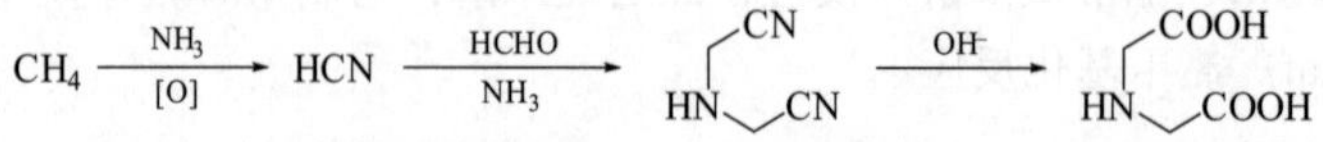

图4-8　以天然气为起始原料的草甘膦的亚氨基二乙腈合成路线

亚氨基二乙酸路线法原料易得、操作简单、工艺条件缓和、对设备要求不高、产品收率高、经济效益好。双甘膦的催化氧化脱羧生成草甘膦中的核心问题是氧化剂、氧化方法和催化剂的选择。高效的催化剂、合适的氧化剂及氧化方法对草甘膦的收率和整个工艺路线的经济效益都有关键影响。空气（氧气）作为氧化剂，可在活性炭催化剂（图4-9）、贵金属催化剂和过渡金属催化剂的催化下氧化双甘膦脱酸，其中以活性炭作为催化剂合成草甘膦的方法，具有工艺路线简单、产品质量优、环境友好等优点，是目前双甘膦氧化合成草甘膦较为理想的方法。

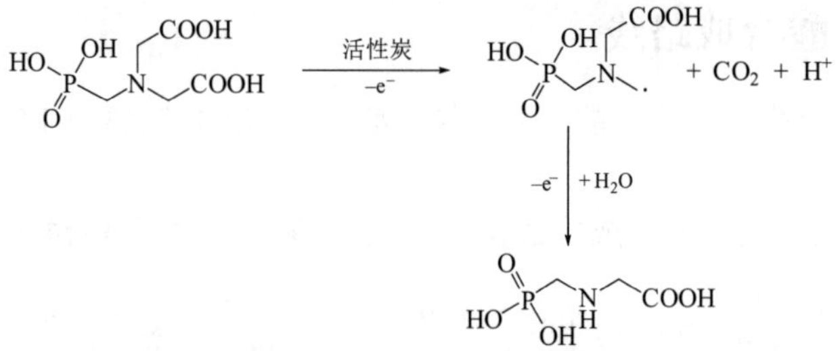

图4-9　活性炭催化合成草甘膦的反应机理

4.1.3　草铵膦的合成

草铵膦结构中含有两个不同磷碳键，大多合成方法和生产工艺中，以甲基二氯化膦或者甲基亚膦酸酯为原料，通过不同的反应或者方法构建第二个磷碳键，继而合成草铵膦分子。

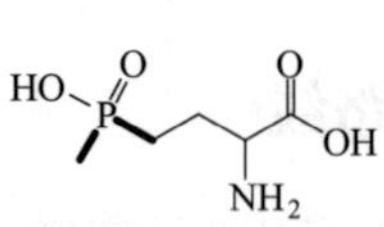

甲基二氯化膦不仅是合成除草剂草铵膦的主要原材料，也是生产阻燃剂的重要中间体。主要以三氯化磷为原料，通过下列方法制备。

4.1.3.1　甲基二氯化膦

（1）甲烷和三氯化磷法（德国拜耳法）　甲烷气体在高温550～650℃裂解后，同三氯化磷反应生成甲基二氯化膦，但反应中仅有20%的原料转化，而且三氯化磷和甲基二氯化膦的沸点差别仅有7℃，同时甲基二氯化膦又容易同三氯化磷继续进行反应。因此，虽然该路线简单，但是对工程设备、反应条件的控制等具有严格要求。

$$CH_4 + PCl_3 \longrightarrow CH_3PCl_2$$

副反应：

$$2CH_3PCl_2 \longrightarrow PCl_3 + (CH_3)_2PCl$$

$$CH_3PCl_2 + (CH_3)_2PCl \longrightarrow PCl_3 + (CH_3)_3P$$

（2）三甲基铝和三氯化磷法　纽约 Inter Minerals 公司的专利中采用三甲基铝与三氯化磷反应得到二氯甲基膦，收率 50%。

$$Me_3Al + 3PCl_3 \longrightarrow 3CH_3PCl_2 + AlCl_3$$

（3）一氯甲烷和红磷法　Mailer L 介绍在 300℃以上和铜催化下，氯甲烷和红磷反应生成多种甲基氯化膦，再进行精馏分离得到甲基二氯化膦。

$$P + CH_3Cl \longrightarrow CH_3PCl_2 + (CH_3)_2PCl + PCl_3$$

（4）甲基氯化铝和三氯化磷法　铝和氯甲烷反应先产生甲基倍半铝，然后同三氯化磷作用得到甲基二氯化膦和三氯化铝的络合物，再同氯化钠反应生成甲基二氯化膦。

甲基倍半铝 (或者甲基氯化铝)

（5）三元络合物铝粉还原法　一氯甲烷、三氯化磷和三氯化铝在溶剂中生成络合物 MePCl$_4$·AlCl$_3$，隔绝空气和潮气下过滤移去溶剂和过量的三氯化磷，得到 MePCl$_4$·AlCl$_3$ 固体。将该固体转移反应釜中，搅拌下滴加黄磷还原生成甲基二氯化膦和三氯化铝的络合物，然后经过氯化钠解聚得到目标产物。

4.1.3.2　甲基亚膦酸酯

甲基二氯化膦中活泼的磷酰氯键非常容易和脂肪醇类反应得到相应的甲基亚膦酸二酯。

4.1.3.3　草铵膦

（1）阿布佐夫重排反应合成路线　亚膦酸二酯和含羧基和氨基骨架的溴代物反应生成季膦盐，继而发生阿布佐夫重排，形成新的磷碳键，接着水解脱去氨基和羧基的保护剂得到草铵膦或者其盐酸盐，路线中需要使用价格较高的三氟乙酰基作为氨基的保护试剂。

（2）Gabriel-Malonate 反应合成路线　亚膦酸二酯和溴代物发生阿布佐夫重排构建出第二个磷碳键，接着与丙二酸二乙酯发生烷基化反应，然后溴化、水解、氨化得到草铵膦的铵盐。该路线反应条件比较温和，但是步骤较长，总收率较低。

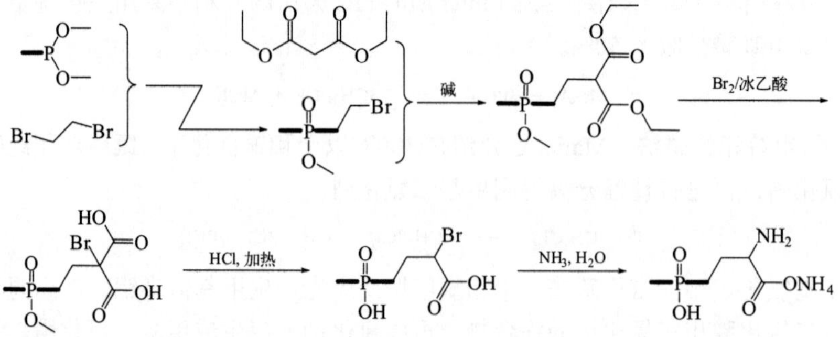

（3）Strecker 反应合成路线　以亚膦酸二酯和丙烯醛或者 3-溴丙醛为原料，乙醇先对醛基进行保护，然后通过阿布佐夫重排构建出第二个磷碳键，接着与氰化物、氨气和氯化铵发生 Strecker 反应，再进行水解得到目标物草铵膦。该路线反应条件相对比较温和，也是比较容易工业化的一条路线。

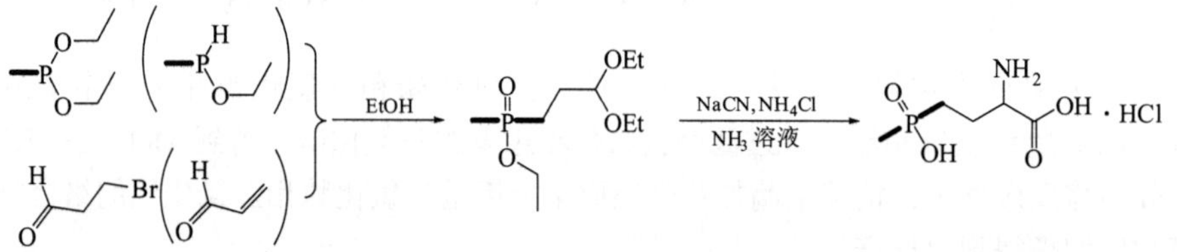

（4）Arbuzov-Micheal 反应合成路线　亚膦酸二酯和氯气发生阿布佐夫反应得到甲基甲氧基膦酰氯，接着同乙烯基格式试剂反应生成甲基乙烯基膦酸甲酯，然后与乙酰基保护的甘氨酸乙酯进行迈克尔加成反应，最后进行水解脱去乙酰基保护得到草铵膦盐酸盐。

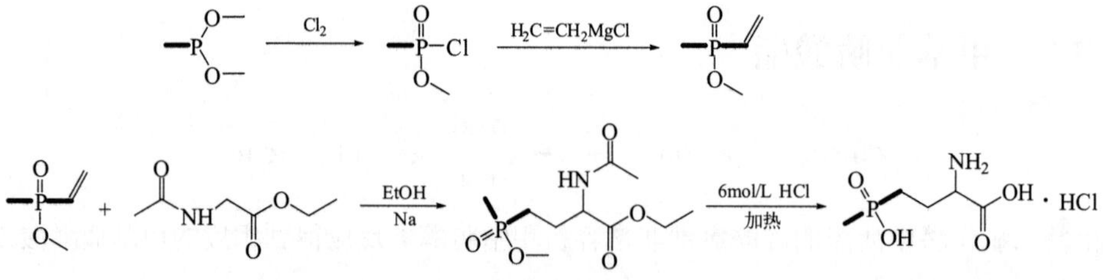

（5）催化氢化反应合成路线　在高压和羰基钴的催化下，甲基乙烯基膦酸甲酯同一氧化碳和乙酰胺发生甲酰化等反应后，水解生成乙酰基保护的中间体得到草铵膦盐酸盐。催化反应的机理如图 4-10 所示。

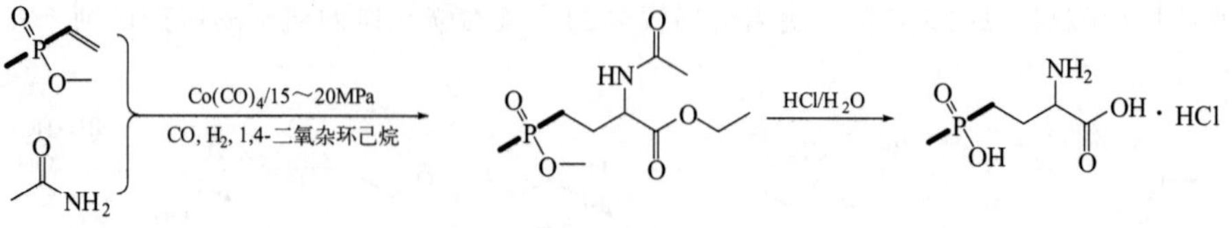

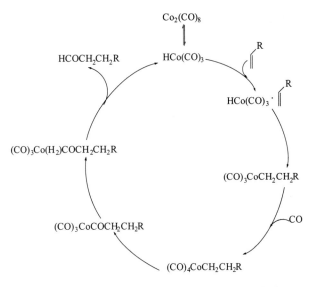

$$Co_2(CO)_8$$

$$HCOCH_2CH_2R \leftarrow HCo(CO)_3$$

图 4-10　羰基钴催化氢化甲酰化的反应循环机理

（6）Hoechst 路线　Hoechst 公司（现属 BASF 公司）基于工业化连续生产的角度，通过甲基二氯化膦同正丁醇反应生成中间体甲基亚膦酸正丁酯，该中间体接着同乙酰基保护的丙烯醛氰醇反应等，可实现草铵膦的高效和连续生产。该路线对于工程设备有较高的要求，而且生产成本最经济。

（7）日本明治合成路线　日本明治公司为了避开甲基二氯化膦的专利，设计了亚磷酸三甲酯和氯代烷的反应合成中间体甲基膦酸酯，继而氯化得到甲基甲氧基膦酰氯，或者对亚磷酸三酯氯化生成亚磷酰氯，再通过格氏反应得到中间体甲基亚膦酸酯。

以亚磷酸三甲酯为原料路线，反应步骤较多，关键一步格氏反应条件苛刻，操作困难，不确定因素多，故而导致总反应收率偏低。比较而言，以甲基二氯化膦为原料合成草铵膦的方法，具有原料价廉易得、合成路线短、反应步骤少的优点而更容易大规模工业化生产。

4.1.4　精草铵膦的合成

精草铵膦即 L-草铵膦，可以通过多种方法合成。

4.1.4.1 多酶偶联法合成精草铵膦

多酶偶联法合成精草铵膦的具体方法见2.3.3.8。

4.1.4.2 手性原料法合成精草铵膦

（1）以 L-高丝氨酸为原料　该法以生物发酵得到的 L-高丝氨酸为原料，在缚酸剂的作用下，与氯甲酸乙酯反应先生成 L-N-乙氧羰基保护的高丝氨酸，然后在酸性条件下脱去小分子化合物生成 N-(2-氧代-3-呋喃基)氨基甲酸乙酯，接着在乙醇中氯化试剂的作用下得到中间体 4-氯-2-(乙氧基羰基氨基)丁酸乙酯。该中间体与甲基亚膦酸二乙酯反应生成三酯中间体，然后经过酸性水解得到精草铵膦盐酸盐，最后经环氧丙烷脱去氯化氢得到精草铵膦。

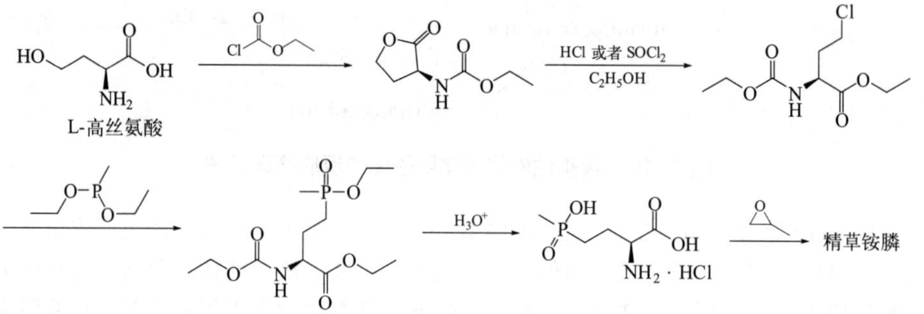

（2）以 L-蛋氨酸为原料　2006 年，武汉大学邱国福教授以 L-蛋氨酸为原料，与碘甲烷反应形成锍盐后，碱性条件下转化为 L-高丝氨酸，然后在酸性条件下生成 L-高丝氨酸内酯，继续同氯甲酸乙酯反应得到 N-(2-氧代-3-呋喃基)氨基甲酸乙酯。接着以 L-高丝氨酸为手性原料的后续反应得到精草铵膦。该路线的总反应收率较低，ee 值（对映体过量值）可达 93.5%，而且需要价格较高的碘甲烷和 L-蛋氨酸。

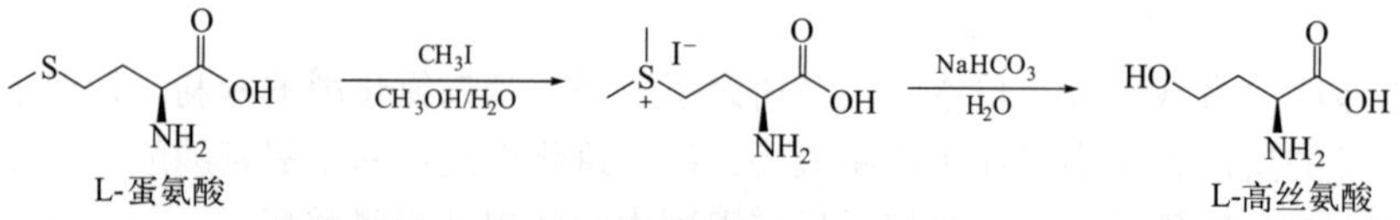

（3）以 L-谷氨酸为原料　Zeiss 报道以 L-谷氨酸为手性原料，先将氨基酸结构进行保护，再进行热消除反应得到保护的 L-乙烯基甘氨酸衍生物，在过氧化（2-乙酰己酸）叔丁酯引发下与甲基亚膦酸单丁酯进行选择性加成，经水解转化得到精草铵膦，ee 值为 99.4%。该路线需要对氨基酸结构进行保护、脱保护、热消除等步骤，总的反应产率较低。

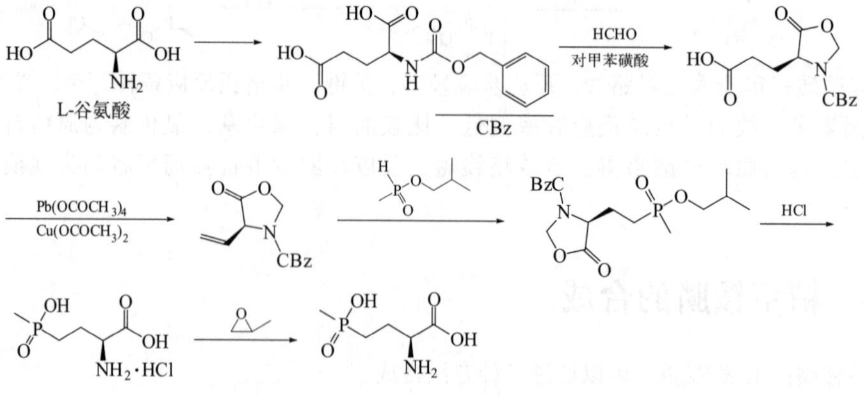

Hoechst 公司报道以 L-谷氨酸为手性原料经保护、酰化等步骤得到 *β*-卤乙基-L-甘氨酸衍生物，然后同甲基亚膦酸二乙酯经 Arbuzov 反应生成精草铵膦衍生物，接着进一步水解得到精草铵膦，ee 值为 94%～95%。该路线步骤较多，需要多步转化，难以实现工业化。

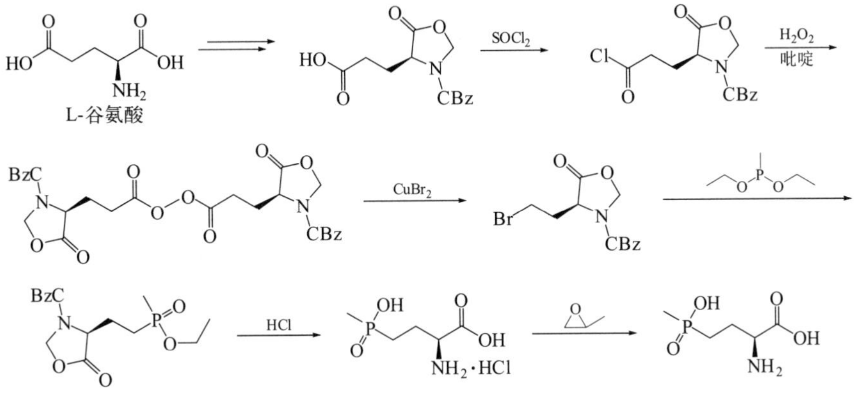

4.1.4.3　手性辅助剂诱导法合成路线

（1）以(*S*)-2-羟基-3-蒎酮为手性诱导剂　明治制果公司 Minowa 等在草铵膦外消旋体合成基础上，以(*S*)-2-羟基-3-蒎酮与甘氨酸形成手性席夫碱，在叔丁醇钾的作用下，与甲基乙烯基膦酸酯经 Michael 加成反应构建手性中心，进一步水解转化得到精草铵膦，产率 51%，ee 值 79%。手性诱导剂(*S*)-2-羟基-3-蒎酮分离纯化后可重复使用，但是该反应需要在-78℃下进行，且产物的 ee 值不高。

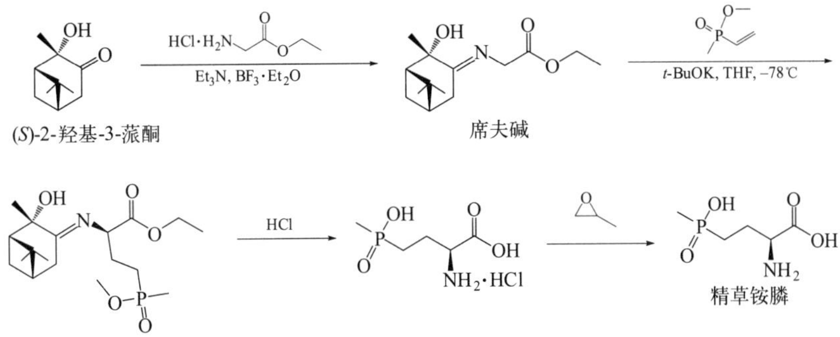

（2）以 D-缬氨酸甲酯为手性诱导剂　1987 年，Hoechst 公司的 Zeiss 以 D-缬氨酸甲酯与甘氨酸形成双丙酰亚胺醚，-78℃低温下先与正丁基锂反应，再与 *β*-氯乙基甲基膦酸异丁酯烷基化构建手性中心，水解后得到精草铵膦酯和 D-缬氨酸甲酯。D-缬氨酸甲酯可循环使用，精草铵膦酯经水解转化得到精草铵膦，产率 51%，ee 值 93.5%。该路线中需要用到正丁基锂试剂，需要无水无氧操作，反应需在-78℃下进行，不利于工业化生产。

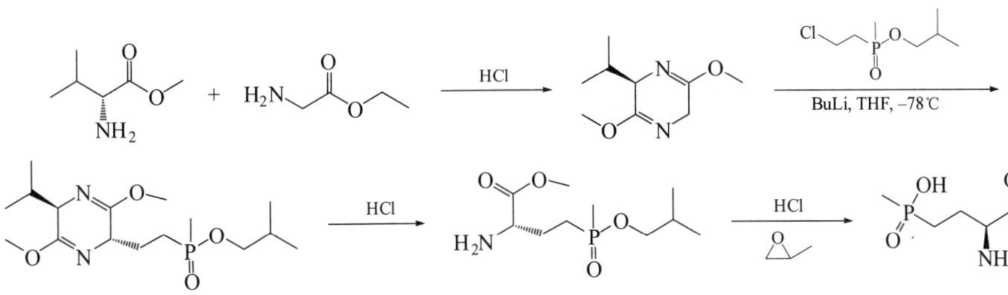

4.1.4.4 不对称合成法合成路线

(1)不对称催化加氢路线 Hoechst 公司和明治制果公司先后以不对称催化加氢法制备精草铵膦，这也是目前明治制果产业化的方法。亚磷酸单酯与丙烯酸乙酯反应后，与草酸二乙酯进行克莱森缩合反应，产物经热消除后得到酮酸中间体，再与乙酰胺反应制备不对称氢化反应的底物烯胺。以手性磷配体铑催化剂催化不对称氢化反应，经水解转化得到精草铵膦，ee 值最高可达 95.6%。该路线以不对称氢化法构建手性中心，反应温和，产率高，催化剂用量少，且效率高，适于工业化生产。

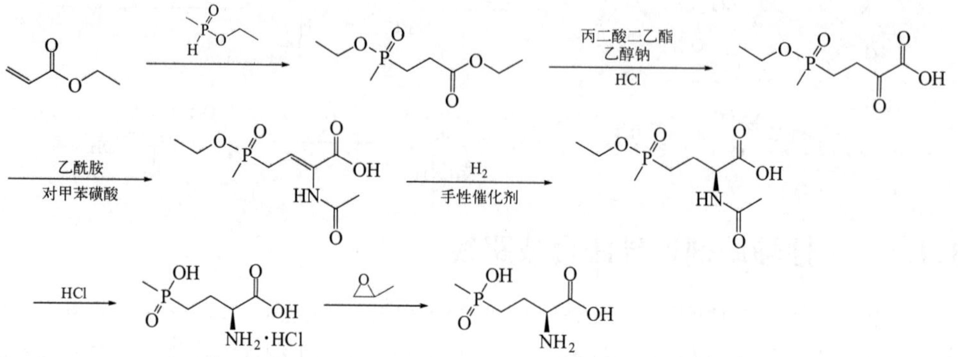

(2) 不对称 Strecker 反应路线　2007 年，明治制果 MInowa 等报道了利用 Jacobsen 催化剂催化合成精草铵膦的方法。将次磷酸酯基醛与芳香胺反应生成亚胺类化合物，在 Jacobsen 催化剂催化下，用三甲基硅氰对亚胺进行不对称 Strecker 反应，经水解转化得到精草铵膦，ee 值最高为 94%。该路线催化剂用量较大，三甲基硅氰价格较高。

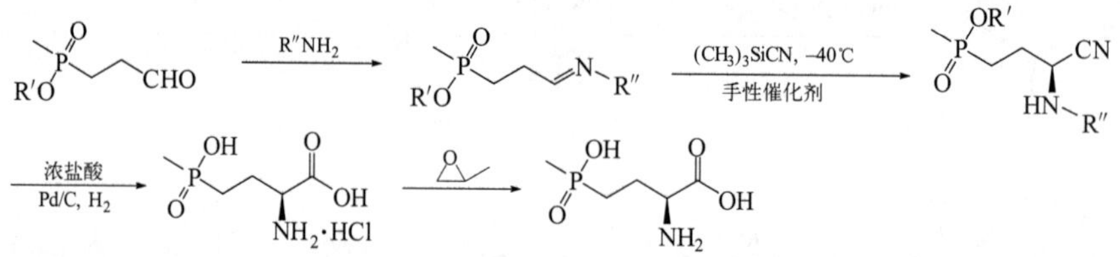

(3) 不对称 Michael 加成路线　2015 年，毛明珍等在专利中报道了以辛可尼丁衍生物的季铵盐类催化剂催化合成精草铵膦的方法。芳香酮与甘氨酸形成席夫碱，然后在手性催化剂作用下，与甲基乙烯基膦酸酯经不对称 Michael 加成反应构建了精草铵膦的手性中心，水解转化后得到精草铵膦，ee 值最高为 81%。该路线催化剂用量较大，产品 ee 值和收率较低。

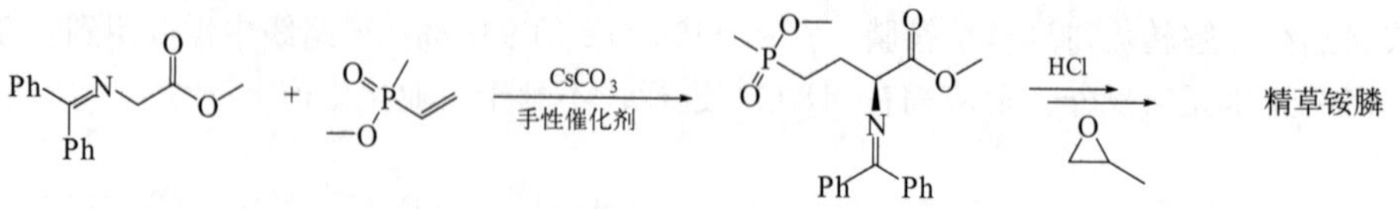

4.1.4.5 外消旋体拆分法合成路线

1998 年，Hoechst 公司报道了草铵膦外消旋体的化学拆分法。将草铵膦外消旋体与奎宁成盐后结晶，过滤洗涤后得到高纯度的精草铵膦奎宁盐，再用氨中和得到精草铵膦。收率最高为 86%，ee 值最高为 99%。该路线拆分效率较高，但拆分后的 D-草铵膦没有再进行转化，以免造成资源浪费。

思考题：

（1）丙烯醛和亚膦酸酯在乙醇中的反应机理是什么，发生的是阿布佐夫重排还是 1,4-共轭加成？

（2）简述格氏反应的优缺点及操作中需要注意的事项。

（3）分析草铵膦各种合成方法的优点和缺点。

（4）比较精草铵膦各种合成方法的特点，说明哪种方法更具有发展潜力。

（5）简述以 L-高丝氨酸为原料合成精草铵膦路线中每一步的反应机理。

4.2　苯氧羧酸类及吡啶甲酸类除草剂

1941 年合成的除草剂 2,4-二氯苯氧乙酸，其结构类似于植物激素吲哚乙酸，而且在低浓度时具有类似于植物激素的活性，但是在高浓度时可以抑制植物生长，起到除草剂的作用。2,4-滴作为除草剂使用后，对该类结构不断研究，发现了各种苯氧羧酸类除草剂和吡啶甲酸类除草剂。

4.2.1　2,4-滴和 2 甲 4 氯的合成

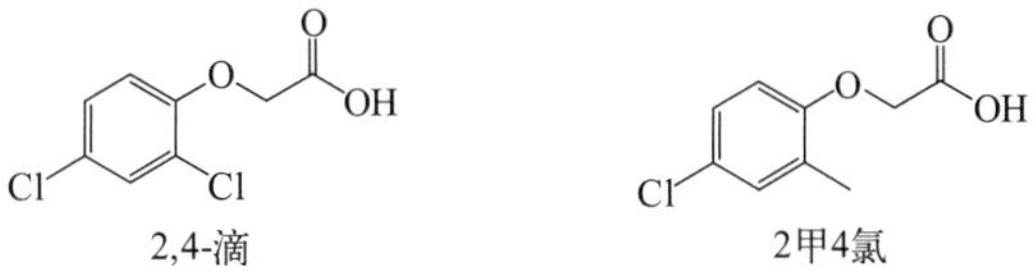

2,4-滴（2,4-二氯苯氧乙酸，或者 2,4-D）和 2 甲 4 氯（2-甲基-4-氯苯氧乙酸，MCPA）均为苯氧乙酸类结构，皆可以通过氯代苯酚和乙酸钠反应制得，如图 4-11 所示。

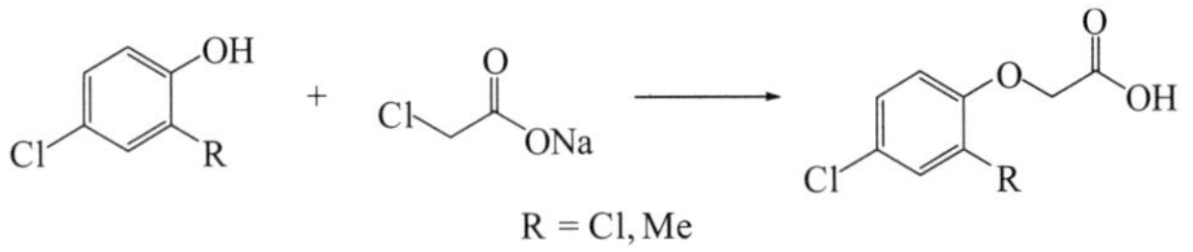

图 4-11　苯氧乙酸类除草剂先氯化后缩合的合成路线

2,4-二氯苯酚可由苯酚氯化制得，其中可能会含有微量的 2,4,5-三氯苯酚。微量的 2,4,5-三氯苯酚在氢氧化钠溶液中可能会形成二噁英（图 4-12）。二噁英不仅毒性非常高，对豚鼠的 LD_{50} 为 0.6μg/kg，而且是强致癌物。

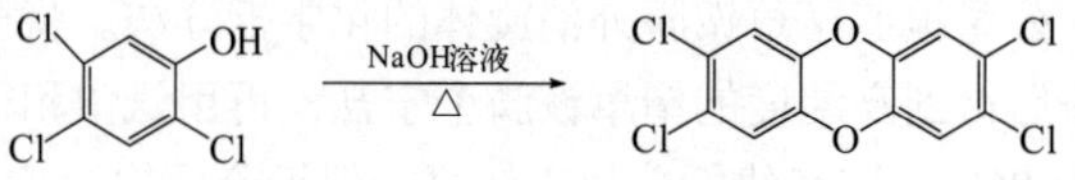

图 4-12 二噁英的形成路线

将苯酚先同氯乙酸钠醚化得到苯氧乙酸,继而氯化得到 2,4-二氯苯氧乙酸,可以避免二噁英的生成。

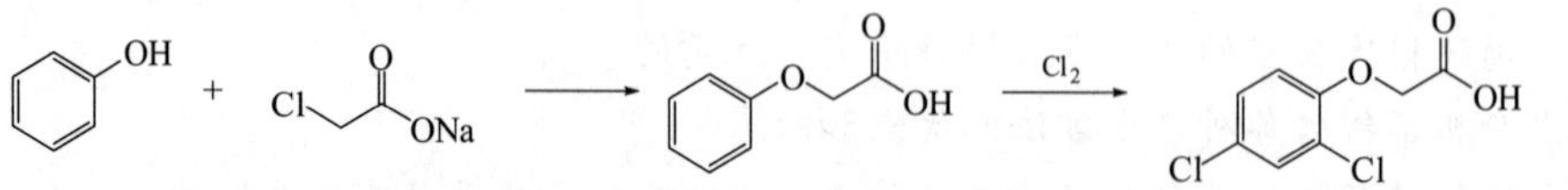

4.2.2 三氯吡氧乙酸的合成

三氯吡氧乙酸　　　　　　　　氯氟吡氧乙酸

三氯吡氧乙酸和氯氟吡氧乙酸均为取代吡啶-2-氧基乙酸或者称为吡啶氧乙酸结构,但是基于吡啶环上取代基的不同,两个化合物需要采用不同的合成路线。

4.2.2.1 吡啶氯化路线

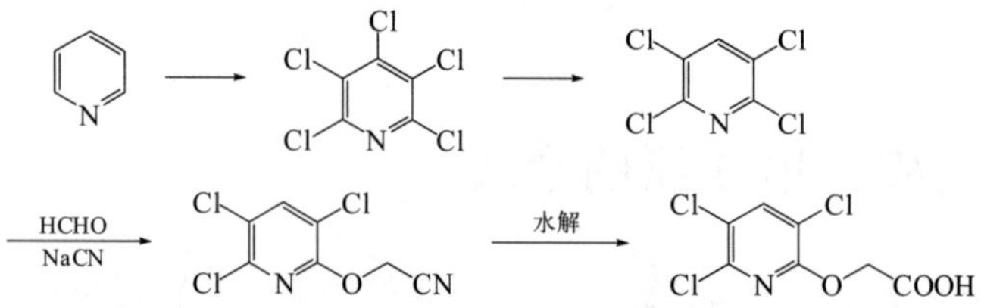

以吡啶为原料,将吡啶进行全氯化得到五氯吡啶,然后选择性还原 4-位氯原子为氢原子生成四氯吡啶,接着 2-位氯原子同甲醛和氰化钠缩合合成吡啶氧乙腈,继而水解得到三氯吡氧乙酸。

4.2.2.2 三氯吡啶醇钠路线

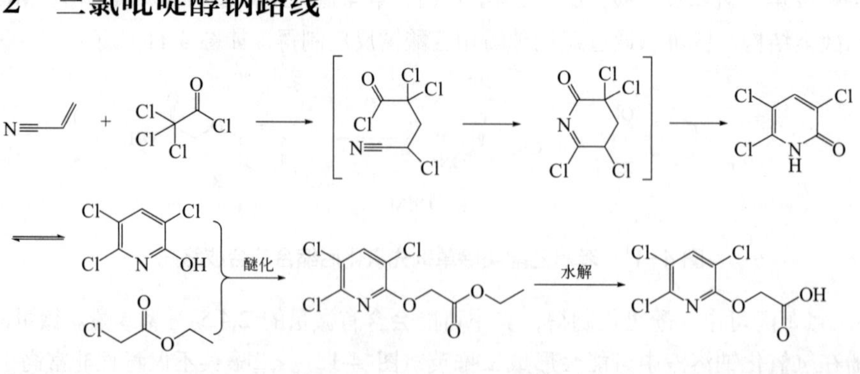

原料丙烯腈和三氯乙酰氯自由基加成,中间产物关环后接着脱去氯化氢生成三氯吡啶醇,

然后在碱性条件下同 2-氯乙酸乙酯缩合，接着酯水解得到三氯吡氧乙酸。

与吡啶氯化路线比较，三氯吡啶醇钠路线反应相对简单，中间体三氯吡啶醇含量高，且易于操作。

4.2.3　氯氟吡氧乙酸的合成

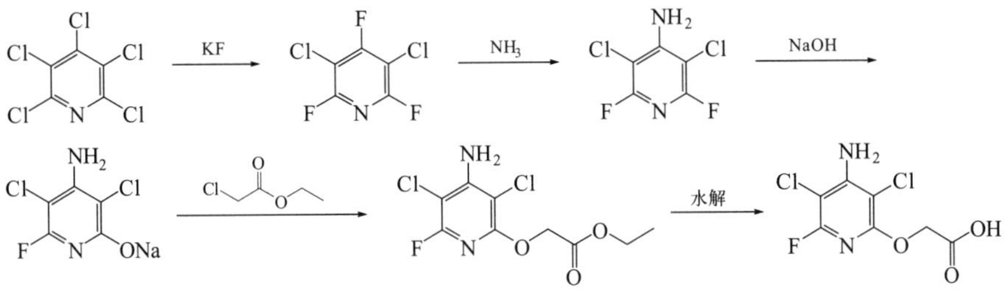

氟化钾选择性地先对五氯吡啶氟化得到 2,4,6-三氟-3,5-二氯吡啶，接着对 4-位的氟原子氨解生成中间体 2,6-二氟-3,5-二氯-4-氨基吡啶，然后将 2-位氟原子水解得到的对应钠盐与氯乙酸乙酯进行醚化反应，再经过皂化反应得到氯氟吡氧乙酸。

4.2.4　氨氯吡啶酸的合成

氨氯吡啶酸、氯氨吡啶酸和二氯吡啶酸结构上均属于吡啶甲酸类除草剂，三产品皆需要以 3,4,5,6-四氯吡啶-2-甲腈为中间体。该中间体可以 2-甲基吡啶为原料，经过氨氧化反应生成吡啶-2-甲腈，然后经过氯化反应制得。

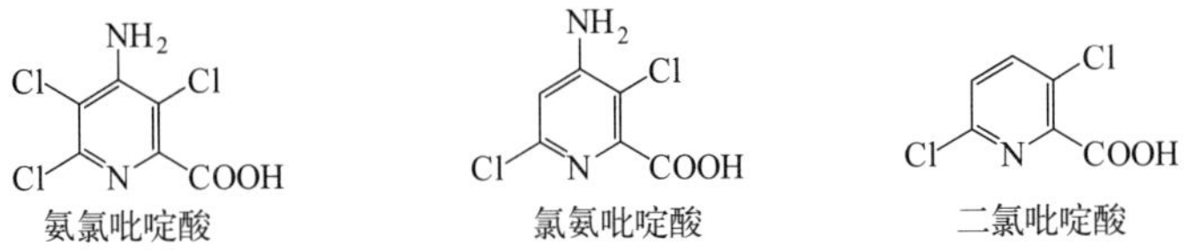

氨氯吡啶酸　　　　　氯氨吡啶酸　　　　　二氯吡啶酸

4.2.4.1　氨氧化反应

氨氧化反应是指在催化剂作用下,利用氨气及空气中的氧气将有机分子中的活泼甲基(或烷基) 一步转化成氰基，是制备腈类化合物的方法之一。氨氧化反应原料价廉、简洁易行，是化学实验室中较早走向工业化的一类催化反应。工业上最早使用氨氧化反应技术是由甲烷制备氢氰酸，最成功的例子是丙烯氨氧化制备丙烯腈技术的开发及工业化。随后，氨氧化反应的底物进一步扩展到其他烷烃和甲基芳烃。至此，氨氧化反应成为催化领域研究的热点之一，其反应机理如图 4-13 所示。

4.2.4.2　3,4,5,6-四氯吡啶-2-甲腈的合成

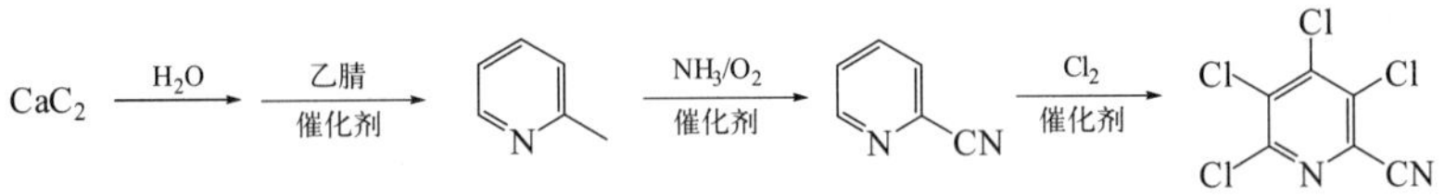

乙腈和碳化钙（电石）反应生成 2-甲基吡啶，然后在催化剂作用下经过氨氧化反应得到2-氰基吡啶，再进行催化氯化制得 3,4,5,6-四氯吡啶-2-甲腈。

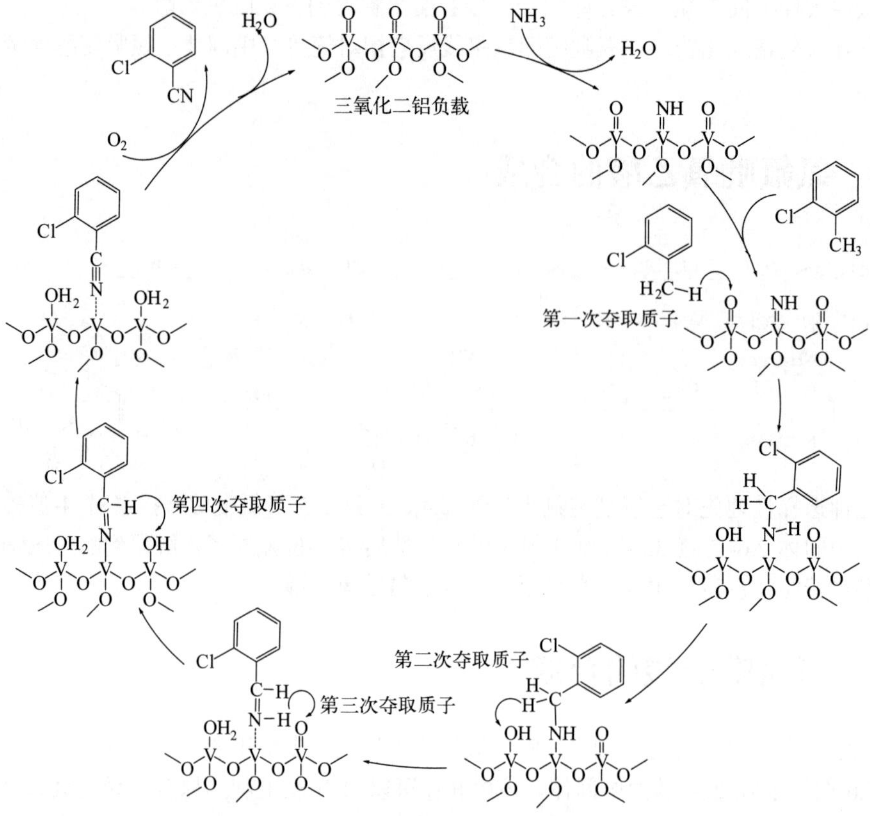

图 4-13 V₂O₅/Al₂O₃ 催化邻氯甲苯氨氧化机理

基于 3,4,5,6-四氯-吡啶-2-甲腈上各个碳-氯键活性的不同，选择性地对 4 位氯原子进行氨化得到 4-氨基-3,5,6-三氯吡啶-2-甲腈，然后水解得到氨氯吡啶酸。

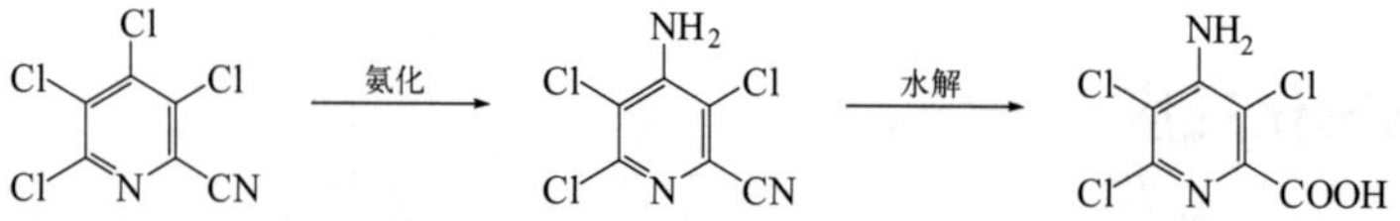

或者先对 3,4,5,6-四氯-吡啶-2-甲腈上的氰基水解，然后再选择性氨化得到氨氯吡啶酸。

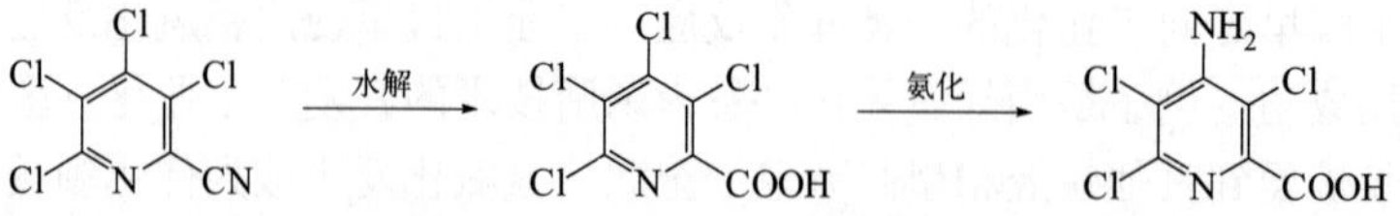

两条路线均可以实现氨氯吡啶酸的合成，由于氨化和水解反应的次序不同，产物中的杂质略有不同。

4.2.4.3　氯氨吡啶酸

氯氨吡啶酸和氨氯吡啶酸结构非常相似，二者不同的是氨氯吡啶酸的吡啶环 5 位是氯原子，而氯氨吡啶酸的 5 位是氢原子。同样基于氨氯吡啶酸各个碳氯键反应活性或者键能的不同，采用电解还原氨氯吡啶酸 5 位的氯原子可以生成氯氨吡啶酸。

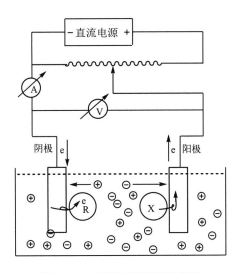

4.2.5 二氯吡啶酸的合成

4.2.5.1 电化学反应

有机电化学合成（organic electrochemical synthesis），亦称有机电解合成或有机电合成，是通过电化学来进行有机合成的技术，有机分子或催化媒质在电极与溶液界面上进行电荷传递、电能与化学能相互转化而实现键与键之间断裂和形成，目前已发展成为一种绿色高效的有机合成技术（图4-14）。有机电解合成具有污染少（甚至无污染）、反应收率和产物纯度高、工艺流程较短、反应条件温和等优点。近年来，世界工业先进国家有机电解合成的发展非常迅速，目前已有上百种有机化学产品的电化学合成实现了工业化生产或中试。有机电解合成工业已引起人们足够重视，并在高科技领域及绿色化学中被逐渐应用。

有机电化学合成，通过电极上的电子得失来完成反应，因此需满足以下三个基本条件：①持续稳定供电的直流电源；②满足电子转移的电极；③可完成电子转移的介质。

图 4-14　电解系统电路示意图

有机电化学合成设备中最重要的是电极，对整个电解合成反应途径和选择性都有很大的影响，如表4-2所示。它既是电化学过程中的催化剂，亦是电极反应进行的场所。有机电化学电极反应通常由以下步骤组成：①反应物自溶液体相向电极表面区域传递，这一步骤称为液相传质步骤；②反应物在电极表面或临近电极表面的液层中进行某种转化，例如表面吸附或发生化学反应；③在"电极/溶液"界面上进行电子传递，生成产物，这一步骤称为电化学步骤或电子转移步骤；④产物在电极表面或表面附近的液层中进行某种转化，例如表面脱附或发生化学反应；⑤产物自电极表面向溶液体相中传递。任何一个有机反应的电极过程都包括①、③、⑤三步，有些还包括步骤②、④步，或其中一步。

表 4-2　有机电化学合成中常用的电极材料

电极材料	电导率/$(\Omega^{-1} \cdot cm^{-1})$	阳极	阴极	介质要求
Pt	1.0×10^5	√	√	
石墨	2.5×10^2	√	√	
Pb	4.5×10^4	√	√	
Fe		√	√	
Ni		√	√	作为阳极时需要碱性介质
Hg	1.0×10^4	×	√	
Cu	5.6×10^5	√	√	
蒙乃尔合金		√	√	
PbO$_2$		√	×	

有机电合成相对于传统的有机合成具有显著的优势：①电化学反应是通过反应物在电极上得失电子实现的，原则上不使用其他任何试剂，可大大减少物质消耗，从而减少环境污染。②电化学选择性强，副反应的减少使得其产物纯度和收率均较高，减少了后处理分离提纯工作。③控制电极电位即可控制副产品的生成量，使之达到最低限度，且产品附加值高。④反应对设备装置要求不高，工艺流程简单，反应便于控制，容易实现自动化。虽然电解装置的设备费和电力费所占比例较高，但比起传统化学法复杂的反应操作来讲说，一般情况下还是利大于弊。⑤反应要求不苛刻，一般常温常压即可进行，不需要加热冷却。⑥在阳极室和阴极室分别可得到理想的产品，如图 4-15 和图 4-16 所示。⑦电合成装置具有通用性，在同一电解槽中可进行多种合成反应，在多品种生产中有利于缩短合成工艺。⑧可以合成一些通常的方法难以合成的化学品。

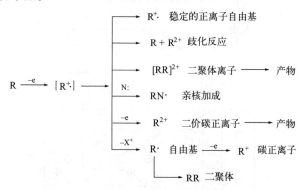

图 4-15　在阳极的各类可能的有机电化学反应

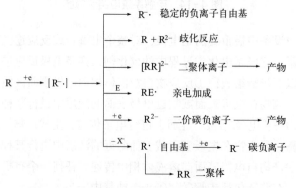

图 4-16　在阴极的各类可能的有机电化学反应

4.2.5.2 二氯吡啶酸

二氯吡啶酸与氨氯吡啶酸和氯氨吡啶酸相比，吡啶环上 4,5 位的取代基均变为氢原子，可以对合成氨氯吡啶酸的中间体 3,4,5,6-四氯吡啶-2-甲酸电解还原脱去 4,5 位的氯原子得到二氯吡啶酸。

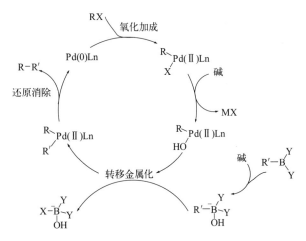

4.2.6 氟氯吡啶酯的合成

氟氯吡啶酯和氯氟吡啶酯是对吡啶甲酸结构进行优化而发现的芳基吡啶羧酸酯类除草剂，同吡啶甲酸类除草剂不同的是 6 位取代基由氯原子变成了取代苯基，而该苯基可以通过 Suzuki 偶联反应引入。

氟氯吡啶酯   氯氟吡啶酯

4.2.6.1 Suzuki 偶联反应

三苯基膦配体同过渡金属钯或镍配位后，催化芳基硼酸与溴或碘代芳烃的交叉偶联反应被称为芳基偶联反应，或者 Suzuki 偶联。该方法是偶联两个芳环的有效方法之一。Suzuki 偶联反应的催化循环过程通常认为卤代芳烃与 Pd（0）氧化加成后，与等当量的碱生成有机钯氢氧化物中间产物，取代了键极性相对弱的 Pd—X 键，这种含强极性键 Pd—O 的中间产物具有较强的亲电性。另一当量的碱与芳基硼酸生成四价硼酸盐中间产物，具有较强的富电性，有利于芳基阴离子向 Ar'—Pd—OH 的金属中心迁移。两方面协同作用形成有机钯络合物 Ar—Pd—Ar'，经还原消除生成芳基偶联产物。另外，在溴代芳烃的偶联反应中，速率决定步骤为氧化加成反应，而在碘代芳烃的偶联反应中，芳基阴离子向金属中心迁移过程是速率决定步骤，如图 4-17 所示。

图 4-17　Suzuki 偶联的反应历程

4.2.6.2　3-氟-2-甲氧基氯苯的合成

甲醇钠对 2,3-二氯硝基苯进行亲核反应生成 3-氯-2-甲氧基硝基苯，接着将硝基还原得到对应的取代苯胺中间体，对应苯胺重氮盐和氟硼酸盐反应合成 3-氟-2-甲氧基氯苯（图 4-18）。

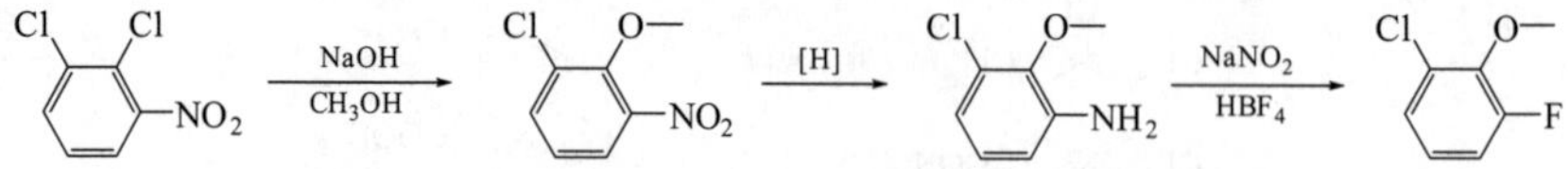

图 4-18　中间体 3-氟-2-甲氧基氯苯的合成路线

4.2.6.3　氟氯吡啶酯

如图 4-19 所示，先将氯氨吡啶酸的氨基保护，然后在硫酸催化下或者二氯亚砜的作用下，将乙酰基保护的氯氨吡啶酸与甲醇反应得到相应的甲酯；将中间体 3-氟-2-甲氧基氯苯和丁基锂反应，然后将得到的锂盐与硼酸酯反应生成 4-氯-2-氟-3-甲氧基苯基硼酸，接着将 2-氟-3-甲氧基-4-氯苯基硼酸同上述得到的甲酯进行 Suzuki 偶联反应，再在酸性条件下脱去氨基保护基得到氟氯吡啶酯。

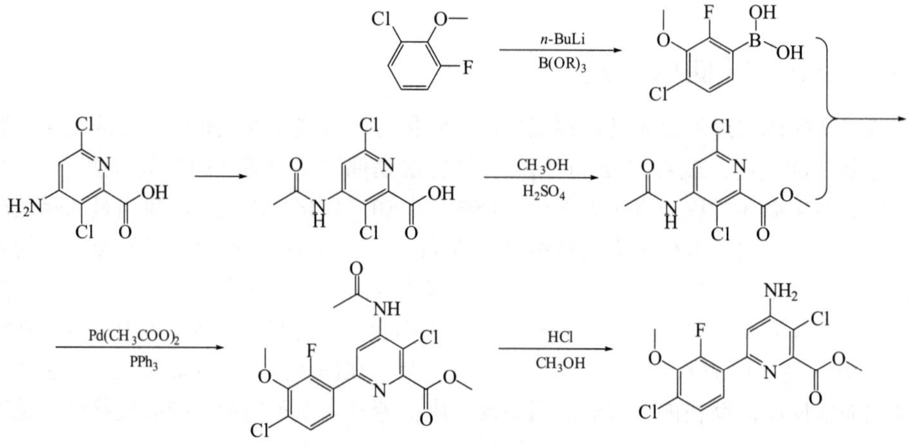

图 4-19　氟氯吡啶酯的合成路线

4.2.7　氯氟吡啶酯的合成

氯氟吡啶酯的合成，总体上同氟氯吡啶酯相似，差别在于 Suzuki 反应的底物略有不同，如图 4-20 所示。

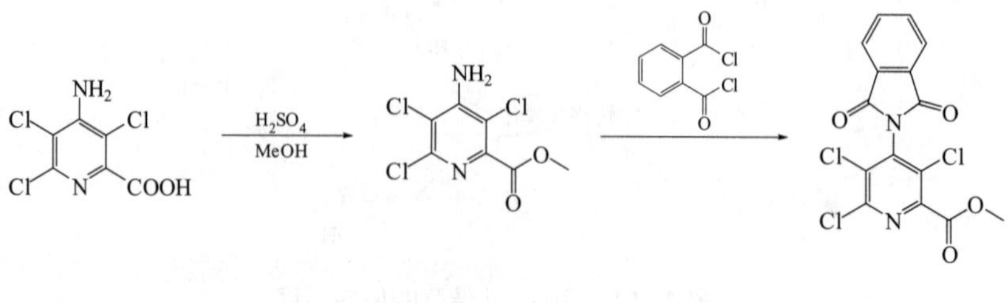

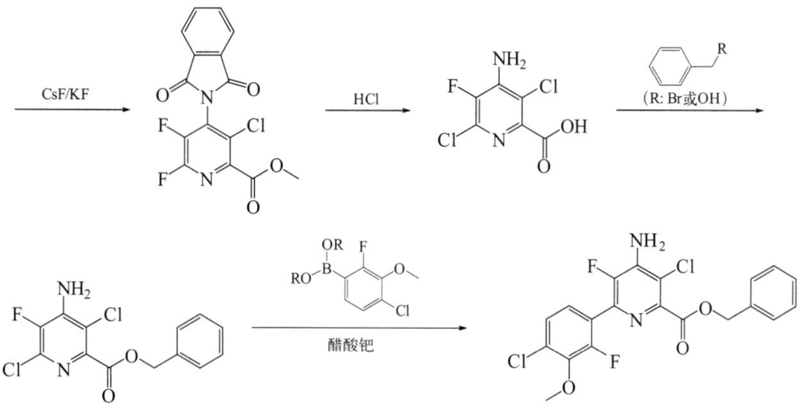

图 4-20　氯氟吡啶酯的合成路线一

受吡啶环上碳氯键活泼性的限制，Sukuzi 偶联反应需要使用金属钯催化剂，而且金属钯难以循环使用。

基于底物活泼性和金属钯催化剂难以循环使用等问题，科迪华团队改进了合成方法，即先将吡啶甲酸 6-位氯原子转换为氟原子，然后再用溴化试剂将其转换为溴原子，提高了底物的反应活性，大大降低金属钯催化剂的用量，而且 Suzuki 偶联反应的转换率可达 95%以上。该路线虽然反应步骤较长，但其更适合于工业化生产，如图 4-21 所示。

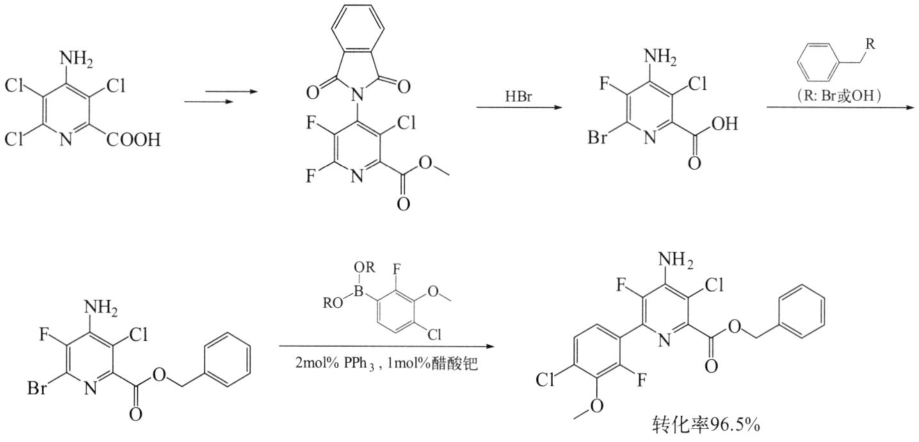

图 4-21　氯氟吡啶酯的合成路线二

4.2.8　二氯喹啉酸的合成

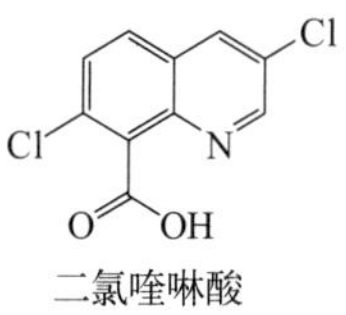

二氯喹啉酸 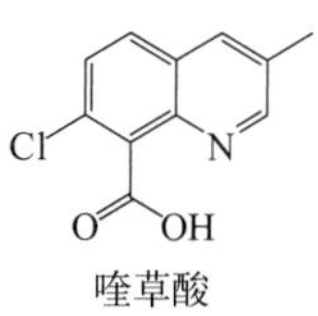　　　　　喹草酸

二氯喹啉酸和喹草酸是含有喹啉甲酸骨架的两种除草剂。两种除草活性化合物的合成同其他喹啉类结构一样，先利用芳香苯胺和丙烯醛类似物构建喹啉环，然后再进行官能团的转换得到产品。

在硫酸溶液中加入 2-甲基-3-氯苯胺，加热反应到 100℃以上，滴加相应量的甘油后，反应得到中间体 7-氯-8-甲基喹啉。接着进行氯化反应得到 3,7-二氯-8-甲基喹啉或者 3,7-二氯-8-氯代甲基喹啉，然后利用硝酸或者其他氧化剂对甲基或者氯代甲基进行氧化得到二氯喹啉酸产品。

该合成路线采用甘油脱水原位生成的丙烯醛和芳基苯胺发生 Micheal 加成反应，继而关环形成喹啉骨架。后期甲基氧化中，大多采用硝酸作为氧化剂，反应中产生大量废水。朱红军等报道的路线中，在 3-位引入氯原子时，将甲基也氯化为一氯甲基和二氯甲基，随后可以采用氧气、双氧水等将氯代甲基转化为羧基得到产物。王晓刚等采用了先氧化再氯化的路线，也避免了氧化阶段产生大量废酸，如图 4-22 所示。

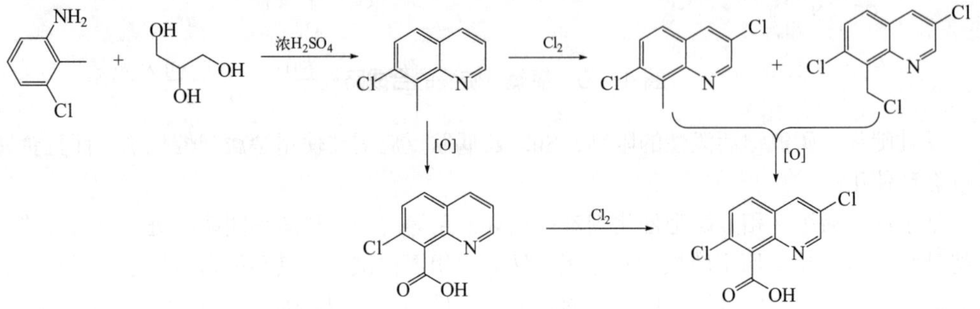

图 4-22　二氯喹啉酸的合成路线

4.2.9　喹草酸的合成

喹草酸（又称氯甲喹啉酸）与二氯喹啉酸的差别仅为 3 位取代基的不同，而且喹草酸的 3 位甲基可以从原料引入，具体路线为 3-氯-2-甲基苯胺和 2-甲基丙烯醛反应得到 7-氯-3,8-二甲基喹啉，然后进行氧化得到喹草酸。

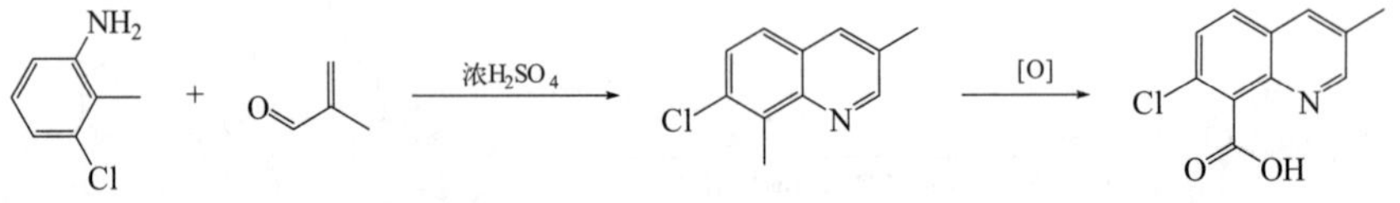

思考题：

（1）总结合成 2-甲基吡啶的方法。

（2）分析卤代吡啶中不同取代碳卤键的活泼性或者键能对反应的影响。

（3）简述 Suzuki 反应的机理。

4.3　取代脲及磺酰脲类除草剂

20 世纪 40 年代发现取代脲类化合物具有抑制植物生长活性的作用，20 世纪 80 年代除草活性磺酰脲类结构化合物的出现在农药发展史上具有重要的里程碑意义，标志着除草剂进入超高效时代。异氰酸酯与含氨基化合物反应是制得脲类结构化合物的方法之一，取代脲及磺酰脲类除草活性化合物也采用此法合成。

4.3.1 绿麦隆、异丙隆和敌草隆的合成

4.3.1.1 异氰酸酯中间体的制备

异氰酸酯属于不稳定的连双键化合物，而且这两个双键是不对称的碳氮和碳氧双键，相对碳氧双键而言碳氮双键更不稳定或者更活泼，非常容易同介质中的各种活泼化合物反应，生成脲类片段，如与水发生剧烈反应，并放出大量热。

光气制备异氰酸酯的方法：将芳香胺或者脂肪胺溶入溶剂中，然后通入光气（或者加入液体光气，或者固体光气），加热脱去生成的氯化氢，得到产物异氰酸酯，如图 4-23 所示。

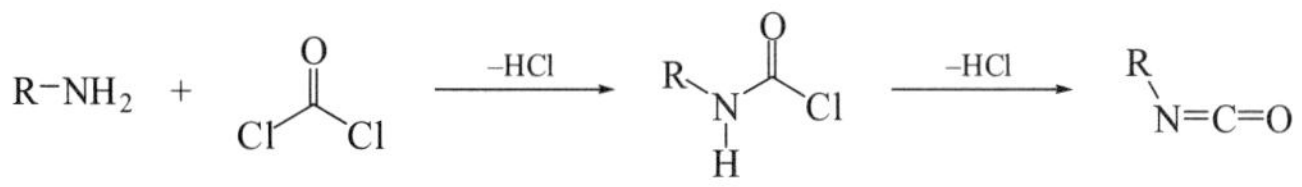

图 4-23　芳香胺制备异氰酸酯的合成路线

4.3.1.2 绿麦隆、异丙隆和敌草隆合成路线

绿麦隆、异丙隆、敌草隆等为含有 N-取代苯基片段的脲类除草剂，均可通过将相应的取代苯胺转变为中间体取代苯基异氰酸酯，然后和二甲胺反应得到，如图 4-24 所示。

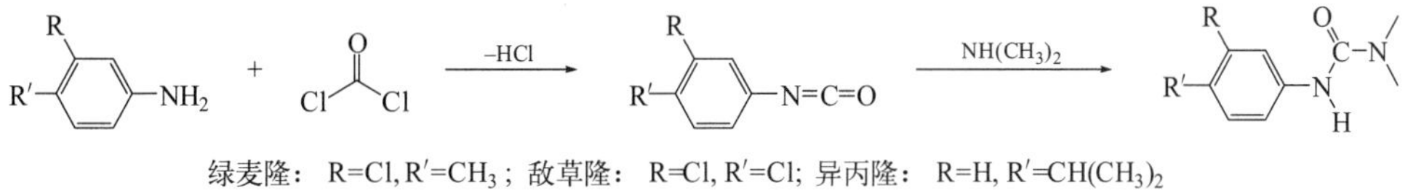

绿麦隆：R=Cl, R′=CH₃；敌草隆：R=Cl, R′=Cl; 异丙隆：R=H, R′=CH(CH₃)₂

图 4-24　取代脲类除草剂的异氰酸酯合成路线

该产品也可以通过氯甲酸酯合成氨基甲酸酯中间体，然后二甲胺取代烷氧基得到，如图 4-25 所示。

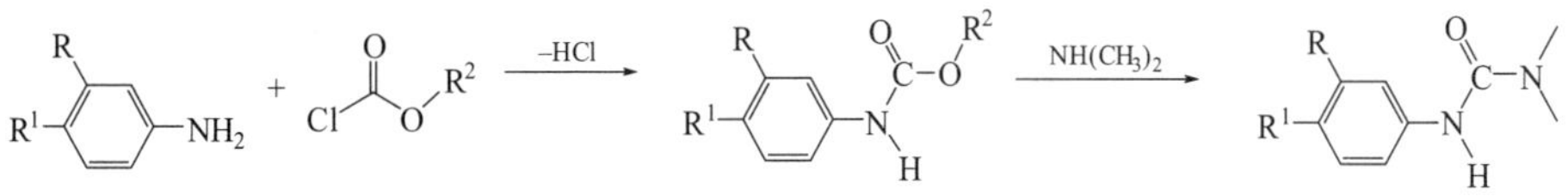

图 4-25　取代脲类除草剂的氨基甲酸酯合成路线

4.3.2 丁噻隆的合成

丁噻隆（tebuthiuron）是结构中含有噻二唑杂环片段的脲类除草剂，主要用于巴西的甘蔗田或者其他非农用田除草，异氰酸酯与含氨基化合物反应也是合成该产品的主要方法之一。基于其结构中脲片段的两个氮原子分别连有甲基和取代噻二唑基，可以先合成甲基异氰酸酯和 2-甲氨基-5-叔丁基噻二唑两个中间体，然后将两个中间体缩合得到丁噻隆分子。

以甲胺、二硫化碳和水合肼制备中间体 N-氨基-N'-甲基硫脲，该中间体接着同特戊酰氯进行关环反应得到中间体 2-甲氨基-5-叔丁基-1,3,4-噻二唑，如图 4-26 所示。

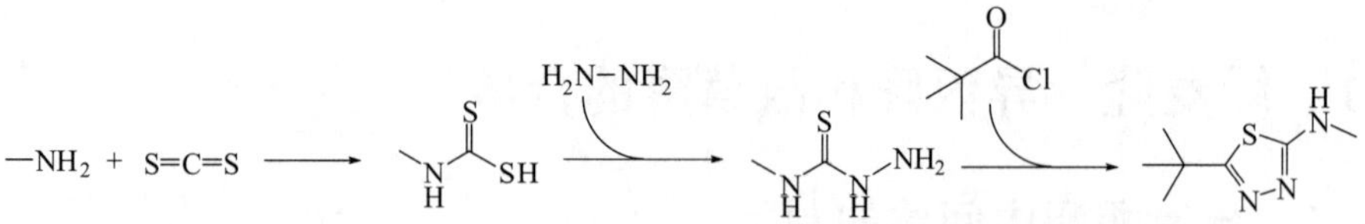

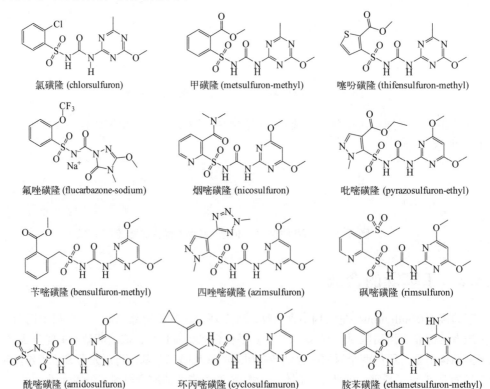

图 4-26　2-甲氨基-5-叔丁基-1,3,4-噻二唑的合成路线

2-甲氨基-5-叔丁基-1,3,4-噻二唑同甲基异氰酸酯反应，可以直接得到丁噻隆产品。甲基异氰酸酯具危险性，例如遇水剧烈分解并放出大量热，因此该产品不允许大量贮存和运输。但是光气和甲胺的反应产物 N-甲基氨基甲酰氯相对稳定，可以长途运输和贮存，因此也可以利用 N-甲基氨基甲酰氯合成丁噻隆，如图 4-27 所示。

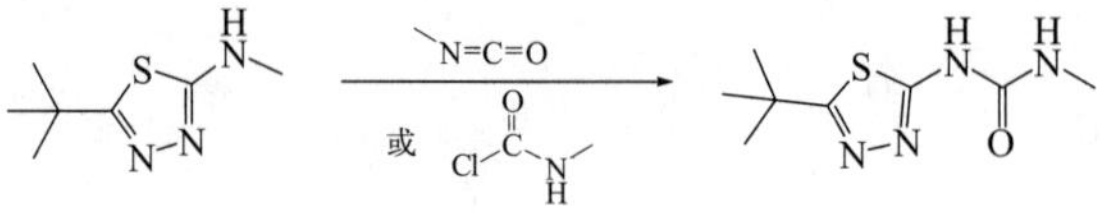

图 4-27　2-甲氨基-5-叔丁基-1,3,4-噻二唑的合成路线

4.3.3　磺酰脲类除草剂的合成

氯磺隆是该类除草剂的第一个产品，对其结构进行不断优化发现了 30 多个该类产品。部分代表性产品的结构和名称信息如下：

氯磺隆 (chlorsulfuron)　　　甲磺隆 (metsulfuron-methyl)　　　噻吩磺隆 (thifensulfuron-methyl)

氟唑磺隆 (flucarbazone-sodium)　　　烟嘧磺隆 (nicosulfuron)　　　吡嘧磺隆 (pyrazosulfuron-ethyl)

苄嘧磺隆 (bensulfuron-methyl)　　　四唑嘧磺隆 (azimsulfuron)　　　砜嘧磺隆 (rimsulfuron)

酰嘧磺隆 (amidosulfuron)　　　环丙嘧磺隆 (cyclosulfamuron)　　　胺苯磺隆 (ethametsulfuron-methyl)

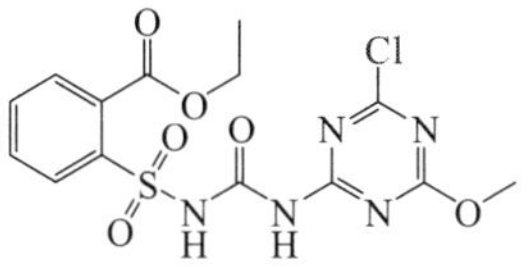

氯嘧磺隆 (chlorimuron-ethyl)

该类除草剂结构中包含取代芳基、磺酰脲桥、杂环三个功能性片段，其合成和上面的脲类除草剂类似，先合成取代芳基磺酰基异氰酸酯和氨基杂环两个中间体，然后将两个中间体在溶剂中进行缩合或者酯交换反应得到产品。

制得磺酰胺和氨基杂环两个中间体后，可以采用如下两条路线合成磺酰脲类除草剂产品。

4.3.3.1　磺酰脲类除草剂的异氰酸酯合成路线

如图 4-28 所示的是异氰酸酯路线。

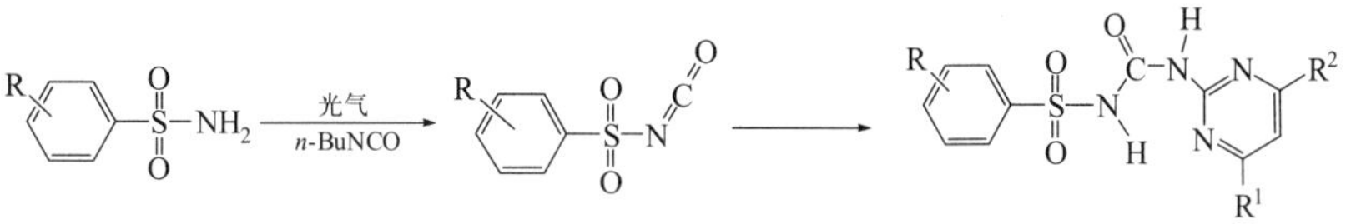

图 4-28　磺酰脲类除草剂的异氰酸酯合成路线

4.3.3.2　磺酰脲类除草剂的酯交换合成路线

如图 4-29 所示的是酯交换路线。

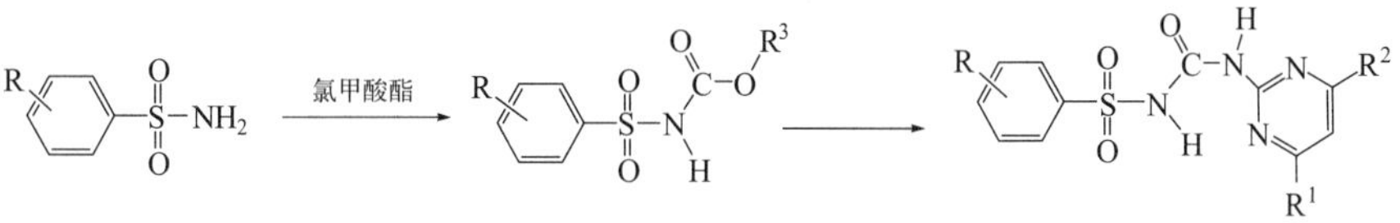

图 4-29　磺酰脲类除草剂的酯交换合成路线

4.3.3.3　2-氨基-4,6-二甲氧基嘧啶胺

该类除草剂的氨基杂环片段可转化为中间体 2-氨基-4,6-二甲氧基嘧啶胺，少部分可转化为中间体 2-氨基-4-甲氧基-6-甲基-1,3,5-三氮均嗪。

无水条件下，乙腈和甲醇及氯化氢反应生成乙酰亚胺甲酯盐酸盐，接着同单氰胺反应得到 N-氰基乙酰亚胺甲酯，然后 N-氰基乙酰亚胺甲酯与甲氧基异脲盐酸盐闭环得到 2-氨基-4-甲氧基-6-甲基-1,3,5-三氮均嗪（图 4-30）。

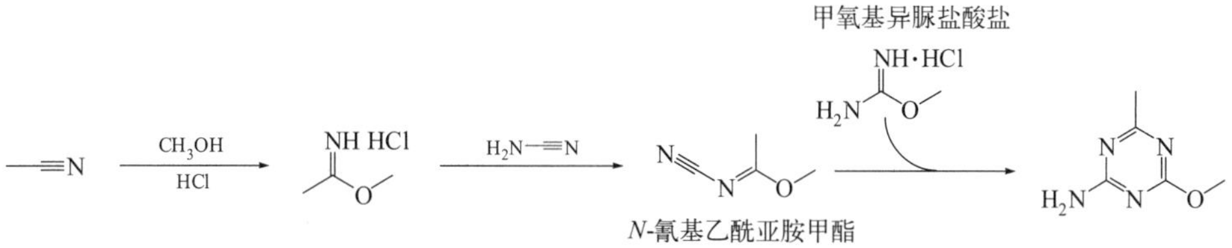

图 4-30　2-氨基-4-甲氧基-6-甲基-1,3,5-三氮均嗪的合成路线

4.3.3.4　2-氨基-4,6-二甲氧基嘧啶

（1）丙二酸酯路线　甲醇钠作用下，丙二酸酯和硝酸胍环合生成 2-氨基-4,6-二羟基嘧啶，接着三氯氧磷氯化得到 2-氨基-4,6-二氯嘧啶，然后在碱的作用下同甲醇发生醚化反应得到产品，该路线是早期工业化生产的主要路线（图 4-31）。

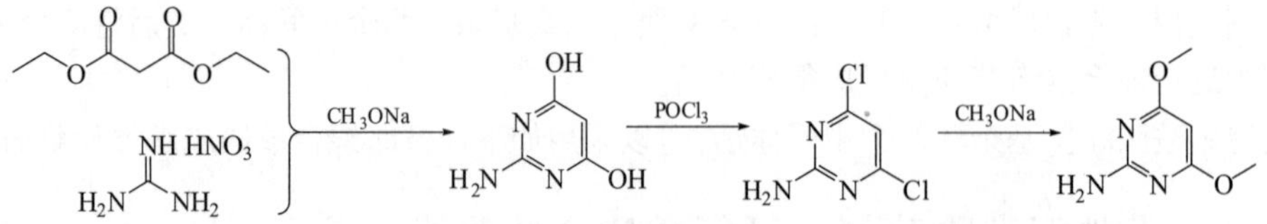

图 4-31　2-氨基-4,6-二甲氧基嘧啶的丙二酸酯合成路线

该路线借助三氯化磷的氯化将嘧啶环上的羟基转换为甲氧基，而三氯氧磷被转化为大量含磷和含无机盐的废水，并且该路线难以有效合成高纯度的产品。

（2）丙二腈路线　李永芳等报道以丙二腈同甲醇和氯化氢反应得到 1,3-二甲氧基丙二脒盐酸盐，接着同单氰胺反应后，然后加热关环、芳构化得到 2-氨基-4,6-二甲氧基嘧啶（图 4-32）。

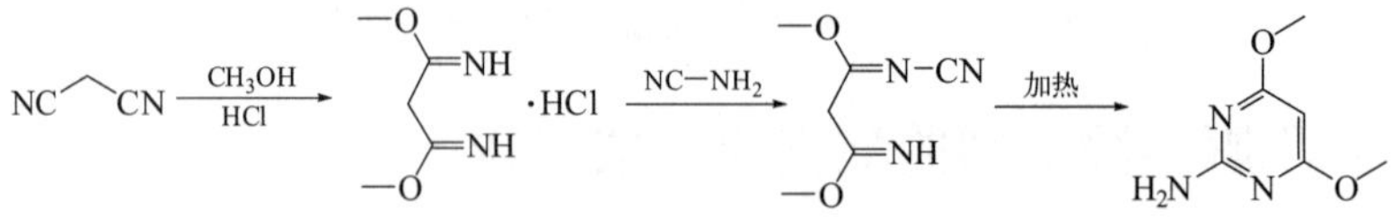

图 4-32　2-氨基-4,6-二甲氧基嘧啶的丙二腈合成路线

相比较丙二酸酯传统路线，丙二腈路线不涉及三氯化磷的氯化反应，副产物仅为有机盐和氨气，路线的原子利用率高，能够生产出高含量的产品，但是生产中需要将 1,3-二甲氧基丙二脒盐酸盐中残留的氯化氢完全分离，而且该中间体对水和潮湿空气敏感，易水解生成单酰胺、丙二酰胺、丙二酸等杂质，中间体 N-氰基丙二酰亚胺二甲酯遇热不稳定。为了解决上述问题，专利文献中采用无溶剂法等特殊措施，通过对反应条件、反应介质的 pH 值进行精密控制，"三废"产生量下降 90%以上，实现该中间体清洁化工业化生产。目前，丙二腈路线已成为工业上生产 2-氨基-4,6-二甲氧基嘧啶的主要路线。

4.3.3.5　2-氯苯磺酰胺

2-氯苯磺酰胺是制备氯磺隆的中间体，通过重氮化反应将 2-氯苯胺转化为 2-氯苯磺酸，接着氯化得到邻氯苯磺酰氯，然后与氨水反应得到 2-氯苯磺酰胺（图 4-33）。

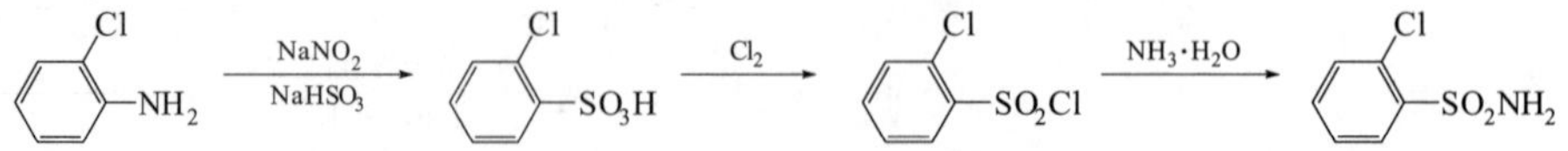

图 4-33　2-氯苯磺酰胺的合成路线

4.3.3.6　2-甲（乙）氧基羰基苯磺酰胺

2-甲（乙）氧基羰基苯磺酰胺是合成甲磺隆、苯磺隆、胺苯磺隆和氯嘧磺隆的中间体。

在硫酸的作用下，起始原料糖精在甲醇（或者乙醇）中加热回流至反应结束，然后降温、中和后过滤、水洗、干燥得到该中间体（图4-34）。

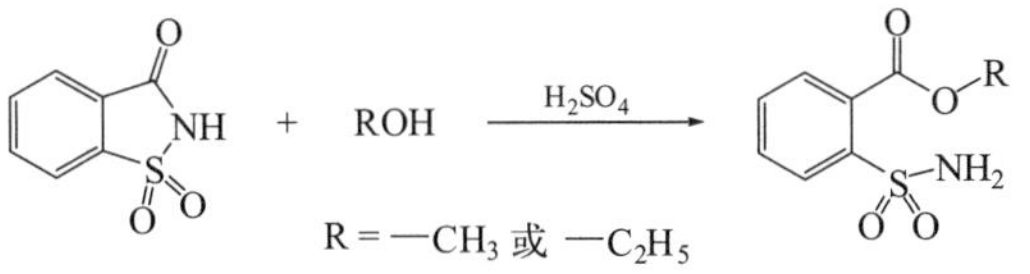

图4-34　2-甲（乙）氧基羰基苯磺酰胺的合成反应

4.3.3.7　2-甲氧基羰基苄磺酰胺的合成

2-甲氧基羰基苄磺酰胺是制备苄嘧磺隆的中间体,同上面的2-甲氧基羰基苯磺酰胺相比,在苯环和磺酰基之间多了一个亚甲基,但是其合成方法与2-甲氧基羰基苯磺酰胺完全不一样。

（1）异苯并呋喃酮（苯酞）路线　在三氟化硼的乙醚溶液和苄基三乙基氯化铵的催化作用下，苯酞与二氯亚砜反应生成2-氯甲基苯甲酰氯，接着甲醇酯化生成2-氯甲基苯甲酸甲酯。2-氯甲基苯甲酸甲酯在水中与五水硫代硫酸钠反应一段时间后,通入氯气得到2-(甲氧基羰基)苄基磺酰氯，然后与氨气发生氨化作用得到2-(甲氧基羰基)苄基磺酰胺，如图4-35所示。

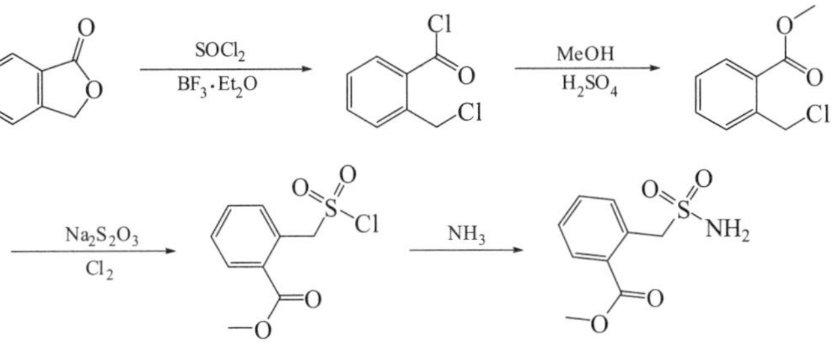

图4-35　2-甲氧基羰基苄磺酰胺的苯酞合成路线

（2）邻甲基苯甲酸路线　邻甲苯甲酸在光气的作用下，先转变为邻甲基苯甲酰氯，接着氯气氯化得到2-氯甲基苯甲酰氯，甲醇酯化生成2-氯甲基苯甲酸甲酯，然后同硫脲反应转化为2-甲氧基羰基苄基异硫脲盐酸盐，接着氯气氯化和氧化、氨气氨化得到2-甲氧基羰基苄磺酰胺，如图4-36所示。

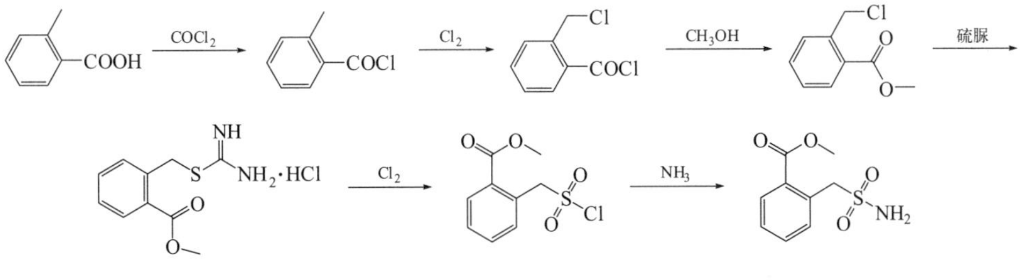

图4-36　2-甲氧基羰基苄磺酰胺的邻甲基苯甲酸合成路线

4.3.3.8　1-甲基-4-乙氧基羰基吡唑-5-磺酰胺

将原甲酸三乙酯和氰基乙酸乙酯缩合，然后同甲基肼关环得到 1-甲基-5-氨基-吡唑-4-甲酸乙酯，接着吡唑环的氨基转换为重氮盐后，在二价铜盐存在下和亚硫酸盐作用生成对应的吡唑磺酰氯，最后氨化得到1-甲基-4-乙氧基羰基吡唑-5-磺酰胺，如图4-37所示。

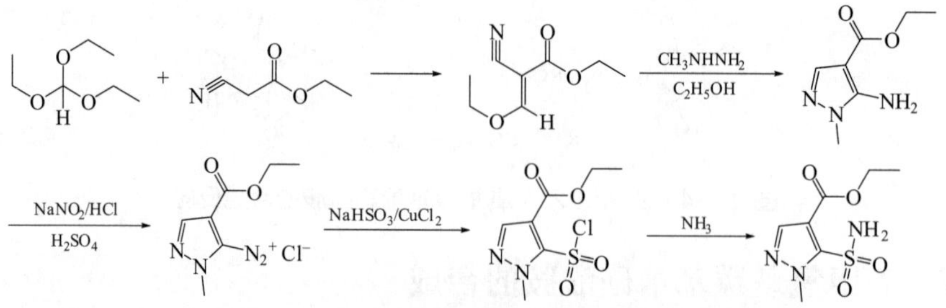

图4-37 1-甲基-4-乙氧基羰基吡唑-5-磺酰胺的合成路线

4.3.3.9 3-甲氧基-4-甲基-1,2,4-三唑啉酮

3-甲氧基-4-甲基-1,2,4-三唑啉酮是氟酮磺隆的中间体。在甲醇中，硫氰化钠和氯甲酸乙酯缩合得到甲氧基硫代羰基氨基甲酸乙酯，接着硫酸二甲酯甲基化生成甲氧基（甲硫基）甲烯基氨基甲酸乙酯，然后同水合肼缩合生成3-甲氧基-1,2,4-三唑啉酮。硫酸二甲酯对3-甲氧基-1,2,4-三唑啉酮选择性进行甲基化得到目标中间体3-甲氧基-4-甲基-1,2,4-三唑啉酮，如图4-38所示。

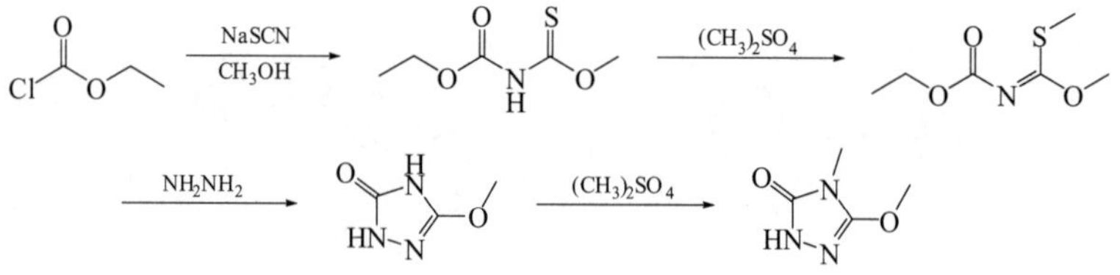

图4-38 3-甲氧基-4-甲基-1,2,4-三唑啉酮的合成路线

4.4 酰胺类除草剂

酰胺类除草剂主要用于控制玉米田杂草，大部分产品的合成中涉及取代芳香胺与醛或者酮的羰基缩合形成苯基亚胺中间体。

4.4.1 乙草胺的合成

醚法是合成酰胺类除草剂的方法之一，即取代苯胺先和氯乙酸、三氯化磷作用生成中间体 N-取代苯基-2-氯乙酰胺；多聚甲醛与乙醇、氯化氢反应生成中间体氯甲基乙基醚，然后两个中间体缩合得到酰胺类除草剂。代表性产品乙草胺的合成反应如图4-39所示。

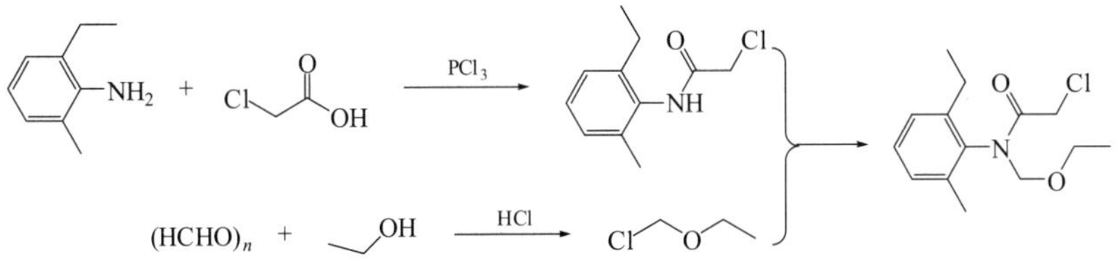

图 4-39　乙草胺的醚法合成路线

　　该法需要的生产设备简单，工艺容易操作，但是生产过程中容易产生焦油，难以生产出高含量产品，而且生产中产生废水较多，废水成分复杂，治理难度较大。

　　甲叉法是取代苯胺先同甲醛缩合生成中间体 N-取代苯基甲烯基亚胺，接着和氯乙酰氯发生加成反应，然后同乙醇反应得到产品，如图 4-40 所示。

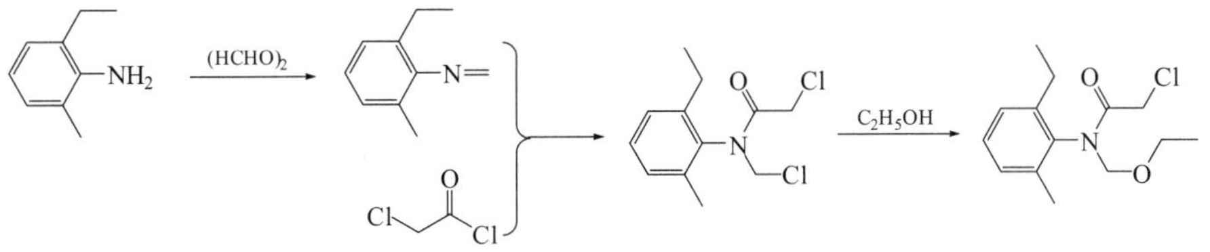

图 4-40　乙草胺的甲叉法合成路线

　　该法对反应设备、反应条件控制和原料的质量要求较高，可进行连续化生产，适合高含量产品生产，工艺中产生的"三废"较少，属于清洁化生产工艺。

　　氯乙酰氯的质量直接影响产品质量，优质的氯乙酰氯可以采用醋酸裂解产生乙烯酮，然后和氯气发生加成反应制得。乙酸氯化制备氯乙酰氯的工艺简单，但是难以避免副产物 2,2-二氯乙酰氯的形成。

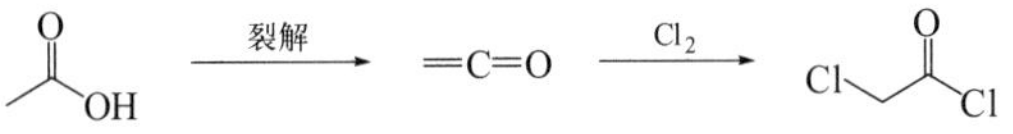

　　甲草胺、异丙草胺、丁草胺的结构同乙草胺类似，可以参照其方法进行合成。

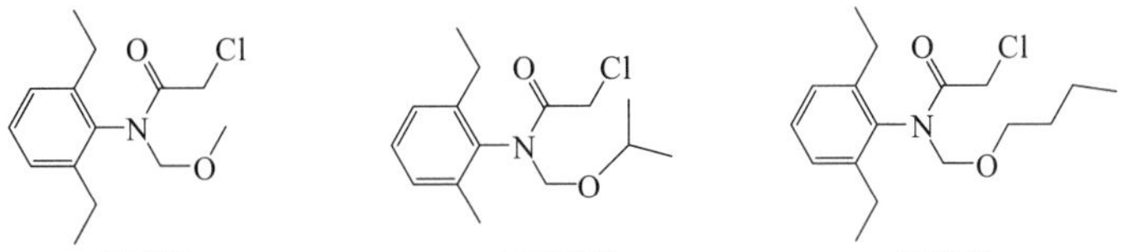

甲草胺　　　　　　　　异丙草胺　　　　　　　　丁草胺

4.4.2　丙草胺的合成

　　丙草胺的结构同上述的乙草胺等略有不同，2,6-二乙基苯胺先同氯乙基丙基醚进行氮烷基化反应得到胺醚中间体，然后和氯乙酰氯缩合，这是合成该产品的主要方法之一。环氧乙烷与丙醇可反应得到乙二醇单丙醚，然后羟基氯化得到中间体氯乙基丙基醚。

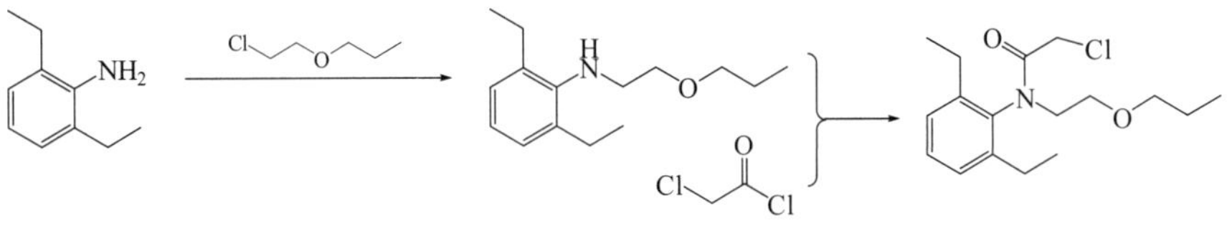

也可以采用 2,6-二乙基苯胺先同乙二醇单正丙醚磺酸酯反应制备胺醚中间体（图 4-41），然后和氯乙酰氯缩合得到产品。该路线工艺简单、原料易得，但是合成胺醚中需要使用磺酰氯活化乙二醇单丙醚，随后产生的相应磺酸类副产物难以处理。

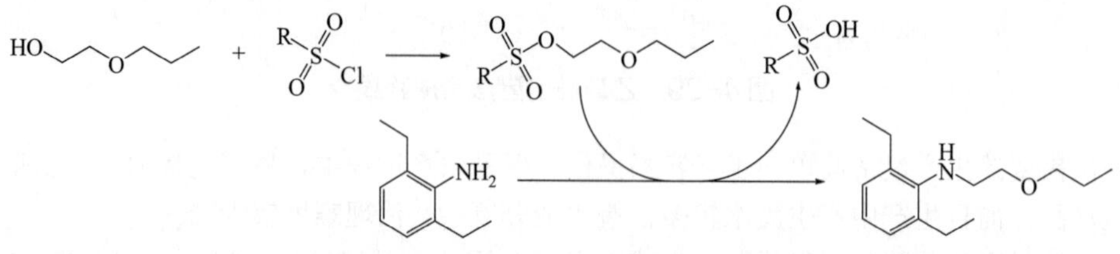

图 4-41 磺酸酯 N-烷基化合成胺醚

4.4.3 异丙甲草胺的合成

一般情况下，异丙甲草胺和精异丙甲草胺的合成均涉及对亚胺的催化氢化还原。

4.4.3.1 催化氢化反应

在 Pt、Pd、Ni 等催化剂存在下，烯烃和炔烃与氢气进行加成反应，生成相应的烷烃，并放出热量，称为氢化热（heat of hydrogenation，1mol 不饱和烃氢化时放出的热量）。大多情况下，需要将催化剂负载在活性炭上，例如铂碳（Pt-C），钯碳（Pd-C），或者加工为粉末状的合金，如雷尼镍（Raney Ni）增加催化剂的表面，增加氢气分子和还原底物同催化剂的接触。催化加氢的机理（改变反应途径，降低活化能）：吸附在催化剂上的氢分子生成活泼的氢原子与被催化剂削弱了重键的烯、炔加成。

无论是低压催化氢化还是高压催化氢化，严格控制氢气和空气的直接接触，防止空气中的局部氢气超过爆炸极限。同时，粉末状的雷尼镍非常活泼，在空气中容易自燃，通常情况下保存在水中。

使用手性催化剂能够诱导光学异构体过量产物的生成，即不对称催化加氢还原。

4.4.3.2 异丙甲草胺合成方法

异丙甲草胺结构同乙草胺、丙草胺又不同，其合成方法为取代苯胺和甲氧基丙酮缩合得到苯基亚胺中间体，接着在一定压力下催化氢化还原亚胺生成仲胺中间体，然后仲胺和氯乙酰氯缩合得到产品，如图 4-42 所示。

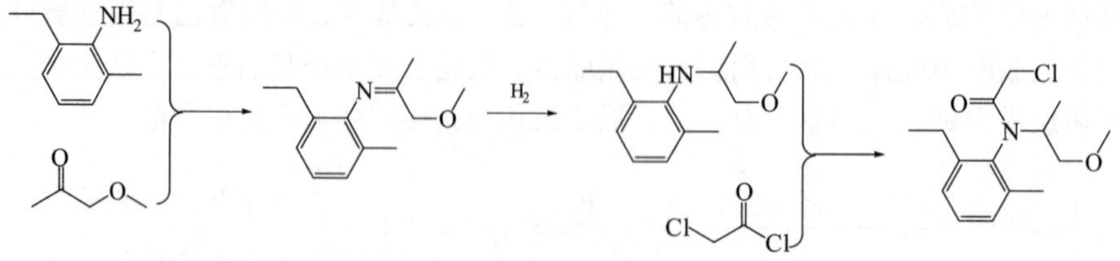

图 4-42 异丙甲草胺的合成路线

4.4.4　精异丙甲草胺的合成

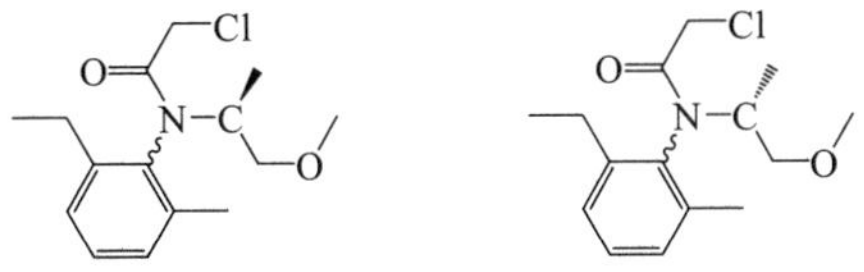

(S)-异丙甲草胺　　　　　(R)-异丙甲草胺

　　异丙甲草胺具有优异除草活性，1978 年后年需求达万吨以上。其分子结构中含有两个手性中心原子，1982 年发现手性碳原子的光学构型同该产品的生物活性有关，精异丙甲草胺［或者(S)-异丙甲草胺］具有除草活性，而(R)-异丙甲草胺基本没有除草活性，(S)-构型的除草活性是(RS)-消旋体的 1.6～1.8 倍。生产中仅合成(S)-构型有效体，对于降低生产成本，减少该产品使用中无效体对环境的影响和降低农业投入具有重要意义。

　　由于利用手性试剂拆分法或者利用具有单一立体构型试剂作为原料，在工业生产上难以实现或者不具实际意义。1983 年，相关人员对图 4-43 中各种可能路线进行评估，然后开始尝试利用手性催化剂合成(S)-异丙甲草胺，主要是研究各种手性催化剂对亚胺中间体的不对称催化氢化的立体选择性（图 4-44）。

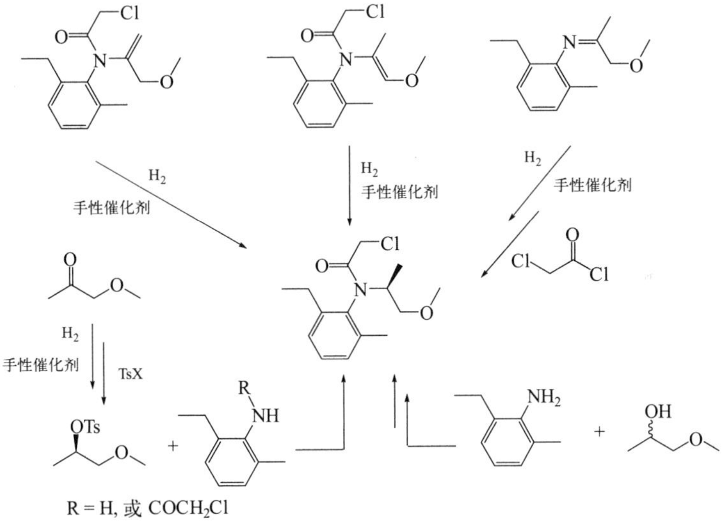

图 4-43　(S)-异丙甲草胺的合成路线

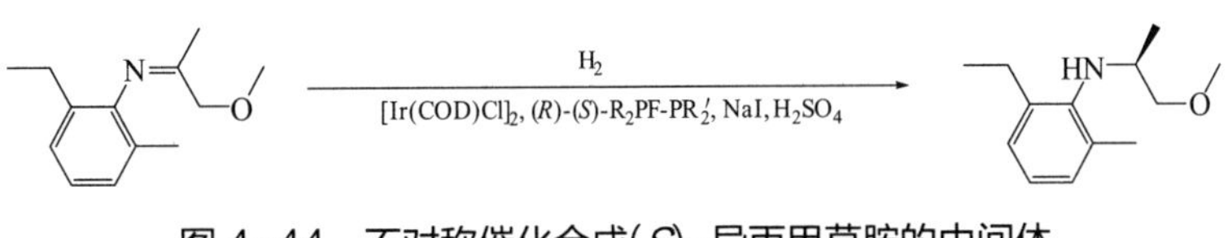

图 4-44　不对称催化合成(S)-异丙甲草胺的中间体

　　1985 年发现以环己基双膦［(R)-cycphos］作为配体，金属铑能够催化亚胺中间体不对称加氢，但是催化剂的反应活性较低。1986 年 Spindler 发现金属铱与二苯基膦配体（图 4-45）能够催化亚胺的不对称合成，经过优化不断反应条件和改造配体结构，发现金属铱与二茂铁双苯基膦能够有效催化亚胺的不对称氢化，催化剂的用量为底物的百万分之一。先正达公司于 1996 年在瑞士开始其工业化生产，产品的 ee 值达到 85% 以上，此是第一个不对称催化工业化合成的农药产品。

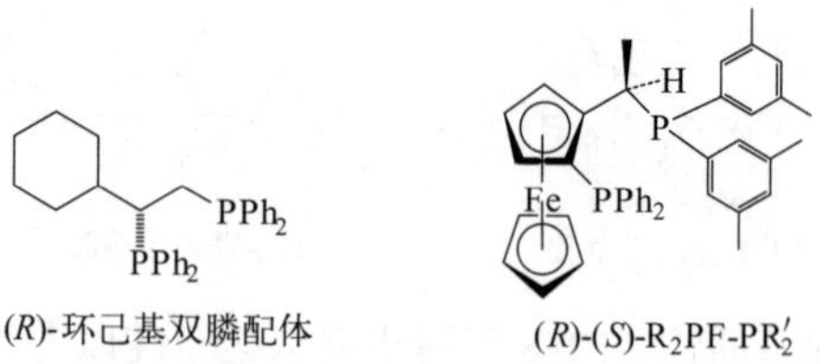

(R)-环己基双膦配体   (R)-(S)-R₂PF-PR′₂

图 4-45　含金属铑和金属铱的磷配体

4.4.5　氟吡草胺的合成

氟吡草胺（picolinafen）结构中含有三个芳香环片段，中间的吡啶环同两个取代苯环以酰胺键和醚键相连。以 2-甲基吡啶为原料氯化得到 6-氯-2-三氯甲基吡啶，接着在三氯化铁的作用下将三氯甲基吡啶转换为 6-氯-2-吡啶甲酰氯，然后同对氟苯胺缩合得到中间体酰胺，再和间三氟甲基苯酚醚化得到氟吡草胺，如图 4-46 所示。

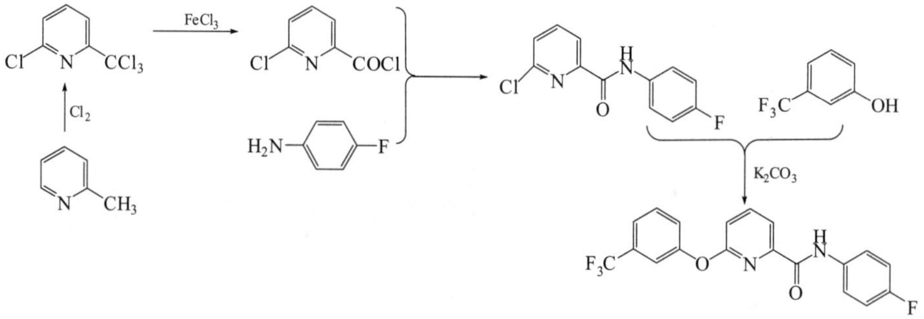

图 4-46　氟吡草胺的合成路线

4.5　二苯醚类、酰亚胺和苯基三唑啉酮类除草剂

二苯醚类、酰亚胺和苯基三唑啉酮类除草剂属于原卟啉原氧化酶（PPO）抑制剂，该类除草剂主要作用于叶绿素，对哺乳动物毒性低，靶标杂草不易产生抗性，因而具有高效、低毒、安全的作用特点。

4.5.1　乙氧氟草醚的合成

二苯醚除草剂结构中大多含有硝基芳环片段，大多在混酸中通过硝化反应在芳环引入硝基。

4.5.1.1 硝化反应

由于硝化过程是放热反应，而且硝基产物，尤其是多硝基产物或者杂质是高能化合物，因此需要严格的规范操作，确保硝化反应的安全。

硝化反应是广泛使用的有机化学反应之一，在农药合成中亦是如此。芳环上引入的硝基是二苯醚类除草剂的生物活性功能团之一，也是其他芳环化合物引入氨基等基团的一条重要途径，或者作为芳环上引入其他基团的定位基团等。

芳环硝化过程中，硝酸在酸性条件下离解产生硝基正离子，硝基正离子亲电进攻芳环形成硝基芳环正离子，然后脱去质子，生成硝化产物，如图 4-47 所示。

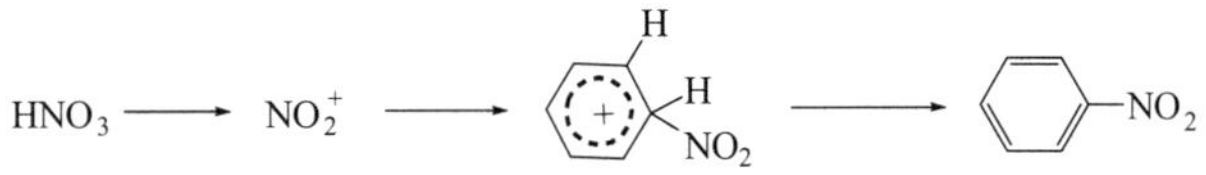

图 4-47　芳香亲电硝化反应机理

硝化反应的速度直接和消化混合液中硝基正离子的浓度相关。硝酸中硝基正离子（NO_2^+）浓度较低，在其中加入强质子酸（硫酸）等可以提高硝基正离子浓度和硝酸的硝化能力，因而硫酸和硝酸混合形成的混酸是应用最广泛的硝化剂。混酸中硫酸起酸的作用，硝酸起碱的作用，发生如图 4-48 所示的平衡反应，并产生大量硝基正离子。

$$H_2SO_4 + HNO_3 \rightleftharpoons HSO_4^- + H_2NO_3^+$$
$$H_2NO_3^+ \rightleftharpoons H_2O + NO_2^+$$
$$H_2O + H_2SO_4 \rightleftharpoons H_3O^+ + HSO_4^-$$

图 4-48　硝基正离子的生成机理

硫酸含水量增加，HSO_4^- 及 H_3O^+ 也会增加，由图 4-48 中的反应式可知两种离子的增加会抑制 NO_2^+ 的形成。硫酸浓度在 89% 或者更高时，硝酸全部离解为 NO_2^+。当硫酸用水稀释到浓度 85% 以下时，NO_2^+ 浓度开始下降，硝化能力下降，混酸中的 NO_2^+ 转化为具有氧化作用的稀 HNO_3。硝化反应过程中生成的副产物水会降低硫酸的浓度，因此在硝化反应中需要根据生成水的量计算需要的硫酸浓度和投料量，如果条件控制不当会出现稀硝酸氧化副反应。

芳烃化合物的硝化反应是一个放热反应，同时反应生成的水稀释硫酸也会产生热，因此反应过程中需要及时释放反应生成的热量，否则随着温度升高，会引起副反应或者意外发生。因此，芳烃化合物硝化时一般需要在最佳的温度条件下进行，改变温度条件或者反应温度控制不当，不仅影响生成物异构体的相对比例和速度，而且还关系到反应安全。例如，在间隙式硝化反应加料阶段，搅拌突然停止，局部产生大量的活泼硝化剂，一旦搅拌再次启动，就会突然发生剧烈反应，瞬间放出大量的热使温度失控而导致事故发生。

硝化反应可采用间歇式硝化和连续性硝化工艺，间歇式操作容易出现操作不当或者控制不当，进而发生安全事故，而在带搅拌的釜式反应器、管式反应器、泵式循环反应器的连续硝化工艺相对安全。生产上可采用多釜串联的方法实现连续化操作，大部分硝化反应通常在第一反应釜中完成，通常称为"主釜"，大部分原料在主釜中被硝化，小部分尚未转化的原料在其余的釜内继续反应，而且 DCS 控制的连续硝化工艺中，硝化反应釜的温度、搅拌速度和硝化剂的进料调节阀门等形成联锁关系，通过反应温度控制混酸的滴加，温度一旦超过设定的区间，可以自动停止混酸加入。

多釜串联的优点是可以提高反应速度，减少物料短路，以及可对不同的反应釜设置不同的反应温度，从而提高生产能力和产品质量。例如大部分原料在主釜中被硝化，需要冷却主釜中反应液使硝化反应在较低温度下进行，随后需要逐步提高后续反应釜的温度促进剩余的少量原料的硝化，如表 4-3 所示。

表4-3　氯苯连续一硝化时各硝化釜的技术参数

名称	第一硝化釜	第二硝化釜	第三硝化釜
酸性中 HNO_3/%（质量）	13.4	4.0	2.1
有机相中氯苯/%（质量）	14.4	2.8	0.7
氯苯转化率/%	80	16	3
反应速度比	16.7	5.3	1

思考题：

硝化反应的串联工艺中，为什么主釜需要控制在较低温度，而后续的反应釜需要逐渐提高反应温度，有的情况下最后一级反应釜需要加热到 30～40℃？

4.5.1.2　乙氧氟草醚

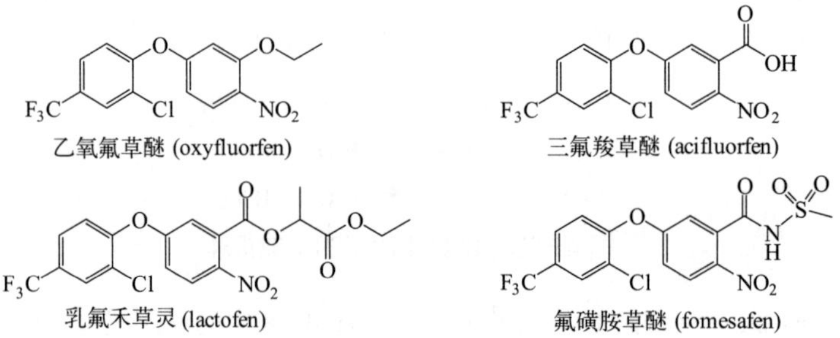

乙氧氟草醚 (oxyfluorfen)　　　三氟羧草醚 (acifluorfen)
乳氟禾草灵 (lactofen)　　　氟磺胺草醚 (fomesafen)

乙氧氟草醚、三氟羧草醚、乳氟禾草灵和氟磺胺草醚是四个有代表性的二苯醚类除草剂。四个产品的结构中均含有硝基，合成中都需要通过硝化反应在苯环上引入硝基。乙氧氟草醚与其他三个产品在结构上存在一定差别，其合成方法也与它们的不同。

目前工业上多先将间苯二酚转变为其钾盐，然后在无水条件下间苯二酚钾盐和 3,4-二氯三氟甲苯进行醚化反应，醚化中间体接着在混酸中被硝化，然后乙醇钾对硝化产物进行芳香亲核取代反应得到乙氧氟草醚，如图 4-49 所示。

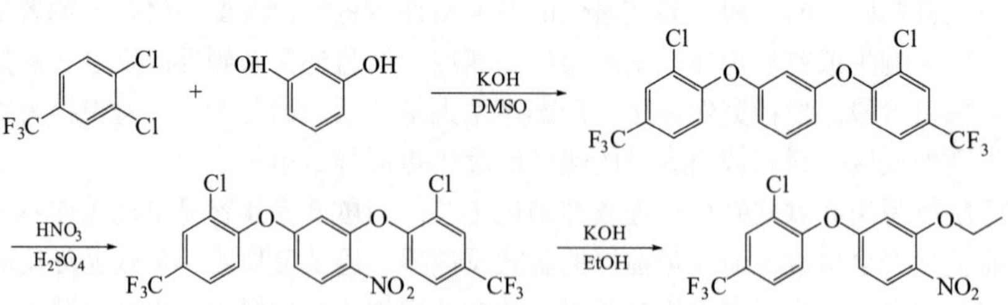

图4-49　间苯二酚双取代合成乙氧氟草醚路线

该路线的优点是三步反应均生成单一的产物，反应容易控制，副产物比较少，但是缺点是需要两个分子当量的3,4-二氯三氟甲苯，其中一分子当量在最后一步转变为副产物 2-氯-4-三氟甲基苯酚。

该副产物也可以通过图 4-50 所示的路线合成乙氧氟草醚,但是仍然会产生副产物 2-氯-4-三氟甲基苯酚。

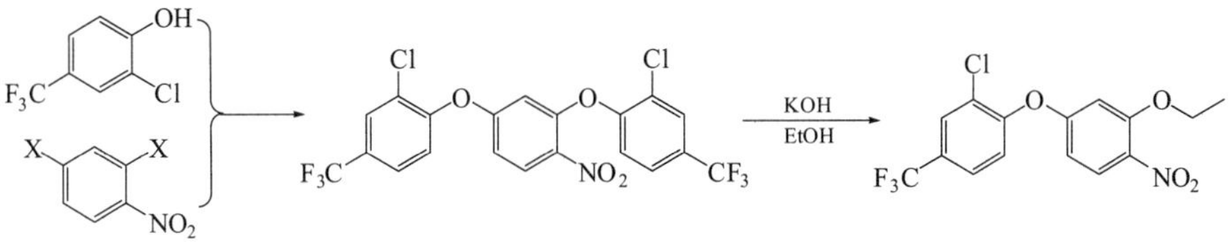

图 4-50　回收 2-氯-4-三氟甲基苯酚合成乙氧氟草醚路线

除了上述路线外,也可以利用一分子 3,4-二氯三氟甲苯和一分子间苯二酚缩合成单接醚 3-(2-氯-4-三氟甲基苯氧基)苯酚,接着该单接醚和乙醇反应形成第二个醚键,然后硝化得到产物,如图 4-51 所示。

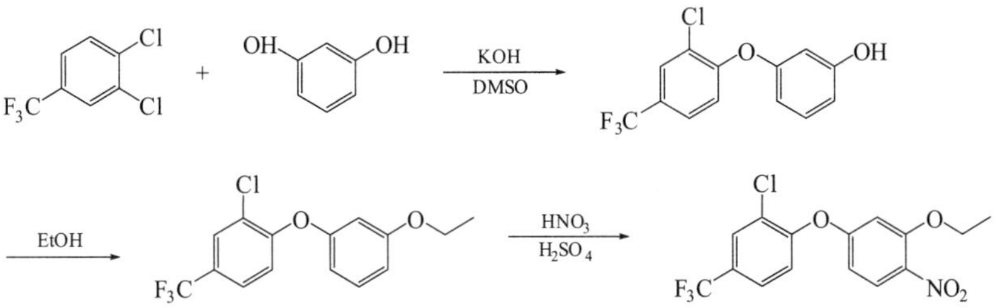

图 4-51　间苯二酚单取代合成乙氧氟草醚路线

该路线中原料 3,4-二氯三氟甲苯的利用率高,不产生 2-氯-4-三氟甲基苯酚副产物,但是第一步需要严格控制条件,不仅需要使原料 3,4-二氯三氟甲苯尽量反应完全,而且需要控制间苯二酚双取代副反应发生;第三步的硝化反应也需要严格控制条件,减少硝化异构导致的副产物的形成。

4.5.2　三氟羧草醚、氟磺胺草醚和乳氟禾草灵的合成

三氟羧草醚的合成与乙氧氟草醚的合成非常类似,常规路线是以 3,4-二氯三氟甲苯和间羟基苯甲酸为原料,通过醚化反应制得含有芳香醚结构的中间体,然后经过硝化反应得到产品,如图 4-52 所示。

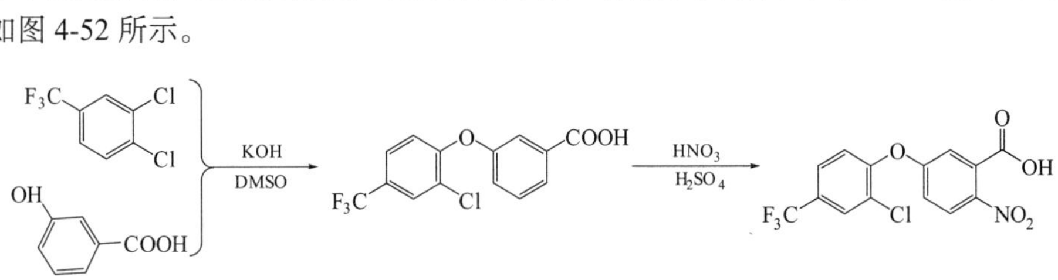

图 4-52　三氟羧草醚的合成路线

氟磺胺草醚和乳氟禾草灵皆是三氟羧草醚的羧酸衍生物,它们的合成均可以三氟羧草醚为原料。三氟羧草醚在氯化试剂的作用下转变为酰氯,然后分别与甲磺酰胺或者乳酸(2-羟基丙酸)乙酯反应得到氟磺胺草醚或者乳氟禾草灵(图 4-53)。乳氟禾草灵也可以通过间苯二酚与 3,4-二氯三氟甲苯缩合,然后同 2-氯丙酸甲酯成酯,再硝化制得。

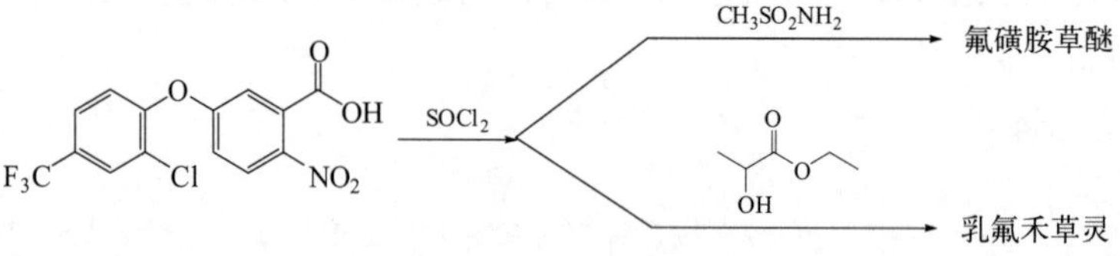

图 4-53　氟磺胺草醚和乳氟禾草灵的合成路线

4.5.3　甲磺草胺的合成

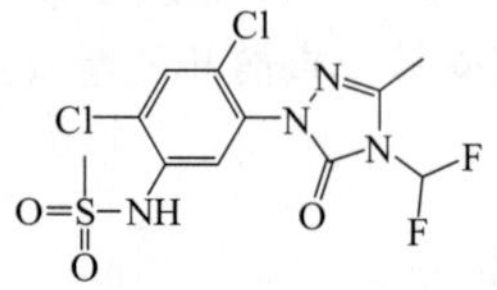

甲磺草胺（sulfentrazone）作用于原卟啉原氧化酶，为具有苯基三唑啉酮骨架结构的除草剂，而且骨架结构中含有氯原子、二氟甲基、甲磺酰基等活性官能团。

文献报道的合成方法较多，通过不断优化，工业合成主要以苯肼先与乙醛缩合得到苯腙中间体，然后同异氰酸钠中的氰基加成，继而环合得到骨架结构苯基三唑啉酮中间体，此三步反应可以在同一容器中进行，也称为"一锅法"，如图 4-54 所示。

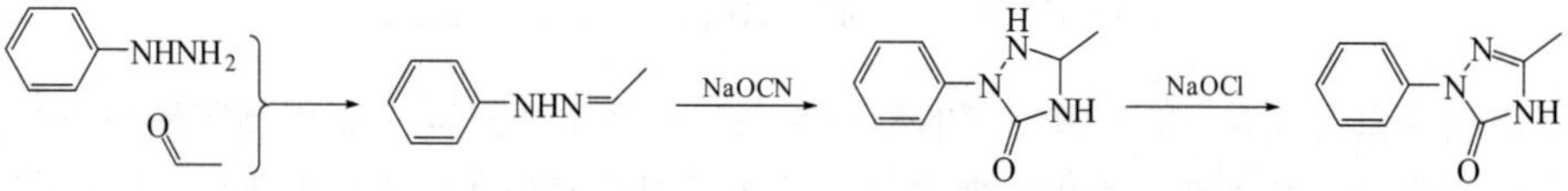

图 4-54　甲磺草胺中间体苯基三唑啉酮的合成路线

接着在骨架结构苯基三唑啉酮中间体上逐步引入各种取代基团。该中间体先与溴（或者氯）代二氟甲烷反应，在氮原子上引入二氟甲基，随后在 DMF 溶液中，氯气先对苯环的 4 位进行氯化引入氯原子，接着在冰乙酸溶液中氯气继续对苯环的 2 位进行氯化。然后，利用浓硫酸和硝酸的混酸对分步氯化生成的中间体进行苯环硝化生成硝基中间体，接着在过渡金属 Pd/C 或者 Pt/Cd 的催化下，氢气对硝基中间体进行还原得到氨基中间体，最后氨基中间体同甲磺酰氯反应得到产品甲磺草胺。该路线原料简单易得，反应基本是常规反应，但是涉及前面介绍的催化氢化反应和硝化反应两步危险工艺，同时需要对每一步精确控制，尤其是氯化需要将氯原子先后引入两个位置，合成高含量的中间体，才能得到较高收率的产品。尤其是最后一步的甲磺酰化反应，如果反应体系中，没有缚酸剂碱的存在，反应需要在较高温度下进行，而且反应较慢，但是有缚酸剂存在的条件下，反应速度较快，但是会产生双磺酰基取代的副产物（图 4-55）。虽然双磺酰基取代的副产物可以在碱的作用下，转化为单磺酰基取代的甲磺草胺，但是由于消耗过量的甲磺酰氯和增加一步反应，因此该种方法在工业生产中不经济。

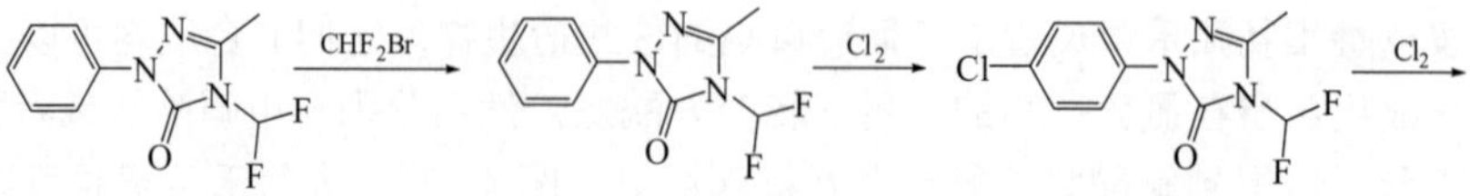

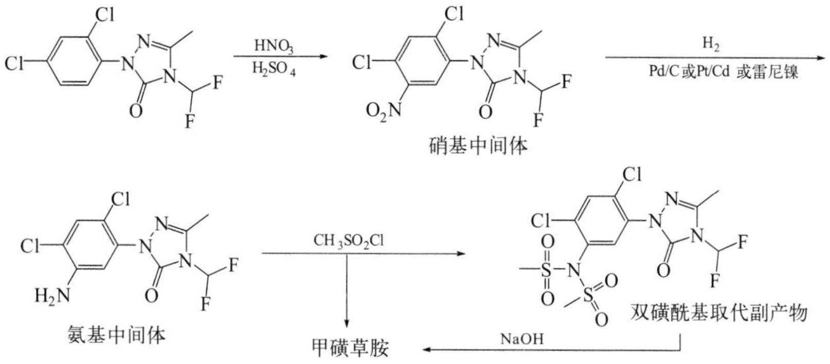

图 4-55　甲磺草胺的合成路线

除了上述路线，也可以 2,4-二氯苯肼为原料进行反应。此反应减少氯化反应的步骤，但是可能受邻位氯原子位阻影响，合成 2,4-二氯苯基三唑啉酮时收率较低。

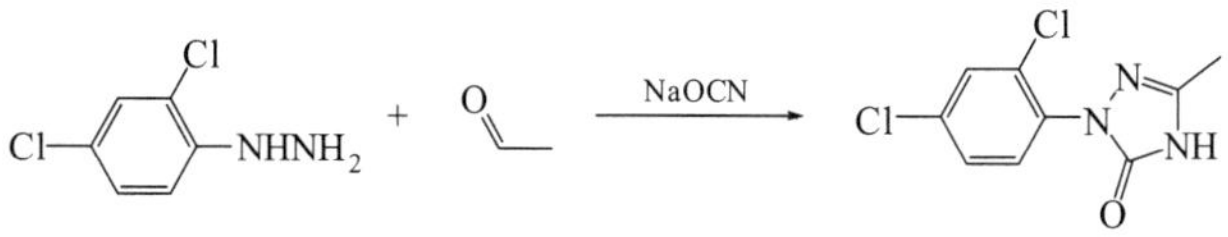

随着催化技术以及催化剂的发展，为避免上述路线中涉及的硝化反应、催化氢化反应，有文献报道直接利用芳香卤代物和甲基磺酰胺在氨基酸配体的作用下发生偶联反应，直接得到产品，如图 4-56 所示。

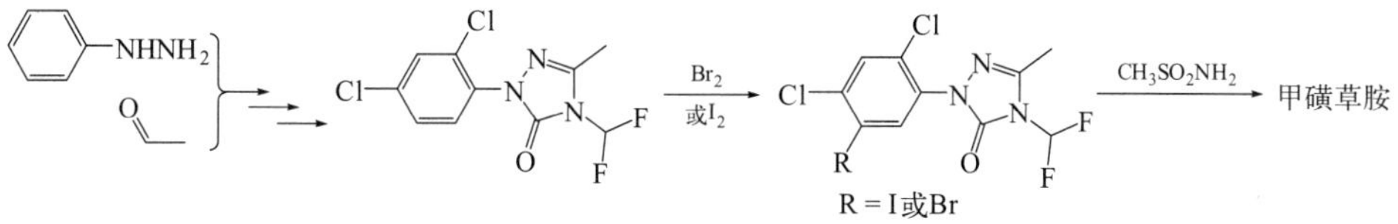

图 4-56　甲基磺酰胺和卤代苯偶联合成甲磺草胺

4.5.4　丙炔氟草胺的合成

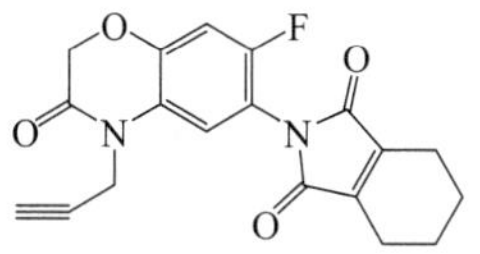

丙炔氟草胺（flumioxazin）结构同甲磺草胺有一定的相似性，骨架结构中的四个取代基也分布在苯环的 1,2,4,5 位，但是四个取代基与甲磺草胺的完全不一样。

实验室合成丙炔氟草胺和类似结构的化合物，大多将原料 5-氟-2-硝基苯酚先同氯乙酸乙酯进行醚化反应生成 2-苯氧基乙酸酯，接着铁粉还原硝基并关环得到中间体 7-氟-2H-苯并噁嗪酮。炔丙基卤化物与苯并噁嗪酮进行氮烷基化反应，然后通过硝化反应在中间产物的苯环上引入硝基，再次进行铁粉还原得到 6-氨基-7-氟苯并噁嗪酮中间体，然后该中间体同 3,4,5,6-四氢苯酐缩合得到产物丙炔氟草胺，如图 4-57 所示。该路线在实验室中容易实现，但是原料 2-硝基-5-氟苯酚不易获得，而且两步铁粉还原在工业生产中不经济。

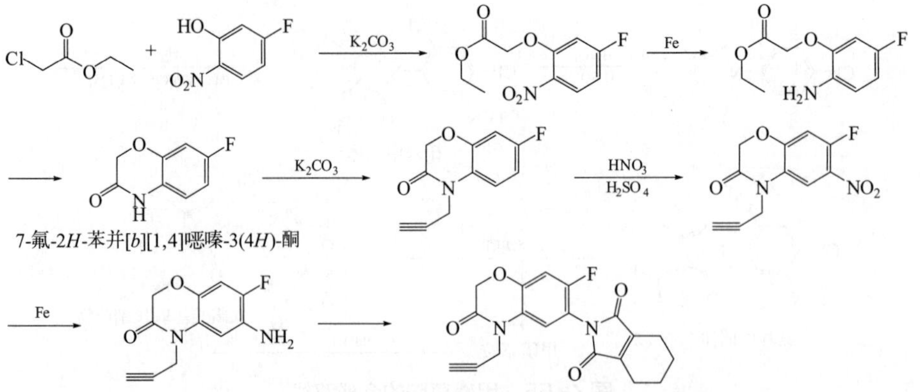

图4-57　丙炔氟草胺的2-硝基-5-氟苯酚合成路线

随着研究人员不断对该产品路线进行研究，开发了以间二氯苯为起始原料的路线。间二氯苯经过硝化反应后生成1,5-二氯-2,4-二硝基苯，然后氟化钾对1,5-二氯-2,4-二硝基苯氟化得到1,5-二氟-2,4-二硝基苯。1,5-二氟-2,4-二硝基苯与2-羟基乙酸酯发生苯环亲核取代反应，生成的2-(2,4-二硝基-5-氟苯氧基)乙酸乙酯经过催化氢化的硝基还原及其关环得到6-氨基-7-氟苯并噁嗪酮中间体。该中间体先后与炔丙基卤和四氢苯酐反应得到产品，如图4-58所示。该路线中采用的反应基本是常规反应，合成二硝基苯中间体时，需要较高的温度，生产中存在一定的风险，而且6-氨基苯并噁嗪酮进行氮烷基化反应时，除了主反应外，容易产生副反应。

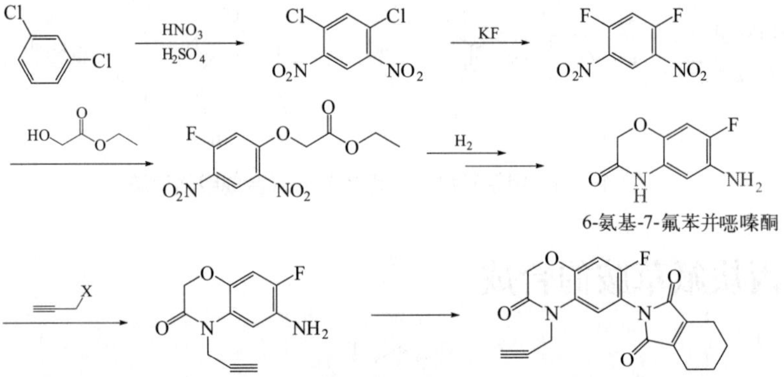

图4-58　丙炔氟草胺的间二氯苯一次硝化合成路线

为了进一步提升工业生产中的安全性和反应的可操作性，优化后的路线同样以间二氯苯为原料，通过分步硝化规避上述路线中的高温硝化和氮烷基化6-氨基苯并噁嗪酮时的潜在副反应，具体反应路线如图4-59所示，间二氯苯通过硝化反应转变为2,4-二氯硝基苯，接着氟化反应将2,4-二氯硝基苯转化为2,4-二氟硝基苯，催化氢化还原得到中间体2,4-二氟苯胺。2,4-二氟苯胺和氯乙酸酯反应并关环得到苯并噁嗪酮中间体，然后该中间体与卤代炔丙烷反应生成4-炔丙基苯并噁嗪酮中间体。4-炔丙基苯并噁嗪酮中间体再先后经过硝化反应、催化氢化还原反应、与四氢苯酐的缩合反应得到丙炔氟草胺。同通过1,5-二氯-2,4-二硝基苯的路线相比，该路线多了硝化和催化氢化还原两步反应，但是分步硝化的反应温度较低，操作危险性小，避免了氮烷基化时潜在的副反应，因此该路线适于工业化生产。

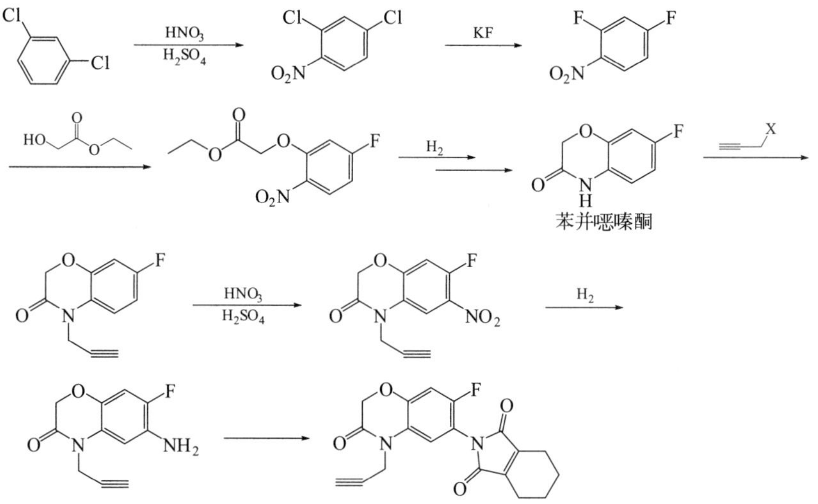

图 4-59 丙炔氟草胺的间二氯苯两次硝化合成路线

工业级的四氢苯酐含有结构类似的不同杂质，如图 4-60 所示。这些杂质在上面三条路线均可同四氢苯酐发生相似的反应，生成与丙炔氟草胺类似的杂质，部分杂质难以通过简单的纯化步骤去除。吴浩等介绍在乙酸溶液中进行最后一步反应，可抑制四氢苯酐中相关杂质与6-氨基苯并噁嗪酮中间体反应，从而实现工业化生产高含量的丙炔氟草胺。

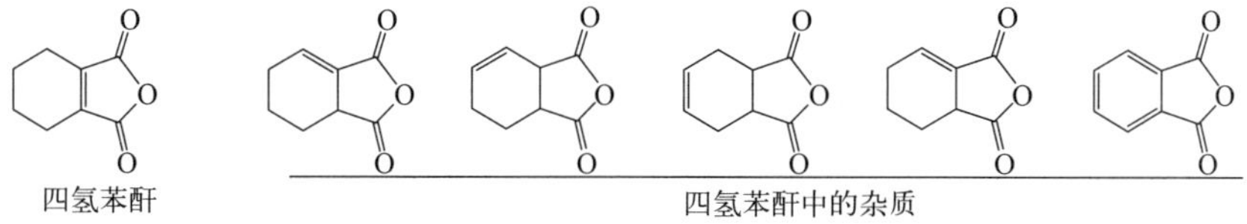

图 4-60 四氢苯酐及其中杂质的化学结构

4.5.5 苯嘧磺草胺的合成

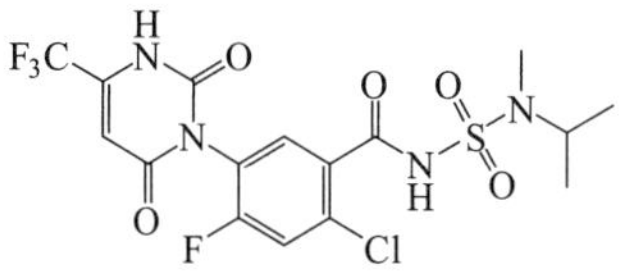

苯嘧磺草胺（saflufenacil）是巴斯夫公司开发的原卟啉原氧化酶抑制剂类除草剂，结构上不仅含有甲磺草胺和丙炔氟草胺共有的 1,2,4,5-四取代苯基骨架，而且其 1 位酰胺氮原子连有磺酰胺片段，5 位为含有三氟甲基的尿嘧啶片段，因而其合成较为复杂。

文献最早报道的路线以 3-氨基-4,4,4-三氟巴豆酸乙酯和 N,N-二甲氨基甲酰氯为原料。如图 4-61 所示，在氢化钠的存在下，两个原料在溶剂 N,N-二甲基甲酰胺中反应生成 3-取代氨基-4,4,4-三氟巴豆酸乙酯中间体，该中间体在三氯氧磷和五氯化磷的作用下分子内成环得到噁嗪酮中间体，两步反应总收率 61%；原料 2-氯-4-氟苯甲酸经过硝化反应生成 2-氯-4-氟-5-硝基苯甲酸，然后经过还原反应得到 5-氨基-2-氯-4-氟苯甲酸，两步反应总收率 66%；噁嗪酮中间体与 2-氯-4-氟-5-氨基苯甲酸反应生成尿嘧啶中间体 1，该中间体与碘甲烷发生双甲基化反应产生尿嘧啶中间体 2，而后三溴化硼水解尿嘧啶中间体 2 得到尿嘧啶中间体 3，三步反应总收率 60%～70%；尿嘧啶中间体 3 与草酰氯反应制备成相应的尿嘧啶中间体 4，最后尿嘧啶中间体 4 与 N-甲基-N-异丙基氨基磺酰胺缩合得到目标产物苯嘧磺草胺，后两步收率较低。

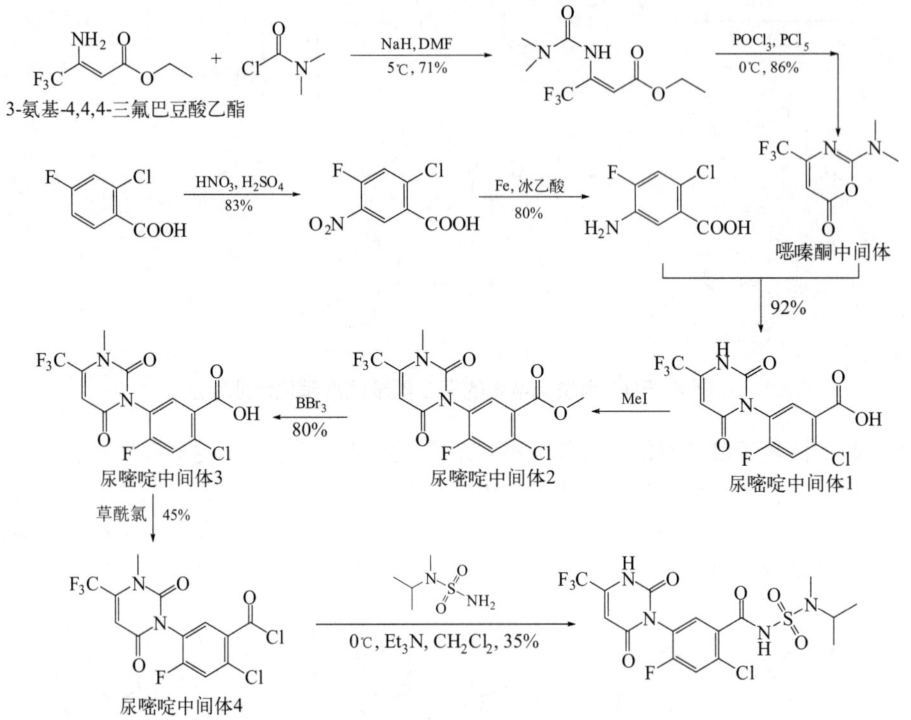

图 4-61　苯嘧磺草胺的合成路线一

该路线通过先构建尿嘧啶环，然后对尿嘧啶环上的氮原子甲基化，接着再与侧链 N-甲基-N-异丙基氨基磺酰胺缩合得到最终产物苯嘧磺草胺。虽然可以顺利得到产品，但是合成方式繁琐且合成步骤较多、部分反应条件比较剧烈、总收率低，不适合大规模工业化生产。

为找到高效、低成本、适宜于工业化生产的方法，研发人员设计了不同的合成路线。图 4-62 所示的路线，以氯磺酰异氰酸酯作为原料先后同叔丁醇和甲基异丙基胺反应，得到的中间体再经过酸解反应，构建出 N-甲基-N-异丙基氨基磺酰胺片段。该片段同 2-氯-4-氟-5-硝基苯甲酰氯进行缩合反应得到苯甲酰胺中间体，接着苯甲酰胺中间体经过催化氢化还原反应，先后同氯甲酸酯和 3-氨基-4,4,4-三氟巴豆酸乙酯缩合得到尿嘧啶中间体 5，最后硫酸二甲酯选择性对该中间体进行氮甲基化反应得到苯嘧磺草胺产品。

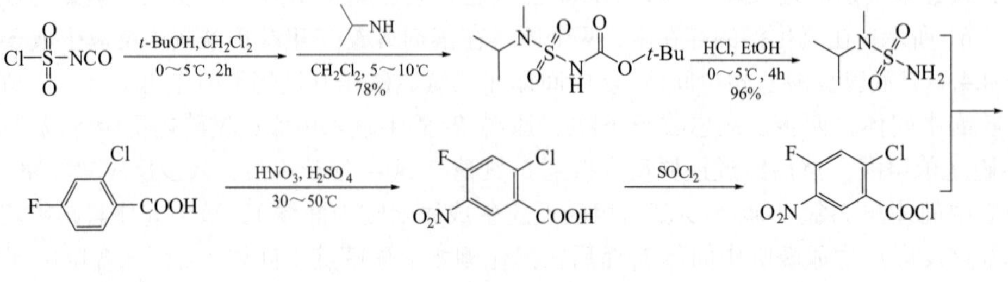

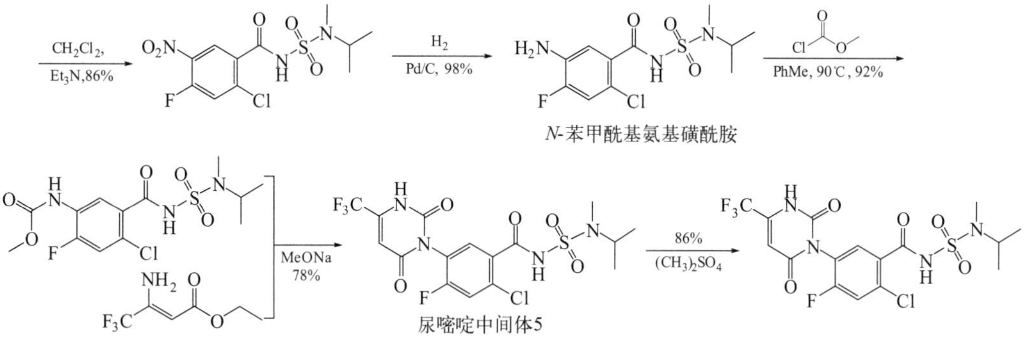

图 4-62　苯嘧磺草胺的合成路线二

此路线的优点是每步反应收率相对较高，其弊端在于骨架苯环先与氨基磺酰胺侧链反应，生成 N-苯甲酰氨基磺酰胺中间体。该中间体上活泼基团较多，在后续产品合成中容易产生较多的副反应，例如最后氮甲基化也会产生二甲基化的副产物，而且氨基磺酰胺中间体在该路线中利用率比上述路线低。

图 4-63 所示的路线中，Hamprecht 等采用廉价的三氧化硫合成氨基磺酰胺中间体。原料 2-氯-4-氟苯甲酸通过酯化反应、硝化反应、还原反应等生成相应的苯基异氰酸酯中间体，该中间体同 3-氨基-4,4,4-三氟巴豆酸乙酯合成尿嘧啶中间体 6。然后尿嘧啶中间体 6 先后转换为尿嘧啶中间体 2 和尿嘧啶中间体 4，再同氨基磺酰胺中间体反应合成苯嘧磺草胺。该路线中合成尿嘧啶环时的收率较低，仅有 38.4%。

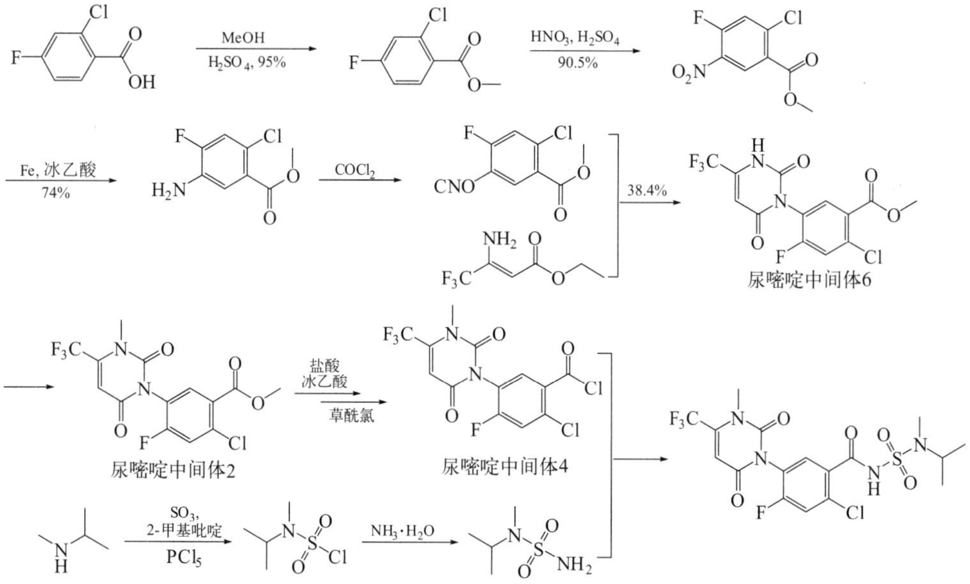

图 4-63　苯嘧磺草胺的合成路线三

思考题：

（1）甲磺草胺工业化合成路线中，为什么要采用分步氯化，先后在苯环 4 位和 2 位引入氯原子？

（2）丙炔氟草胺合成中，间二氯苯硝化反应时，为什么同时引入两个硝基反应比引入单硝基的反应危险程度高？该路线中，引入炔丙基时，为什么容易发生副反应？

4.6　咪唑啉酮类除草剂

咪唑啉酮类除草剂属于乙酰乳酸合成酶（ALS）或者乙酰羟酸合成酶（AHAS）合成酶抑制剂，其结构特征非常明显，即烟酸骨架结构的 2 位或者 α 位具有咪唑啉酮片段，5 位具有不同的取代基。转基因作物的种植对该类除草剂的使用有一定影响，但是随着抗草甘膦杂草的出现，该类除草剂的使用量又有一定的恢复。

4.6.1　甲咪唑烟酸和咪唑乙烟酸的合成

甲咪唑烟酸（imazapic）和咪唑乙烟酸（imazethapyr）结构非常相似，因而他们的合成路线也非常相似，如图 4-64 所示。

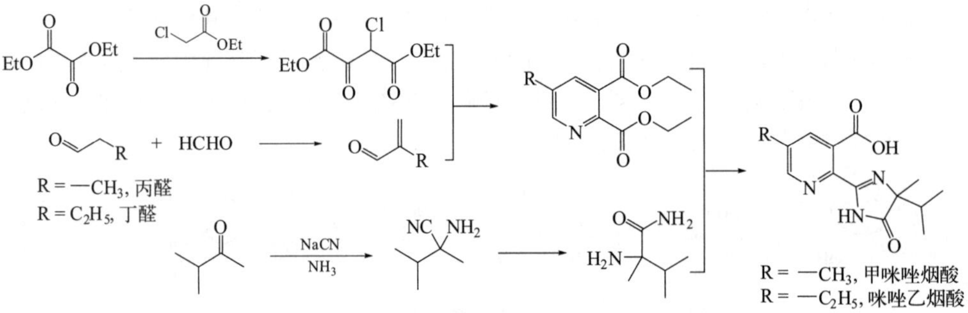

图 4-64　甲咪唑烟酸和咪唑乙烟酸的合成路线

原料草酸二乙酯和氯乙酸乙酯通过 Claisen 酯缩合反应得到 2-氯草酰乙酸乙酯，丙醛或者丁醛与甲醛进行羟醛缩合得到取代丙烯醛。在醋酸铵或者氨基磺酸铵等的存在下，2-氯草酰乙酸乙酯同制得的取代丙烯醛反应并关环生成 5-甲基(或者乙基)-2,3-吡啶二羧酸酯中间体，该步的可能机理如图 4-65 所示。甲基异丙基酮与氰化钠、氯化铵进行 Strecker 反应生成

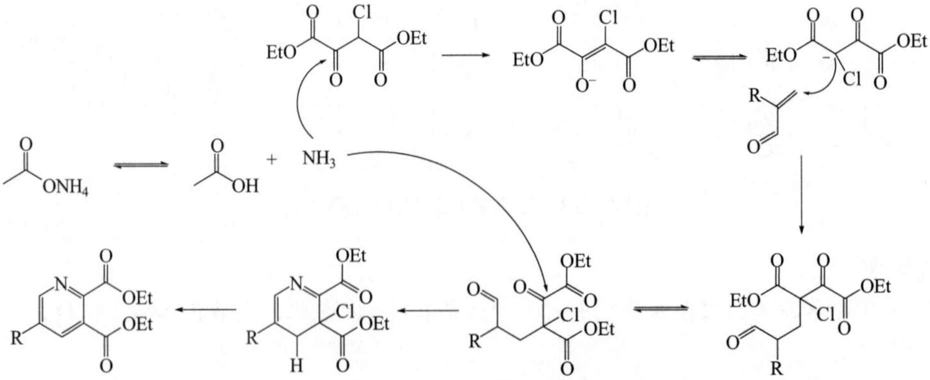

图 4-65　合成 5-取代-2,3-吡啶二羧酸酯的可能机理

2-氨基-2,3-二甲基丁腈，水解氰基得到 2-氨基-2,3-二甲基丁酰胺中间体。在碱性条件下，5-甲基(或者乙基)-2,3-吡啶二羧酸酯和 2-氨基-2,3-二甲基丁酰胺进行一系列反应得到产物甲咪唑烟酸或者咪唑乙烟酸，可能反应机理如图 4-66 所示。

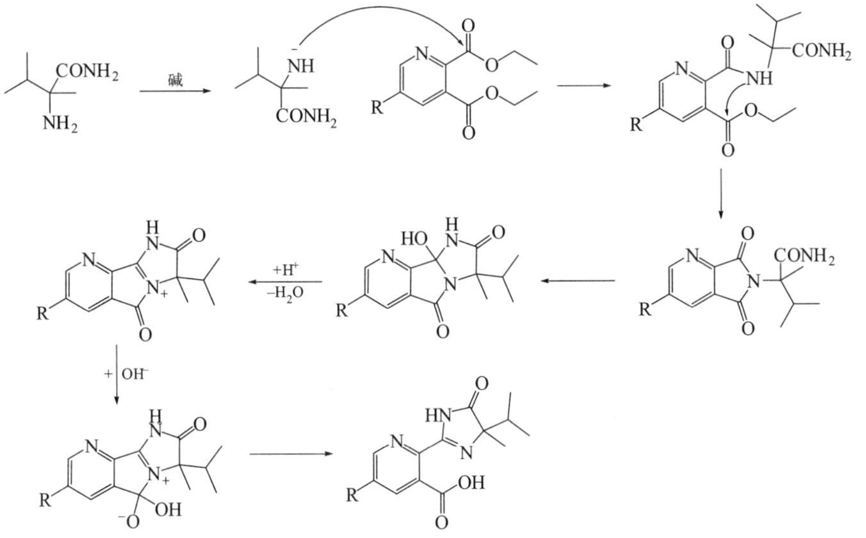

图 4-66　合成甲咪唑烟酸或者咪唑乙烟酸的可能反应机理

Menges 等报道的合成路线中，先将 5-甲基(或者乙基)-2,3-吡啶二羧酸酯中间体水解为相应的羧酸，之后通过乙酸酐将其转化为对应的吡啶二甲酸酐，然后同 2-氨基-2,3-二甲基丁腈反应得到酰亚胺中间体，接着硫酸对氰基水解、分子内关环及开环得到产物，如图 4-67所示。

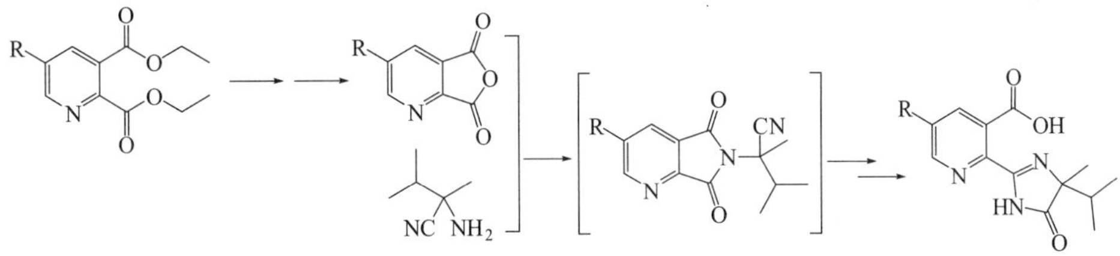

图 4-67　咪唑啉酮类除草剂的丁腈合成路线

4.6.2　甲氧咪草烟的合成

甲氧咪草烟（imazamox）吡啶环上 5 位的取代基为甲氧基甲基，可以从含甲氧基的醛开始，采用合成甲咪唑烟酸与咪唑乙烟酸相同的方法实现其合成。也可以对中间体吡啶二羧酸酯或者吡啶二甲酸酐吡啶环上的甲基进行卤化，然后在不同阶段和甲醇钠进行醚化，接着进行相应的缩合、关环等反应得到产品甲氧咪草烟，如图 4-68 所示。

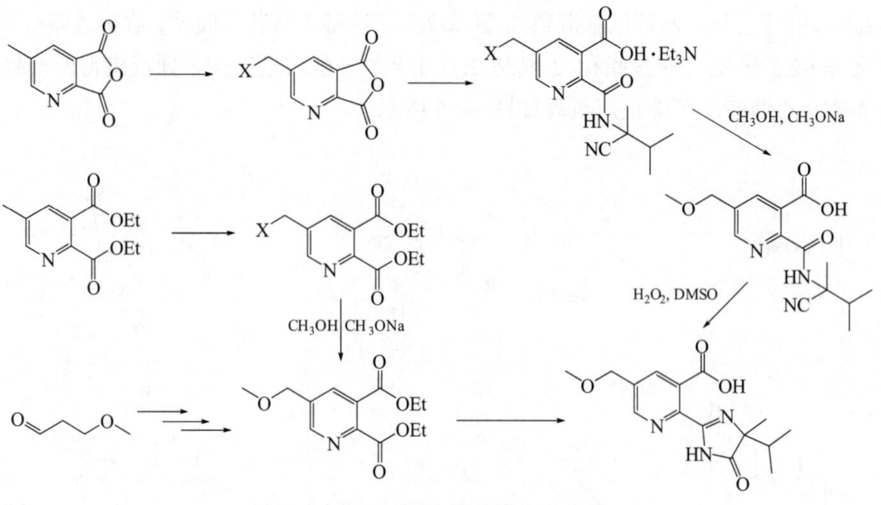

图4-68 甲氧咪草烟的合成路线

4.6.3 咪唑喹啉酸的合成

咪唑啉酮类除草活性结构中的取代吡啶环转变为喹啉环得到咪唑喹啉酸（imazaquin）。咪唑喹啉酸的合成方法类似于合成咪唑啉酮类除草剂的方法，需要先合成 2,3-喹啉二羧酸酯或者酸酐，如图4-69 所示。通过氯气的加成反应，原料丁烯酸二酯转变为 2,3-二氯丁二酸酯。2,3-二氯丁二酸酯和苯胺进行氮烷基化反应，得到的中间产物与 DMF、三氯氧磷反应生成 2,3-喹啉二羧酸酯。2,3-喹啉二羧酸酯同 2-氨基-2,3-二甲基丁酰胺反应得到产品咪唑喹啉酸。

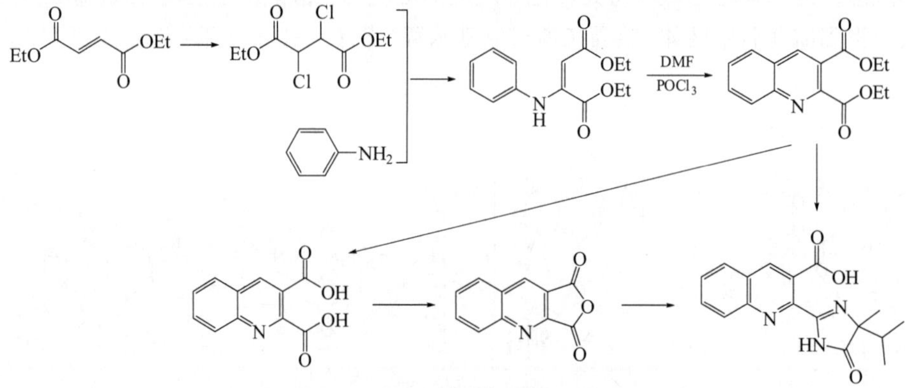

图4-69 咪唑喹啉酸的合成路线

4.7 三嗪及三嗪酮类除草剂

结构中含有三嗪环的除草剂可分为两类，以均三氮苯为骨架结构的三嗪类和三个氮原子非均匀分布的三嗪酮类。

4.7.1　西玛津的合成

均三氮苯类的三嗪结构除草剂均可通过原料三聚氯氰先后和脂肪胺、硫醇的钠盐等反应合成。三聚氯氰的结构类似酰氯，其上的三个碳氯键相对较为活泼，容易与脂肪胺、硫醇的钠盐反应，但是三个碳氯键的活性随着取代基的引入逐渐下降，因此合成中先引入活性低的或者位阻大的脂肪胺。

西玛津（simazine）的三嗪环上引入的两个取代基相同，实际生产使用的一种方法如下：在反应釜中加入水，降至 0℃，接着加入三聚氯氰，搅拌分散后，控制在-8℃到-3℃之间滴入乙基胺。滴加结束后，升温至3℃，滴加一定量的液碱，然后再升温到 70℃，反应一定时间，冷滤、过滤得到产品。

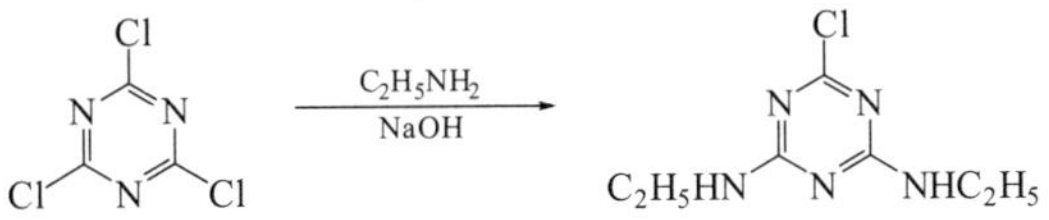

思考：*反应操作中，为什么要控制温度由低到高？为什么液碱不和二乙基胺一起滴加？*

4.7.2　莠去津和氰草津的合成

莠去津（atrazine）和氰草津（cyanazine）的合成需要在三聚氯氰上先后引入两个不同的基团而实现，如图 4-70 和图 4-71 所示。实际的合成简述如下，在反应釜中加入溶剂，搅拌下投入一定量的三聚氯氰，冷却到 0~5℃，滴加α-氨基异丁腈或者异丙基胺，滴加结束后加入一定量的碱，并将温度升至 5~10℃使α-氨基异丁腈或者异丙基胺反应完全。然后滴加完计算量的乙基胺后，升温至 20℃，再次滴加一定量的碱，接着搅拌至反应完全生成氰草津或者莠去津。

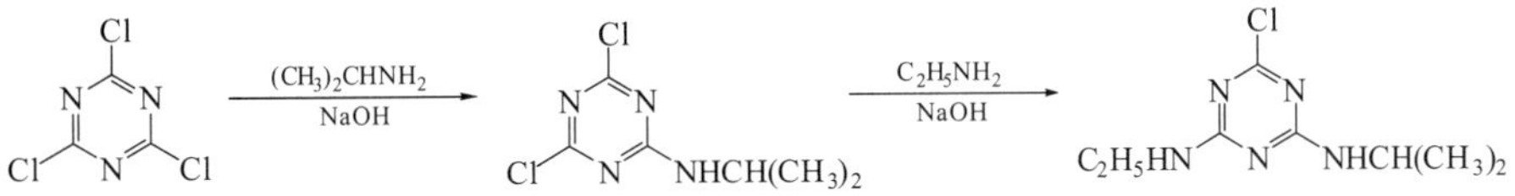

图 4-70　莠去津的合成路线

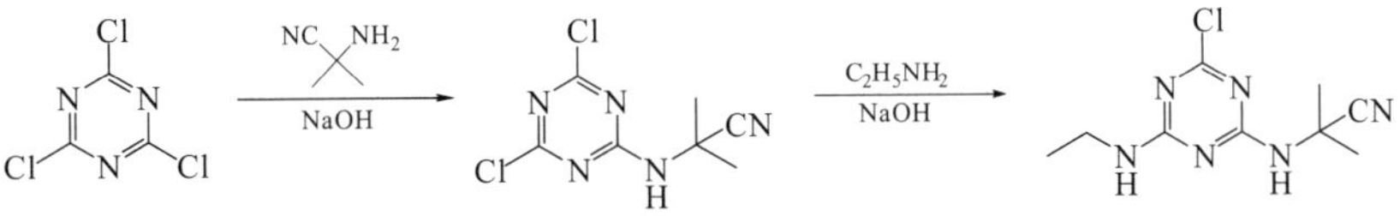

图 4-71　氰草津的合成路线

4.7.3　莠灭净和西草净的合成

莠灭净（ametryn）、西草净（simetryn）分别和莠去津、西玛津的结构非常相似，利用甲硫醇基取代莠去津和西玛津中的剩余氯原子可以得到莠灭净、西草净，如图 4-72 所示。工业生产中，在反应釜中先加入莠去津或者西玛津，然后加入甲硫醇钠溶液，接着再加热到不同温度搅拌进行反应。反应结束后，冷却、结晶、离心分离得到固体、水洗干燥得到产品莠去净或者西草净。

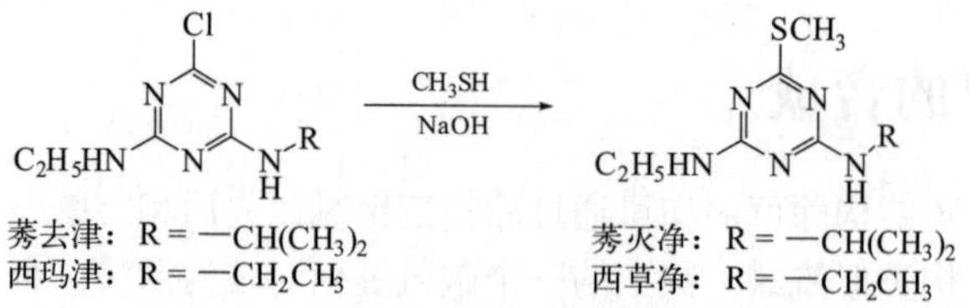

图 4-72 莠灭净和西草净的合成反应

4.7.4　环嗪酮的合成

环嗪酮（hexazinone）也含有类似均三氮苯的骨架，而且骨架中又含有两个脲的结构，其合成方法与上述的均三氮苯类除草剂不同。比较常用的合成方法为原料石灰氮经过水解后得到氨基氰，然后氨基氰与氯甲酸乙酯反应生成 *N*-氰基氨基甲酸乙酯。硫酸二甲酯对 *N*-氰基氨基甲酸乙酯进行氮甲基化反应生成 *N*-氰基-*N*-甲基氨基甲酸乙酯，然后二甲胺与 *N*-氰基-*N*-甲基氨基甲酸乙酯发生加成反应得到中间体胍。中间体胍中的亚氨基同环己基异氰酸酯缩合，继而在甲醇钠的作用下关环得到环嗪酮产品，如图 4-73 所示。

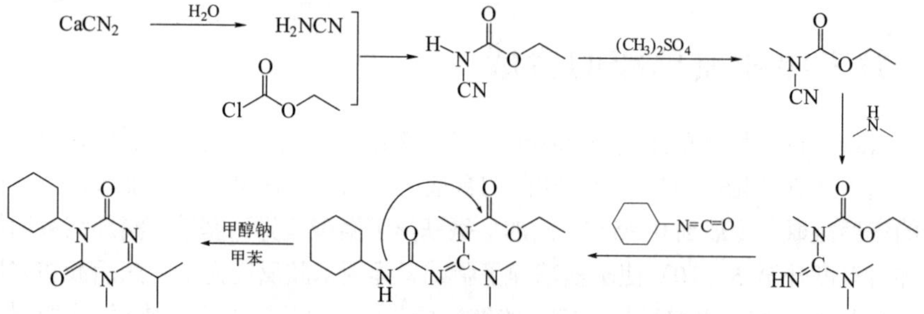

图 4-73　环嗪酮的合成路线

4.7.5　嗪草酮的合成

嗪草酮（metribuzin）的工业合成方法为原料二硫化碳和水合肼反应生成中间体硫代卡巴肼；频哪酮被氯化为 1,1-二氯频哪酮，然后碱性条件下水解为 3,3-二甲基-2-羟基丁酸，接着氧化得到 3,3-二甲基丁酮酸。中间体硫代卡巴肼和 3,3-二甲基丁酮酸反应生成 3-巯基三嗪酮中间体，接着对巯基进行甲基化得到产品，该路线每步的收率均较高（图 4-74）。

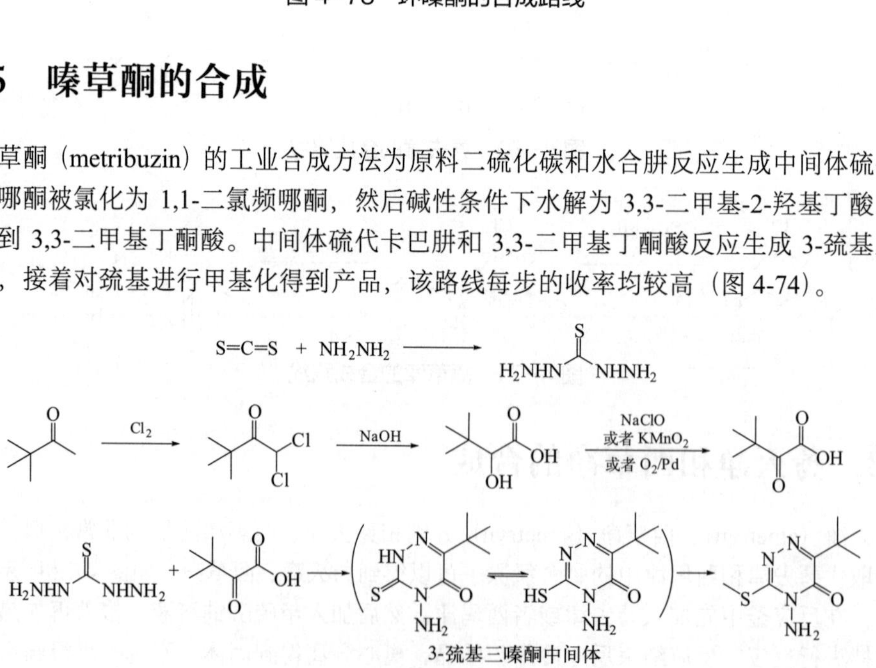

图 4-74　嗪草酮的合成路线

思考题：

（1）简述 1,1-二氯频哪酮水解生成 3,3-二甲基-2-羟基丁酸的机理。

（2）最后一步的甲基化反应可能会有哪些副反应？该如何避免？

4.7.6　苯嗪草酮的合成

苯嗪草酮（metamitron）的骨架结构和嗪草酮相似，但是三嗪环上的两个取代基有明显不同，其工业合成路线也与嗪草酮的不同。该产品合成大多以乙酸乙酯和苯甲酰氯为原料分别制得中间体乙酰肼和苯甲酰腈，苯甲酰腈水解酯化得到的 2-氧代苯基乙酸甲酯，然后同乙酰肼反应生成中间体乙酰亚肼基苯基乙酸甲酯，接着再与水合肼缩合并关环得到产品（图 4-75）。

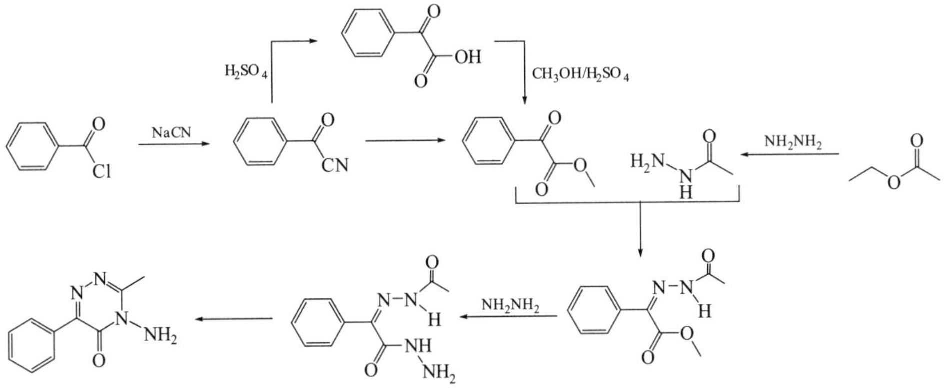

图 4-75　苯嗪草酮的合成路线

该路线中原料涉及无机剧毒化学品氰化钠，其因具有较强的亲核性，又是引入羧基的一个经济有效的原料而被使用。因此，工业生产中必须有严格的生产管理和安全保护措施，现场需要储备紧急情况下的急救药品等。

4.8　环己二酮类除草剂

4.8.1　磺草酮的合成

磺草酮结构中含有 1,3-环己二酮片段和对甲磺酰基苯甲酰基片段。根据图 4-76 显示的合成路线，3-氯-4-甲基苯甲砜或者 2-氯-4-甲磺酰基苯甲酸是合成磺草酮的关键中间体。该中间体的合成可以从甲苯出发，通过不同的反应路线得到。

工业上通过下列各中间体合成实现磺草酮的规模化生产。

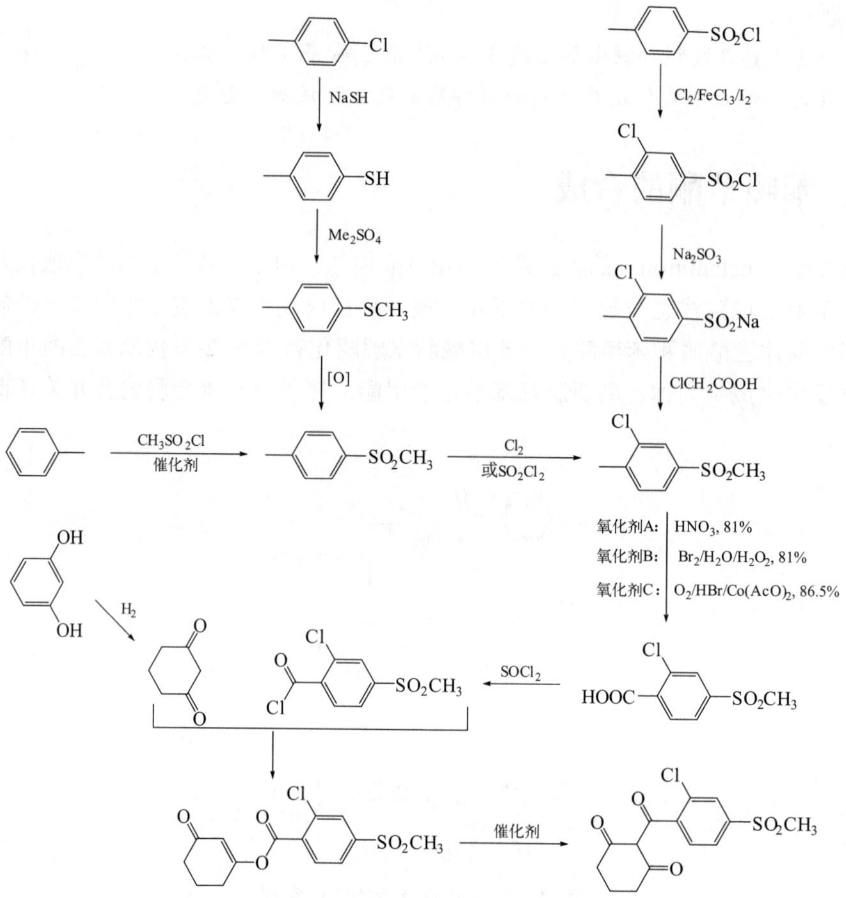

图 4-76 磺草酮的合成路线

4.8.1.1 3-氯-4-甲基苯甲砜

在三氯化铁和单质碘的催化下，在 70～80℃氯气对熔融的对甲苯磺酰氯氯化，生成定量的 3-氯-4-甲基苯磺酰氯。然后在 50～65℃，亚硫酸钠溶液对 3-氯-4-甲基苯磺酰氯还原，接着用 35%氢氧化钠将反应液的 pH 调到 8～10，得到 3-氯-4-甲基苯亚磺酸钠悬浮液。利用氢氧化钠控制溶液的 pH 在 9～12，该悬浮液同氯乙酸钠进行烷基化反应，生成 2-(3-氯-4-甲基苯磺酰基)乙酸钠溶液。将该反应液加热到回流（95～105℃）脱羧得到 3-氯-4-甲基苯甲砜，收率 90%，3-氯-4-甲基苯甲砜含量为 97%。

4.8.1.2 2-氯-4-甲磺酰基苯甲酸

中间体 2-氯-4-甲磺酰基苯甲酸需要通过氧化苯环甲基为羧基制备，氧化反应是比较复杂一类反应。

（1）氧化反应 精细有机化工生产中，氧化是一类重要的反应。通过氧化反应可以制取醇、醛、酸、酸酐、有机过氧化物、芳香族酚、醌和腈类化合物等。氧化剂可以选用空气或者纯氧。空气和纯氧虽然易得又经济，无腐蚀性，但氧化能力较弱，所以往往需要在高温或者加压下进行，有时还需要使用相应的催化剂，而且氧化反应的选择性也不够好。精细化工生产中，经常也选用其他化学氧化剂，如高锰酸钾、重铬酸钾、重铬酸钠、硝酸、双氧水等。

用空气作氧化剂，反应可以在液相中进行，也可以在气相中进行，但是一般情况下在液相中进行。

（2）液相空气氧化反应　有机物在室温下与空气接触，即使没有催化剂的存在，有机物也会慢慢发生氧化反应。通常情况下，经过较长的诱导期后氧化反应会加速。此类能够自动加速的氧化反应称为自动氧化反应。

液相空气（或者氧气）氧化，不消耗化学氧化剂，有时只需要少量催化剂，所以比化学氧化法经济。一般情况下，氧化反应温度在 $100\sim200{}^\circ C$，反应压力也不高，液相空气氧化优于气相空气氧化。同时，液相空气氧化的反应条件也容易控制，工业上常用此法生产有机过氧化物和有机酸，如果条件控制适宜，也可使氧化反应停留在氧化的中间阶段，生成中间氧化产物，如醇、醛和酮。气相空气催化氧化条件下，反应底物可能会生成多种产物，例如甲苯可生成相应的苯甲醛、苯甲酸；乙基苯可以生成苯乙酮、乙苯过氧化物等；异丙基苯可以生成异丙苯过氧化物等。

（3）液相氧化反应的历程　在催化剂、引发剂、光照或者辐射作用下，烃类和其他有机物的液相空气氧化按自由基连锁反应历程进行，氧化的过程比较复杂，通常认为包括链引发、链增长和链终止三个步骤。

① 链引发　链引发是自由基开始生成的过程，需要较大的活化能，才能使有机化合物 C—H 键断裂，而有机化合物中不同的 C—H 键的离解能大小次序为：

$$叔\ C—H < 仲\ C—H < 伯\ C—H$$

液相空气氧化的开始阶段，反应液对氧气的吸收不明显，称为诱导期，一般为数小时或者更长的时间。在此阶段，反应体系必须积累足够数量的自由基，才能引发连锁反应。诱导期后，氧化反应加速到最大速度。为了消除或者缩短氧化反应的诱导期，在大规模生产中常采用催化剂（容易分解为自由基的引发剂，如过氧化异丁烷、偶氮异丁腈等）以加速链引发过程。催化剂亦可是过渡金属钴、锰、钒等的盐类，其中以钴盐的催化效率优于其他两种金属盐，如水溶性的乙酸钴、油溶性的油酸钴或环烷酸钴，有的情况下催化剂的用量只需氧化底物的百分之几到万分之几。一般认为催化剂能缩短或消除诱导期，其原因是这类金属盐能够使有机物生成自由基，加速链引发过程：

$$RH + Co^{3+} \longrightarrow R\cdot + H^+ + Co^{2+}$$

此外金属盐还能促进氢过氧化物分解，加速分支氧化反应的进行。

$$ROOH + Co^{2+} \longrightarrow RO\cdot + HO^- + Co^{3+}$$

$$ROOH + Co^{3+} \longrightarrow ROO\cdot + H^+ + Co^{2+}$$

可见，过渡金属钴离子的两个氧化态在反应过程中能够循环促进自由基的形成，均具有催化作用，因此用量较少。

对于诱导期特别长的氧化反应，除了需要加入过渡金属盐类催化剂外，往往需要加入少量促进剂。促进剂为一些有机含氧化合物，如三聚乙醛、乙醛或者甲乙酮等，或者溴化物（包括有机和无机溴化物，如溴化铵、溴乙烷、四溴化碳等）。例如，对二甲苯液相氧化时，为了使两个甲基皆能氧化成羧基，生成相应的对苯二甲酸，必须同时使用催化剂（乙酸钴）和促进剂（三聚乙醛），催化剂和促进剂的作用如图 4-77 所示。

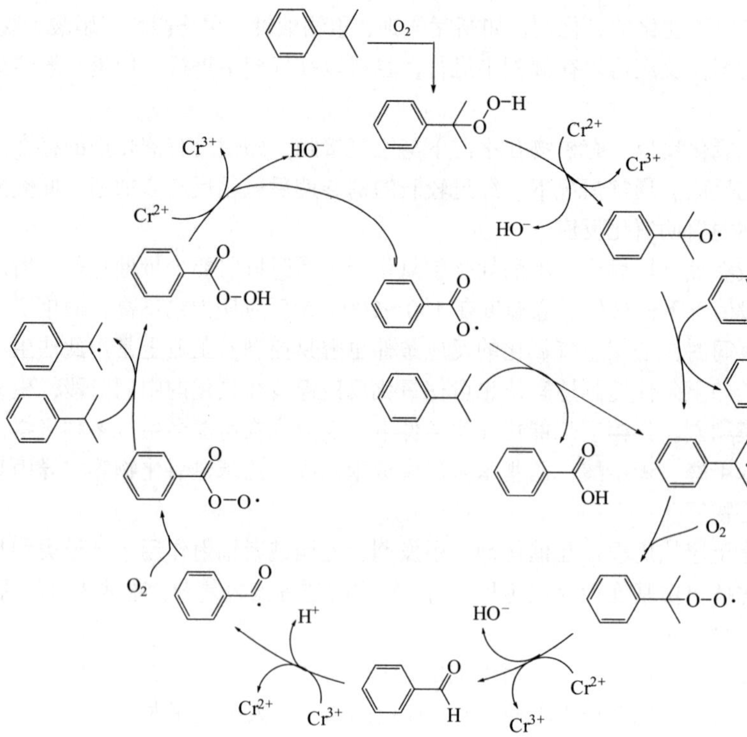

图 4-77　金属催化芳环侧链氧化的反应机理

② 链增长　链增长是生成氧化产物的重要步骤，烷基自由基 R·与氧气生成烷基过氧自由基，接着和烷烃作用，得到氧化产物氢过氧化物，并又生成烷基自由基 R·（图 4-78）。

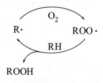

图 4-78　烷烃氧化为氢过氧化物的反应机理

此过程重复进行，使烷烃（RH）不断地氧化成氢过氧化物。对于芳烃侧链烷基的氧化，在生成自由基的同时，总要伴随 α-氢原子的继续脱落。叔丁基没有 α-氢原子，不易生成自由基，因此自动氧化比较困难。

在链增长过程中，生成的氢过氧化物会进一步分解而产生新的自由基，发生分支反应，生成不同的氧化产物，如图 4-79 所示。

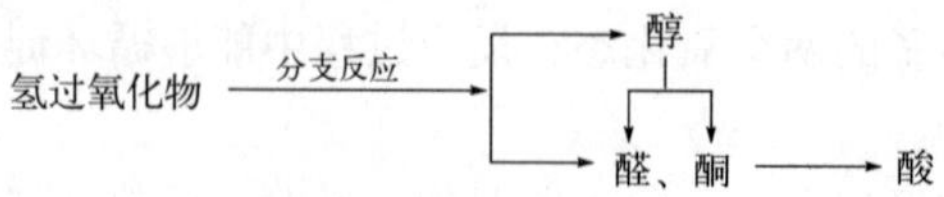

$$\text{氢过氧化物} \xrightarrow{\text{分支反应}} \begin{array}{c} \text{醇} \\ \\ \text{醛、酮} \longrightarrow \text{酸} \end{array}$$

图 4-79　氢过氧化物的分支反应得到醇、醛、酮和酸

分支反应取决于氢过氧化物在氧化条件下的稳定性。如果氢过氧化物中仍含有 α-氢原子，则在氧化条件下是不稳定的，会进一步转变为醇、醛、酮或酸类氧化产物；如果氢过氧化物不再含有 α-氢原子，则比较稳定，可能成为氧化的最终产物。例如由甲苯生成的氢过氧化物

含有两个α-氢原子，将会在氧化过程中分解并进一步转变为苯甲醇、苯甲醛和苯甲酸。

③ 链终止　链终止是自由基销毁的过程。自由基销毁越多，反应链就会终止得越快，氧化反应也就越慢。造成链终止的因素主要是抑制剂、氧化深度和器壁效应等。

(4) 气相空气氧化反应　在高温（300～500℃）下，有机化合物蒸汽与空气的混合物通过固体催化剂，反应底物发生适度氧化，生成所需氧化产品的反应，称为气相催化氧化。

气相催化氧化与其他氧化方法相比，具有如下优点：

① 反应体系只有反应底物、空气，以及适宜的固体催化剂，不消耗化学氧化剂，也不用各种溶剂，反应介质也无腐蚀性。因此比较经济，特别适宜于部分产品的大规模工业化生产（表4-4），但是此法要求氧化产品具有足够的化学稳定性，才能保证较高的反应选择性。

表4-4　氧化反应类型及典型氧化产物

氧化反应类型	典型氧化产物
烯烃环氧化	环氧乙烷
烯烃氧化	丁二烯，丙烯醛，丙烯酸，顺丁烯二酸酐
烃类氨氧化	丙烯腈，甲基丙烯腈，苯甲腈，间苯二甲腈，2-吡啶甲腈
芳烃氧化	顺丁烯二酸酐，邻苯二甲酸酐，蒽醌，萘醌
醇氧化	甲醛，乙醛，丙酮

② 气相催化氧化过程是典型的非均相气固催化反应，反应过程包含扩散、吸附、表面反应、脱附和扩散五个步骤。气相催化氧化反应在高温下进行，而且反应本身又强烈放热，为了抑制平行和连串副反应，提高氧化反应的选择性，必须严格控制氧化反应的工艺条件。

③ 反应所用固体催化剂的活性组分通常有两类：一类是贵金属，如银、铂、钯等；另一类是金属氧化物，大多是过渡金属的氧化物，应用最多的是 V-O、V-P-O、Mo-Bi-P-O 等。除少数氧化反应可使用银网、铂网作为催化剂外，多数催化剂的活性组分是附着在耐热的载体上。常用的载体有浮石、硅胶、刚玉、沸石、磁球、碳化硅等。

④ 气相催化反应通常是在列管式固定床或者流化床中进行的，反应器的结构比较复杂。为了维持反应的适宜温度，反应器内必须有足够的传热装置，及时移走氧化反应释放出的巨大热量。

(5) 化学氧化反应　化学氧化是指利用空气和氧气以外的氧化剂，使有机物发生氧化反应。在精细有机化工生产中，为了提高氧化反应的选择性，常采用化学氧化法。化学氧化剂可以分为如下几类：

① 高价金属元素的化合物：高锰酸钾、重铬酸钾、三氧化铬、二氧化锰、二氧化铅、三氯化铁及氯化铜等。

② 高价非金属元素的化合物：硝酸、氯酸钠、次氯酸钠、硫酸、三氧化硫及氯气等。

③ 富氧化合物：过氧化氢、臭氧、硝基物、有机过氧酸及有机过氧化氢等。

化学氧化法的主要优点是反应温度较空气氧化的低、容易控制、操作简单且方法成熟，所以只要选择适宜的氧化剂就可以顺利反应。由于化学氧化法的选择性高，不仅能用来制备羧酸及醌类化合物，还可以用来制醇、醛、酮和羟基化合物。尤其是对于产量小和价值高的精细化工产品，应用化学氧化法较多。此种方法的缺点是要消耗化学氧化剂，即使化学氧化剂的还原物可以回收，但也需要对反应产生的废水进行处理，有的还比较困难。

(6) 锰化合物作为氧化剂

① 高锰酸钾作为氧化剂　高锰酸钠有潮解性，而钾盐具有稳定的结晶状态，故常用钾盐

做氧化剂。高锰酸钾是一类强氧化剂，其在碱性、中性或者酸性介质中均具有氧化作用，所以应用范围较广，但由于反应介质的 pH 不同，其氧化性能也不同。

在中性或者碱性介质中，高锰酸钾中的 Mn^{7+} 被还原为 Mn^{4+}（图 4-80）；在酸性介质中，Mn^{7+} 被还原为 M^{2+}（图 4-81）：

$$MnO_4^- + 2H_2O + 3e \Longleftrightarrow MnO_2 + 4OH^- \qquad E = 0.558 \text{ V}$$

图 4-80　高锰酸钾在中性和碱性介质中的氧化反应式

$$MnO_4^- + 8H^+ + 5e \Longleftrightarrow Mn^{2+} + 4H_2O \qquad E = 1.51 \text{ V}$$

图 4-81　高锰酸钾在酸性介质中的氧化反应式

E 是标准还原电位，由图 4-80 和 4-81 可知，高锰酸钾在酸性介质中的氧化能力强于在碱性或者中性介质中的，而且高锰酸钾只有在强酸（如浓度大于 25% 的硫酸）中才可以进行酸性氧化，因此高锰酸钾经常在碱性或者中性介质中氧化反应底物。

② 二氧化锰作为氧化剂　二氧化锰作为氧化剂有两种，即二氧化锰与硫酸的混合物和活性二氧化锰。一般情况下，活性二氧化锰需要新鲜制备，而且使用量较多，反应时间又长，因此，经常使用的是二氧化锰与硫酸的混合物，其氧化反应式为：

$$2MnO_2 + 2H_2SO_4 \longrightarrow 2MnSO_4 + 2H_2O + O_2$$

二氧化锰和硫酸混合物的氧化性能温和，可使氧化反应停留在中间阶段，因此可以用来制备醛、酮或者羟基化合物。在浓硫酸中氧化时，二氧化锰用量可接近理论值；而在稀硫酸中氧化时，则用量较多。

(7) 铬化合物作为氧化剂　含铬的常用氧化剂为重铬酸盐和铬酐。不同种类的铬化合物，以及相同的铬化合物在不同反应条件下，氧化能力会有显著差别。通常情况下，重铬酸钠在各种浓度的硫酸中均具有强氧化能力，其反应式如下：

$$2Na_2CrO_7 + 8H_2SO_4 \longrightarrow 2Cr_2(SO_4)_3 + 2Na_2SO_4 + 8H_2O + 3O_2$$

在碱性或中性条件下，重铬酸钠的氧化能力较弱，反应按照另一种方式进行：

$$2Na_2Cr_2O_7 + 2H_2O \longrightarrow 2Cr_2O_3 + 4NaOH + 3O_2$$

在高温高压下，重铬酸钠的水溶液对芳环的深度氧化较少，氧化甲基成羧酸的收率比在酸性溶液中高；重铬酸钾对于较长侧链烷基的氧化往往仅使链端甲基氧化成羧基，而高锰酸钾首先攻击 α-碳原子，直接将烷基侧氧化为羧基，如图 4-82 所示。

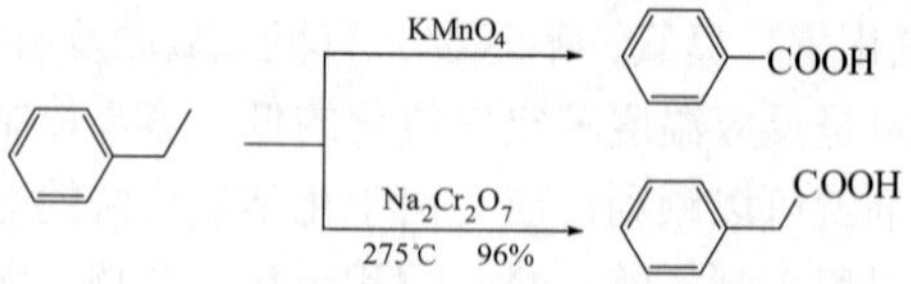

图 4-82　高锰酸钾和重铬酸钠氧化乙基苯的反应

(8) 硝酸作为氧化剂　硝酸也是一种常用的氧化剂。硝酸浓度不同，氧化性能和被还原的产物也不相同，稀硝酸氧化后被还原为一氧化氮，浓硝酸则被还原为二氧化氮。

$$NO_3^- + 4H^+ + 3e \rightleftharpoons NO + 2H_2O \qquad E = 0.96\ V$$

图 4-83　稀硝酸的氧化反应式

$$NO_3^- + 2H^+ + e \rightleftharpoons NO_2 + H_2O \qquad E = 0.80\ V$$

图 4-84　浓硝酸的氧化反应式

由图 4-83 和 4-84 中的标准电位可知，稀硝酸的氧化性能较浓硝酸强，硝酸常用来氧化芳环或杂环的侧链生成羧酸，氧化醇类成相应的酮或者酸，氧化次甲基成酮，氧化氢醌成醌，氧化亚硝基化合物成硝基化合物。硝酸作为氧化剂的优点是它在反应后成为氧化氮气体，反应液中无残渣，氧化产品的分离提纯较为容易。其缺点是对介质的腐蚀性强，氧化反应较剧烈，反应的选择性不够高。而且除氧化反应外，还容易引起硝化和酯化等副反应。

工业上以五氧化二钒作催化剂，硝酸氧化环己醇生成己二酸，其是合成纤维素的单体。

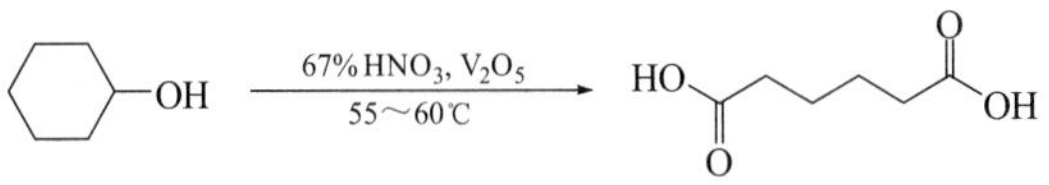

有些醇类含敏感的基团（如卤素），不能耐受碱性高锰酸钾氧化，而需要选用硝酸氧化，如图 4-85 所示。

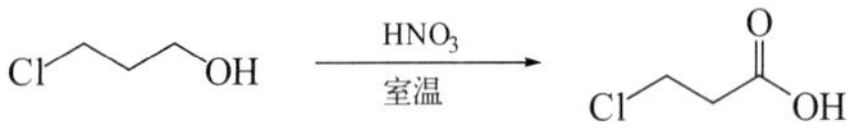

图 4-85　醇的硝酸氧化反应

对苯二甲醛是分散剂染料的中间体，也可用硝酸氧化 1,4-二(氯甲基)苯制取：

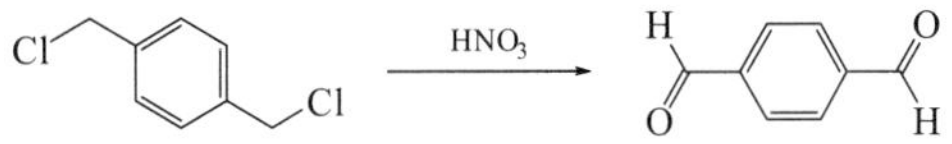

(9) 硝酸氧化法制备 2-氯-4-甲磺酰基苯甲酸　在反应釜中加入 3-氯-4-甲基苯甲砜，催化剂五氧化二钒。将反应混合物加热到熔融后，搅拌下缓慢滴加浓硝酸，控制反应温度在 135～140℃。反应结束后，降温，利用 20%的碳酸钠中和反应溶液至 pH 9～10，过滤。浓盐酸酸化滤液到 pH 1～2，固液分离，固体水洗后干燥得到 2-氯-4-甲磺酰基苯甲酸，收率 80%，纯度 98%。

（10）空气氧化法制备 2-氯-4-甲磺酰基苯甲酸　在压力反应釜中加入 3-氯-4-甲基苯甲砜、乙酸钴、乙酸钙、62%氢溴酸溶液和冰乙酸后，利用氮气将反应釜维持在 16 个大气压（或者 16kg/cm²）下，将反应釜逐渐加热到 150℃。然后将 16 个大气压的空气通入反应液，氧化反应立即开始放热，通过冷却将反应温度控制在 155～160℃之间，并不断补充氧气将反应釜的压力维持在 16 个大气压，保持放空尾气中氧气的含量在 5%～6%（体积分数）左右。反应终了后，将物料冷至 20℃，经处理得到 2-氯-4-甲磺酰基苯甲酸，收率 86%。

4.8.1.3　2-氯-4-甲磺酰基苯甲酰氯的合成

将 2-氯-4-甲磺酰基苯甲酸和微量 *N,N*-二甲基甲酰胺加入氯化亚砜中，加热回流反应数小时后，脱去过量的氯化亚砜等得到 2-氯-4-甲磺酰基苯甲酰氯。

4.8.1.4　制备磺草酮

在反应釜中，加入计量的溶剂乙腈、1,3-环己二酮、缚酸剂碳酸钾后，搅拌下滴入 2-氯-4-甲磺酰基苯甲酰氯的乙腈溶液，滴加结束后继续搅拌反应 1h。然后加入催化量的丙酮氰醇，20℃搅拌反应至中间产物酯消失。脱除溶剂后，残余物在水中酸化至 pH 1~2 后，析出黄色固体，过滤、干燥该黄色固体等到磺草酮产品。

4.8.2　甲基磺草酮的合成

甲基磺草酮，也称之为硝磺草酮，其结构同磺草酮非常相似，不同之处在于甲基磺草酮的硝基在磺草酮对应位置是氯原子。硝基和氯原子均属于吸电子基团，因而两个化合物的合成路线也相似。

工业化合成路线为原料对甲基苯磺酰氯经过亚硫酸钠还原和氯乙酸烷基化反应后生成 4-甲磺酰基甲苯，然后通过硝化反应得到 4-甲磺酰基-2-硝基甲苯。经过硝酸氧化 4-甲磺酰基-2-硝基甲苯转变为中间体 2-硝基-4-甲磺酰基苯甲酸，接着 2-硝基-4-甲磺酰基苯甲酸先后同二氯亚砜反应和 1,3-环己二酮反应生成相应的酯。该酯在丙酮氰醇的催化下转位生成产品甲基磺草酮（图 4-86）。

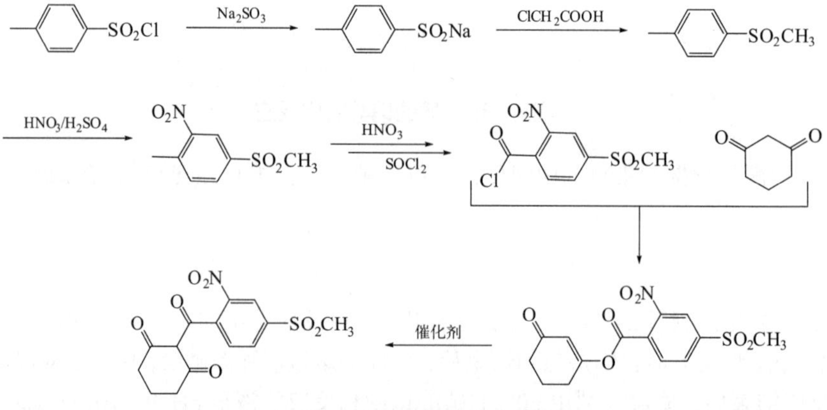

图 4-86　甲基磺草酮的合成路线

4.8.3　烯草酮的合成

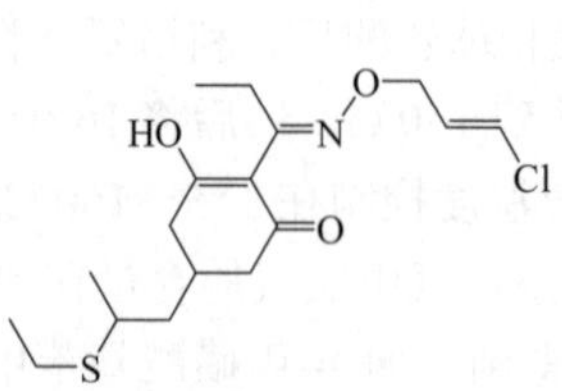

烯草酮也属于环己二酮类除草剂。由于其环己二酮的环上含有 2-乙硫基丙基取代基，需要利用丙二酸酯和相应的 α,β-不饱和甲基酮构建取代的环己二酮中间体。取代的环己二酮中间体同丙酰氯反应生成相应的酯，该酯在催化剂作用下转位产生三酮中间体，接着三酮中间体和反式 O-(3-氯烯丙基)羟胺反应得到烯草酮。各个中间体及产品合成如下所述：

4.8.3.1 (E)-O-(3-氯烯丙基)羟胺

(E)-O-(3-氯烯丙基)羟胺的具体合成方法：在反应容器中加入乙酸乙酯、水、盐酸羟胺，控制反应温度在20℃，搅拌下滴加20%的氢氧化钠溶液，滴加结束后在相同温度下继续搅拌至反应完毕。接着静置、分层，有机相少量水萃取后，合并水相至另一反应容器。搅拌下，在合并的水相中加入催化量的碘化钾、四丁基溴化铵和1,3-二氯丙烯后，升温至60℃，继续搅拌至中间体 N-羟基乙酰胺完全转换为(E)-N-(3-氯烯丙氧基)乙酰胺。然后在氢氧化钠溶液中水解得到(E)-O-(3-氯烯丙基)羟胺。

4.8.3.2 3-乙硫基丁醛的合成

在反应容器中加入计量的巴豆醛和三乙胺后，冷却和搅拌下，缓慢滴加乙硫醇，控制反应温度不超过20℃。反应结束后，真空蒸馏得到3-乙硫基丁醛。

4.8.3.3 6-乙硫基-3-烯-2-庚酮

在反应容器中加入计量的乙酰乙酸甲酯和水，控制反应液温度不超过35℃，搅拌下滴加50%氢氧化钠水溶液，滴加结束后持续搅拌至使乙酰乙酸甲酯完全转化为其钠盐。然后利用30%盐酸将溶液的 pH 调节到8.5，加入计量的甲醇、三乙胺后，滴加3-乙硫基丁醛。滴加结束后，持续在40℃搅拌反应至3-乙硫基丁醛消失，接着采用蒸馏法将低沸点的甲醇等蒸出，反应液在30%盐酸中脱羧、脱水得到中间体6-乙硫基-3-烯-2-庚酮。

4.8.3.4 5-(2-乙硫基丙基)-1,3-环己二酮

在反应容器中加入计量的28%甲醇钠溶液、无水甲醇、丙二酸二甲酯后，搅拌下滴加6-乙硫基-3-烯-2-庚酮。滴加结束后，搅拌回流至反应完全，蒸馏回收甲醇。在蒸馏后的反应液中加入稀氢氧化钠溶液，加热搅拌至皂化反应结束。然后用乙酸乙酯萃取掉水相中的有机杂质后，水相中加入盐酸溶液，在70℃搅拌下，反应中间体脱羧生成 5-(2-乙硫基丙基)-3-羟基环己-2-烯酮或者 5-(2-乙硫基丙基)-1,3-环己二酮。

4.8.3.5　5-(2-乙硫基丙基)-3-羟基-2-丙酰基环己-2-烯-1-酮

在反应容器中加入计量的 5-(2-乙硫基丙基)-1,3-环己二酮和溶剂,搅拌溶解后加入计量的三乙胺。然后缓慢滴加计量的丙酰氯,滴加结束后搅拌至反应完全,接着进行后处理得到酯化中间体。将酯化中间体加入转位反应容器中,加入催化剂 4-二甲基氨基吡啶(DMAP),加热到 150℃反应至转位完全得到 5-(2-乙硫基丙基)-3-羟基-2-丙酰基环己-2-烯-1-酮(三酮中间体)溶液。

酯化中间体　　　　　　　　　　三酮中间体

4.8.3.6　烯草酮

在反应容器中,加入上步制得的三酮中间体 5-(2-乙硫基丙基)-3-羟基-2-丙酰基环己-2-烯-1-酮冰乙酸溶液。将反应液升到一定温度后,搅拌下滴加(E)-O-(3-氯烯丙基)羟胺。滴加结束后,搅拌至反应完全,然后进行酸碱处理,去掉反应液中的杂质后得到产物烯草酮。

三酮中间体　　　(E)-O-(3-氯烯丙基)羟胺　　　　　　烯草酮

思考题:

(1)为什么不采用羟胺和 1,3-二氯丙烯直接反应合成(E)-O-(3-氯烯丙基)羟胺?

(2)乙硫醇有恶臭味,如何控制该原料的泄漏或者在环境中的释放?

(3)合成 6-乙硫基-3-烯-2-庚酮的反应中为什么要加入三乙胺?

(4)合成 5-(2-乙硫基丙基)-1,3-环己二酮的路线中进行了哪些反应?

(5)DMAP 在酯的转位过程中如何起催化作用?

(6)烯草酮的稳定性较差,基于其结构分析为什么其稳定性较差?会发生哪些可能的反应?

4.9　三唑并嘧啶类除草剂

三唑并嘧啶类除草剂是原陶氏化学的子公司陶氏益农利用生物等排理论,不断改造苯甲酰脲类杀虫剂结构发现的新型除草活性化合物,商品化的有氯酯磺草胺(cloransulam-methyl)、双氯磺草胺（diclosulam）、双氟磺草胺（florasulam）、唑嘧磺草胺（flumetsulam）、磺草唑胺（metosulam）和五氟磺草胺（penoxsulam）等6个。

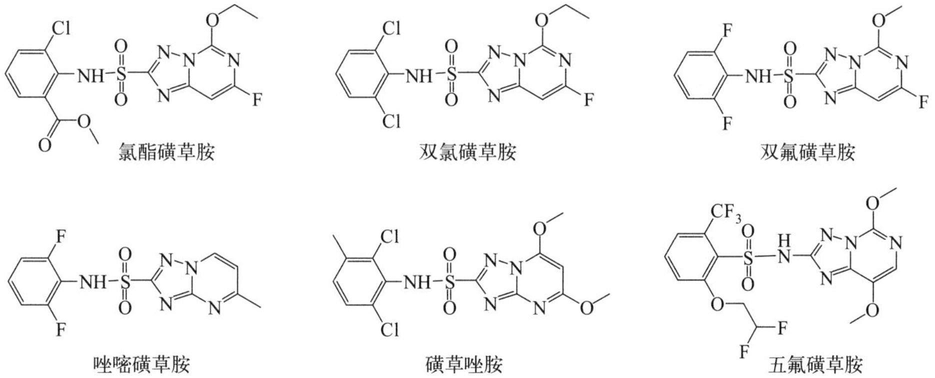

对6个产品的结构进行比较，可以发现它们均含有取代苯基、磺酰胺和三唑并嘧啶三个片段，其中氯酯磺草胺、双氯磺草胺和双氟磺草胺具有相同的骨架结构，唑嘧磺草胺和磺草唑胺具有相同的骨架结构。与前面两类结构相比，五氟磺草胺中磺酰胺片段发生了翻转。基于它们的骨架结构特征，这六个产品均可以通过先合成取代苯胺和三唑并嘧啶基磺酰氯，或者先合成取代苯基磺酰氯和氨基三唑并嘧啶，然后将两个中间体缩合得到产品。

4.9.1 氯酯磺草胺、双氟磺草胺和双氯磺草胺的合成

氯酯磺草胺和双氯磺草胺、双氟磺草胺的结构非常相似，均为 N-取代芳基芳香杂环基磺酰胺。由于中间体取代芳香胺的邻位均含有吸电子钝化苯环上氨基的基团，以及空间位阻的影响，因此取代芳香胺和芳香杂环基磺酰氯的直接反应较慢，反应收率不高。为了改善反应收率，在反应体系中加入 N-烃基硫亚胺，N-烃基硫亚胺类似硫叶立德的结构，具有催化作用，可能的催化机理如图4-87所示。

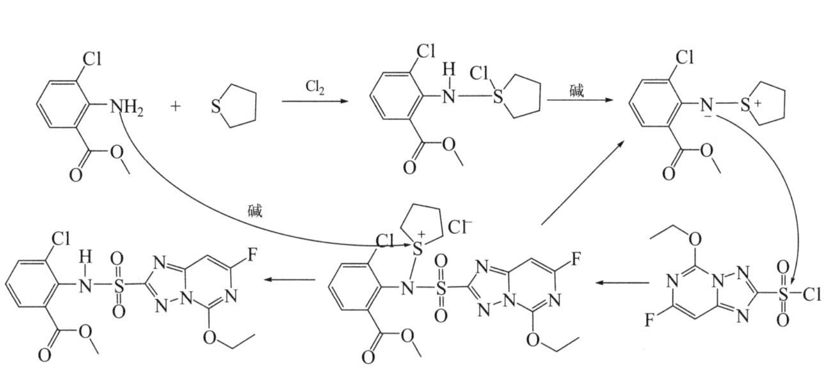

图4-87 氯酯磺草胺合成路线以及可能的反应机理

各个中间体及产品合成如下：

4.9.1.1　2-乙氧基-4,6-二羟基嘧啶

氯酯磺草胺、双氯磺草胺和双氟磺草胺含有结构相似的三唑并嘧啶磺酰基片段，该片段可以尿素为起始原料得到相应的中间体三唑并嘧啶磺酰氯，然后与不同的取代苯胺反应得到。可以采用如图 4-88 所示的路线合成三唑并嘧啶磺酰氯:

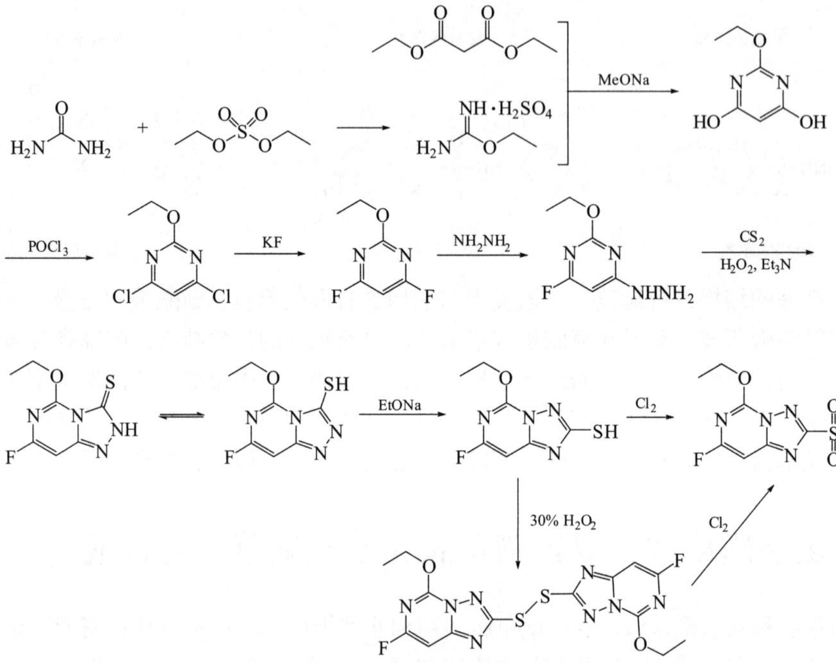

图 4-88　三唑并嘧啶磺酰氯的合成路线

2-乙氧基-4,6-二羟基嘧啶的示例合成: 将计量的尿素与硫酸二乙酯加入反应器中，加热到 80℃搅拌反应至尿素的含量小于 0.5%后，减压蒸馏去掉过量的硫酸二乙酯，残余物经甲苯洗涤提纯后得到 O-乙基异脲硫酸氢盐，收率 90%以上。

在反应器中加入计量的 O-乙基异脲硫酸氢盐和溶剂无水甲醇，将反应体系冷却到−5℃，搅拌下滴加计量的 27%的甲醇钠溶液，滴加完毕后室温反应 0.5h。接着将反应体系冷却到−5℃，缓慢滴加丙二酸二乙酯，滴加结束后在室温下继续搅拌至反应结束。减压蒸馏回收反应体系中的甲醇，然后将残余液溶解在水中，冷却到 5℃以下，滴加 30%的盐酸至 pH 为 2。将产生的固体过滤、水洗、干燥得 2-乙氧基-4,6-二羟基嘧啶，收率 85%以上。

4.9.1.2　2-乙氧基-4,6-二氯嘧啶

将溶剂 1,2-二氯乙烷和 2-乙氧基-4,6-二羟基嘧啶加入反应器中，搅拌溶解后，缓慢滴加三氯氧磷。滴加结束后，控制反应温度低于 50℃，继续滴加计量的三乙胺。滴毕，升温反应体系至 85℃，继续搅拌至反应结束。反应液加入适量冰水中，有机相经过盐水水洗、干燥后，脱溶得到 2-乙氧基-4,6-二氯嘧啶。

4.9.1.3　2-乙氧基-4,6-二氟嘧啶

反应容器中加入环丁砜、无水氟化钾后，搅拌下加热至 200℃并维持 1h，然后冷却至 80℃，

加入 2-乙氧基-4,6-二氯嘧啶，接着升温至 160℃，搅拌至反应结束（2-乙氧基-4,6-二氯嘧啶小于 0.5%）。减压蒸馏出产品，然后再通过分馏纯化得到 2-乙氧基-4,6-二氟嘧啶。

4.9.1.4　2-乙氧基-4-氟-6-肼基嘧啶

将 2-乙氧基-4,6-二氟嘧啶、乙腈、水加入反应容器中并冷却到 10℃，温度控制在 5～10℃，先后慢慢加入计量的三乙胺和水合肼。加料完成后，再搅拌 15min，让反应体系恢复到室温。在室温搅拌一定时间后，抽滤得到的固体，水和乙醇淋洗、干燥后得到产品，熔点 141～143℃，产率 80%左右。

4.9.1.5　5-乙氧基-7-氟-1,2,4-三唑[4,3-*c*]嘧啶-3(2*H*)-硫酮

在反应容器中加入计量的 2-乙氧基-4-氟-6-肼基嘧啶，溶剂乙腈和水后，在室温下加入计量的二硫化碳。二硫化碳加入 10min 后，溶液由非均相变为均相。接着在 25℃加入一定量的双氧水和水，继续搅拌 10min 后，加入计量的三乙胺。将溶液中的固体硫通过过滤除去，盐酸中和滤液，然后再过滤得到目标化合物 5-乙氧基-7-氟-1,2,4-三唑[4,3-*c*]嘧啶-3(2*H*)-硫酮。

4.9.1.6　5-乙氧基-7-氟-1,2,4-三唑[1,5-*c*]嘧啶-2(3*H*)-硫酮

将 5-乙氧基-7-氟-1,2,4-三唑[4,3-*c*]嘧啶-3(2*H*)-硫酮溶解在无水乙醇中，降温到 0℃后加入乙醇钠的乙醇溶液。反应会放出一定量的热，同时反应混合物由悬浮液变为玫红色的溶液。将反应液在 10℃继续反应 2.25h 后，稀盐酸中和反应液，过滤得到产物 5-乙氧基-7-氟-1,2,4-三唑[1,5-*c*]嘧啶-2(3*H*)-硫酮。

4.9.1.7　2-氯磺酰基-5-乙氧基-7-氟-1,2,4-三唑[1,5-*c*]嘧啶-2(3*H*)-硫酮

（1）方法 A　在安装有冷凝管、氯气通入管和碱吸收的尾气管的反应器中，加入 5-乙氧基-7-氟-1,2,4-三唑[1,5-*c*]嘧啶-2(3*H*)-硫酮（17.3mmol），溶剂二氯甲烷（45mL）和水（15mL）后，将反应体系冷却到 0℃，直到通入计算量氯气（99mmol）后，溶液中固体消失。水相和有机相分离后，无水硫酸镁干燥有机相，脱溶得到产品 3.6g，纯度 88%，收率 75%。

（2）方法 B　在氮气保护的反应容器中，室温下加入 5-乙氧基-7-氟-1,2,4-三唑[1,5-*c*]嘧啶-2(3*H*)-硫酮（13.5mmol）、乙腈（30mL），然后搅拌下加入 30%过氧化氢（7.8mmol），反应温度由 21℃升到 35℃。接着搅拌反应 1h 后，加入 15mL 水并冷却到−5℃。抽滤得到的固体用乙腈和水（1:1，7mL）淋洗两次，干燥得到产品 2.7g 二硫双（5-乙氧基-7-氟-1,2,4-三唑[1,5-*c*]嘧啶），收率 93%，熔点 215～216℃。

将反应容器中二硫双（5-乙氧基-7-氟-1,2,4-三唑[1,5-*c*]嘧啶）（0.11mol）、二氯甲烷（483g）和水（12g）的混合物冷却到 5℃。控制温度低于 15℃，在 2.5h 内将氯气（0.6mol）通入反应体系。通入氯气的同时，滴入水（37.1g）。反应刚开始，有不溶固体，随着反应进行，固体全部溶解。反应结束后，再加入水（200mL），分层得到金色有机相。400mL 水洗有机相三次、无水硫酸镁干燥、脱溶得到 59.5g 蜡状金黄色固体，再经过二氯甲烷和己烷处理得到白色固体产品。

4.9.1.8 制备氯酯磺草胺

示例性合成反应：在圆底烧瓶中加入四氢噻吩（96mmol）和二氯甲烷（20mL）并冷却到-10℃，通入氯气（85mmol），并搅拌2min后，加入2-氯-6-甲氧羰基苯胺（97mmol）。然后加入吡啶（124mmol），并将反应混合物在-10℃反应10min。接着加入冷却到0℃的2-氯磺酰基-5-乙氧基-7-氟-1,2,4-三唑[1,5-c]嘧啶-2(3H)-硫酮（75mmol）和二氯甲烷（90mL）溶液，再在低温下搅拌5～6h至反应完全，然后蒸出二氯甲烷（50mL），加入异丙醇（50mL），再蒸出剩余的二氯甲烷，冷却残余物到5℃，过滤，固体用甲醇（100mL）淋洗两次，干燥后得到目标化合物氯酯磺草胺（29.8g），收率85%。

参照氯酯磺草胺的方法可以合成双氟磺草胺和双氯磺草胺。

4.9.2 磺草唑胺的合成

磺草唑胺和唑嘧磺草胺中的三唑并嘧啶环的骨架相同，但是取代基存在差别，合成路线也有一定的差别。

磺草唑胺的合成以3-巯基-5-氨基-1,2,4-三唑为原料，有两条路线，如图4-89所示。路线一：先将三唑磺酰氯和取代苯胺反应，然后同丙二酸二乙酯关环、氯化、醚化得到产品。路线二：先将巯基用苄基保护，然后关环、氯化、醚化、氯气磺酰化后，再同取代苯胺反应得到产品。

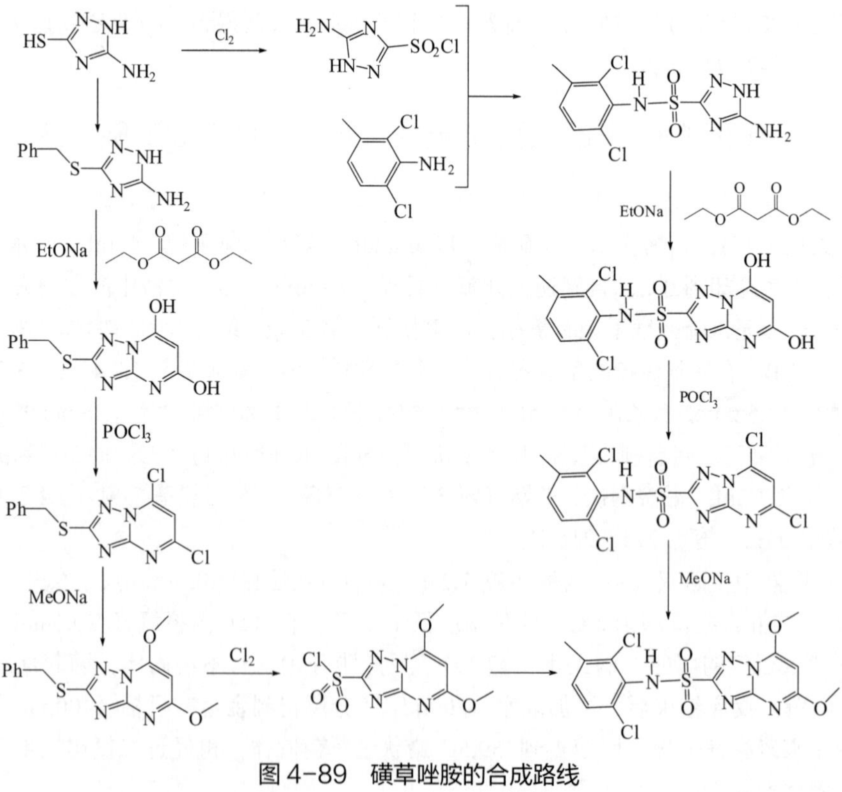

图4-89 磺草唑胺的合成路线

主要中间体及产品合成如下：

4.9.2.1　2-苄硫基-5,7-二羟基-1,2,4-三唑并[1,5-*a*]嘧啶

在反应容器中加入 20%乙醇钠溶液（0.58mol）、无水乙醇（100mL）、丙二酸二乙酯（0.29mol）和 3-氨基-5-苄硫基-1,2,4-三唑（0.2mol），搅拌下将混合加热回流至反应结束。然后冷却至室温，过滤，滤饼用冷乙醇淋洗。将淋洗后的固体溶解于水（1000mL）中，浓盐酸酸化，收集析出的固体，干燥得到产品，收率 82%。

4.9.2.2　2-苄硫基-5,7-二氯-1,2,4-三唑并[1,5-*a*]嘧啶

将 2-苄硫基-5,7-二羟基-1,2,4-三唑并[1,5-*a*]嘧啶（0.24mol）、三氯氧磷（0.72mol）和乙腈（600mL）的混合液加热回流 3h，冷至室温后搅拌过夜。过滤除去固体后，滤液减压浓缩，向残余物中加入一定量的二氯甲烷和水，分出有机相，干燥，浓缩得到 2-苄硫基-5,7-二氯-1,2,4-三唑并[1,5-*a*]嘧啶，收率 91%。

4.9.2.3　*N*-(2,6-二氯-3-甲基苯基)-5,7-二羟基-1,2,4-三唑[1,5-*a*]嘧啶磺酰胺

在氮气保护下，将金属钠（135mmol）加入到无水乙醇（250mL）中，然后依次加入 *N*-(2,6-二氯-3-甲基苯基)-5-氨基-1,2,4-三唑-3-磺酰胺（45mmol）和丙二酸二乙酯（90mmol）后，将反应混合物加热回流至反应结束。冷却，过滤，将得到的固体溶于水（75mL）中，浓盐酸酸化至 pH 2，过滤、干燥得到产物，收率 77%。

4.9.2.4　*N*-(2,6-二氯-3-甲基苯基)-5,7-二氯-1,2,4-三唑[1,5-*a*]嘧啶磺酰胺

将 *N*-(2,6-二氯-3-甲基苯基)-5,7-二羟基-1,2,4-三唑[1,5-*a*]嘧啶磺酰胺（75mmol）、三氯氧磷（250mL）和五氯化磷（5g）加入到反应容器中，搅拌下加热回流 2.5h，冷却、过滤，甲苯和水分别淋洗固体后，干燥得到产品。

4.9.2.5　制备磺草唑胺

将金属钠（20.4mmol）同甲醇（250mL）反应，将甲醇钠溶液冷却后，搅拌下加入 *N*-(2,6-二氯-3-甲基苯基)-5,7-二氯-1,2,4-三唑[1,5-*a*]嘧啶磺酰胺（5.0mmol），然后搅拌反应 1h，再加入乙酸（1mL）。所得反应液导入冰水中（150mL）中，然后过滤、干燥得到产品，产率 84.2%。

4.9.3　唑嘧磺草胺的合成

唑嘧磺草胺以 2,6-二氟苯胺和 3-巯基-5-氨基-1,2,4-三唑为起始原料，采用与磺草唑胺类似的化学反应合成产品，如图 4-90 所示，三条路线可以合成该产品。

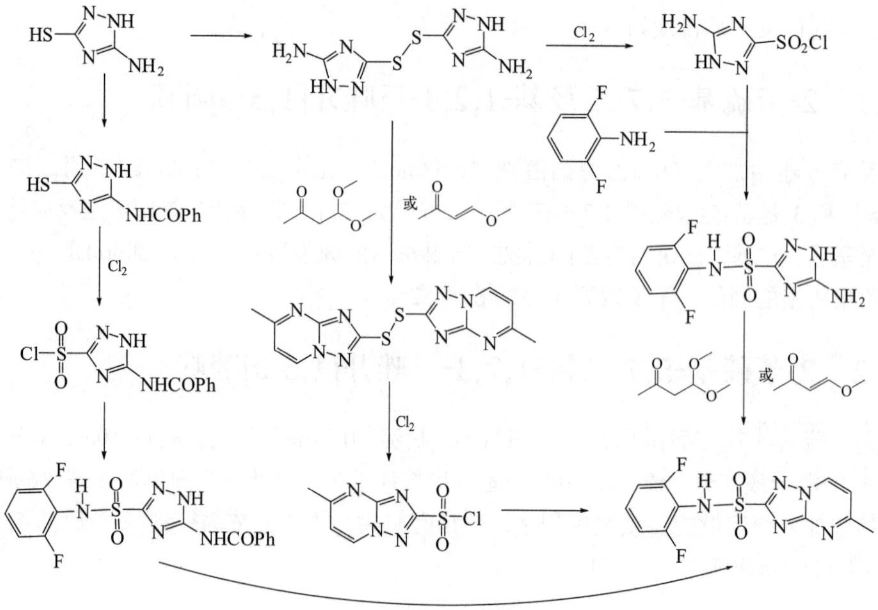

图 4-90　唑嘧磺草胺的合成路线

4.9.4　五氟磺草胺的合成

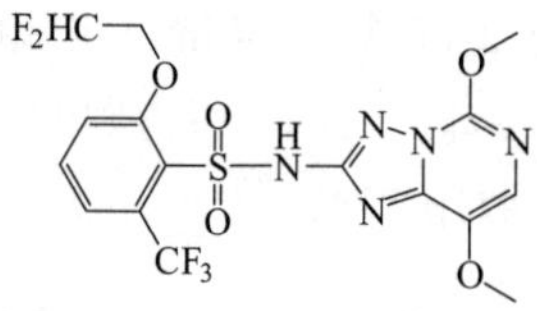

　　五氟磺草胺可以有效控制水稻田中稗草等的生长，但是随着长期的依赖性使用，稗草等对其产生了相应的抗性。基于其结构特征，合成中首先需要制备相应的 2-氨基三唑并嘧啶（5,8-二甲氧基-1,2,4-三唑并嘧啶[1,5-c]-2-胺）和含有五个氟原子的苯基磺酰氯 [2-(2,2-二氟乙氧基)-6-三氟甲基苯磺酰氯] 两个中间体。

4.9.4.1　5,8-二甲氧基-1,2,4-三唑并嘧啶[1,5-c]-2-胺

　　（1）合成方法 A　5,8-二甲氧基-1,2,4-三唑并嘧啶[1,5-c]-2-胺是合成五氟磺草胺的一个主要中间体，其结构与其他五个三唑并嘧啶类除草剂相比差异较大。可以 2-甲氧基乙酸甲酯、甲酸甲酯和 N-甲基异硫脲为原料，经过关环、氯化、重排等反应合成该中间体（图 4-91）。

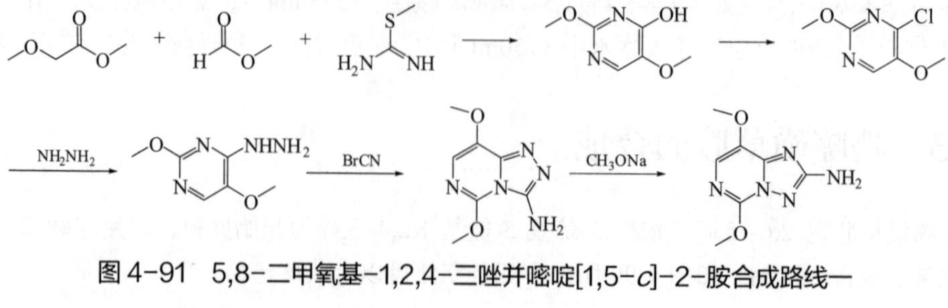

图 4-91　5,8-二甲氧基-1,2,4-三唑并嘧啶[1,5-c]-2-胺合成路线一

将 2-甲氧基乙酸甲酯同甲酸甲酯混合，控制温度在 15℃并在大约 90min 内加入甲醇钠，然后在 15℃搅拌反应液 22h。反应结束后，蒸出过量的甲醇，得到 3-羟基-2-甲氧基丙烯酸甲酯的钠盐。接着在 40℃大约 2h 后加入甲基异硫脲，之后加热反应液到 65℃，继续搅拌 8h。反应结束后，蒸出甲醇之后加入水，使用 37%的盐酸将反应液调节 pH 至 5，并在室温下搅拌 2h。将反应液固液分离，固体负压下干燥后得到中间产物 2,5-二甲氧基-4-羟基嘧啶。将该中间产物溶于甲苯中，加入三氯氧磷，加热反应混合物到 80℃，然后在 1h 内滴加三乙胺，接着反应液在 80℃搅拌 30min 后倒入冰水中，搅拌 12h，用氢氧化钠调节 pH 至 5。静置分层，甲苯多次萃取分出的水层，合并甲苯液、干燥后浓缩得到 4-氯-2,5-二甲氧基嘧啶。将 4-氯-2,5-二甲氧基嘧啶溶于甲醇中，接着加入水合肼，并将反应液加热至 50℃保温 2h。冷却反应液至室温，减压脱除溶剂，乙腈重结晶残余物得到 2,5-二甲氧基-4-肼基嘧啶。将 2,5-二甲氧基-4-肼基嘧啶加入异丙醇中，搅拌溶解后冷却至 3℃，滴加溴化氰的乙腈溶液，滴加时伴随放热。滴毕，加热反应混合物到 42℃，搅拌保温 3.5h，再冷却至室温，接着加入碳酸钠水溶液，继续搅拌 3.3h 后，固液分离，湿的固体经干燥后得到 3-氨基-5,8-二甲氧基-[1,2,4]三唑并[4,3-c]嘧啶。将 3-氨基-5,8-二甲氧基-[1,2,4]三唑并[4,3-c]嘧啶溶于甲醇中，然后在 0.5h 内滴入甲醇钠溶液，并继续在室温下搅拌 3h。反应混合物用水稀释后，继续搅拌 1.5h，过滤收集并真空干燥湿的固体得到中间体 5,8-二甲氧基-1,2,4-三唑并嘧啶[1,5-c]-2-胺。

(2) 合成方法 B　该方法以 2-甲氧基乙酸甲酯、甲酸甲酯和尿素为原料，通过路线 A 中基本类似的反应直接得到产物 5,8-二甲氧基-1,2,4-三唑并嘧啶[1,5-c]-2-胺，但不需要经过重排反应，如图 4-92 所示。

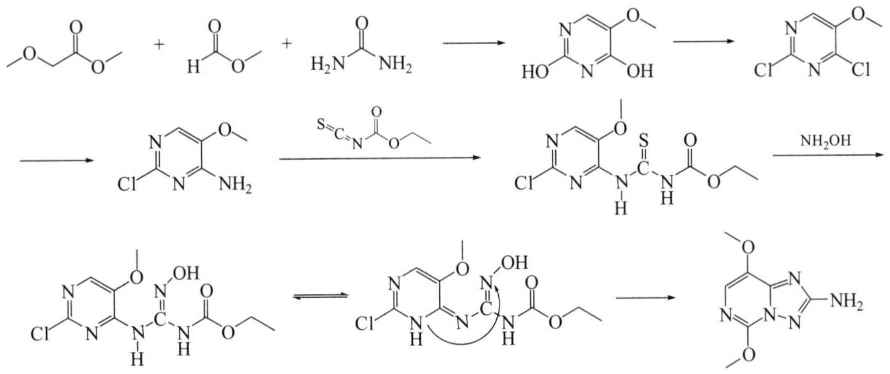

图 4-92　5,8-二甲氧基-1,2,4-三唑并嘧啶[1,5-c]-2-胺合成路线二

4.9.4.2　2-(2,2-二氟乙氧基)-6-三氟甲基苯磺酰氯

在反应容器中，加入 2-氟-6-三氟甲基苯胺（18g）、四氢呋喃（500mL）、催化剂甲醇钠（3g）。控温在 35℃以下，滴加二氟乙醇（8.2g）后，继续搅拌反应 12h。过滤，滤液脱溶得到淡黄色的 2-(2,2-二氟乙氧基)-6-三氟甲基苯胺，收率 96%。

搅拌下，先后将 31%盐酸（30g）、冰乙酸（5g）和 2-(2,2-二氟乙氧基)-6-三氟甲基苯胺（8g）加入反应瓶中，然后控制温度在-5～0℃下，滴加亚硝酸钠（3g）与水（12g）的混合溶液，反应 4h 后得到重氮反应液。

在另一反应容器中，加入冰乙酸（35g），并通入由盐酸（35g）滴入亚硫酸钠（30g）中生成的二氧化硫气体后，再向其中加入氯化亚铜（0.8g）。接着，控制反应液温度在-5～0℃

之间，约 2h 滴加上面制得的重氮反应液，继续搅拌反应 3.5h。在反应液中，加入二氯乙烷并搅拌后静置分层，有机相脱溶后得到 2-(2,2-二氟乙氧基)-6-三氟甲基苯磺酰氯，收率约 90%。

4.9.4.3　制备五氟磺草胺

将中间体 5,8-二甲氧基-1,2,4-三唑并嘧啶[1,5-c]-2-胺（6.5g）、中间体 2-(2,2-二氟乙氧基)-6-三氟甲基苯磺酰氯（11g）和溶剂乙腈（40mL）加入反应容器中，接着加入吡啶（10g）并加热到 35℃搅拌反应 7h。然后，加入 10%稀盐酸（10g）到反应液中，搅拌 10min 后，过滤收集并干燥湿的产品得到白色结晶粉末五氟磺草胺，收率 91%。

思考题：

（1）复习杂环化合物的命名，包括稠环化合物的命名——IUPAC 1979 年的命名规则。

（2）制备 2-乙氧基-4,6-二氟嘧啶时，为什么先要将溶剂环丁砜和无水氟化钾加热到 200℃，并维持 1h？

（3）合成 5-乙氧基-7-氟-1,2,4-三唑[4,3-c]嘧啶-3(2H)-硫酮时，为什么加入二硫化碳后，反应液会由非均相变为均相？

（4）合成 5-乙氧基-7-氟-1,2,4-三唑[4,3-c]嘧啶-3(2H)-硫酮时，为什么要加入双氧水和三乙胺？

（5）5-乙氧基-7-氟-1,2,4-三唑[1,5-c]嘧啶-2(3H)-硫酮合成反应中，重排反应是如何进行的？试着写出重排过程。

（6）为什么烃基硫亚胺可以作为合成氯酯磺草胺的催化剂？

（7）5,8-二甲氧基-1,2,4-三唑并嘧啶[1,5-c]-2-胺合成方法 A 中，最后一步的重排反应是如何进行的？试写出重排过程。

（8）比较 5,8-二甲氧基-1,2,4-三唑并嘧啶[1,5-c]-2-胺的合成方法 A 和合成方法 B，在实验室或者工业上，哪个方法具有优势。

4.10　苯氧丙酸酯类除草剂

陶氏化学在研究 2,4-二氯苯氧乙酸（2,4-D）的类似物时，当氯代吡啶取代其 2,4-D 中的苯环时，发现了具除草活性的化合物 Dowco 233。同时，赫斯特公司利用二苯醚结构取代 2,4-D 中的苯环时，发现了除草活性化合物禾草灵。

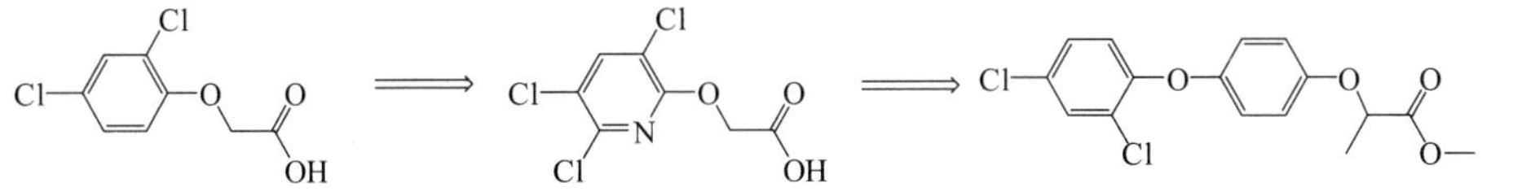

2,4-D   Dowco 233   禾草灵

禾草灵不具有植物激素的类似活性，结构同 2,4-D 也有差别，被划分为苯氧丙酸酯类除草剂。基于禾草灵的骨架结构，陶氏化学、赫斯特、日产化学等公司相继开展了新型除草剂的发现研究，得到了商品化高活性的除草剂炔草酯、氰氟草酯、精吡氟禾草灵、精吡氟甲禾灵、精喹禾灵、喹禾糠酯、精噁唑禾草灵、噁唑酰草胺等苯氧丙酸酯（或苯氧丙酰胺）类产品。

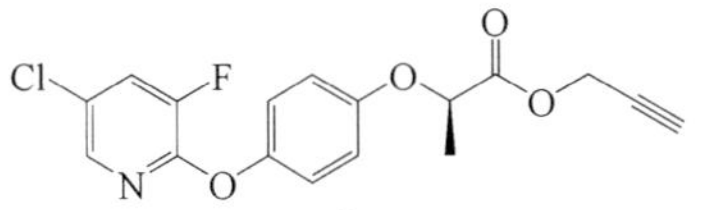

炔草酯 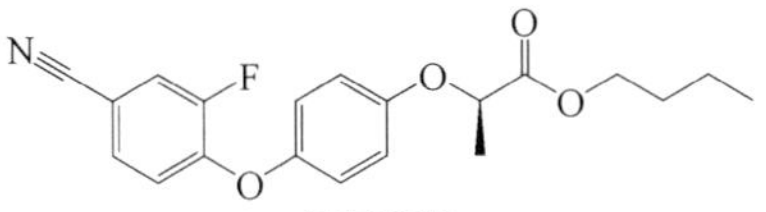   氰氟草酯

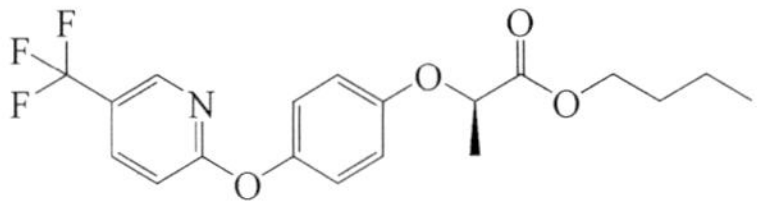

精吡氟禾草灵 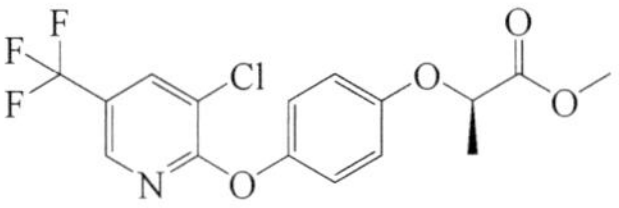   精吡氟甲禾灵

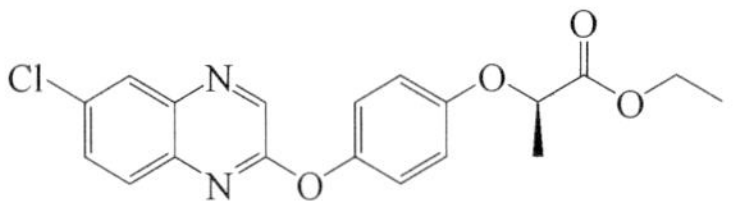

精喹禾灵 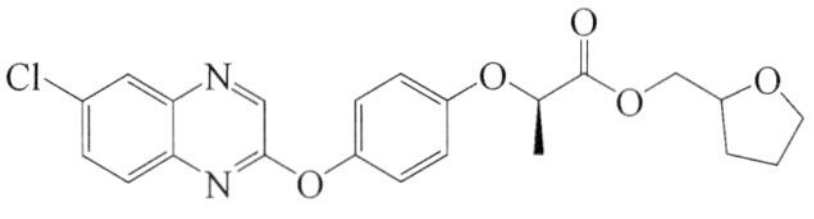   喹禾糠酯

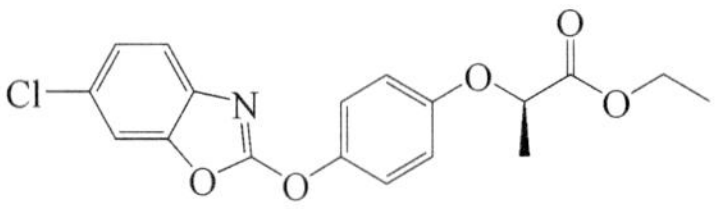

精噁唑禾草灵 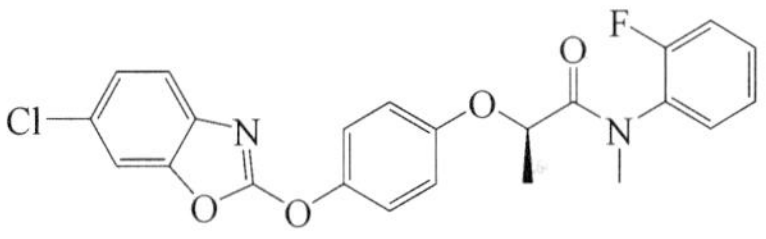   噁唑酰草胺

苯氧丙酸酯（或苯氧丙酰胺）类除草剂的结构特点非常明显，均含有 2-(4-氧苯氧基)丙酸酯（或酰胺）骨架，而且骨架丙酸酯的 2 位手性碳原子皆为 R 构型。因此，该类化合物合成中涉及三个关键环节：①手性骨架的引入或者手性碳原子的引入，以及反应中手性碳原子构型保持或者翻转；②酸部分杂环或者取代苯环结构的合成；③酯键或者酰胺键的构建。

4.10.1 氰氟草酯的合成

基于手性丙酸酯骨架，如磺酸酯为中间体，采用图 4-93 所示的两条路线均可合成氰氟草酯。

示例性合成反应如下：

（1）示例方法 A：在反应容器中加入(R)-2-[4-(2-氟-4-氰基苯氧基)苯氧基]丙酸（15.1g）、正丁醇（11.2g）、硫酸氢钾（2.0g）和正己烷（50mL）后，加热回流 1h。冷却、过滤、减压脱溶得到氰氟草酯的蜡状固体，纯度 95%，光学纯度 98%。

（2）示例方法 B：将 DMSO（40mL）、(R)-2-(4-羟基苯氧基)丙酸丁酯（34g）、3,4-二氟苯腈（20g）加入反应容器中，搅拌几分钟后加入碳酸钾（38.7g），然后加热到 85～90℃，反应

4h。冷却，过滤，减压脱溶得到的黄色油状液体经过乙醇重结晶后，得到白色粉末状固体，收率88%，纯度98%，光学纯度98%以上。

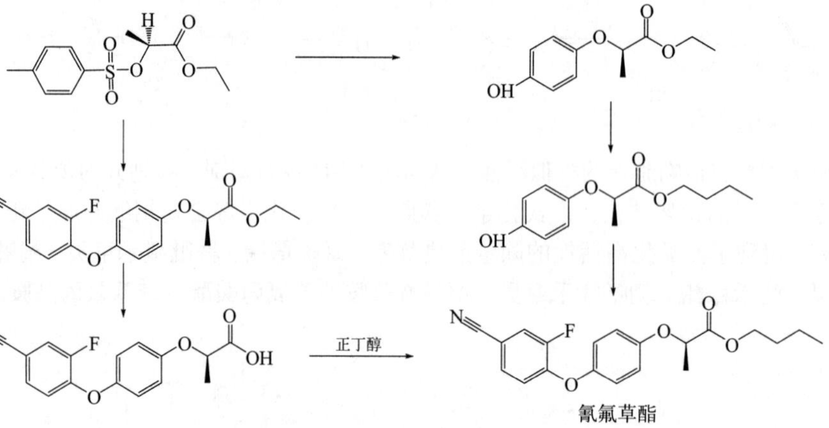

图 4-93　氰氟草酯的合成路线

各个相关中间体的合成方法如下：

4.10.1.1　(S)-2-(对甲苯磺酰氧基)丙酸甲酯

天然 L-乳酸或者 D-乳酸是构建骨架结构 2-(苯氧基)丙酸酯的主要原料，可以根据设计的路线，选择以 L-乳酸或者 D-乳酸为起始原料。通常情况下，以光学活性乳酸作为原料合成苯氧丙酸酯类除草剂路线中，涉及如下几类手性碳原子的反应。

由于 8 个代表性产品均为(R)-构型，需要选用 D-乳酸或者 D-乳酸酯为原料，如图 4-94 所示。该路线的两步反应中，一步涉及构型翻转，一步不涉及构型翻转。

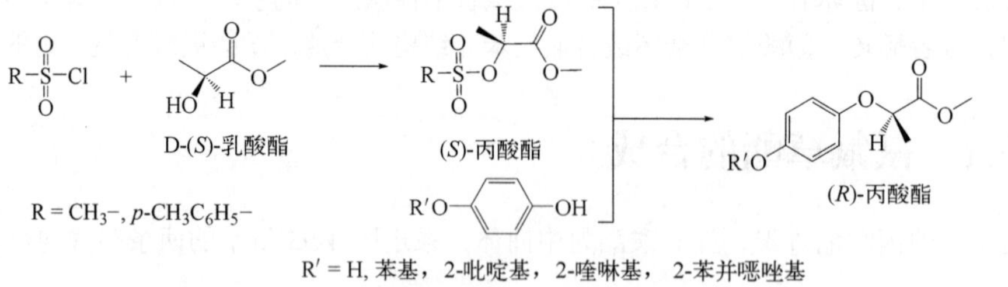

图 4-94　苯氧丙酸类除草剂的 D-(S)-乳酸酯合成路线

示例性制备(S)-2-(对甲苯磺酰氧基)丙酸甲酯的反应如下：

（1）(S)-(−)-乳酸甲酯的制备　在反应器中加入环己酮（110mL）、85%的 D-乳酸（0.5mol）、甲醇（42g）和氨基磺酸（0.4g）。搅拌至乳酸完全溶解后，加热回流 2.5h，然后降温，除去催化剂氨基磺酸。反应液经水洗、饱和碳酸氢钠洗至中性后，无水硫酸镁干燥，减压脱去低沸点溶剂得到(S)-(−)-乳酸甲酯。

（2）(S)-2-(对甲苯磺酰氧基)丙酸甲酯的制备　将溶剂二氯甲烷（100mL）、95%以上的(S)-(−)-乳酸甲酯（54.8g）和催化剂三乙胺（52g）加入反应瓶中，搅拌至完全溶解后，冷却至0℃。然后加入对甲苯磺酰氯（91g）的二氯甲烷（100mL）溶液。加入结束后缓慢将反应液升温至室温，继续搅拌至反应完全。水洗反应液并用饱和碳酸氢钠洗至中性，用无水硫酸镁干燥，减压脱去低沸点溶剂得到(S)-2-(对甲苯磺酰氧基)乳酸甲酯。

4.10.1.2　(S)-2-氯丙酸酯

该路线也以乳酸酯为原料和含有两步反应，与4.10.1.1中路线区别在于乳酸酯为R构型和两步皆涉及构型翻转，即二氯亚砜对L-乳酸酯的2-位羟基氯化生成(S)-2-氯-丙酸酯，然后(S)-2-氯丙酸酯与对位取代苯酚缩合得到苯氧基丙酸酯除草剂，如图4-95所示。

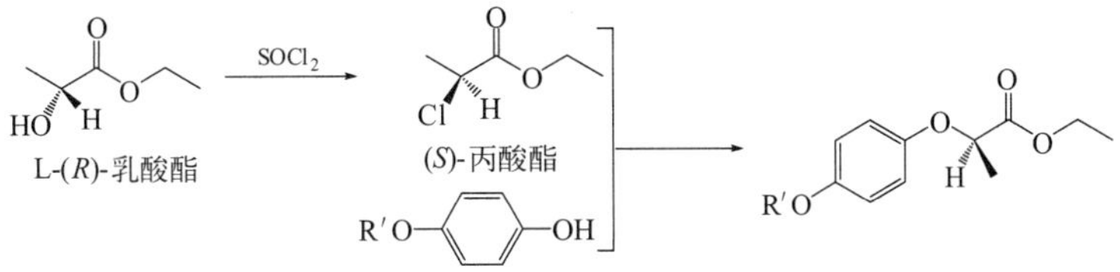

R′＝H，苯基，2-吡啶基，2-喹啉基，2-苯并噁唑基

图4-95　苯氧丙酸类除草剂的L-(R)-乳酸酯合成路线

示例性反应如下：

(S)-2-氯丙酸乙酯的制备　在反应容器中加入L-乳酸乙酯（20.4g）和三乙胺（2g）。然后控温在10℃，搅拌下滴加二氯亚砜（28.7g）。滴加结束后，在5℃继续搅拌1h，然后升温至70℃回流3h。将反应液降温到35℃，减压除去氯化氢、二氧化硫和残留二氯化砜后，将反应液加入10%氢氧化钠水溶液（约50g）中，继续搅拌10min。静置分层，碳酸氢钠水溶液将有机相洗至中性。有机相干燥后得到(S)-2-氯丙酸乙酯，收率约95%。

4.10.1.3　(R)-2-(4-羟基苯氧基)丙酸乙酯

在反应容器中加入乙醇（300mL）、氢氧化钠（18g），氮气保护下加入对苯二酚（15.4g）。然后控制温度在30℃以下，滴加(S)-2-对甲苯磺酰氧基丙酸乙酯（39g），滴毕继续搅拌至反应完全。然后减压脱出溶剂，残余物反应液溶解在水中，浓盐酸酸化溶液至pH 1。有机溶剂萃取反应液、合并有机相、干燥脱溶、乙醇重结晶得到产品(R)-2-(4-羟基苯氧基)丙酸乙酯，收率65%，ee值98%，熔点63～65℃。

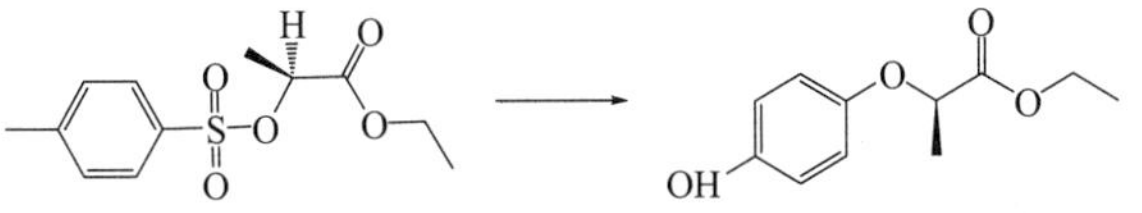

4.10.1.4　(R)-2-[4-(2-氟-4-氰基苯氧基)苯氧基]丙酸乙酯

在反应容器中加入(R)-2-(4-羟基苯氧基)丙酸乙酯（21g）、3,4-二氟苯腈（15.4g）、碳酸钾（20.7g）和二甲亚砜（100mL）。搅拌下，将反应液加热到85℃反应6h。冷却、过滤、滤液

减压脱去溶剂。水（100mL）加入残余物中，盐酸酸化、甲苯萃取、萃取液干燥和脱溶得到产品(*R*)-2-[4-(2-氟-4-氰基苯氧基)苯氧基]丙酸乙酯，收率 91%。

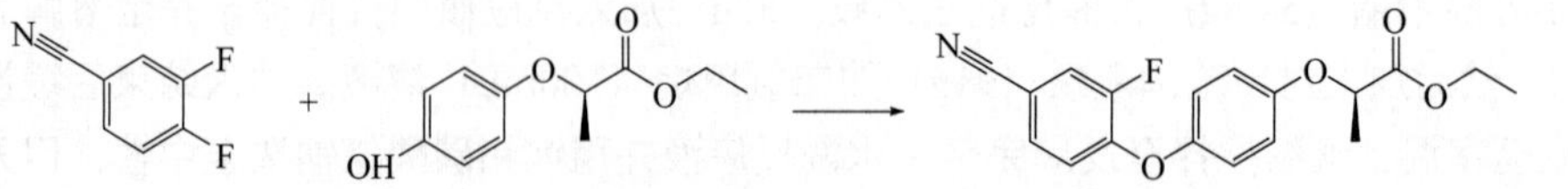

4.10.1.5 (*R*)-2-[4-(2-氟-4-氰基苯氧基)苯氧基]丙酸

将氢氧化钠（3.2g）溶于乙醇（90mL），然后室温下滴加(*R*)-2-[4-(2-氟-4-氰基苯氧基)苯氧基]丙酸乙酯（23g）的乙醇（40mL）溶液，滴加结束后，继续搅拌反应 2 h。减压脱去溶剂，水（100mL）加入残余物中，并且经过盐酸酸化、乙酸乙酯萃取、萃取液干燥和脱溶得到粗产品，粗产品经过甲苯重结晶得到产品(*R*)-2-[4-(2-氟-4-氰基苯氧基)苯氧基]丙酸，收率 85%。

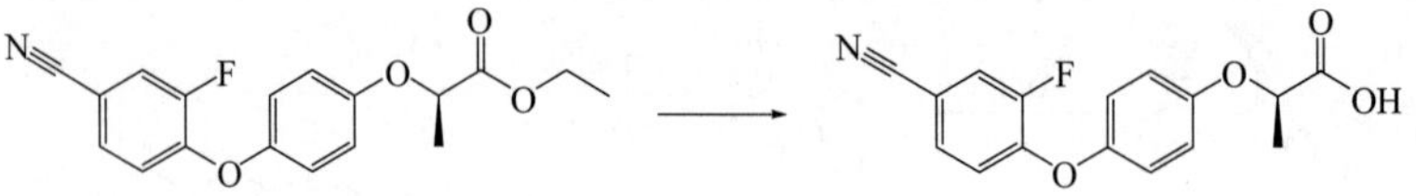

4.10.1.6 3,4-二氟苯腈

3,4-二氟苯腈是合成氰氟草酯的一个关键中间体，可采用图 4-96 所示的路线合成该中间体。

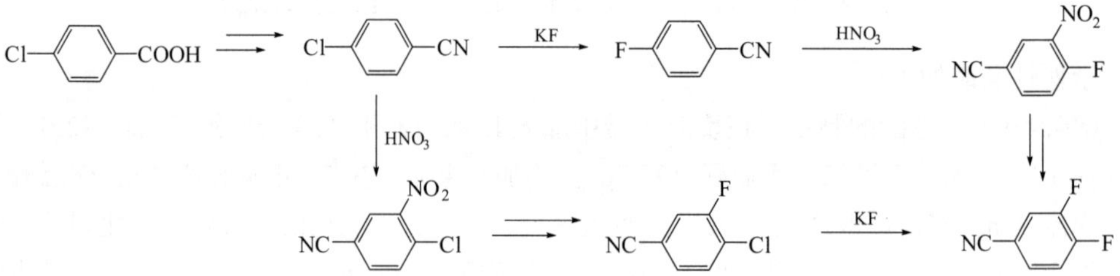

图 4-96 3,4-二氟苯腈的合成路线

原料对氯苯甲酸转化为对氯苯甲腈后，可以先同氟化钾反应，然后硝化生成 4-氟-3-硝基苯甲腈，接着通过氟化反应或者重氮化反应等得到 3,4-二氟苯甲腈；也可以通过硝化反应将对氯苯甲腈转化为 4-氯-3-硝基苯甲腈，然后经过不同的氟化方法生成 4-氯-3-氟苯甲腈，接着再进行氟化反应得到 3,4-二氟苯甲腈。

对二苯酚同 3,4-二氟苯甲腈反应制备 4-(2-氟-4-氰基苯氧基)苯酚。

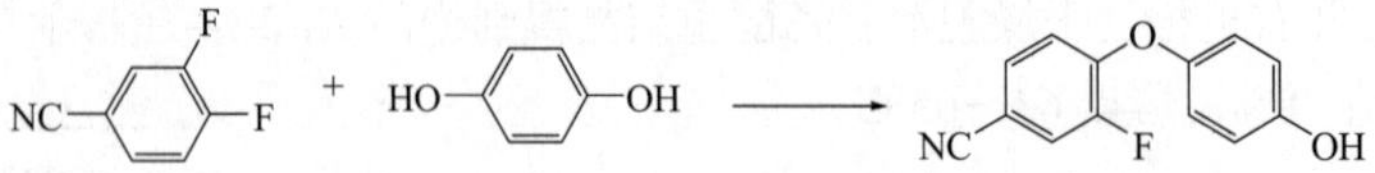

具体的示例反应如下：

在反应容器中，加入对苯二酚（0.36mol）、氢氧化钾（0.72mol）、DMSO（340mL）和甲苯（50mL）。在搅拌和氮气保护下，加热回流共沸脱水。大约 3 h 脱水结束后常压蒸出甲苯。保持氮气氛围下，将反应液冷却至室温，接着缓慢滴加 3,4-二氟苯甲腈（0.3mol）的 DMSO（70mL）溶液。滴毕，继续搅拌反应 2h。反应结束后，减压蒸出溶剂 DMSO。冷却到室温后，将残余反应液溶于水，然后酸化、固液分离、干燥固体后得到产品 4-(2-氟-4-氰基苯氧基)苯酚，收率 93%。

4.10.2 炔草酯的合成

炔草酯、精吡氟禾草灵和精吡氟甲禾灵结构中，除了该类除草剂共有的(R)-苯氧丙酸酯骨架外，他们均含有不同取代的2-吡啶基的片段。因此，除不同取代的2-吡啶基对应的中间体的合成不同外，该三个化合物的合成大部分步骤可以参考氰氟草酯制备反应。

炔草酯的合成有多条路线，其中三条代表性路线如图4-97所示。

(1) 路线A：原料对苯二酚和2,3-二氟-5-氯吡啶进行醚化反应生成中间体4-(5-氯-3-氟-吡啶-2-氧基)苯酚，该中间体与手性2-磺酰氧基丙酸酯缩合，然后水解得到中间体酸，中间体酸再与炔丙醇酯化得到炔草酯，总收率低于45%。

(2) 路线B：手性2-磺酰氧基丙酸酯先转化为手性2-磺酰氧基丙酸炔丙酯，然后与对苯二酚反应，再与2,3-二氟-5-氯吡啶醚化得到产品，收率72%。

(3) 路线C：(S)-2-氯丙酸先同对苯二酚缩合得到(R)-2-(4-羟基苯氧基)丙酸，接着同2,3-二氟-5-吡啶醚化，再与氯丙炔酯化得到炔草酯，收率85%。其中路线C中将手性乳酸原料转化为手性2-氯丙酸，不涉及磺酰氧基丙酸酯中间体，反应产生的"三废"较少，而且收率较高。

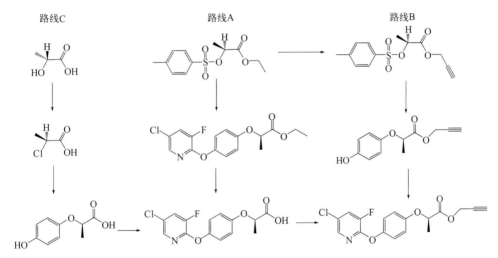

图4-97 炔草酯的合成路线

中间体2,3-二氟-5-氯吡啶合成方法如下：

原料2-氨基吡啶先通过氯化反应生成2-氨基-3,5-二氯吡啶，然后经过重氮化反应和桑德迈尔反应合成2,3,5-三氯吡啶和3,5-二氯吡啶-2-酮的混合物，接着二氯亚砜将其中的3,5-二氯吡啶-2-酮氯化得到2,3,5-三氯吡啶。最后以N-甲基吡咯烷酮为溶剂，以氟化钾或者氟化铯为氟化试剂，可将2,3,5-三氯吡啶转化为2,3-二氟-5-氯吡啶，如图4-98所示。

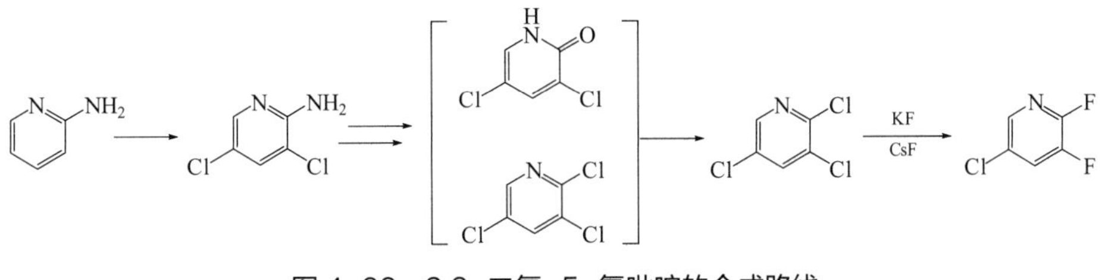

图4-98 2,3-二氟-5-氯吡啶的合成路线

4.10.3 精吡氟禾草灵的合成

精吡氟禾草灵的合成类似于氰氟草酯，其中间体 2-氯-5-三氟甲基吡啶的合成如下：

2-氯-5-氯甲基吡啶经过氯化得到 2-氯-5-三氯甲基吡啶，也可以 3-甲基吡啶为原料，通过 *N*-氧化、苯甲酰氯的环上定位氯化、氯气的侧链氯化得到 2-氯-5-三氯甲基吡啶，最后进行侧链氟化合成该中间体，如图 4-99 所示。但是在以 3-甲基吡啶为原料的苯甲酰氯的环上定位氯化中会产生氯化副产物，产品难以达到高纯度。

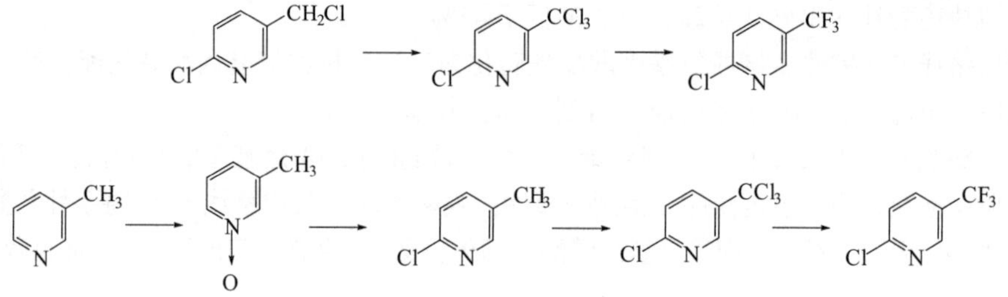

图 4-99　2-氯-5-三氟甲基吡啶的合成路线

4.10.4 精氟吡甲禾灵的合成

精氟吡甲禾灵的合成类似于氰氟草酯，2,3-二氯-5-三氟甲基吡啶是精氟吡甲禾灵的主要原料之一，可以采用多种方法合成该中间体。例如以 3-甲基吡啶或者 2-氯-5-氯甲基吡啶为原料，经过不同方式的氯化得到 2,3-二氯-5-三氯甲基吡啶，然后经过侧链的氟化反应合成该中间体，如图 4-100 所示。

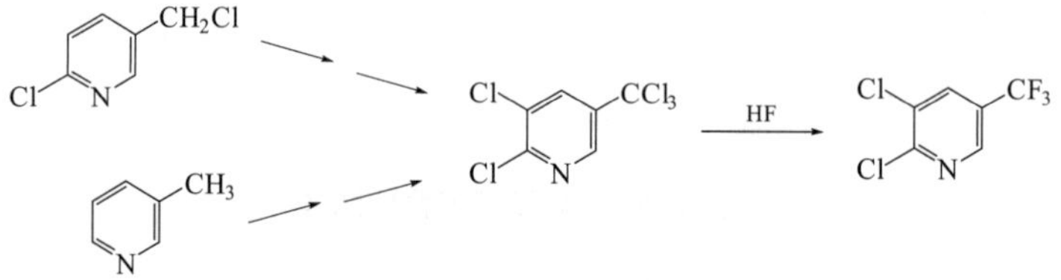

图 4-100　2,3-二氯-5-三氟甲基吡啶的合成路线

4.10.5 精喹禾灵和喹禾糠酯的合成

精喹禾灵和喹禾糠酯的酸部分结构完全一样，均含有 6-氯喹喔啉基片段，酯部分精喹禾灵为乙基酯，而喹禾糠酯为四氢糠醇酯。此处仅介绍中间体 2,6-二氯喹喔啉的合成，其他部分可以参照上述该类产品的合成。

2,6-二氯喹喔啉有多种合成方法，但在工业生产中应用较广的有以下两条路线，见图 4-101 和图 4-102 所示。

（1）路线 A：以对氯邻硝基苯胺和氯乙酰氯为原料，经过缩合反应、催化氢化还原反应、环合反应、氧化芳构化反应和氯化反应得到产品。

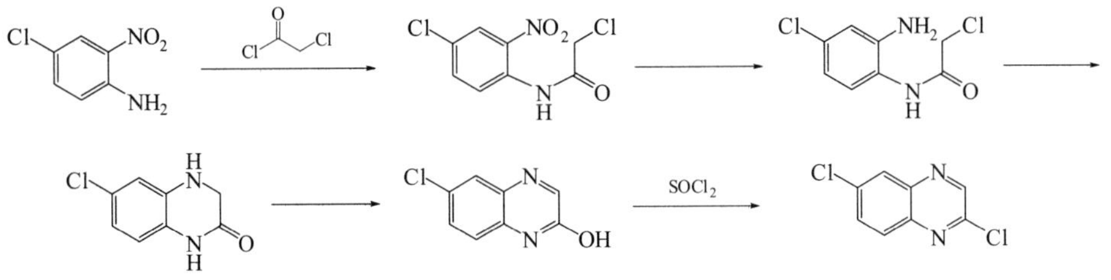

图 4-101 2,6-二氯喹喔啉的合成路线一

(2) 路线 B: 以对氯邻硝基苯胺和双烯酮为原料，通过缩合反应、分子内环合反应、N-氧化物的还原反应和氯化反应得到产品，文献报道的产品纯度达到 98%以上。

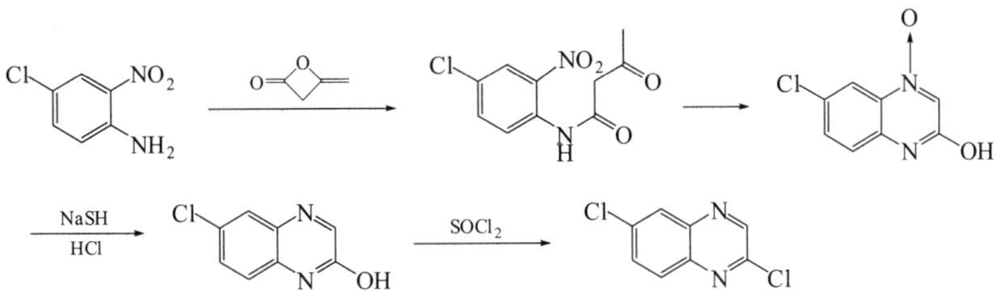

图 4-102 2,6-二氯喹喔啉的合成路线二

路线 B 比路线 A 短，收率也高，但是需要使用属于危险品原料双烯酮。

4.10.6 精噁唑禾草灵与噁唑酰草胺的合成

精噁唑禾草灵与噁唑酰草胺的酸部分具有相同结构，即特征的 6-氯苯并噁唑基片段。此处仅介绍中间体 2,6-二氯苯并噁唑和 N-甲基-2-氟苯胺的合成。

4.10.6.1 2,6-二氯苯并噁唑

文献中有多种合成 2,6-二氯苯并噁唑的方法，图 4-103 仅列出两种代表性的方法。

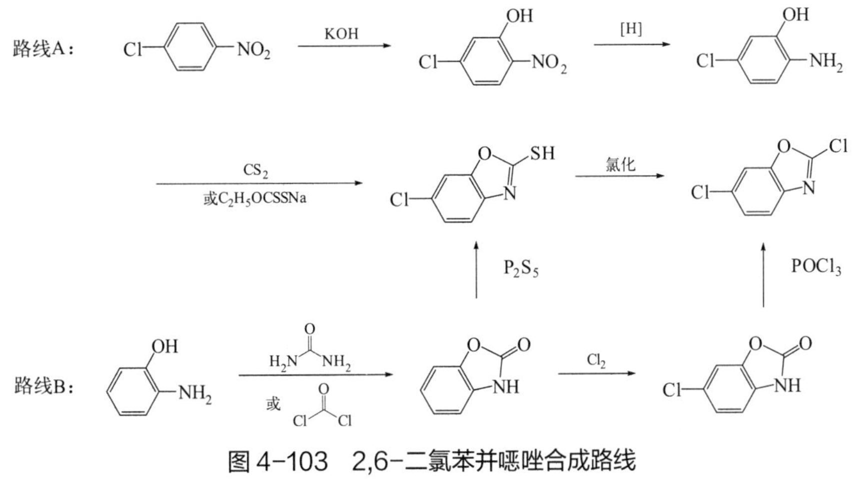

图 4-103 2,6-二氯苯并噁唑合成路线

（1）路线 A：反应温度在 100℃以上，原料对氯硝基苯与氢氧化钾反应生成 5-氯-2-硝基苯酚，接着 5-氯-2-硝基苯酚被还原转化为 2-氨基-5-氯苯酚，然后 2-氨基-5-氯苯酚与二硫化碳或者二硫代甲酸钠反应得到 2-巯基-6-氯苯并噁唑，最后 2-巯基-6-氯苯并噁唑被氯化生成产品 2,6-二氯苯并噁唑。

（2）路线 B：2-氨基苯酚与尿素或者光气反应生成苯并噁唑啉酮，苯并噁唑啉酮可以同五硫化二磷反应产生路线 A 中的中间体 2-巯基-6-氯苯并噁唑，苯并噁唑啉酮也可以被氯化生成 6-氯噁唑啉酮，然后 6-氯噁唑啉酮再被三氯氧磷等氯化试剂氯化得到产品 2,6-二氯苯并噁唑。由于以 2-氨基苯酚为原料的路线 B 反应步骤较少，该路线实现工业化生产具有一定的可行性。

4.10.6.2　*N*-甲基-2-氟苯胺

N-甲基-2-氟苯胺有很多合成路线，如图 4-104 所示：

（1）路线 A　无水甲酸和乙酸酐制备的混合酐，与 2-氟苯胺反应产生 *N*-甲酰基-2-氟苯胺，然后硼烷对其进行还原，得到产品。

（2）路线 B　将 2-氟苯胺转化成其重氮盐，然后同甲胺水溶液反应，得到产品。

（3）路线 C　2-氟苯胺和甲酸反应得到中间体 *N*-甲酰基-2-氟苯胺，接着甲磺酸甲酯对其甲基化，然后盐酸酸解脱掉甲酰基得到产品。

（4）路线 D　甲醛或者多聚甲醛与 2-氟苯胺反应生成亚胺，然后对亚胺进行加氢还原得到产品。

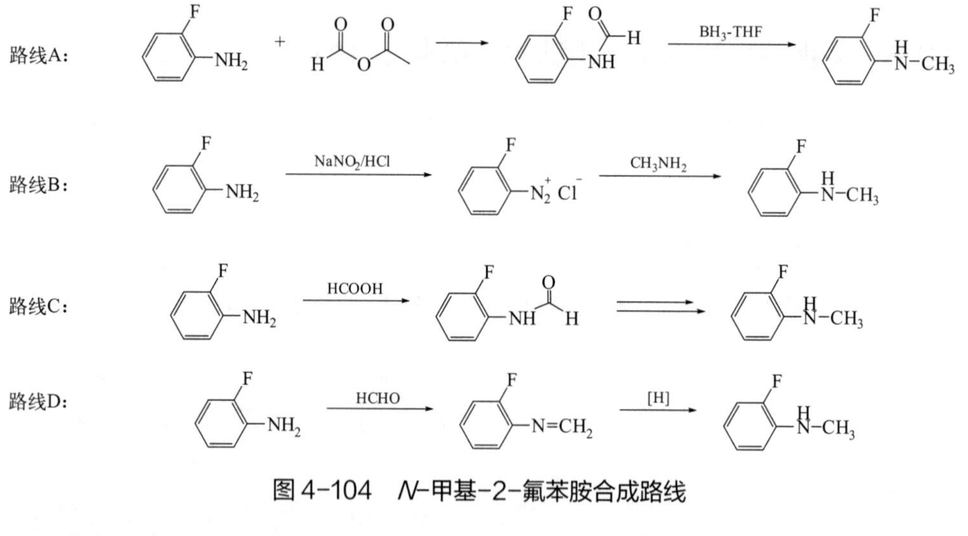

图 4-104　*N*-甲基-2-氟苯胺合成路线

从路线的原子经济性分析路线 D 原子利用率高、"三废"少，具有经济性，但是在亚胺的转化阶段对反应体系的水分有较高的要求。

思考题：

（1）除了利用对氯苯甲酸制备对氯苯甲腈外，可以以对氯甲苯为原料制备对氯苯甲腈吗？如果可以的话，可采用哪些反应合成对氯苯甲腈？

（2）合成 4-(2-氟-4-氰基苯氧基)苯酚中，为什么要先加入甲苯？在滴入 3,4-二氟苯甲腈前为何又将甲苯蒸出？

（3）写出氰氟草酯制备示例方法 A 的酯化反应的历程。

（4）简述氰氟草酯制备示例方法 B 的反应历程。比较示例方法 A 和示例方法 B 两种方法有什么不同？在工业化大生产中哪个方法具有优越性？

（5）写出 2,6-二氯苯并噁唑合成中，对氯硝基苯与氢氧化钾反应生成 5-氯-2-硝基苯酚的反应历程。

（6）2,6-二氯苯并噁唑合成中，中间体苯并噁唑啉酮是否可以一步氯化生成产品？

参考文献

[1] 尹志刚. 有机磷化合物. 北京：化学工业出版社，2011.
[2] 徐晓辉. 草甘膦及其铵盐制备新工艺. 湘潭：湘潭大学，2010.
[3] 徐林杰. 草铵膦的合成工艺研究. 杭州：浙江大学，2017.
[4] Dichloromethylphosphine. US 4104304, 1978.
[5] Huffman C W, Hamer M. Monoalkyl phosphonic acid diesters, diamides, and dihalides production. US3149144, 1964.
[6] Maier L. Organic halophosphines. US3057917, 1962.
[7] Schmerling L. Preparation of alkylphosphorus dichloride. US 2986579,1961.
[8] Van W J L, Bell C S, Morris R C, et al. Aliphatic phosphonous dihalides. US 2875224, 1958.
[9] 雷鸣，冯文林，徐振峰. 羰基钴催化氢甲酰化反应的理论研究. 物理化学学报，2000(6): 552.
[10] 李世洪，左翔，程柯. 一种(S)-(2-氧代四氢呋喃-3-基)氨基甲酸酯的制备方法. CN 110204517, 2019.
[11] 王欣，李世洪，左翔，等. (S)-4-氯-2-((乙氧基羰基)氨基)丁酸乙酯的制备方法. CN 110386882, 2019.
[12] 刘永江，周磊，曾伟，等. 一种制备 L-草铵膦的方法. CN 111662324, 2020.
[13] 董文凯，柴洪伟，解银萍，等. 化学法合成精草铵膦的研究进展. 现代农药，2016, 15(5): 26-29.
[14] 王建，吴明俊. 一种高纯度 3,5,6-三氯吡啶-2-醇钠的生产工艺. CN 109503470, 2019.
[15] 谢光勇，张倩，黄业迎，等. 芳香腈的制备研究进展. 中南民族大学学报，2020(39): 221-229.
[16] 许网保，魏明阳，臧伟新，等. 一种催化氧化合成二氯喹啉酸的方法. CN102796042, 2012.
[17] 许网保，魏明阳，臧伟新，等. 二氯喹啉酸的合成和精制方法. CN101851197,2010.
[18] 朱红军，宋广亮，黄诚，等. 一种催化氧化制备二氯喹啉酸的方法. CN107868047, 2018.
[19] 王晓刚，涂俊清，路风奇，等. 二氯喹啉酸的制备方法. CN111377862, 2020.
[20] Canturk B, Devaraj J, Hazari A, et al. Improved synthesis of 4-amino-6-(heterocyclic)picolinates. WO 2021188639, 2021.
[21] 李永芳，凌云，王中奎. 一种 2-氨基-4,6-二甲氧基嘧啶的制备方法. CN 105130909,2017.
[22] 陈宝明，韦自强，刘华珍. 一种 2-氨基-4,6-二甲氧基嘧啶的制备方法. CN 110903251, 2020.
[23] Huang W, Ding J, Wan H, et al. Facile synthesis of 2-amino-4,6-dimethoxypyrimidine over lewis acidic ionic liquid catalysts. ChemistrySelect, 2020, 5(23): 7121-7128.
[24] 苏江涛，商志良. 3-甲氧基-4-甲基-1,2,4-三唑啉酮的合成. 农药，2010, 49(8): 563-564.
[25] 张铸勇.精细有机合成单元反应(第二版). 上海：华东理工大学出版社，2003.
[26] 钱平，张璞，施立鑫，等. 一种新的甲磺草胺的制备方法. CN109776437.
[27] 唐猷成，覃攀. 丙炔氟草胺的生产方法. CN105837563, 2016.
[28] 一种丙炔氟草胺的中间体生产方法. CN109503506, 2019.
[29] 吴浩，黄广英，范胜用，等. 一种丙炔氟草胺的合成方法. CN110669041,2020.
[30] Hamprecht G, Puhl M, Reinhard R, et al. Preparation of sulfamoyl chlorides via the the condensation of amines and sulfur trioxide in the presence of phosphorus chlorides. US7232926,2003.
[31] Menges F, Gebhardt J, Rack M, et al. Process for preparation of 5-chloromethyl-2,3-pyridinedicarboxylic

acid anhydrides via chlorination of 5-methyl-2,3-pyridinedicarboxylic acid anhydrides in the presence of radical initiators. WO 2010054954, 2010.

[32] 刘洪鑫, 刘鹏, 李娟, 等. 2-乙氧基-4,6-二氟嘧啶的制备. CN 202010199489.5, 2020.

[33] Orvik J A, Shiang D L. 2-alkoxy-hydroazinopyrimidine compounds and their use in the preparation of 5-alkoxy-1,2,4-triazolo[4,3-c]pyrimidine-3(2H)-thione compounds. US 5480991, 1996.

[34] Ringer J W, Pearson D L S, Carmen A. et al. Preparation of N-arylsulfilimines as amidation catalysts. WO 9821178, 1998.

[35] 孙家隆. 现代农药合成技术. 北京: 化学工业出版社, 2011, p808-810.

[36] 曹燕蕾. 五氟磺草胺的合成简介. 现代农药, 2006, 5(6): 32-34.

[37] 刘东卫. 五氟磺草胺的改进合成方法. CN 103724353, 2015.

[38] 韩翠萍, 孙杰, 黄统辉. (R)-(+)-2-(4-羟基苯氧基)丙酸酯衍生物的合成及晶体结构研究. 化学试剂, 2015, 37(4): 354-356.

[39] 李岚, 孙凌莉, 江才鑫. 2,6-二氯喹喔林的合成研究. 浙江化工, 2011(42): 6.

[40] Davis, Richard F. Process for preparing 6-halo-2-chloroquinoxalines as herbicide intermediates. US 4636562, 1987.

[41] Tennant G. Heterocyclic N-oxides. Part I. A new synthesis of 2-hydroxyquinoxaline 4-oxides. Journal of the Chemical Society, 1963,2428-2433.

[42] 金玉存, 张璞, 王凤云, 等. 一种 2,6-二氯苯并噁唑的合成方法. CN 109553588, 2019.

[43] Becherer J, Kuehlein K, Kussmaul U. 2-Chlorobenzoxazoles. DE 3207153, 1983.

[44] Arndt O, Papenfuhs T. 2,6-Dichlorobenzoxazole. DE 3406909, 1985.

[45] 许网保, 魏明阳, 臧伟新, 等. 使用固光法制备 2,6-二氯苯并噁唑的合成方法. CN 102432559, 2012.

第 5 章
杀虫活性化合物的合成

杀虫剂是指用以防治害虫的化学制剂，包括有机杀虫剂（有机氯、有机磷、有机硫、氨基甲酸酯类、拟除虫菊酯类、烟碱类、双酰胺类等）、无机杀虫剂（无机砷、无机氟、无机硫等）、植物性杀虫剂、矿物油杀虫剂、微生物杀虫剂等。20 世纪 80 年代前杀虫剂是农药中用量最大、品种最多的一类农药产品。

杀虫剂使用历史悠久、用量大、品种多，为农业增产、解决人类粮食问题发挥了极为重要的作用，但是使用不当也会对环境生态以及对害虫天敌和其他有益生物产生一定影响。

5.1 含磷杀虫活性化合物

除草活性化合物合成中已经对有机磷农药的中间体合成进行了简单介绍，本章仅介绍部分有机磷杀虫剂中间体以及仍在生产实践中使用的产品的合成。

5.1.1 含磷杀虫剂中间体的合成

5.1.1.1 二烷基亚磷酸酯

二烷基亚磷酸酯作为中间体，除用于合成磷酸酯类农药外，还可以制备其他化工产品的中间体。

二烷基亚磷酸酯存在着下列互变异构：

基于磷原子电子结构的稳定性，可以预料该类化合物在通常条件下，以酮式异构体为主，而醇式异构体含量很少。

制备二烷基亚磷酸酯最常用的方法是一摩尔三氯化磷与三摩尔相应的醇反应。

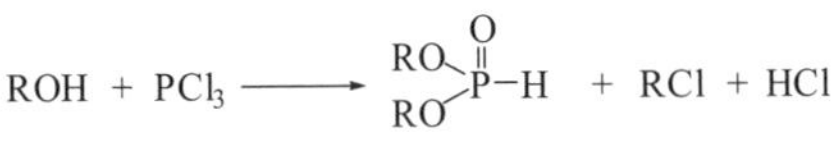

$$ROH + PCl_3 \longrightarrow \begin{array}{c} RO \\ RO \end{array}\overset{O}{\underset{}{P}}-H + RCl + HCl$$

三氯化磷和脂肪醇反应首先生成亚磷酸三烷基酯，同时副产物氯化氢溶入反应体系。溶入反应体系的氯化氢能够进一步同亚磷酸三烷基酯作用生成季鏻盐中间产物，然后脱去一分子氯代烷，形成亚磷酸二烷基酯，如图 5-1 所示。

$$PCl_3 + 3ROH \longrightarrow (RO)_3P + 3HCl$$

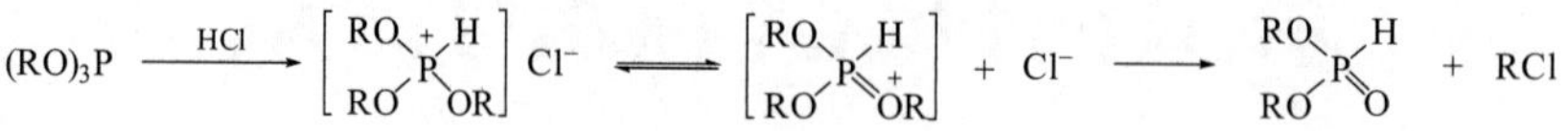

图 5-1　二烷基亚磷酸酯的合成反应机理

该反应是有机磷化学中重要的经典反应之一——阿布佐夫（Arbuzov）重排反应。

二烷基亚磷酸酯的制备反应通常在乙醚、四氯化碳、苯等低沸点溶剂中和室温下进行，反应完成后把氯化氢气体逐净，蒸馏精制得到产品，收率一般大于 90% 以上。工业上常用的二甲基和二乙基亚磷酸酯的制备方法为：在直接冷却条件下，将三氯化磷滴加到含量大于 90% 的甲醇或乙醇中，收率达到 85%～90%。二甲基亚磷酸酯、二乙基亚磷酸酯和二异丙基亚磷酸酯等的理化性质如表 5-1 所示。

表 5-1　烷基亚磷酸酯的理化性质

物质	结构式	沸点/℃	相对密度（d）	折射率
亚磷酸二甲酯	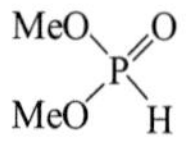	70（25mmHg）	1.2004	1.4036
亚磷酸二乙酯	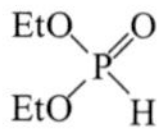	87（20mmHg）	1.0720	1.4101
亚磷酸二异丙酯	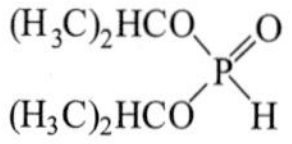	76（10mmHg）	0.9972	
亚磷酸二异丁酯	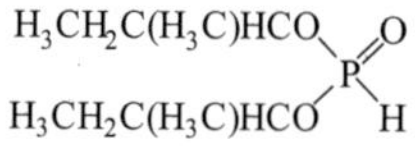	235～236（760mmHg）	0.9759	

注：1mmHg=133Pa。

5.1.1.2　三烷基亚磷酸酯的合成

醇在缚酸剂存在下，直接与三氯化磷反应。

$$3ROH + PCl_3 \xrightarrow{\quad 碱 \quad} (RO)_3P + HCl$$

三氯化磷上的三个氯原子随着被置换数目的增加，磷氯键的活泼性逐步降低。为防止阿布佐夫重排反应的发生，须在反应体系中加入三摩尔缚酸剂，及时捕获生成的氯化氢气体。采用不同的缚酸剂和反应溶剂，收率有一定差异，具体见表 5-2。一些重要的亚磷酸三酯的物理化学性质见表 5-3。

表 5-2　制备三烷基亚磷酸酯的收率

缚酸剂	溶剂	甲酯收率	乙酯收率
二乙基苯胺	石油醚	72.5%	87%～92%
三乙胺	无水乙醚/苯		57%/78%

缚酸剂	溶剂	甲酯收率	乙酯收率
三戊胺	环己烷	87%	86%
三丙烯胺	三丙烯胺	92%	
吡啶 + 氨		67%	
二甲基苯胺 + 氨		73.4%	
二甲胺	二氯甲烷	75%~80%	85%~90%
苯胺	无水乙醚/三氯苯/苯	80%/66.5%/—	—/—/75%
氨基甲酰胺	四氯化碳/二氯甲烷	73.6%/86.4%	—/93%
氯化钙 + 氨	二氯甲烷/石油醚	78%/80%	82%
氨（甲基红指示剂）		85%	75%~80%

表5-3　一些重要的亚磷酸三酯的物理化学性质

物质	结构式	沸点/℃	相对密度（d）	折光率	溶解性
亚磷酸三甲酯	$(CH_3O)_3P$	111~112	1.0520	1.4095	醇，醚
亚磷酸三乙酯	$(C_2H_5O)_3P$	49（12mmHg）	0.9629	1.4127	醇，醚
亚磷酸三正丙酯	$(n\text{-}C_3H_7O)_3P$	92（14mmHg）	0.9417	1.4282	醇，醚
亚磷酸三异丙酯	$(i\text{-}C_3H_7O)_3P$	60（10mmHg）	0.9687	1.4085	醇，醚
亚磷酸三苯酯	$(C_5H_5O)_3P$	200（5mmHg）	1.1844	1.5900	醇，醚

以亚磷酸三甲酯的合成为例，常用的方法有以下六种：

① 叔胺-氨法　反应在惰性溶剂中进行，吡啶、二乙基苯胺、三乙胺和二甲基苯胺作缚酸剂。当二甲基苯胺作缚酸剂时，生成的二甲基苯胺盐酸盐被氨处理，游离的二甲基苯胺回收后可循环使用，如图5-2所示。

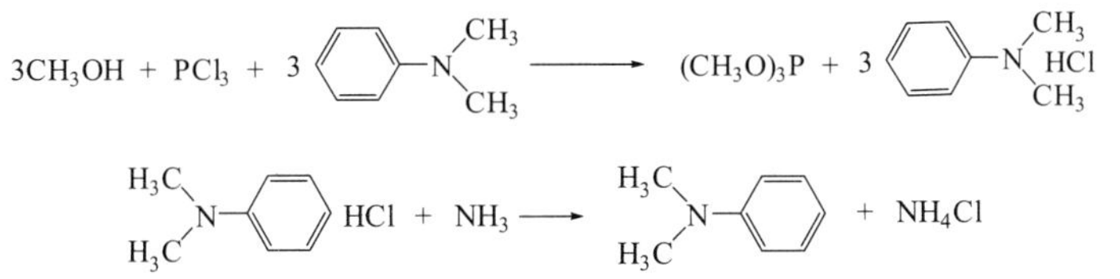

图5-2　N,N-二甲基苯胺的回收反应

② 氨基甲酸铵法　氨基甲酸铵是一种固体碱，同副产物氯化氢作用后，生成气体二氧化碳从体系中逸出，氯化铵可从体系中滤出，因此其作为碱反应操作相对简单，反应容易控制。氨基甲酸铵可由液氨与固体二氧化碳制备。

$$2PCl_3 + 6CH_3OH + 3NH_2COONH_4 \xrightarrow{ClCH_2CH_2Cl} 2(CH_3O)_3P + 3CO_2 + 6NH_4Cl$$

③ 氨法　将三氯化磷慢慢滴入溶有甲醇的惰性溶剂中，同时通氨作缚酸剂，并以甲基红为指示剂，保持红橙色，反应温度保持在−5℃以下，调节三氯化磷加入量，收率可达85%。

$$PCl_3 + 3CH_3OH + 3NH_3 \longrightarrow (CH_3O)_3P + 3NH_4Cl$$

④ 酯交换法-米洛宾兹基-舒尔金（Milobendzki-Szulgin）反应　苯酚或邻甲苯酚直接与三氯化磷反应，生成的三苯基或三甲苯基亚磷酸酯难以同氯化氢成盐并发生阿布佐夫重排反应，然后利用低级醇进行酯交换反应得到相应的三烷基亚磷酸酯，如图5-3所示。

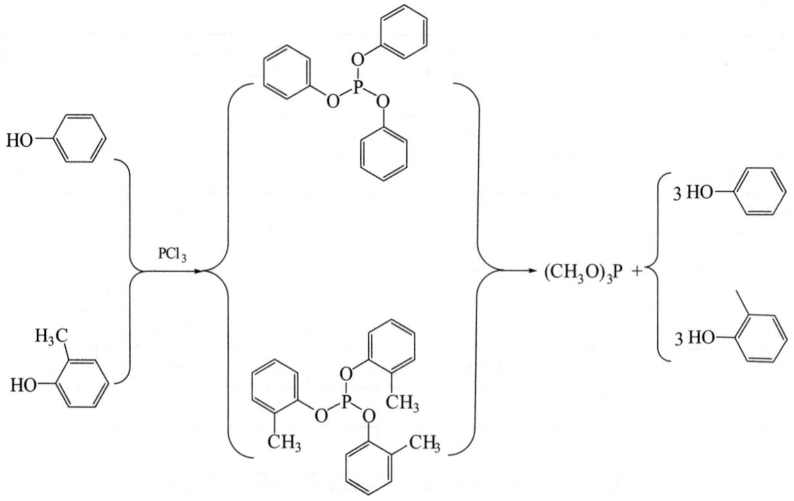

图 5-3 亚磷酸三甲酯的酯置换合成反应

例如，在少量醇钠存在下，无水甲醇与苯基亚磷酸酯进行酯交换反应可制取三甲基亚磷酸酯，收率可达 90%，苯酚或邻甲苯酚可循环使用。

⑤ 亚磷酰胺法 二甲胺先同三氯化磷反应生成亚磷酰胺，然后将醇与亚磷酰胺加热回流制取三烷基亚磷酸酯，如图 5-4 所示。

$$(CH_3)_2NH + PCl_3 \longrightarrow [(CH_3)_2N]_3P + HCl$$

$$[(CH_3)_2N]_3P + 3CH_3OH \longrightarrow (CH_3O)_3P + 3(CH_3)_2NH$$

图 5-4 亚磷酸三甲酯的酰胺置换合成反应法

⑥ 醇盐法 乙醇镁与三氯化磷反应可制取亚磷酸三乙酯，收率 60%。

$$(C_2H_5O)_2Mg + PCl_3 \longrightarrow (C_2H_5O)_3P + MgCl_2$$

也可以将二氧化碳通入乙醇钠溶液中，制成乙基碳酸钠，然后与三氯化磷反应制备亚磷酸乙酯，收率 70%。

$$C_2H_5ONa + CO_2 \longrightarrow C_2H_5NaCO_3$$

$$C_2H_5NaCO_3 + PCl_3 \longrightarrow (C_2H_5O)_3P + NaCl + CO_2$$

5.1.1.3 二烷氧基磷酰氯

（1）三氯氧磷和无水醇反应 三氯氧磷与无水醇在低温下脱去一分子氯化氢，生成一烷氧基磷酰二氯，如图 5-5 所示。

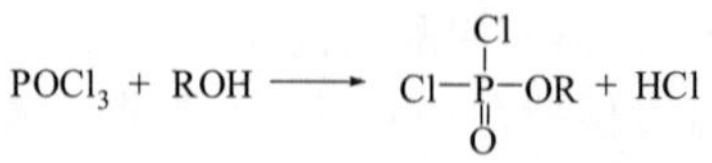

$$POCl_3 + ROH \longrightarrow Cl-\overset{\displaystyle Cl}{\underset{\displaystyle O}{P}}-OR + HCl$$

图 5-5 一烷氧基磷酰二氯的合成反应

如果将醇的用量增加至二摩尔，而且加入二摩尔缚酸剂，可得到二烷氧基磷酰氯，如图 5-6 所示。

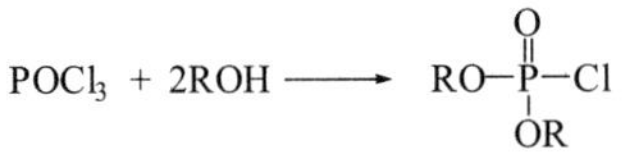

$$POCl_3 + 2ROH \longrightarrow RO-\overset{\overset{\displaystyle O}{\|}}{\underset{\underset{\displaystyle OR}{|}}{P}}-Cl$$

图 5-6　二烷氧基磷酰氯的合成反应

（2）二烷基亚磷酯氯化　二烷基亚磷酸酯氯化生成二烷基磷酰氯，该类反应中采用的氯化试剂的不同，反应情况各异，以下是代表性制备二乙氧基磷酰氯的方法：

① 最经济的氯气为氯化剂。

$$C_2H_5O-\overset{\overset{\displaystyle O}{\|}}{\underset{\underset{\displaystyle H}{|}}{P}}-OC_2H_5 + Cl_2 \longrightarrow C_2H_5O-\overset{\overset{\displaystyle O}{\|}}{\underset{\underset{\displaystyle Cl}{|}}{P}}-OC_2H_5 + HCl$$

② 以磺酰氯作为氯化剂。

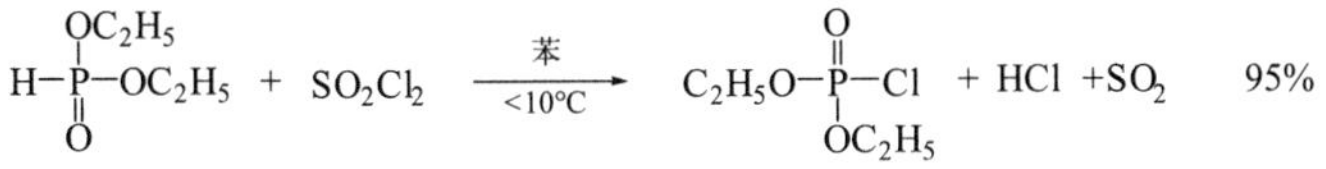

$$H-\overset{\overset{\displaystyle OC_2H_5}{|}}{\underset{\underset{\displaystyle O}{\|}}{P}}-OC_2H_5 + SO_2Cl_2 \xrightarrow[<10℃]{\text{苯}} C_2H_5O-\overset{\overset{\displaystyle O}{\|}}{\underset{\underset{\displaystyle OC_2H_5}{|}}{P}}-Cl + HCl + SO_2 \quad 95\%$$

③ 四氯化碳作为氯化剂。

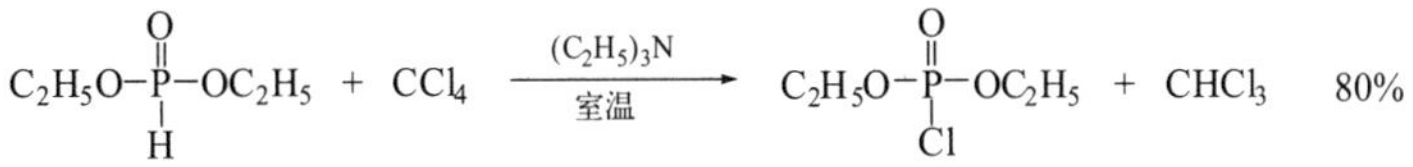

$$C_2H_5O-\overset{\overset{\displaystyle O}{\|}}{\underset{\underset{\displaystyle H}{|}}{P}}-OC_2H_5 + CCl_4 \xrightarrow[\text{室温}]{(C_2H_5)_3N} C_2H_5O-\overset{\overset{\displaystyle O}{\|}}{\underset{\underset{\displaystyle Cl}{|}}{P}}-OC_2H_5 + CHCl_3 \quad 80\%$$

④ N-氯代丁二酰亚胺作为氯化剂。

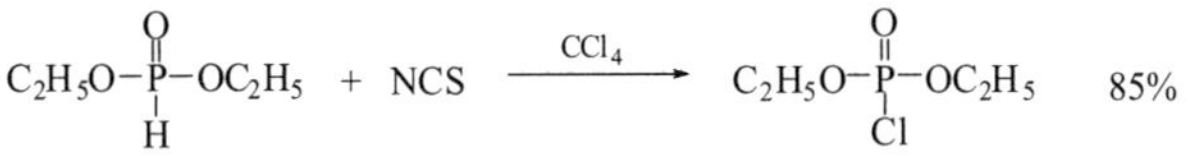

$$C_2H_5O-\overset{\overset{\displaystyle O}{\|}}{\underset{\underset{\displaystyle H}{|}}{P}}-OC_2H_5 + NCS \xrightarrow{CCl_4} C_2H_5O-\overset{\overset{\displaystyle O}{\|}}{\underset{\underset{\displaystyle Cl}{|}}{P}}-OC_2H_5 \quad 85\%$$

（3）三烷基亚磷酸酯的氯化　亚磷酸三乙酯通入氯气可得 80%收率的二乙氧基磷酰氯。亚磷酸三乙酯也可被三氯氧磷氯化生成二乙氧基磷酰氯。

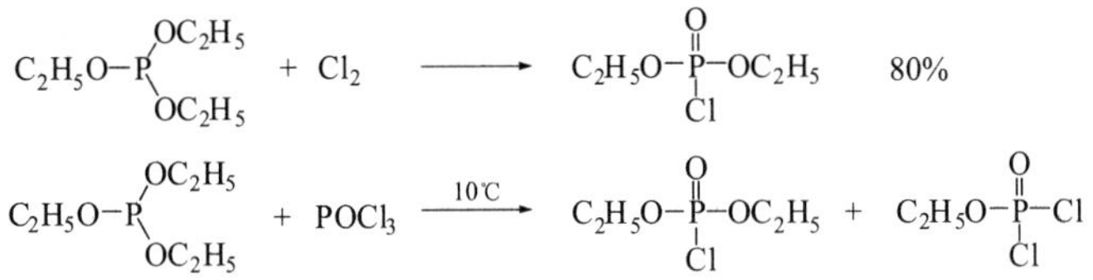

$$C_2H_5O-\overset{\overset{\displaystyle OC_2H_5}{|}}{\underset{\underset{\displaystyle OC_2H_5}{|}}{P}} + Cl_2 \longrightarrow C_2H_5O-\overset{\overset{\displaystyle O}{\|}}{\underset{\underset{\displaystyle Cl}{|}}{P}}-OC_2H_5 \quad 80\%$$

$$C_2H_5O-\overset{\overset{\displaystyle OC_2H_5}{|}}{\underset{\underset{\displaystyle OC_2H_5}{|}}{P}} + POCl_3 \xrightarrow{10℃} C_2H_5O-\overset{\overset{\displaystyle O}{\|}}{\underset{\underset{\displaystyle Cl}{|}}{P}}-OC_2H_5 + C_2H_5O-\overset{\overset{\displaystyle O}{\|}}{\underset{\underset{\displaystyle Cl}{|}}{P}}-Cl$$

5.1.1.4　二烷基二硫代磷酸酯

二烷基二硫代磷酸酯是合成二硫代磷酸酯类农药的重要中间体，又是酸性仲磷酸酯，可以生成各种金属盐，而且其钾盐、钠盐、铵盐均具有水溶性。

二烷基二硫代磷酸酯是一类不稳定、受热容易分解的化合物，而且分解产物很多，分解过程比较复杂。以二乙基二硫代磷酸酯为例，加热到 120℃时，开始脱去硫化氢，生成硫磷酸酐；到 220℃时，开始猛烈分解放出大量热和气体，以致发生爆炸现象。分解反应包括脱硫化氢、异构化、缩合等反应，分解产物有硫化氢、乙硫醇、二乙硫醚、磷酸酐、烯烃、偏磷酸酯和叔磷酸酯等。

二烷基二硫代磷酸酯可同卤代物发生缩合、与不饱和烃发生加成，与醛、酮的缩合是合成二硫代磷酸酯类农药的主要反应之一。

二烷基二硫代磷酸酯分子中的巯基（—SH），与硫醇相似，定量的双氧水、溴、氯气等氧化剂可以将他们氧化成相应的双-二硫物，如图5-7所示。

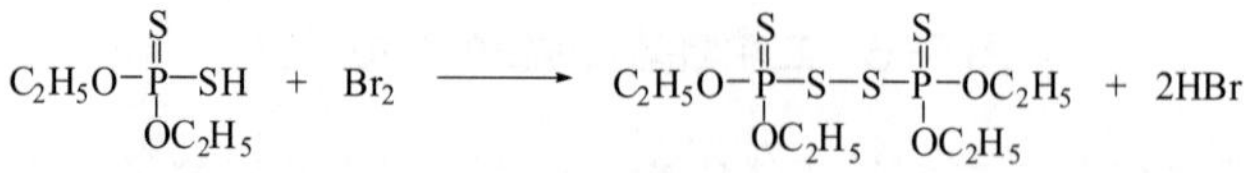

$$C_2H_5O-\overset{\overset{\displaystyle S}{\|}}{\underset{\underset{\displaystyle OC_2H_5}{|}}{P}}-SH \ + \ Br_2 \ \longrightarrow \ C_2H_5O-\overset{\overset{\displaystyle S}{\|}}{\underset{\underset{\displaystyle OC_2H_5}{|}}{P}}-S-S-\overset{\overset{\displaystyle S}{\|}}{\underset{\underset{\displaystyle OC_2H_5}{|}}{P}}-OC_2H_5 \ + \ 2HBr$$

图5-7　溴氧化二乙基二硫代磷酸酯为双-二硫物反应

二烷基二硫代磷酸酯也是一个还原剂，在碱性条件下，过量的碘可将它氧化成仲磷酸酯。该反应是20世纪50～70年代碘滴定法分析二硫代磷酸酯农药含量的原理，如图5-8所示。

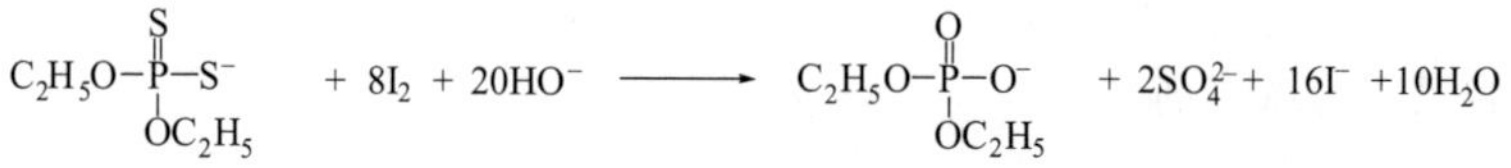

$$C_2H_5O-\overset{\overset{\displaystyle S}{\|}}{\underset{\underset{\displaystyle OC_2H_5}{|}}{P}}-S^- \ + \ 8I_2 \ + \ 20HO^- \ \longrightarrow \ C_2H_5O-\overset{\overset{\displaystyle O}{\|}}{\underset{\underset{\displaystyle OC_2H_5}{|}}{P}}-O^- \ + \ 2SO_4^{2-} + \ 16I^- \ + 10H_2O$$

图5-8　碘氧化二乙基二硫代磷酸酯反应

二烷基二硫代磷酸酯可以用相应的醇与五硫化二磷反应制得。

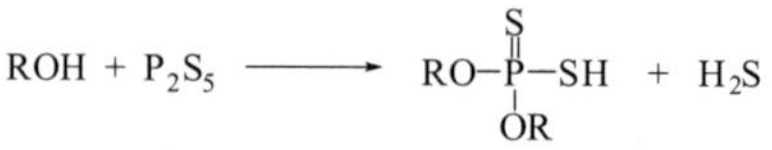

$$ROH \ + \ P_2S_5 \ \longrightarrow \ RO-\overset{\overset{\displaystyle S}{\|}}{\underset{\underset{\displaystyle OR}{|}}{P}}-SH \ + \ H_2S$$

该反应可以在无溶剂条件下进行，也可在苯或母液介质中进行。由于反应放热，反应开始不必加热，但需维持反应温度在70～80℃之间，反应后期温度可达90～95℃，而且反应期间尽量驱出生成的硫化氢气体。反应过程中如有水分的存在，可能会发生如下副反应：

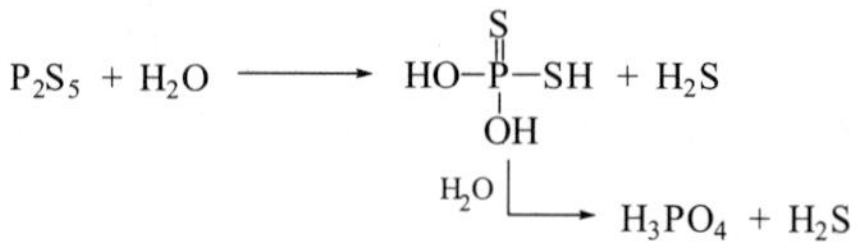

$$P_2S_5 \ + \ H_2O \ \longrightarrow \ HO-\overset{\overset{\displaystyle S}{\|}}{\underset{\underset{\displaystyle OH}{|}}{P}}-SH \ + \ H_2S$$
$$\overset{H_2O}{\longmapsto} \ H_3PO_4 \ + \ H_2S$$

反应得到的粗品经高真空处理脱出过量的醇和硫化氢后，进一步精制而得纯品。精制的通用方法是粗二烷基二硫代磷酸酯用稀碱中和成钠盐水溶液，分去油性杂质，然后酸化后得到产品，或者酸化溶液加溶剂提取后，脱溶，减压分馏。

粗制二烷基二硫代磷酸酯中约有10%～20%的水不溶物，通常称为中性油，中性油组成与数量同五硫化二磷质量密切相关。在合成二乙基二硫代磷酸酯过程中，中性油的主要组成见表5-4。

表5-4　二烷基二硫代磷酸酯中中性油组成

名称	结构	熔点或者沸点
乙硫醇	C_2H_5SH	—
二乙基硫代亚磷酸酯	$C_2H_5O-\overset{\overset{S}{\|}}{\underset{\underset{OC_2H_5}{\|}}{P}}-H$	沸点49℃（5mmHg）
三乙基硫代磷酸酯	$C_2H_5O-\overset{\overset{S}{\|}}{\underset{\underset{OC_2H_5}{\|}}{P}}-OC_2H_5$	沸点62～64℃（2mmHg）
三乙基二硫代磷酸酯	$C_2H_5O-\overset{\overset{S}{\|}}{\underset{\underset{OC_2H_5}{\|}}{P}}-SC_2H_5$	沸点87℃（5mmHg）

名称	结构	熔点或者沸点
四乙基三硫代焦磷酸酯	$\underset{OC_2H_5}{\underset{\|}{C_2H_5O-\overset{\overset{S}{\|}}{P}-S-\overset{\overset{S}{\|}}{P}-OC_2H_5}}$	沸点 88~90℃（2mmHg）
双(二乙基硫代磷酰)二硫化物	$\underset{OC_2H_5}{\underset{\|}{C_2H_5O-\overset{\overset{S}{\|}}{P}-S-S-\overset{\overset{S}{\|}}{P}-OC_2H_5}}$	沸点 170~172℃（2mmHg）
O-乙基-S,S 双(二乙基硫代磷酰)三硫代磷酸酯	$C_2H_5O-\overset{\overset{S}{\|}}{P}-S-\overset{\overset{S}{\|}}{P}-S-\overset{\overset{S}{\|}}{P}-OC_2H_5$	熔点 47℃

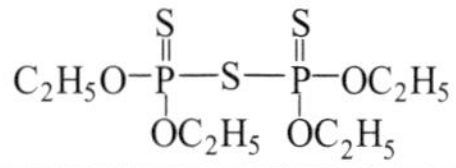

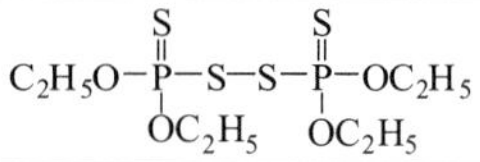

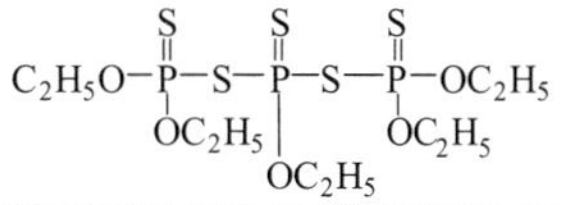

有机磷杀虫剂大量使用期间，对中性油的利用研究颇多，部分组分可以作为制备杀菌剂的原料，也有部分组分作为其他农药的溶剂。

二甲基二硫代磷酸酯和二乙基二硫代磷酸酯是最重要的两个中间体，它们都具有臭味，是易溶于水和有机溶剂的油状液体，具体物理性质见表 5-5。

表 5-5　二甲基二硫代磷酸酯和二乙基二硫代磷酸酯的物理性质

结构式	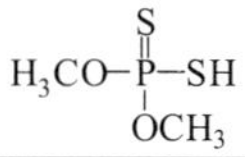 $\underset{OCH_3}{\underset{\|}{H_3CO-\overset{\overset{S}{\|}}{P}-SH}}$	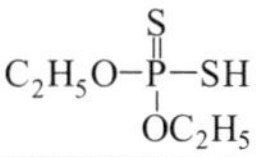 $\underset{OC_2H_5}{\underset{\|}{C_2H_5O-\overset{\overset{S}{\|}}{P}-SH}}$
沸点/℃（mmHg）	62~63（4.5）	80~82（3）
相对密度	1.2888	1.1654
折光率 n_D^{20}	1.5343	1.5707
镍盐		熔点 105℃
钾盐	熔点 113℃	熔点 157℃
铅盐		熔点 74℃

5.1.1.5　二烷基硫代磷酰氯

二烷基硫代磷酰氯是一硫代磷酸酯类、硫代磷酰胺类、硫代焦磷酸酯类农药的中间体。它的合成方法主要有以下四种。

（1）二烷基二硫代磷酸酯氯化法　二烷基二硫代磷酸酯可以被各种氯化试剂转化为相应的二烷基硫代磷酰氯，随着氯化试剂和反应条件的不同，反应收率各异，如图 5-9 所示。

$$\underset{OR}{\underset{\|}{RO-\overset{\overset{S}{\|}}{P}-SH}} + XCl \longrightarrow \underset{OR}{\underset{\|}{RO-\overset{\overset{S}{\|}}{P}-Cl}} + XSH$$

图 5-9　二烷基一硫代磷酰氯的合成反应

表 5-6　氯化试剂、反应温度和收率

氯化试剂	反应温度/℃	收率/%
氯气（Cl₂）	−20	80~90
一氯化硫（S₂Cl₂）	<70	78
二氯化硫（SCl₂）	−5	81
磺酰氯（SO₂Cl₂）	室温或加热	80
五氯化磷（PCl₅）	室温或加热	80~87

表 5-6 所示的氯化剂中，氯气是最经济和易得的氯化剂，与二乙基二硫代磷酸酯的反应，随反应温度不同产物各异。反应过程较为复杂，可能的反应过程如图 5-10 所示。

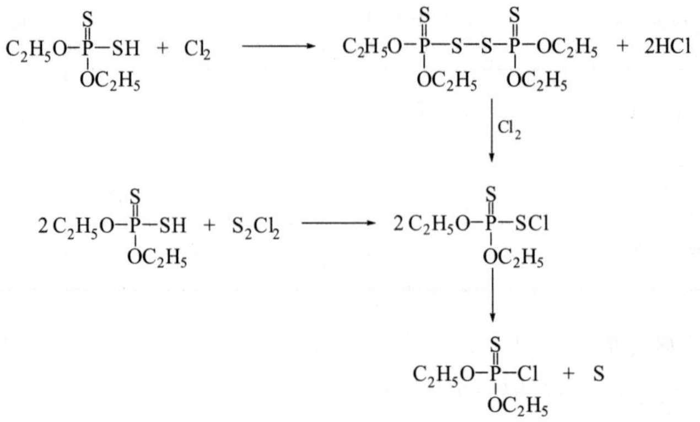

$$C_2H_5O-\overset{\underset{\displaystyle OC_2H_5}{|}}{\overset{\displaystyle S}{\overset{\|}{P}}}-SH \ + \ Cl_2 \longrightarrow C_2H_5O-\overset{\underset{\displaystyle OC_2H_5}{|}}{\overset{\displaystyle S}{\overset{\|}{P}}}-S-S-\overset{\underset{\displaystyle OC_2H_5}{|}}{\overset{\displaystyle S}{\overset{\|}{P}}}-OC_2H_5 \ + \ 2HCl$$

$$\downarrow Cl_2$$

$$2\,C_2H_5O-\overset{\underset{\displaystyle OC_2H_5}{|}}{\overset{\displaystyle S}{\overset{\|}{P}}}-SH \ + \ S_2Cl_2 \longrightarrow 2\,C_2H_5O-\overset{\underset{\displaystyle OC_2H_5}{|}}{\overset{\displaystyle S}{\overset{\|}{P}}}-SCl$$

$$\downarrow$$

$$C_2H_5O-\overset{\underset{\displaystyle OC_2H_5}{|}}{\overset{\displaystyle S}{\overset{\|}{P}}}-Cl \ + \ S$$

图 5-10　二乙基一硫代磷酰氯的合成反应

反应在 10~40℃进行时，有一氯化硫产生。一氯化硫本身也是氯化剂，因此氯气的实际用量为理论量的 80%左右较为合适。该条件下得到的二烷基硫代磷酰氯质量较好，收率可达 80%左右。缺点是产物后处理中，用水或碱洗脱除氯化硫会产生黏稠的硫黄，去除比较困难。

$$2S_2Cl_2 + 2H_2O \longrightarrow 3S + SO_2 + 4HCl$$

在 20℃以下，改用亚硫酸钠溶液处理，可以克服黏稠硫黄产生的弊端，如图 5-11 所示。

$$S_2Cl_2 + 2Na_2SO_3 \longrightarrow Na_2S_4O_6 + 2NaCl$$

$$2S_2Cl_2 + 3Na_2SO_3 + 2H_2O \longrightarrow 3Na_2S_4O_6 + 4HCl$$

图 5-11　一氯化硫与亚硫酸钠的反应

如果反应条件控制不当，则可能产生见表 5-7 中的一些杂质与副产物。

表 5-7　二乙基二硫代磷酰酯氯化反应中可能的副产物

副产物及杂质	沸点或熔点	产生原因
HCl		正常低温下产生
S_2Cl_2	沸点 40~45℃（15mmHg）	
S		氯化温度较高，但低于 70℃
SCl_2		
C_2H_5Cl	沸点 12.5℃	氯气过量
$C_2H_5O-\overset{\underset{\displaystyle Cl}{|}}{\overset{\displaystyle O}{\overset{\|}{P}}}-Cl$	沸点 64~65℃（60mmHg）	
$C_2H_5O-\overset{\underset{\displaystyle OC_2H_5}{|}}{\overset{\displaystyle S}{\overset{\|}{P}}}-S-\overset{\underset{\displaystyle OC_2H_5}{|}}{\overset{\displaystyle S}{\overset{\|}{P}}}-OC_2H_5$	沸点 88~89℃（2mmHg）	二烷基二硫代磷酸酯的氯化反应
$C_2H_5O-\overset{\underset{\displaystyle OC_2H_5}{|}}{\overset{\displaystyle S}{\overset{\|}{P}}}-S-S-\overset{\underset{\displaystyle OC_2H_5}{|}}{\overset{\displaystyle S}{\overset{\|}{P}}}-OC_2H_5$	沸点 170~172℃（2mmHg）	二烷基二硫代磷酸酯与二氯化硫或者氯气反应

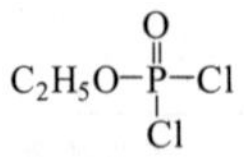

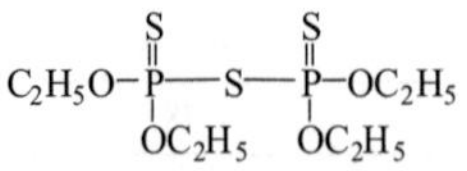

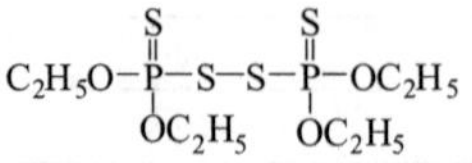

副产物及杂质	沸点或熔点	产生原因
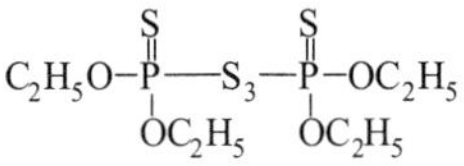 $C_2H_5O-\overset{\overset{S}{\parallel}}{\underset{\underset{OC_2H_5}{\vert}}{P}}-S_3-\overset{\overset{}{}}{\underset{\underset{OC_2H_5}{\vert}}{P}}-OC_2H_5$	熔点 72℃	10~15℃以下氯化反应
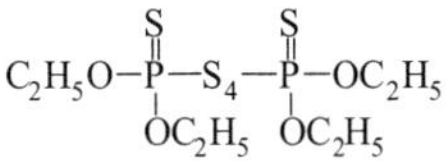 $C_2H_5O-\overset{\overset{S}{\parallel}}{\underset{\underset{OC_2H_5}{\vert}}{P}}-S_4-\overset{\overset{S}{\parallel}}{\underset{\underset{OC_2H_5}{\vert}}{P}}-OC_2H_5$	熔点 43℃	一氯化硫与二硫代磷酸二烷基酯的作用

（2）三氯硫磷与醇反应　在缚酸剂存在下，三氯硫磷的三个氢原子被烷氧基逐步取代，分别生成一氯化物、二氯化物和三烷基酯。乙醇与三氯硫磷反应的中间体与产物的物理常数列于表 5-8。控制反应的投料比和选择不同的缚酸剂，可以得到一氯化物、二氯化物和三烷基酯。

表 5-8　一氯化物、二氯化物和三烷基酯的物理常数

成分	结构式	沸点/℃（mmHg）	折光率（25℃）
二氯化物	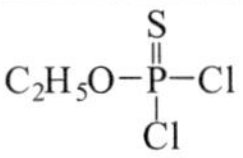 $C_2H_5O-\overset{\overset{S}{\parallel}}{\underset{\underset{Cl}{\vert}}{P}}-Cl$	68（20）	1.5030
一氯化物	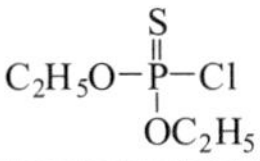 $C_2H_5O-\overset{\overset{S}{\parallel}}{\underset{\underset{OC_2H_5}{\vert}}{P}}-Cl$	95（20）	1.4684
三烷基酯	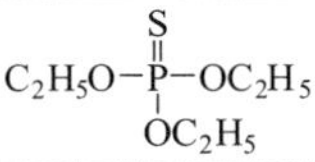 $C_2H_5O-\overset{\overset{S}{\parallel}}{\underset{\underset{OC_2H_5}{\vert}}{P}}-OC_2H_5$	105（20）	1.4552

在没有缚酸剂存在下，三氯硫磷与醇反应，仅一个氯原子可被烷氧基取代得到烷基硫代磷酰二氯，如图 5-12 所示。

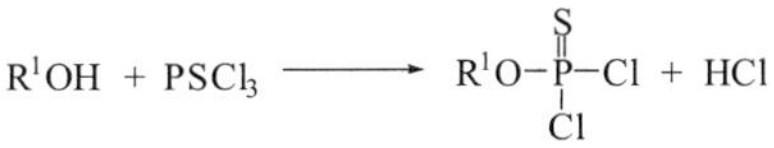

$$R^1OH + PSCl_3 \longrightarrow R^1O-\overset{\overset{S}{\parallel}}{\underset{\underset{Cl}{\vert}}{P}}-Cl + HCl$$

图 5-12　烷基硫代磷酰二氯的合成反应

例如：无水甲醇或乙醇与三氯硫磷在 10℃左右反应仅生成甲基或乙基硫代磷酰二氯。

在缚酸剂存在下，过量醇与烷基硫代磷酰二氯反应得到二烷基硫代磷酰氯，如图 5-13 所示。

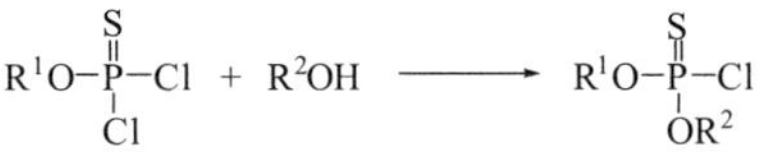

$$R^1O-\overset{\overset{S}{\parallel}}{\underset{\underset{Cl}{\vert}}{P}}-Cl + R^2OH \longrightarrow R^1O-\overset{\overset{S}{\parallel}}{\underset{\underset{OR^2}{\vert}}{P}}-Cl$$

图 5-13　二烷基硫代磷酰氯的合成反应

缚酸剂可选用钙镁氧化物、碳酸钾或钠、氢氧化物、吡啶或甲基吡啶、二甲基苯胺等，其中氢氧化钠存在下三氯硫磷与醇反应制备二烷基磷酰氯的方法称为醇碱法，也是工业上常用的方法。

二乙基硫代磷酰氯是有机磷农药合成中的重要中间体，可以通过乙醇和三氯硫磷反应得到。该反应是猛烈的放热反应，需要根据使用的缚酸剂和期望的产品，控制反应温度。

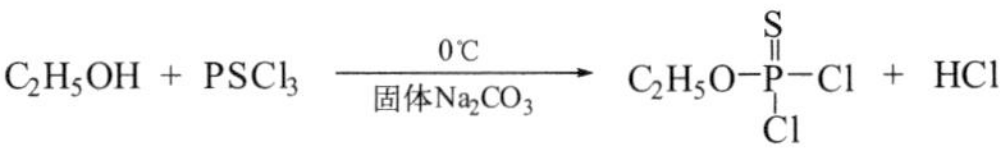

$$C_2H_5OH + PSCl_3 \xrightarrow[\text{固体Na}_2\text{CO}_3]{0℃} C_2H_5O-\overset{\overset{S}{\parallel}}{\underset{\underset{Cl}{\vert}}{P}}-Cl + HCl$$

$$\text{C}_2\text{H}_5\text{O}-\overset{\overset{\text{S}}{\|}}{\underset{\underset{\text{Cl}}{|}}{\text{P}}}-\text{Cl} \ + \ \text{C}_2\text{H}_5\text{OH} \ \xrightarrow[\text{固体NaOH}]{-10℃} \ \text{C}_2\text{H}_5\text{O}-\overset{\overset{\text{S}}{\|}}{\underset{\underset{\text{OC}_2\text{H}_5}{|}}{\text{P}}}-\text{Cl}$$

高温及碱性条件下，容易发生硫代磷酰二氯和硫代磷酰氯同水的副反应。因此，必须严格控制反应温度，收率一般会达到88%～91%。

$$\text{C}_2\text{H}_5\text{O}-\overset{\overset{\text{S}}{\|}}{\underset{\underset{\text{OC}_2\text{H}_5}{|}}{\text{P}}}-\text{Cl} \ + \ \text{H}_2\text{O} \ \longrightarrow \ \text{C}_2\text{H}_5\text{O}-\overset{\overset{\text{S}}{\|}}{\underset{\underset{\text{OC}_2\text{H}_5}{|}}{\text{P}}}-\text{OH} \ + \ \text{HCl}$$

$$\text{C}_2\text{H}_5\text{O}-\overset{\overset{\text{S}}{\|}}{\underset{\underset{\text{Cl}}{|}}{\text{P}}}-\text{Cl} \ + \ \text{H}_2\text{O} \ \longrightarrow \ \text{C}_2\text{H}_5\text{O}-\overset{\overset{\text{S}}{\|}}{\underset{\underset{\text{OH}}{|}}{\text{P}}}-\text{OH} \ + \ \text{HCl}$$

甲醇与三氯硫磷反应制备二甲基硫代磷酰氯，可用40%氢氧化钠溶液为缚酸剂，收率优于合成二乙基硫代磷酸氯的反应。

$$\text{CH}_3\text{OH} \ + \ \text{PSCl}_3 \ \longrightarrow \ \text{H}_3\text{CO}-\overset{\overset{\text{S}}{\|}}{\underset{\underset{\text{Cl}}{|}}{\text{P}}}-\text{Cl} \ \xrightarrow[\text{CH}_3\text{OH}]{40\% \ \text{NaOH}} \ \text{H}_3\text{CO}-\overset{\overset{\text{S}}{\|}}{\underset{\underset{\text{OCH}_3}{|}}{\text{P}}}-\text{Cl}$$

（3）三氯硫磷与醇盐反应　三氯硫磷与醇钠或醇镁反应合成二烷基硫代磷酰氯的方法，称为醇盐法。该方法是制备高质量二烷基硫代磷酰氯的方法之一，也被工业生产所采用。

在(0±2)℃下，乙醇钠与三氯硫磷在苯、甲苯或乙醇钠的乙醇溶液中反应，制备二乙基硫代磷酰氯，收率可达90%。

$$2\text{C}_2\text{H}_5\text{ONa} \ + \ \text{PSCl}_3 \ \longrightarrow \ \text{C}_2\text{H}_5\text{O}-\overset{\overset{\text{S}}{\|}}{\underset{\underset{\text{OC}_2\text{H}_5}{|}}{\text{P}}}-\text{Cl} \ + \ 2\text{NaCl}$$

乙醇钠可由乙醇和氢氧化钠反应，与苯共沸脱水方法制取。

$$\text{C}_2\text{H}_5\text{OH} \ + \ \text{NaOH} \ \longrightarrow \ \text{C}_2\text{H}_5\text{ONa} \ + \ \text{H}_2\text{O}$$

三氯硫磷与乙醇镁反应也可制取二乙基硫代磷酰氯。

$$(\text{C}_2\text{H}_5\text{O})_2\text{Mg} \ + \ \text{PSCl}_3 \ \longrightarrow \ \text{C}_2\text{H}_5\text{O}-\overset{\overset{\text{S}}{\|}}{\underset{\underset{\text{OC}_2\text{H}_5}{|}}{\text{P}}}-\text{Cl} \ + \ \text{MgCl}_2$$

控制反应温度在-5℃左右,甲醇钠的甲醇溶液与三氯硫磷反应可制备二甲基硫代磷酰氯，收率达99%。

（4）二烷基二硫代磷酸酯与氯化氢反应　在乙腈存在下，二乙基二硫代磷酸酯与氯化氢反应制备二乙基硫代酰氯。

$$\text{C}_2\text{H}_5\text{O}-\overset{\overset{\text{S}}{\|}}{\underset{\underset{\text{OC}_2\text{H}_5}{|}}{\text{P}}}-\text{SH} \ + \ \text{CH}_3\text{CN} \ + \ \text{HCl} \ \longrightarrow \ \text{C}_2\text{H}_5\text{O}-\overset{\overset{\text{S}}{\|}}{\underset{\underset{\text{OC}_2\text{H}_5}{|}}{\text{P}}}-\text{Cl} \ + \ \text{H}_3\text{C}-\overset{\overset{\text{S}}{\|}}{\text{C}}-\text{NH}_2$$

（5）三烷基硫代磷酸酯氯化反应　三乙基硫代磷酸酯与五氯化磷进行氯化反应制取二乙基硫代磷酰氯。

$$\text{C}_2\text{H}_5\text{O}-\overset{\overset{\text{S}}{\|}}{\underset{\underset{\text{OC}_2\text{H}_5}{|}}{\text{P}}}-\text{SC}_2\text{H}_5 \ + \ \text{PCl}_5 \ \longrightarrow \ \text{C}_2\text{H}_5\text{O}-\overset{\overset{\text{S}}{\|}}{\underset{\underset{\text{OC}_2\text{H}_5}{|}}{\text{P}}}-\text{Cl} \ + \ \text{POCl}_3 \ + \ \text{C}_2\text{H}_5\text{Cl}$$

二乙基硫代磷酰氯和二甲基硫代磷酰氯是合成硫代磷酸酯类农药的两个重要中间体。它们都是无色油状液体，都易溶于有机溶剂，难溶于水，但能发生水解反应，如图 5-14 所示。二甲基硫代磷酰氯沸点为 55～56℃（10mmHg）。

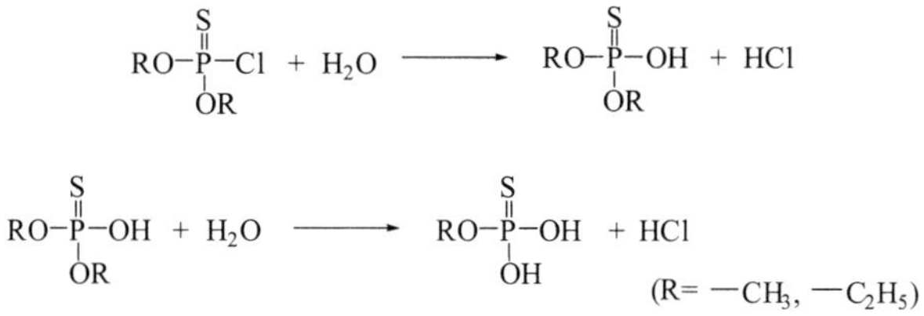

$$RO-\overset{\overset{\displaystyle S}{\|}}{\underset{\underset{\displaystyle OR}{|}}{P}}-Cl + H_2O \longrightarrow RO-\overset{\overset{\displaystyle S}{\|}}{\underset{\underset{\displaystyle OR}{|}}{P}}-OH + HCl$$

$$RO-\overset{\overset{\displaystyle S}{\|}}{\underset{\underset{\displaystyle OR}{|}}{P}}-OH + H_2O \longrightarrow RO-\overset{\overset{\displaystyle S}{\|}}{\underset{\underset{\displaystyle OH}{|}}{P}}-OH + HCl$$

$(R= —CH_3, —C_2H_5)$

图 5-14　二甲基硫代磷酰氯或者二乙基硫代磷酰氯与水的反应

常温下，二乙基硫代磷酰氯的水解作用很慢，而二甲基硫代磷酰氯较快。在高温或碱性条件下，水解速度加快。

5.1.2　苯硫磷、地虫磷、乙虫磷的合成

苯硫磷、地虫磷、乙虫磷等属于膦酸酯类杀虫剂，其结构通式如图 5-15 所示。

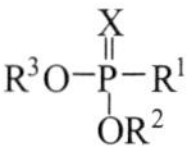

$$R^3O-\overset{\overset{\displaystyle X}{\|}}{\underset{\underset{\displaystyle OR^2}{|}}{P}}-R^1$$

（X=O,S；R^1=烷基、芳基、酰基；R^2,R^3=烷基、芳基等）

图 5-15　膦酸酯类有机磷农药的结构通式

膦酸酯类杀虫剂农药的化学性质比较稳定，相关的主要产品及其物理性质列于表 5-9。

表 5-9　膦酸酯类杀虫剂

名称	结构式	纯品状态	熔点或者沸点	用途
敌百虫	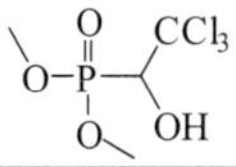	无色结晶	熔点 83～84℃	杀虫剂
丁酯磷	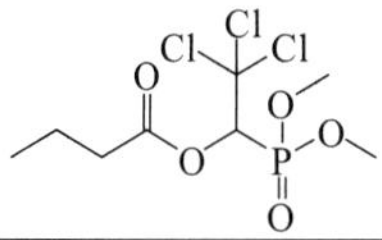	无色油状液体	沸点 112～114℃（0.03mmHg）	杀虫剂
毒土磷	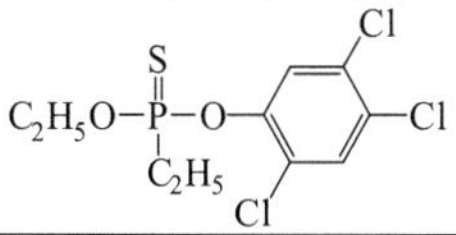	琥珀色液体	沸点 108℃（0.01mmHg）	杀虫剂
伊比磷	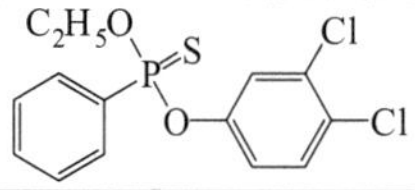	黄色油状液体	沸点 175℃（0.04mmHg）	杀螨剂
碘苯磷	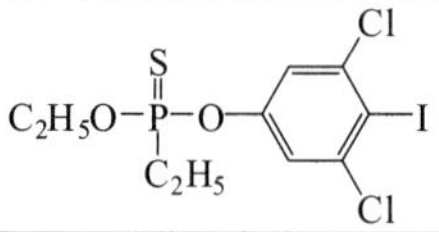	固体	熔点 60～61℃	杀虫杀螨剂
地虫磷	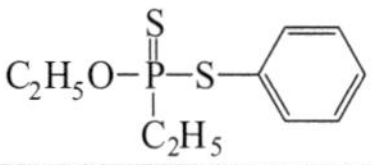	浅黄色液体	沸点 130℃（0.1mmHg）	杀虫剂

烷基膦酰氯或者烷基硫代磷酰氯进一步同其他原料反应，得到相关膦酸酯杀虫剂。

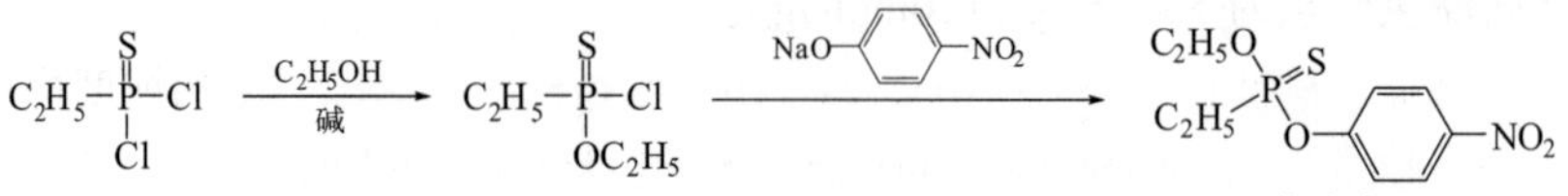

烷基膦酰氯可通过克莱-金尼尔-佩林反应合成，该反应已在除草活性化合物合成中介绍，也可以合成烷基硫代磷酰氯中间体。

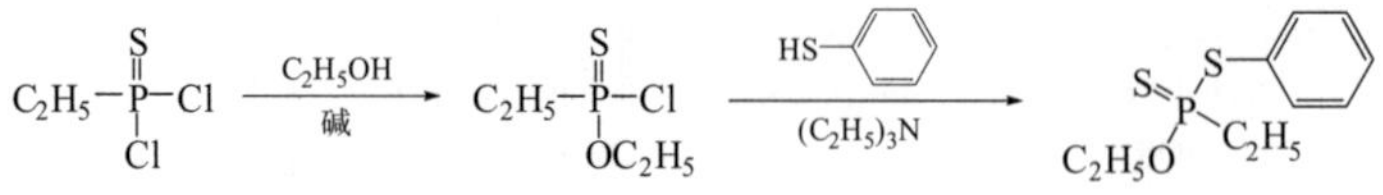

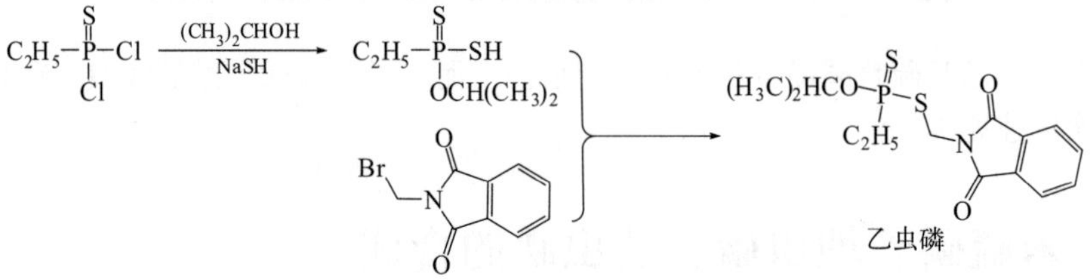

5.1.3 敌百虫的合成

敌百虫亦是膦酸酯类杀虫剂，其可以通过制备 α-羟基烷基膦酸的类似反应合成。醛类与三氯化磷在醋酸或醋酐中反应（即科南特氯甲基化反应），中间产物然后经水解，可制得 α-羟基烷基膦酸，如图 5-16 所示。

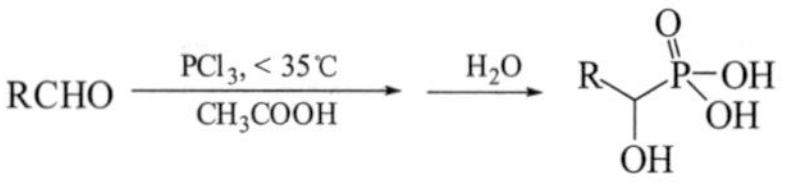

图 5-16 α-羟基烷基膦酸的合成反应

二烷基亚膦酸酯亦含有活泼氢，也可以与羰基化合物醛或酮进行加成反应，得到二烷基-α-羟基烃基膦酸酯。特别是当羰基化合物的 α-碳原子连有吸电子基团时更容易发生阿布拉莫夫（Abramov）磷酸化反应。脂肪族、脂环族和芳香族的羰基化合物皆能发生此类反应，如图 5-17 所示。

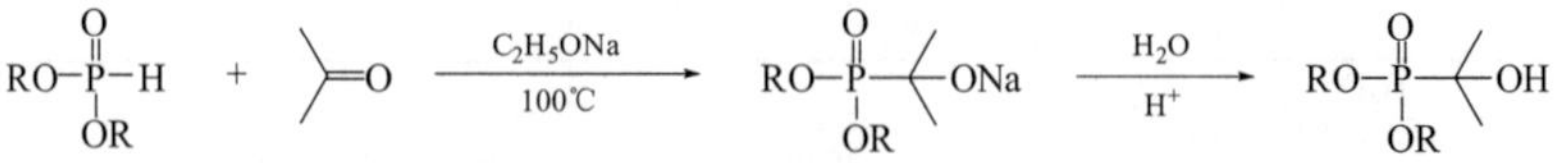

图 5-17 阿布拉莫夫（Abramov）磷酸化反应

二甲基亚磷酸酯与三氯乙醛加成生成敌百虫，属于典型的亲核加成反应。

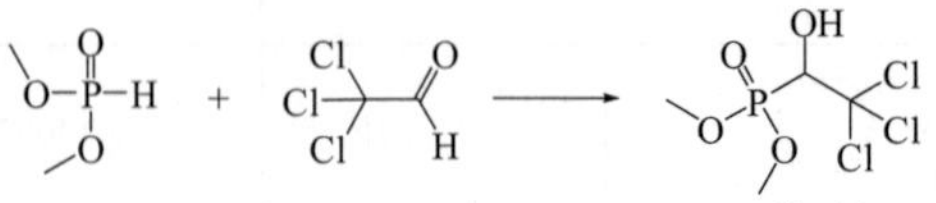

敌百虫

三氯乙醛的羰基碳原子受到三氯甲基强烈诱导效应影响而显贫电性，亚磷酸二甲酯的磷原子上的孤对电子是活泼的亲核体，二者之间的反应极易发生。例如，将三氯乙醛预热到 90℃，逐步加入二甲基亚磷酸酯并于 90～110℃反应 1h，得到相应产品的收率和纯度均在 90%。

工业上制备敌百虫的方法是先将三氯乙醛和甲醇混合，然后滴加三氯化磷的一步连续合成法。加入三氯化磷时温度需要控制在 25～35℃，并在真空下脱去副产物氯化氢和氯甲烷，终温为 115℃，收率可达 90%左右。其反应过程大致如图 5-18 所示。

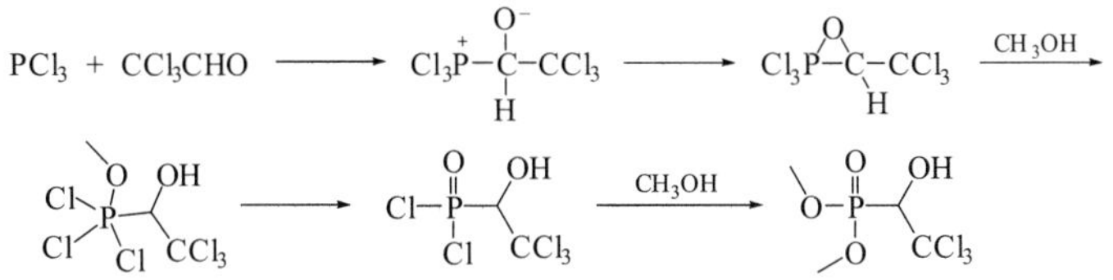

图 5-18 敌百虫的工业合成路线

亚磷酸二烷基酯除可与羰基加成外，还可与吸电子基团相连的双键发生亲核加成反应，如图 5-19 和图 5-20 所示。

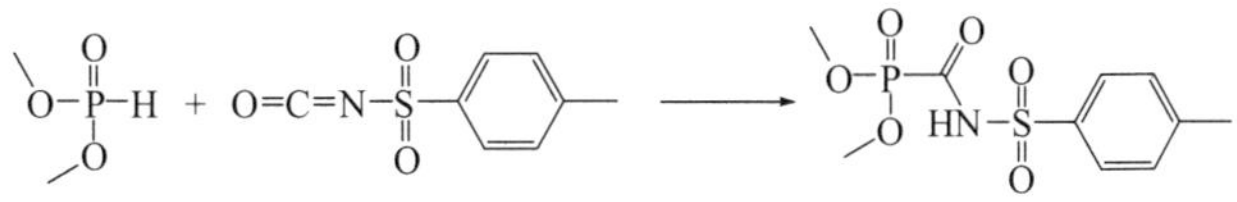

图 5-19 二甲基亚磷酸酯与异氰酸酯的加成反应

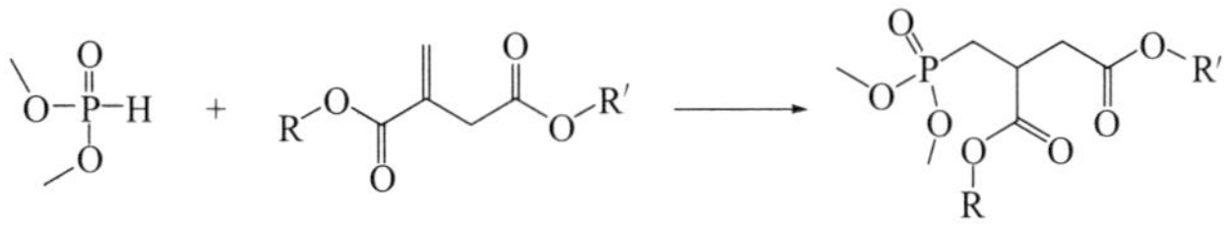

图 5-20 二甲基亚磷酸酯与共轭双键的加成反应

5.1.4 敌敌畏的合成

敌敌畏属于磷酸酯类杀虫剂。磷酸酯类杀虫剂是仅含有磷氧键（P—O）化合物，即正磷酸酯化产物。其通式如图 5-21 所示。

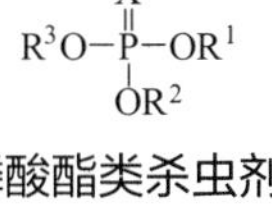

$$R^3O-\overset{\overset{X}{\|}}{\underset{\underset{OR^2}{|}}{P}}-OR^1$$

图 5-21 磷酸酯类杀虫剂的结构通式

磷酸酯类结构相对比较稳定，但遇碱水易发生水解。磷氧碳（P—O—C）键水解时，亲核基团可以进攻磷原子，使磷氧（P—O）键断开；也可以进攻碳原子，使碳氧（C—O）键断开。

5.1.3 中合成的 α-羟基烷基膦酸酯经过重排反应合成磷酸酯，典型实例是敌百虫在碱的作用下合成敌敌畏。

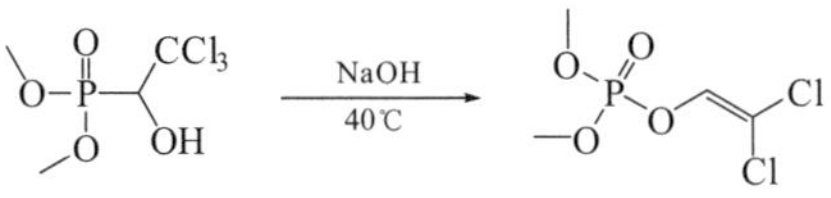

在碱的作用下，羟基失去一个质子，随后中间产物分子中带负电荷的氧原子对磷原子进

行亲核进攻而生成产物敌敌畏。

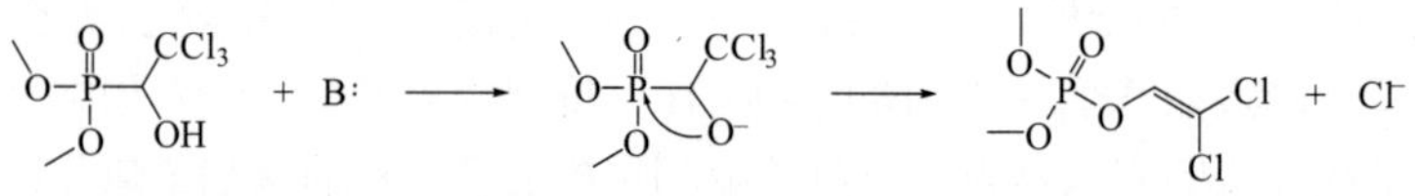

敌百虫脱去氯化氢亦可合成敌敌畏，但收率不高，主要原因是生成产物的同时，一部分敌敌畏容易被碱水解。

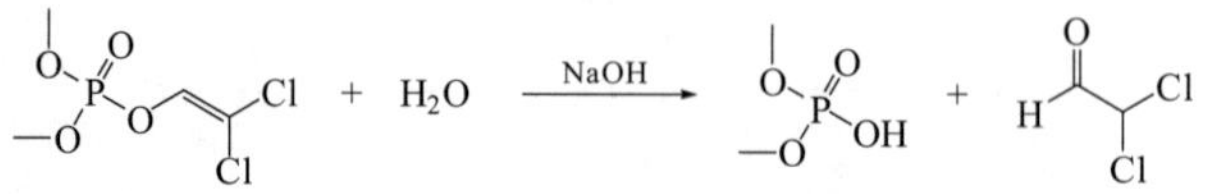

为了遏制该副反应发生，可采用"双溶剂法"。即在敌百虫水溶液中加入苯等有机溶剂，利用敌百虫和敌敌畏在水中和苯中分配系数不同（敌百虫在苯/水中分配系数为 0.077，敌敌畏为 5.5），生成的敌敌畏即时转入有机层，减少同碱的接触，收率可提高到 80%以上。

工业上碱解敌百虫合成敌敌畏的示例工艺条件：将敌百虫配成 25%左右的水悬液，加入一定量有机溶剂和无机碱［加入量为敌百虫的 1.4 倍（物质的量之比），浓度 25%］，然后于 20~60℃反应 10min。另有文献介绍采用相转移催化剂的方法可提高敌百虫合成敌敌畏的转化率和收率。

敌敌畏的两个衍生物也是杀虫剂。

其一：二溴磷，敌敌畏与溴加成的产物。

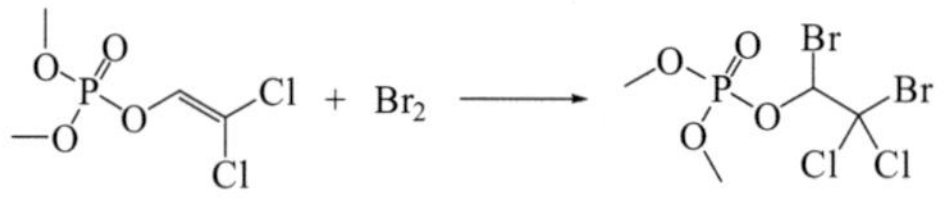

其二：敌敌钙，*O*-甲基-*O*′-(2,2-二氯乙烯基)磷酸钙和两个敌敌畏分子的络合物，合成包括成盐、络合两步反应：

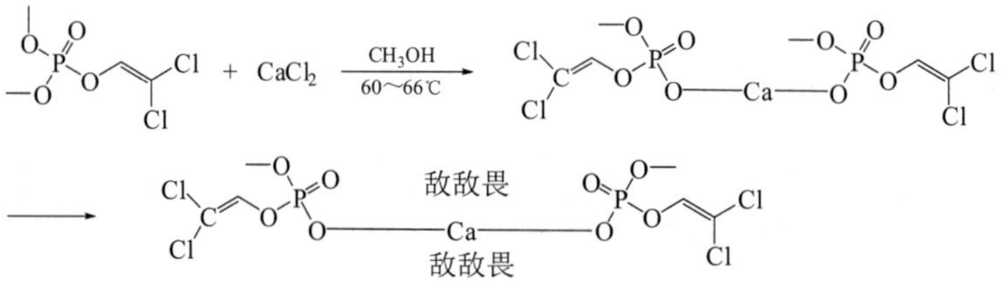

5.1.5　毒死蜱的合成

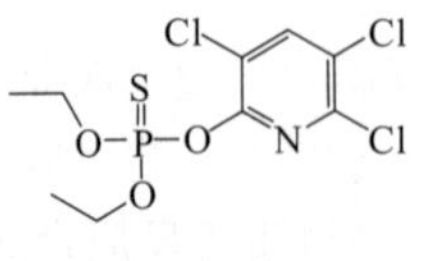

毒死蜱是一种高效和广谱的含氮杂环类有机磷杀虫杀螨剂，具有毒性较低、持效期长等特点，对地上地下害虫同样高效。从该产品的结构分析，通过两个中间体 *O,O*-二乙氧基硫代磷酰氯和 3,5,6-三氯-2-吡啶酚之间的酯化反应可得到该产品，其中 *O,O*-二乙氧基硫代磷酰氯已在 5.1.1.5 部分介绍。

5.1.5.1　3,5,6-三氯-2-吡啶酚

3,5,6-三氯-2-吡啶酚的合成主要有两条路线：

（1）吡啶氯化路线　高温下催化氯化吡啶为五氯吡啶，继而锌粉还原脱去 4-位的氯原子，再对生成的四氯吡啶水解得到三氯吡啶醇钠。

该法反应路线短，条件控制适当可以得到高纯度的产品，"三废"少。但是氯化时需要高温，如果控制不当，难以氯化完全而且产生非需要的四氯吡啶、吡啶酚异构体等杂质，该路线在国内已实现了工业化。

（2）三氯乙酰氯的环合路线　原料三氯乙酰氯同丙烯腈加成生成 2,2,4-三氯-4-氰基丁酰氯，然后在无水酸存在下，100℃加压环合产生中间体 3,3,5,6-四氯-3,4-二氢吡啶-2-酮，接着在氢氧化钠作用下，脱去氯化氢并芳构化得到 3,5,6-三氯-2-吡啶酚钠。

该路线原料价格便宜、易得，工艺无特殊要求，操作简单，适合于工业化生产，国内普遍采用该路线生产 3,5,6-三氯-2-吡啶酚钠。但是该路线也存在生产过程中产生大量高浓度含盐废水、处理难度大、费用高等问题。

5.1.5.2　毒死蜱

毒死蜱多条合成路线的原理基本相同，即 3,5,6-三氯-2-吡啶酚钠与 O,O-二乙基硫代磷酰氯缩合生成目标产物。

由于 3,5,6-三氯-2-吡啶酚钠具有水溶性，而 O,O-二乙基硫代磷酰氯具有脂溶性，反应最初在有机溶剂中进行，逐渐发展到在双溶剂中反应，目前使用较多的是水相法。反应在有机溶剂和双溶剂中进行，可以抑制硫代磷酰氯的水解，但是需要消耗大量的有机溶剂，以及后处理产生大量的废水。水相法中，通过严格控制反应温度、反应时间、反应的 pH 值以及表面活性剂、催化剂的使用等不仅能抑制 O,O-二乙基硫代磷酰氯的水解，而且使 O,O-二乙基硫代磷酰氯均匀分散在反应体系，实现 3,5,6-三氯-2-吡啶酚钠与 O,O-二乙基硫代磷酰氯缩合得到高收率和高纯度毒死蜱的目的。因而，水相法是目前生产毒死蜱的主流工艺。

5.1.6　马拉硫磷的合成

见 3.1.2.7 节中二烷基二硫代磷酸酯和马来酸二乙酯的加成。

5.1.7 乙酰甲胺磷的合成

合成该产品的主要原料 *O,O*-二甲基硫代磷酰氯，先同氨水反应得到 *O,O*-二甲基硫代磷酰胺，然后通过两种方法生成乙酰甲胺磷分子（图 5-22）。

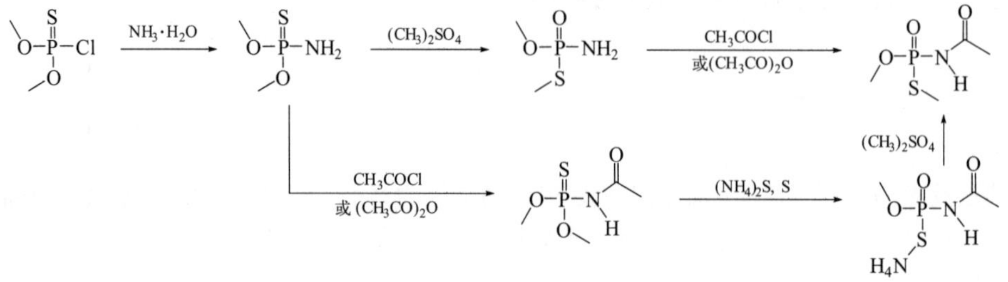

图 5-22　乙酰甲胺磷的合成路线

（1）先转位法　在硫酸二甲酯的作用下，*O,O*-二甲基硫代磷酰胺进行转位得到 *O,S*-二甲基磷酰胺（甲胺磷），然后乙酰氯或者乙酸酐对甲胺磷的氨基进行乙酰化得到乙酰甲胺磷。

（2）后转位法　乙酰氯或者乙酸酐对 *O,O*-二甲基硫代磷酰胺先进行乙酰化，然后再在硫化铵和硫作用下转位生成硫代磷酸铵，接着进行硫酸二甲酯甲基化得到乙酰甲胺磷。后转位法工艺较为复杂，但是粗产品含量较高，易于提纯，工业上生产以该路线为主。

思考题：为什么后转位法得到的乙酰甲胺磷易于提纯？

5.2　氨基甲酸酯类杀虫剂

1864 年发现西非的蔓生豆科植物毒扁豆中含有剧毒物质毒扁豆碱，1925 年确定其结构，20世纪 40 年代确认其作用于靶标生物的胆碱酯酶，并发现氨基甲酸酯是其主要的活性结构骨架。

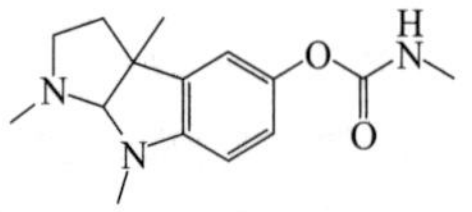

毒扁豆碱

20 世纪 40 年代后基于氨基甲酸酯骨架发现了首个人工合成的氨基甲酸酯杀虫剂甲萘威，接着发现抗蚜威、克百威、丁硫克百威、灭多威、硫双灭多威等杀虫剂产品。

5.2.1　氨基甲酸酯的结构与性质及合成

5.2.1.1　氨基甲酸酯的结构与性质

氨基甲酸酯是氨基甲酸，或者碳酸单酰胺的衍生物。游离的氨基甲酸不稳定，自动分解为氨和二氧化碳, 但是其盐或者酯却很稳定, 而且氮原子上的两个氢原子可被烷基或者芳基取代。

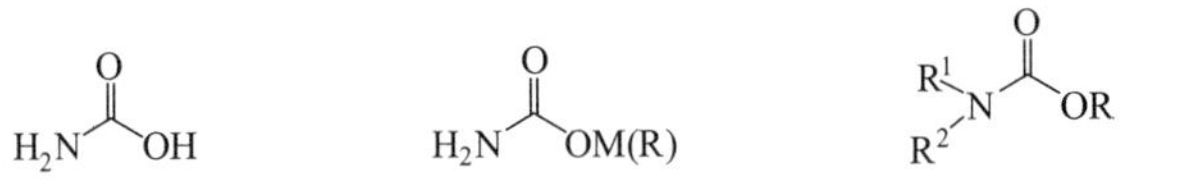

氨基甲酸　　　　　　氨基甲酸酯或盐　　　　　氨基甲酸酯杀虫剂

氨基甲酸酯的结构中既含有酯基, 又含有酰胺键, 氮原子单取代氨基甲酸酯类化合物可以通过伯氨和光气反应得到活泼中间体异氰酸酯, 然后异氰酸酯和醇类化合物反应得到氨基甲酸酯 (图 5-23)。同时该类结构易受光照降解、受热分解, 易被空气氧化, 而且在碱性介质中不稳定。

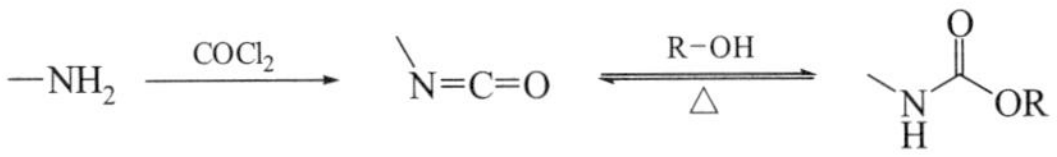

图 5-23　氨基甲酸酯的合成路线

5.2.1.2　光气的性质及制备

光气, 也称为碳酰氯, 是非常活泼的亲电试剂, 且容易水解, 也是剧烈窒息性毒气, 高浓度吸入可致肺水肿。

实验室可采用四氯化碳与发烟硫酸反应制取光气。将四氯化碳加热至 $55 \sim 60\,℃$, 滴加入发烟硫酸, 即发生反应逸出光气。如需使用液态光气, 可将生成的光气加以冷凝。

$$SO_3 + CCl_4 \xrightarrow{55 \sim 60\,℃} SO_2Cl_2 + COCl_2$$

工业上通常采用一氧化碳与氯气的反应制备光气, 该反应是一个强烈的放热反应。加热装有活性炭和水冷却夹套的合成器至温度 $200\,℃$ 左右, 将干燥的一氧化碳与氯气的混合气从合成器上部通入, 经过活性炭层后, 很快转化为光气。为了获得高质量的光气和减少设备的腐蚀, 一氧化碳和氯气需要彻底混合, 且应保持一氧化碳适当过量。

$$CO + Cl_2 \longrightarrow COCl_2$$

光气在室温下为气体, 使用、储存和运输不方便。基于其容易同醇进行氧酰化反应 (亦称酯化反应), 可将其转化成方便储存和运输的液态光气 (双光气, 氯甲酸三氯甲酯) 和固态光气 [三光气, 双 (三氯甲基) 碳酸酯]。

双光气, 氯甲酸三氯甲酯　　　　　　三光气, 双 (三氯甲基) 碳酸酯

固体光气和液体光气在有机溶剂中被有机碱分解释放出光气, 然后同不同的原料反应, 可合成氯甲酸酯、异氰酸酯、聚碳酸酯和酰氯等。固体光气和液体光气使用安全方便、反应条件温和、得到的产物收率高。

5.2.1.3　异氰酸酯的性质

异氰酸酯

异氰酸酯属于累积二烯烃或者连烯烃结构，化学性能十分活泼，容易发生如下反应：

（1）可与多元醇、聚醚、聚酯酰胺、蓖麻油等含活性羟基的化合物反应生成氨基甲酸酯。

（2）与胺类（或者含氨基）化合物反应通常生成取代脲，如果进一步发生反应则可生成缩二脲。

（3）与水反应生成胺和二氧化碳，胺进一步与异氰酸酯反应生成取代脲。

（4）与有机羧酸、末端为羧基的聚酯等化合物反应，先生成混合酸酐，最后分解放出二氧化碳而生成酰胺。

（5）与氨基甲酸酯反应生成脲基甲酸酯。

此外，异氰酸酯在适当的条件下亦可以发生自聚反应，形成二聚体或高分子量的聚合物，因此异氰酸酯一般要求在低温、无光照条件下储存。

5.2.1.4 异氰酸酯的制备

（1）氨基甲酰氯法合成 利用热平衡，使氨基甲酰氯脱去氯化氢，如图 5-24 所示。例如将氨基甲酰氯溶于氯仿、甲苯或者四氯化碳等惰性溶剂中加热回流，移去生成的氯化氢或者以三乙胺为缚酸剂均可制取异氰酸酯。

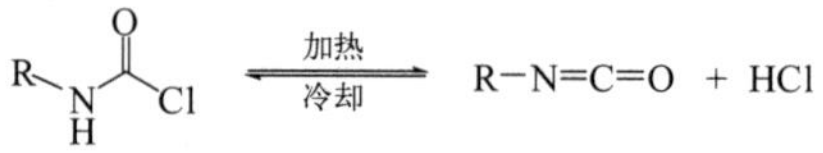

图 5-24　异氰酸酯的合成反应（一）

（2）光气法 光气与伯胺以等物质的量比进行高温气相反应，并在适当温度下移走氯化氢生成异氰酸酯类化合物，如图 5-25 所示。

图 5-25　异氰酸酯的合成反应（二）

（3）库尔修斯反应 在温和加热条件下，溶解在苯或者氯仿中的酰基叠氮失去一分子氮气形成氮烯自由基，然后经过烷基的亲电重排生成异氰酸酯。该反应称为库尔修斯（Curtius）重排反应，酰基叠氮可由酰氯和叠氮化钠制备，如图 5-26 所示。

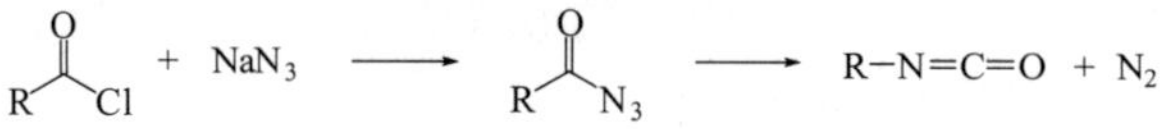

图 5-26　异氰酸酯的合成反应（三）

（4）洛森反应 氧肟酸及其衍生物在加热条件下，失去一个小分子形成氮烯自由基，然后进行重排生成异氰酸酯。该反应称为洛森（Lossen）重排反应，其重排机理和库尔修斯重排相似，如图 5-27 所示。

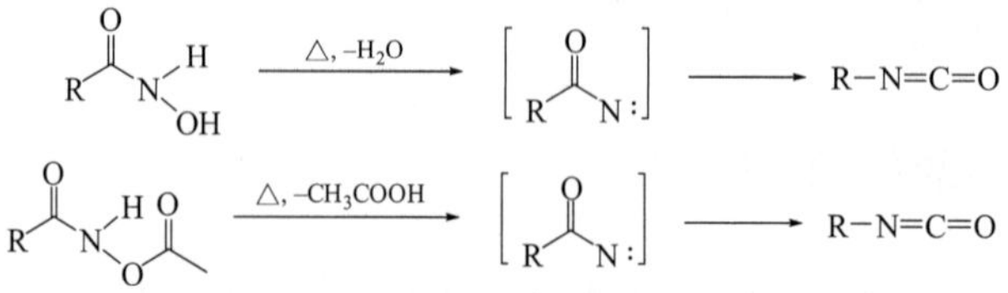

图 5-27　异氰酸酯的合成反应（四）

5.2.1.5　甲基异氰酸酯

甲基异氰酸酯（methyl isocyanate）或者异氰酸甲酯是一种易挥发的液体，也是生产氨基甲酸酯类农药的一个重要原料，该原料遇水容易分解，并放出大量的热。该化合物是一个非常活泼和实用的基本化工原料，但是毒性较大，如低浓度的蒸汽或者雾化的甲基异氰酸酯对呼吸道有刺激性，吸入高浓度可因支气管和喉的炎症、痉挛、严重的肺水肿而致人死亡。工业上主要采用甲胺和光气生产该产品，1984 年印度博帕尔甲基异氰酸酯泄漏事故后，对于该产品的储存量、使用和运输有严格管控要求。因此，甲基异氰酸酯的生产和使用需要严格遵照操作规程。

5.2.2　甲萘威的合成

甲萘威，曾用名西维因，是第一个人工合成的氨基甲酸酯类杀虫剂。该产品可通过两条路线合成：其一为氯甲酸甲萘酯法（也称冷法）；其二为甲氨基甲酰氯法（也称热法）。

5.2.2.1　氯甲酸甲萘酯法

将甲萘酚加入甲苯中，通入光气，同时滴加 20%氢氧化钠溶液维持反应体系的 pH 值在 6～7 之间。滴加结束再搅拌反应一段时间后，控制在 0℃加入甲胺和氢氧化钠溶液。搅拌至反应结束，分离、烘干得到产品，收率约 90%。

5.2.2.2　甲氨基甲酰氯法

以氯苯或者四氯化碳为溶剂，甲氨基甲酰氯和萘酚以 1:0.9 加入反应体系中，回流反应 10～12h，收率 93%。如果不使用溶剂，在 40～50℃反应 1h，再于 60～65℃反应 1h，收率达 91.5%。也可在氢氧化钠溶液中进行缩合，反应温度控制在 10～15℃，维持 pH 8～12 之间，收率也可达 90%以上。

5.2.3　克百威的合成

克百威　　　　　　　　　丁硫克百威

克百威（carbofuran），也称为呋喃丹，是一种氨基甲酸酯类杀虫剂和杀线虫剂。1963 年由美国创制，纯品为白色结晶，25℃时水中溶解度为 321g/L，中性和酸性条件下较稳定，在碱性介质中不稳定，水解速度随 pH 值和温度的升高而加快。

按中国农药毒性分级标准，克百威属于高毒农药，禁止在蔬菜、瓜果、茶叶、菌类、中草药等上使用。克百威对鸟类危害性最大，一只小鸟只要觅食一粒克百威颗粒剂就可致死。因食用克百威中毒死亡的小鸟或其他昆虫，被猛禽类、小型兽类或爬行类动物觅食后，可引起其二次中毒而致死。

丁硫克百威（carbosulfan）的经口毒性中等、经皮毒性低，无累积毒性，无致畸、致癌和致突变毒性。对天敌和有益生物毒性较低，属高效安全、使用方便的杀虫杀螨剂，是剧毒农药克百威较理想的替代品种之一，或者是克百威的低毒化衍生物。

克百威和丁硫克百威结构中均含有 7-呋喃氧基和 N-甲基氨基甲酸酯片段。7-呋喃氧基和 N-甲基氨基甲酸酯片段可以倒推出呋喃酚和甲基异氰酸酯或者 N-甲基氨基甲酰卤两个主要中间体，然后参见甲萘威的合成方法制备两个产品。

5.2.3.1　呋喃酚

呋喃酚的合成如图 5-28 所示，邻苯二酚先同 2-甲基烯丙基氯进行醚化反应，然后经过 Claisen 重排和芳构化，再进行分子内加成反应得到产物。

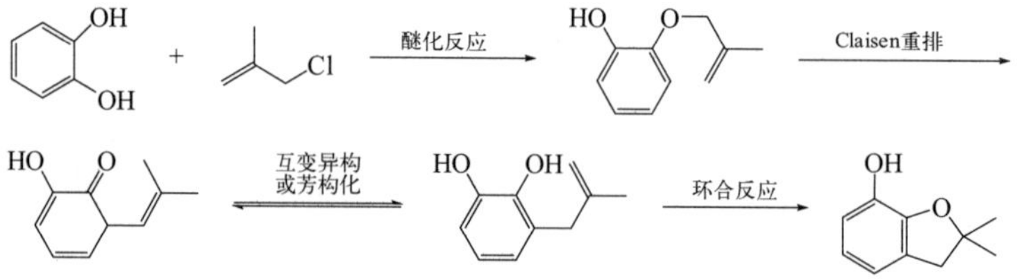

图 5-28　呋喃酚的合成路线

该路线中涉及的均为常规反应，但是以易于氧化的邻苯二酚为原料，则需要控制邻苯二酚的单醚化反应尽量完全，否则产品中残余的邻苯二酚对后续的 200℃以上的高温重排及环合等均有影响，因而在工业上生产高纯度的呋喃酚需要精确的工艺控制。

5.2.3.2　N-甲基-N-(二丁基氨基硫基)氨基甲酰氟

N,N-二丁基氨基次亚磺酰氯（或二正丁基氨基氯化硫）和 N-甲基-N-(二丁基氨基硫)氨基甲酰氟皆是合成丁硫克百威的中间体，它们的合成如图 5-29 所示。二正丁基胺作为起始原料，先同二氯二硫反应生成双正丁胺二硫化物，然后经过二氯亚砜的氯化得到 N,N-二丁基氨基次亚磺酰氯，接着同 N-甲基氨基甲酰氟反应生成 N-甲基-N-(二丁基氨基硫)氨基甲酰氟。

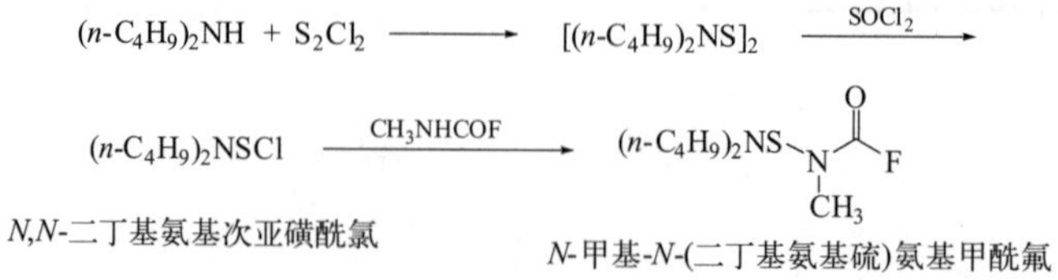

图 5-29　丁硫克百威中间体酰氟的合成路线

5.2.3.3　克百威和丁硫克百威

参照甲萘威的合成路线，利用中间体呋喃酚、异氰酸甲酯、N-甲基氨基甲酰氯、N,N-二丁基氨基次亚磺酰氯和 N-甲基-N-(二丁基氨基硫)氨基甲酰氟可以合成克百威和丁硫克百威。具体的合成路线如图 5-30 所示。

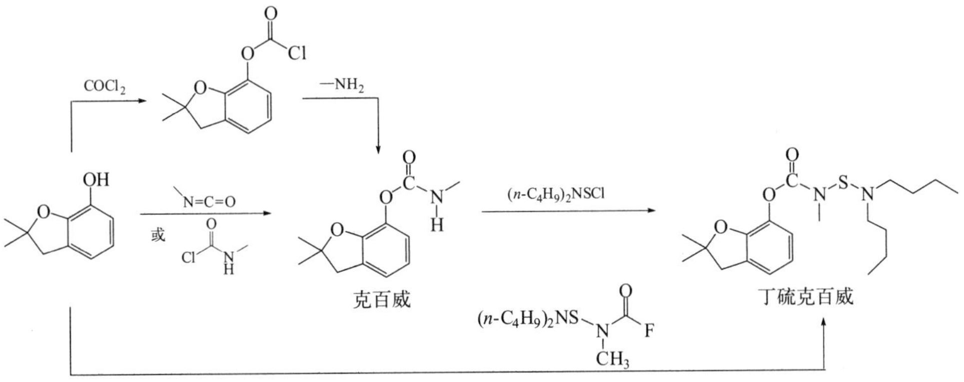

图 5-30　克百威和丁硫克百威的合成路线

5.2.4　抗蚜威的合成

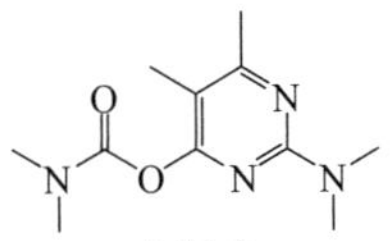

抗蚜威

抗蚜威（pirimicarb）是氮原子上具有双甲基取代的氨基甲酸酯类杀虫剂，2-二甲基氨基-5,6-二甲基-4-羟基嘧啶是合成该产品的主要中间体，其合成方法如下。

1,3-二酮类、甲醛、取代胺类、取代脲类等是构建嘧啶环的常用原料，根据嘧啶环上取代基的不同，选取不同的原料。基于抗蚜威嘧啶中间体上的取代基，可按照如图 5-31 的路线合成该中间体。

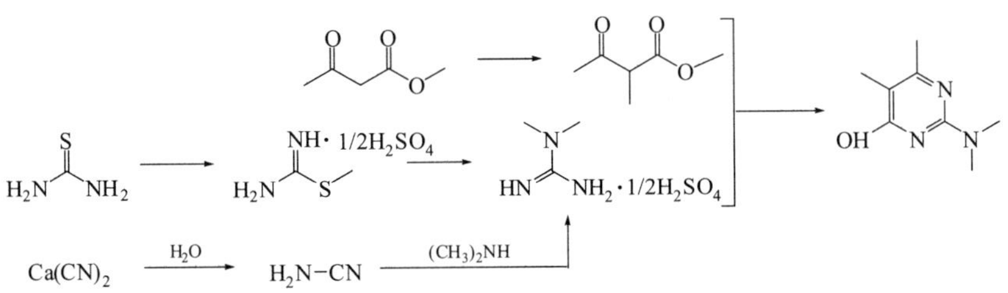

图 5-31　抗蚜威中间体 4-羟基嘧啶的合成路线

5.2.4.1　2-二甲基氨基-5,6-二甲基-4-羟基嘧啶

在反应容器中加入一定量的水，然后加入石灰氮，搅拌至石灰氮完全水解后，过滤除去不溶物。滤液转入制备单氰胺的反应容器中，搅拌下硫酸酸化至 pH 2～3，过滤除去硫酸钙

得到单氰胺溶液。在合成 N,N-二甲基胍的反应釜中，加入 33%二甲胺水溶液，搅拌下冷却至20℃以下，滴加计量的 98%浓硫酸，接着滴加制得的单氰胺溶液，滴加结束保温搅拌 1h 后，降温至−5~0℃，固液分离，湿的固体烘干后得到 N,N-二甲基胍硫酸盐。

在反应容器中加入缚酸剂、溶剂、计量的 N,N-二甲基胍硫酸盐和计量的 α-甲基乙酰乙酸甲酯后，搅拌下慢慢升温至 140℃后，接着搅拌至反应完全。减压回收溶剂后，残余物用氯仿溶解并调节 pH 至 7，浓缩脱去氯仿，得到中间体 2-二甲基氨基-5,6-二甲基-4-羟基嘧啶，产率 93%以上。

5.2.4.2　抗蚜威

可按照图 5-32 所示的两种方法合成抗蚜威。将计量的溶剂、2-二甲基氨基-5,6-二甲基-4-羟基嘧啶、碳酸钾和 N,N-二甲基甲酰氯投入反应容器中，搅拌下加热回流至反应完全后，降温、过滤，滤液脱去溶剂后得到粗产物。然后，将粗产物溶解在 3 倍体积的纯化溶剂中，用1% 氢氧化钠溶液洗至中性，然后水洗后干燥、脱溶得到抗蚜威产品。

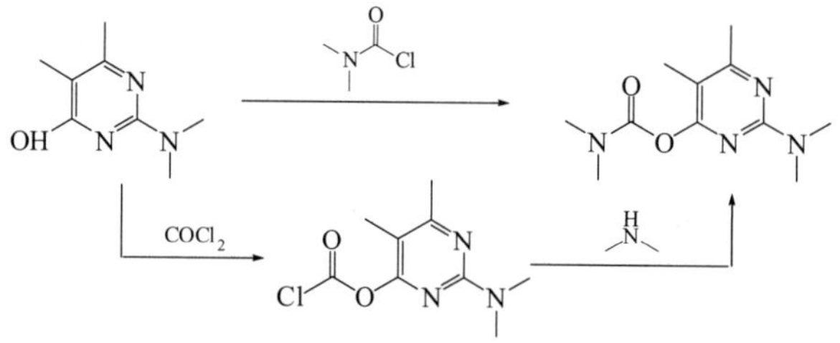

图 5-32　抗蚜威的合成路线

工业生产示例：在搪玻璃的反应釜中加入二甲苯（800L）、50%液碱（12kg）、N,N-二甲基胍硫酸盐（110kg），搅拌下缓慢升温至 100℃，然后徐徐加入 α-甲基乙酰乙酸乙酯（100 kg），继续升温至回流，并分出反应中生成的水。6h 后，再慢慢加入 N,N-二甲基甲酰氯，加毕再次升温至回流。3h 后反应结束，冷却至 40~50℃，加入水（400 L）搅拌 1h，静置分出水层。然后加入 30%盐酸（100L）和水（400L），并充分搅拌，使水溶液呈酸性（pH 2~3）。将水相移至中和釜，用盐酸中和至 pH 8~9 并离心固液分离，固体干燥后得到白色粉末固体，含量 95%以上。

5.2.5　茚虫威的合成

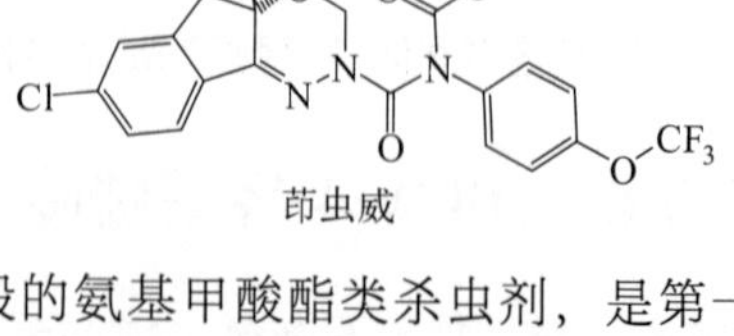

茚虫威

茚虫威是含有噁二嗪片段的氨基甲酸酯类杀虫剂，是第一个钠通道阻断型杀虫活性分子，杀虫机理有别于作用于昆虫乙酰胆碱酯酶的其他氨基甲酸酯类杀虫剂。

5.2.5.1 逆合成分析法

逆合成分析法（retrosynthetic analysis）又称切断法（the disconnection approach），是有机合成路线设计中最基本、最常用的方法，也是当今有机合成化学路线设计的重要手段之一。该方法于 20 世纪 60 年代由哈佛大学教授 E. J. Corey 提出，Corey 教授因此获得了 1990 年诺贝尔化学奖。逆合成分析法是一种逆向的逻辑思维方法，从剖析目标分子的化学结构入手，根据分子中各原子间连接方式（化学键）的特征，综合运用有机化学反应机制，选择合适的化学键进行切断，得到相应的分子碎片或者称为合成子，接着将分子碎片转变成合理的中间体分子；再将这些中间体分子作为新的目标分子，在合适的位置将其切断成更小的分子碎片和转化为相应的小中间体分子；依次类推，直到倒推出方便易获得的起始原料。

5.2.5.2 茚虫威的逆合成分析

茚虫威结构中含有一个手性中心、并环片段和苯环片段、氨基甲酸酯片段、双取代基脲片段、噁二嗪片段等，是一个结构相对复杂的杀虫剂分子。基于茚虫威分子中含有多个由杂原子形成的、易于切断为两部分的共价键，如酰胺键、酯键、醚键，根据逆合成分析方法的逆向逻辑思维，如图 5-33 所示可将茚虫威分子进行两种模式的切断。①模式 I。切断一个酰胺键，先将茚虫威分成大小基本相当的合成子 B 和合成子 C。合成子 B 接着去掉氧原子和氮原子的连接后，得到含亚胺结构和羟基结构的中间体。亚胺通常来自羰基化合物和氨的反应，继而可以将亚胺转化为羰基，得到合成子 D。同时羟基处于双羰基的 α-位，可以通过氧化引入，逆推得到合成子 G，再通过 Claisen 酯缩合可以逆推得到合成子 H。在氧化引入羟基时，需要考虑其立体构型，然后再切断亚胺键。合成子 C 非常容易逆推到合成子 F，然后接着逆推到中间体对三氟甲氧基苯胺。②模式 II。将噁二嗪环中氧原子和氮原子中间的连接去掉，然后进一步将酰脲的亚胺键切断得到合成子 D 和合成子 E，合成子 E 可以两种方式逆推到合成子 C 和合成子 F，实际生产中逆推到合成子 C 更合理。

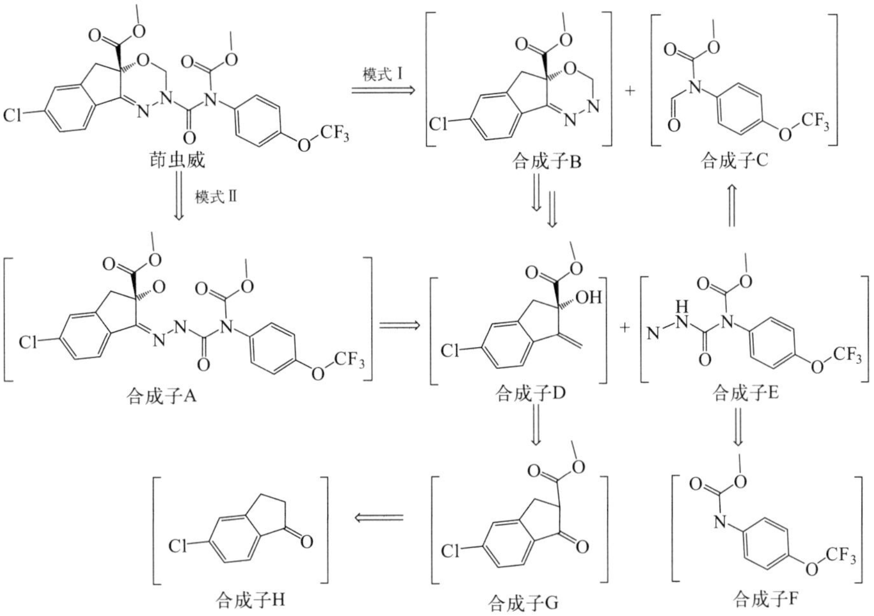

图 5-33 茚虫威的逆合成分析

逆合成分析先将分子切断为不同的合成子,继而将合成子转化成相应的中间体或者原料。如何将合成子转化为相应的中间体或者原料,需要考虑后续反应的可行性和是否伴随有副反应、中间体的反应活性和稳定性、原料的可及性等。上述分析中合成子 B 可以增加一个氢原子转变为相对稳定并具有反应活性的胺,同时合成子 C 可以转换为酰氯,如此合成子 B 和合成子 C 在较为简单的条件下可反应生成茚虫威。合成子 A 增加两个氢原子得到含有羟基和酰脲结构的中间体。

5.2.5.3　茚虫威的合成路线分析

基于上面的分析,中间体 A 和中间体 B 分别来自合成子 C 和合成子 D,皆是合成茚虫威的重要中间体。如图 5-34 所示的路线,中间体 A 的合成相对简单,通过常规反应可以实现。构建中间体 B 是合成茚虫威分子的关键,难点在图 5-35 中合成路线的最后一步,不仅需要在双羰基的 α-位引入羟基,而且还需要控制连接羟基碳原子的立体构型,得到的 S-异构体可以通过后续反应转化为茚虫威中的活性成分,而 R-异构体被转化为茚虫威的无效体。文献报道,在光活性化合物辛可宁存在下,茚酮羧酸甲酯与过氧叔丁醇反应得到中间体 B(3.45∶1,S-异构体/R-异构体),再通过重结晶可以得到 S-异构体高含量的中间体 B(S-异构体/R-异构体达到 9.45∶1,或者纯的 S-异构体)。接着进行后续的噁二嗪成环、脱保护基和缩合反应等得到产品茚虫威。

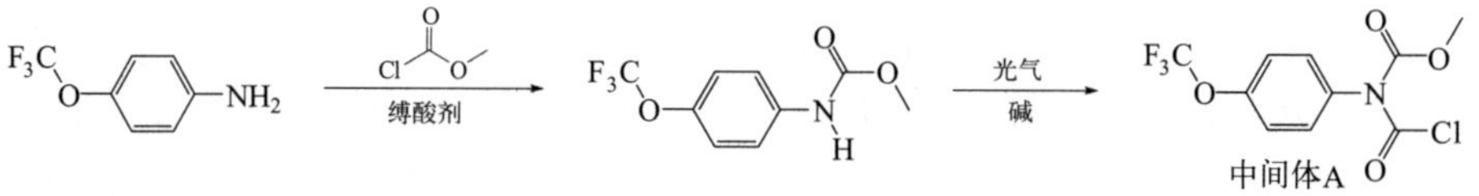

图 5-34　茚虫威中间体 A 的合成路线

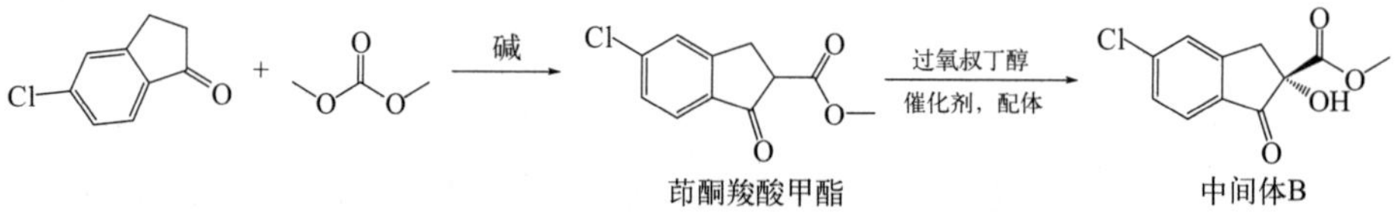

图 5-35　茚虫威中间体 B 的合成路线

2003 年,Casalnuovo 发现以锆配合物为催化剂,过氧叔丁醇对茚酮羧酸甲酯不对称羟基化反应,可以得到收率 85%和 ee 值 94%的 S-异构体,但是该方法的主要问题为合成含手性桥的多齿配体中需要价格昂贵的手性二胺,而且手性锆配体也难以合成(图 5-36)。

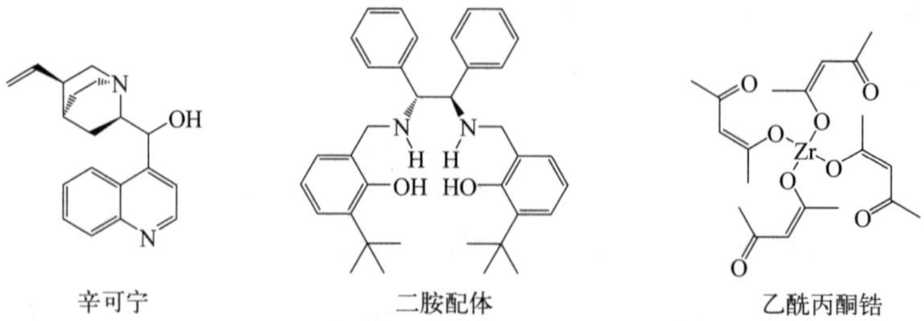

辛可宁　　　　　二胺配体　　　　　乙酰丙酮锆

图 5-36　茚虫威不对称合成中的手性配体

近年多篇文献报道利用不同催化剂和配体催化过氧叔丁醇对茚酮羧酸甲酯不对称羟基化反应，其中 2019 年薄蕾芳等报道利用手性氢化奎宁和二价锰络合而成的催化剂，可以合成 ee 值 99%以上的中间体 B；2020 年 Tang 等介绍利用 C′修饰的辛可宁衍生的相转移催化剂，在微反应器中可以以 95%的收率和 89%的 ee 值合成中间体 B；Chen 等报道利用四价锆的 Salan 配体，催化过氧异丙基苯对茚酮羧酸甲酯不对称羟基化反应，可以得到收率和 ee 值达到 99% 以上的中间体 B。

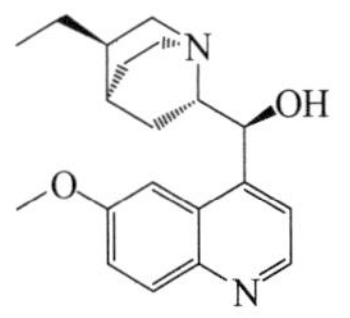

手性氢化奎宁配体

5.2.5.4 制备茚虫威

在得到中间体 A 和中间体 B 后，可以通过下面两条路线合成茚虫威，具体如下：

（1）基于逆合成分析模式 I 的合成路线，如图 5-37 所示。

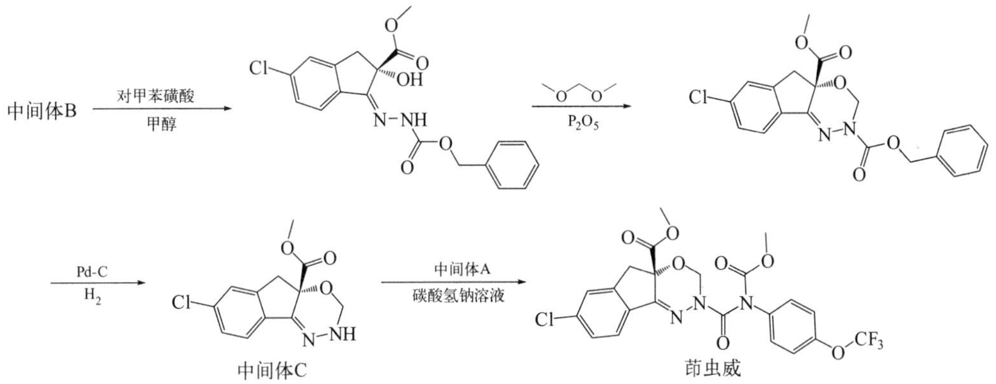

图 5-37 茚虫威的合成路线一

该路线中先分别合成中间体 A 和中间体 C，然后将两部分缩合得到产品，是一种比较经济和可行的路线。虽然在由中间体 B 到中间体 C 中，需要将肼转换为肼基甲酸苄酯，在完成噁二嗪的构建后将苄氧基羰基脱去，增加了反应步骤和反应原材料，但是提高了中间体 A 的利用率。

（2）基于逆合成分析模式 II 的合成路线，如图 5-38 所示。

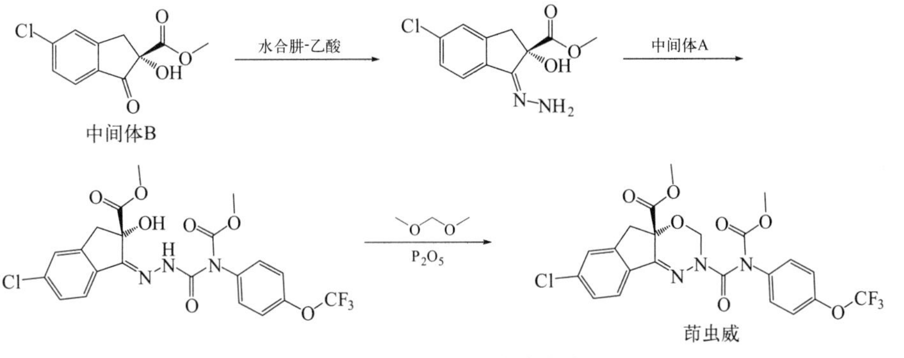

图 5-38 茚虫威的合成路线二

该路线第一步中间体 B 和水合肼的缩合过程中，没有酸催化，反应不进行，强酸条件下，肼会成盐，阻碍反应进行。当乙酸为催化剂时，一方面乙酸可以和羰基形成烊盐，增加羰基碳的电正性，有利于肼的亲核进攻，另一方面有利于羟基质子化后离去，形成亚胺。同时，中间体 B 中含有两个羰基，由于酯羰基所连甲氧基的孤对电子可与酯羰基形成 p-π 共轭，因此酮羰基比酯羰基更容易受到亲核试剂进攻，即更容易同肼反应，生成目标产物。

第二步反应是酰氯和一级胺的缩合反应，生成的取代脲结构具有 π-p-π 大共轭体系，反应非常容易进行。

最后一步利用二甲氧基甲烷的亚甲基的正电性，进行亲核取代关环反应，生成的副产物甲醇被五氧化二磷捕获，促进关环反应进行，并生成茚虫威分子。

5.3　沙蚕毒及沙蚕毒素类杀虫剂

1934 年从生活在浅海泥沙中的环形动物沙蚕体中分离出的一种有毒物质，并将其命名为沙蚕毒。1962 年日本学者确定其结构如下：

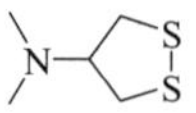

化学名称：*N*,*N*-二甲基氨基-3,4 二硫杂环戊烷。随后基于沙蚕毒合成了一系列 1,3-二硫基丙烷衍生物即沙蚕毒类化合物（见表 5-10），前边提到的杀螟丹也可归于此类。

表 5-10　沙蚕毒素类杀虫剂的结构及物理性质

名称	结构式	纯品性状	熔点	用途
杀虫双	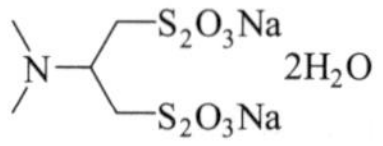	白色结晶		杀虫剂
杀虫环	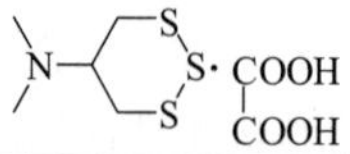	无色结晶	125～128℃	杀虫剂
苯硫丹	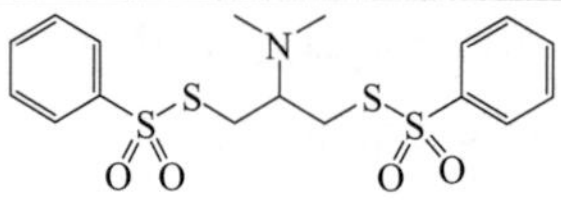	白色结晶	82～83℃	杀虫剂
甲胺杀虫双	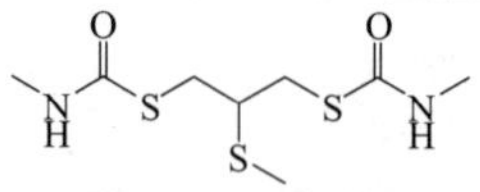	白色结晶	91～92℃	杀虫剂

5.3.1　杀虫双的合成

5.3.1.1　3-(*N*,*N*-二甲氨基)-1,2-二氯丙烷盐酸盐

3-(*N*,*N*-二甲氨基)-1,2-二氯丙烷盐酸盐是合成沙蚕毒类农药的重要中间体。原料 3-氯丙烯

（或者烯丙基氯）和二甲胺反应生成 3-(*N*,*N*-二甲氨基)-1-丙烯，3-(*N*,*N*-二甲氨基)-1-丙烯与盐酸或者氯化氢成盐，然后氯气对盐进行氯化得到 3-(*N*,*N*-二甲氨基)-1,2-二氯丙烷盐酸盐。

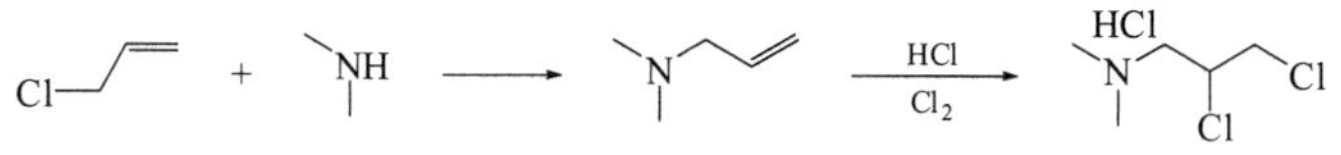

该中间体的合成中，可以利用无机碱氢氧化钠等中和氯丙烯和二甲胺反应生成的氯化氢，也可以使用过量的二甲胺捕获生成的氯化氢，使用过量的二甲胺捕获氯化氢可以避免氯丙烯的水解；氯气氯化 3-(*N*,*N*-二甲氨基)-1-丙烯前，先将其转化为盐酸盐，然后需要脱去盐中的水分，继而完全溶解在有机溶剂中，才可以实现完全氯化，得到高收率、高含量的 3-(*N*,*N*-二甲氨基)-1,2-二氯丙烷盐酸盐。

5.3.1.2　杀虫双

杀虫双可以经图 5-39 所示路线合成。

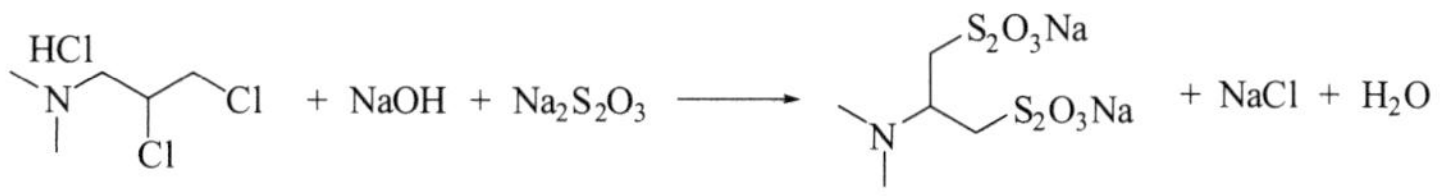

图 5-39　杀虫双的合成反应

5.3.2　杀虫环的合成

杀虫环可以使用多种方法合成，在此仅对四种代表性的方法进行介绍。

5.3.2.1　酯法

酯法合成杀虫环包含两步反应，如图 5-40 所示。3-(*N*,*N*-二甲氨基)-1,2-二氯丙烷盐酸盐先同苯基硫代磺酸钠反应，生成的产物硫代硫酸酯再同硫化钠反应得到杀虫环。

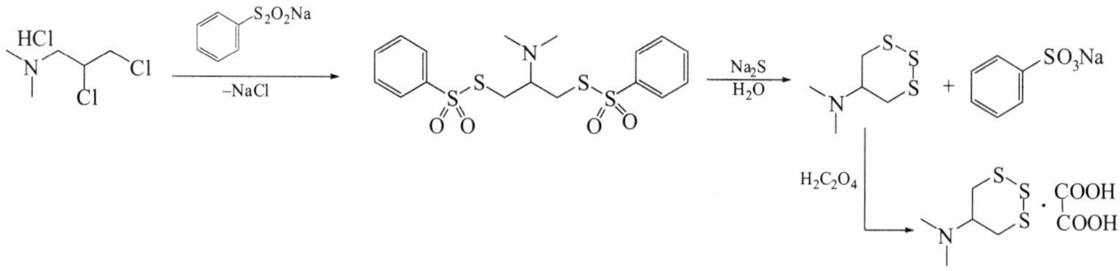

图 5-40　杀虫环的合成路线一

中间体苯基硫代磺酸钠可以通过苯和氯磺酸的傅克反应，生成的中间体苯基磺酰氯同硫化钠或者硫氢化钠反应得到。

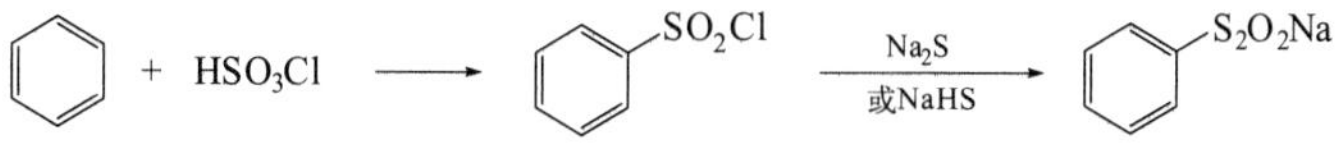

5.3.2.2 硫醇法

该法的合成路线如图 5-41 所示，通过苄硫醇钠将 3-(*N,N*-二甲氨基)-1,2-二氯丙烷盐酸盐转变为相应的含二硫醚结构的中间体，然后水解得到 2-二甲氨基-1,3-二硫醇，再与二氯化硫反应得到产品。

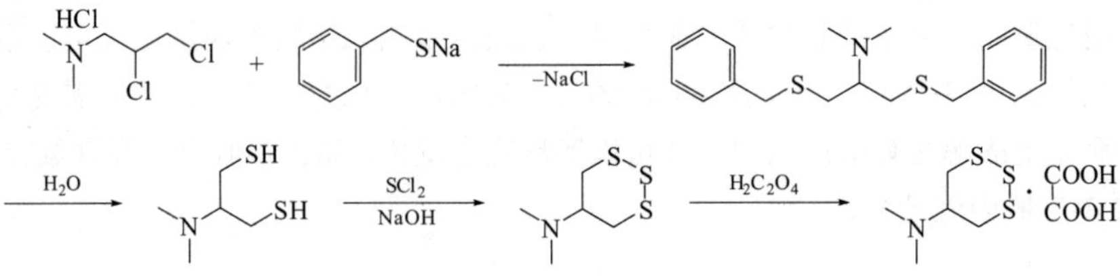

图 5-41　杀虫双环的合成路线二

5.3.2.3 硫化钠法

该法利用多硫化钠和 3-(*N,N*-二甲氨基)-1,2-二氯丙烷盐酸盐反应直接得到杀虫环，如图 5-42 所示。

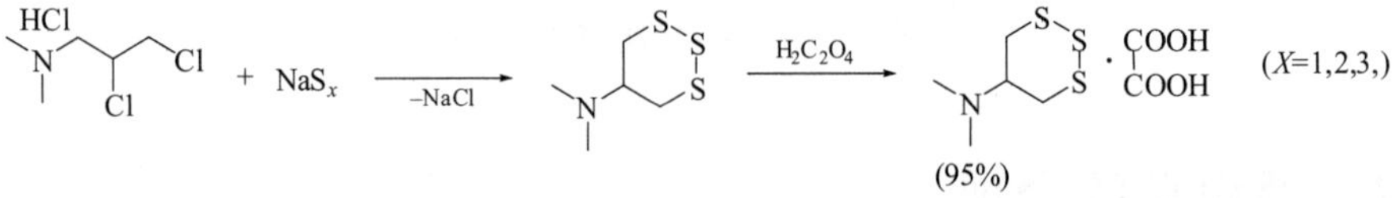

图 5-42　杀虫双环的合成路线三

5.3.2.4 单钠盐法

利用 3-(*N,N*-二甲氨基)-1,2-二氯丙烷盐酸盐与硫代硫酸钠反应生成的单钠盐，同甲醛、硫化钠作用生成杀虫环分子，如图 5-43 所示。

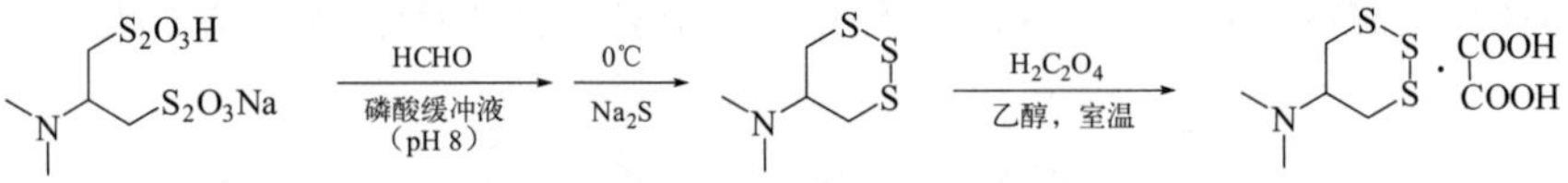

图 5-43　杀虫双环的合成路线四

以上两步总收率为 95%，工业上主要采用此法生产杀虫环。

5.4　拟除虫菊酯类杀虫剂

拟除虫菊酯类农药分子中多含有影响构型的双键、环丙烷结构和不对称中心。由于不同构型异构体的杀虫活性存在明显差异，在部分分子合成中需要选择性地构建特定活性构型异构体，因此该类杀虫剂分子的合成较为复杂。随着合成理论和技术的发展，20 世纪 80 年代初期到 2000 年前已商品化的拟除虫菊酯类产品达到 20 余个（见表 5-11）。

表 5-11　拟除虫菊酯类杀虫剂的结构、理化性质及毒性

名称	化学结构	纯品性状	熔点或沸点	对大鼠 LD_{50}
烯丙菊酯 M. Rchecheter （1949）		淡黄黏稠油状物	沸点 149～150℃ （0.2～0.3mmHg）	900～1200mg/kg
胺菊酯 T.Kato（1964）		白色结晶粉末	沸点 185～190℃ （0.1mmHg）	1300mg/kg
二氯苯醚菊酯 M. Elliott（1974）		固体	熔点 35℃	1500mg/kg
氰戊菊酯 N. ohno（1974）		琥珀色黏稠液体	沸点 300℃ （37mmHg）	451mg/kg
氯氰菊酯 M. Elliott（1974）		红褐色黏稠液体	沸点前分解	4132mg/kg
溴氰菊酯 M. Elliott（1974）		白色粉末	熔点 98～101℃	128.5mg/kg
氯氟氰菊酯 A. R. Jutsum et al （1984）		固体	熔点 47.5～48.5℃	雄性大鼠 79mg/kg， 雌性大鼠 56mg/kg
联苯菊酯 H. J. H. Doel et al （1984）		黏稠液体，或者蜡状固体	熔点 68～70.6℃，沸点 320～350℃	54.5mg/kg

5.4.1　第一菊酸的合成

5.4.1.1　Harper 和 Campbell 法

第一菊酸（简称菊酸）是合成拟除虫菊类农药的重要中间体，其物理常数列于表 5-12。

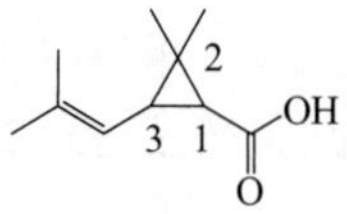

第一菊酸

第一菊酸中环丙烷的 1-位和 3-位碳原子属于不对称碳原子，因此其有四种立体构型，即 (+)-(1R,3R)-反式菊酸，(−)-(1S,3S)-反式菊酸，(+)-(1R,3S)-顺式菊酸，(−)-(1S,3R)-顺式菊酸。天然除虫菊酸酯中第一菊酸的构型为(+)-(1R,3R)-反式菊酸。

表 5-12 第一菊酸四种构型异构体的理化性质

物理性质	第一菊酸			
	(+)-反式酸	(−)-反式酸	(+)-顺式酸	(−)-顺式酸
物理状态	黏稠液体	黏稠液体	白色结晶	白色结晶
比旋光度$[\alpha]_D^{25}$	+20.08	−20.13	+41.5	−40.96
溶剂	CHCl$_3$	CHCl$_3$	C$_2$H$_5$OH	C$_2$H$_5$OH
熔点/℃	17	17	41.2~42.5	41.5~42.4

合成第一菊酸的代表性方法有多种，其中 Harper 和 Campbell 法如下：

该法以重氮乙酸乙酯和 2,5-二甲基-2,4-己二烯为原料合成第一菊酸，并且实现了工业化生产。反应式如下：

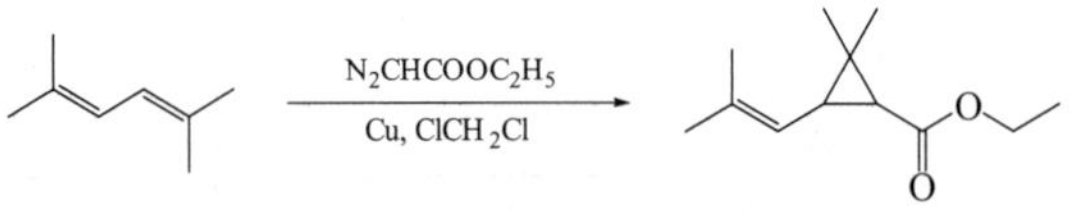

该反应中重氮乙酸乙酯受热分解放出氮气，并形成二价碳卡宾，然后卡宾进攻双键。卡宾从双键平面的上下两个方向进攻，理论上形成等量对映异构体。但受乙氧羰基（或酯基）较大体积的影响，实际反应中生成的反式异构体的量要多于顺式异构体的，其反顺比例约为 8:2。

2,5-二甲基-2,4-己二烯可以丙酮和乙炔为原料，经过炔基对羰基的加成反应、三键的氢化还原和脱水反应合成。

重氮乙酸乙酯的制备：重氮化反应先将甘氨酸转变为重氮乙酸，然后与乙醇酯化得到重氮乙酸乙酯。

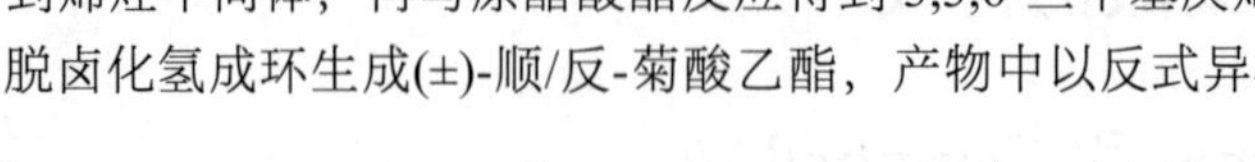

5.4.1.2 Jacqueline 法

在三氯化铝催化下，异丁酰氯和异丁烯缩合得到 5-氯-2,5-二甲基己-3-酮，然后经硼氢化钠还原以及脱水得到烯烃中间体，再与原醋酸酯反应得到 3,3,6-三甲基庚烯-4-酸乙酯，接着卤素对双键加成、脱卤化氢成环生成(±)-顺/反-菊酸乙酯，产物中以反式异构体为主。

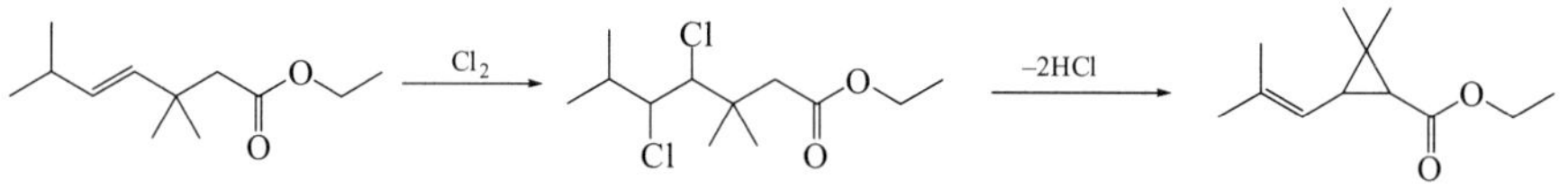

5.4.1.3 Julia 法

该法中, 原料二环辛酮先同羟胺反应生成相应的肟, 然后五氯化磷开环得到的相应环丙基腈, 紧着氰基水解得到相应的(±)-菊酸, 然后经过对甲苯磺酸异构化后可制得(±)-反式菊酸。

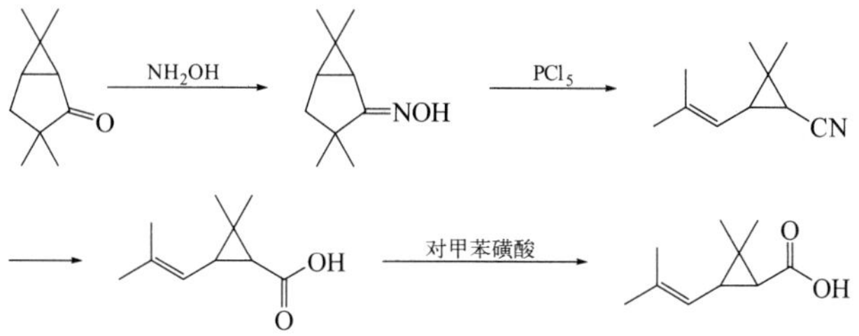

5.4.1.4 Martel 法

原料异戊二烯先同溴化氢加成得到溴代异戊烯, 接着与苯亚磺酸钠反应制得苯基异戊烯基砜, 再与异戊烯酸酯反应制取(±)-反式菊酸。

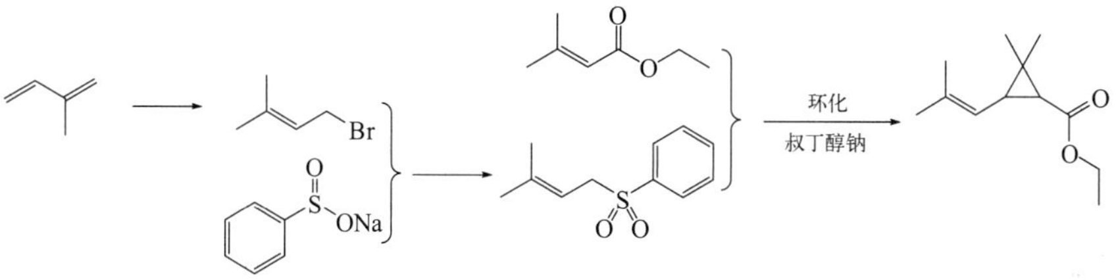

5.4.2 胺菊酯的合成

第一菊酸转变化为酰氯或者酯, 然后与醇类或者第一菊酸直接与卤代物反应即可合成各种含第一菊酸的拟除虫菊酯类杀虫剂。

酰氯酯化法是合成胺菊酯的一条主要路线。在适当催化剂或者缚酸剂作用下, 菊酸酯或者菊酸转变为酰氯, 然后和相应的醇在有机溶剂中缩合生成胺菊酯 (图 5-44)。得到的粗产物经正己烷重结晶, 可获得胺酸酯原粉, 溶点 60~80℃。

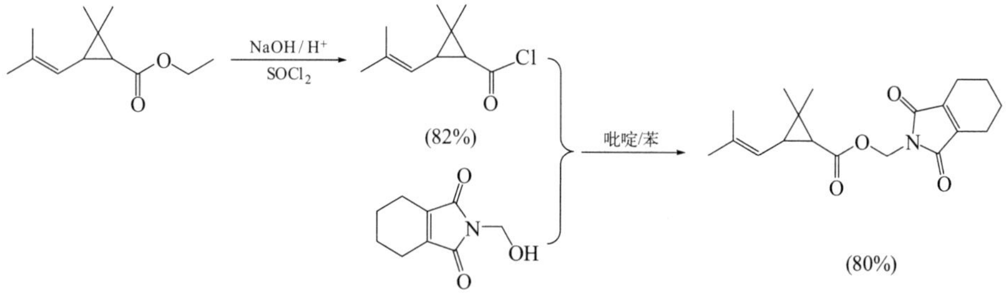

图 5-44 相转移催化酯化法合成胺菊酯

菊酸的钠盐和中间体 N-氯甲基四氢邻苯二甲酰亚胺直接缩合，也可制得胺菊酯。

(85%)

中间体 N-氯甲基四氢邻苯二甲酰亚胺的制备可以 1,3-丁二烯和马来酸酐为原料，两种原料通过双烯加成反应、异构化反应得到四氢邻苯二甲酸酐。四氢邻苯二甲酸酐接着同尿素反应生成四氢邻苯二甲酰亚胺，然后再通过氯甲基化反应得到 N-氯甲基四氢邻苯二甲酰亚胺。

(95%)

其中的双烯加成也称为 Diels-Alder 反应，是典型的协同反应，即含活泼双键化合物（亲二烯试剂）与共轭双键化合物在惰性溶剂中加热发生 1,4-加成，形成六元环状化合物。

共轭双键化合物可分为开链或酯环族 1,3-二烯，或其中一个 C=C 被 C=O、C≡N、C≡C 所取代的其他化合物，以及具有活化电子系统的芳香族或杂环化合物如蒽、香豆素、呋喃、取代噻吩等。常用的亲二烯试剂有：丁烯二酸酐、丙烯醛、丙烯酸酯、肉桂醛、α,β-不饱和硝基化合物、苯醌、丁二炔酸、偶氮二甲酸酯等。如果共轭双键化合物分子中存在供电子取代基，亲二烯试剂分子中具有吸电子取代基，该类反应更易进行，加成方式通常是顺式加成。

在五氧化二磷的作用下，中间产物四氢邻苯二甲酸酐转位得到 4,5,6,7-四氢邻苯二甲酸酐。该反应中，五氧化二磷用量为四氢邻苯二甲酸酐的 1.5%（重量），混合温度为 200℃，反应 48h，抽去低馏分，获得浅黄色固体，熔点 60～70℃。

(82%)

搅拌下，将 4,5,6,7-四氢邻苯二甲酸酐和尿素的混合物（物质的量之比为 2:1）加热到 155～160℃，反应期间有气体放出。反应结束后，冷却反应混合物，然后在乙醇中结晶 4,5,6,7-四氢邻苯二甲酰亚胺白色固体。

(75%)

以甲醛和氯化氢为原料采用 Blanc 氯甲基化反应，在 4,5,6,7-四氢邻苯二甲酰亚胺中引入氯甲基得到 N-氯甲基四氢邻苯二甲酰亚胺。蒸馏纯化后，该产品［沸点：130～140℃（7～9mmHg）］为无色黏稠液体，室温下长期放置可成为固体。Blanc 氯甲基化反应是有机合成中一个非常实用的反应，底物分子中引入氯甲基后，继而可将氯甲基转化为氨甲基、氰基甲基等。

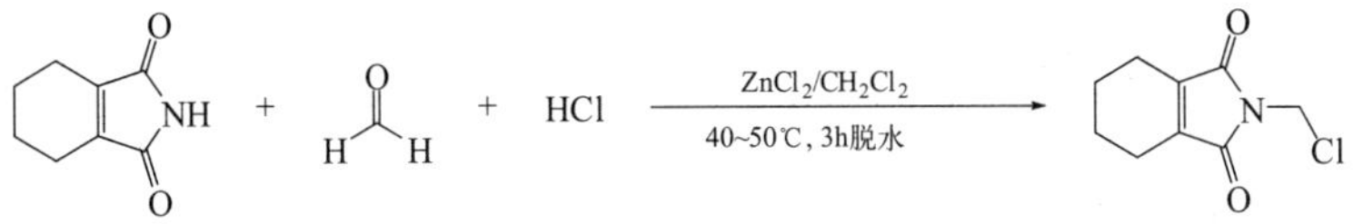

5.4.3 甲醚菊酯的合成

采用菊酸钠盐和活泼的对甲氧甲基氯苄反应生成甲醚菊酯，菊酸钠盐可由菊酸和等当量 10%～15%氢氧化钠水溶液反应，然后在甲苯中共沸脱水得到。

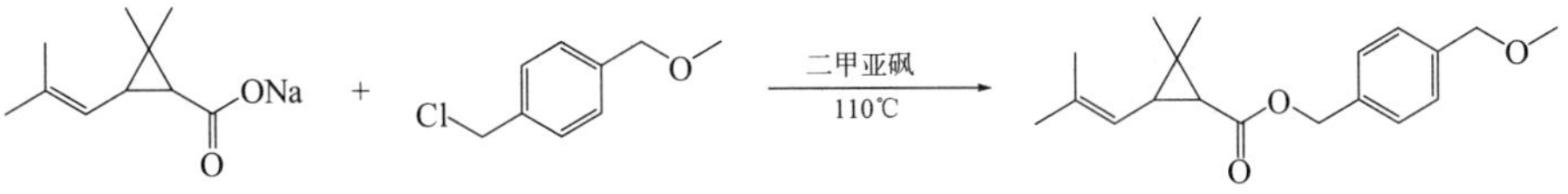

氯化氢酸解对双甲氧基甲基苯的一个醚键得到对甲氧甲基氯苄，其为淡黄色油状液体，沸点 90～100℃（0.5mmHg）。

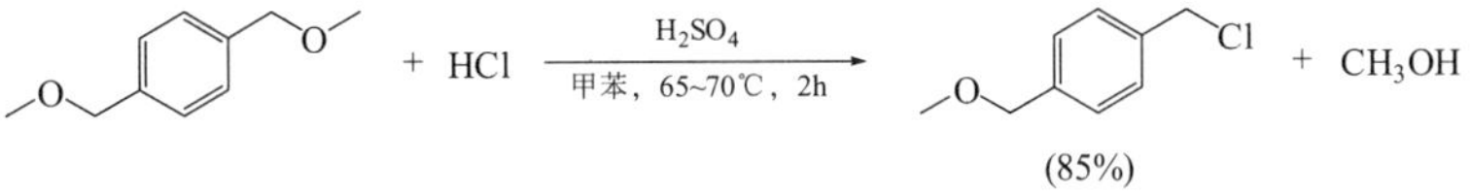

对双甲氧甲基苯的合成以对二甲苯为原料，先经过磺酰氯的侧链氯化，然后甲醇对苄基氯醚化得到产物。

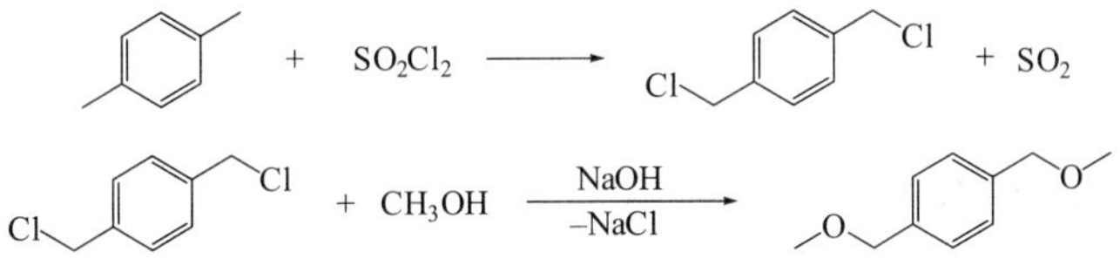

5.4.4 炔戊菊酯的合成

菊酸的酰氯和中间体炔醇反应得到炔戊菊酯。

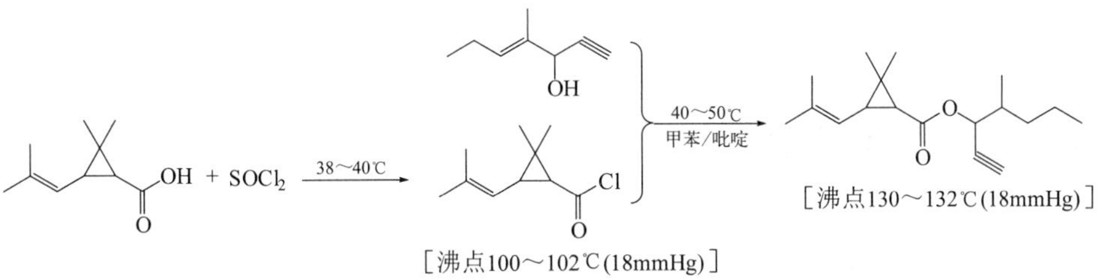

中间体炔醇的合成以丙醛和乙炔为原料，通过丙醛的自身羟醛缩合和炔基对羰基的加成完成，反应式如下：

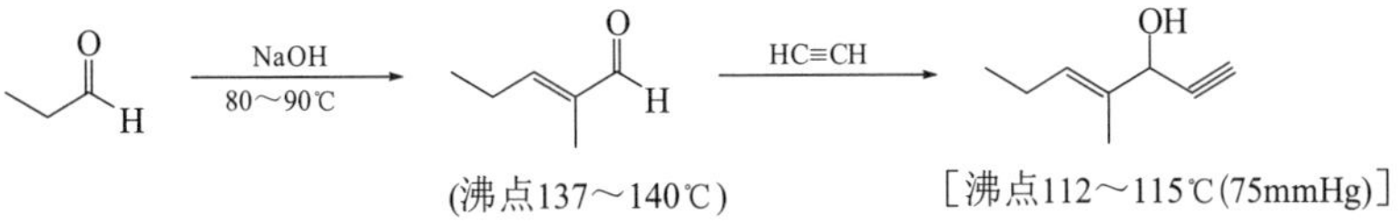

5.4.5 二氯苯醚菊酯的合成

5.4.5.1 Wittig 反应

二卤代菊酸包括 2-(2,2-二氯乙烯基)-3,3-二甲基环丙烷甲酸(二氯菊酸)和 2-(2,2-二溴乙烯基)-3,3-二甲基环丙烷甲酸（二溴菊酸），它们是合成二氯苯醚菊酯、氯氰菊酯和溴氰菊酯等菊酯类杀虫剂的重要中间体，该两个中间体的制备均涉及 Wittig 反应。

Wittig 反应是由德国化学家 G. Wittig 发现，并以其名命名的反应。例如当溴化甲基三苯基季鏻盐遇到强碱时，如苯基锂，则会生成一种亚甲基鏻烷。

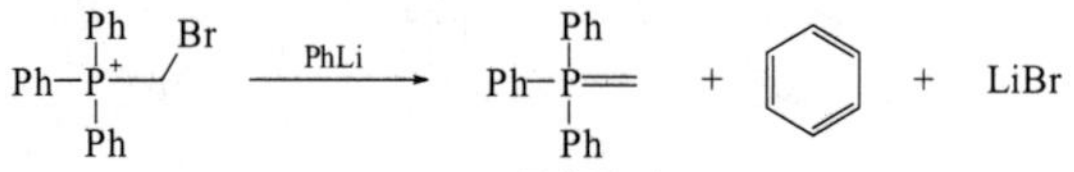

该鏻烷是一种极性很强的内鏻盐（$Ph_3\overset{+}{P}-CH_2^-$），又称为磷叶立德（phosphorus ylide），通称为 Wittig 试剂。它属于亲核性很强的试剂，能与醛酮反应生成烯烃，如图 5-45 所示。

图 5-45 Wittig 反应

Wittig 反应可以延长碳链和构建烯烃，而且产物中双键位置由醛酮双键的位置确定，反应具有高度的选择性。

5.4.5.2 NRDC 法制备二氯菊酸

NRDC 法是基于 Wittig 反应构建环丙烷上二氯乙烯基的方法，具体为菊酸甲酯（或者乙酯）被臭氧氧化生成相应含醛基的中间体，然后利用 Wittig 试剂将醛基转变为二氯乙烯基，接着水解得到二氯菊酸。该路线中，环丙烷骨架不参与反应，菊酸的立体构型保持不变。

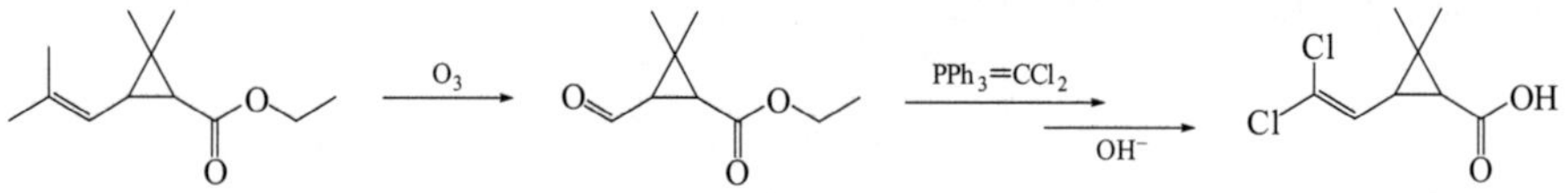

5.4.5.3 Farkas 法制备二氯菊酸乙酯

如图 5-46 所示，原料异丁烯和三氯乙醛缩合生成中间产物烯醇（常温下为固体，熔点 81~83℃），然后利用乙酸酐与烯醇反应合成乙酸酯，接着锌粉对乙酸酯还原得到两个戊二烯异构体的混合物，再在对甲苯磺酸的催化下生成 1,1-二氯-4-甲基-1,3-戊二烯，接着与重氮乙酸乙酯反应生成二氯菊酸乙酯。

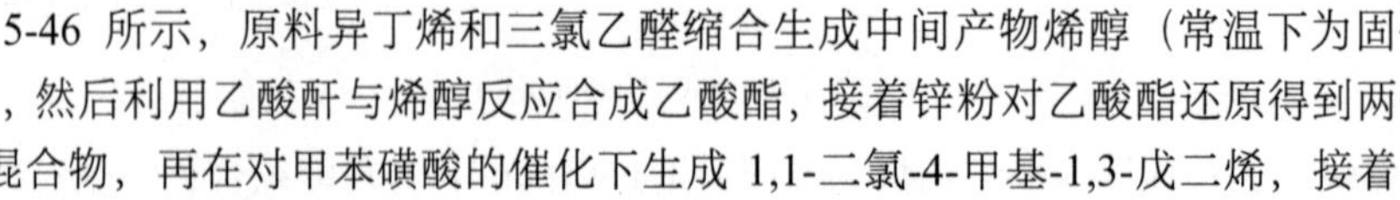

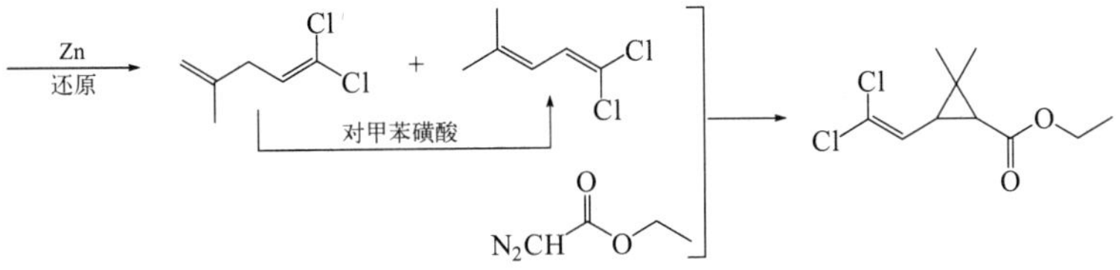

图 5-46 二氯菊酸乙酯的合成路线

5.4.5.4 Sagami 法制备二氯菊酸

该方法如图 5-47 所示，在酸性催化剂存在下，异戊烯醇与原醋酸酯先缩合再进行 Claisen 重排，生成 3,3-二甲基-4-戊烯酸乙酯。3,3-二甲基-4-戊烯酸乙酯接着与四氯化碳加成，然后 1,2-消除脱去一分子氯化氢产生二氯乙烯基，随后进行 1,3-消除再脱去一分子氯化氢构建环丙烷片段，最后经过皂化反应和中和得到二氯菊酸。

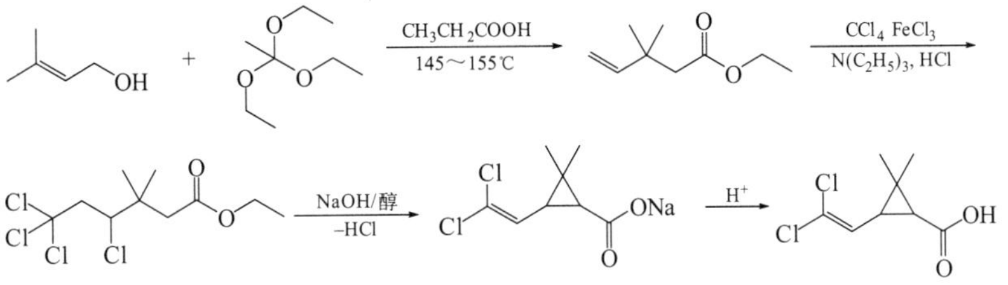

图 5-47 二氯菊酸的合成路线

5.4.5.5 相模-库拉莱法制备二氯菊酸

该法是将 Farkas 与 Sagami 二法结合，利用各自优点，即由异丁烯与三氯乙醛缩合，经催化异构得到 1,1,1-三氯-2-羟基-4-甲基-3-戊烯。

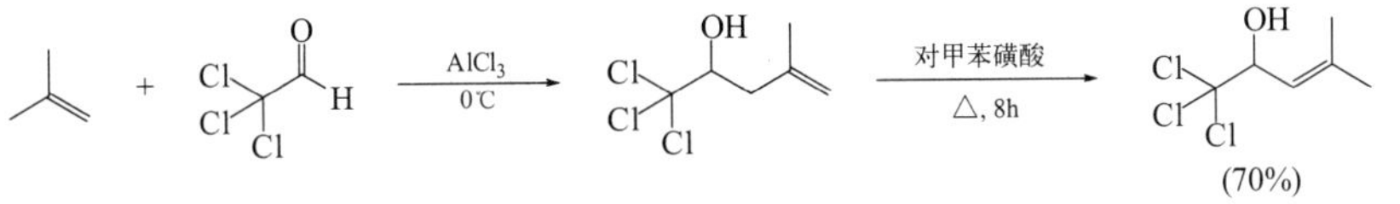

1,1,1-三氯-2-羟基-4-甲基-3-戊烯与原醋酸三乙酯缩合、Claisen 重排、异构化生成 3,3-二甲基-4,6,6-三氯-4-己烯酸乙酯（图 5-48）。

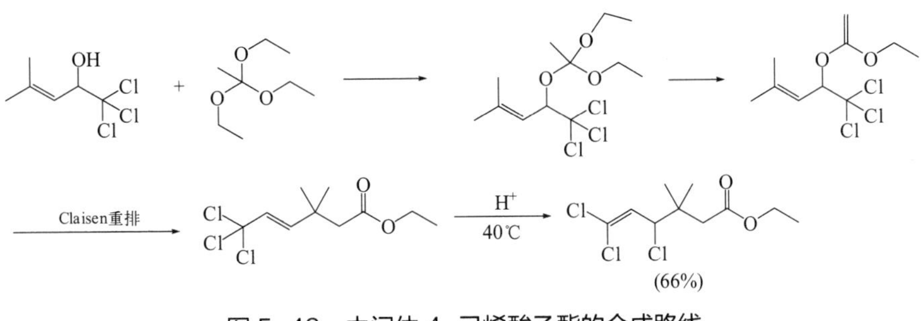

图 5-48 中间体 4-己烯酸乙酯的合成路线

反应过程中可能会产生一定数量的内酯，该内酯可与氯化亚砜反应并开环，仍生成上述产物。

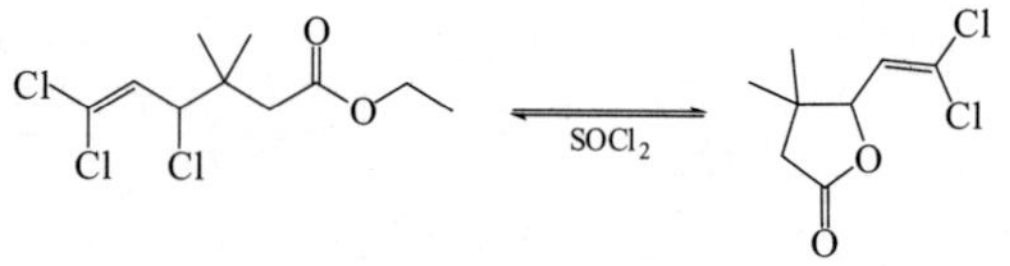

3,3-二甲基-4,6,6-三氯-4-已烯酸乙酯经环化、皂化反应等得到二氯菊酸。

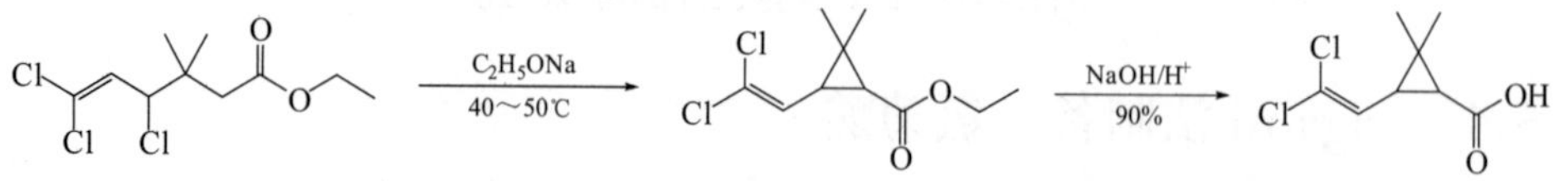

5.4.5.6 偏二氯乙烯法制备二氯菊酸（酯）中间体内酯

在浓硫酸存在下，该法利用上述生成的 1,1,1-三氯-2-羟基-4-甲基-3-戊烯与偏二氯乙烯反应生成二氯丁内酯。其反应大概经过 Claisen 重排、氯原子转位、水解、脱水环化等过程（图 5-49）。

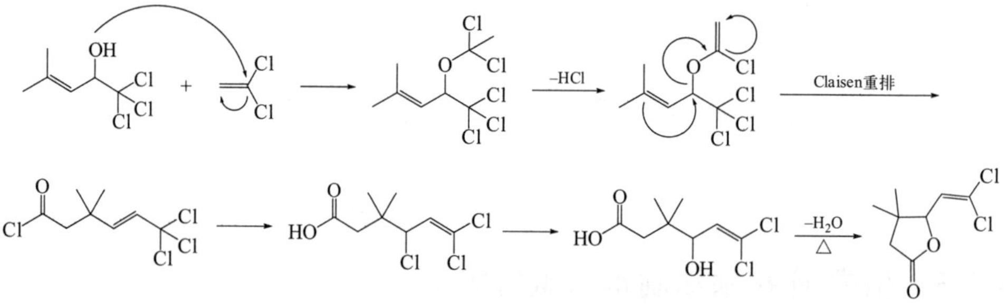

图 5-49 二氯菊酸（酯）中间体内酯的合成路线

5.4.5.7 制备二氯苯醚菊酯

（1）季铵盐法 在氢氧化钠水溶液中，将二氯菊酸转变成二氯菊酸钠盐，然后在甲苯中共沸脱水。共沸脱水结束后，加入间苯氧基苄基季铵盐回流生成二氯苯醚菊酯。

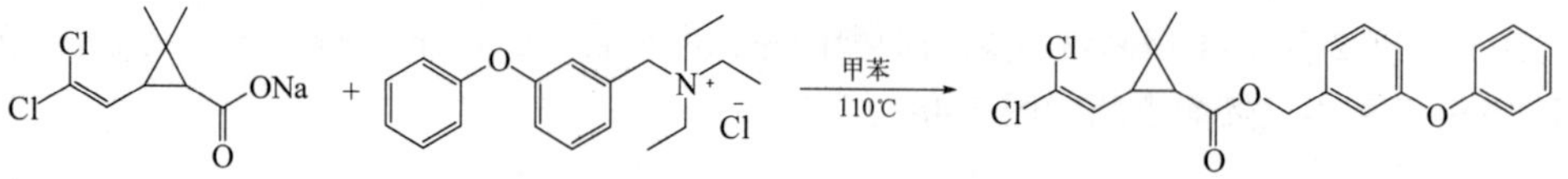

（2）酰氯法 在甲苯溶液中，低温下二氯菊酸与氯化亚砜反应生成二氯菊酰氯，然后再在吡啶等缚酸剂存在下，与间苯氧基苄醇反应生成二氯苯醚菊酯。

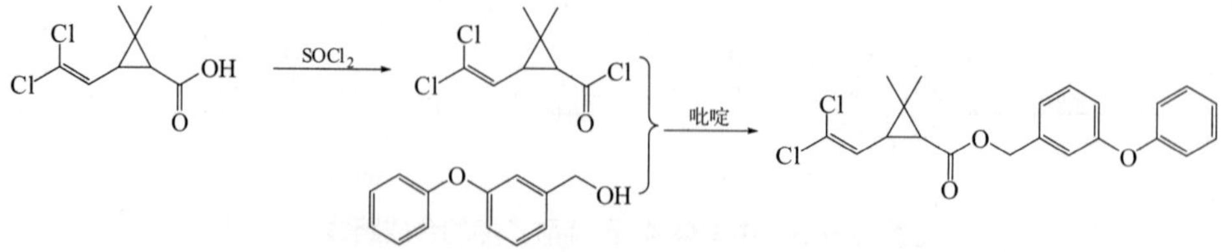

（3）相转移催化法 在相转移催化剂的作用下，二氯菊酸直接和 3-苯氧基氯苄反应生成二氯苯醚菊酯。

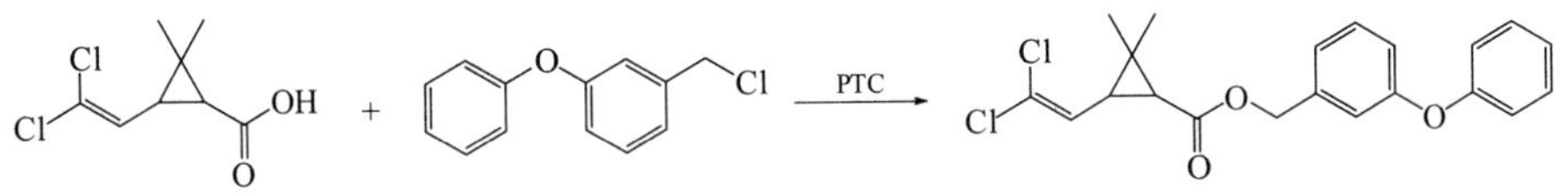

(4) 酯交换法　在醇钠存在下，醇钠先将 3-苯氧基苄醇转变为其钠盐，然后同二氯菊酸乙酯进行酯交换得到产品。

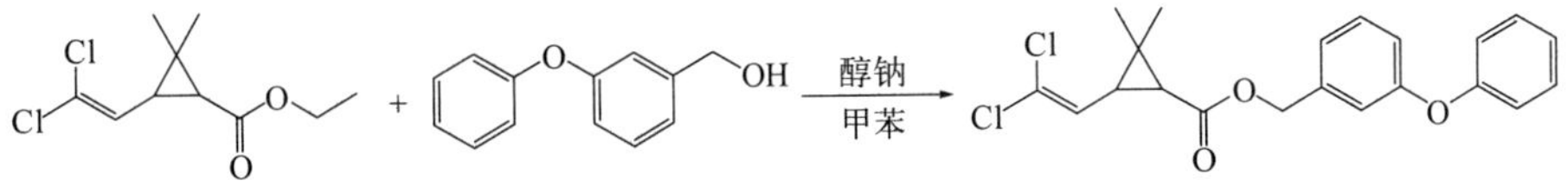

间苯氧基苄基引入后改善了拟除虫菊酯类杀虫剂的光稳定性，因而间苯氧基苄醇、间苯氧基苄氯和相应的季铵盐成为合成拟除虫菊酯类杀虫剂的重要中间体，它们的基本合成路线如图 5-50 所示。

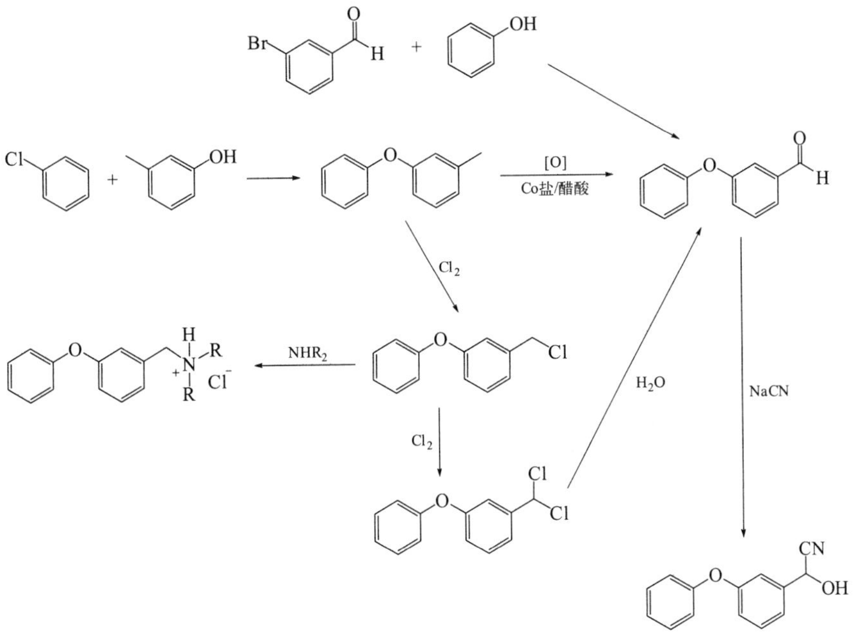

图 5-50　拟除虫菊酯中间体醚醛等的合成路线

5.4.6　氯氰菊酯的合成

5.4.6.1　酰氯法

通过合成酯的经典反应，即二氯菊酰氯和相应的氰醇反应得到氯氰菊酯。由于顺式氯氰菊酯杀虫效果优于反式氯氰菊酯，可采用顺式二氯菊酸制备顺式氯氰菊酯。

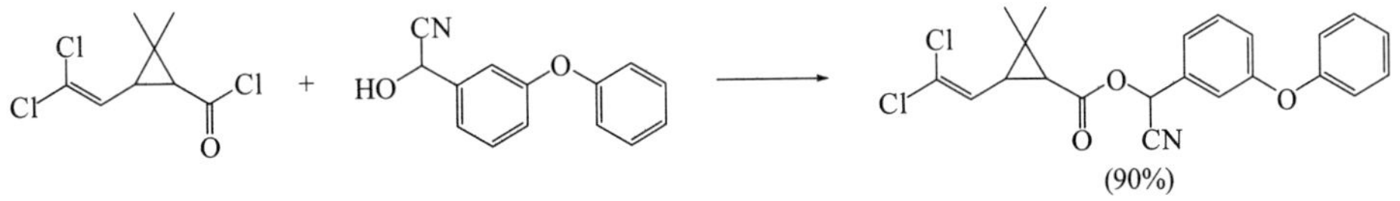

顺式二氯菊酸制备方法如图 5-51 所示：以异丙亚甲基丙酮与氯乙烯的格氏试剂反应生成 4,4-二甲基-5-己烯-2-酮，再与四氯化碳进行加成，然后脱氯化氢得到取代环丙基甲基酮中间体，接着与次氯酸钠发生卤仿反应将甲基转化成羧酸，最后用碱脱除氯化氢得到顺式二氯菊酸。此法得到顺式异构体约占 90%的产品。

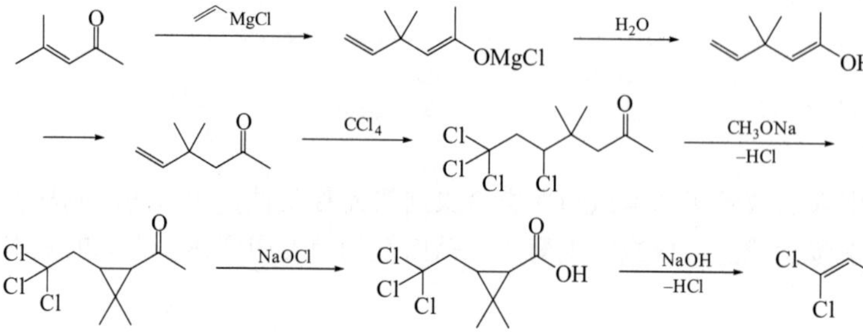

图 5-51　顺式二氯菊酸（酯）的合成路线

5.4.6.2　醚醛直接缩合法

该路线的合成方法同 5.4.6.1 中的酰氯法基本相同，优点在于将两步反应（即 3-苯氧基苯甲醛和氰化钠生成氰醇中间体的反应，以及氰醇中间体与菊酰氯的反应）合并在同一溶剂体系中进行，不需要对生成的氰醇中间体进行分离纯化，简化了操作工艺。

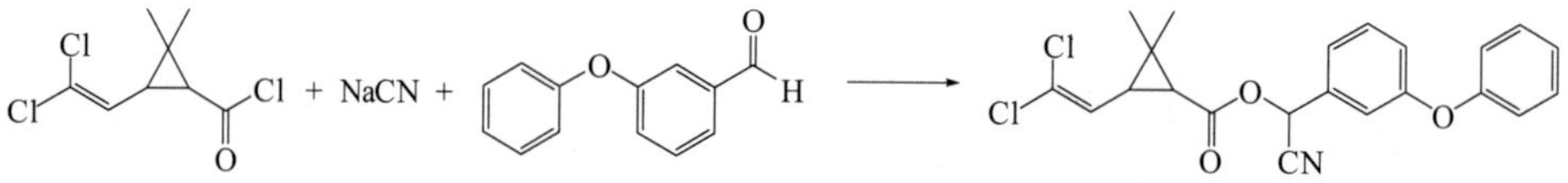

5.4.7　溴氰菊酯的合成

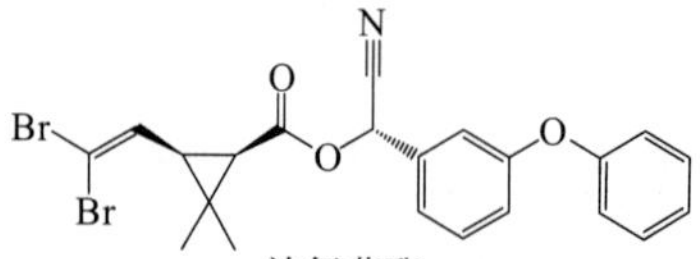

溴氰菊酯

溴氰菊酯分子中含有三个手性中心，不同立体构型异构体之间的杀虫活性有较大差别，商品化产品是三个手性中心均有确定光学构型的单一立体异构体。因此，在路线设计中，不仅需要考虑如何合成该分子，而且需要考虑如何得到单一立体构型的目标产物。

顺式二溴菊酸是合成溴氰菊酯的中间体，可以通过三种方法实现其合成。

（1）溴氯交换反应制备顺式二溴菊酸（酯）　二氯菊酸酯与多溴化物反应，例如在无水三溴化铝的催化下，二溴乙烷等与二氯菊酸酯进行卤素交换。

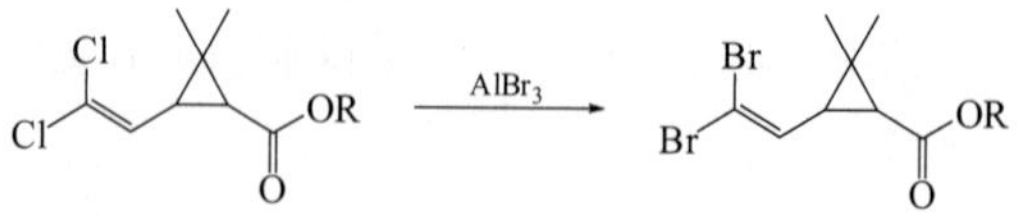

（2）多溴化物对双键加成制备顺式二溴菊酸（酯）　多溴代甲烷，如溴仿、四溴化碳在自由基引发剂的作用下，对贲亭酸酯或丙烯酸的衍生物进行加成，如图 5-52 所示。

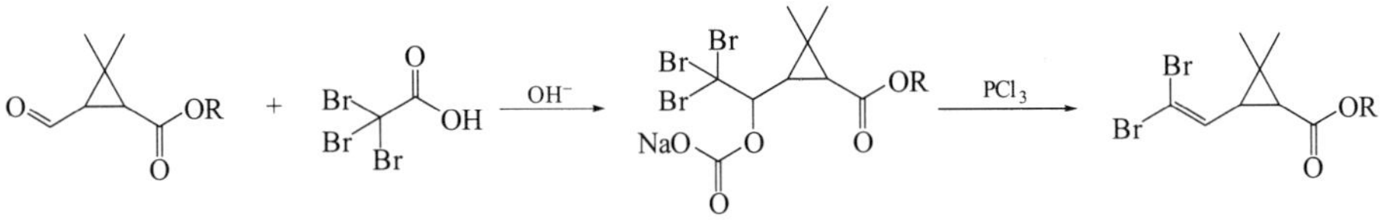

图 5-52　顺式二溴菊酸（酯）的合成路线（一）

（3）醛酸酯的 Wittig 反应制备顺式二溴菊酸（酯）　如图 5-53 所示，四溴化碳与三苯基膦反应后生成 Wittig 试剂，然后与醛基反应得到二溴菊酸酯。

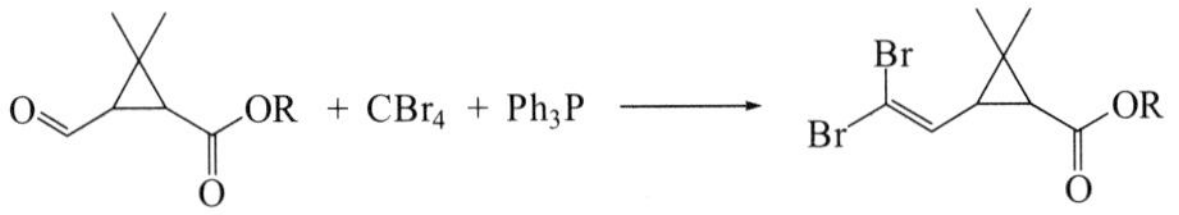

图 5-53　顺式二溴菊酸（酯）的合成路线（二）

5.4.7.1　(1R,3R)-顺式二溴菊酸

(1R,3R)-顺式二溴菊酸是合成溴氰菊酯的主要原料之一，其合成以(1R,3R)-反式菊酸为原料。(1R,3R)-反式菊酸先同水进行双键加成反应，然后在叔丁醇钾存在下异构并酯化环合，接着水解后得到(1R,3S)-顺式菊酸。臭氧氧化(1R,3S)-顺式菊酸的双键得到相应的醛，然后通过Wittig 反应引入二溴甲基生成(1R,3R)-顺式二溴菊酸，如图 5-54 所示。

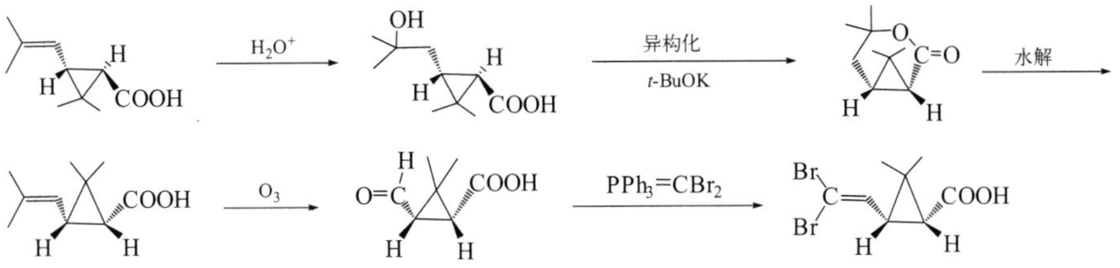

图 5-54　顺式二溴菊酸的合成路线

5.4.7.2　溴氰菊酯

(1R,3R)-顺式二溴菊酸与二氯亚砜反应生成相应(1R,3R)-二溴菊酸的酰氯，接着同氰化钠和醚醛反应得到α-位消旋产物，然后经过差向异构化将α-位 R 构型异构体转化为 S 构型异构体得到溴氰菊酯。

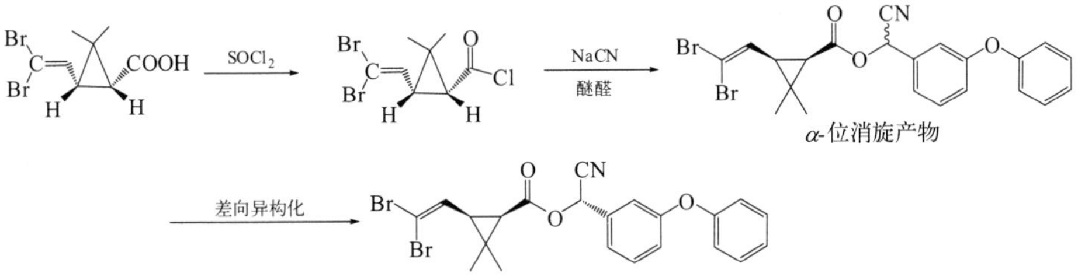

5.4.8　高效氯氟氰菊酯的合成

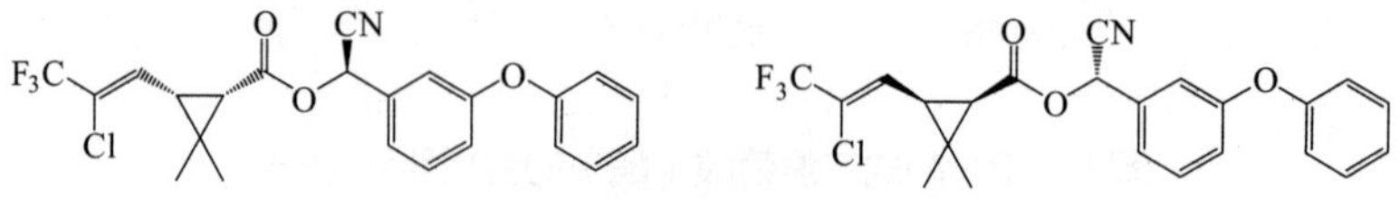

高效氯氟氰菊酯

高效氯氟氰菊酯（lambda-cyhalothrin），也称为功夫菊酯，是一对光学异构体的混合物。该产品的醇部分和其他类似菊酯杀虫剂结构一样，酸部分为含有 3-(2-氯-2-三氟甲基乙烯基)-2,2-二甲基环丙烷甲酸的结构，而且三元环和双键均为顺式结构。同时，三元环 1-位的光学构型和α-位的构型相反。

5.4.8.1　3-(2-氯-2-三氟甲基乙烯基)-2,2-二甲基环丙烷甲酸

3-(2-氯-2-三氟甲基乙烯基)-2,2-二甲基环丙烷甲酸的合成路线如图 5-55 所示。具体方法为在催化剂的作用下，贲亭酸甲酯和三氯三氟乙烷进行双键加成反应得到相应的酯，接着在有机碱叔丁醇钠的存在下，脱去氯化氢形成三元环骨架结构。随后在无机碱氢氧化钠作用下，再脱去一分子氯化氢形成 2-氯-2-三氟甲基乙烯基，同时酯水解为相应的羧酸钠盐，然后先用稀盐酸调节体系的 pH 值，再通入二氧化碳后，白色固体逐渐从溶剂体系中析出，过滤、干燥得到(Z)-(1RS)-cis-3-(2-氯-2-三氟甲基乙烯基)-2,2-二甲基环丙烷甲酸。

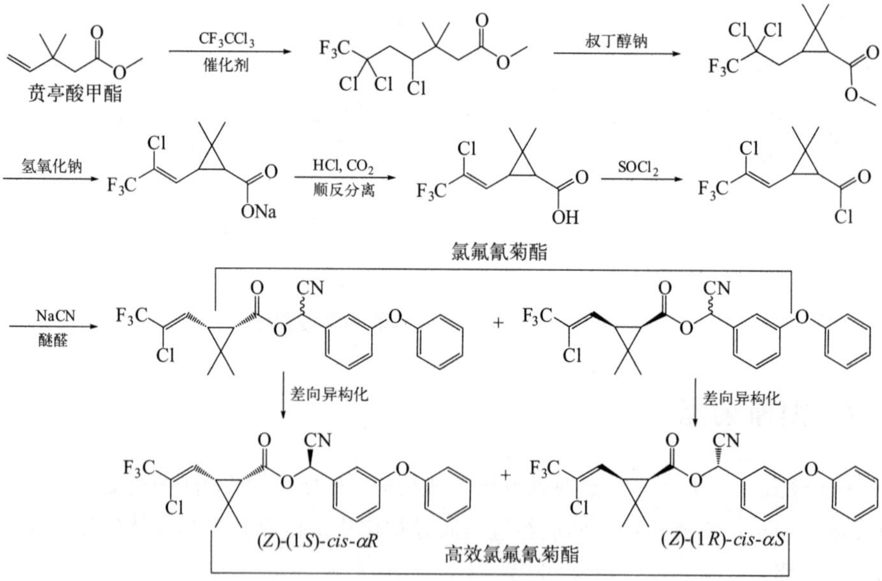

图 5-55　高效氯氟氰菊酯的合成路线

5.4.8.2　高效氯氟氰菊酯

该产品的合成路线如图 5-55 所示，具体方法为将(Z)-(1RS)-cis-3-(2-氯-2-三氟甲基乙烯基)-2,2-二甲基环丙烷甲酸溶于甲苯中，加热共沸脱水。然后在反应液中加入计量的二氯亚砜和催化剂，加热回流至反应完全，蒸出过量的二氯亚砜及残留的氯化氢和二氧化硫等气体，得到(Z)-(1RS)-cis-3-(2-氯-2-三氟甲基乙烯基)-2,2-二甲基环丙烷甲酰氯。

将计量的氰化钠、水和催化剂加入反应容器中，搅拌至氰化钠完全溶解后，在低温下加入计量的醚醛和(Z)-(1RS)-cis-3-(2-氯-2-三氟甲基乙烯基)-2,2-二甲基环丙烷甲酰氯，然后继续搅拌至反应完全得到氯氟氰菊酯。再将氯氟氰菊酯、溶剂和催化剂加入转位釜中，搅拌溶解后，冷却到一定温度加入晶种进行差向异构化得到含有两个光学异构体的高效氯氟氰菊酯。

5.4.9　氰戊菊酯的合成

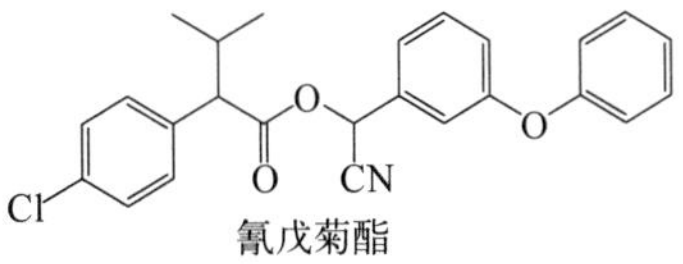

氰戊菊酯

氰戊菊酯结构不同于前述的菊酯类杀虫剂，其结构中的取代异戊酸酯片段取代了菊酯类杀虫剂中的环丙烷羧酸酯片段。该分子中含有两个不对称中心，因而存在四种光学构型，其中以 S,S-异构体的杀虫活性最优，为混合物药效的四倍。其合成方法同其他菊酯类杀虫剂类似，2-对氯苯基异戊酰氯和醚醛、氰化钠反应可以得到氰戊菊酯。

5.4.9.1　2-对氯苯基异戊酰氯

中间体 2-对氯苯基异戊酰氯的合成路线如图 5-56 所示，具体方法为原料对氯甲苯先经过侧链氯化生成对氯氯苄，接着同氰化钠反应得到对氯氰苄，然后进行烷基化反应在对氯氰苄的 α-位引入异丙基，随之进行水解得到 2-对氯苯基异戊酸。2-对氯苯基异戊酸同二氯亚砜反应得到 2-对氯苯基异戊酰氯。

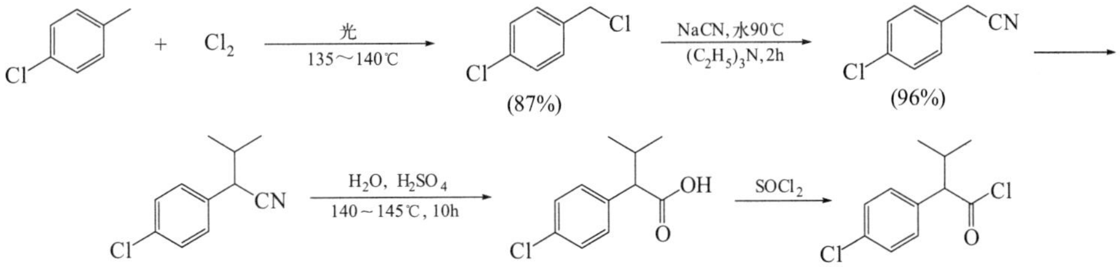

图 5-56　中间体 2-对氯苯基异戊酰氯的合成路线

除了上述常用路线外，也可以采用三种不同的方法在对氯氰苄 α-位进行烷基化反应引入异丙基，如图 5-57 所示。

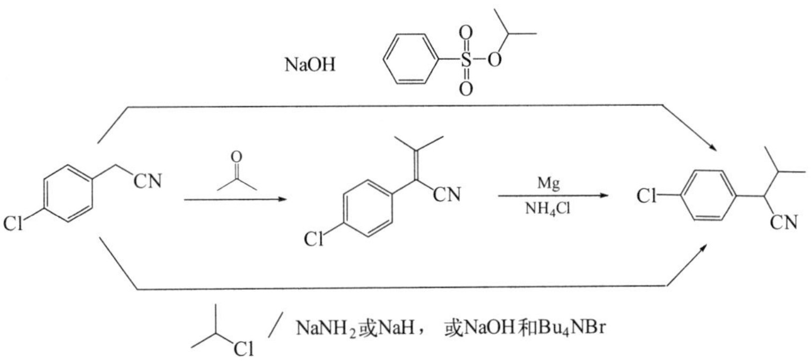

图 5-57　中间体 2-对氯苯基-3-甲基丁腈的合成路线

5.4.9.2 氰戊菊酯

实验室可将合成的对氯苯基异戊酸经拆分得到(*S*)-对氯苯基异戊酸,然后与氰醇反应后得到一对差向异构体的混合物,接着可以采用硅胶色谱将两个差向异构体分离。氰戊菊酯合成中的最后一步同其他菊酯类产品一样,采用氰化钠与对甲氧基苯甲醛原位生成的氰醇直接与2-对氯苯基异戊酰氯反应。

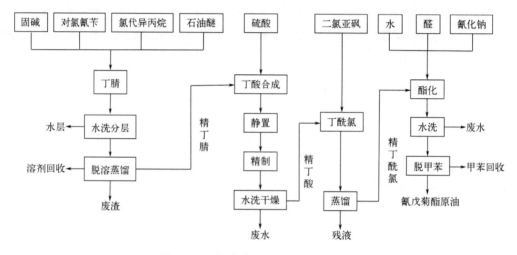

氰戊菊酯的工业化生产流程如图 5-58 所示。

图 5-58   氰戊菊酯的合成工艺流程图

5.5   苯甲酰脲和苯甲酰肼类杀虫剂的合成

苯甲酰脲、苯甲酰肼类属于昆虫几丁质合成抑制剂类杀虫剂,其可抑制昆虫几丁质合成酶的活性,阻碍几丁质的合成,从而影响新表皮的合成,使昆虫的蜕皮、化蛹受阻,活动减缓,取食减少,直至死亡。该类杀虫剂活性高、使用浓度低,对天敌和有益生物影响小,具有极高的环境安全性。其缺点是速效性较差,长期单一使用容易产生抗性。

5.5.1   氟铃脲和虱螨脲的合成

氟铃脲和虱螨脲属于苯甲酰脲类杀虫剂,该类杀虫剂的通式结构如下:

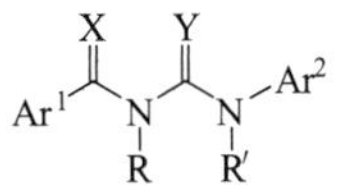

式中，Ar 为取代苯基，Ar^1、Ar^2 为取代的芳环，多为苯环；X、Y 为氧原子或者硫原子；R 和 R′为氢原子、烷基、烷氧基、烷硫基等。

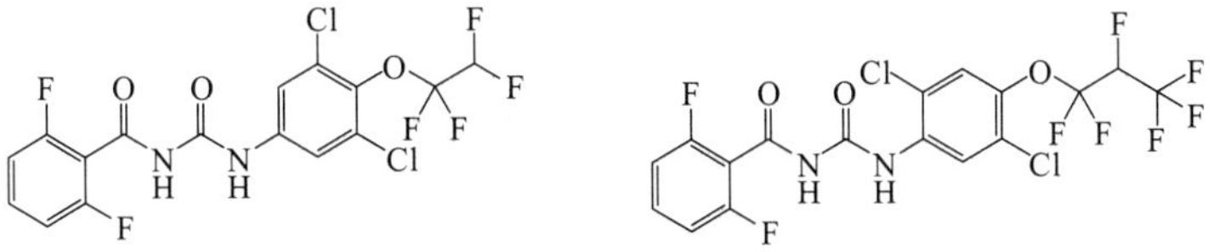

氟铃脲

虱螨脲

氟铃脲（hexaflumuron）和虱螨脲（lufenuron）的结构非常相似，对氟铃脲逆合成分析如图 5-59 所示。

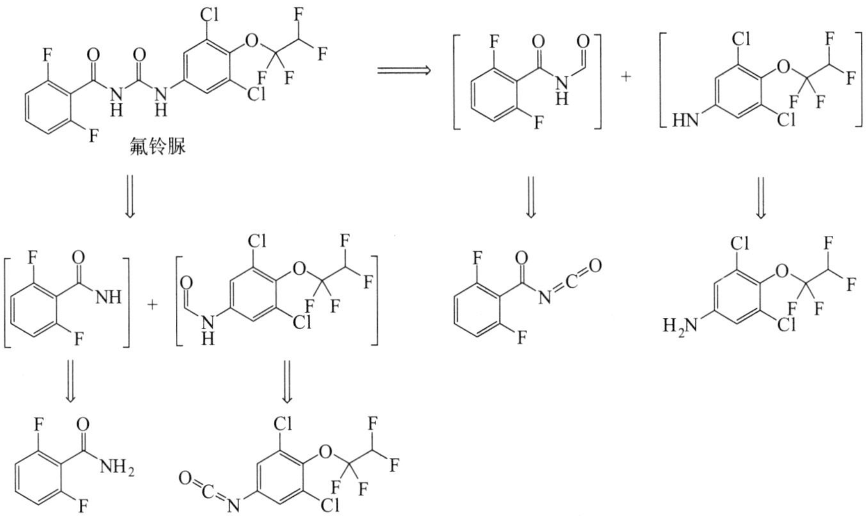

氟铃脲

图 5-59　氟铃脲的逆合成分析

"酰脲结构"是该类杀虫活性分子的结构特征，如同构建"脲类结构"单元类似，可以采用异氰酸酯和取代苯甲酰胺类化合物反应构建"酰脲结构"。因而，合成氟铃脲需要的两个中间体分别为 2,6-二氟苯甲酰胺和 3,5-二氯-4-(1,1,2,2-四氟乙氧基)苯基异氰酸酯，或者 2,6-二氟苯甲酰基异氰酸酯和 3,5-二氯-4-(1,1,2,2-四氟乙氧基)苯胺。虱螨脲的合成基本和氟铃脲一样，除了 2,6-二氟苯甲酰胺或者 2,6-二氟苯甲酰基异氰酸酯外，需要合成中间体 2,5-二氯-4-(1,1,2,3,3,3-六氟丙氧基)苯基异氰酸酯或者 2,5-二氯-4-(1,1,2,3,3,3-六氟丙氧基)苯胺。

5.5.1.1　2,6-二氟苯甲酰胺及 2,6-二氟苯甲酰基异氰酸酯

中间体 2,6-二氟苯甲酰胺及 2,6-二氟苯甲酰基异氰酸酯的合成以 2,6-二氯甲苯为原料。2,6-二氯甲苯经过常规的氨氧化反应、苯环的卤素置换反应、氰基水解反应生成 2,6-二氟苯甲酰胺，然后 2,6-二氟苯甲酰胺与光气反应生成 2,6-二氟苯甲酰基异氰酸酯。

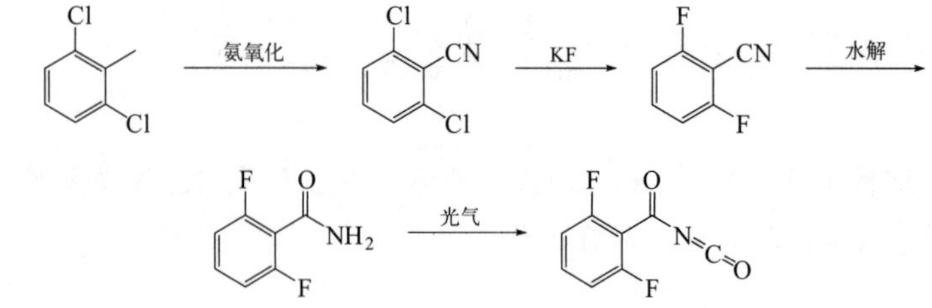

氨氧化 → KF → 水解

光气

5.5.1.2 3,5-二氯-4-(1,1,2,2-四氟乙氧基)苯胺及 3,5-二氯-4-(1,1,2,2-四氟乙氧基)苯基异氰酸酯

以对硝基苯酚为原料，经过芳香环氯化反应、催化氢化还原硝基、苯酚羟基对四氟乙烯的加成得到中间体 3,5-二氯-4-(1,1,2,2-四氟乙氧基)苯胺，该苯胺中间体与光气反应得到 3,5-二氯-4-(1,1,2,2-四氟乙氧基)苯基异氰酸酯。

氯化 → 还原

加成 → 光气

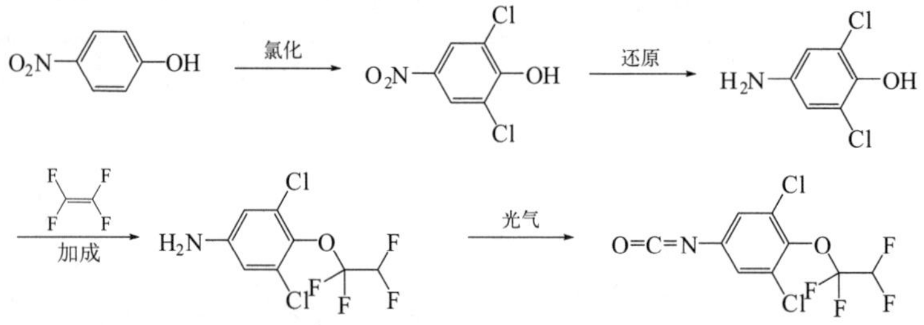

5.5.1.3 2,5-二氯-4-(1,1,2,3,3,3-六氟丙氧基)苯胺及 2,5-二氯-4-(1,1,2,3,3,3-六氟丙氧基)苯基异氰酸酯

以 2,5-二氯苯酚为原料，经过苯酚与全氟丙烯的加成反应、硝化反应、催化氢化还原硝基得到 2,5-二氯-4-(1,1,2,3,3,3-六氟丙氧基)苯胺。2,5-二氯-4-(1,1,2,3,3,3-六氟丙氧基)苯胺与光气作用得到 2,5-二氯-4-(1,1,2,3,3,3-六氟丙氧基)苯基异氰酸酯。

5.5.1.4 氟铃脲和虱螨脲

上述中间体 2,6-二氟苯甲酰胺或者 2,6-二氟苯甲酰基异氰酸酯与相应的异氰酸酯或者苯胺反应得到氟铃脲和虱螨脲。

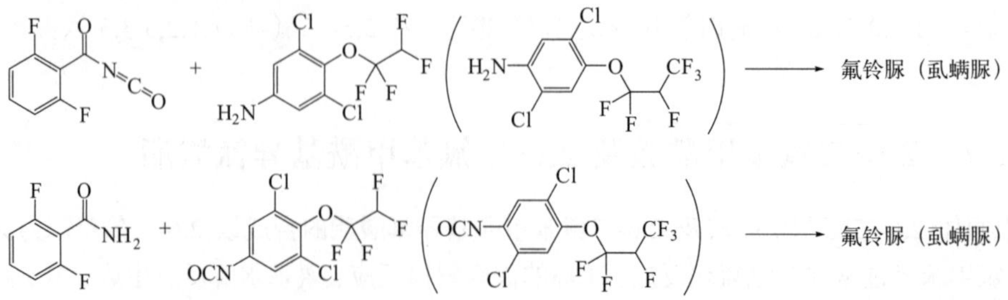

→ 氟铃脲（虱螨脲）

→ 氟铃脲（虱螨脲）

5.5.2　甲氧虫酰肼和呋喃虫酰肼的合成

甲氧虫酰肼（methoxyfenozide）和呋喃虫酰肼（fufenozide）属于苯甲酰肼类杀虫剂，该类分子的结构通式如下：

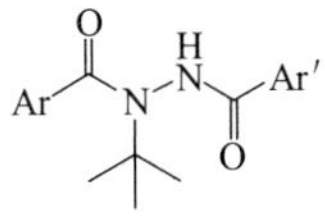

式中，Ar 为苯基或 3,5-二甲基苯基等，Ar^1 为卤素、烷基、烷氧基等单取代或多取代苯基。该结构同苯甲酰脲类的结构有些相似，但不同点在于苯甲酰脲类结构中同苯环相连的氮原子迁移到同另外氮原子相连，形成酰肼的结构，而且一个氮原子上含有叔丁基。

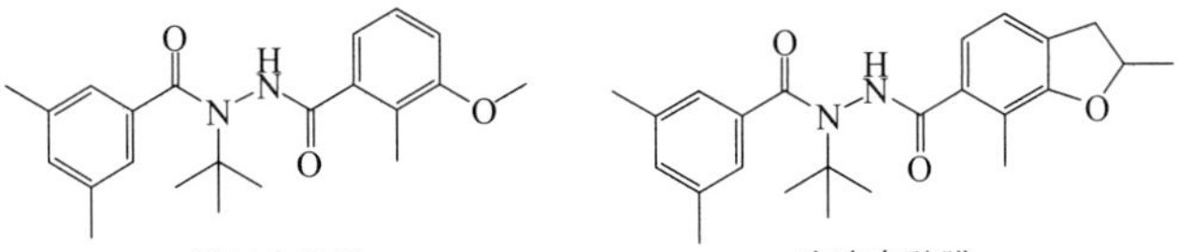

甲氧虫酰肼　　　　　　　　　　呋喃虫酰肼

甲氧虫酰肼和呋喃虫酰肼结构仅右边的苯甲酰部分有差别，甲氧虫酰肼的右边是 2-甲基-3-甲氧基苯甲酰基，而呋喃虫酰肼是 2,7-二甲基-6-(2,3-二氢苯并呋喃)酰基。以甲氧虫酰肼为例介绍两个杀虫剂的合成，如图 5-60 所示有两条代表性路线可以合成甲氧虫酰肼。

（1）路线 A：右边部分的苯甲酰氯（酰氯 1）先同叔丁基肼反应，得到的中间体接着与 3,5-二甲基苯甲酰氯（酰氯 2）反应得到产物。

（2）路线 B：叔丁基肼先同碳酸二叔丁基酯反应得到叔丁氧羰基保护的叔丁基肼，然后与酰氯 2 反应，接着生成的中间产物在酸性条件下脱去叔丁氧羰基，再与酰氯 1 反应得到产物甲氧虫酰肼。路线 B 中需要对叔丁基肼中的端氨基（NH_2）进行保护，一方面降低其亲核性，另一方面加大其空间位阻，抑制该氨基同酰氯 2 的反应。

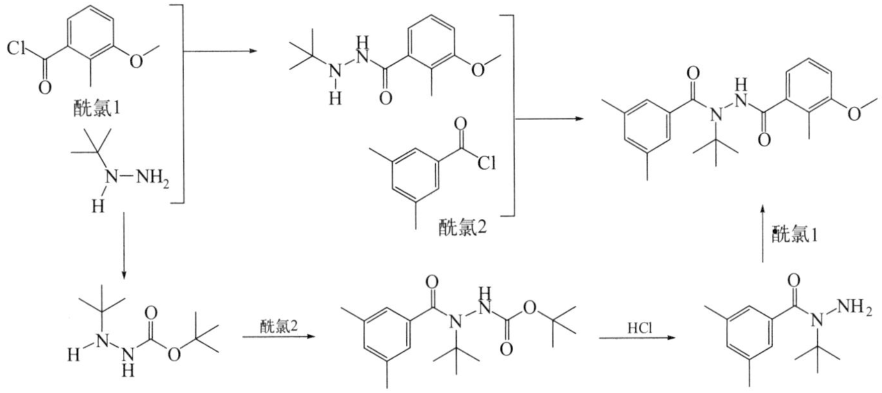

图 5-60　甲氧虫酰肼的合成路线

叔丁基肼保护路线比不保护路线步骤多，但是可以得到纯度较高的中间体和产品，而叔丁基肼直接同酰氯 1 反应的路线，虽然反应步骤少，但是难以得到纯度较高的中间体和产物。

5.5.2.1　2-甲基-3-甲氧基苯甲酸

2-甲基-3-甲氧基苯甲酸是合成甲氧虫酰肼的一个主要原料，其合成可以三个不同化合物为原料，通过不同的路线实现，如图 5-61 所示。

（1）路线 A，在甲醇钠的存在下，2,6-二氯甲苯在高温下水解得到 3-氯-2-甲基苯酚，然后硫酸二甲酯对酚羟基醚化，接着通过格氏反应引入羧基或者氰基取代氯原子后水解得到产物；

（2）路线 B，以 2-甲基-3-硝基苯甲酸为原料，经过加氢还原硝基为氨基、氨基的重氮化反应及重氮盐水解、酚羟基与甲基化试剂反应得到产物；

（3）路线 C，以易得的邻二甲苯为原料，硝化制得 2,3-二甲基硝基苯，然后硝酸选择性氧化甲基为羧基和进行羧酸的酯化，接着氢化还原硝基、氨基重氮化及重氮盐水解，最后经过醚化羟基和酯的皂化反应得到产物。

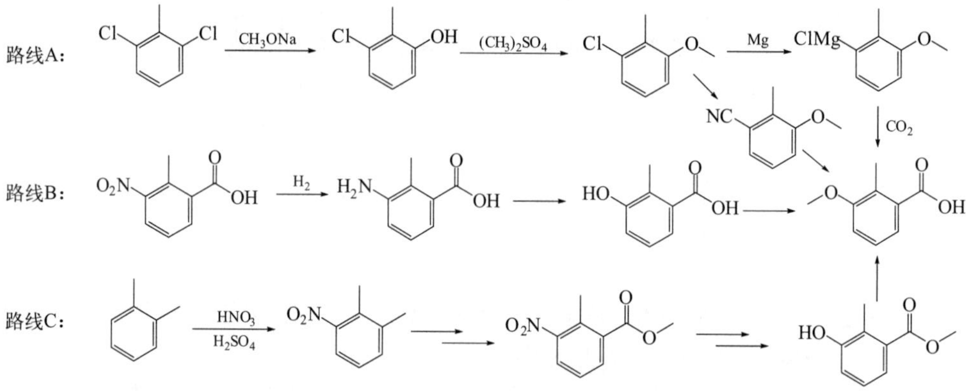

图 5-61　2-甲基-3-甲氧基苯甲酸的合成路线

路线 A 需要格氏反应或者氰基的引入，但是"三废"较少；路线 B 反应步骤较少，但原料难得；C 路线的原料易得，反应简单，可是反应步骤较多，而且重氮化和重氮盐的水解反应产生的"三废"较多。

5.5.2.2　2,7-二甲基-6-(2,3-二氢苯并呋喃)甲酸

呋喃虫酰肼主要中间体 2,7-二甲基-6-(2,3-二氢苯并呋喃)甲酸的合成可以 3-氯-2-甲基苯酚和烯丙基氯为原料。两个原料先进行醚化反应，然后经过 Claisen 重排反应和酚羟基对双键的加成反应生成 6-氯-2,7-二甲基-2,3-二氢苯并呋喃，接着氰基取代氯原子得到芳香甲腈以及进行氰基水解得到产品，如图 5-62 所示。其中的 Claisen 反应和羟基对双键的加成反应同呋喃酚的制备相似。

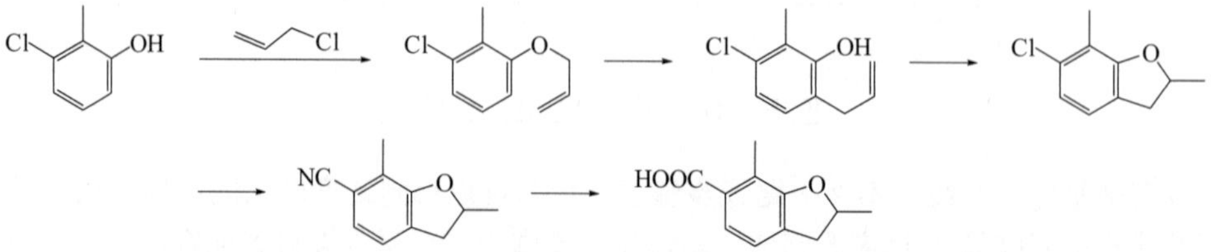

图 5-62　2,7-二甲基-6-(2,3-二氢苯并呋喃)甲酸的合成路线

5.6 烟碱及新烟碱类杀虫剂

吡虫啉是烟碱及新烟碱类杀虫剂中的第一个商品化产品，作用于昆虫神经系统的乙酰胆碱酯酶受体，阻断中枢神经系统的正常传导，导致中毒害虫麻痹或者兴奋进而死亡。随后研究人员大量开展该类产品研究，并先后商品化十多个该类产品。

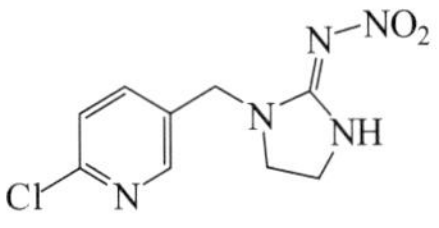

吡虫啉 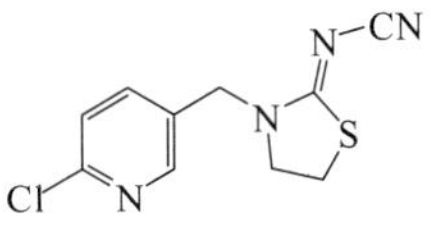　　　　　　噻虫啉 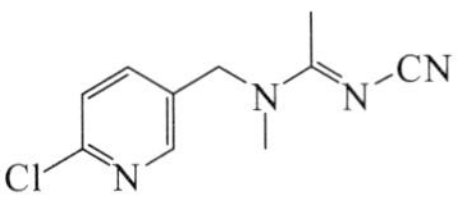　　　　　　啶虫脒 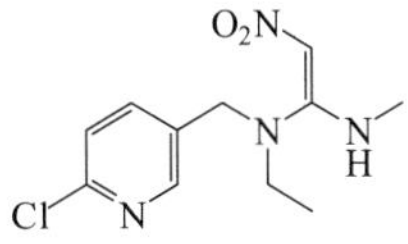　　　　　　烯啶虫胺

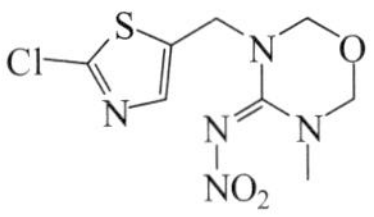

噻虫嗪 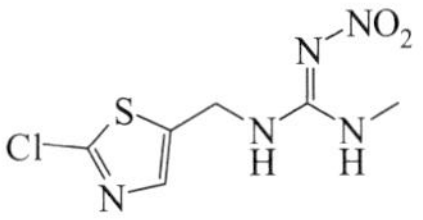　　　　　　噻虫胺 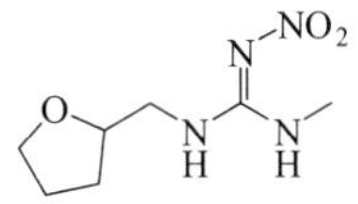　　　　　　呋虫胺

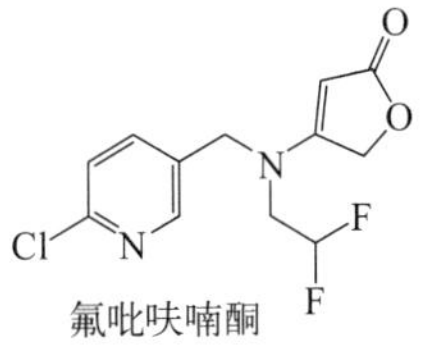

氟吡呋喃酮 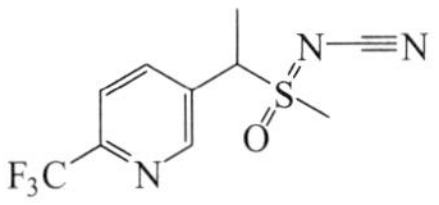　　　　氟啶虫胺腈 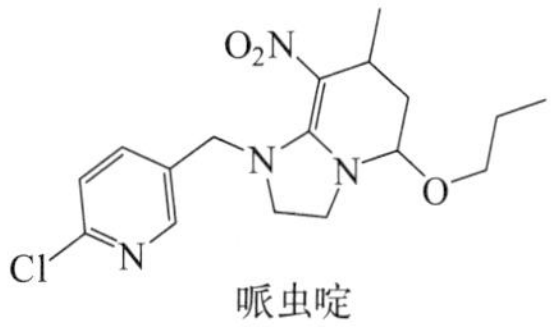　　　　哌虫啶

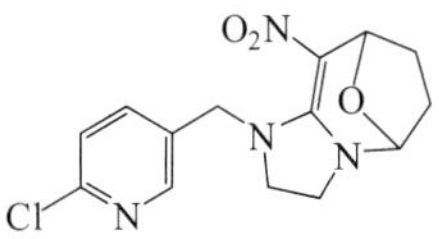

环氧虫啶 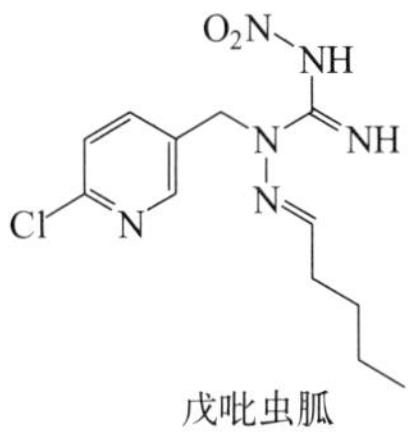　　　　　戊吡虫胍 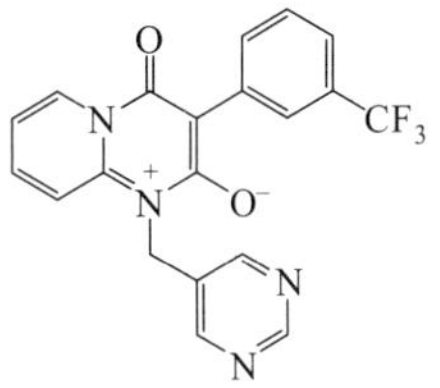　　　　　三氟苯嘧啶

5.6.1 吡虫啉的合成

5.6.1.1 2-氯-5-氯甲基吡啶

2-氯-5-氯甲基吡啶是合成烟碱类及新烟碱类杀虫剂的一个主要中间体，如下三条路线可实现该中间体的工业化生产。

（1）环戊二烯路线　该路线以丙烯醛、丙烯腈和环戊二烯为原料，具体路线如图5-63所示。

该路线的各步反应的描述如下：反应釜中加入计算量的丙烯醛，然后控制温度低于40～45℃下滴加相应量的环戊二烯。滴加结束后，控制反应体系温度在40～45℃下，搅拌至丙烯醛的残留量降低到0.5%以下，得到5-降冰片烯-2-甲醛。

反应釜中加入一定量的溶剂甲苯和丙烯腈，搅拌下控制温度低于25℃，加入计算量的叔丁醇和氢氧化钾，然后滴加5-降冰片烯-2-甲醛。滴加结束后，搅拌至5-降冰片烯-2-甲醛含量降至 1%以下，接着反应溶液经过薄膜脱溶，回收溶剂甲苯，得到中间产物 5-降冰片烯-2-(2-氰基)乙基-2-甲醛的浓缩液。在裂解釜中加入一定量的高沸点介质，加热该介质到 180～185℃，然后滴加中间产物浓缩液，同时收集裂解产生的环戊二烯。滴加结束后，维持在 180～185℃ 反应 10～20min，然后减压蒸馏，在 130～138℃（65Pa）下收集 2-(2-氰基乙基)丙烯醛。

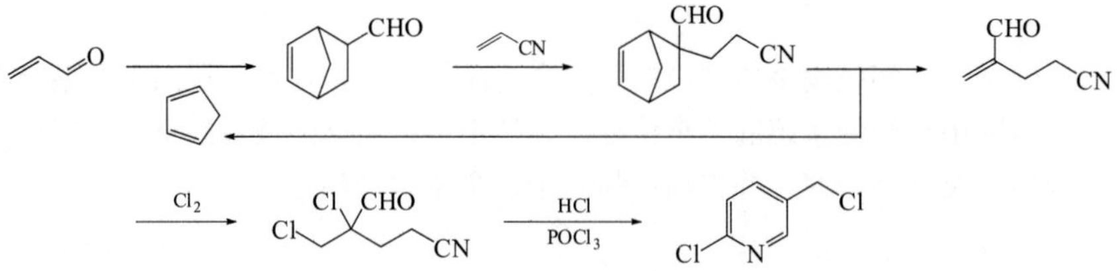

图 5-63　2-氯-5-氯甲基吡啶的环戊二烯合成路线

氯化反应釜中加入一定量的溶剂 DMF 和计量的 2-(2-氰基乙基)丙烯醛，搅拌下降温至 0～5℃，通入一定量的氯气，然后自然升温至 10～15℃，搅拌反应 1.5h。反应结束后，减压脱气，得到 4,5-二氯-4-甲酰基戊腈溶液。

在环合反应釜中加入一定量的溶剂甲苯和 4,5-二氯-4-甲酰基戊腈，搅拌下加热至 90℃，慢慢在 90～92℃和 3h 内滴加计算量的三氯氧磷，滴加结束后维持在 90～92℃反应到结束。在水解釜中，加入一定量的水，控制在 50℃下慢慢滴加前述反应液。水解结束后，静置、液液分离。氢氧化钠溶液中和上层有机相至 pH 8 左右，然后静置、液液分离，接着脱溶，减压蒸馏在 50～55℃（6.5Pa）下收集产品 2-氯-5-氯甲基吡啶。

（2）吗啉路线　该路线以丙醛、丙烯酸甲酯和吗啉为主要原料，具体反应路线如图 5-64 所示。

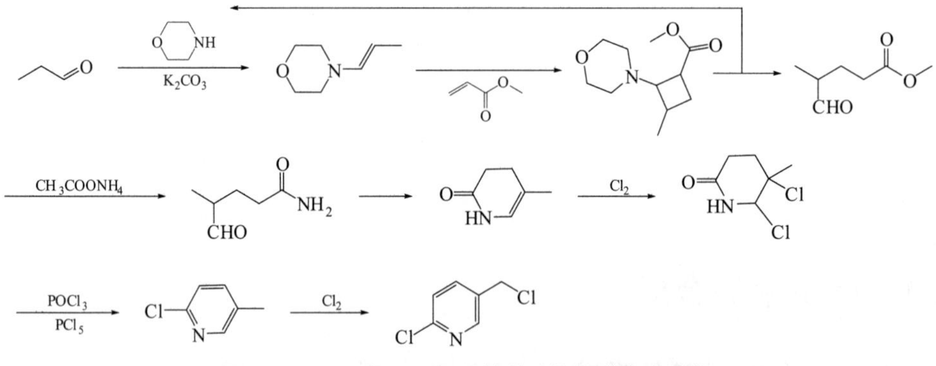

图 5-64　2-氯-5-氯甲基吡啶的吗啉合成路线

该路线的各步反应的描述如下：在反应釜中加入吗啉和碳酸钾，冷却至 5℃以下慢慢加入丙醛，加完后反应温度升高至 20～30℃持续搅拌至反应结束。将反应混合物固液分离后，固相用甲苯淋洗，合并有机相脱去溶剂后，在减压下先收集回收过量吗啉，然后在 41～55℃（35～40mmHg）收集 4-(丙烯-1-基)吗啉。

反应釜中加入 4-(丙烯-1-基)吗啉，然后在室温搅拌下慢慢加入过量丙烯酸甲酯。加入结束后，升温至 80℃并搅拌至 4-(丙烯-1-基)吗啉反应完全，接着在 50mmHg 减压条件下蒸出未反应的丙烯酸甲酯，得到 3-甲基-2-(4-吗啉基)环丁烷甲酸甲酯。

将 3-甲基-2-(4-吗啉基)环丁烷甲酸甲酯加入反应釜中，滴加 4.1mol/L 的盐酸。滴加结束后，反应温度上升到 70℃左右，接着升温至回流，维持搅拌至反应完全。接着静置液液分层，溶剂萃取下层水相，萃取液合并后，水洗、减压脱溶后蒸馏回收水相中的产品。最后将液液分离得到的上层相和蒸馏得到的产品合并后得到 4-甲酰基戊酸甲酯产品。

反应釜中加入一定量的乙酸铵和溶剂氯苯，接着慢慢滴加 4-甲酰基戊酸甲酯的氯苯溶液。滴加结束后，搅拌下升温维持反应在 90～100℃进行，同时蒸出低沸点馏分。反应结束后，脱出溶剂，然后减压收集 100～100℃（1mmHg）的馏分得到 5-甲基-3,4-二氢-2(1H)-吡啶酮。

将 5-甲基-3,4-二氢-2(1H)-吡啶酮和溶剂氯苯加入反应釜中，搅拌溶解后在 20～25℃通适量氯气，然后将反应液慢慢转入 130℃的氯苯溶液中，并在该温度下持续反应数小时后降温至 60℃。在 60℃先后加入一定量的三氯氧磷和五氯化磷，再加热至 115℃反应数小时。反应混合物降温至 60℃以下，接着将其慢慢转移至冰水中，再进行一系列后处理得到产品 2-氯-5-甲基吡啶。

反应釜中加入 2-氯-5-甲基吡啶和溶剂，以及一定量的自由基催化剂，然后在一定温度下通入氯气，控制反应达到一定转化率，停止通氯气，进行后处理得到产品 2-氯-5-氯甲基吡啶。

（3）3-甲基吡啶氯化路线　该路线以 3-甲基吡啶为原料，直接进行氯化得到产品，具体反应路线如图 5-65 所示。

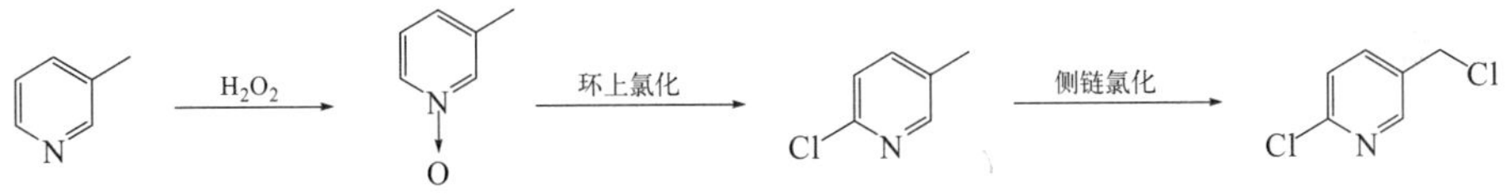

图 5-65　2-氯-5-氯甲基吡啶的 3-甲基吡啶氯化合成路线

该路线各步反应的描述具体如下：在反应釜中加入一定量的溶剂乙酸和 3-甲基吡啶后，搅拌下加热至 70℃，然后滴加 60%过氧化氢，滴加结束维持在 70～75℃到搅拌至反应完全。然后在 70℃以下减压蒸出乙酸和水，残余物经过氢氧化钠溶液中和至弱碱性，然后经过四氯化碳萃取，得到 N-氧-3-甲基吡啶的四氯化碳溶液。

在氯化反应釜中加入制得的 N-氧-3-甲基吡啶和一定量溶剂，然后在氮气保护下滴加邻苯二甲酰氯，滴加结束后维持搅拌到反应结束。反应液固液分离，固相用溶剂淋洗后，合并有机相，然后脱溶得到 3-甲基吡啶氯化产物的混合物。经过精馏或者冷冻结晶，得到 2-氯-5-甲基吡啶。接着进行吗啉路线中最后一步的侧链氯化得到 2-氯-5-氯甲基吡啶。

上述三条路线中，3-甲基吡啶的直接氯化路线较短，原料也较易得，但是吡啶环上氯化和侧链氯化均难以得到纯度较高的产品，吗啉路线中的最后一步氯化也难以避免二氯代副产物的生成。环戊二烯路线步骤较长，产生的废水量较大，但是可以得到纯度高的产品。目前工业化生产中大多采用环戊二烯路线和吗啉路线。

5.6.1.2　N-硝基亚氨基咪唑烷

N-硝基亚氨基咪唑烷合成以硝酸胍为原料，具体路线如图 5-66 所示。

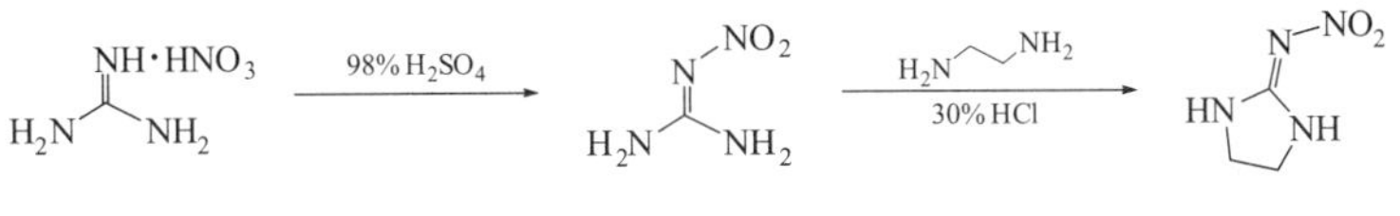

图 5-66　N-硝基亚氨基咪唑烷的合成路线

在反应釜中加入98%浓硫酸，然后在25℃以下慢慢加入硝酸胍，加完后持续搅拌至反应结束。然后将反应液慢慢加到冷却的水中，将固液分离，水洗固体得到湿的硝基胍。

在反应釜1中，加入乙二胺和工业盐酸制得的乙二胺的盐酸盐溶液。在反应釜2中，加入一定量的水和上面制得的硝基胍，搅拌下加入反应釜1中的乙二胺盐酸盐溶液，加完后升到一定温度搅拌至反应完全。然后，将反应液降温至10℃以下，进行固液分离，干燥得到N-硝基亚氨基咪唑烷。

5.6.1.3 吡虫啉

在反应釜中加入计算量的溶剂乙腈、碳酸钾和咪唑烷，在搅拌下滴加2-氯-5-氯甲基吡啶的乙腈溶液，滴加结束后加热回流至反应完全。反应液降至室温，固液分离，固相用一定量的乙腈淋洗，合并有机相，脱溶得到吡虫啉粗产品，经过纯化得到吡虫啉产品。

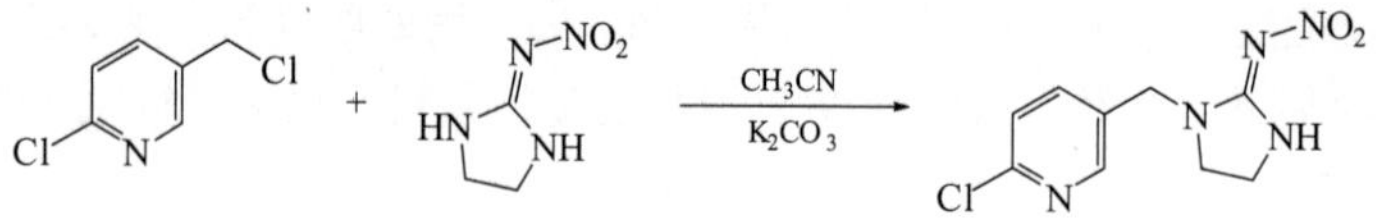

5.6.2 噻虫啉的合成

噻虫啉（thiocloprid）和吡虫啉的结构非常相似，区别在于噻虫啉含有N-氰基亚氨基噻唑烷片段，而吡虫啉含有N-硝基亚氨基咪唑烷片段。因而，噻虫啉的合成可参照5.6.1.3中吡虫啉的合成方法，下面仅介绍N-氰基亚氨基噻唑烷的合成。

N-氰基亚氨基噻唑烷的合成以氨基腈、二硫化碳和2-氨基乙硫醇盐酸盐为原料，具体路线如图5-67所示。

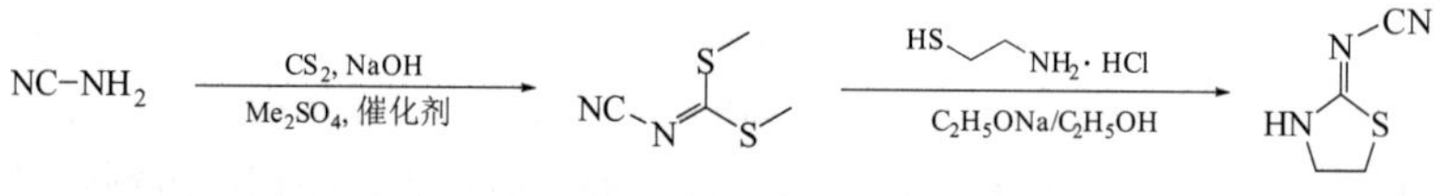

图5-67　N-氰基亚氨基噻唑烷的合成路线

在20%氢氧化钠溶液中加入50%单氰胺水溶液和相转移催化剂苄基三乙基氯化铵，接着加入计量的二硫化碳，搅拌至反应完全，溶液呈橙色。然后加入计量的硫酸二甲酯，在38℃下搅拌至甲基化反应完全。接着静置液液分离，有机相冷却后出现结晶，固相分离、水淋洗固相，干燥得到N-氰基亚氨基-S,S-二硫代碳酸二甲酯，收率93%。

低温下向乙醇钠的乙醇溶液中加入2-氨基乙硫醇盐酸盐，搅拌均匀后，加入N-氰基亚氨基-S,S-二硫代碳酸二甲酯与一定量的乙醇，接着搅拌至反应完全。反应液进行固液分离，固体水淋洗后干燥得到N-氰基亚氨基噻唑烷。

5.6.3 啶虫脒的合成

啶虫脒（acetamiprid）结构中亦含有2-氯-5-吡啶甲基片段，也可以2-氯-5-氯甲基吡啶为原料通过如图5-68所示的路线实现其工业化生产。

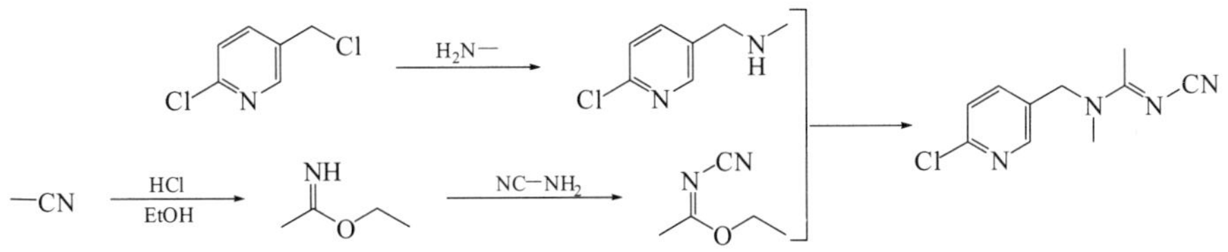

图 5-68　啶虫脒的合成路线

　　乙腈同干燥氯化氢和乙醇反应后，接着同 50%单氰胺溶液反应得到中间体 N-氰基乙亚氨酸乙酯，再同 2-氯-5-氯甲基吡啶与一甲胺制得的 N-甲基-2-氯-5-吡啶甲胺反应得到啶虫脒。

5.6.4　烯啶虫胺的合成

　　烯啶虫胺（nitenpyram）的结构同啶虫脒的有一定的相似性，其工业化的合成可采用相似路线，具体如图 5-69 所示。

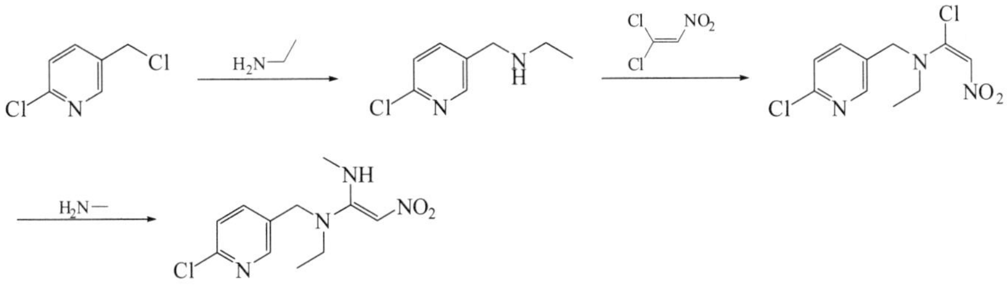

图 5-69　烯啶虫胺的合成路线

　　主要中间体 2-氯-5-氯甲基吡啶先与乙基胺反应得到 N-乙基-2-氯-5-吡啶甲胺，然后同 2,2-二氯-1-硝基乙烯反应，接着再同甲胺反应得到烯啶虫胺。

5.6.5　戊吡虫胍的合成

　　戊吡虫胍（guadipyr）的合成路线如图 5-70 所示。

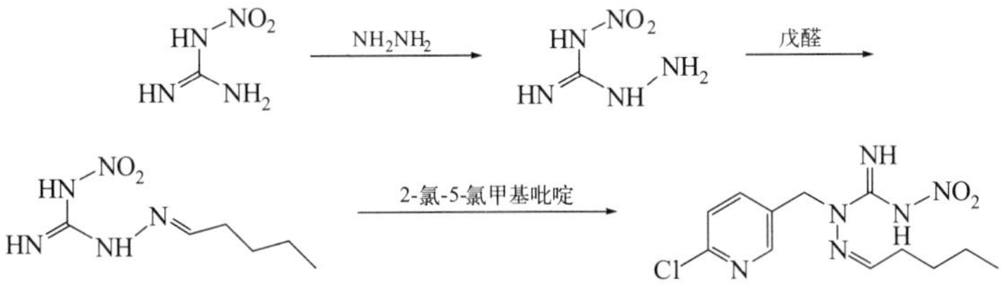

图 5-70　戊吡虫胍的合成路线

　　硝基胍同水合肼反应得到硝基脒基肼（1-氨基-3-硝基胍），然后同戊醛缩合，接着同 2-氯-5-氯甲基吡啶反应得到戊吡虫胍。

5.6.6 环氧虫啶的合成

环氧虫啶（cycloxapyrid）是通过固定双键上取代基的位置得到的顺烯新烟碱类杀虫剂，属于乙酰胆碱受体拮抗剂。该类产品大多为昆虫乙酰胆碱受体激动剂，因此其作用方式和作用位点同该类其他杀虫剂有一定差异。同时，该产品为前体杀虫剂，即进入昆虫体内后，脱去四氢呋喃片段，转化为活性成分。

环氧虫啶可以硝基甲烷、偏二氯乙烯和 2-氯-5-氯甲基吡啶等为原料，通过如图 5-71 所示不同的反应路线实现其合成。其中以偏二氯乙烯为原料，首先通过硝化得到 1,1-二氯-2-硝基乙烯，随之与甲醇钠反应得到 1,1-二甲氧基-2-硝基乙烯，接着同乙二胺缩合得到 2-(硝基亚甲基)咪唑烷，然后同 2-氯-5-氯甲基吡啶反应产生(E)-中间体，再同 2,5-二甲氧基四氢呋喃缩合得到产品环氧虫啶。该路线适合工业化生产。

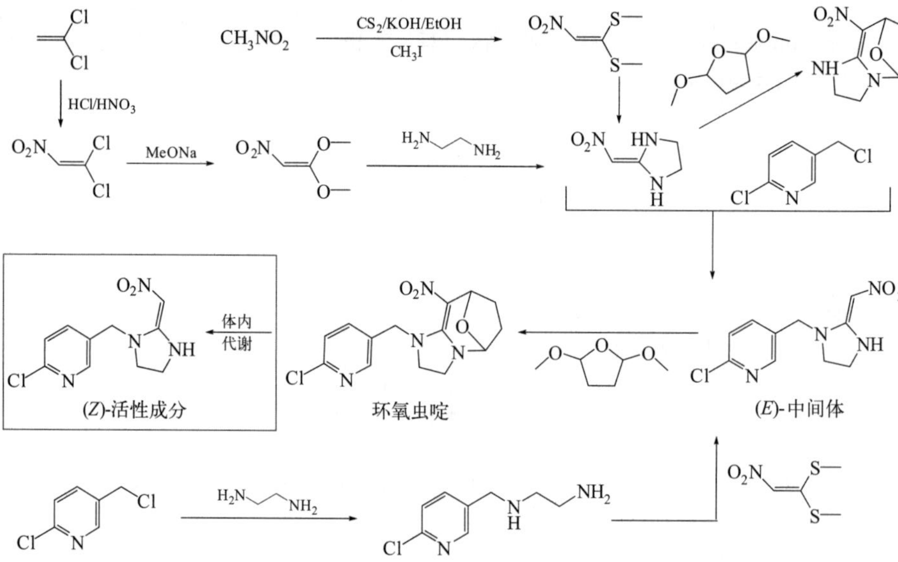

图 5-71 环氧虫啶的合成路线

一般情况下，利用硝化反应在芳香环上引入硝基，硝化试剂是硝酸和硫酸的混酸，而该路线中采用的是盐酸和硝酸的混酸，同时 1,1-二氯-2-硝基乙烯可以直接同乙二胺反应制备 2-(硝基亚甲基)咪唑烷，但是其具有强刺激性，实际工艺中将其在溶液体系中转化为 1,1-二甲氧基-2-硝基乙烯。

从偏二氯乙烯到 1,1-二甲氧基-2-硝基乙烯示例反应过程如下：

在 250mL 三口烧瓶中，加入 36%浓盐酸（60.5g，0.6mol），冷却溶液至-5℃，30min 内滴加 65%浓硝酸（57.9g，0.6mol），然后在-5℃继续搅拌 30min。将反应液温热至 0～5℃，在 2h 内缓慢滴加偏二氯乙烯（45g，0.46mol），接着升温至 10～15℃，并在该温度下继续搅拌 2h，静置液液分层。分层后，在下层墨绿色有机相中加入甲醇（54.0g）得到硝化物的甲醇溶液。

反应瓶中加入 10%的甲醇钠（1.1mol）甲醇溶液，控制温度在 10～20℃下，滴加含硝化物的甲醇溶液，滴加结束继续搅拌 25min，蒸出反应液中的甲醇后，加入甲苯（195.0g）并在 35℃搅拌 40min，抽滤除去不溶物得到 1,1-二甲氧基-2-硝基乙烯的甲苯溶液。

5.6.7 氟吡呋喃酮的合成

氟吡呋喃酮是拜耳开发的作用于昆虫乙酰胆碱受体的激动剂，同其他早期的同类产品相比，该化合物中既没有硝基亚甲基或者 N-硝基亚甲基，也没有 N-氰基结构片段。

逆合成分析可将氟吡呋喃酮结构分为三个片段，即 2-氯-5-吡啶甲基、2,2-二氟乙基胺、呋喃酮片段。根据化学反应可行性及原料是否易得，三个片段可转换为 2-氯-5-氯甲基吡啶、2,2-二氟乙胺和特窗酸。虽然可以丙二酸二甲酯或者 4-氯乙酰乙酸乙酯为原料，通过上述三条路线实现氟吡呋喃酮的合成，但是特窗酸不稳定，且与 2,2-二氟乙胺反应的收率较低，而以丙二酸二甲酯为原料的路线反应简单，可实现工业化生产，如图 5-72 所示。

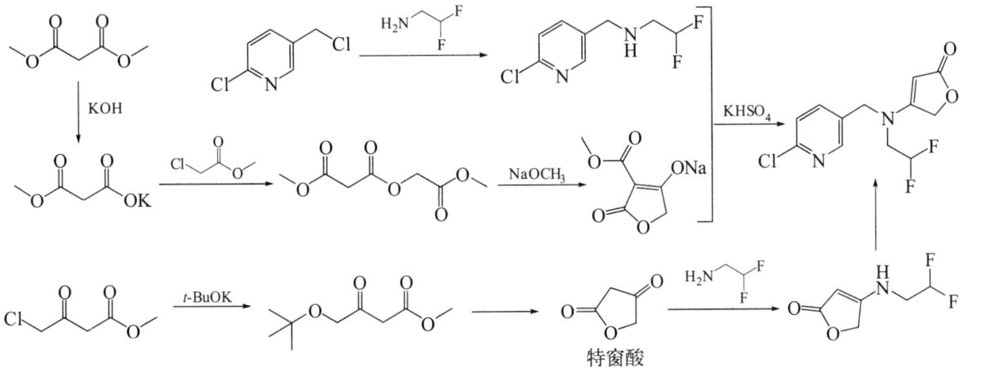

图 5-72　氟吡呋喃酮的合成路线

氢氧化钾将丙二酸二甲酯水解为丙二酸单甲酯钾盐，然后同 2-氯乙酸甲酯反应得到 1-(2-甲氧基-2-氧代乙氧基)丙二酸单甲酯，接着在甲醇钠的作用下分子内关环生成 3-羟基-4-甲氧基羰基-5-氧代-2,5-二氢呋喃的钠盐。2-氯-5-氯甲基吡啶同 2,2-二氟乙胺进行氮烷基化反应得到 N-(2-氯-5-吡啶甲基)-2,2-二氟乙胺，接着在硫酸氢钾的存在下，同 3-羟基-4-甲氧基羰基-5-氧代-2,5-二氢呋喃的钠盐缩合得到氟吡呋喃酮。

5.6.8 氟啶虫胺腈的合成

氟啶虫胺腈（sulfoxaflor）中含有砜亚胺结构片段，也是第一个含有该片段的杀虫剂，其作用机制和杀虫谱同其他新烟碱杀虫剂又有所不同。除了砜亚胺结构片段外，氟啶虫胺腈中吡啶环上的取代基同其他新烟碱杀虫剂也不同，因而其合成方法或者路线有别于其他产品。

如图 5-73 所示，氟啶虫胺腈的合成路线大致可以分为两种，路线 A 直接以 5-氯甲基-2-三氟甲基吡啶为原料，路线 B 以三氟乙酸酐或者三氟乙酰氯为原料。

（1）路线 A：5-氯甲基-2-三氟甲基吡啶先同甲硫醇钠反应得到 2-三氟甲基-5-甲硫基甲基吡啶，接着同氨基氰反应生成相应的烃基硫亚胺，然后经过氧化制得砜亚胺中间体，最后在低温下进行吡啶苄位甲基化得到产品。

（2）路线 B：三氟乙酸酐先同乙基乙烯基醚进行烯烃的酰基化反应得到 1,1,1-三氟-4-乙氧基丁烯酮。巴豆醛与甲硫醇钠作用生成 3-甲硫基丁醛，接着同四氢吡咯反应产生烯胺中间体。烯胺中间体与 1,1,1-三氟-4-乙氧基丁烯酮进行迈克尔加成，接着与乙酸铵反应得到 2-三氟甲基-5-(1-甲硫基乙基)吡啶，然后同氨基氰缩合得到烃基硫亚胺中间体，最后在三氯化钌的催化下，高碘酸钠氧化烃基硫亚胺为砜亚胺得到产品氟啶虫胺腈。该路线中，也可以巴豆醛先同四氢吡咯反应，然后相应的烯酮和醋酸铵关环得到2-三氟甲基-5-乙基吡啶，然后进行苄位溴化及甲硫基化得到2-三氟甲基-5-(1-甲硫基乙基)吡啶中间体，该方法和先引入甲硫基，再关环形成吡啶环的方法相比，反应步骤多、杂质多、反应收率低。

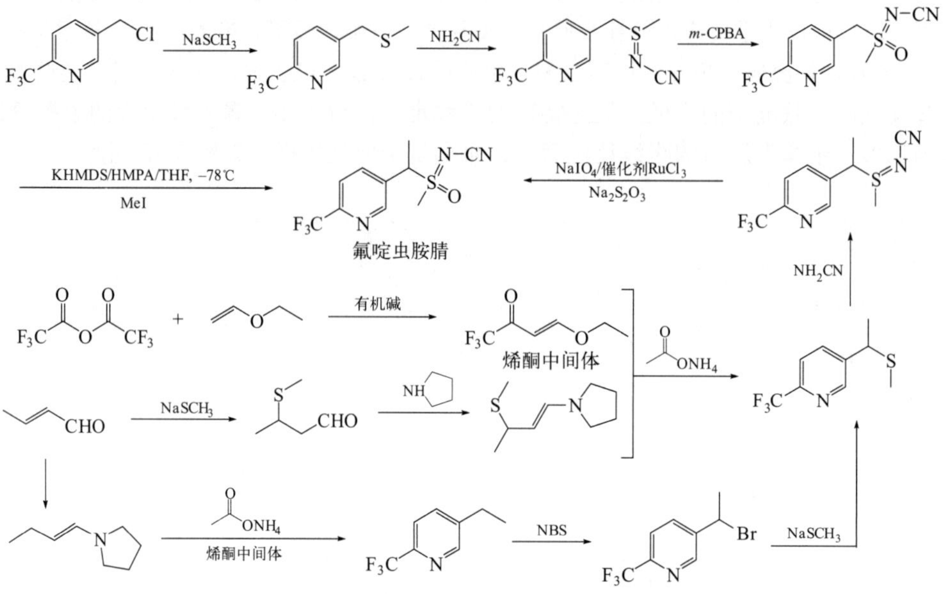

图 5-73　氟啶虫胺腈的合成路线

　　路线 A 仅有四步反应，反应步骤较短，但原料 5-氯甲基-2-三氟甲基吡啶的价格较高，烃基硫亚胺氧化收率较低，最后甲基化需要低温，路线的总收率较低等，限制该路线的规模化生产。路线 B 反应步骤较多，但以便宜易得的三氟乙酸酐和巴豆醛为起始原料，每步反应简单且容易操作，可实现大量生产。

5.6.9　三氟苯嘧啶的合成

　　三氟苯嘧啶（triflumezopyrim）是新型介离子类杀虫剂，也作用于靶标昆虫的乙酰胆碱受体，但其结构中没有新烟碱类产品的典型结构片段 2,5-位取代的吡啶，而且作用方式也有别于其他新烟碱类杀虫剂。其合成路线如图 5-74 所示。

　　对于三氟苯嘧啶的合成，化合物发明专利文献中的方法以间三氟甲基碘苯和 2-氨基吡啶为原料。间三氟甲基碘苯先同丙二酸二甲酯偶联得到 2-(3-三氟甲基苯基)丙二酸二甲酯（中间体 1），然后皂化反应生成 2-(3-三氟甲基苯基)丙二酸，接着同 2,4,6-三氯苯酚缩合得到 2-(3-三氟甲基苯基)丙二酸二(2,4,6-三氯苯基)酯（中间体 2）；2-氨基吡啶与 5-醛基嘧啶缩合得到亚胺，亚胺经过硼氢化钠还原生成 N-(5-嘧啶基)甲基-2-吡啶胺（中间体 3），最后中间体 2 与中间体 3 缩合得到介离子杀虫剂三氟苯嘧啶。该路线中间三氟甲基碘苯同丙二酸二甲酯偶联的收率较低，需要通过 2,4,6-三氯苯酚引入大位阻离去基团三氯苯氧基，反应条件苛刻，原料不易得，原子利用率较低。

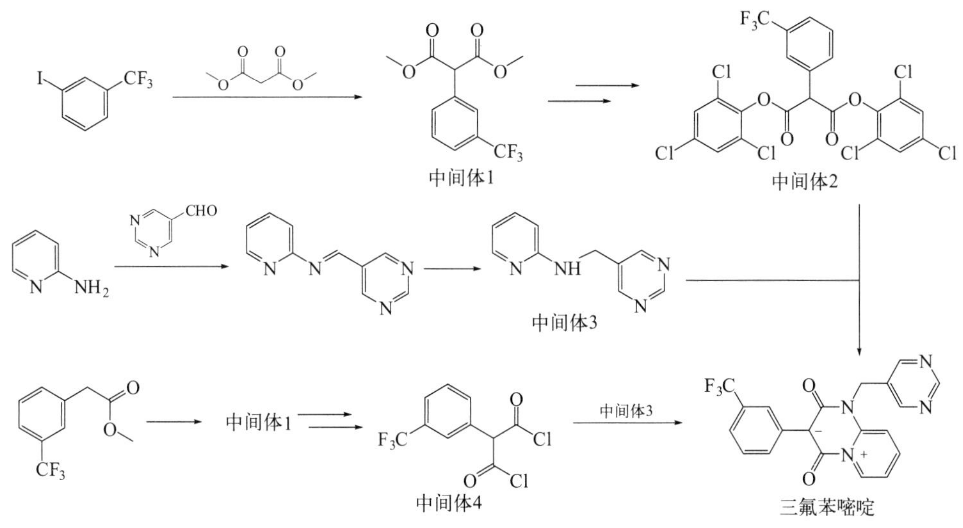

图 5-74　三氟苯嘧啶的合成路线

以 3-三氟甲基苯乙酸甲酯为原料合成中间体 2 的类似物中间体 4 可以避免上述路线的一些弊端。3-三氟甲基苯乙酸甲酯同碳酸二甲酯通过 Claisen 缩合得到主要中间体 1，然后经过皂化反应得到的相应丙二酸，接着被草酰氯转变为 2-(3-三氟甲基苯基)丙二酰氯（中间体 4），中间体 4 再与中间体 3 缩合得到产品三氟苯嘧啶。

除了上述路线外，部分研究直接将中间体 1 和中间体 3 缩合，或者中间体 1 的类似物 2-(3-三氟甲基苯基)丙二酸二硫代甲酯与中间体 4 缩合得到产品三氟苯嘧啶。

思考题：

（1）简述环戊二烯在制备 2-氯-5-氯甲基吡啶中的作用及反应历程。

（2）试推导 4,5-二氯-4-醛基戊腈到 2-氯-5-氯甲基吡啶的反应机理。

（3）为什么合成环氧虫啶的路线中以偏二氯乙烯路线适合工业化生产？

5.7　双酰胺类杀虫剂

南美大风子科植物"尼亚那"中含有杀虫活性化合物，直到 20 世纪 40 年代初美国默克公司才从其根和茎中分离出活性成分罗纳丹碱（ryanodine），后称为鱼尼丁。虽然研究人员对其结构进行了大量改造，但是发现的活性化合物均具有较高的毒性而无法商品化。20 世纪 90 年代日本农药株式会社在研究邻苯二甲酰胺类结构杀菌活性时，意外发现该类结构的杀虫活性，而且确认试虫中毒后的症状同鱼尼丁的毒杀症状相同。随之通过结构的进一步改造，发现了芳香二酰胺的第一个杀虫剂产品氟苯虫酰胺。接着，美国杜邦公司对氟苯虫酰胺的酰胺键进行翻转，发现骨架结构不同的氯虫苯甲酰胺。随后，世界各大公司合成了大量的二酰胺类结构，发现邻苯二甲酰胺、邻甲酰氨基苯甲酰胺和间甲酰氨基苯甲酰胺三类骨架结构的杀虫剂产品。前两类作用于昆虫的鱼尼丁受体，但作用位点略有不同，后一类作用于昆虫 GABA 受体。

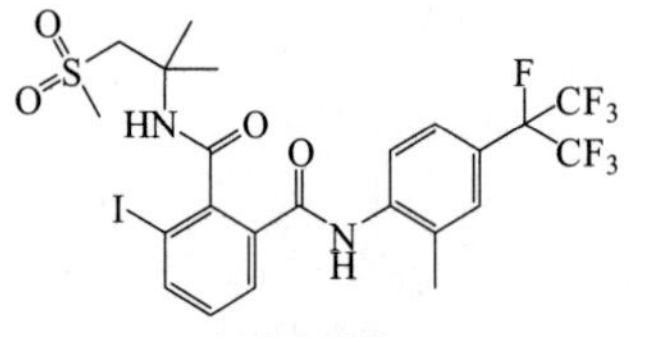

氟苯虫酰胺
(flubendiamide)

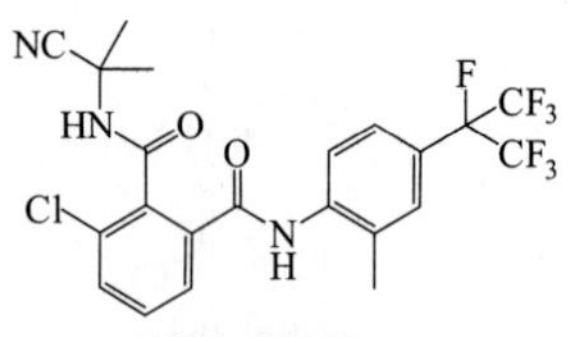

氯氟氰虫酰胺
(cyhalodiamide)

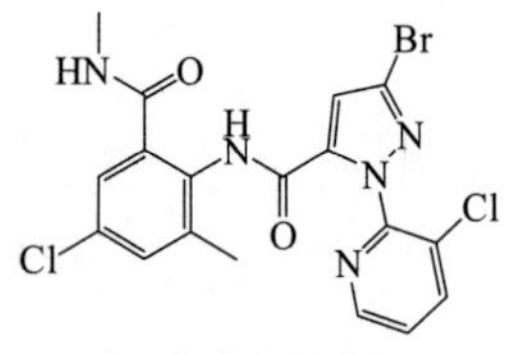

氯虫苯甲酰胺
(chlorantraniliprole)

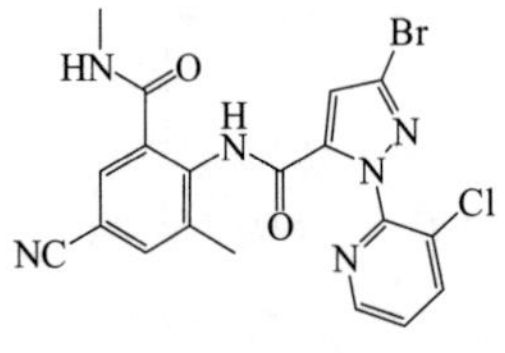

溴氰虫酰胺
(cyantraniliprole)

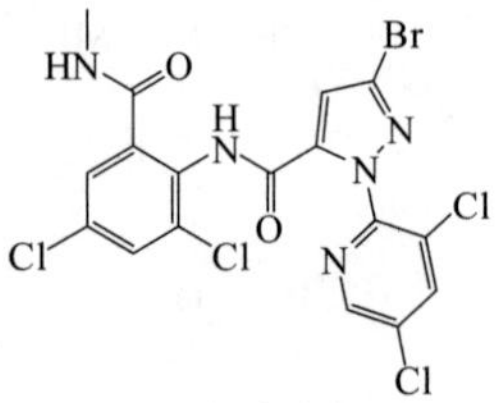

四氯虫酰胺
(tetrachlorantraniliprole)

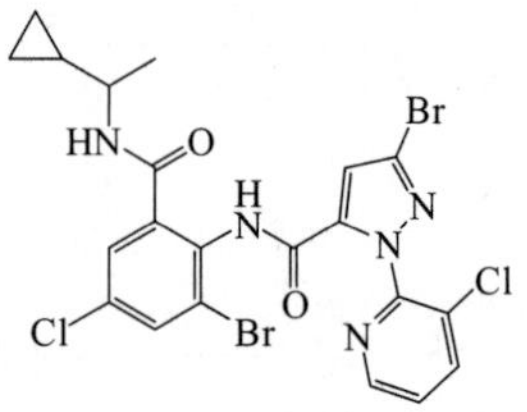

环丙虫酰胺
(cyclaniliprole)

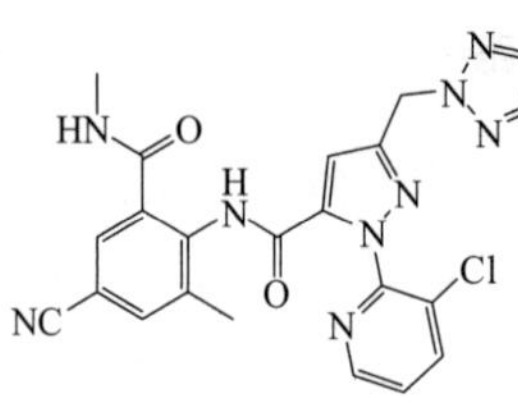

四唑虫酰胺
(tetraniliprole)

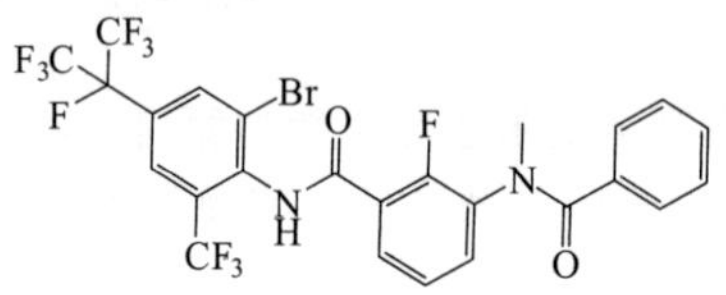

溴虫氟苯双酰胺
(broflanilide)

5.7.1 氟苯虫酰胺的合成

氟苯虫酰胺和氯氟氰虫酰胺的骨架结构是邻苯二甲酰胺，两个产品的合成均可以3-氯或者3-碘邻苯二甲酸酐先同脂肪胺反应，生成单酰胺中间体，然后在乙酸酐的作用下关环，接着同2-甲基-4-七氟异丙基苯胺反应，最后将硫醚氧化为砜实现。

5.7.1.1 2-甲基-4-七氟异丙基苯胺

2-甲基-4-七氟异丙基苯胺是合成氟苯虫酰胺和氯氟氰虫酰胺的关键中间体，其可通过2-碘七氟异丙烷与2-甲基苯胺反应得到，该反应的机理如图5-75所示。

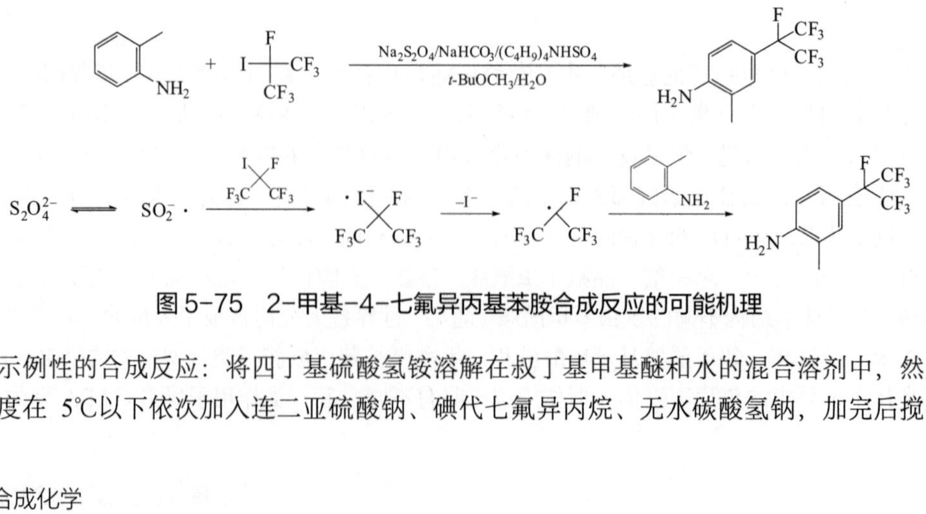

图 5-75 2-甲基-4-七氟异丙基苯胺合成反应的可能机理

示例性的合成反应：将四丁基硫酸氢铵溶解在叔丁基甲基醚和水的混合溶剂中，然后控制温度在 5℃以下依次加入连二亚硫酸钠、碘代七氟异丙烷、无水碳酸氢钠，加完后搅拌至反应完全。接着在反应体系加入一定量水，液液分离，乙酸乙酯萃取水相，合并有机相并用无水硫酸钠干燥，脱溶得到产品。

5.7.1.2 氟苯虫酰胺

基于 2-甲基-4-七氟异丙基苯胺为中间体，氟苯虫酰胺的合成路线如图 5-76 所示。

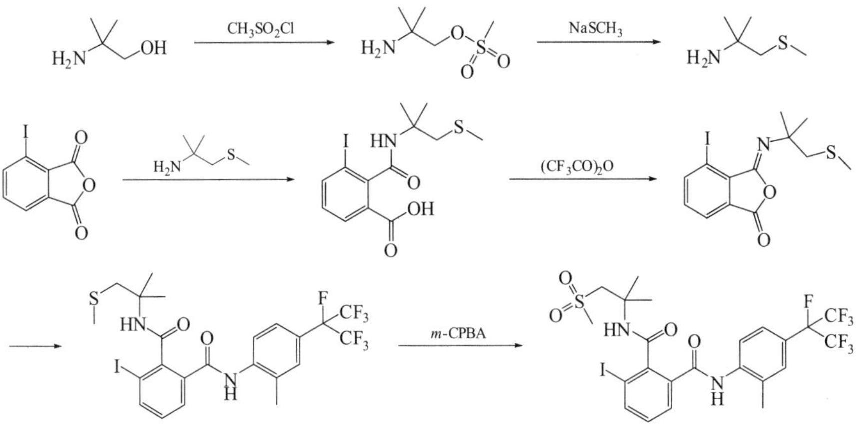

图 5-76 氟苯虫酰胺的合成路线

2-氨基-2-甲基丙醇同甲磺酰氯反应得到对应的磺酸酯，然后与甲硫醇钠作用生成中间体 2-甲基-1-甲硫基-2-丙胺。2-甲基-1-甲硫基-2-丙胺与 3-碘邻苯二甲酸酐反应得到单酰胺，接着被三氟乙酸酐脱水得到邻苯异酰亚胺中间体，再与 2-甲基-4-七氟异丙基苯胺反应生成含有硫醚结构的前体，最后该前体中的硫醚被氧化为砜得到产品氟苯虫酰胺。

5.7.2 氯氟氰虫酰胺的合成

氯氟氰虫酰胺同氟苯虫酰胺的结构非常相似，其合成中使用 2-氨基-2-甲基丙腈代替 2-甲基-1-甲硫基-2-丙胺，反应步骤基本相似（图 5-77）。中间体 2-氨基-2-甲基丙腈可以丙酮、氰化钠或者氰化钾和氨水为原料合成。

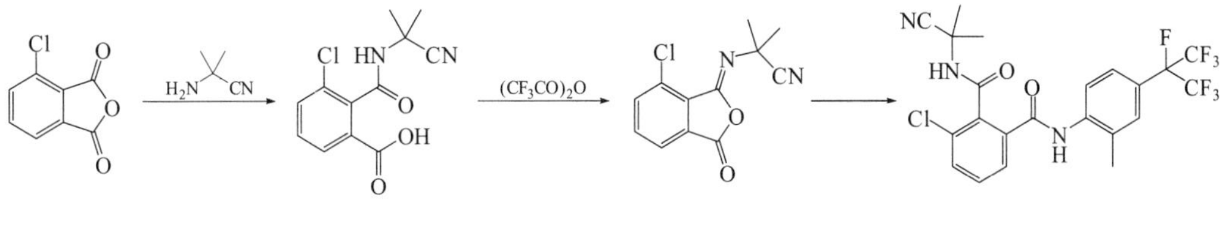

图 5-77 氯氟氰虫酰胺的合成路线

5.7.3 氯虫苯甲酰胺的合成

5.7.3.1 邻甲酰氨基苯甲酰胺类杀虫剂的逆合成分析

氯虫苯甲酰胺、溴氰虫酰胺、四氯虫酰胺、环丙虫酰胺和四唑虫酰胺具有相同的骨架结构——邻甲酰氨基苯甲酰胺。如图 5-78 所示逆合成分析，可以将它们的结构拆分为吡啶吡唑甲酰基、邻氨基苯甲酰基和烷基氨基三个片段，该三片段可以转化为 3-溴-1-(3-氯-2-吡啶基)-1H-吡唑-5-甲酸、3,5 位不同取代的 2-氨基苯甲酸和脂肪胺。

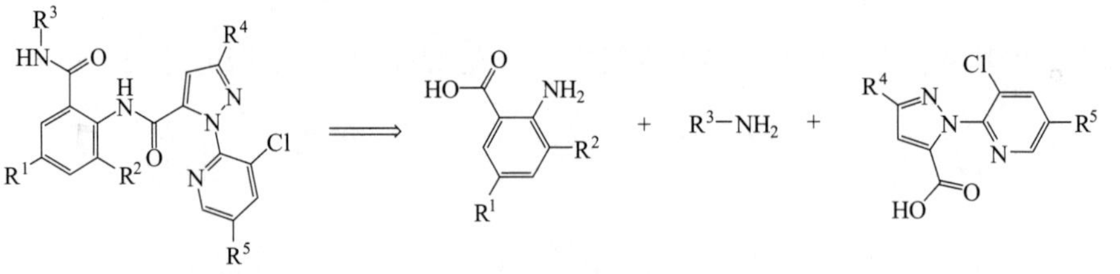

氯虫苯甲酰胺： $R^1 = Cl, R^2 = CH_3, R^3 = CH_3, R^4 = Br, R^5 = H$
溴氰虫酰胺： $R^1 = CN, R^2 = CH_3, R^3 = CH_3, R^4 = Br, R^5 = H$
四氯虫酰胺： $R^1 = Cl, R^2 = Cl, R^3 = CH_3, R^4 = Br, R^5 = Cl$
环丙虫酰胺： $R^1 = Cl, R^2 = Br, R^3 = 1\text{-}环丙基乙基, R^4 = Br, R^5 = H$
四唑虫酰胺： $R^1 = Cl, R^2 = CH_3, R^3 = CH_3, R^4 = 5\text{-}三氟甲基-2-四唑基, R^5 = H$

图 5-78　邻甲酰氨基苯甲酰类双酰胺杀虫剂的逆合成分析

5.7.3.2　3-溴-1-(3-氯-2-吡啶基)-1H-吡唑-5-甲酸

该中间体的合成路线如图 5-79 所示。以 2,3-二氯吡啶为起始原料，利用其 2-位碳氯键的活泼性，与肼反应生成 3-氯-2-肼基吡啶。然后在乙醇钠的作用下，3-氯-2-肼基吡啶同马来酸二乙酯缩合得到 2-(3-氯-2-吡啶基)-5-氧代吡唑烷-3-甲酸乙酯，接着利用三溴化磷或者甲磺酰氯与氢溴酸进行溴化反应得到 3-溴-1-(3-氯-2-吡啶基)-4,5-二氢-1H-吡唑-5-甲酸乙酯。再利用硫酸和过硫酸钾对 4,5-二氢-1H-吡唑环进行氧化芳构化生成 3-溴-1-(3-氯-2-吡啶基)-1H-吡唑-5-甲酸乙酯，最后进行皂化反应得到合成氯虫苯甲酰胺、溴氰虫酰胺和环丙虫酰胺的重要中间体 3-溴-1-(3-氯-2-吡啶基)-1H-吡唑-5-甲酸。

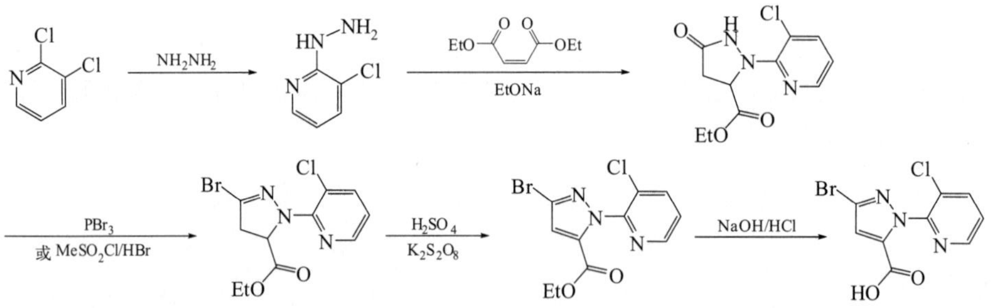

图 5-79　3-溴-1-(3-氯-2-吡啶基)-1H-吡唑-5-甲酸的合成路线

5.7.3.3　2-氨基-3-甲基-5-氯苯甲酸

2-氨基-3-甲基-5-氯苯甲酸以及类似物也是合成邻甲酰氨基苯甲酰胺类杀虫剂的重要中间体之一，其合成路线如图 5-80 所示。

2-甲基-4-氯苯胺与水合三氯乙醛缩合，接着醛基和羟胺反应得到 N-(2-甲基-4-氯苯基)-2-羟基亚氨基乙酰胺，然后在浓硫酸的作用下分子内关环生成 5-氯-7-甲基靛红，最后在碱性条件下双氧水氧化得到 2-氨基-3-甲基-5-氯苯甲酸；也可将间甲基苯甲酸硝化和钯碳催化氢化还原生成 2-氨基-3-甲基苯甲酸，然后氯化试剂对芳香环氯化得到。

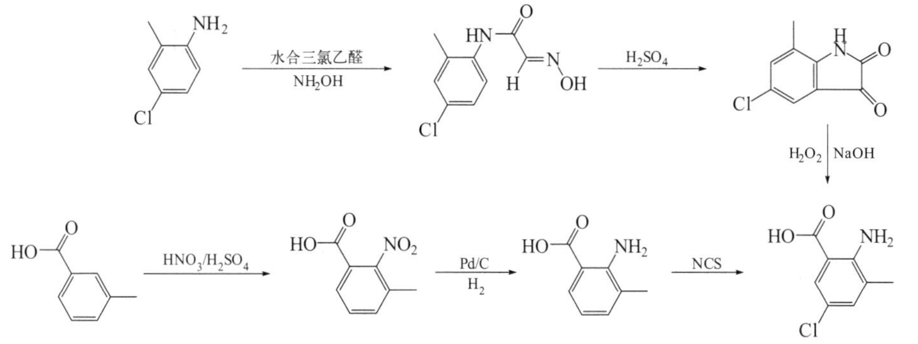

图 5-80 2-氨基-3-甲基-5-氯苯甲酸的合成路线

5.7.3.4 氯虫苯甲酰胺

氯虫苯甲酰胺的合成路线如图 5-81 所示。

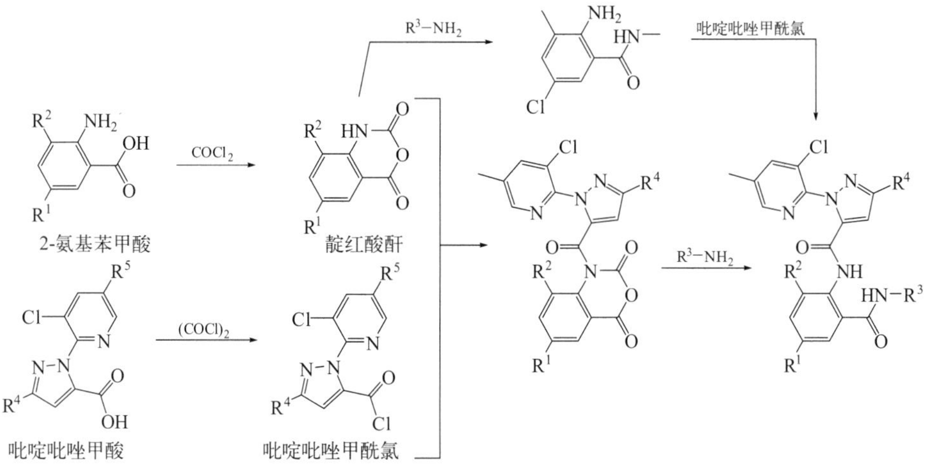

图 5-81 氯虫苯甲酰胺和溴氰虫酰胺的合成路线

基于 1-(取代吡啶-2-基)-5-吡唑甲酸和取代的 2-氨基苯甲酸两个中间体，合成氯虫苯甲酰胺有多条路线，然而可用于工业生产的主要路线为先利用光气将 1-（取代吡啶-2-基）-5-吡唑甲酸转化为相应的靛红酸酐，接着同吡啶吡唑甲酰氯缩合，然后脂肪胺对靛红酸酐开环得到产品；也可以靛红酸酐先被脂肪胺开环得到邻氨基苯甲酰胺中间体，然后同吡啶吡唑甲酰氯缩合得到产品。

5.7.4 溴氰虫酰胺的合成

溴氰虫酰胺的结构和氯虫苯甲酰胺的结构区别在于，溴氰虫酰胺中苯环上氯原子被氰基取代，相应的中间体是 2-氨基-3-甲基-5-氰基苯甲酸，其可通过对 2-氨基-3-甲基-5-氯苯甲酸进行氰化反应得到，或者 N-碘代丁二酰亚胺与 2-氨基-3-甲基苯甲酸反应生成 2-氨基-3-甲基-5-碘苯甲酸，然后利用氰基置换碘原子而生成，如图 5-82 所示。

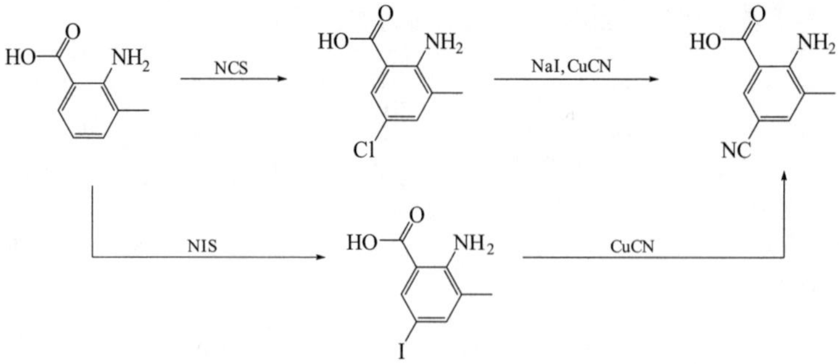

图 5-82　2-氨基-3-甲基-5-氰基苯甲酸的合成路线

采用合成氯虫苯甲酰胺的路线也可以合成溴氰虫酰胺。

5.7.5　四氯虫酰胺的合成

四氯虫酰胺和氯虫苯甲酰胺相似，也可以先合成两个中间体，然后再缩合得到产品。与氯虫苯甲酰胺相比，四氯虫酰胺相应片段吡啶环的 5-位氢原子被氯原子取代，可采用 2,3,5-三氯吡啶为原料，进行上述相同反应得到其中间体 3-溴-1-(3,5-二氯-2-吡啶基)-1H-吡唑-5-甲酸，如图 5-83 所示。

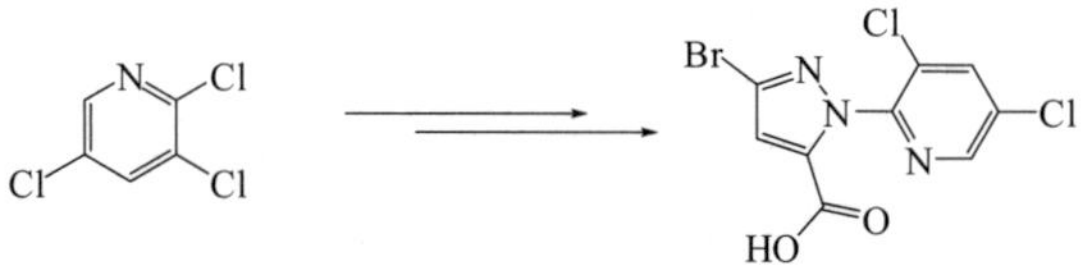

图 5-83　3-溴-1-(3,5-二氯-2-吡啶基)-1H-吡唑-5-甲酸的合成路线

四氯虫酰胺中相应的邻氨基苯甲酰片段可由 2-氨基-3,5-二氯苯甲酸引入，该中间体的合成相对简单，由原料邻氨基苯甲酸经过芳环氯化得到。

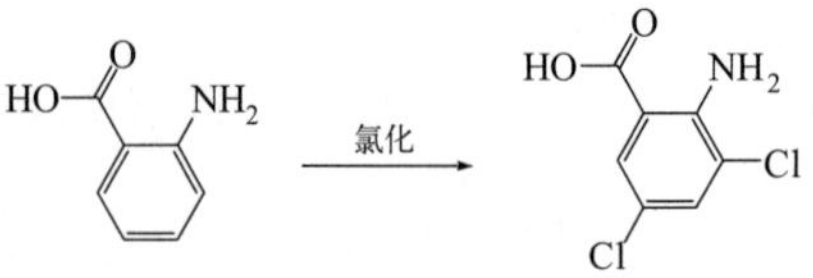

5.7.6　四唑虫酰胺的合成

四唑虫酰胺的氨基苯甲酰基部分同溴氰虫酰胺一致，取代吡啶吡唑甲酰基部分存在差别，四唑虫酰胺该部分可由中间体 3-(5-三氟甲基-四唑-2-基)甲基-1-(3-氯-2-吡啶基)-1H-吡唑-5-甲酸得到，该中间体的合成路线如图 5-84 所示。

该中间体的合成以 2-甲氧基-1-丙烯与三氯乙酰氯或者草酸乙酯单酰氯为原料，经过烯烃的酰基化反应、α位活泼氢的卤化、与三氟甲基四唑的缩合、α,β不饱和羰基结构中间体与2-肼基吡啶缩合环合、脱水芳构化及皂化反应得到四唑虫酰胺的吡啶吡唑中间体。该合成路线中，三氟甲基四唑同烯丙基卤缩合得到两个异构体的混合物，含 5-三氟甲基-2H-吡唑-2-基的中间体比例高于 85%，而含 5-三氟甲基-1H-吡唑-1-基中间体的较低。

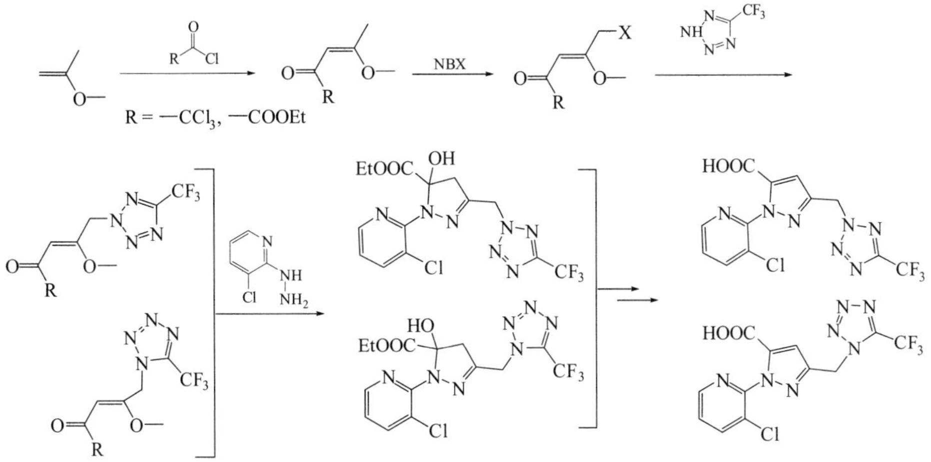

图 5-84　四唑虫酰胺吡唑甲酸中间体的合成路线

其中的三氟甲基四唑可以三氟乙酰胺为原料，先转变为气体的三氟乙腈，然后同叠氮化钠缩合得到。

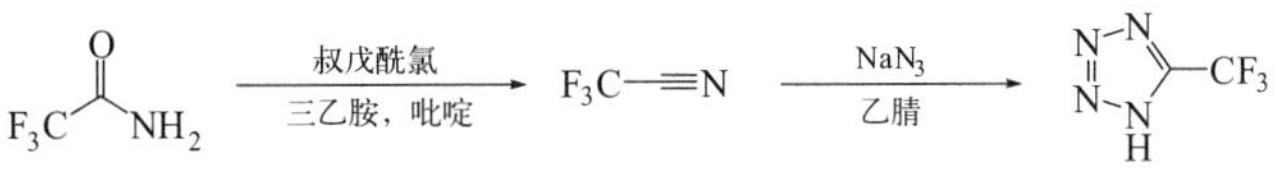

5.7.7　溴虫氟苯双酰胺的合成

溴虫氟苯虫酰胺是对氟苯虫酰胺结构进行改造发现的新杀虫活性结构，而且其作用于昆虫的 GABA 受体，不同于前面两类作用于昆虫鱼尼丁受体的双酰胺结构，如氟苯虫酰胺和氯虫苯甲酰胺。

文献中合成该化合物最初的方法如图 5-85 所示：邻三氟甲基苯胺和碘代七氟异丙烷反应，在邻三氟甲基苯胺的氨基对位引入七氟异丙基，接着 NBS 溴化生成主要中间体 2-溴-6-三氟甲基-4-七氟异丙基苯胺，然后低温下同 2-氟-3-硝基苯甲酰氯缩合、二氯化锡对硝基还原、甲醛对氨基甲基化后，再同苯甲酰氯缩合得到产品。

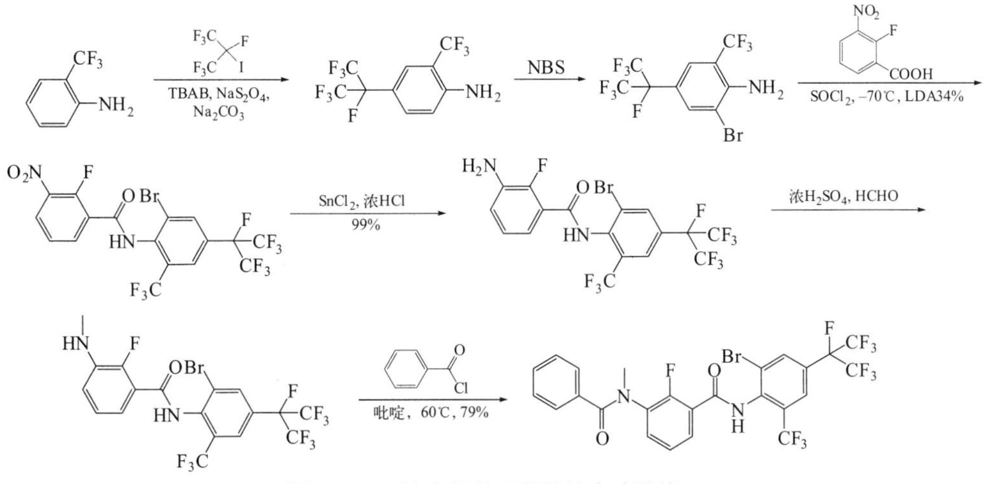

图 5-85　溴虫氟苯双酰胺的合成路线一

该路线生成第一个酰胺键的反应中，不仅需要低温，而且产率比较低，可能是苯胺上氨基周围的空间位阻较大，需要特殊的碱促进酰胺化反应，如果反应温度较高，容易发生氨基的双酰胺化反应；同时二氯化锡的还原也不适合工业化生产。

随后，研究人员不仅对溴虫氟苯虫酰胺结构进行再修饰以便发现新的活性化合物，同时也在对其合成路线进行优化研究，研发了如图 5-86 所示适合于工业化生产的合成路线。

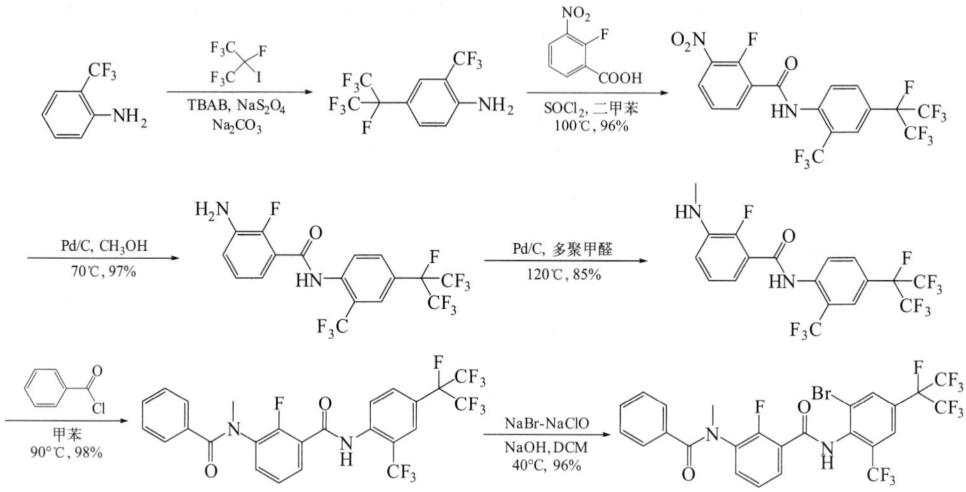

图 5-86　溴虫氟苯双酰胺的合成路线二

该路线将溴化步骤移到最后一步，降低了构建第一个酰胺键时反应的空间位阻以及电子效应，可以在相对简单的条件下，实现酰氯和苯胺的有效缩合；在硝基的还原和亚胺的还原中，引入清洁的钯碳催化氢化工艺；最后通过溴化钠和次氯酸钠反应生成的溴化试剂，实现芳香环选择性溴化得到产品。

思考题:

（1）制备 2-甲基-4-七氟异丙基苯胺中，碘代七氟异丙烷和 2-甲基苯胺是反应原料，那其他试剂在反应中的作用是什么？

（2）分析溴虫氟苯双酰胺优化后的工艺中哪些步骤会有副产物生成，并说明如何减少其形成。

（3）简述 NaBr-NaClO 如何进行溴化，该方法和液溴溴化相比具有什么优点。

5.8　大环内酯类杀虫剂

大环内酯类杀虫剂主要包含两类，一类是阿维菌素及甲氨基阿维菌素，另一类是多杀菌素及乙基多杀菌素。阿维菌素和多杀菌素都是微生物的次生代谢产物，对阿维菌素及多杀菌素的结构进行改造后，分别发现了活性更高、更有利于生态保护的甲氨基阿维菌素和乙基多杀菌素。

5.8.1 阿维菌素

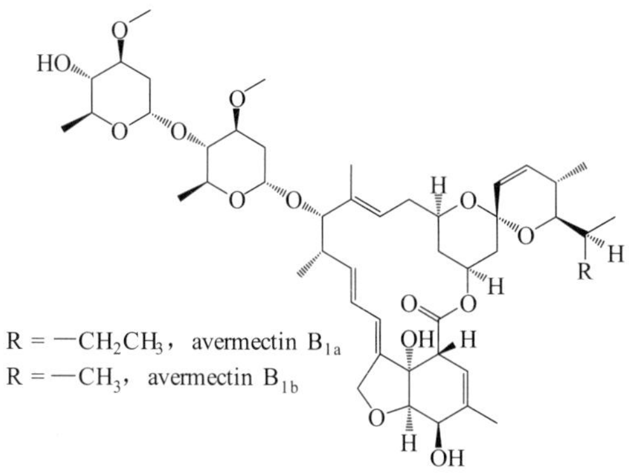

R = —CH₂CH₃, avermectin B₁ₐ
R = —CH₃, avermectin B₁ᵦ

阿维菌素

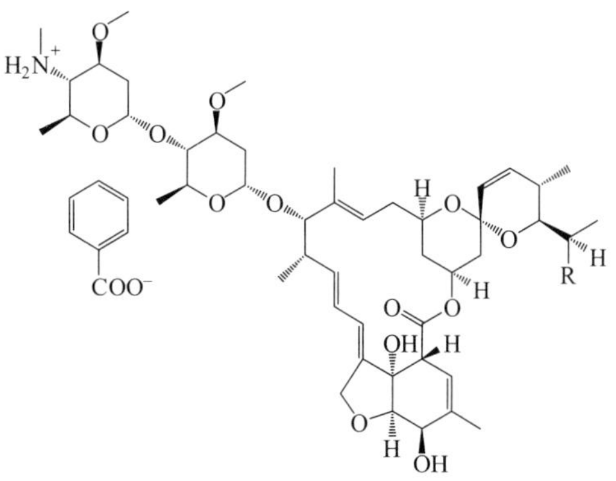

甲氨基阿维菌素苯甲酸盐

阿维菌素是由日本北里大学大村智等和美国 Merck 公司联合开发的一类具有杀菌、杀虫、杀螨、杀线虫活性的十六元大环内酯化合物。该化合物由链霉菌中阿维链霉菌发酵产生，1981年开发为兽用杀虫和杀螨剂，1985 年拓展为农业使用的杀虫剂。

阿维菌素具有胃毒和触杀作用，可阻断神经传导，导致害虫麻痹、拒食死亡；现可广泛应用于蔬菜、果树、小麦、水稻、棉花、烟草等作物的虫害防治，属高毒农药。

5.8.2 甲氨基阿维菌素苯甲酸盐的合成

自阿维菌素的结构确定以来，科研人员不断对其结构进行衍生，发现将 4″ 位的羟基转变为甲氨基后，杀虫活性提高了 1～3 个数量级，但是甲氨基衍生物的稳定性较差，而将其转变为苯甲酸盐后，杀虫活性不受影响，结构的稳定性可以满足化学农药的存储和使用要求。由阿维菌素合成甲氨基阿维菌素苯甲酸盐的合成路线如图 5-87 所示。

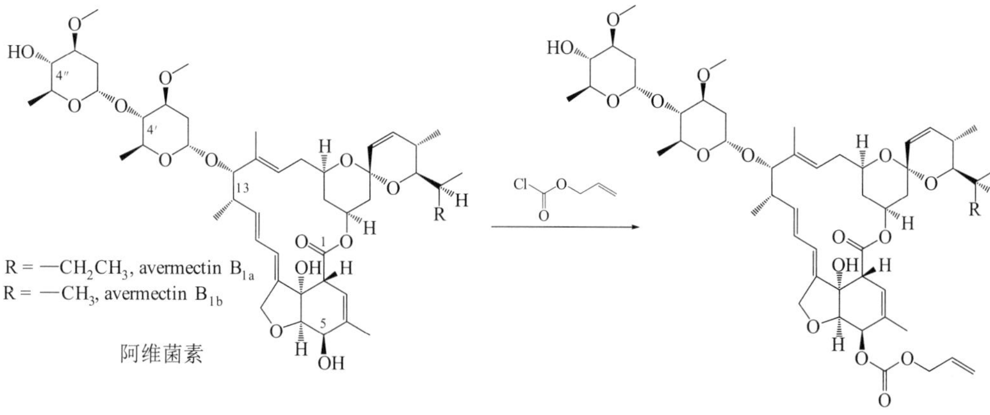

R = —CH₂CH₃, avermectin B₁ₐ
R = —CH₃, avermectin B₁ᵦ

阿维菌素

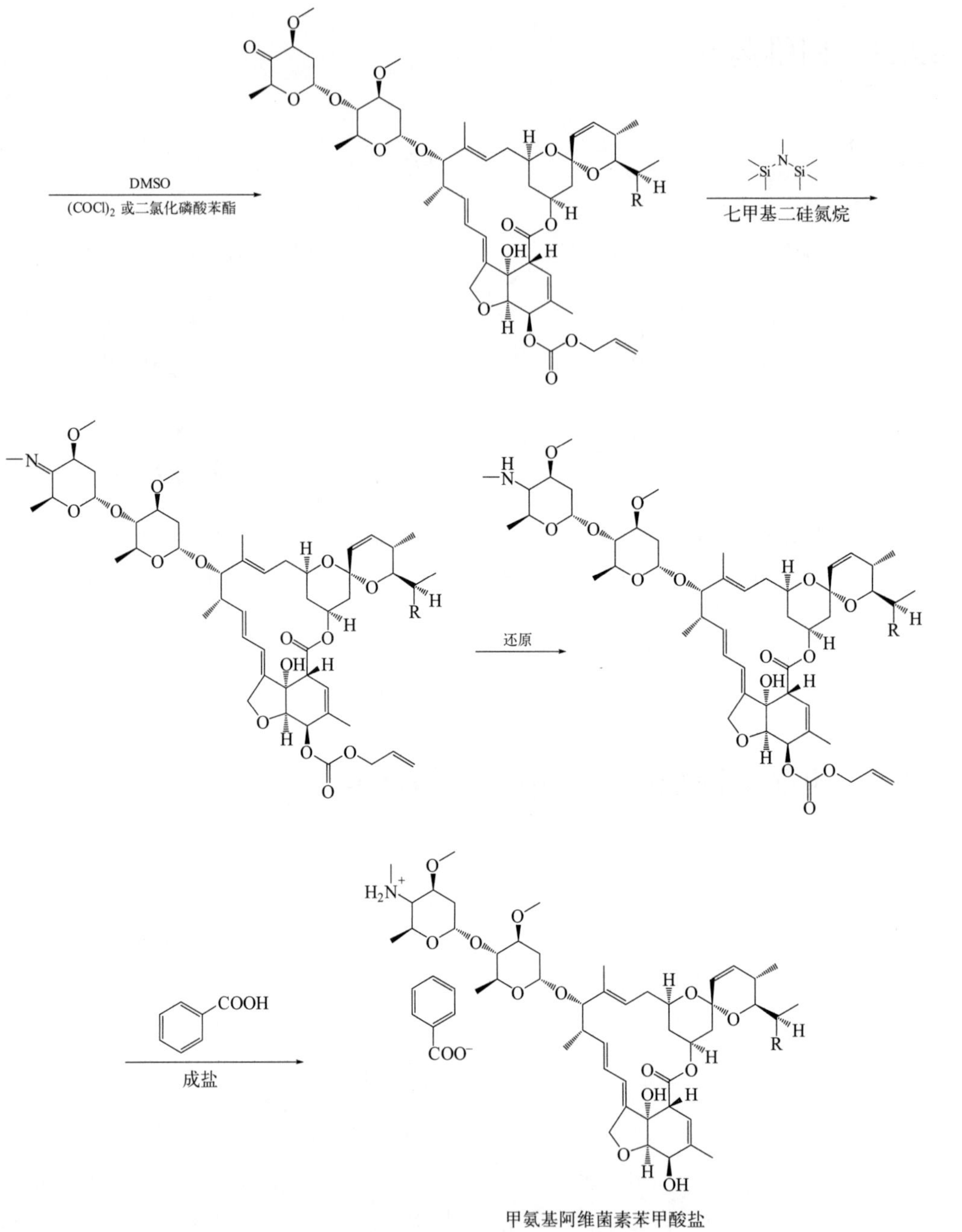

图5-87 甲氨基阿维菌素苯甲酸盐的合成路线

阿维菌素结构中含有三个羟基、两个糖单元等多个反应活性中心，又有多个手性中心，早期通过化学反应将 4″-位的羟基转变为甲氨基得到甲氨基阿维菌素苯甲酸盐的反应条件苛刻、试剂昂贵、成本高等影响该产品的推广使用。随着对生产工艺的不断研究，逐渐实现先利用氯甲酸烯丙基酯和四乙基乙二胺对 5-位羟基进行选择性保护，然后利用二甲亚砜、三乙胺和二氯化磷酸苯酯通过 Swern 氧化选择性地将 4″-位羟基氧化为羰基，接着七甲基二硅氮烷将羰基转化为甲基亚氨基，再将亚氨基还原为氨基和脱去 5 位保护剂得到甲氨基阿维菌素，最后在溶剂中甲氨基阿维菌素和苯甲酸成盐生成甲氨基阿维菌素苯甲酸盐。该工艺操作简单，易实现工业化生产而且生产成本得到了控制，因此甲氨基阿维菌素苯甲酸盐的不同制剂已广泛用于防治各种农业害虫。

5.8.3　多杀菌素

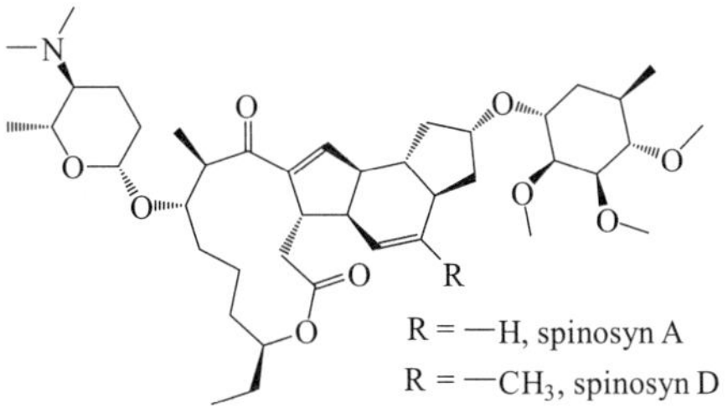

R = —H, spinosyn A
R = —CH₃, spinosyn D

多杀菌素

多杀菌素又名多杀霉素，从多刺甘蔗多孢菌发酵液中提取的一种大环内酯类无公害高效生物杀虫剂。多杀菌素能引起昆虫神经系统兴奋并导致不由自主的肌肉收缩、颤抖，最后瘫痪，而且对昆虫具有快速触杀和取食后致死毒性。迄今为止，尚未发现它类杀虫剂产品能以相同的作用方式影响昆虫的神经系统，因而该产品不存在交互抗性问题，或者产生交互抗性的风险很小。

5.8.4　乙基多杀菌素

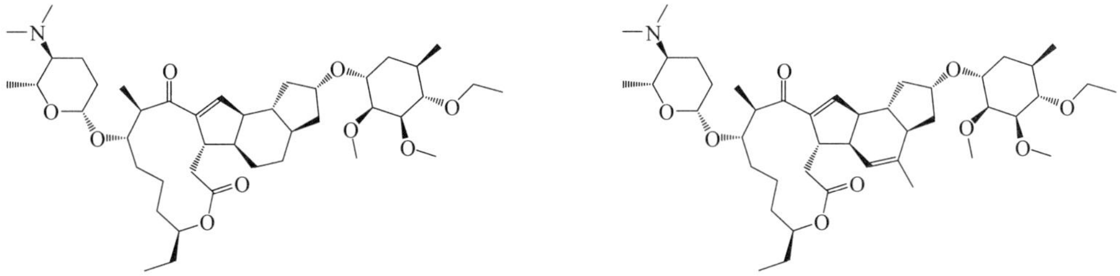

乙基多杀菌素

多杀菌素出现后，针对其结构的衍生与改造进行了大量的研究，并借助计算机辅助设计技术研究结构与活性的关系，一直没有发现活性优异的衍生物。在将人工神经网络（artifical neutral networks，ANN）引入计算机辅助设计后，人工智能预测出对鼠李糖的3′-位进行体积增大，有利于活性提高。后期经过不断尝试将多杀菌素的3′-位甲氧基改为乙氧基后，新化合物活性比多杀菌素提高10倍。同时发现，对多杀菌素的5,6-位双键进行氢化不影响多杀菌素的杀虫活性，但是明显改善其降解特性。工业上采用化学方法实现上述两处修饰得到目标产物较难，但是通过对发酵液中产生3′-O-甲基化的菌种进行突变，能够直接得到乙基多杀菌素。

乙基多杀菌素（spinetoram）也是2个组分的混合物，属于半合成的多杀菌素衍生物，2007年商品化销售。第1代多杀菌素（spinosad）在1999年赢得"美国总统绿色化学挑战奖"后，2008年乙基多杀菌素又再次捧回这一奖项。

乙基多杀菌素比多杀菌素有更广泛的杀虫谱，而且具有多杀菌素防治害虫的一切功能；

多杀菌素长时间使用，一些水果和坚果等作物害虫已对其产生抗性，但是这些害虫对乙基多杀菌素却非常敏感。同时，乙基多杀菌素对靶标作物的绝大多数主要益虫没有影响，使用剂量比目前市场上大多数杀虫剂低；在环境中的滞留时间比目前使用的大多杀虫剂短，使其具有优异的环境特性和杀虫特性。

5.8.5　合成生物学及其发展

合成生物学是 21 世纪初新兴的生物学学科，以分子生物学与基因组工程为基础，在阐明并模拟生物合成的基本规律后，基于人工设计将"基因"连接成网络，构建新的、具有特定生理功能的生物系统，以此让细胞来完成设想的各种任务，建立药物、功能材料或能源替代品等的生物制造途径。

合成生物学的发展始于人类对基因的认识，并在 21 世纪进入快速发展期。19 世纪下半叶以来，生命科学研究领域每隔 50 年左右有一系列重大发现，例如孟德尔遗传定律、摩尔根的染色体遗传学说、沃森和克里克构建的 DNA 双螺旋结构模型以及人类基因组计划，推动生命科学进入组学和系统生物学时代。而系统生物学与基因技术、工程科学、合成化学、计算机科学等众多学科交叉融合，又催生和振兴了合成生物学。

合成生物学的本质是让细胞为人类生产想要的物质。合成生物学生产化学品的核心技术包括基因测序和编辑、菌种培育筛选、产品纯化分离。合成生物学的发展可以分为四个阶段，2005 年以前：基因线路在代谢工程领域的应用，大肠杆菌合成青蒿素前体是该时期的代表型成果；2005～2011 年：快速发展的基础研究，促进合成生物学研究向工程化方向发展，逐步体现出"工程生物学"的特点；2011～2015 年：随着基因组编辑的效率提升，合成生物学技术的应用领域从生物基化学品、生物能源扩展至疾病诊断、药物和疫苗开发、作物育种、环境监测等诸多领域；2015 年以后：合成生物学的"设计-构建-测试"（design-build-test，DBT）循环迅速扩展至"设计-构建-测试-学习"（design-build-test-learn，DBTL）循环，并衍生出"半导体合成生物学"（semiconductor synthetic biology）、"工程生物学"（engineering biology）等理念或学科，而且生物技术与信息技术融合发展的特点愈加明显。基因测序成本和基因编辑成本的下降进一步促进合成生物学快速发展。

与传统化学合成相比，合成生物学具有微型化、可循环、更安全的特点；与传统发酵工程相比，合成生物学对细胞的干预是定向的。合成生物学和化学合成不是对立关系，合成生物学是化学合成的一种补充生产方式，而不是替代关系。合成生物学不能构成完整的产业链，通常更适宜生产小分子，因为大分子难以同细胞质、营养液等相似分子量的物质分离。

L-高丝氨酸（L-homoserine，L-羟丁酸）是合成精草铵膦的手性原料之一，也是一种可以合成 L-苏氨酸和 L-蛋氨酸的非必需氨基酸，同时也是生产异丁醇、1,4-丁二醇、2,4-二羟基丁酸酯等物质的重要前体，因此其在一系列有价值的化学物质的合成中起着重要的作用。L-高丝氨酸主要来源于合成 L-苏氨酸或 L-蛋氨酸的菌株，然而由于缺乏对糖酵解上游的优化以及对分支途径的调控，谷氨酸棒杆菌和大肠杆菌等突变菌株和工程菌都无法高产 L-高丝氨酸。刘鹏等对大肠杆菌 W3110 系列改造中，先敲除编码高丝氨酸激酶的 L-高丝氨酸转化途径相关基因（*thrB*）和编码高丝氨酸 O-琥珀酰基转移酶的 *metA* 基因，以"阻断"L-高丝氨酸的降解。随后，加强编码高丝氨酸脱氢酶的 *thrA* 基因的过表达，从而"推动"碳源转变为

L-高丝氨酸，得到基本的 L-高丝氨酸生产菌，以此构建的菌株在分批培养中的 L-高丝氨酸产量为 3.21g/L。接着利用 CRISPRi 系统测试了 50 个不同基因对 L-高丝氨酸生产的影响，并利用生物合成途径的迭代遗传修饰，通过循序渐进的方式提高了 L-高丝氨酸的产量。继而采用葡萄糖吸收和 L-谷氨酸回收相结合的方法，选育出性能较好的稳定菌株，可使 L-高丝氨酸产量提高到 7.25g/L。此外，通过细胞内的代谢分析，引入丙酮酸羧化酶对草酰乙酸酯形成抑制途径，摇瓶培养中 L-高丝氨酸积累达到 8.54g/L（0.33g/g 葡萄糖）。优化后的菌株在补料分批发酵条件下，L-高丝氨酸产量可达到 37.57g/L，葡萄糖产量为 0.31g/g。通过以上改造策略的组合，获得了高产 L-高丝氨酸的大肠杆菌菌株（见图 5-88）。

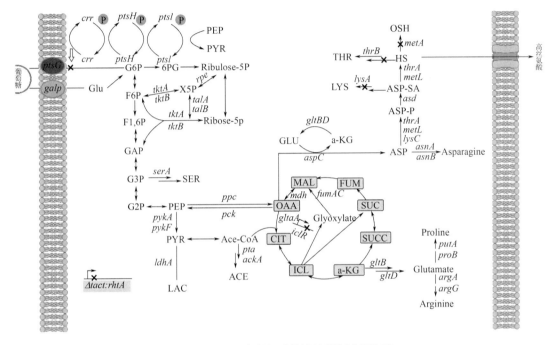

图 5-88　高产 L-高丝氨酸菌株的代谢途径构建一

牟庆璇等通过途径耦合设计，建立了还原力整体平衡的发酵路径，并将还原力供给途径中释放的二氧化碳再利用，设计的途径实现了葡萄糖到 L-高丝氨酸发酵不损失碳元素，高丝氨酸的发酵水平突破 84g/L，转化率达到 50%（见图 5-89）。

阿维菌素、多杀菌素和乙基多杀菌素均是利用特定的生物系统或者特定微生物菌株生产的农药活性产品。未来借用合成生物学的发展，构建效价更高的生物系统，有可能实现阿维菌素、多杀菌素和乙基多杀菌素等生物源产品的高效绿色生产。

思考题：
（1）阿维菌素分子中含有三个羟基，分析三个羟基反应活性上的差异。
（2）简述 Swern 氧化的反应机理、适用范围及优点。
（3）分析哪些试剂适合还原亚氨基为氨基。
（4）分析哪些试剂适合脱去 5 位的保护剂。
（5）试阐明人工神经网络及生物合成多杀菌素的菌株图谱。
（6）合成生物学的优缺点有哪些？请简单描述。

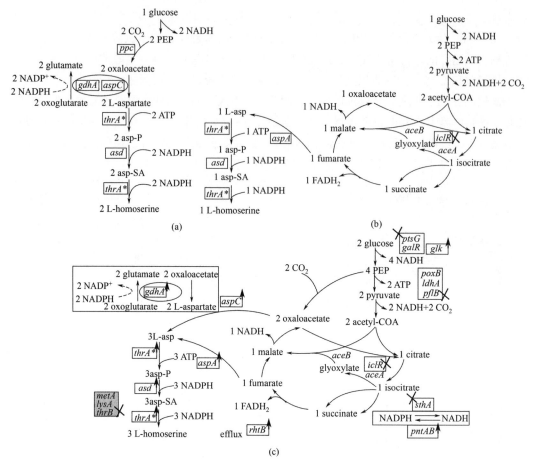

图 5-89　高产 L-高丝氨酸菌株的代谢途径构建二

5.9　季酮酸酯类杀虫（螨）剂

　　季酮酸酯类杀虫杀螨剂（tetronic acid insecticides）是拜耳公司在筛选除草剂的基础上发现的一类含有螺环结构的杀虫杀螨剂。目前该类杀虫杀螨剂包括螺螨酯（spirodiclofen）、螺虫酯（spiromesifen）、螺虫乙酯（spirotetramat）、螺螨双酯（spirobudiclofen）、甲氧哌啶乙酯（spiropidion）五个产品。

| 螺螨酯 | 螺虫酯 | 螺虫乙酯 | 螺螨双酯 | 甲氧哌啶乙酯 |

5.9.1 螺螨酯的合成

5.9.1.1 螺螨酯的逆合成分析

螺螨酯分子中含有两个酯基官能团，其中一个是内酯。如图 5-90 所示的逆合成分析法可以将非内酯部分首先回推为中间体 2,2-甲基丁酰氯和螺环烯醇；螺环烯醇属于 1,3-二羰基酯，可以通过克莱森酯缩合构建，因而该中间体可回推为苯乙酸环己基酯；苯乙酸环己基酯也含有两个酯基，一个是苯乙酸酯，一个是环己基甲酸酯，构建两个酯基次序的不同，可以回推出两条不同的合成路线，但是两条路线需要的基本原料均为环己酮和 2,4-二氯苯乙酰氯。在构建环己基甲酸酯的路线中，氰基水解时可能会对苯乙酸酯的酯键有一定影响，或者需要控制反应条件，才能避免副反应，因此先构建环己基甲酸酯的路线更具有工业化生产的意义。

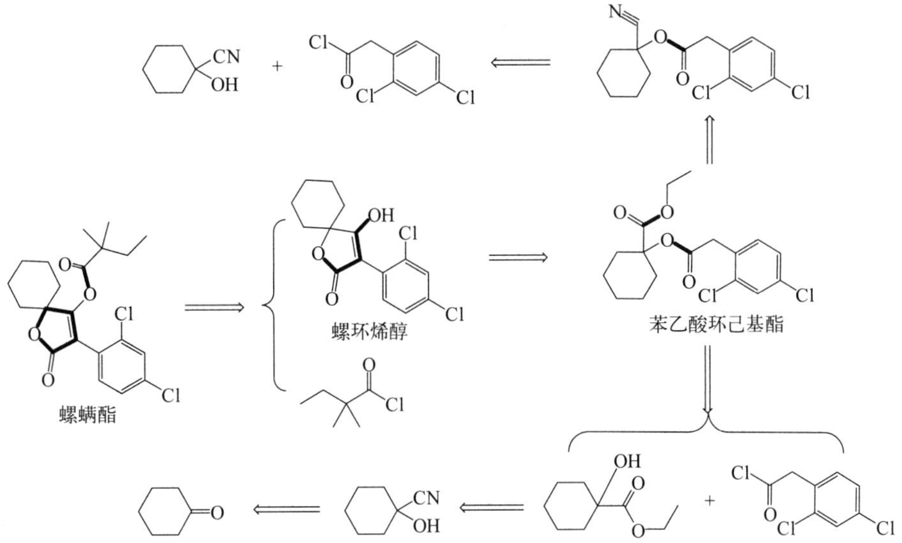

图 5-90　螺螨酯的逆合成分析

5.9.1.2 1-氰基环己醇

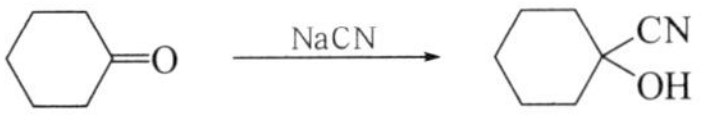

以上逆合成分析可见 1-氰基环己醇是合成螺螨酯的起始中间体，其合成方法为冰浴冷却和搅拌下，反应容器中加入计量的环己酮和氰化钠水溶液，然后滴加计量的硫酸氢钠水溶液，控制反应体系 pH 3～4。滴加完毕，搅拌至反应结束，然后静置分层，得到黄色的油状液体 1-氰基环己醇，收率 98%以上。

5.9.1.3 1-羟基环己基甲酸乙酯

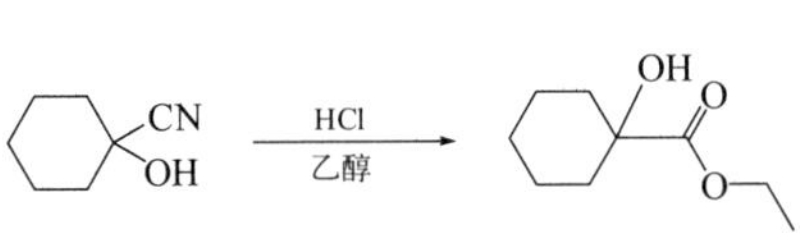

反应容器中加入计量的 1-氰基环己醇和乙醇，低温冷却到-10℃左右后，通入氯化氢气

体至饱和状态，然后分别控制在 0℃和室温下，搅拌不同时间。反应结束后，先将乙醇蒸出，然后加入计量的水解残余物。水解结束后，溶剂萃取产物，合并萃取液，然后脱溶后得到产物，收率在 75%左右。

5.9.1.4 2,4-二氯苯乙酸（1-乙氧基羰基环己基）酯

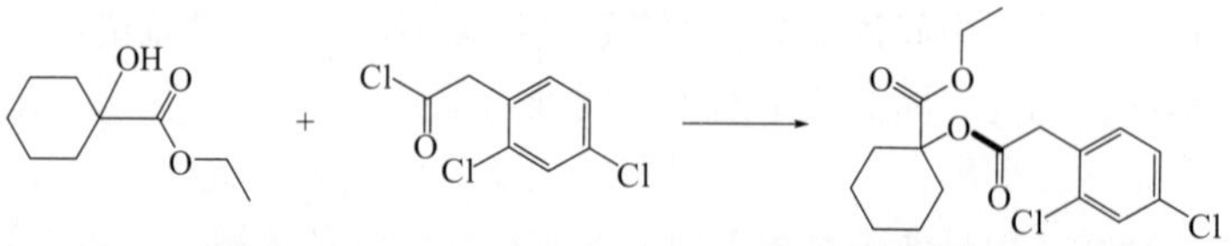

室温搅拌下，反应容器中加入计量 1-羟基环己基甲酸乙酯和催化量的 4-二甲基氨基吡啶（DMAP），然后滴加 2,4-二氯苯乙酰氯的甲苯溶液。滴加完毕后升温回流至反应结束，然后降至室温，过滤除去不溶物，滤液脱去溶剂得到产物，收率 90%以上。

5.9.1.5 螺环烯醇中间体

反应容器中加入计量溶剂 N,N-二甲基乙酰胺和氢氧化钠，搅拌下升温至 70℃后，将体系控制在 0.04 MPa 的负压状态下，慢慢滴加 2,4-二氯苯乙酸（1-乙氧基羰基环己基）酯的 N,N-二甲基乙酰胺溶液。滴加完毕后，维持在 70~75℃并蒸出低沸点副产物。反应结束后，反应液冷却至室温，稀盐酸酸化反应液，搅拌至固体完全析出后，固液分离，粗产物经过水洗、热乙醇回流洗涤得到螺环烯醇，收率 85%以上。

5.9.1.6 螺螨酯

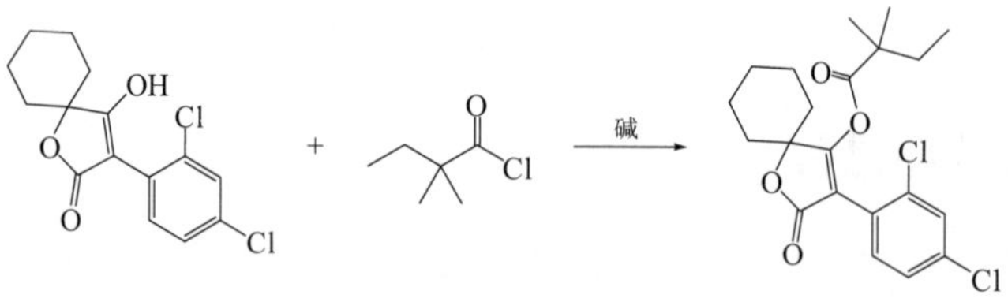

反应容器中加入计量的螺环烯醇、催化量 4-二甲基氨基吡啶和溶剂甲苯。室温搅拌下，滴加计量的 2,2-二甲基丁酰氯的甲苯溶液。滴加结束后，搅拌至反应完毕。减压脱溶后，粗产物经过重结晶得到产品螺螨酯，收率 90%以上。

5.9.2 螺虫酯和螺螨双酯的合成

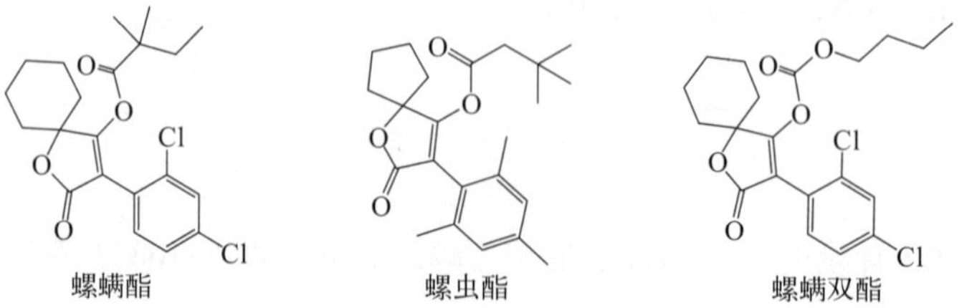

螺螨酯   螺虫酯   螺螨双酯

螺虫酯和螺螨双酯的骨架结构同螺螨酯非常相似，可以采用不同的原料，与螺螨酯相同的反应合成两个产品。同螺螨酯相比，螺螨双酯需要氯甲酸丁酯，螺虫酯需要三个不同基本原料环戊酮、2,4,6-三甲基苯乙酰氯和3,3-二甲基丁酰氯。

5.9.3　螺虫乙酯的合成

螺虫乙酯的骨架结构与螺螨酯、螺虫酯和螺螨双酯的基本相同，区别在于螺环由五元内酰胺环、螺环碳原子具有手性构型、环己环基的4-位碳原子不仅具有手性而且连有甲氧基。

螺虫乙酯的逆合成分析如下所述。

顺式-4-甲氧基环己基-1-氨基甲酸甲酯

参照螺螨酯的逆合成分析，螺虫乙酯合成的关键是顺式-4-甲氧基环己基-1-氨基甲酸甲酯的制备。顺式-4-甲氧基环己基-1-氨基甲酸甲酯属于取代的环状氨基酸，通过 Bucherer-bergs 反应或者 Strecker 反应可生成取代的环状氨基酸。Strecker 反应生成产物以反式（生成的氨基和取代基处于反式）为主，而 Brocherer-bergs 反应的生成产物以顺式为主。顺式-4-甲氧基环己基-1-氨基甲酸和顺式-4-甲氧基环己基-1-氨基甲酸甲酯的示例合成如下。

5.9.3.1　顺式-8-甲氧基-1,3-二氮螺[4,5]癸-2,4-二酮

螺环中间体

方法 A：在 560mL 水中加入计量的碳酸铵（1.4mol）和氰化钠（0.33mol），室温搅拌下滴加计量的 4-甲氧基环己酮（0.3mol）。滴加结束后，反应液在 55～60℃搅拌 4h。然后将反应液降至室温，抽滤生成固体并干燥，得到螺环中间体（顺/反 71:29），收率 93.9%以上。

方法 B：在 560mL 水中加入计量的碳酸铵（0.45mol）和氰化钠（0.6mol），室温搅拌下滴加计量的 4-甲氧基环己酮（0.3mol）。滴加结束后，反应液在 55～60℃搅拌 4h。然后将反应液冷却至 0～5℃，在此温度下搅拌 2h，抽滤生成固体并干燥，得到螺环中间体（顺/反 99.7:0.3），收率 44.4%以上。

以上两个示例显示，氰化钠一倍过量的条件下，得到需要的顺式异构体，但是产率较低。

5.9.3.2　顺式-4-甲氧基环己基-1-氨基甲酸

在高压釜中加入制得的顺式-8-甲氧基-1,3-二氮螺[4,5]癸-2,4-二酮（40mmol）、水（160mL）

和氢氧化钠（40mmol）。然后加热到 160℃，搅拌反应 24h。冰浴冷却下，盐酸酸化反应混合物至 pH 3，接着在减压下将溶液浓缩到 20mL，冷却到室温，然后用 50%的氢氧化钠溶液将 pH 值调到 6，过滤，干燥得到固体产品，收率 99%。

5.9.3.3　顺式-4-甲氧基环己基-1-氨基甲酸甲酯盐酸盐

顺式-4-甲氧基环己基-1-氨基甲酸（40mmol）悬浮于无水甲醇（50mL）中，搅拌下加热回流几分钟。将反应液冷却至℃，然后在 0～5℃下，滴加二氯亚砜（58mmol）。滴毕，反应液缓慢升温至 40℃，接着搅拌至反应结束。冷却反应液，过滤，固体经溶剂淋洗后，干燥得到顺式-4-甲氧基环己基-1-氨基甲酸甲酯盐酸盐，收率 63%。

5.9.4　甲氧哌啶乙酯的合成

甲氧哌啶乙酯同螺虫乙酯的骨架结构相似，差别在于分子中没有手性原子和内酰胺环上的氮原子连有甲基。其合成可以参照螺虫乙酯的合成路线，增加一步氮原子的甲基化反应，但是不需要控制中间体 8-甲氧基-1,3-二氮螺[4,5]癸-2,4-二酮的立体构型。

思考题：

（1）构建螺环反应时为什么需要在负压下进行？

（2）查阅并理解 Brocherer-bergs 反应机理，试解释为什么产物中以顺式异构体为主？

参考文献

[1]　胡秉方，陈万义. 高等有机化学Ⅱ 第 2 部分 有机磷化合物化学(续一). 1981.

[2]　孙家隆. 现代农药合成技术. 北京：化学工业出版社，2011.

[3]　赵贵民，谢春艳，张敏恒. 螺螨酯合成方法述评. 农药，2013, 52(7): 540-541.

[4]　Himmler T, Fischer R, Gallenkamp B, et al. Method for the preparation of 4-alkoxy-1-aminocyclohexane-carboxylates. WO 2002002532,2002.

[5]　Casalnuovo, Albert L. Hydroxylation of beta-dicarbonyls in the presence of zirconium catalysts. WO 2003002255, 2003.

[6]　薄蕾芳，张芳芳，冯培良，等. 一种催化茚虫威关键中间体合成的催化剂. CN110511217, 2019.

[7]　Tang X F, Zhao J N, Wu Y F, et al. Asymmetric α-hydroxylation of β-dicarbonyl compounds by C-2′ modified cinchonine-derived phase-transfer catalysts in batch and flow microreactors. Synthetic Communications, 2020, 50(16): 2478-2487.

[8]　Chen J, Gu H Y, Zhu X Y, et al. Zirconium-salan catalyzed enantioselective α-hydroxylation of β-Keto Esters. Advanced Synthesis & Catalysis, 2020, 362(14): 2976-2983.

[9]　郭祥祥. 一种 2-甲基-3-甲氧基苯甲酸及其制备方法. CN 111018693，2020.

[10]　沈高明，王晓军，陈湘鹏，等. 一种 2-甲基-3-甲氧基苯甲酰氯的合成工艺. CN 103984667, 2019.

[11]　朱红军，刘山，于国权，等. 一种改进的 2-氯-5-氯甲基吡啶的合成工艺. CN 102491943, 2012.

[12]　Hartmann L A, Stephen J F. 2-Substituted 5-methylpyridines and intermediate. EP 108483, 1983.

[13]　张志刚，郑晓迪，张奎祚，等. 一种啶虫脒的生产工艺. CN 111808018, 2020

[14]　陈学军，马俊，唐松青. 一种烯啶虫胺的制备方法. CN 108822025, 2018.

[15]　谭海军. 新烟碱类杀虫剂环氧虫啶及其开发. 世界农药，2019(41): 59-64.

[16]　王曼. 二甲氧基硝基乙烯及环氧虫啶的工艺优化. 上海：华东理工大学，2016.

[17] 刘瑞兵, 郑怡倩, 汪鲁炎, 等. 新型烟碱类杀虫剂氟吡呋喃酮的合成. 武汉工程大学学报, 2018, 40(6): 610-613.

[18] Arndt K E, Bland D C, Irvine N M, et al. Development of a scalable process for the crop protection agent isoclast. Organic process research & development, 2015(19): 454-462.

[19] 刘安昌, 周青, 沈乔, 等. 新型杀虫剂氟啶虫胺腈的合成研究. 有机氟工业, 2012(5): 5-7.

[20] Nagarajan K, Gupta R P, Raju B N S. A process for the preparation of 2-cyanoimino-1,3-thiazolidine using an alkali metal alkoxide. WO 2009113098, 2009.

[21] 张赟. 一种硝基脒基肼的制备方法, CN 109180536, 2019.

[22] Qin Z H, Ma Y Q, Su W C, et al. 2,5-disubstituted-3-nitroimino-1,2,4-triazolines as insecticide and their preparation. WO 2013003977, 2013.

[23] 英君伍, 雷光月, 宋玉泉, 等. 三氟苯嘧啶的合成与杀虫活性研究. 现代农药, 2017(16): 14-16, 20.

[24] Zhang W M, Calab W H, Thomas F P, et al. Mesoionic pyrido[1,2-a]pyrimidinones: Discovery of triflumezopyrim as a potent hopper insecticides. Bioorganic & Medicinal Letters, 2017(27): 16-20.

[25] Yang X Y, Ma Y N, Di H M, et al. A mild method for access to alpha-substituted dithiomalonates through C-thiocarbonylation of thioester: synthesis of mesoionic isecticides. Advanced Synthesis & Catalyst, 2021(363): 3201-3206.

[26] Chen L, Cai P P, Zhang R R, et al. Synthesis and insecticidal activity of new quinoline derivatives containing perfluoropropanyl moiety. Journal of heterocyclic chemistry, 2019(56): 1312-1317.

[27] Zhang Z, Liu M H, Liu W D, et al. Synthesis and fungicidal activities of perfluoropropan-2-yl-based novel quinoline derivatives. Heterocyclic Communications, 2019, 25(1): 91-97.

[28] Pazenok S, Lui N, Volz F, et al. Process for preparing tetrazile-substituted anthranilamide derivatives and novel crystal polymorph of these derivatives and their use as insecticides. WO 2011157664, 2011.

[29] Phaneendrasai K, Jagadish P, Amol D K, et al. A novel process for the preparation of antranilic diamides. WO 2019224678, 2019.

[30] Ashwin V, Ashok-Kumar P, Sanjay S P, et al. Process for the preparation of chlorantraniliprole. WO 2021033172, 2021.

[31] Luo C Y, Xu Q, Huang C Q, et al. Development of an efficient synthetic process for broflanilide. Organic process research & development, 2020(24): 1024-1031.

[32] Thomas C S, Gary D C, Zoltan B, et al. The spinosyns, spinosad, spinetoram, and synthetic spinosyn mimics-discovery, exploration, and evolution of a natural product chemistry and the impact of computational tools. Pest Management Science, 2021, 77(8): 3637-3649.

[33] Zeng W Z, Guo L K, Xu S X, et al. High-throughput screening technology in industrial biotechnology. Trends in Biotechnology, 2020, 38(8): 888-906.

[34] Liu P, Zhang B, Yao Z H, et al. Multiplex design of the metabolic network for production of L-homoserine in Escherichia coli. Applied and Environmental Microbiology, 2020, 86(20): e01477.

[35] 柳志强, 郑裕国, 张博, 等. 一种高产 L-高丝氨酸的重组大肠杆菌及其应用. CN 109055290, 2018.

[36] Mu Q X, Zhang S S, Mao X J, et al. Highly efficient production of L-homoserine in Escherichia coli by engineering a redox balance route. Metabolic Engineering, 2021(67): 321-329.

第 6 章
杀菌活性化合物的合成

杀菌剂是对植物病原微生物（真菌、细菌和病毒）具有毒杀、抑制或者增抗作用的化合物。杀菌剂最开始的产品为含硫化合物，代表性产品是硫酸铜和石硫合剂；19 世纪 80 年代开始的第二时期的代表性产品是波尔多液，可以预防病菌侵染危害果树等；20 世纪 30 年代开始的第三时期，二硫代氨基甲酸类有机杀菌剂和放线菌酮、灰黄霉素、链霉素等抗菌素逐渐成为主要的杀菌剂；1966 年到现在的第四时期，各种有机合成杀菌剂产品不断出现，代表性结构类别有苯并咪唑类的多菌灵与苯菌灵等、嘧啶类的甲菌啶和乙菌啶等、咪唑及三唑类的戊唑醇和苯醚甲环唑等、甲氧丙烯酸酯类的嘧菌酯和吡唑醚菌酯等，以及酰胺类的甲霜灵、烯酰吗啉、氟吡菌胺、啶酰菌胺等。

6.1   氨基甲酸类杀菌剂

杀虫活性化合物合成中已经对氨基甲酸酯类结构化合物合成进行了简单介绍，本章仅介绍部分代表性氨基甲酸类杀菌剂的合成。

6.1.1   代森钠和代森铵的合成

代森钠等代森系列产品属于二硫代氨基甲酸类杀菌剂，二硫代氨基甲酸结构通式如下：

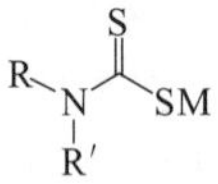

R, R′ = 烷基，芳基，氢；M= 铵根及金属离子

二硫代氨基甲酸不甚稳定，而它的盐却比较稳定，低温下对其盐进行酸化可以得到游离的二硫代氨基甲酸。氨、多数的伯胺和仲胺与二硫化碳在无水溶剂中反应，可以高收率得到二硫代氨基甲酸盐，该类反应也是合成二硫代氨基甲酸酯类杀菌剂的基本反应。

代森系列二硫代氨基甲酸酯类杀菌剂的基本结构如下：

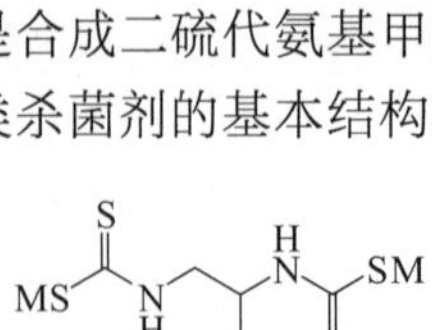

R = 烷基，芳基，氢；M= 铵根及金属或碱金属离子

该类杀菌剂的合成途径如图 6-1 所示。

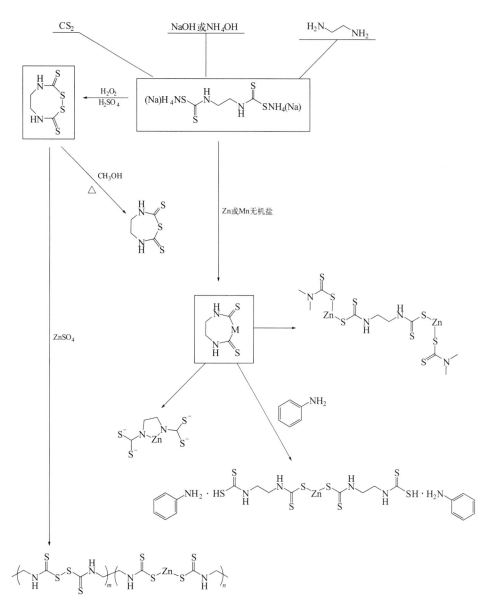

图 6-1　代森类杀菌剂的合成路线

以上路线显示，代森铵或代森钠是合成代森结构杀菌剂的基本中间体，它们与金属盐发生复分解反应可制得不同的代森类杀菌剂。

代森铵的示例性合成反应：水将氨水稀释后，于 25～28℃下加入计量的乙二胺，然后滴加二硫化碳，并控制滴加时温度在 35℃以下。滴毕，搅拌反应大约 1h。反应结束时，二硫化碳油珠消失，且反应混合物 pH 在 7～8 得到代森铵溶液，收率 97%左右。

该反应中，需要严格控制二硫化碳加入温度及反应混合物的 pH 值，否则如图 6-2 所示的副反应也容易进行。

上述反应中，稀氢氧化钠代替氢氧化铵可以生成代森钠溶液。

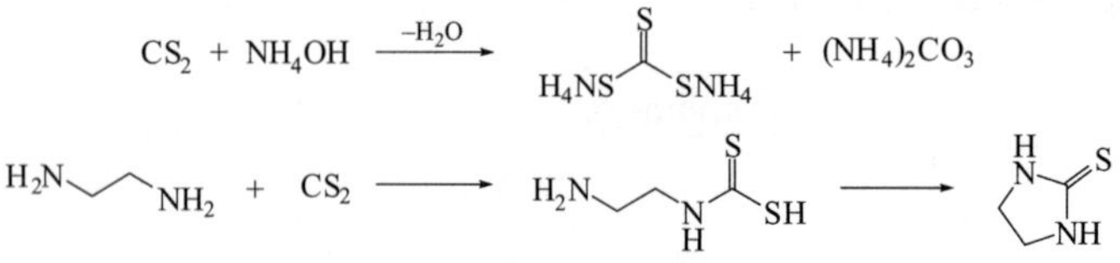

图6-2 代森铵合成中的副反应

6.1.2 代森锌的合成

代森钠与20%氯化锌溶液在酸性介质（pH=5）反应得到代森锌，收率95%。

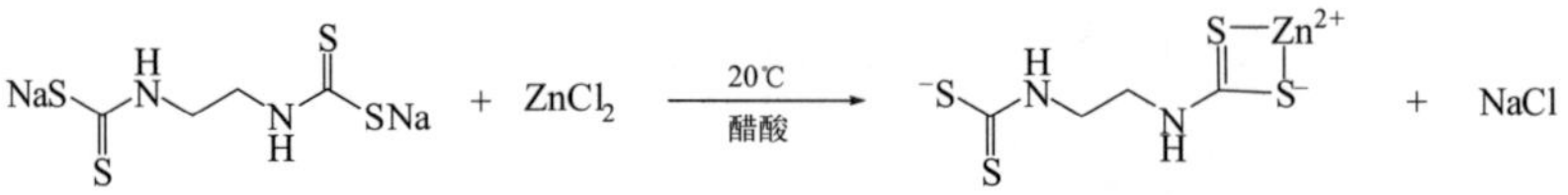

碱性反应介质中生成的代森锌不稳定，贮存时容易分解。如果酸性较强，代森锌也容易分解，例如在pH<4时，其半衰期只有2h。因此，需要严格控制反应体系的pH值。

6.1.3 代森锰锌的合成

控温35～42℃下，于23%代森钠溶液中加入氯化锰水溶液和氯化锌水溶液，搅拌反应4h，过滤、洗涤，于130～185℃干燥得代森锰锌产品，如图6-3所示。

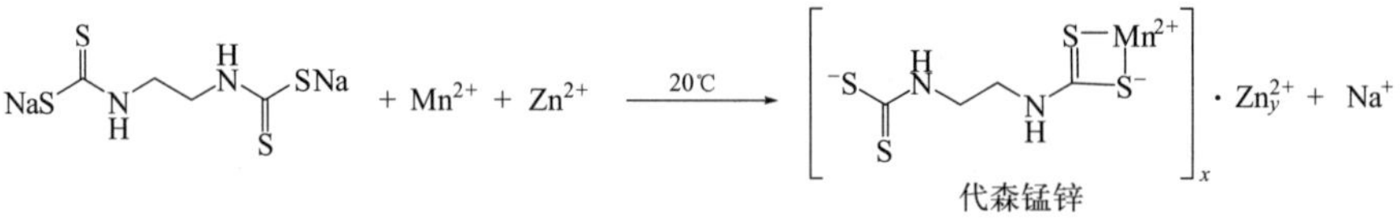

图6-3 代森锰锌的合成反应

代森锰锌的稳定性、杀菌谱及其对作物的安全性等均优于代森钠和代森锌。

6.1.4 福美钠的合成

福美系列二硫代氨基甲酸类杀菌剂基本结构如下：

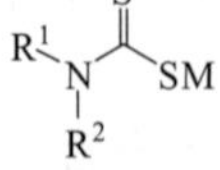

（R^1,R^2=氢、烷基、取代氨基、芳基；M=铵根离子、钠离子、锌离子、锰离子、铁离子等）

其合成途径如图6-4所示：

类似代森钠是合成代森系列杀菌剂的中间体，福美钠是合成福美系列杀菌剂的基本中间体。福美钠纯品是鳞片状白色结晶，极易溶于水。

福美钠的示例性合成反应：将二硫化碳滴加到二甲胺和氢氧化钠溶液中生成福美钠。加入二甲胺时，控制温度小于 15℃，滴加二硫化碳时，需要控制温度小于 30℃，滴毕搅拌反应 2h，收率 95%～97%。

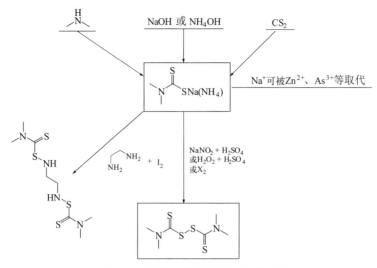

图 6-4　福美系列杀菌剂的合成路线

与代森系列的化合物类似，福美钠与其他金属盐类进行复分解反应生成相应的福美盐。例如：将 5%～6%福美钠水溶液，用稀酸调至 pH 7.5～8，然后与硫酸锌水溶液反应，可得到收率 97%的福美锌络合物。

6.1.5　福美双的合成

6.1.5.1　氧化福美钠法

氧化方法有以下几种：

（1）在 30℃以下，过氧化氢和硫酸作为氧化剂进行氧化；

（2）在碱性溶液中，电解法进行氧化；

（3）亚硝酸钠、硫酸和碘化物氧化体系的氧化，实质上体系中生成的碘原位对福美钠进行氧化，可得到定量收率，因此早期该反应也用于福美系列产品的定量分析；

$$NO_2^- + I^- \xrightarrow{-H^+} I_2 + NO_3^-$$

（4）氯气氧化，需要将氯气通于反应液表面，控制反应温度 5～10℃，收率为 97%。由于氯气便宜易得，工业上大多采用该方法对福美钠进行氧化制备福美双。

6.1.5.2 氧化 *N,N*-二甲基二硫代氨基甲酸二甲胺盐法

由二甲胺和二硫化碳反应得到的 *N,N*-二甲基二硫代氨基甲酸二甲胺盐，接着被双氧水氧化偶联，游离出二甲胺又可继续同二硫化碳反应，因此反应中的二甲胺可以重复利用直至反应完全为止。

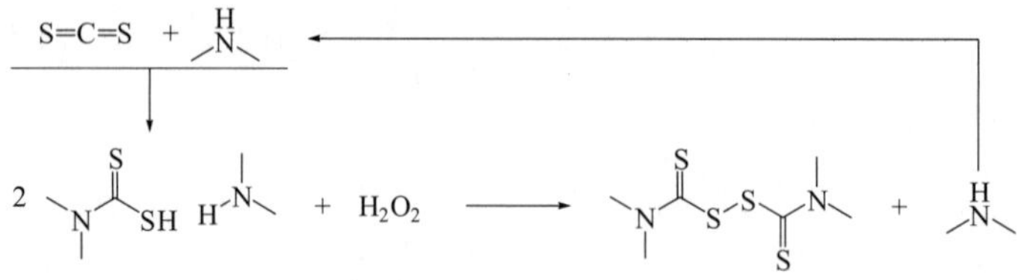

6.1.5.3 硫醚与二硫化碳反应法

硫醚与二硫化碳反应合成福美双，收率也很高。

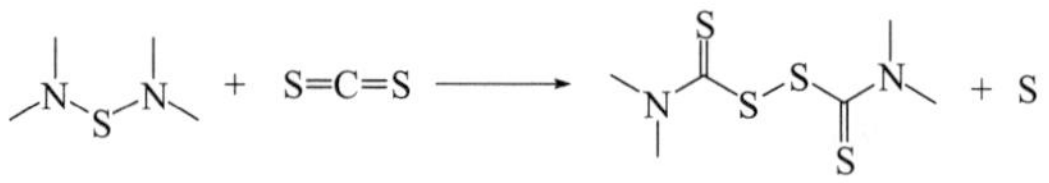

中间体硫化二甲胺可由二氯化硫与二甲胺反应制得。

6.1.6 乙霉威的合成

乙霉威（diethofencarb）属于分子结构相对比较简单的杀菌剂，对各种灰霉病具有良好防效。通过对其结构中氨基甲酸酯功能团的逆合成分析，可以逆推出合成该分子的两个重要的中间体 3,4-二甲氧基苯胺和氯甲酸异丙酯。该两个中间体可以邻苯二酚、光气、异丙醇等为基本原料，通过醚化反应、硝化反应、还原反应、酰氯酰化反应等得到，具体路线如图 6-5 所示。

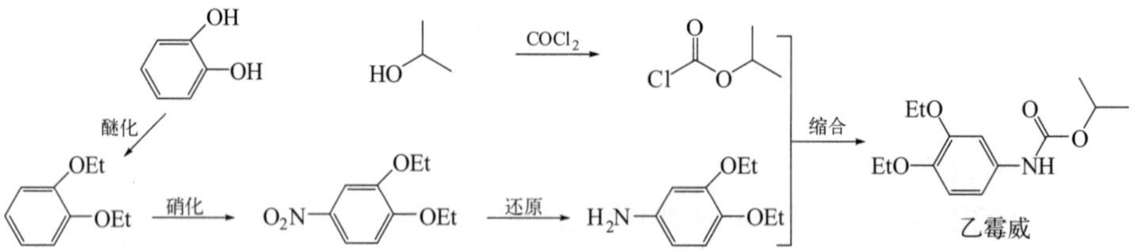

图 6-5　乙霉威的合成路线

6.1.7 苯噻菌胺的合成

苯噻菌胺（benthiavalicarb-isopropyl）分子中不仅含有氨基甲酸酯、酰胺键等片段，而且含有两个手性中心，因此该分子的合成设计中除了需要考虑分子骨架构建的同时，还要考虑

两个手性中心的引入或者构建。

如图 6-6 所示，将该分子切割分成 A，B，C 和 D 四部分后，可以明显看出 C 部分来自缬氨酸，将 B 部分中的碳氮双键转化为碳氧双键，其可能来自丙氨酸。缬氨酸和丙氨酸本身具有手性中心，并和目标分子有相同的手性构型，因此可以这两个氨基酸为原料，通过不涉及手性中心构型变化的反应实现苯噻菌胺的合成，反应路线如图 6-7 所示。

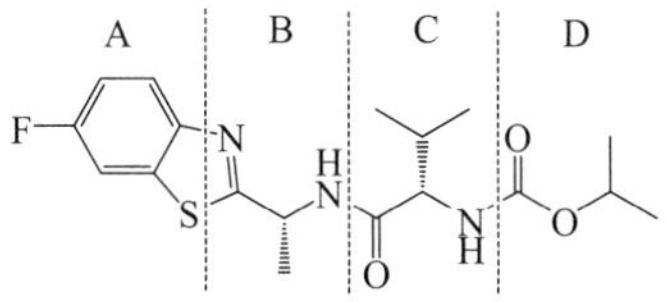

图 6-6 苯噻菌胺的化学结构

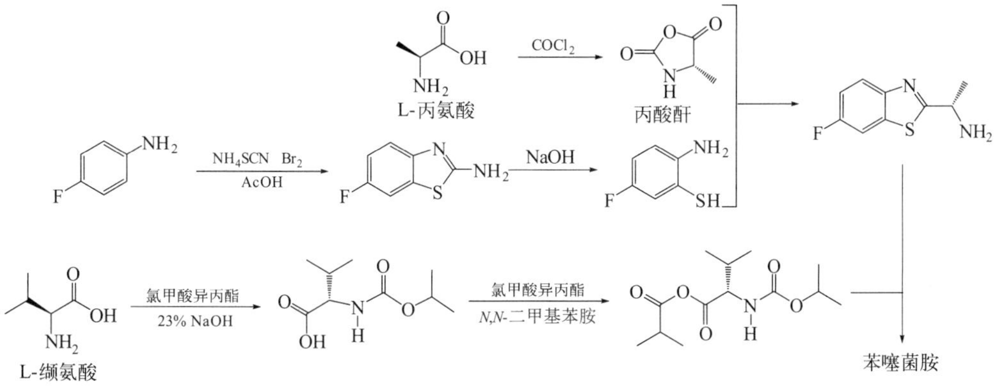

图 6-7 苯噻菌胺的合成路线

示例合成方法如下：

2-氨基-5-氟硫酚（2g，0.014mol）溶于四氢呋喃（10mL）中，加入 36%的盐酸（2mL）和水（1mL），降温至 0℃，加入由 L-丙氨酸生成的丙酸酐，反应 2h。反应完毕后，加入水（10mL），二氯甲烷萃取掉杂质，水层用氢氧化钠溶液调节 pH 值至 10 以上，接着用二氯甲烷萃取 2 次，合并有机相，干燥、脱溶后得到中间体(R)-1-(6-氟苯并噻唑-2-基)乙胺，收率 73%。

将 23%氢氧化钠（16.1g，0.092mol）溶液、水（10mL）和 L-缬氨酸（4.7g，0.04mol）加到 300mL 反应瓶中，室温下搅拌 30min 后，滴加氯甲酸异丙酯（5.9g，0.048mol），保温反应 1 h。反应液用浓盐酸中和后，加入甲苯（100mL）和 N,N-二甲基苯胺（0.06g，0.0004mol）。然后室温下，再滴加氯甲酸异丙酯（4.7g，0.038mol），搅拌 1h，接着加入(R)-1-(6-氟苯并噻唑-2-基)乙胺（14g，0.038mol），再在室温下滴加 10%氢氧化钠（15.2g，0.038mol），继续搅拌反应 2 h。加入水（50mL），加热至 70℃，分层，甲苯层用热水（50mL）萃取后，浓缩得到苯噻菌胺产品 13g，纯度 97.2%，收率 89%。

思考题：

（1）分析为什么第一次加入的氢氧化钠的量是反应物的 2 倍多？

（2）为什么氯甲酸异丙酯需要分次加入，是否可以一次性加入？

（3）为什么第二次加入的氯甲酸异丙酯的量略微少于反应物的量？

6.2　二羧酰亚胺类杀菌剂的合成

1967 年日本住友公司发现了二羧酰亚胺类杀菌剂首个产品菌核利，后来发现该杀菌剂具有致癌毒性，于 1973 年停止生产和使用。通过结构与活性关系的研究发现唑烷环的氮原子上必须连有 3,5-二氯苯基才有抗菌活性，随后相继发现了没有致癌毒性的异菌脲、乙烯菌核利和腐霉利三个二甲酰亚胺类杀菌剂。该类杀菌剂对灰葡萄孢属、核盘菌属、长蠕孢属等真菌引起的植物病害具有特效。

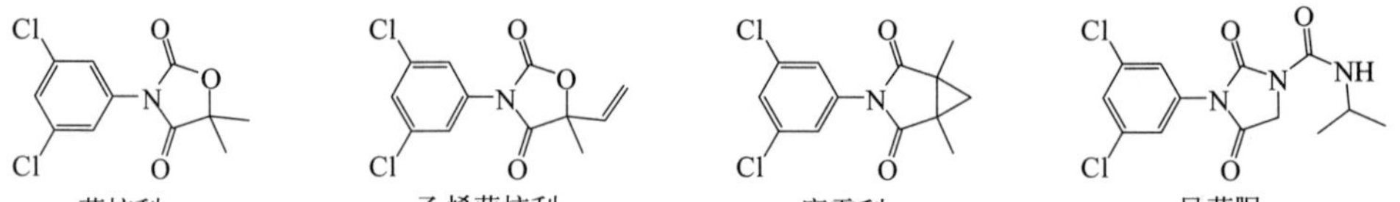

菌核利　　　　　　乙烯菌核利　　　　　　腐霉利　　　　　　异菌脲

6.2.1　腐霉利的合成

该类杀菌剂结构特征非常明显，皆含有环状二羧酰亚胺片段，而且二羧酰亚胺中氮原子均连接 3,5-二氯苯基。结合逆合成分析，二羧酰亚胺中氮原子和 3,5-二氯苯基通过 3,5-二氯苯胺引入是最简单和最方便的方法。

6.2.1.1　3,5-二氯苯胺

3,5-二氯苯胺结构中苯环上的氯原子和氨基处于间位，无法通过苯胺直接氯化，或者间二氯苯硝化得到，因此需要在定位基团的作用下，通过下列方法将取代基引入，然后再消去定位基团得到 3,5-二氯苯胺，如图 6-8 所示。

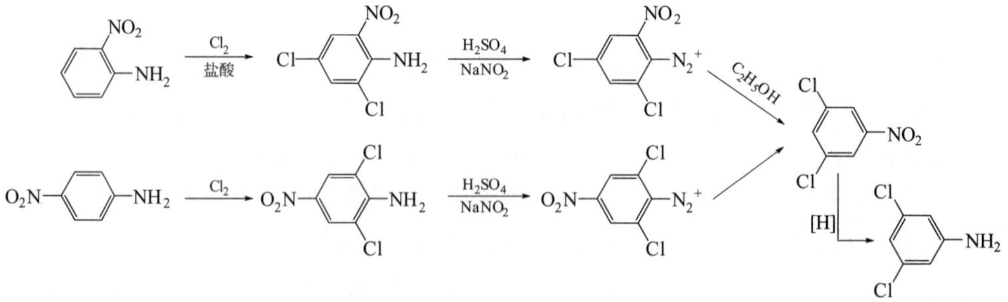

图6-8　3,5-二氯苯胺的合成路线

思考题：

上述两条路线中分别以邻硝基苯胺和对硝基苯胺为原料，阐述上述路线中定位基团的作用。

6.2.1.2　腐霉利

以 2-氯丙酸甲酯和丙烯酸甲酯为原料，在碱性条件下通过迈克尔加成和 1,3-消除反应得到中间体 1,2-二甲基环丙烷-1,2-二甲酸二甲酯，然后经过皂化反应和酸化得到 1,2-二甲基环丙烷-1,2-二甲酸，接着在酸性条件下 1,2-二甲基环丙烷-1,2-二甲酸和 3,5-二氯苯胺缩合脱水生成腐霉利（procymidone），如图 6-9 所示。

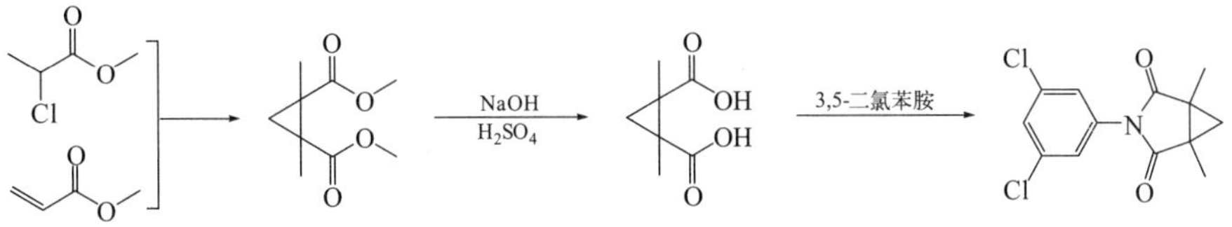

图 6-9　腐霉利的合成路线

6.2.2　异菌脲的合成

异菌脲（iprodione）中含有两个脲结构片段，相应的异氰酸酯是合成异菌脲的重要中间体。因而，3,5-二氯苯胺先同光气反应得到 3,5-二氯苯基异氰酸酯，接着在氢氧化钠溶液中与甘氨酸反应产生 N-(3,5-二氯苯基氨基甲酰基)甘氨酸，然后在浓硫酸作用下，甲苯中回流脱水促使分子内关环生成咪唑啉酮中间体，最后同 N-异丙基氨基甲酰氯或者异丙基异氰酸酯反应得到产品，如图 6-10 所示。

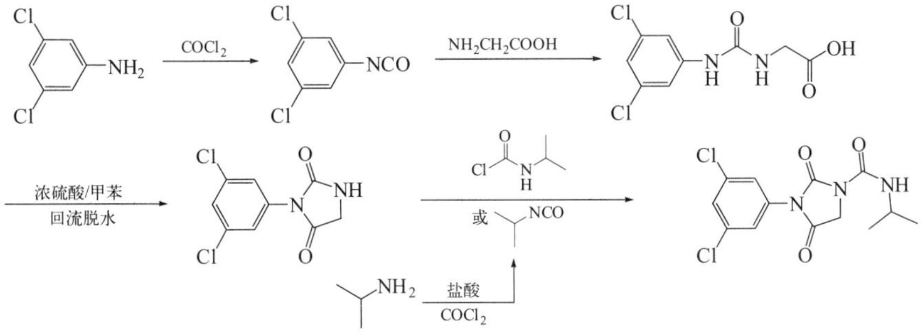

图 6-10　异菌脲的合成路线

异丙基异氰酸酯合成中，先将异丙基胺、甲苯和盐酸共沸脱水，然后降到一定温度，通入光气，当溶液变透明后即为反应终点。移走甲苯溶液中的氯化氢和过量光气后，蒸馏得到产品异丙基异氰酸酯。

思考题：

（1）通常情况下，异氰酸酯遇水非常容易分解，为什么 3,5-二氯苯基异氰酸酯与甘氨酸的反应能够在氢氧化钠的水溶液中进行？

（2）异丙基异氰酸酯制备中为什么要先加入盐酸？

（3）最后一步反应中可能的副反应有哪些？

6.2.3 乙烯菌核利的合成

乙烯菌核利（vinclozolin）的合成类似异菌脲，以丙酮酸乙酯为原料，经过格氏反应后得到中间体 2-甲基-2-羟基-3-丁烯酸乙酯，然后与 3,5-二氯苯基异氰酸酯反应，接着分子内关环得到产品，如图 6-11 所示。

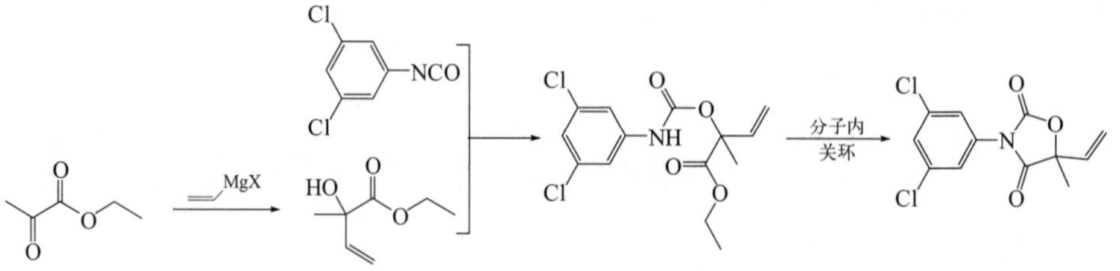

图 6-11 乙烯菌核利的合成路线

6.3 酰胺类杀菌剂的合成

酰胺类化合物作为杀菌剂已有几十年的历史，至今有 30 多个品种商品化，其中 20 世纪 80 年代以后开发的占一半以上。从化学结构划分大致可分为羧酸酰胺类、苯基酰胺类和扁桃酸类；从作用机理则可分为生物合成抑制剂类和生物氧化抑制剂类。酰胺类杀菌剂中的大多数品种对卵菌纲病害有优异的防效。

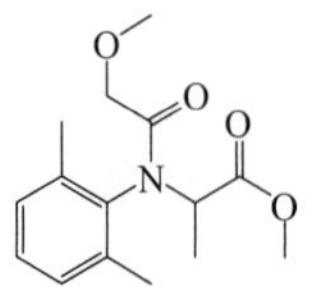

甲霜灵 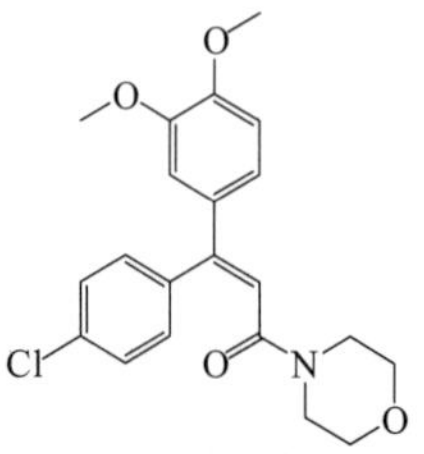　　　　烯酰吗啉 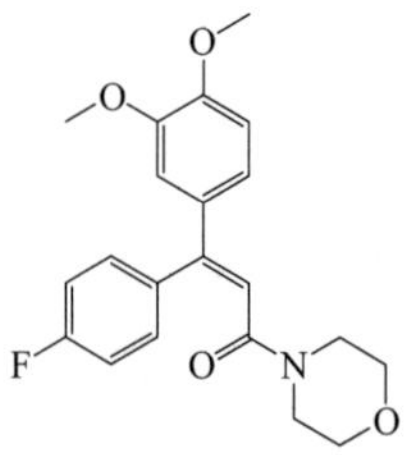　　　　氟吗啉 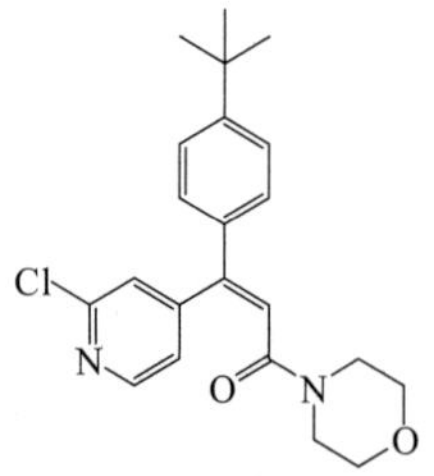　　　　丁吡吗啉

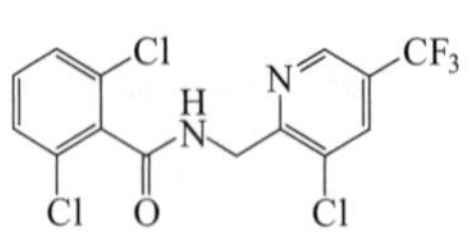

氟吡菌胺 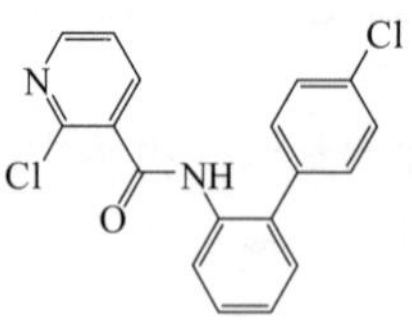　　　　啶酰菌胺 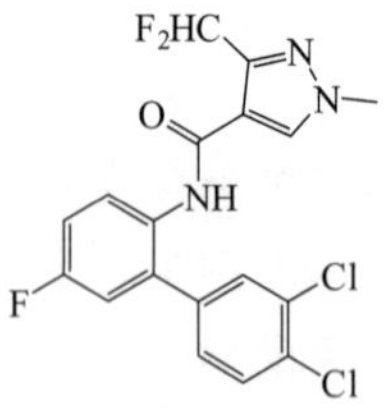　　　　联苯吡菌胺

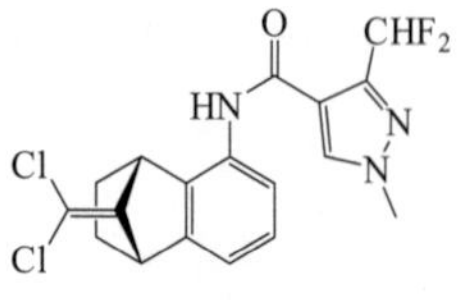

苯并烯氟菌唑 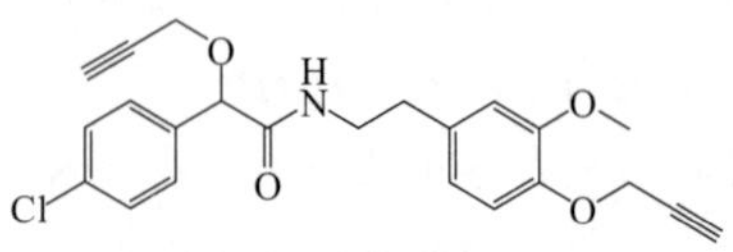　　　　双炔菌酰胺

6.3.1 甲霜灵的合成

甲霜灵（metalaxyl）由一个氮原子分别连接 2,6-二甲基苯基、甲氧基乙酰基和（1-甲氧基羰基）乙基构成，其合成也是围绕氮原子进行，即以一个含有氨基的化合物为原料，然后在氮原子上引入另外两个基团。由于将苯基引入氨基的难度较大，该化合物通常以取代苯胺为原料通过两种代表性的路线合成，如图 6-12 所示。

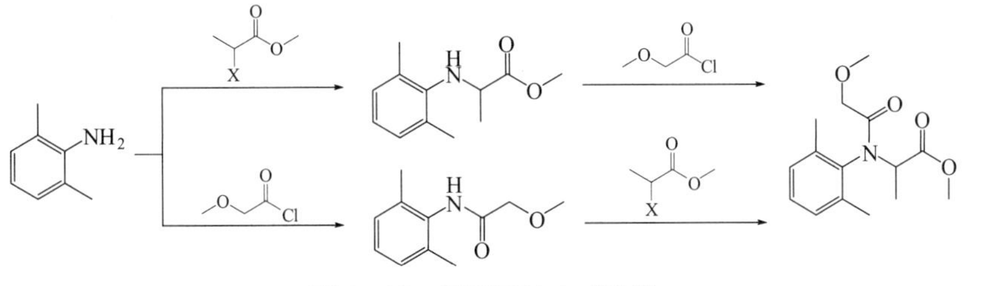

图 6-12　甲霜灵的合成路线

工业生产中，大多以 2,6-二甲基苯胺为原料，先同 2-卤代丙酸甲酯反应在氮原子上引入 1-(甲氧基羰基)乙基，接着与甲氧基乙酰氯反应在氮原子上引入甲氧基乙酰基得到产品。

思考题：为什么取代苯胺先同 2-卤代丙酸甲酯反应，然后再同甲氧基乙酰氯反应？

6.3.2　精甲霜灵的合成

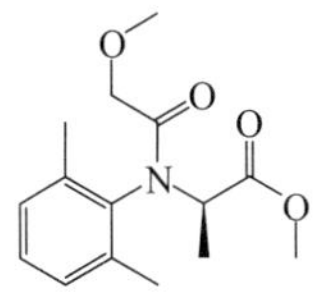

甲霜灵中含有手性碳原子，6.3.1 中的合成方法得到的是一对光学异构体的混合物，然而仅有(R)-构型异构体具有杀菌活性，并将含(R)-构型异构体产品称为精甲霜灵（metalaxyl-M）。先利用手性化学试剂或者特异性的酶合成甲霜灵的中间体，之后进行拆分获得(R)-构型中间体，然后再同甲氧基乙酰氯反应得到精甲霜灵，也可以通过不对称催化合成在适当反应阶段引入手性中心，如图 6-13 所示。受限于不对称合成和酶拆分效率的生产成本，该两种方法均难以大规模合成精甲霜灵。

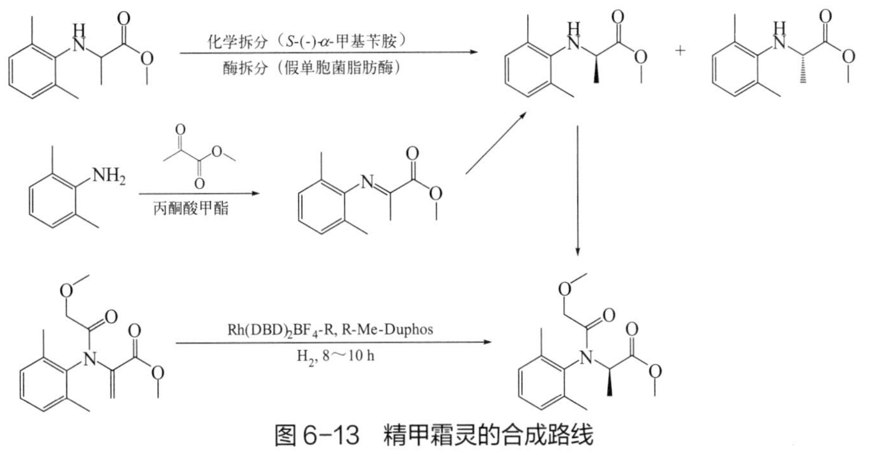

图 6-13　精甲霜灵的合成路线

以天然 L-乳酸为原料，先将其转化为 L-乳酸甲酯，然后与对甲苯磺酰氯（或者甲磺酰氯）反应得到(S)-((4-氯苯基)磺酰氧基)丙酸甲酯，接着同 2,6-二甲苯胺进行反应得到二级胺中间体，再同甲氧基乙酰氯进行反应得到精甲霜灵。

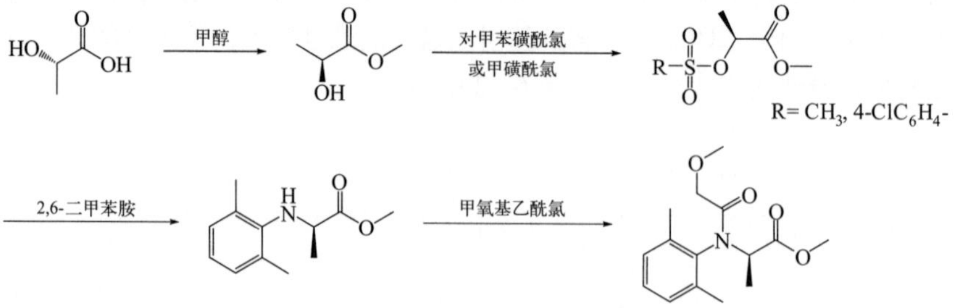

该法原料易得，反应条件简单，而且可以得到单一光学有效体的产品，工业生产上大多采用该路线生产精甲霜灵。

思考题：

针对以乳酸为原料制备精甲霜灵的反应：

（1）原料乳酸、中间体和产物的手性构型是否一致？

（2）哪步反应进行了手性构型的翻转？

6.3.3　烯酰吗啉和氟吗啉的合成

烯酰吗啉（dimethomorph）和氟吗啉（flumorph）的结构非常相似，二者不同之处在于烯酰吗啉含有对氯苯基，而氟吗啉含有对氟苯基，因此可以分别以对氯苯甲酰氯或者对氟苯甲酰氯为原料，采用下列相同的方法合成该两个产品，如图 6-14 所示。

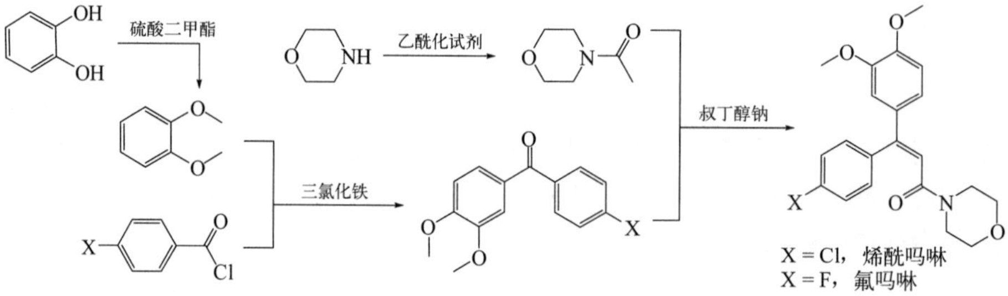

图6-14　烯酰吗啉（氟吗啉）的合成路线

烯酰吗啉结构中的 α,β-不饱和酮将两个取代苯基和一个吗啉基构建在一个分子内，因而其合成可以基于含有 α-活泼氢的酮与羰基化合物缩合，即乙酰吗啉和两个不同取代的二苯基甲酮构建烯酰吗啉分子。实际生产中烯酰吗啉的合成路线与该思路基本一致，如图 6-14 所示，即先将吗啉和乙酰化试剂反应生成乙酰吗啉；硫酸二甲酯甲基化邻苯二酚得到藜芦醚，接着对氯苯甲酰氯与藜芦醚进行芳香环的亲电取代反应生成中间体 3,4-二甲氧基-4′-氯二苯基甲酮；然后在有机碱的作用下，中间体乙酰吗啉和 3,4-二甲氧基-4′-氯二苯基甲酮进行羟醛缩合反应得到产品烯酰吗啉。

上述合成路线中，以 4-氟苯甲酰氯代替 4-氯苯甲酰氯，可以合成氟吗啉。

6.3.4 丁吡吗啉的合成

丁吡吗啉 （pyrimorph） 与烯酰吗啉和氟吗啉有相同的分子骨架，但是两个取代苯基演变为对叔丁基苯基和 2-氯-4-吡啶基，因而需要采用不同的合成路线。文献中最先报道丁吡吗啉的合成方法以异烟酸为原料，经过氧化和氯化得到中间体 2-氯异烟酸，接着将 2-氯异烟酸转变为 2-氯异烟酰氯，然后和叔丁基苯进行傅克酰基化反应得到二芳基甲酮中间体；将吗啉同氯乙酰氯反应得到 2-氯乙酰吗啉，接着与亚磷酸三乙酯反应得到磷叶立德；最后磷叶立德同二芳基甲酮中间体经过维蒂希-霍纳尔反应得到产品，如图 6-15 所示。

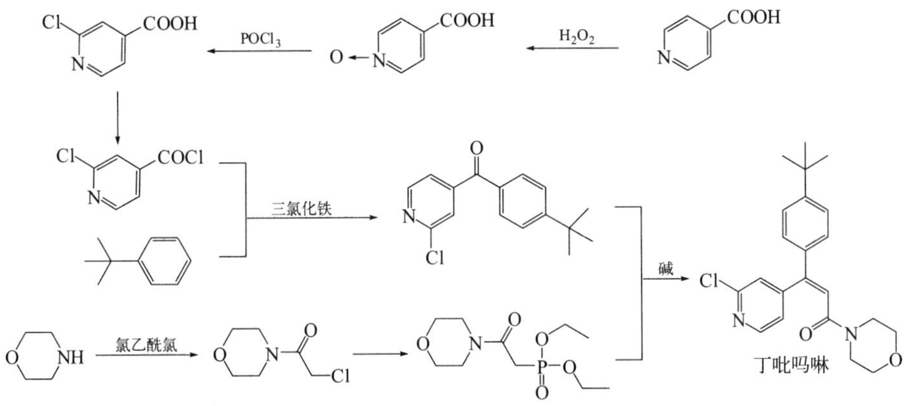

图 6-15　丁吡吗啉的合成路线

后期经过不断优化，以二异丙基氨基锂作为有机碱，采用烯酰吗啉最后一步的羟醛缩合反应，即乙酰吗啉和二芳基甲酮中间体可以直接缩合得到丁吡吗啉。

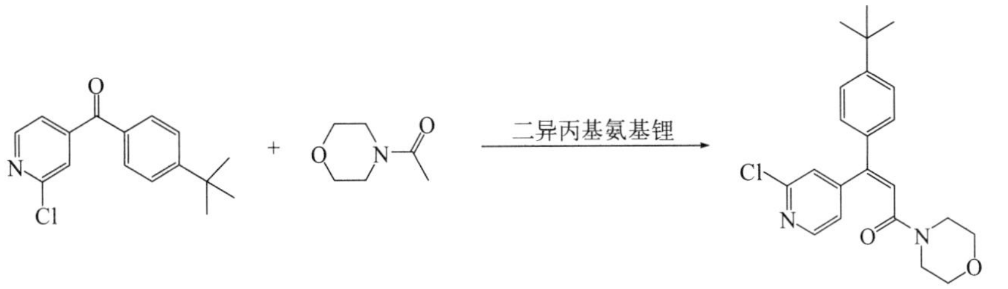

6.3.5 啶酰菌胺的合成

啶酰菌胺 （boscalid） 结构中的酰胺键将两个取代芳香基连在一起，文献报道的合成方法大多是将相应的中间体酰氯 （2-氯烟酰氯） 和苯胺 （4′-氯-2-氨基联苯） 缩合。2-氯烟酰氯生产相对简单，可由 2-氯烟酸与二氯亚砜反应得到，然而将含有不同取代基的两个苯环偶联合成 4′-氯-2-硝基联苯或者 2-氨基-4′-氯联苯具有一定难度。

2-氨基-4′-氯联苯或者 4′-氯-2-硝基联苯作为合成啶酰菌胺的关键中间体，其联苯骨架可通过格氏反应、Suzuki 偶联、重氮化合物偶联等反应构建。如图 6-16 所示，①以苯胺、4-氯苯肼为原料，乙腈为溶剂，二氧化锰为催化剂，得到 2-氨基-4′-氯联苯，此路线反应收率很低，且反应中需要过量的苯胺和二氧化锰，产生大量"三废"，处理困难；②以邻氯硝基苯为原料，与对氯苯基硼酸进行偶联反应，再经过还原得到 2-氨基-4'-氯联苯，还原过程中会伴随氯原子脱去的副反应；③以邻碘硝基苯为原料，与对氯苯基硼酸进行 Suzuki 反应，得到 2-氨基-4'-氯联苯，此路线收率比以邻氯硝基苯和邻溴硝基苯为原料的高，但是邻碘硝基苯价格较高，不适合大规模生产；④4-氯苯基重氮盐经过 Gomberg-Bachmann 反应以 4-氯苯基自由基同苯胺偶联，需要苯胺大量过量，而且反应复杂、收率较低。这些路线中，Suzuki 偶联研究最多，也是实现苯基偶联最有效的方法，但是钯催化的Suzuki偶联反应需要消耗大量金属钯催化剂，在后期的硝基还原中，会伴随芳香环脱卤副反应发生，例如在将 4'-氯-2-硝基联苯还原为 4'-氯-2-氨基联苯反应中，会产生副产物 2-氨基联苯。

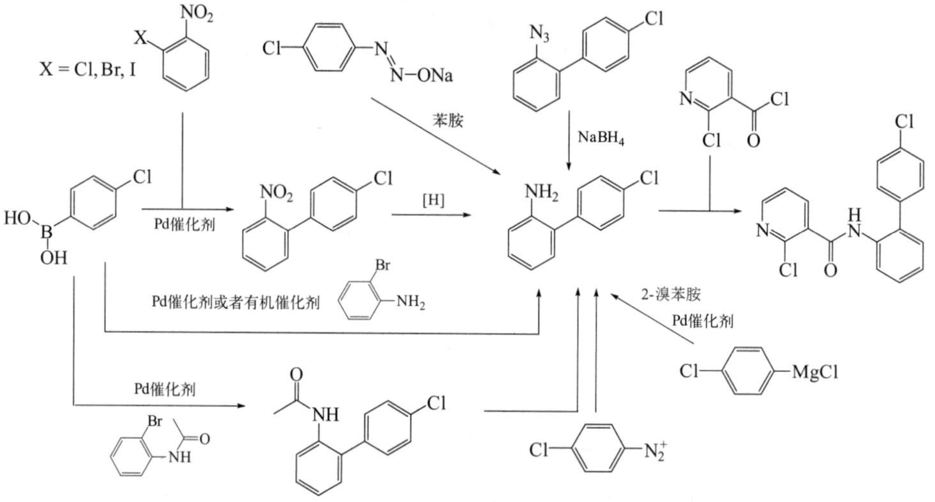

图 6-16　啶酰菌胺的合成路线

针对含有 Suzuki 反应的特点，对相关路线中存在的问题，经过大量研究目前也已取得了一些进展。例如，高压催化氢化还原硝基时，利用铈改性镍催化剂，可以抑制脱卤反应；利用有机胺代替金属钯复合物作为 Suzuki 反应催化剂，实现 2-溴苯胺和 4-氯苯基硼酸偶联得到2-氨基-4'-氯联苯，虽然92%的收率略低于钯催化剂，但是该反应既不消耗金属钯，产品中也没有金属离子的残留。

示例合成反应

2-溴苯胺的制备　　1L 高压釜中投入 2-溴硝基苯（60.6g）、铈改性镍催化剂（1g）和甲醇（400g），氮气置换后，通入氢气保持压力 2MPa、温度 70℃反应 3h。反应结束后，过滤，滤液减压蒸馏回收甲醇，残液用甲苯萃取后，减压蒸馏浓缩得到 2-溴苯胺，收率 97.0%。

2-氨基-4'-氯联苯的制备（钯催化的 Suzuki 偶联）　　在 1000mL 的四口烧瓶中，依次加入甲苯（200g）、水（150g）、对氯苯硼酸（45.5g）、2-溴苯胺（50.1g）和碳酸钾（63.4g），氮气置换三次后，加入催化剂 [PdCl$_2$(dtbpf)，0.09g]，升温至 65～75℃反应 3h 后，将反应物料进行过滤。有机层脱溶后得到 2-氨基-4'-氯联苯，纯度为 97.2%，收率为 98.1%。

2-氨基-4'-氯联苯的制备（有机胺催化的偶联）　　2-溴苯胺（0.2mmol），4-氯苯基硼酸（0.30mmol），有机胺催化剂（0.01mmol），碳酸铯（0.6mmol）和 18-冠-6（0.02mmol）加入反应容器中，在氩气保护下加入溶剂邻二甲苯（3.0mL）。反应混合物在 125℃下搅拌反应 9 h 后，冷却到室温。加水到反应溶液中，乙酸乙酯萃取，无水硫酸钠干燥有机相，接着减压浓缩、柱层析纯化得到产品。

啶酰菌胺的制备　1000mL 的四口烧瓶中，加入 2-氨基-4′-氯联苯（58.0g）和甲苯（200g）。搅拌升温至 40～45℃，缓慢滴加 2-氯烟酰氯（50.6g）和甲苯（58.1g）的混合液，滴加结束后升温至 70℃，保温反应 4h。反应混合物分别用 5%的稀盐酸溶液（100g）、10%碳酸氢钠溶液（100g）和水（100g）洗涤。静置分层后，甲苯层缓慢降温至 10℃以下，析出白色固体经离心、烘干得到白色啶酰菌胺固体，收率 97.6%。

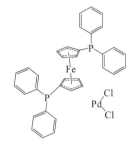

[1,1′-双（二苯基膦基）二茂铁] 二氯化钯
钯催化剂

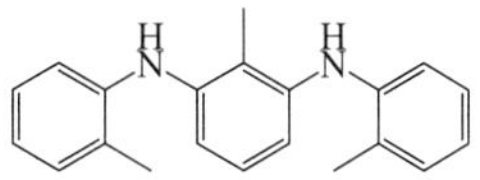

2-甲基-N^1, N^3-二（2-甲基苯基）间苯二胺
有机胺催化剂

6.3.6　联苯吡菌胺的合成

联苯吡菌胺（bixafen）的结构同啶酰菌胺的结构相似，均为酰胺键将两个取代的芳香基片段连在一起构成杀菌活性分子。通过逆合成分析法，两个片段对应的两个中间体分别是 3′,4′-二氯-2-氨基-5-氟联苯和 1-甲基-3-二氟甲基-4-吡唑甲酰氯。

6.3.6.1　3′,4′-二氯-2-氨基-5-氟联苯

如同合成啶酰菌胺一样，3′,4′-二氯-2-氨基-5-氟联苯是合成联苯吡菌胺的关键中间体，文献中报道该中间体的合成方法如下：

（1）方法 A：以 3,4-二氯溴苯为原料，经格氏反应，然后在含苯基有机膦配体镍催化剂 [(dppp)NiCl$_2$)] 的作用下偶联得到 3′,4′-二氯-2-氨基-5-氟联苯，该路线中的两步反应均需在无水四氢呋喃条件下进行。

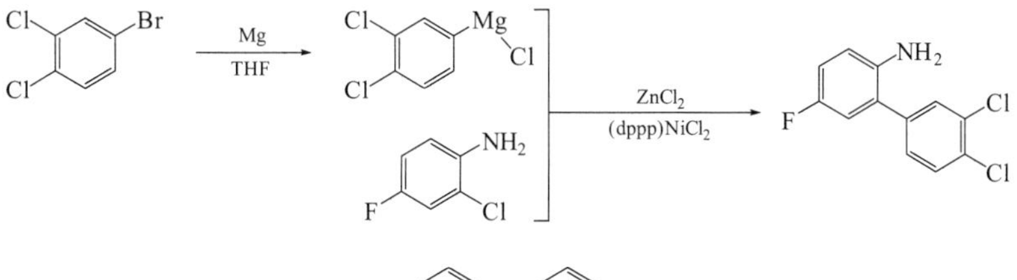

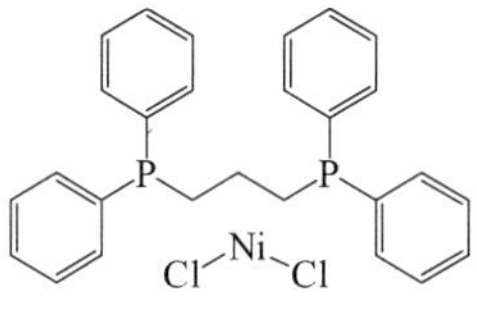

偶联催化剂(dppp)NiCl$_2$ 的化学结构

（2）方法 B：Zierke 和 Dockner 等报道先将 3,4-二氯溴苯转变为格式试剂，然后与硼酸反应得到 3,4-二氯苯基硼酸，再在钯催化剂的作用下同 2-溴-4-氟苯胺发生 Suzuki-Miyaura 反应生成 3′,4′-二氯-2-氨基-5-氟联苯。

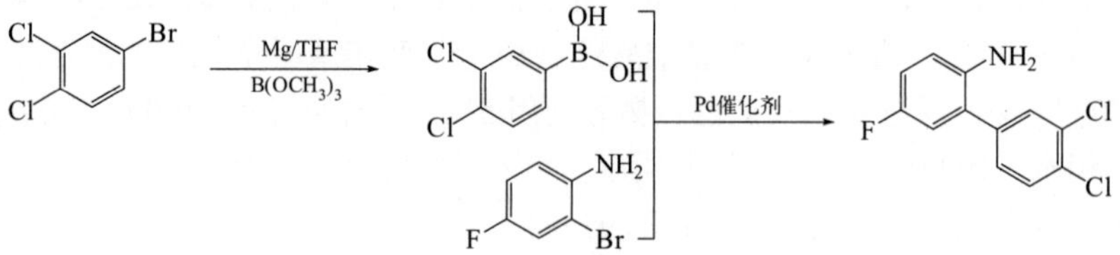

（3）方法 C：Straub 等先将 2-溴-4-氟苯胺的氨基乙酰化保护，然后在钯催化剂的作用下与乙烯发生 Heck 偶联反应制得 N-(2-乙烯基-4-氟苯基)乙酰胺，再同 3,4-二氯噻吩-1,1-二氧化物经过电子反常供需型双烯环化（inverse electron demand Diels-Alder）反应构建二氢联苯结构，接着经过二氧化锰或者 Pd/C 和硝酸银的氧化芳构化生成联苯骨架，最后在氢氧化钾溶液作用下脱去乙酰基制得 3′,4′-二氯-2-氨基-5-氟联苯。

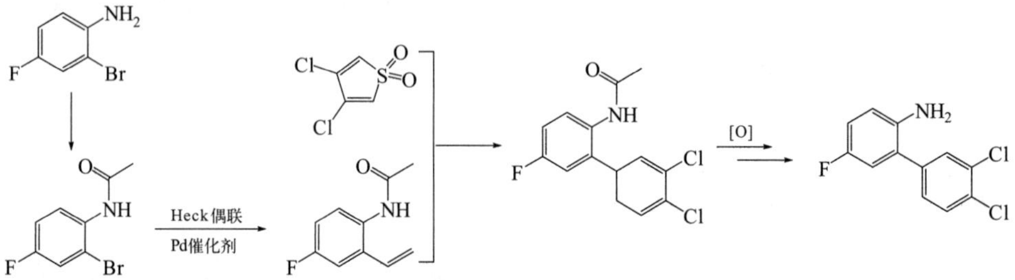

（4）方法 D：Geralp 等以 3,4-二氯苯胺为原料，经过重氮化反应、Gomberg-Bachmann 偶联合成 3′,4′-二氯-2-氨基-5-氟联苯。

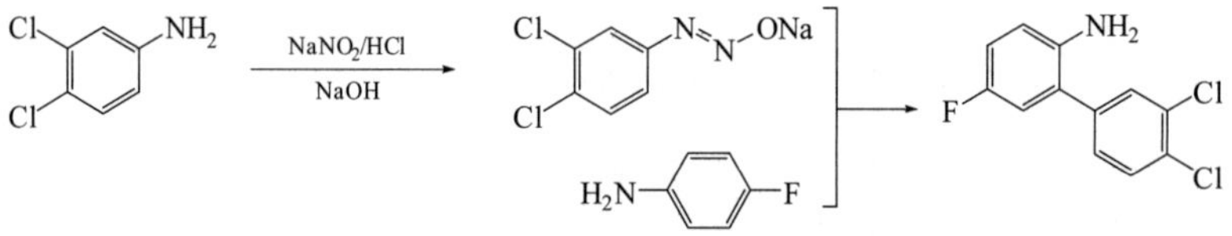

6.3.6.2 3-二氟甲基-1-甲基-1H-吡唑-4-甲酸

BASF 和 Syngenta 专利中，以二氟乙酸乙酯为原料，经与乙酸乙酯的克莱森缩合反应得到二氟乙酰乙酸乙酯，再与原甲酸三乙酯缩合得到 4,4-二氟-2-(乙氧亚甲基)-3-氧代丁酸乙酯，接着同甲基肼关环后生成 3-(二氟甲基)-1-甲基-1H-吡唑-4-羧酸乙酯，再经过氢氧化钠溶液对酯基的水解，盐酸酸化后得到 3-(二氟甲基)-1-甲基-1H-吡唑-4-羧酸。

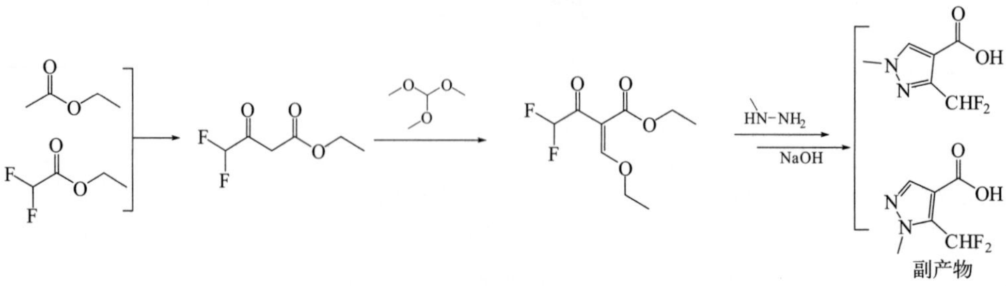

此路线合成的产品中，含有大量的异构体 5-二氟甲基-1-甲基-1*H*-吡唑-4-甲酸生成。

Bayer 和 BASF 公司将二氟乙酰氟气体通入二甲氨基丙烯酸乙酯中，得到的中间体直接跟甲基肼关环生成 3-(二氟甲基)-1-甲基-1*H*-吡唑-4-羧酸乙酯，经氢氧化钠溶液水解、盐酸酸化后得到 3-(二氟甲基)-1-甲基-1*H*-吡唑-4-甲酸酯，其中二氟乙酰氟气体通过四氟乙基醚的高温裂解得到。

该路线设计巧妙，反应步骤少，在形成吡唑环的阶段一定程度地降低了副产物的产生，收率高且成本较低。缺点在于对设备的要求较高，同时反应中会产生大量挥发性的二甲胺，也没有完全解决甲基肼关环反应中吡唑环异构体生成的问题。

王明春等的方法中以哌嗪代替二甲氨基，以甲基肼苯甲醛席夫碱代替甲基肼，合成的产品纯度和收率均得到改善。

王玉等基于炔丙醇为原料，先通过次氯酸钠的氧化产生丙炔酸，接着酯化得到丙炔酸乙酯，然后与二甲胺进行 Micheal 加成得到 *N,N*-二甲基-3-氨基丙烯酸乙酯。氨基丙烯酸乙酯同二氟乙酸与三光气反应生成 2-(2,2-二氟乙酰基)-3-二甲氨基丙烯酸乙酯，然后同 80%水合肼缩合得到 3-二氟甲基-1*H*-吡唑-4-酸乙酯，接着同硫酸二甲酯进行甲基化反应生成 1-甲基-3-二氟甲基-1*H*-吡唑-4-甲酸乙酯，最后通过氢氧化钠溶液的水解产生 1-甲基 3-二氟甲基-1*H*-吡唑-4-甲酸。

同其他方法相比，该路线以易得的丙炔醇、次氯酸钠、二甲胺、水合肼、光气、二氟乙酸、硫酸二甲酯等为原料，反应操作简单，其中氧化、加成、关环和水解可以在水作为溶剂或者含水的溶剂体系中进行，反应收率高，且可以得到含量较高的产品，但是反应路线较长。

Bowden 等报道以二氯乙酰氯、乙烯基醚类化合物、甲基肼等原料 5 步反应合成 3-(二氟甲基)-1-甲基-1*H*-吡唑-4-羧酸。虽然在成本控制上有一定优势，但反应条件比较苛刻，其中二氯乙酰氯和乙烯基醚类化合物的反应需要在-40～-20℃的条件下进行；催化加压引入羧基的反应中，反应温度 150℃，插羰过程中还需要不断改变釜内压强，操作不便，且生成的异构体不易分离。

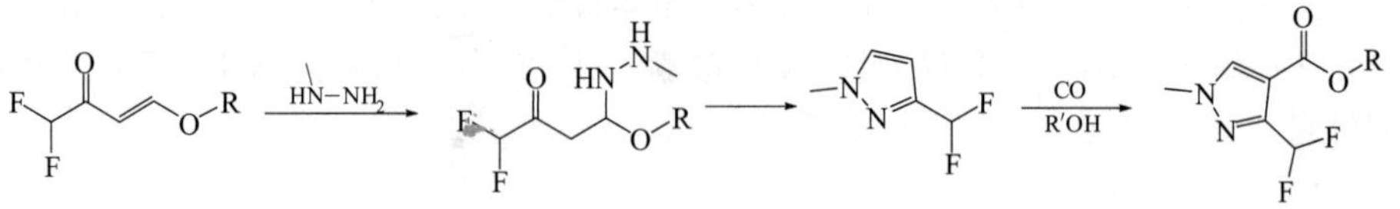

Bowden 等又报道以二氟乙酸乙酯为原料，先同水合肼反应生成酰肼，甲基化后的酰肼再与丙炔酸乙酯加成，然后碱性条件下关环得到 3-二氟甲基-1-甲基-1*H*-吡唑-4-羧酸乙酯，该方法收率不高，且丙炔酸乙酯价格较贵，不适合工业化生产。

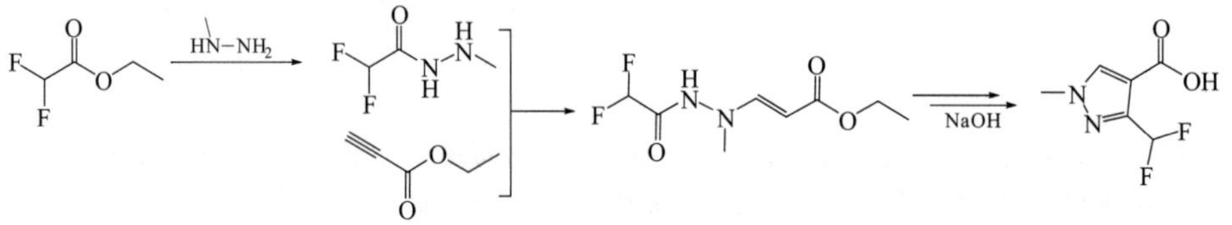

6.3.6.3　联苯吡菌胺

将中间体 3-二氟甲基-1-甲基-1*H*-吡唑-4-羧酸转换为其酰氯后，同 3′,4′-二氯-2-氨基-5-氟联苯通过缩合反应得到联苯吡菌胺。

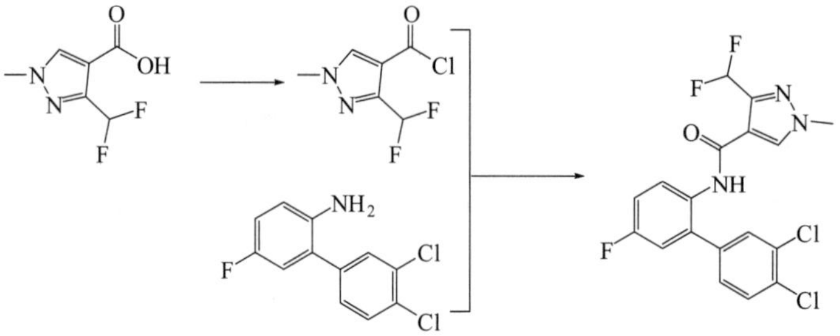

6.3.7　苯并烯氟菌唑的合成

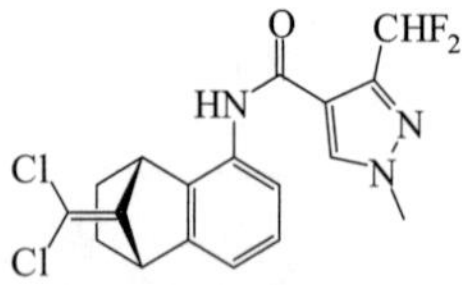

苯并烯氟菌唑

苯并烯氟菌唑（benzovindiflupyr）同啶酰菌胺和联苯吡菌胺的结构类似，均是酰胺键将两个芳香基团连在一起的杀菌剂分子，其中吡唑环片段同联苯吡菌胺中的完全一样，而联苯基片段被苯并降冰片烯片段取代。同该类分子的合成一样，苯并降冰片烯片段转换为 9-二氯亚甲基-1,2,3,4-四氢-1,4-桥亚甲基萘-2-胺，是合成苯并烯氟菌唑的主要中间体之一。

6.3.7.1　9-二氯亚甲基-1,2,3,4-四氢-1,4-桥亚甲基萘-2-胺

根据起始原料的不同，具有多种路线合成 9-二氯亚甲基-1,2,3,4-四氢-1,4-桥亚甲基萘-2-胺

（氢化萘胺），主要可分为硝基苯炔机理和卤代苯炔机理两种。

（1）硝基苯炔机理法 已有文献报道，通过硝基苯炔机理法合成该中间体的路线主要有3种，均以 2-氨基-6-硝基苯甲酸为起始原料，经消除反应得到活泼中间体硝基苯炔，再与环戊二烯或其衍生物环化生成 1,4-桥亚甲基萘骨架，接着经过系列反应得到目标中间体，如图 6-17 所示。

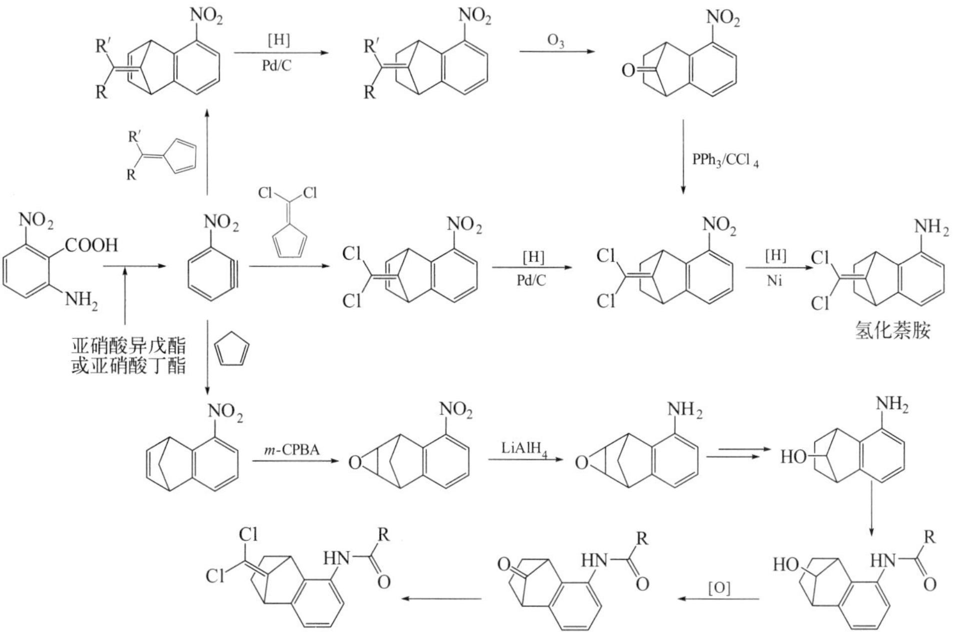

图 6-17　9-二氯亚甲基-1,2,3,4-四氢-1,4-桥亚甲基萘-2-胺的合成路线一

①路线 1：以 2-氨基-6-硝基苯甲酸为原料，通过重氮化制得硝基苯炔中间体，然后与不同烷基取代的环戊二烯反应生成 1,4-二氢萘环骨架，接着进行双键还原、烯烃的臭氧氧化、Wittig 反应和镍催化的还原得到氢化萘胺中间体。此路线中硝基苯炔与环戊二烯衍生物的环化反应收率较低、臭氧氧化反应较难控制、Appel-Wittig 反应中使用的三苯基膦价格较高。②路线 2：以环戊二烯为原料合成中间体氢化萘胺路线中，虽然避免了臭氧的氧化过程，但反应步骤较多。③路线 3：以 6,6-二氯-5-亚甲基-1,3-环戊二烯（dichlorofulvene）为原料一步环化直接引入二氯甲烯基，然后分别经过钯碳和 Ra-Ni 催化的还原直接得到氢化萘胺中间体，大大缩短了合成步骤并避免了臭氧氧化及 Wittig 反应。6,6-二氯-5-亚甲基-1,3-环戊二烯主要由一溴三氯甲烷或四氯化碳与环戊二烯在合适的引发剂作用下进行自由基的加成反应而得，收率较高；从成本而言，四氯化碳比一溴三氯甲烷便宜，且也有较好的收率。但因硝基苯炔与 6,6-二氯- 5-亚甲基-1,3-环戊二烯环化反应收率较低，此法也难以进行工业化大量生产。

（2）卤代苯炔机理法 如图 6-18 所示，该法是以 2,3-二氯溴苯或 2,6-二溴氯苯为起始原料，经消除反应得活性中间体氯或溴代苯炔，再与环戊二烯或其衍生物，经系列反应得目标中间体。事实上，卤代苯炔机理法与硝基苯炔机理法在合成苯并降冰片烯中间体上是相同的，只是苯环上氨基的产生方式不一样，但两种方法都存在致命的缺点，即苯炔与 6,6-二氯-5-亚甲基-1,3-环戊二烯或其衍生物环化反应收率较低（40%~50%），容易产生大量油状副产物。因此，均不适合进行大批量生产。

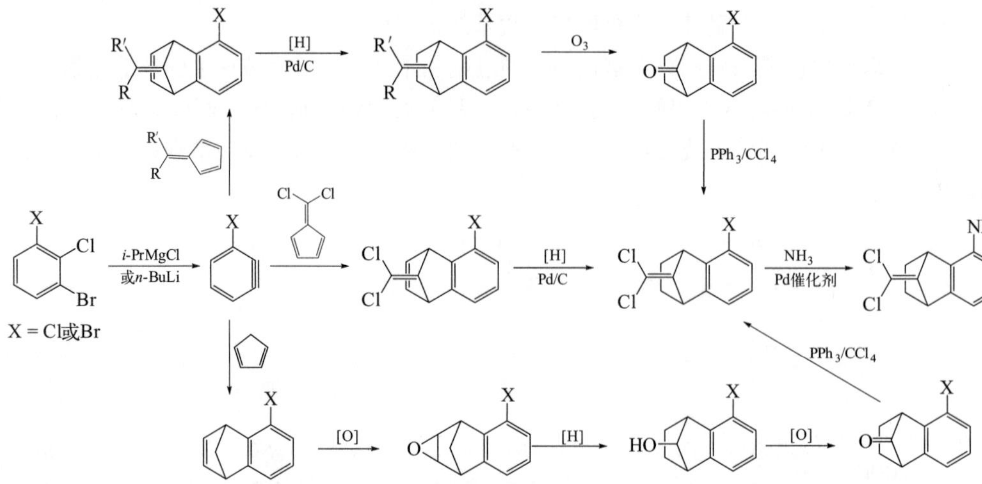

图 6-18　9-二氯亚甲基-1,2,3,4-四氢-1,4-桥亚甲基萘-2-胺的合成路线二

注：在路易斯酸和氢化试剂作用下，环氧化物的开环、碳正离子重排和还原能够生成含有羟基的中间体，例如路易斯酸 BH₃·DMS，或者 BH₃·THF 同 NaBH₄，或者 LiAlH₄，或者只用 LiAlH₄ 原位生成的 Al（Ⅲ）作为路易斯酸，LiAlH₄ 作为还原试剂直接完成环氧化物的开环、碳正离子重排和还原反应。

6.3.7.2　9-二氯亚甲基-1,2,3,4,7,8-六氢-1,4-桥亚甲基萘-5(6 氢)-肟

鉴于中间体 9-二氯亚甲基-1,2,3,4-四氢-1,4-桥亚甲基萘-2-胺的上述合成方法均难以适合工业化生产，研究人员又提出了以对苯二醌与 6,6-二氯-5-亚甲基-1,3-环戊二烯在低温下进行环化得到萘环的骨架，然后经过一系列反应合成中间体 9-二氯亚甲基-1,2,3,4,7,8-六氢-1,4-桥亚甲基萘-5(6 氢)-肟的方案，具体路线如图 6-19 所示。

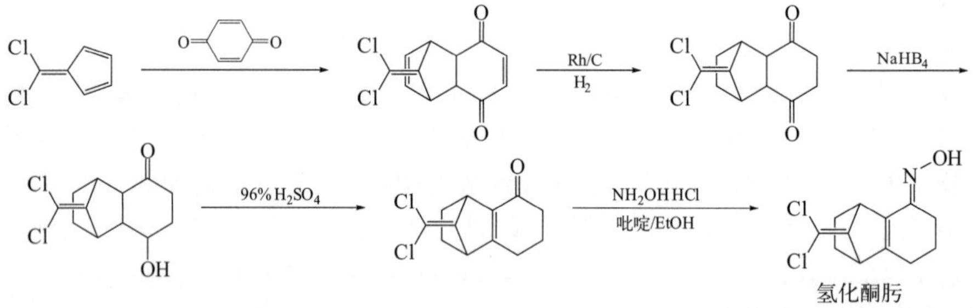

图 6-19　9-二氯亚甲基-1,2,3,4,7,8-六氢-1,4-桥亚甲基萘-5(6 氢)-肟的合成路线

该中间体的合成可以避免高聚合油状物等副产物的生成，且各步反应收率较高，因而该中间体适宜用于苯并烯氟菌唑的工业化生产。

6.3.7.3　苯并烯氟菌唑

（1）酰氯法　根据酰胺键的形成方式不同，文献报道可采用 5 种方法合成苯并烯氟菌唑，酰氯法是其中之一。该法中将吡唑羧酸活化为相应酰氯，然后在缚酸剂如三乙胺等作用下，与含氨基的萘胺中间体缩合得到产物，如图 6-20 所示。

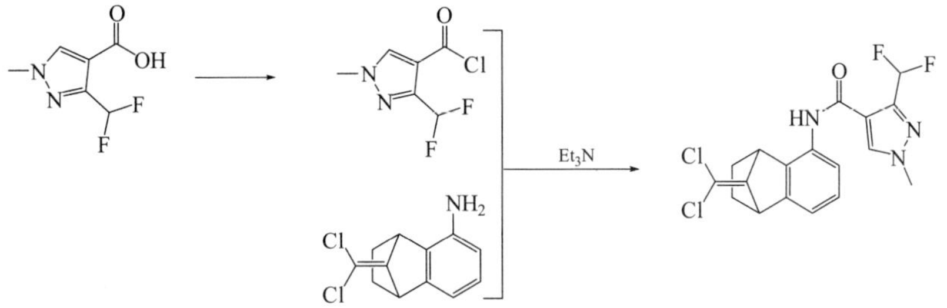

图6-20　苯并烯氟菌唑的合成路线一

　　该路线反应条件温和、易于操作，反应收率较高，是一种常用来合成酰胺键的方法。

　　(2) 酰胺法　将羧基衍生物中间体转换为其酰胺后，在碘化亚铜或者溴化亚铜的催化下同含卤素的中间体进行缩合，如图6-21所示。该方法一般需要高温条件，反应时间也较长，不太适合工业化生产。

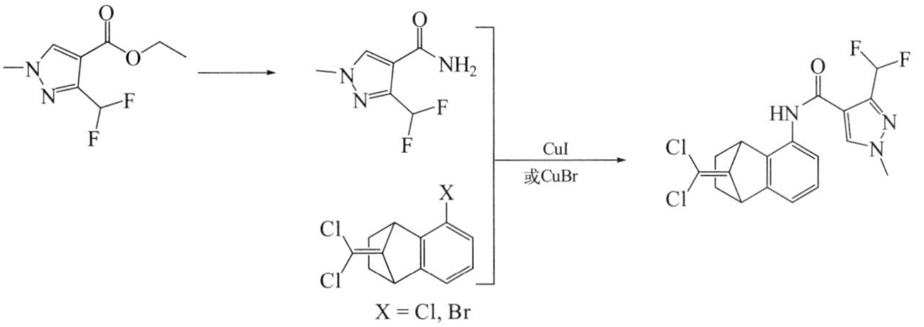

图6-21　苯并烯氟菌唑的合成路线二

　　(3) 酯交换法　将中间体吡唑羧酸酯与萘胺中间体在催化剂如双(三甲基硅基)氨基钠等作用下直接反应形成产物，如图6-22所示。

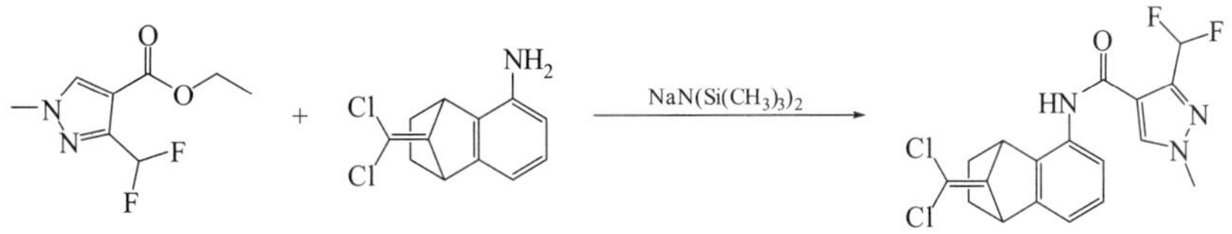

图6-22　苯并烯氟菌唑的合成路线三

　　该反应的机理是双(三甲基硅基)氨基钠先将中间体氢化萘胺转变为其钠盐，然后再与吡唑羧酸酯中的羰基碳发生亲核取代反应。反应过程使用了氨基钠等强碱，对反应体系的水分控制要求较高。

　　(4) 酸缩合法　在相关催化剂的作用下，吡唑羧酸中间体与氢化萘胺中间体直接反应形成产物，如图6-23所示。可用的催化剂有取代磷酰氯、3A分子筛与乙醇锑或3,5-二(三氟甲基)苯硼酸等，反应时间较短、收率较高。

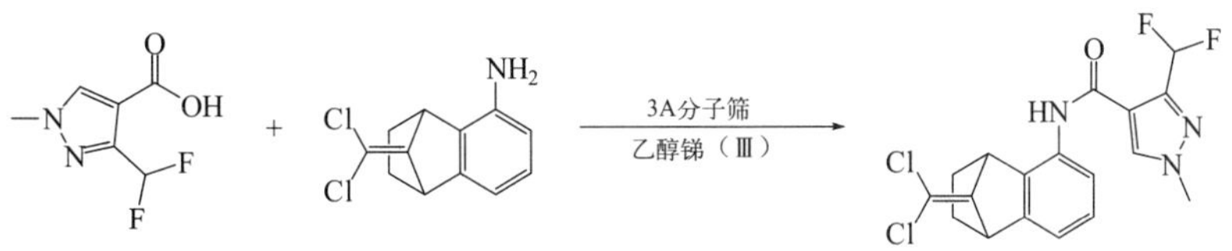

图6-23　苯并烯氟菌唑的合成路线四

（5）酮肟法　将含有萘胺骨架的氢化萘酮肟中间体经 Semmler-Wolff 芳构化反应得到中间体氢化萘胺，然后原位同吡唑酰氯反应直接生成苯并烯氟菌唑，如图 6-24 所示。

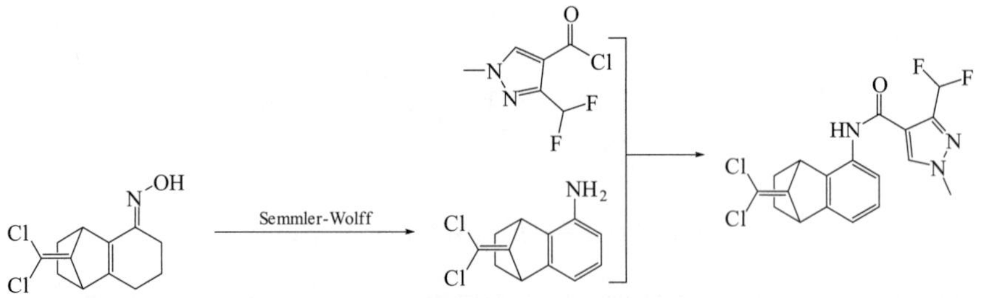

图 6-24　苯并烯氟菌唑的合成路线五

该路线中可采用两当量的吡唑酰氯与中间体肟反应，其中一当量用于 Semmler-Wolff 反应，将中间体氢化萘酮肟转换为氢化萘胺中间体，接着氢化萘胺中间体再与另一当量的吡唑酰氯反应合成苯并烯氟菌唑。改进的方法中采用氯甲酸乙酯或异戊酰氯等先与等量氢化萘酮肟中间体反应，然后加入等量的吡唑酰氯，整个合成路线更简洁、收率更高、成本更低。该路线明显有别于其他琥珀酸脱氢酶抑制剂的合成，也是目前报道苯并烯氟菌唑实现工业化合成的主要路线。

6.3.8　吡唑萘菌胺的合成

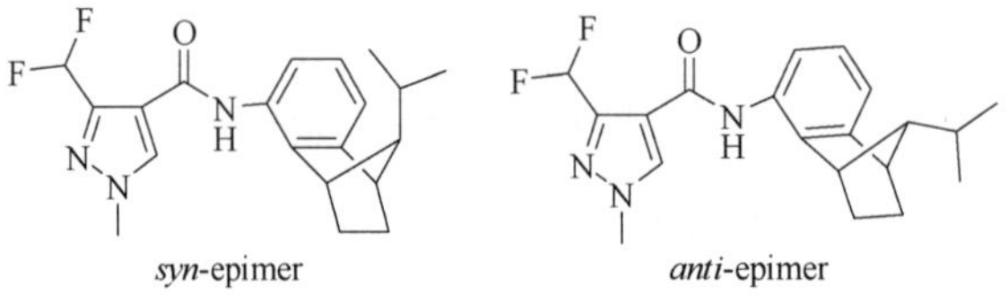

syn-epimer　　　　　anti-epimer

吡唑萘菌胺

吡唑萘菌胺（isopyrazam）与苯并烯氟菌唑结构非常相似，唯一差别是四氢萘胺片段上的取代基不同，一个是二氯亚甲基，一个是异丙基。因此，合成苯并烯氟菌唑的方法适用于合成吡唑萘菌胺。

思考题：

（1）环戊二烯的稳定性如何？通常情况下，环戊二烯是单体还是二聚物？

（2）吡唑环合成中，如何将取代基引入指定位置？

（3）熟悉并简述 Semmler-Wolff 芳构化的反应机理。

6.3.9　氟吡菌胺的合成

氟吡菌胺（fluopicolide）也是通过酰胺键将两个片段连在一起的杀菌活性分子，其可以通过中间体 2,6-二氯苯甲酰氯和 3-氯-5-三氟甲基吡啶-2-甲胺缩合得到，如图 6-25 所示。

3-氯-5-三氟甲基吡啶-2-甲胺可以在 4.10.4 中合成的中间体 2,3-二氯-5-三氟甲基吡啶为原料，通过氰基亲核取代反应生成 2-氰基-3-氯-5-三氟甲基吡啶，接着在钯或者镍催化下，将氰基氢化还原得到 3-氯-5-三氟甲基吡啶-2-甲胺。早期以 Pd/C 为催化剂，催化氢化收率较低，而且钯催化剂容易中毒失效，并且需要加入抑制剂阻止吡啶环脱氯副反应的发生；以雷尼镍为催化剂，产品中含有难以分离的二级胺和三级胺杂质，以及一定量的金属镍。通过不断的研究，Vangelisti 发现使用 Ni-Ra 合金催化剂，在乙酸中对 2-氰基-3-氯-5-三氟甲基吡啶加氢还原，可以有效抑制二级胺和三级胺杂质的形成，也可以抑制脱氯副反应的发生，并且产品的乙酸盐可以完全溶解在溶剂中。反应结束过滤后，催化剂可以循环使用，然而产品中仍然含有一定量的从催化剂中遗失的金属镍。

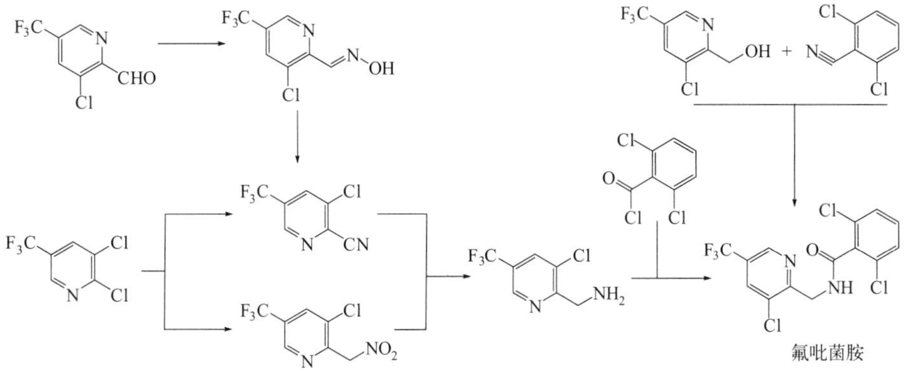

图 6-25　氟吡菌胺的合成路线

也可以 2,3-二氯-5-三氟甲基吡啶为原料，硝基甲烷取代吡啶 2-位氯原子后，还原硝基得到 3-氯-5-三氟甲基吡啶-2-甲胺；还可以 3-氯-5-三氟甲基-2-吡啶甲醛为原料，先同羟胺反应得到相应的中间体肟，然后脱水得到 2-氰基-3-氯-5-三氟甲基吡啶，接着进行还原生成 3-氯-5-三氟甲基吡啶-2-甲胺。

以普通的方法，由含微量金属镍的 3-氯-5-三氟甲基吡啶-2-甲胺制备氟吡菌胺，产品也含有残留的金属镍。为了控制氟吡菌胺产品中金属镍的含量，Moradi 等通过控制 3-氯-5-三氟甲基吡啶-2-甲胺的乙酸盐与 2,6-二氯苯甲酰氯缩合反应体系的 pH 值，以及后处理中采用酸洗法，可以将氟吡菌胺中的镍残留量控制在质量分数百万分之一以下；贾俊等设计了在浓硫酸的作用下，3-氯-5-三氟甲基吡啶-2-甲醇与 2,6-二氯苯甲腈缩合，再通过碱处理后得到产品；郑勇设计的非金属镍催化还原制备 3-氯-5-三氟甲基吡啶-2-甲胺盐酸盐的方法，如图 6-26 所示，以甘氨酸酯盐酸盐同二苯甲酮缩合，然后同 3-氯-2-氟-5-三氟甲基吡啶反应，接着在甲苯和 10%稀盐酸的水溶液中水解烯胺，回收有机相中的二苯甲酮。在水相中再加入一定量的 10%盐酸，加热脱羧后，冷却反应液，析出固体得到 3-氯-5-三氟甲基吡啶-2-甲胺盐酸盐。该方法虽然可以避免使用含镍催化剂，但是路线较长，成本较高。

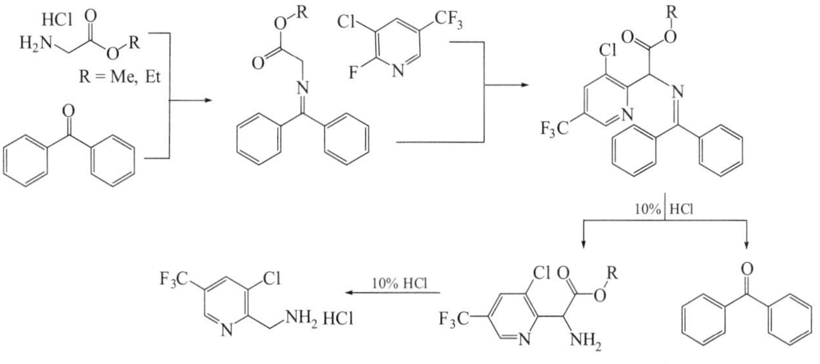

图 6-26　3-氯-5-三氟甲基吡啶-2-甲胺盐酸盐的合成路线

6.3.10 双炔酰菌胺合成

双炔酰菌胺（mandipropamid）为含有酰胺键和两个芳香基团的杀菌活性分子，但同前面酰胺类杀菌剂存在明显差异，两个芳香基团不直接同酰胺键相连，而且分子中含有两个特征官能团炔丙基。先正达拥有该杀菌活性分子的专利权，并在专利 WO2007020381 中以 4-羟基-3-甲氧基苯甲醛和对氯苯甲醛为原料，介绍了该产品的合成方法，如图 6-27 所示。

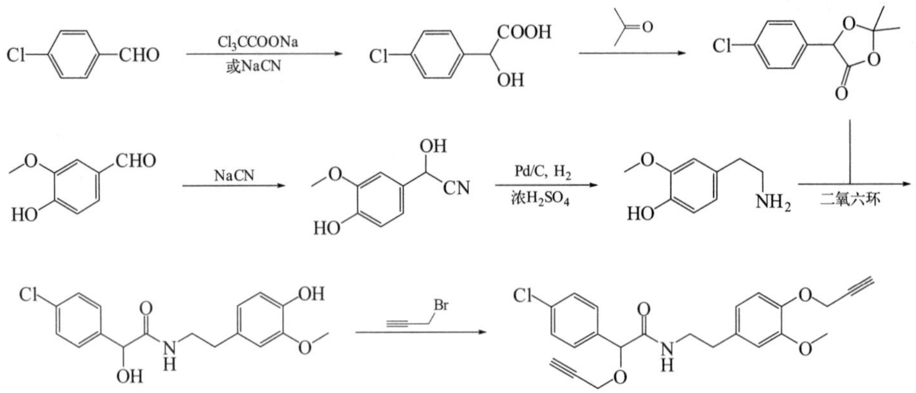

图 6-27　双炔酰菌胺的合成路线一

从双炔酰菌胺结构和图 6-27 中路线可知，2-(4-氯苯基)-2-羟基乙酸和 4-羟基-3-甲氧基苯乙胺是合成双炔酰菌胺的两个主要中间体。2-(4-氯苯基)-2-羟基乙酸中的 α-羟基酸结构可以通过 4-氯苯甲醛与氰基反应，接着水解氰醇得到，也可以通过 4-氯苯甲醛与三氯甲基负离子缩合得到三氯甲基甲醇，然后水解三氯甲基为羧基生成。三氯甲烷在羟基的作用下可以得到三氯甲基负离子，也可以三氯乙酸钠在三氯乙酸中脱羧形成三氯甲基负离子，接着进攻醛基得到三氯甲基甲醇，然后水解得到 2-(4-氯苯基)-2-羟基乙酸。2-(4-氯苯基)-2-羟基乙酸与丙酮缩合得到中间体 5-(4-氯苯基)-2,2-二甲基-1,3-二噁烷-4-酮。

中间体 4-羟基-3-甲氧基苯乙胺可通过 4-羟基-3-甲氧基苯甲醛先同氰化钠反应得到氰醇中间体，然后在甲醇溶剂加入浓硫酸，钯碳为催化剂加氢还原氰基和氢解脱去羟基后得到。Mairi 等在 2019 年介绍了苯甲醛和氰化钠反应，接着进行类似的催化氢化和氢解脱羟基反应，除了产物外，还有 13%左右的副产物 α-羟基苯乙胺生成。该催化氢化和氢解反应过程比较复杂，而且没有浓硫酸存在难以发生氢解反应。

4-羟基-3-甲氧基苯乙胺与 5-(4-氯苯基)-2,2-二甲基-1,3-二噁烷-4-酮在二氧六环中缩合后产生含有酰胺骨架结构的中间体，然后与炔丙基溴发生醚化反应得到产品双炔酰菌胺。

刘瑞宾等以 4-氯苯乙酸和 4-氯甲基-2-甲氧基苯酚为原料，设计了操作更加简单的合成路线，如图 6-28 所示。4-氯苯乙酸溶解在溶剂中，然后在催化剂 NBS 或者液溴的作用下对其 α-位进行溴化，生成的 2-(4-氯苯基)-2-溴乙酸被氢氧化钠或者氢氧化钾溶液水解得到 2-(4-氯苯基)-2-羟基乙酸，接着与 4-羟基-3-甲氧基苯乙胺在溶剂中回流脱水缩合得到酰胺骨架中间体，再在相转移催化剂的作用下，炔丙基溴同酰胺骨架中的羟基进行醚化反应得到产品双炔酰菌胺。

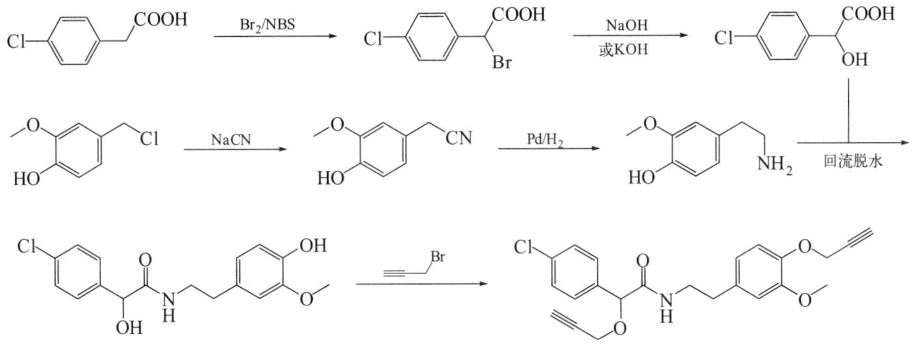

图 6-28 双炔酰菌胺的合成路线二

6.4 甲氧基丙烯酸酯类杀菌剂

甲氧基丙烯酸酯类杀菌剂源于 β-甲氧基丙烯酸酯类天然产物 strobilurin A，该化合物最早从腐烂木头上的真菌分泌物中发现，能够同细胞色素 b 上的 Q_0 位点结合抑制电子传递链，抑制呼吸作用而表现出杀菌活性，但是该结构不稳定，容易被光降解。基于其新颖的结构和作用靶标，巴斯夫和先正达首先对该结构进行优化，先后发现嘧菌酯和醚菌酯分子，从而开启了该类杀菌剂的研究和广泛应用。

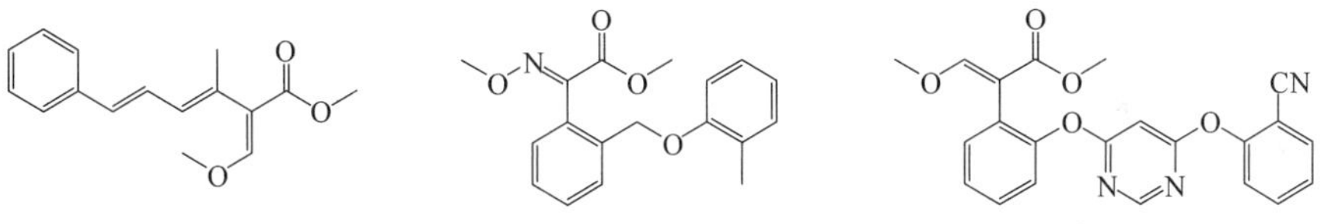

strobilurin A　　　　醚菌酯　　　　嘧菌酯

捷立康公司（现归属于中国化工的先正达）首先利用苯环取代 strobilurin A 中共轭三烯的光不稳定片段，进而采用嘧啶杂环取代苯环优化分子的亲油亲水平衡值，改善其内吸性，最后得到广谱杀菌活性分子嘧菌酯。

6.4.1 嘧菌酯的合成

嘧菌酯结构中含有嘧啶杂环片段、2-氰基苯基片段和 2 位含有甲氧丙烯酸酯苯基片段，三个片段由两个醚键相连。采用逆合成分析法可将目标分子分解为三个芳香环片段，接着转化为含有可以满足醚化反应相应的芳香中间体 3-甲氧基-2-羟基苯基丙烯酸酯、4,6-二氯嘧啶和 2-氰基苯酚。3-甲氧基-2-羟基苯基丙烯酸酯可由中间体 3-甲氧基甲烯基苯并呋喃-2(3H)-酮开环得到。

6.4.1.1 苯并呋喃-2(3H)-酮和 3-甲氧基甲烯基苯并呋喃-2(3H)-酮

苯并呋喃酮的合成可以邻氯甲苯为原料。先对邻氯甲苯侧链氯化得到 2-氯氯苄，然后同氰化物作用转化为邻氯氰苄。水解氰基得到 2-(2-氯苯基)乙酸后，在碱性和压力条件下，将苯基上的氯原子水解为羟基产生 2-(2-羟基苯基)乙酸，接着在溶剂中回流脱水形成内酯苯并呋喃酮。在乙酸酐存在下，苯并呋喃-2(3*H*)-酮与原甲酸三甲酯反应生成 3-甲氧基甲烯基苯并呋喃-2(3*H*)-酮，如图 6-29 所示。

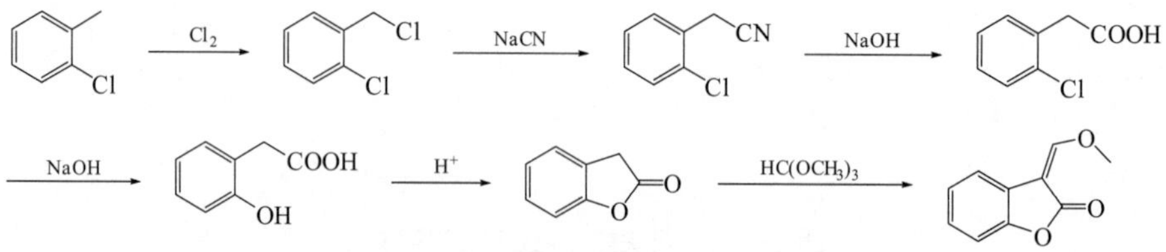

图 6-29 3-甲氧基甲烯基苯并呋喃-2(3*H*)-酮的合成路线

6.4.1.2 4,6-二氯嘧啶

4,6-二羟基嘧啶是合成 4,6-二氯嘧啶的关键中间体。早期在醇钠的作用下，丙二酰胺和甲酸甲酯反应合成 4,6-二羟基嘧啶，收率仅为 40%～50%，改为丙二酰胺和甲酰胺反应后，收率可以提升到 80% 以上，但是商品化的丙二酰胺较少。经过不断探索研究后，工业生产中采用甲醇钠作为有机碱，一分子的丙二酸甲酯与两分子的甲酰胺反应合成 4,6-二羟基嘧啶，然后经过三氯氧磷的氯化得到 4,6-二氯嘧啶。为了避免三氯氧磷氯化反应中产生含磷酸性废水，部分研究仍在探索用其他氯化试剂（如光气）对 4,6-二羟基嘧啶进行氯化。

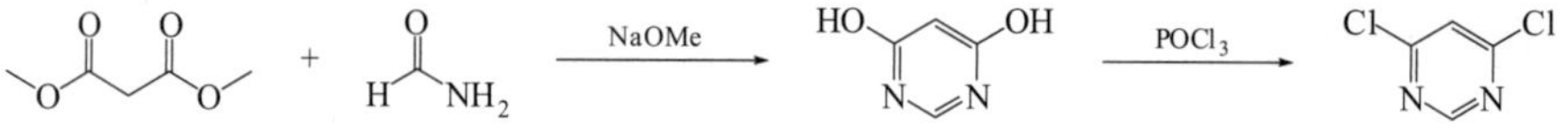

6.4.1.3 2-氰基苯酚

合成 2-氰基苯酚有两种常用的方法：一种是由水杨酰胺与光气类产品或者其他氯化试剂（如二氯亚砜）反应得到，其中光气类产品为氯化试剂时仅副产氯化氢和二氧化碳，氯化氢可以用水吸收制得稀盐酸；另一种方法是水杨醛和盐酸羟胺反应，接着脱水得到产品。在碱性条件下，该方法中水杨醛可能会发生 Cannizzaro 反应，醛肟脱水时也可能会形成苯并异噁唑副产物，如图 6-30 所示。

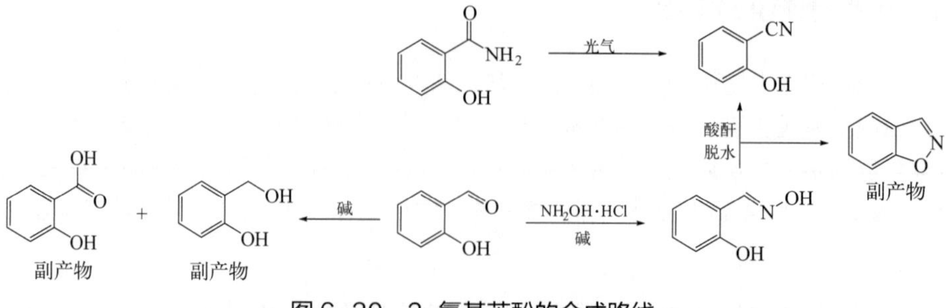

图 6-30 2-氰基苯酚的合成路线

6.4.1.4　催化剂三乙烯二胺

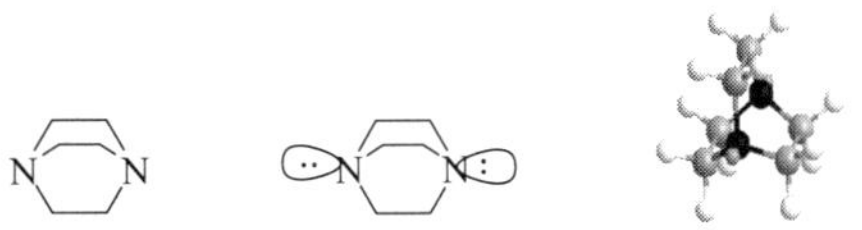

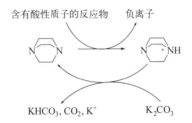

三乙烯二胺的化学结构

三乙烯二胺又名 1,4-二氮杂二环〔2.2.2〕辛烷，或者三亚乙基二胺，英文名称 1,4-diazabicyclo[2.2.2]octane，简称为 DABCO。DABCO 中的两个氮原子为 sp^3 杂化的四面体结构，两个氮原子上的两对孤对电子分布在环外的分子轨道中，使其易于接近并且获得其他分子中的质子，而被夺去质子的分子转变为活泼的负离子。同时，反应中形成的 DABCO 共轭酸的 pK_a 较小（如 DABCO 共轭酸 pK_a 8.7，三乙胺共轭酸的 pK_a 10.7），其结合的质子又容易被无机碱夺走，转变成具有碱性或者催化活性的 DABCO，如图 6-31 所示。因此，DABCO 是有机化学反应中一种非常重要的高效催化剂，并被广泛应用于缩合反应、聚氨酯发泡催化、农药合成中。

含有酸性质子的反应物　　负离子

KHCO₃, CO₂, K⁺　　　　K₂CO₃

图 6-31　三乙烯二胺催化机理的示意图

6.4.1.5　嘧菌酯

（1）合成路线 A　将 3-甲氧甲烯基苯并呋喃-2(3H)-酮溶解在甲苯中，然后加入计量的甲酸甲酯、4,6-二氯嘧啶和催化剂，控制温度下滴加甲醇钠甲醇溶液，然后搅拌至反应完全。氯代嘧啶中间体生成的过程中，伴随一定的甲醇加成反应，将甲氧甲烯基转变为含有缩醛的中间体。在对甲苯磺酸的催化下，乙酸酐通过脱去一分子甲醇将该缩醛中间体转换为含有丙烯酸甲酯片段的氯代嘧啶中间体，如图 6-32 所示。

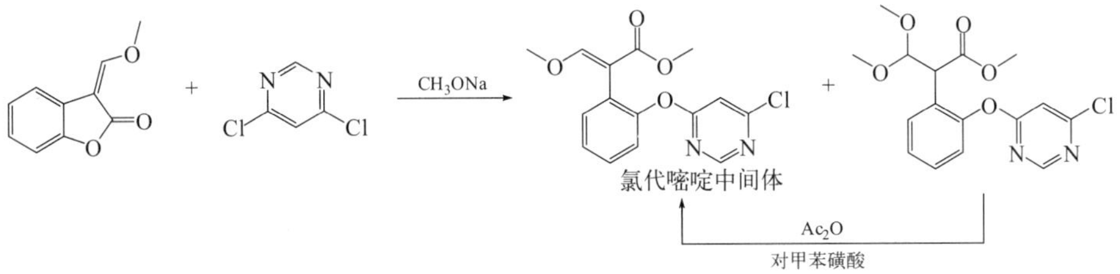

CH₃ONa

氯代嘧啶中间体

Ac₂O
对甲苯磺酸

图 6-32　氯代嘧啶中间体的合成反应

将氯代嘧啶中间体溶解在溶剂中，在一定温度下，加入计量水杨腈、DABCO 和碳酸钾，然后搅拌至反应完全得到产品嘧菌酯，见图 6-33 所示。

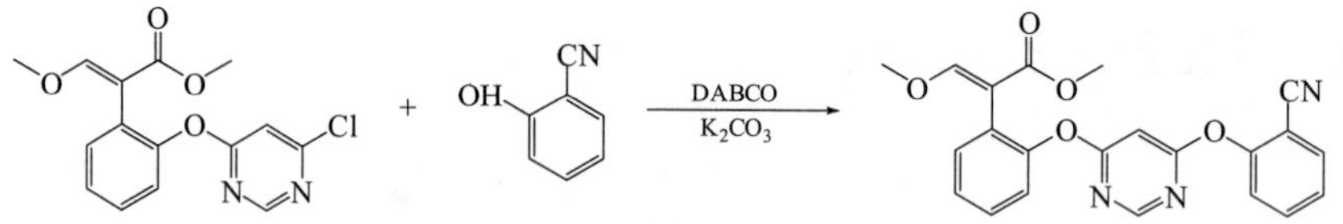

图 6-33　嘧菌酯的合成路线一

（2）合成路线 B　将 4,6-二氯嘧啶和 2-氰基苯酚溶解在 N,N-二甲基甲酰胺中，加入一定量的碳酸钾，加热到一定温度，搅拌至反应完全。然后降温，加入 2-羟基苯乙酸甲酯和一定量的碳酸钾，再进行升温后，搅拌至反应完全得到中间体 2-(2-(6-(2-氰基苯氧基)嘧啶-4-氧基)苯基)乙酸甲酯。也可以 2-羟基苯乙酸甲酯先同 4,6-二氯嘧啶缩合，然后再同 2-氰基苯酚缩合，得到中间体 2-(2-(6-(2-氰基苯氧基)嘧啶-4-氧基)苯基)乙酸甲酯。

氮气保护下，将四氯化钛和原甲酸三甲酯加入二氯甲烷中，然后将溶液冷却后，搅拌下滴加中间体 2-(2-(6-(2-氰基苯氧基)嘧啶-4-氧基)苯基)乙酸甲酯二氯甲烷溶液，滴加结束后搅拌至反应完全生成嘧菌酯，如图 6-34 所示。

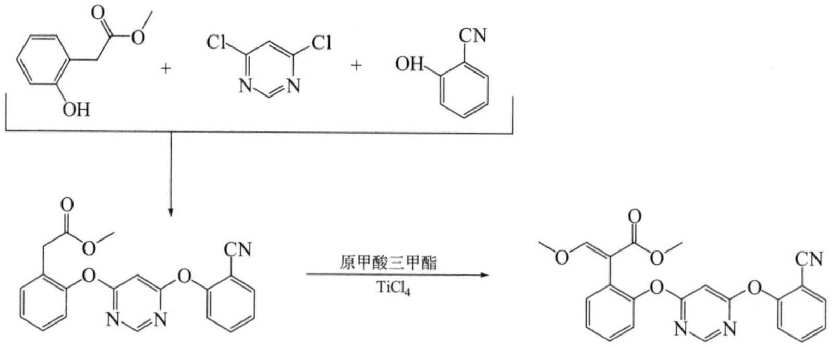

图 6-34　嘧菌酯的合成路线二

该路线将三个芳香中间体缩合得到中间体 2-(2-(6-(2-氰基苯氧基)嘧啶-4-氧基)苯基)乙酸甲酯的反应操作比较简单，然而在引入甲氧甲烯基的反应中需要无水条件，而且涉及的溶剂种类较多。

6.4.2　吡唑醚菌酯的合成

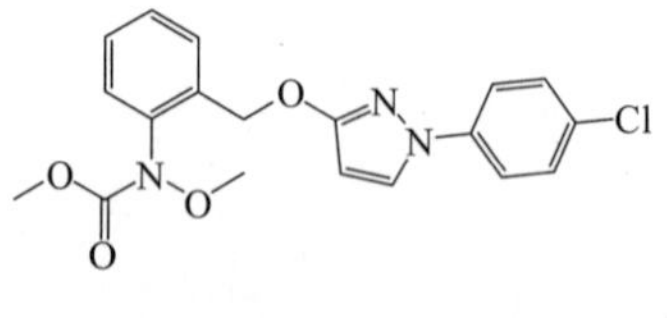

吡唑醚菌酯（pyraclostrobin）又名唑菌胺酯，是德国巴斯夫公司于 1993 年发现的一种含有吡唑结构的甲氧丙烯酸甲酯类广谱杀菌剂。吡唑醚菌酯分子中含有核心结构片段 N-甲氧基氨基甲酸甲酯和吡唑基苄基醚片段。根据构建 N-甲氧基氨基甲酸甲酯片段的阶段不同，该分子可通过两条路线合成。两条路线均可以对氯苯胺、丙烯酰胺和 2-硝基甲苯为起始原料，需要合成中间体 N-甲氧基-N-(2-溴甲基苯基)氨基甲酸甲酯、1-(4-氯苯基)-1H-吡唑-3-醇和 2-溴甲基硝基苯。

6.4.2.1　*N*-甲氧基-*N*-(2-溴甲基苯基)氨基甲酸甲酯

　　N-甲氧基-*N*-(2-溴甲基苯基)氨基甲酸甲酯的合成方法为在反应容器中加入计量的邻硝基甲苯、氯化铵和水，在一定温度和搅拌下，分批加入锌粉还原硝基后得到中间体 *N*-(2-甲基苯基)羟胺；以碳酸氢钠作为缚酸剂，低温下 *N*-(2-甲基苯基)羟胺与氯甲酸甲酯反应生成中间体 *N*-羟基-*N*-(2-甲基苯基)氨基甲酸甲酯；在碳酸钾存在下，硫酸二甲酯对 *N*-羟基-*N*-(2-甲基苯基)氨基甲酸甲酯进行甲基化反应得到中间体 *N*-甲氧基-*N*-(2-甲基苯基)氨基甲酸甲酯；最后经过自由基的苯环侧链溴化得到中间体 *N*-甲氧基-*N*-(2-溴甲基苯基)氨基甲酸甲酯，如图 6-35 所示。

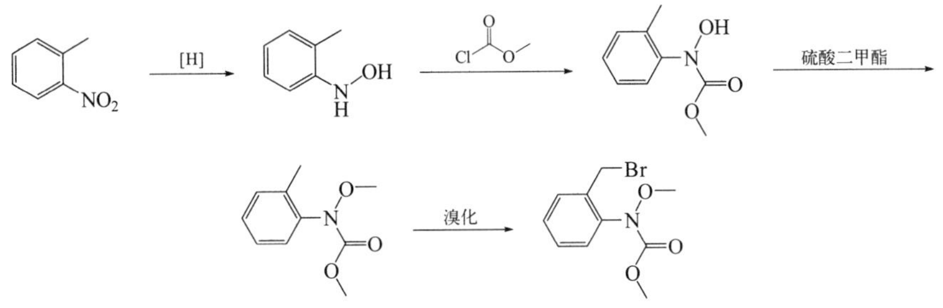

图 6-35　*N*-甲氧基-*N*-(2-溴甲基苯基)氨基甲酸甲酯的合成路线

6.4.2.2　1-(4-氯苯基)-1*H*吡唑-3-醇

　　将计量的氢氧化钾加入无水乙醇中，接着在控制温度下，加入计量对氯苯肼盐酸盐，然后缓慢加入计量丙烯酰胺的乙醇溶液。加料结束后，升温至回流，搅拌至反应完全，得到中间体 1-(4-氯苯基)-4,5-二氢-1*H*-吡唑-3-醇，随后在水中三氯化铁和空气将 1-(4-氯苯基)-4,5-二氢-1*H*-吡唑-3-醇氧化为 1-(4-氯苯基)-1*H*-吡唑-3-醇，如图 6-36 所示。

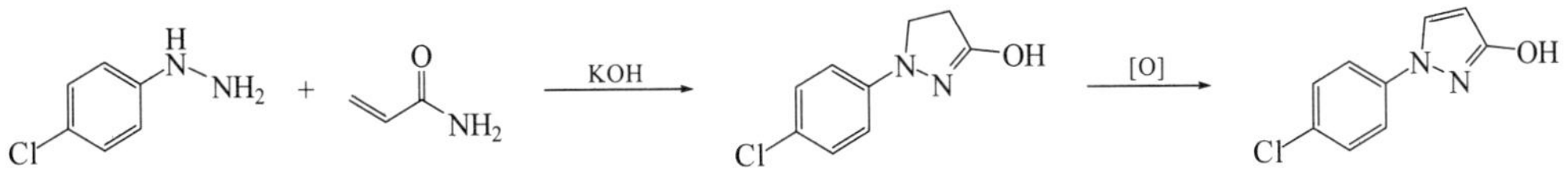

图 6-36　1-(4-氯苯基)-1*H*-吡唑-3-醇的合成路线

6.4.2.3　2-溴甲基硝基苯

　　将计量的邻硝基甲苯、溴酸钠和少量水加入反应容器中,升温至 65℃,加入催化量 AIBN,然后滴加亚硫酸氢钠水溶液，控制滴加速度，保持体系温度在 70℃。滴完后保温搅拌至反应完全得到 2-溴甲基硝基苯。

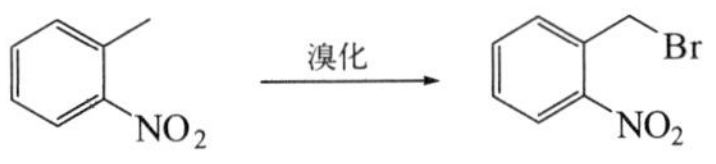

6.4.2.4　吡唑醚菌酯

　　(1) 合成路线 A　在反应容器中加入计量的 1-(4-氯苯基)-1*H*-吡唑-3-醇、*N*-甲氧基-*N*-(2-

溴甲基苯基)氨基甲酸甲酯、缚酸剂碳酸钾和溶剂 *N,N*-二甲基甲酰胺，在一定温度下搅拌至反应完全生成吡唑醚菌酯，收率 90%以上。

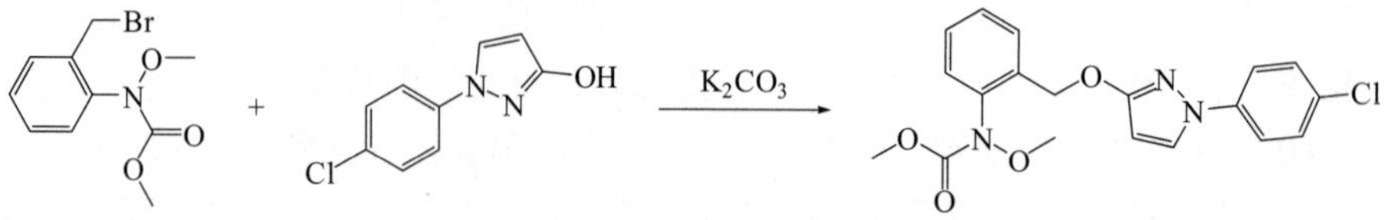

（2）合成路线 B　将计量的碳酸钾加入 1-(4-氯苯基)-1*H*-吡唑-3-醇的 DMF 溶液中，升温并滴加 2-溴甲基硝基苯溶液，滴完搅拌至反应完全，得到含有硝基的中间体 1-(4-氯苯基)-3-(2-硝基苄氧基)-1*H*-吡唑。在雷尼镍的催化下，水合肼对中间体 1-(4-氯苯基)-3-(2-硝基苄氧基)-1*H*-吡唑的硝基进行还原，得到相应的羟胺中间体。接着在碳酸氢钠的作用下，羟胺中间体同氯甲酸甲酯反应得到产品的前体 *N*-羟基氨基甲酸酯。最后在碳酸钾的作用下，硫酸二甲酯对前体中的羟基进行甲基化得到产品，如图 6-37 所示。

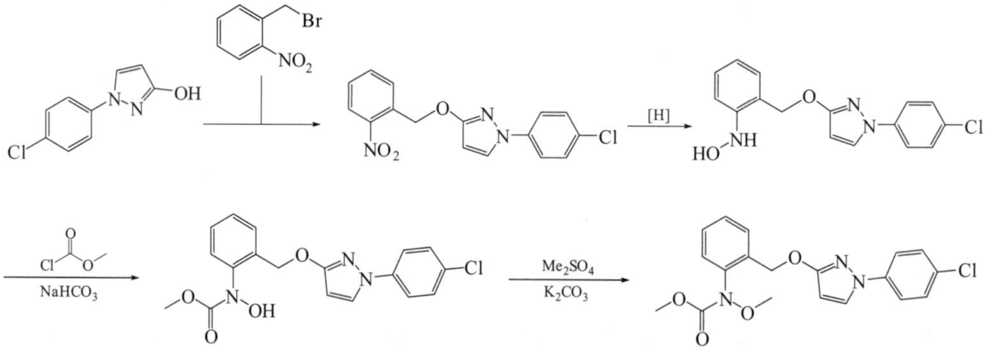

图6-37　吡唑醚菌酯的合成路线

上述两条路线均有将硝基选择性还原为羟胺、选择性的 *N*-酰基化反应和溴化苯环侧链甲基的三步关键反应。通常情况下，可以采用铁粉、雷尼镍和水合肼直接将硝基还原为氨基。在中性介质中，铁粉还原邻硝基甲苯的反应中，先生成邻亚硝基甲苯，然后进一步还原形成稳定的中间体 2-甲基苯基羟胺，并伴有 2-甲基苯胺生成，如图 6-38 所示。

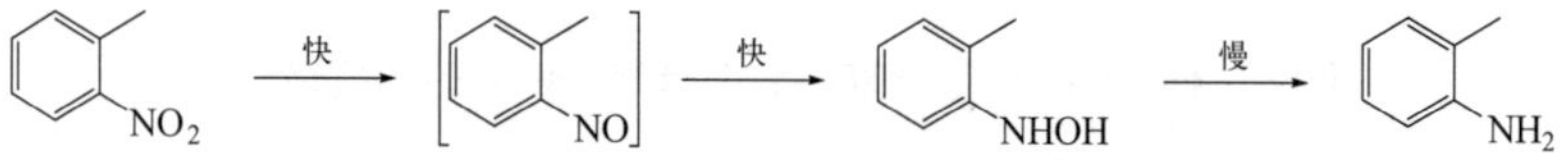

图6-38　中性介质中硝基苯的铁粉还原反应

同时，反应过程中生成的亚硝基化合物会与羟胺缩合生成偶氮化合物，而且羟胺自身会发生歧化反应。因此，该反应中需要选择还原试剂，控制反应条件，尽量使反应停留在羟胺的阶段。相对于锌粉还原，采用雷尼镍和水合肼还原硝基为羟胺反应，操作容易控制、后处理简单，适合工业化生产。

N-烷基化反应中，羟胺上的氮原子和氧原子均可以进行烷基化反应。较弱的缚酸剂和在较低温度下，氮原子的亲核性较强，更容易发生烷基化反应，可以一定程度抑制氧原子烷基化反应，如图 6-39 所示。

甲基的卤化或者溴化属于自由基反应，卤化或者溴化中可能会产生二溴代或者三溴代副产物，因而需要选择合适的溴化试剂和反应条件，减少副产物的生成。路线 B 中选用的溴化钠和溴酸钠体系，或者双氧水和氢溴酸体系，是溴化反应中比较理想的单元反应。

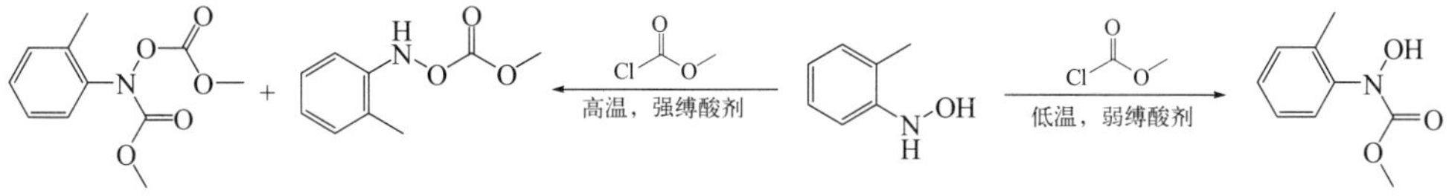

图 6-39　不同条件下的苯基羟胺烷基化反应

6.4.2.5　吡唑醚菌酯的晶型

吡唑醚菌酯对水稻稻瘟病有良好的防治效果，但是对水生生物的毒性限制其普通制剂在水稻上的登记。巴斯夫公司研制的吡唑醚菌酯微囊悬浮剂可以稳定地分散在水中，从而控制有效成分在囊壳内，降低其对水生生物的毒性。当吡唑醚菌酯微囊悬浮剂液滴沉积在植物茎叶表面后，随着水分的蒸发微囊逐渐移动至液滴边缘。水分进一步慢慢蒸发，液滴逐渐消失后，吡唑醚菌酯微囊的表面开始变形，出现褶皱，最后发生破裂，释放出吡唑醚菌酯，从而达到防治水稻稻瘟病的目的，并且吡唑醚菌酯具有促进作物增产的作用。

吡唑醚菌酯有四种晶型，区分为晶型Ⅰ、晶型Ⅱ、晶型Ⅲ和晶型Ⅳ，晶型Ⅳ有较高的熔点。通常情况下，制得的吡唑醚菌酯为低熔点的无定形固体，或者是晶型Ⅰ～Ⅲ的混合物，熔点较低。加工水悬浮剂（suspension concentrate,SC）时，低熔点的无定形吡唑醚菌酯原药易融化或者因其黏性而堵塞设备，无法生产出合格的水悬浮制剂。巴斯夫发明了一种重结晶的方法，得到熔点在62～72℃的晶体Ⅳ，以此制备的合格微囊悬浮剂产品能显著降低吡唑醚菌酯制剂对斑马鱼、大型溞、非洲爪蟾、黑斑蛙蝌蚪四种水生生物的毒性。

制备吡唑醚菌酯晶型Ⅳ示例实验：将无定形吡唑醚菌酯原药（99%,358g）在 80℃下液化，并与乙醇（96%,525g）一起搅拌，直到吡唑醚菌酯完全溶解。然后在 5h 内将该混合物冷却至 35℃，并在该温度下加入晶型Ⅳ晶种（1g）。接着在 3h 内将该混合物冷却至 20℃，随后在 2h 内加入水（483g）。加水结束之后，继续在 20℃下搅拌 1h，过滤该混合物。得到的固体，先用水（350g）洗涤，然后 40℃下减压干燥，得到晶型Ⅳ的吡唑醚菌酯（353g），结晶产率 98.6%，含量 99.5%，熔点 63.0℃。

6.4.3　肟菌酯的合成

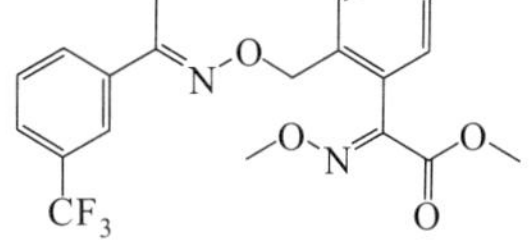

肟菌酯（trifloxystrobin）是由德国巴斯夫公司于 2000 年发现的甲氧丙烯酸甲酯类广谱杀菌剂，构建该分子结构时两个双肟醚片段是合成路线设计的重点。文献中介绍的合成方法大多是从连接两个芳香片段的肟醚键出发，将肟菌酯分子断裂为两个片段，进而推出相应的中间体 3-三氟甲基苯乙酮肟和苄基卤中间体。3-三氟甲基苯乙酮肟的合成方法相对简单，可以三氟甲苯与乙酰氯为原料，先进行傅克酰基化反应，继而同盐酸羟胺反应得到，而苄基卤中间体的合成相对较为复杂，其可通过多种路线合成；也可以先合成分子的骨架结构，然后再引入甲氧亚氨基片段后生成肟菌酯。因此，合成肟菌酯的三个主要中间体为 3-三氟甲基苯乙

酮肟、2-(N-甲氧基亚氨基)-2-(2-卤甲基苯基)乙酸甲酯、2-(N-甲氧亚氨基)-2-(2-甲磺酰氧甲基苯基)乙酸甲酯。

6.4.3.1　3-三氟甲氧基苯乙酮肟

3-三氟甲基苯乙酮肟可以采用两种方法合成如图 6-40 所示：①方法 A：三氟甲苯与乙酰氯反应得到间三氟甲基苯乙酮，然后与羟胺反应，高收率高纯度地得到产品。②方法 B：以间三氟甲基苯胺为原料，先同亚硝酸钠和硫酸进行重氮化反应，生成的重氮盐与乙醛肟缩合得到产物。

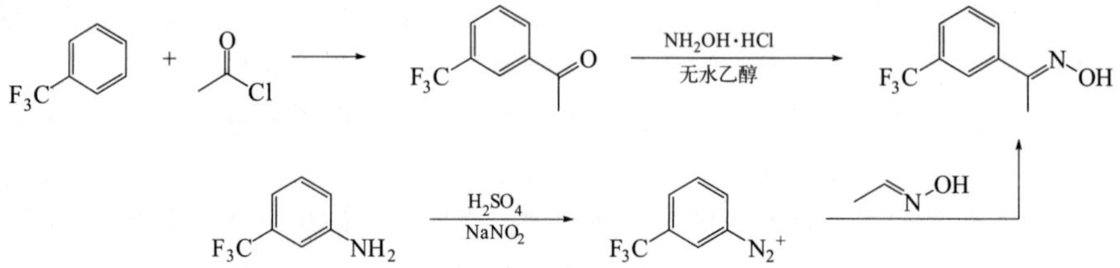

图 6-40　3-三氟甲基苯乙酮肟的合成路线

6.4.3.2　2-(N-甲氧基亚氨基)-2-(2-卤甲基苯基)乙酸甲酯

该中间体含有较多官能团，合成方法较多，此处仅就一些比较实用的、清洁的方法进行介绍。

（1）苯并呋喃酮路线　在路易斯酸和季铵（磷）盐类催化剂的作用下，光气或者亚硫酰氯对 2-苯并[c]呋喃酮进行开环并对羟甲基氯化，粗产物经过蒸馏得到高纯度产品 2-氯甲基苯甲酰氯。2-氯甲基苯甲酰氯同氰化钠或者氰化钾反应得到 2-氯甲基苯甲酰氰，接着醇解生成α-羰基酯，最后同 O-甲基羟胺缩合得到产品，如图 6-41 所示。光气作为氯化试剂产生的副产物仅为二氧化碳，后处理简单，而亚硫酰氯反应后产生二氧化硫需要碱洗处理。

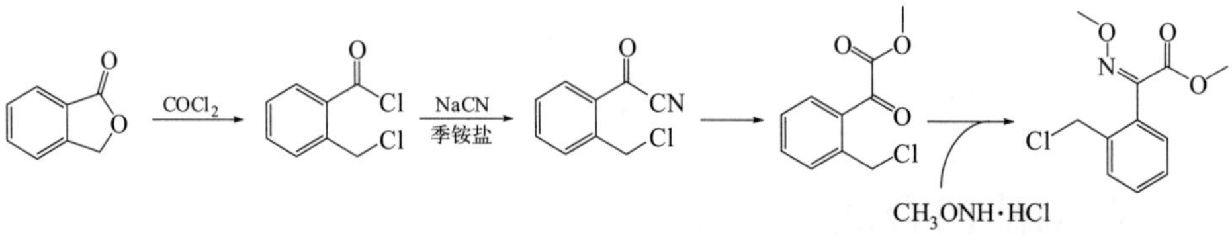

图 6-41　2-(N-甲氧基亚氨基)-2-(2-卤甲基苯基)乙酸甲酯的合成路线一

（2）2-甲基苯甲酸路线　该方法以 2-甲基苯甲酸为原料，将羧基先转换为酰氯，然后引入氰基、醇解氰基、羰基与羟胺缩合反应，最后进行甲基溴化得到产品，如图 6-42 所示。该路线操作简单，但是最后一步的溴化需要控制转换率，以避免二溴和三溴副产物的产生。张荣华等报道 O-甲基羟胺与酮羰基缩合后，经过硫酸等处理，可以将(Z)-构型异构体转换成(E)-型肟醚产物。

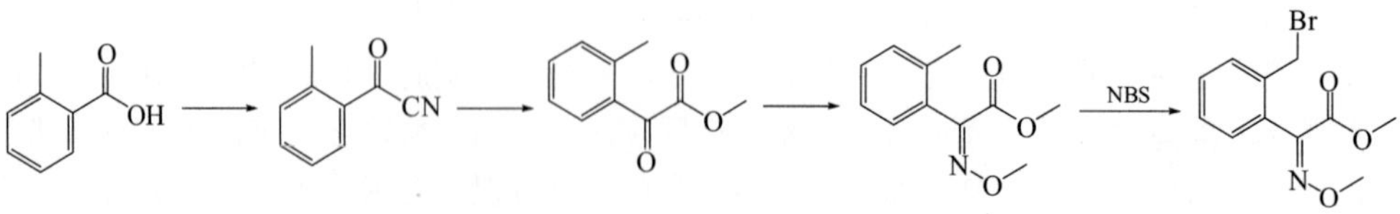

图 6-42　2-(N-甲氧基亚氨基)-2-(2-卤甲基苯基)乙酸甲酯的合成路线二

(3) 2-甲基苯乙酮路线 以 2-甲基苯乙酮为原料，羰基的 α-甲基被高锰酸钾等氧化为羧基，然后与甲醇发生酯化反应得到 α-氧代苯乙酸甲酯中间体，后续按照上述方法合成肟醚中间体，如图 6-43 所示。

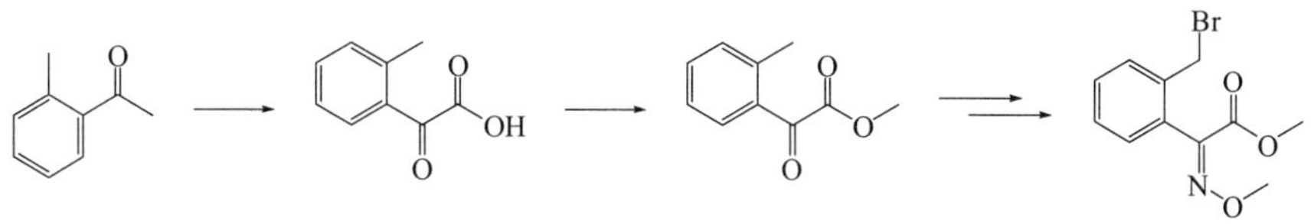

图 6-43 2-(N-甲氧基亚氨基)-2-(2-卤甲基苯基)乙酸甲酯的合成路线三

该路线中高锰酸钾氧化性强，若条件控制不当，容易使羰基也被氧化，从而发生碳碳键断裂形成副产物邻甲基苯甲酸，而且环上的甲基也容易被氧化成羧基。

(4) 草酰氯单甲酯路线 该路线直接以甲苯与草酰氯单甲酯进行傅克酰基化反应，直接生成 2-(2-甲基苯基)-2-氧代乙酸甲酯，接着进行上述路线（3）中的后续反应，如图 6-44 所示。该路线中关键是如何抑制甲基对位发生傅克酰基化反应。

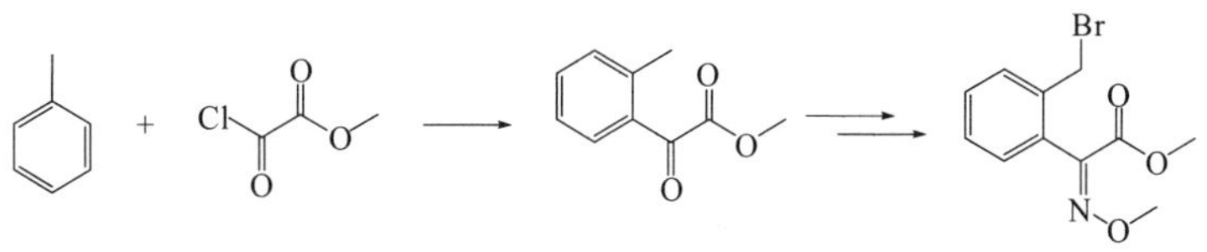

图 6-44 2-(N-甲氧基亚氨基)-2-(2-卤甲基苯基)乙酸甲酯的合成路线四

6.4.3.3 2-(N-甲氧基亚氨基)-2-(2-甲磺酰氧甲基苯基)乙酸甲酯

苯乙酸与甲醛在盐酸和冰乙酸的体系中先进行羟甲基化反应，然后分子内关环产生 3-异色酮，接着选择性地对羰基 α-位进行氧化以及酸性甲醇醇解生成 2-氧代苯乙酸甲酯，随之同 O-甲基羟胺进行缩合得到含有 O-甲基肟醚的中间体，然后利用甲磺酰氯或者对甲苯磺酰氯将中间体中的羟基活化为磺酸酯，如图 6-45 所示。

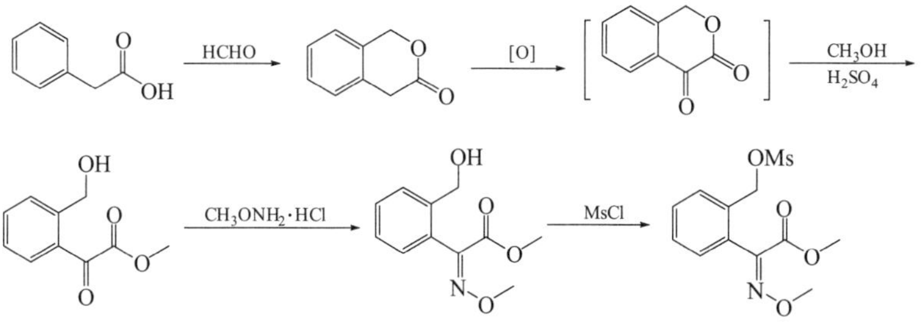

图 6-45 2-(N-甲氧基亚氨基)-2-(2-甲磺酰氧甲基苯基)乙酸甲酯的合成路线

6.4.3.4 肟菌酯

⑴ 合成路线 A 在碱存在下，中间体 3-三氟甲氧基苯乙酮肟同中间体甲氧基亚氨基乙酸甲酯缩合得到产品，如图 6-46 所示。

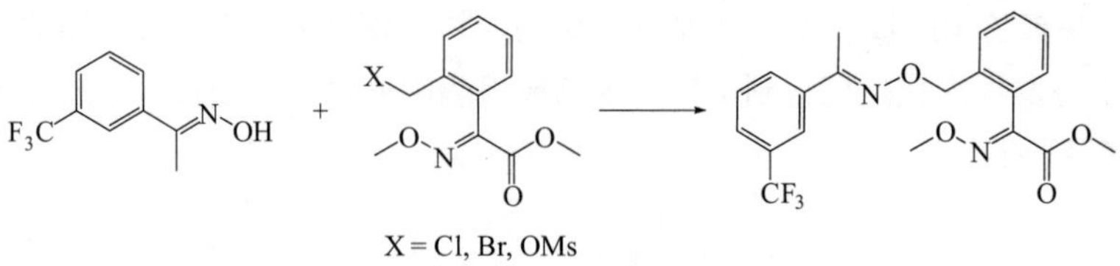

图6-46　肟菌酯的合成路线一

（2）合成路线 B　该路线同路线 A 基本相似，以 2-(2-甲基苯基)乙酸甲酯为原料，先进行苯环苄位卤化，接着同 3-三氟甲氧基苯乙酮肟醚化得到目标分子的骨架结构，然后对苄位亚甲基进行选择性氧化，最后同 O-甲基羟胺缩合引入第二个肟醚片段得到产品肟菌酯，如图 6-47 所示。

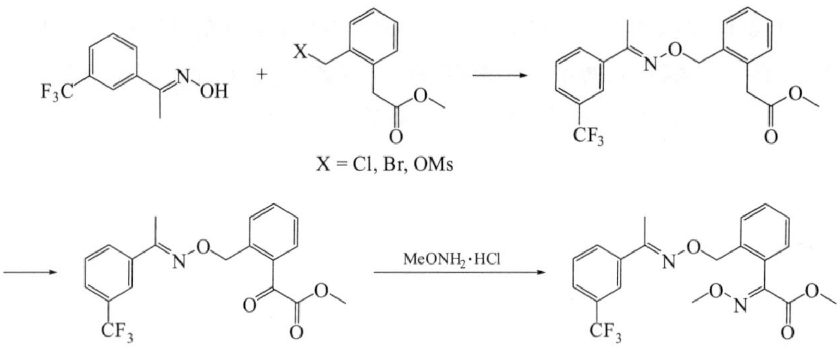

图6-47　肟菌酯的合成路线二

6.4.4　丁香菌酯的合成

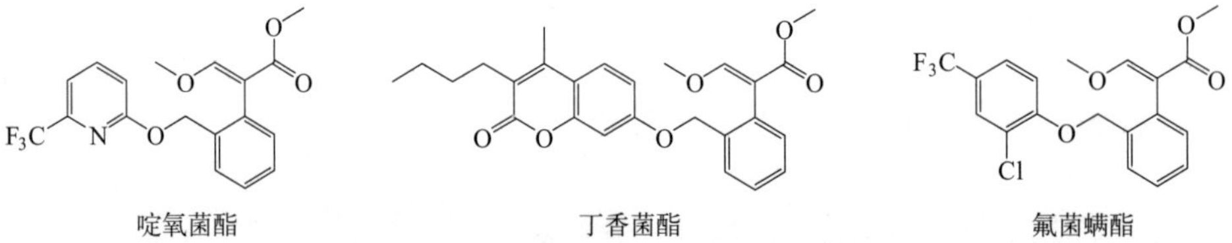

啶氧菌酯　　　　　　　　　　丁香菌酯　　　　　　　　　氟菌螨酯

啶氧菌酯（pixoxystrobin）、丁香菌酯（coumoxystrobin）和氟菌螨酯（flufenoxystrobin）结构中的右半部分完全相同，均可通过 2-(2-氯甲基苯基)-3-甲氧基丙烯酸甲酯分别与 2-羟基-6-三氟甲基吡啶，3-丁基-4-甲基-7-羟基香豆素和 2-氯-4-三氟甲基苯酚反应得到。

6.4.4.1　2-(2-氯甲基苯基)-3-甲氧基丙烯酸甲酯

2-(2-氯甲基苯基)-3-甲氧基丙烯酸甲酯的合成有多条路线，大多以 3-异色酮为原料，代表性的两条路线如图 6-48 所示。

（1）路线 A　在有机碱作用下，3-异色酮先同原甲酸三甲酯反应，生成中间体甲氧甲烯基缩酮和 4-甲氧甲烯基-3-色酮混合物，然后在三氟化硼或者其他路易斯酸的存在下，甲氧甲烯基缩酮中间体转变为 4-甲氧甲烯基-3-色酮，接着二氯亚砜将 4-甲氧甲烯基-3-色酮氯化为 2-(2-氯甲基苯基)-3-甲氧基丙烯酰氯，再同甲醇发生酯化反应得到 2-(2-氯甲基苯基)-3-甲氧基丙烯酸甲酯。

（2）路线 B　在有机碱作用下，3-异色酮先同甲酰胺反应生成中间体 4-羟基甲烯基-3-色酮，然后硫酸二甲酯对羟基进行 O-甲基化反应，接着依次同二氯亚砜和甲醇反应得到产品。

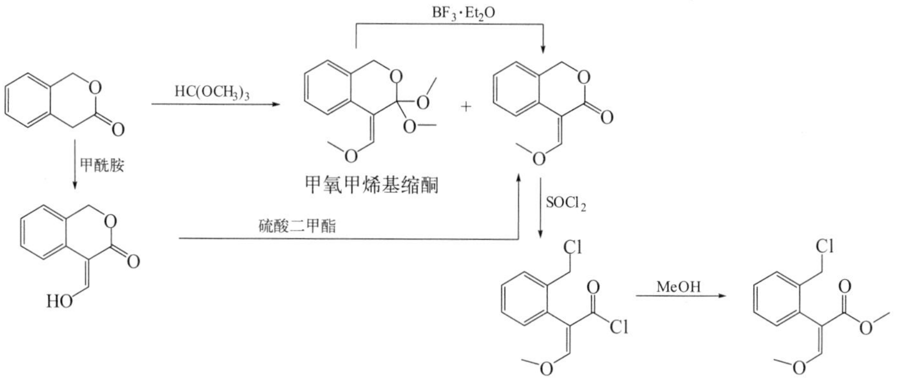

图6-48　2-(2-氯甲基苯基)-3-甲氧基丙烯酸甲酯的合成路线

6.4.4.2　丁香菌酯

丁香菌酯可以采用 6.4.4.1 中制得的 2-(2-氯甲基苯基)-3-甲氧基丙烯酸甲酯与中间体 3-正丁基-4-甲基-7-羟基香豆素直接醚化缩合得到。

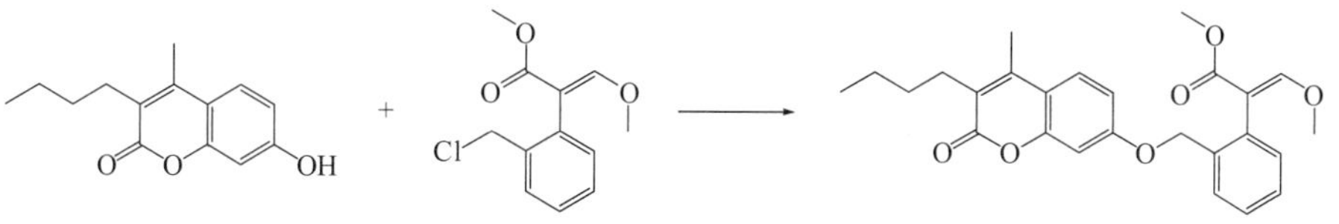

中间体 3-正丁基-4-甲基-7-羟基香豆素可以采用图 6-49 中的路线合成。

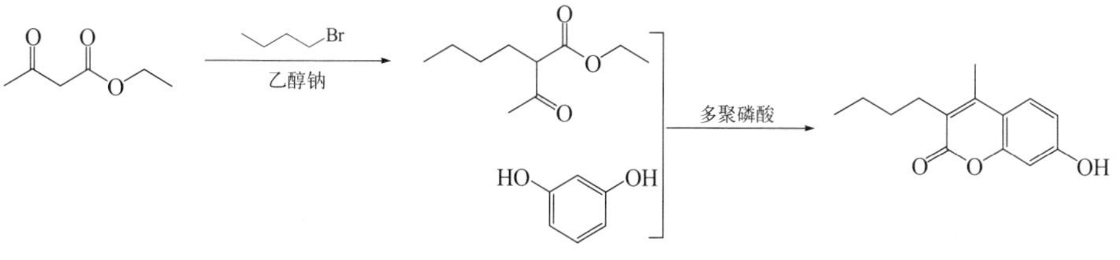

图6-49　3-正丁基-4-甲基-7-羟基香豆素的合成路线

在醇钠的作用下，1-溴正丁烷与乙酰乙酸乙酯进行烷基化反应生成中间体α-丁基乙酰乙酸乙酯，然后在多聚磷酸的催化下与间苯二酚缩合得到中间体 3-丁基-4-甲基-7-羟基香豆素。

6.4.5　啶氧菌酯的合成

啶氧菌酯的合成方法基本同丁香菌酯的一样，可以采用 2-(2-氯甲基苯基)-3-甲氧基丙烯酸甲酯与中间体 2-羟基-6-三氟甲基吡啶直接醚化缩合得到。

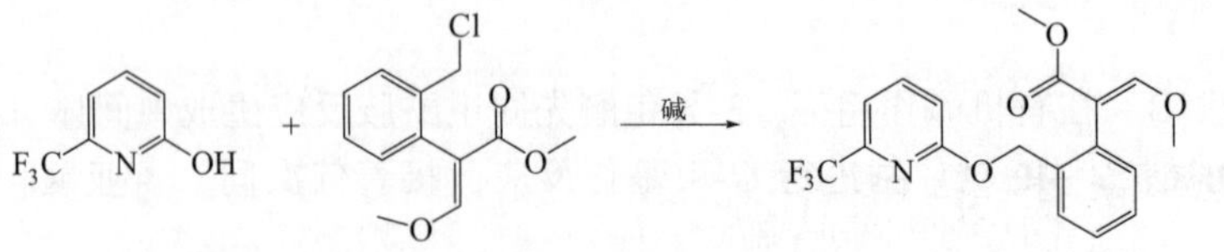

中间体 2-羟基-6-三氟甲基吡啶可以采用如图 6-50 所示方法合成。

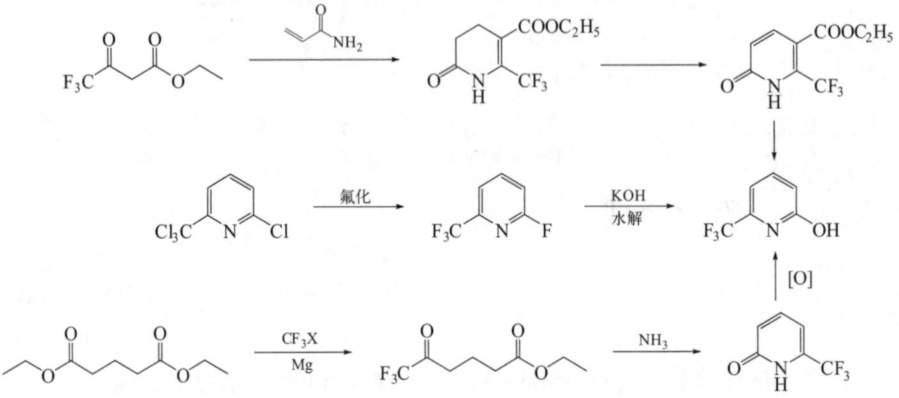

图 6-50　2-羟基-6-三氟甲基吡啶的合成路线

2-羟基-6-三氟甲基吡啶可以通过多条路线合成，以三氟乙酰乙酸乙酯和戊二酸二酯为原料的路线可在实验室合成该中间体，而以 2-氯-6-三氯甲基吡啶（氮肥氧化抑制剂）为原料，先经过氟化得到中间体 2-氟-6-三氟甲基吡啶，然后再进行水解的路线更具工业化生产价值。

6.4.6　氟菌螨酯的合成

氟菌螨酯可以用 2-(2-氯甲基苯基)-3-甲氧基丙烯酸甲酯与中间体 2-氯-4-三氟甲基苯酚为原料，在碱的作用下溶剂中直接缩合得到。

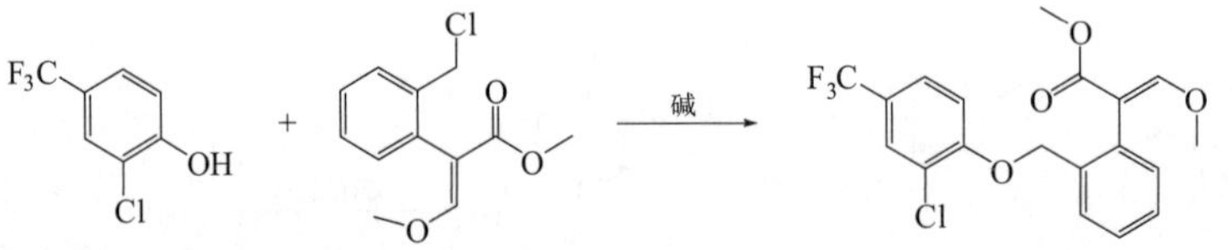

中间体 2-氯-4-三氟甲基苯酚可以采用 3,4-二氯三氟甲苯水解，或者 4-三氟甲基苯酚直接氯化的方法得到。

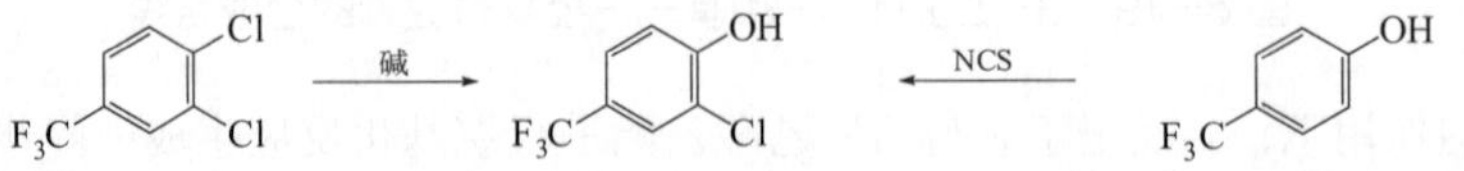

思考题：

（1）采用四氯化钛合成嘧菌酯的路线中，是否可以使用有机碱醇钠代替四氯化钛？

（2）DABCO 在嘧菌酯最后一步合成时的作用是什么？同其他催化剂相比，DABCO 具有哪些优点？在反应中，DABCO 结构会发生哪些变化？

（3）简述溴酸钠和亚硫酸氢钠作为溴化试剂的反应机理。

（4）为什么产品晶型在制剂加工和知识产权保护中具有重要作用？

6.5 嘧啶类杀菌剂

杂环化合物嘧啶作为结构片段赋予了一些化合物独特的农用杀菌活性，如乙嘧酚、嘧菌胺、嘧菌环胺、嘧霉胺以及杀菌剂中的重要产品嘧菌酯等。嘧菌酯已在甲氧基丙烯酸酯类杀菌剂中介绍，下面仅介绍乙嘧酚、嘧菌胺、嘧菌环胺、嘧霉胺的合成。

6.5.1 乙嘧酚的合成

乙嘧酚（ethirimol）是 1968 年英国卜内门公司研发的首个嘧啶类杀菌剂，骨架结构嘧啶环上有四个不同的取代基，根据各个取代基引入顺序的不同，合成该产品有三条代表性的路线，各条路线中均需要原料 2-乙酰基己酸乙酯和乙胺。

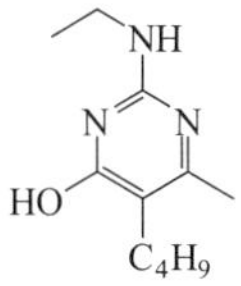

6.5.1.1 硫脲路线

以硫脲与 2-乙酰基己酸乙酯为原料，在甲醇钠和甲醇溶液中环合得到嘧啶骨架结构，然后在碳酸钾的存在下硫酸二甲酯选择性对巯基甲基化，接着在二甲苯中乙胺对甲硫基进行亲核取代生成乙嘧酚，如图 6-51 所示。

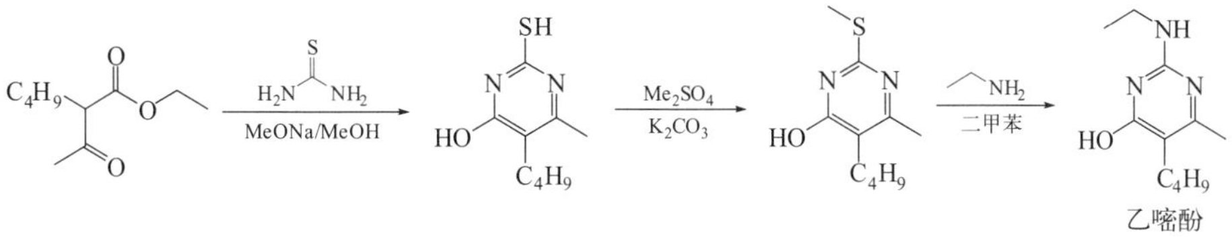

图 6-51　乙嘧酚的合成路线一

该路线原料易得、操作简便，多被工业生产采用，但收率不高，尤其在 5-正丁基-2-巯基-6-甲基嘧啶-4-酚的甲基化反应中，酚羟基也可能被甲基化，而且在乙胺取代甲硫基的步骤中副产异味的甲硫醇。

6.5.1.2 异硫脲路线

该路线同硫脲路线类似，将硫脲溶解在水中，滴加硫酸二甲酯后，升温至 100℃硫原子甲基化后得到 S-甲基异硫脲硫酸盐。在 40～50℃，S-甲基异硫脲硫酸盐与乙胺反应生成中间体乙基胍硫酸盐。将乙基胍硫酸盐和 2-乙酰基己酸乙酯溶解在乙醇钠的乙醇溶液中，然后在 75～80℃缩合得到产品乙嘧酚，如图 6-52 所示。

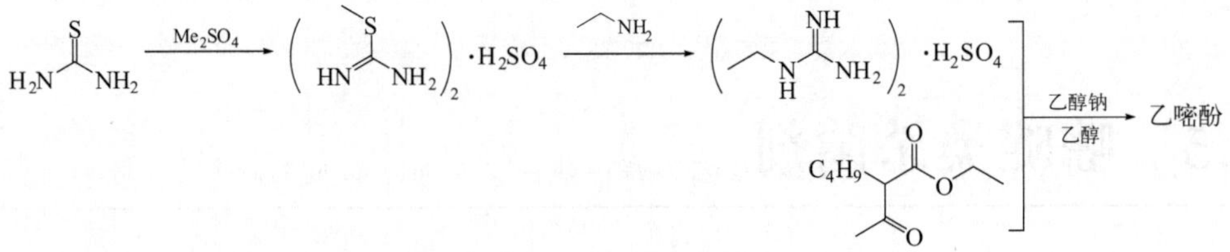

图6-52　乙嘧酚的合成路线二

该路线比硫脲路线收率高，但仍副产甲硫醇。

6.5.1.3　单氰胺路线

将乙胺水溶液降温到 20℃以下，滴加计量的硫酸反应 1h，然后在 30～40℃滴加计量的单氰胺得到硫酸乙基胍。将硫酸乙基胍悬浮在二甲苯溶液中，加入氢氧化钠固体后，搅拌将硫酸乙基胍转化为乙基胍，然后在回流状态下滴加 2-乙酰基己酸乙酯生成乙嘧酚，如图 6-53 所示。

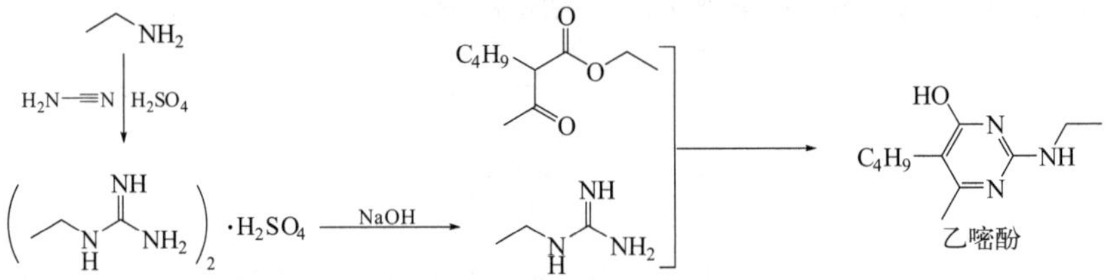

图6-53　乙嘧酚的合成路线三

单氰胺与乙胺反应中，硫酸先同部分乙胺生成有机盐，同时部分乙胺和单氰胺反应生成乙基胍。由于乙基胍的碱性强于乙胺，乙基胍置换出乙胺硫酸盐中的乙胺，继续进行反应。相比较硫脲路线和异硫脲路线，该路线收率较高，而且没有副产甲硫醇。

6.5.2　嘧菌胺的合成

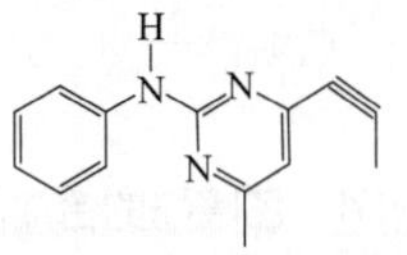

嘧菌胺（mepanipyrim）的嘧啶骨架结构连有甲基、苯基氨基和丙炔基三个基团，甲基可从构建嘧啶环的原料直接引入，而在不同的反应路线中苯基氨基和丙炔基的引入顺序不同。基于起始原料的不同，可将该化合物的合成分为苯基胍路线和异硫脲路线。

6.5.2.1　苯基胍路线

该路线以苯基胍为原料，可以通过三种不同的方法合成产品，如图 6-54 所示。

以苯基胍作为原料，先同乙酰乙酸乙酯反应生成相应的嘧啶酮，然后三氯氧磷将其转化为氯代嘧啶中间体，最后在三苯基膦氯化钯的催化下，丙炔和氯代嘧啶中间体偶联得到产品嘧菌胺。该方法中，最后一步需要在无氧和氯化钯的催化剂条件下进行偶联。

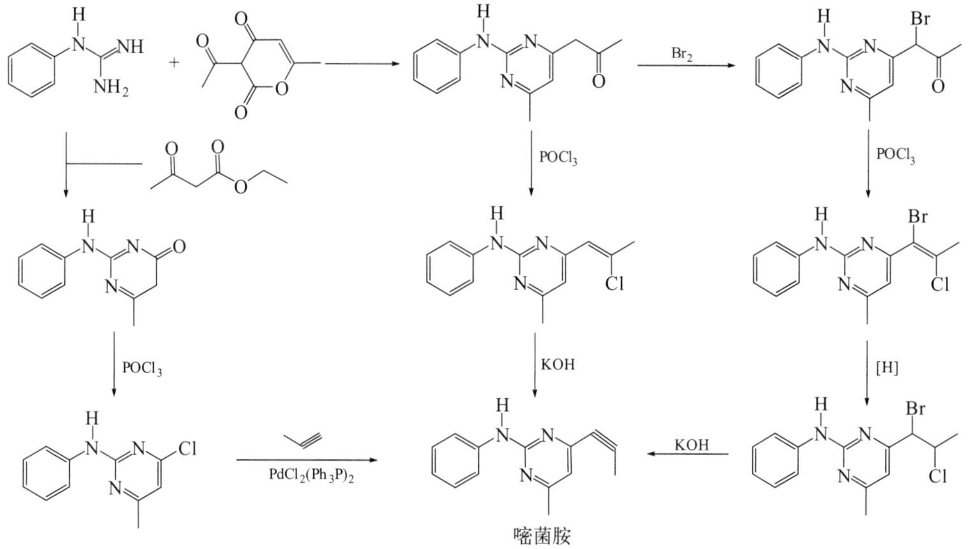

图6-54　嘧菌胺的合成路线一

　　苯基胍也可以同乙酰基吡喃二酮反应产生 6-甲基-4-(2-氧代丙基)-2-苯基氨基嘧啶中间体，然后可以在三氯氧磷的作用下将2-氧代丙基转化为2-氯丙烯基，接着在高温和强碱下脱去氯化氢得到产品；也可以对 6-甲基-4-(2-氧代丙基)-2-苯基氨基嘧啶中间体的α位进行溴化和三氯氧磷的氯化生成含1-溴-2-氯丙烯基的中间体，随后将其还原为含1-溴-2-氯丙基的中间体，再连续脱去溴化氢和氯化氢得到产品。

6.5.2.2　异硫脲路线

　　该路线以 S-甲基异硫脲为原料，同乙酰乙酸乙酯和三氯化磷反应得到中间体 4-氯-6-甲基-2-甲硫基嘧啶，然后与氢碘酸进行卤素置换反应生成 4-碘-6-甲基-2-甲硫基嘧啶，随之在三苯基膦氯化钯的催化下与丙炔进行偶联生成 4-甲基-2-甲硫基-6-丙炔基嘧啶中间体。将甲硫基氧化为离去活性更强的甲磺酰基得到 4-甲基-2-甲磺酰基-6-丙炔基嘧啶中间体，接着 N-苯基甲酰胺取代甲磺酰基生成 N-甲酰化中间体，最后水解脱去甲酰基得到产品，如图 6-55 所示。该路线较长，操作相对简单。

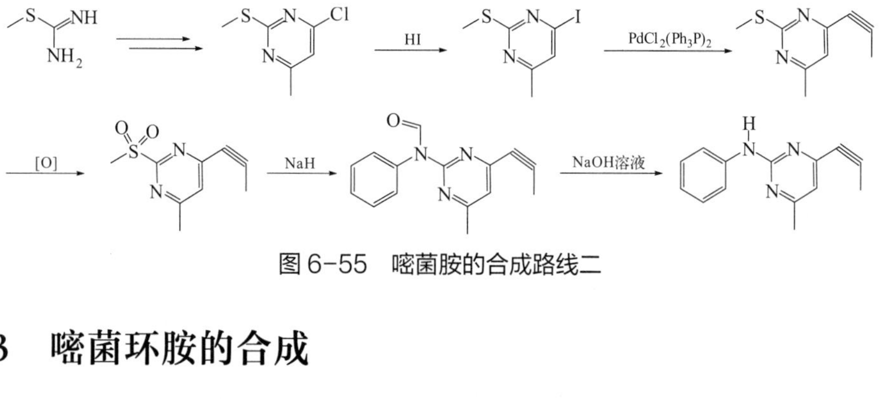

图6-55　嘧菌胺的合成路线二

6.5.3　嘧菌环胺的合成

　　嘧菌环胺（cyprodinil）同嘧菌胺在结构上仅有一个取代基的差异，即环丙基取代了丙炔基。合成嘧啶环胺的两个主要中间体是苯基胍和 1-环丙基-1,3-丁二酮。1-环丙基-1,3-丁二酮可以通过两种方法合成，其一是乙酸乙酯和环丙基甲基酮的 Claisen 酯缩合生成；其二是乙酰乙酸乙酯和环丙基甲酰氯缩合后，经过皂化和脱羧反应后得到。在有机碱的作用下，苯基胍同 1-环丙基-1,3-丁二酮缩合直接得到嘧菌环胺，如图 6-56 所示。

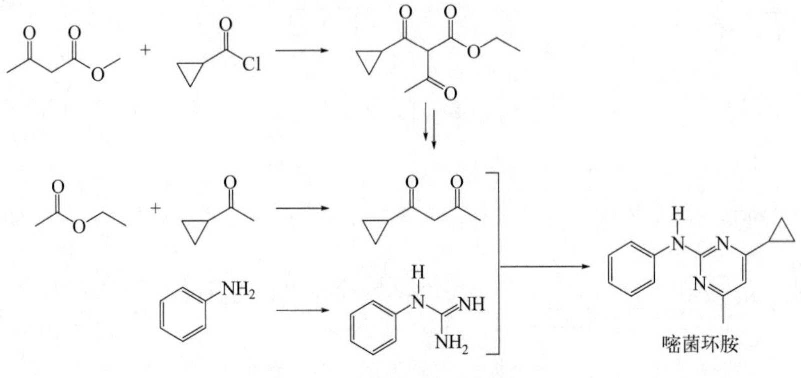

图 6-56　嘧菌环胺的合成路线

6.5.4　嘧霉胺的合成

嘧霉胺（pyrimethanil）和嘧菌胺、嘧菌环胺的结构非常相似，合成方法也基本类似，如图 6-57 所示。其可以胍和乙酰丙酮为原料，在碳酸钾的作用下缩合生成 2-氨基-4,6-二甲基嘧啶，然后经过重氮化反应转化为活泼的 2-氯-4,6-二甲基嘧啶，接着同苯胺缩合得到嘧霉胺。也可以尿素为原料，同乙酰丙酮缩合产生 2-羟基-4,6-二甲基嘧啶，然后被氯化试剂转化为 2-氯-4,6-二甲基嘧啶。同样，可以苯基胍和乙酰丙酮为原料，一步缩合得到嘧霉胺，该方法更简单！

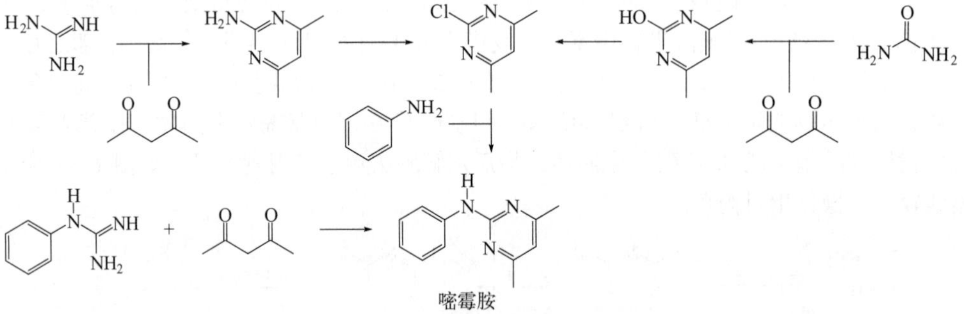

图 6-57　嘧霉胺的合成路线

6.6　三唑类杀菌剂

含有三唑环的杀菌活性化合物是杀菌剂中的一类重要产品，也称为三唑类杀菌剂。该类产品可以抑制真菌细胞膜骨架物质麦角甾醇生物合成中 C14 脱甲基化，从而可以控制真菌类病害的生长以及对植物生长的影响。由于其广谱杀菌特性，被大量应用于保护各种作物、果树、蔬菜或者工业防霉等，在第一个三唑类杀菌剂商品化后，不断有各种结构的三唑类杀菌剂出现。然而由于该类产品作用位点或者作用方式单一，防治对象容易产生抗性。

6.6.1　三唑酮合成

三唑酮（triadimefon）是第一个三唑类杀菌剂，其合成方法有很多，其中两条为有工业价值的合成路线，均以对氯苯酚、频哪酮和1,2,4-三唑为主要原料，如图6-58所示。

6.6.1.1　合成路线A

将频哪酮先氯化为一氯频哪酮，接着在碳酸钾存在下，与对氯苯酚反应制得1-(4-氯苯氧基)频哪酮，然后氯化硫酰对其氯化生成1-(4-氯苯氧基)-1-氯频哪酮，接着再与1,2,4-1H-三唑缩合得到三唑酮，收率88%。

6.6.1.2　合成路线B

Stolzer等人于1977年报道，将频哪酮先直接氯化为二氯频哪酮，接着以过量无水碳酸钾作缚酸剂，二氯频哪酮同时与对氯苯酚和1,2,4-1H-三唑在丙酮中反应得到三唑酮，收率60%～76.8%。在反应中引入相转移催化剂聚乙二醇后，产品纯度可以达到85%左右，纯品收率达到82.7%。

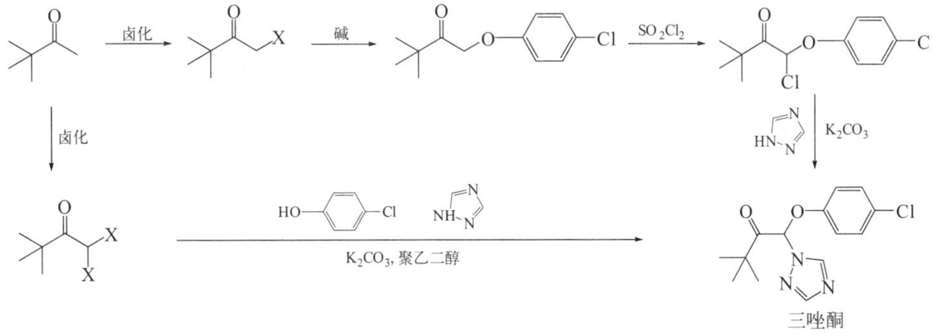

图6-58　三唑酮的合成路线

分步氯化、分步缩合的方法中，产生的副产物较少，而采用一次氯化、一锅法缩合的方法，操作相对简单，但是难以控制副产物的生成，难以得到高纯度的产品。

6.6.2　三唑醇的合成

三唑酮通过简单的硼氢化钠还原，得到杀菌剂三唑醇（triadimenol）。

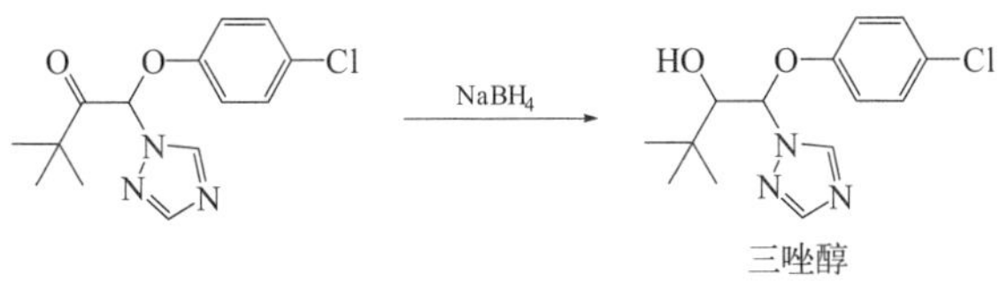

6.6.3　戊唑醇的合成

戊唑醇（tebuconazole）是三唑类杀菌剂中使用量较大的一个产品，能够有效防治大豆锈病等病害。其结构具有三唑类杀菌剂的代表性片段 1-(2-羟乙基)-1,2,4-三唑，该片段大多是通过羰基与硫叶立德反应得到环氧乙烷中间体，然后与 1H-1,2,4-三唑反应得到。

6.6.3.1　硫叶立德

硫叶立德是合成部分三唑类杀菌剂的重要中间体，也是有机合成中的一类重要试剂。硫叶立德是在带正电荷的硫原子上直接连接一个碳负离子，是一个两性离子。20 世纪 30 年代 Ingold 和 Jessop 用氢氧化钠处理锍盐曾得到稳定的硫叶立德，如图 6-59 所示。

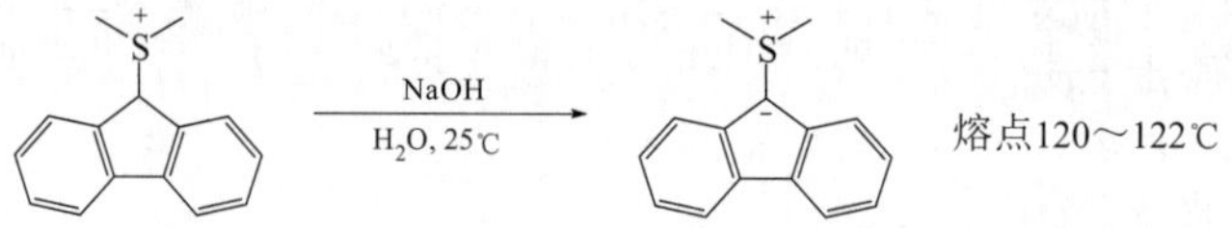

图 6-59　9H-9-芴基二甲基锍盐制备硫叶立德

1962 年 Corey 合成了二甲基硫叶立德和二甲亚砜硫叶立德后（图 6-60），硫叶立德开始在有机合成中越来越广泛地被应用。

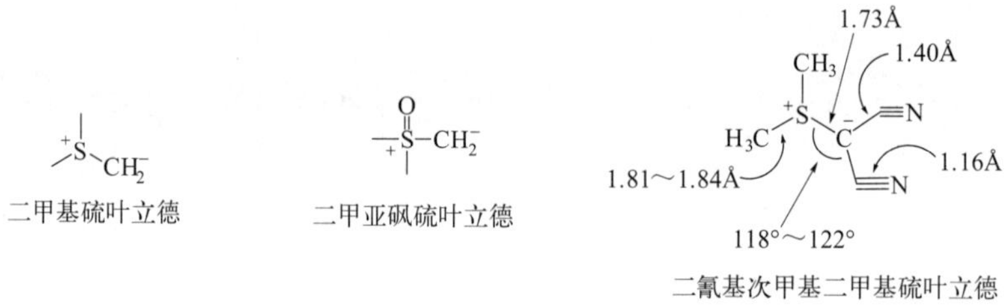

图 6-60　三个代表性硫叶立德的化学结构

硫叶立德根据连接基团的不同，有些非常稳定，有些则不太稳定。例如：二氰基次甲基二甲基硫叶立德（图 6-60）很稳定，其 X 射线晶体结构中锍盐部分为角锥形结构，碳负离子为平面构型。硫原子与甲基的碳硫单键的键长为 1.81～1.84Å，硫原子与碳负离子之间的键长 1.73Å 介于单键和双键（1.55Å）之间，其原因是硫原子的 3d 轨道参与了成键。此外，碳负离子与氰基之间的键长特别短，只有 1.40Å，碳氮键为 1.16Å；碳负离子的键角为 118°～122°。以上数据说明碳负离子上的电子发生了离域而使其稳定。

6.6.3.2　硫叶立德的制备

硫叶立德通常可以采取三种方法制备：

（1）从锍盐制备　具有 α-质子的锍盐在碱的作用下脱去 α-质子生成硫叶立德，但是锍盐在碱的作用下也常会发生一些副反应，如碱进攻硫原子生成硫醚或者发生消去反应生成烯烃。

（2）从硫醚制备　芳香族硫叶立德可以通过硫醚与苯炔的反应制备，该反应适用于制备甲基硫叶立德及烯丙基硫叶立德，如图 6-61 所示。

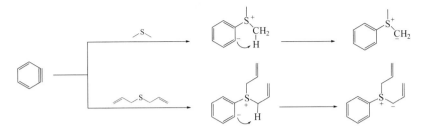

图 6-61　甲基硫叶立德和烯丙基硫叶立德的制备反应

（3）利用活性亚甲基与亚砜反应制备　二苯磺酰基甲烷及环状 1,3-二酮的亚甲基与亚砜反应时可以生成相应的硫叶立德，如图 6-62 所示。

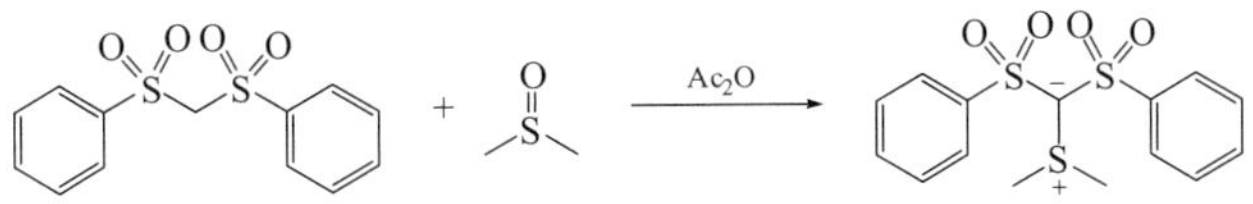

图 6-62　二苯磺酰基甲烷与二甲亚砜制备硫叶立德的反应

6.6.3.3　硫叶立德的反应

硫叶立德的反应非常丰富，在有机合成中占有很重要的地位。广泛应用于环氧乙烷等杂环、萜类、单糖、赤霉素、前列腺素及烯烃的合成中，如图 6-63 所示的硫叶立德和丙酮的反应。

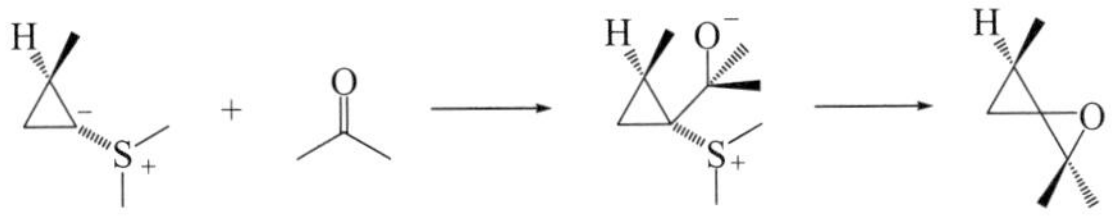

图 6-63　硫叶立德和丙酮的反应

硫叶立德与亚砜硫叶立德和一般的醛、酮反应时发生环氧化反应，但当它们与 α,β-不饱和酮反应时，硫叶立德仍然发生环氧化反应，而亚砜硫叶立德则主要生成环丙烷，如图 6-64 所示。

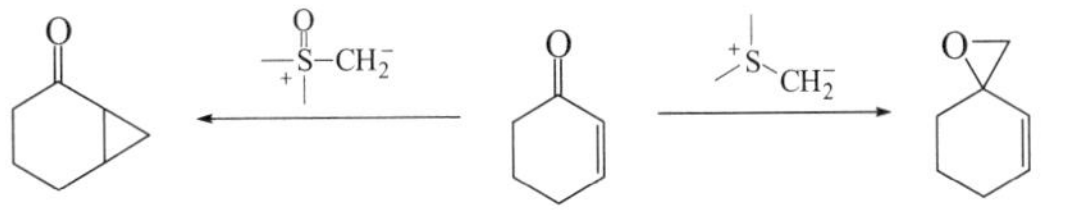

图 6-64　硫叶立德和亚砜硫叶立德与 α,β-不饱和酮的反应

以上结果主要归结于羰基与硫叶立德的反应属于动力学控制的反应，而羰基与亚砜硫叶立德的反应则是热力学控制反应。亚砜硫叶立德与 α,β-不饱和酮羰基的加成反应实际上是一个可逆反应。对于硫叶立德而言，生成加成产物的速度 K_1 大于解离速度 K_{-1}，而且一生成加成产物马上失去一分子硫醚得环氧化合物（反应速度 K_2），$K_2 > K_{-1}$，反应受动力学控制，如图 6-65 所示。

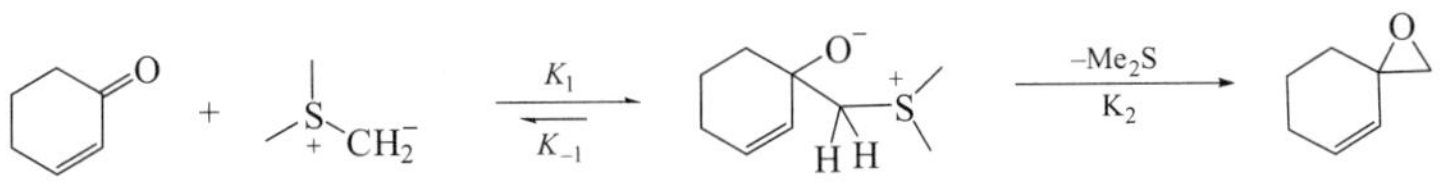

图 6-65　硫叶立德与 α,β-不饱和酮的反应机理

对于亚砜硫叶立德而言，与羰基加成产物的解离速度 K_{-1} 大于生成速度 K_1。此外生成加成产物后失去一分子 DMSO，生成环氧化合物的速度 K_2 小于解离速度 K_{-1}。因此，亚砜硫叶立德有足够的时间与原料 α,β-不饱和酮进行 1,4 加成的慢反应，最后生成环丙烷衍生物，反应受热力学控制，如图 6-66 所示。

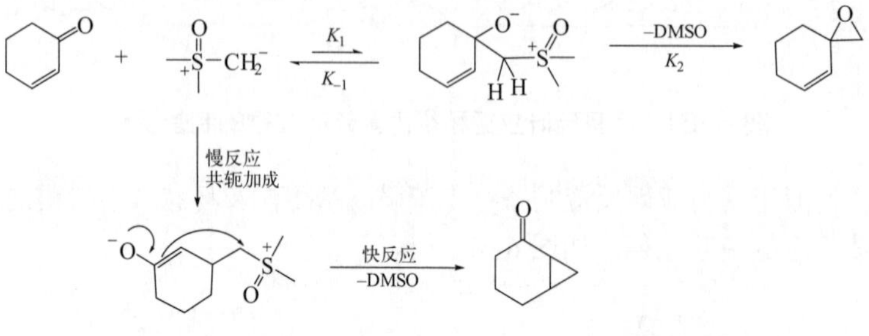

图 6-66　亚砜硫叶立德与 α,β-不饱和酮的反应机理

6.6.3.4　合成戊唑醇

该产品合成基本以对氯苯甲醛与频哪酮为原料，如图 6-67 所示。

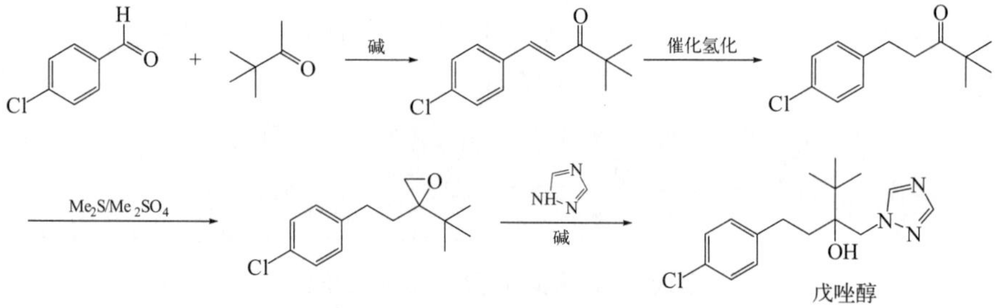

图 6-67　戊唑醇的合成路线

两个原料在碱的作用下羟醛缩合产生 α,β-不饱和酮，然后经过催化氢化反应转化为戊酮中间体，接着戊酮中间体的羰基与二甲硫醚和硫酸二甲酯形成的硫叶立德反应生成中间体环氧化物，最后环氧化物同 1H-1,2,4-三唑的钾盐或者钠盐反应得到产物戊唑醇。

6.6.4　叶菌唑的合成

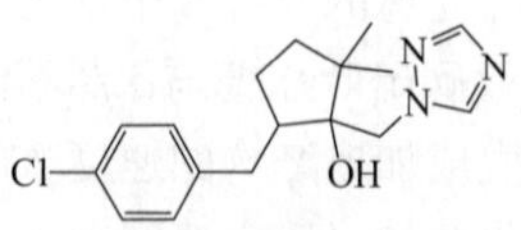

叶菌唑的化学结构

叶菌唑（metconazole）是由日本吴羽化学工业公司剖析已商品化的三唑类杀菌剂结构，并结合计算机辅助结构设计先筛选出先导化合物，然后根据掌握的构效关系对其三维立体结构进行解析，最终发现的新型高效杀菌剂。自该产品问世以来，对其制备方法研究的报道一直未间断，但对关键中间体 2,2-二甲基环戊酮的合成鲜有报道。

6.6.4.1 2,2-二甲基环戊酮

2011 年 Seb Caille 等报道在-70℃下，异丁腈与 1-溴-3-氯丙烷反应，然后与碘化钠进行卤素交换，接着在-20℃下与正丁基锂发生锂卤交换反应，再进行分子内关环水解生成 2,2-二甲基环戊酮，如图 6-68 所示。

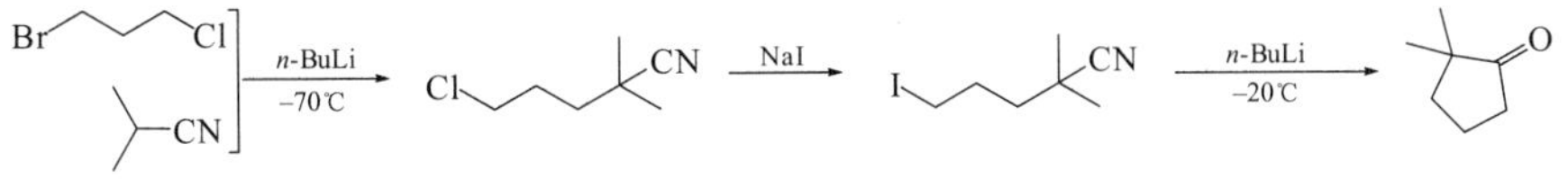

图 6-68 2,2-二甲基环戊酮的合成路线一

该方法虽然反应路线较短，但第一步和第三步分别需要在-70℃和-20℃的低温条件下进行，且最后一步的收率较低。

2019 年李柏霖等以己二酸二甲酯为原料出发，经缩合、甲基化、脱羧反应得到 2-甲基环戊酮，2-甲基环戊酮再与硫酸二甲酯反应得到 2,2-二甲基环戊酮，如图 6-69 所示。

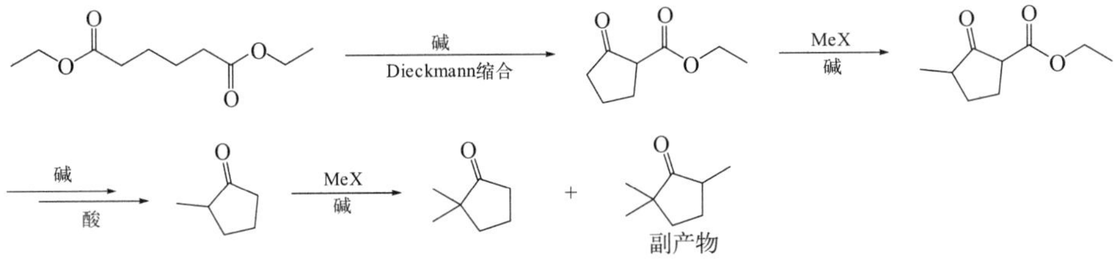

图 6-69 2,2-二甲基环戊酮的合成路线二

该路线的明显缺点是在 2-位引入第二个甲基时，也非常容易在 5-位引入单甲基或双甲基。可见，以上两种方法均难以实现工业化生产。

2021 年范云龙等报道可先甲基化 2-氧代环戊基甲酸甲酯得到 1-(2-氧代环戊基)-1-甲基甲酸甲酯，接着同乙二醇反应转换为 1-(2-氧代环戊基)-1-甲基甲酸甲酯乙烯缩酮，然后进行酯基还原生成 2-羟甲基-2-甲基环戊酮乙烯缩酮，再在酸性条件下进行脱保护和羟基溴化形成 2-溴甲基-2-甲基环戊酮，最后进行脱氯还原可得到中间体 2,2-二甲基环戊酮，如图 6-70 所示。

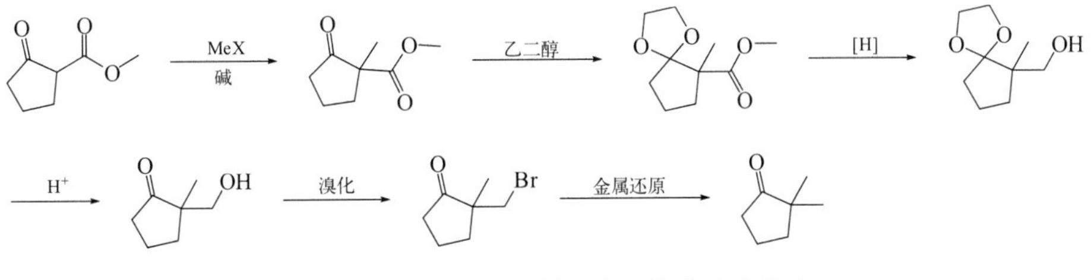

图 6-70 2,2-二甲基环戊酮的合成路线三

该路线原料易得，各步反应条件温和，收率达 90%以上，易实现工业化规模生产。

6.6.4.2 叶菌唑

以 2,2-二甲基己二酸二乙酯为原料，经过 Dieckmann 缩合得到 3,3-二甲基-2-氧代环戊基

甲酸乙酯，接着同对氯氯苄进行烷基化反应生成 1-(4-氯苄基)-1-(3,3-二甲基-2-氧代环戊基)甲酸乙酯，然后在碱的作用下进行皂化反应和酸催化脱去羧基得到主要中间体 2,2-二甲基-5-(4-氯苄基)环戊酮。该中间体再与二甲亚砜同溴甲烷生成的硫叶立德反应生成中间体环氧化物，然后与 1*H*-1,2,4-三唑反应得到产品叶菌唑。由于该路线中的原料 2,2-二甲基己二酸二乙酯不易得到，也可以 2,2-二甲基环戊酮为原料，与对氯氯苄直接进行烷基化反应得到 2,2-二甲基-5-(4-氯苄基)环戊酮，如图 6-71 所示。

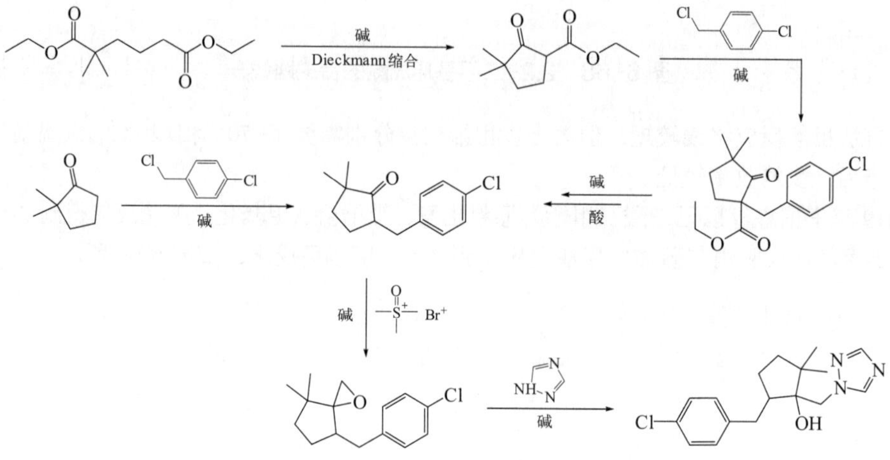

图 6-71　叶菌唑的合成路线

6.6.5　顺式叶菌唑的合成

由于叶菌唑顺式异构体的杀菌活性优于反式异构体，因此 Zierke 等设计了顺式异构体的合成路线，如图 6-72 所示。

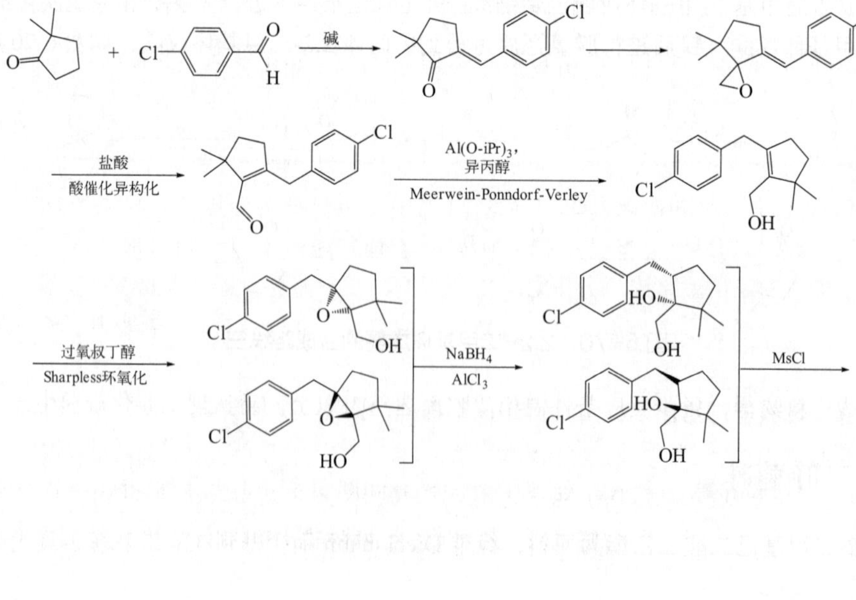

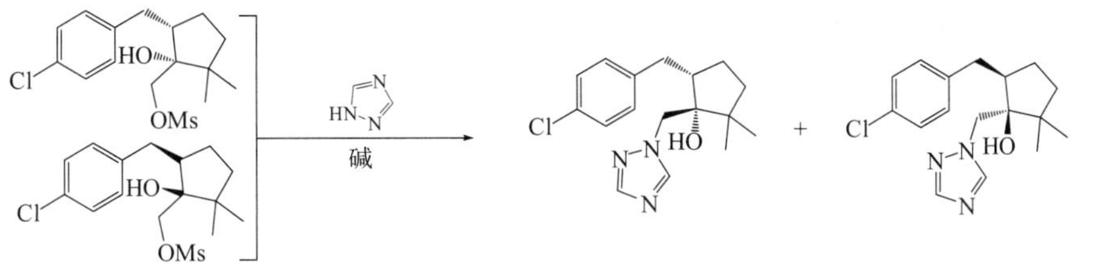

图 6-72　顺式叶菌唑的合成路线

该路线以 2,2-二甲基环戊酮和对氯苯甲醛为原料，经过羟醛缩合产生α,β不饱和中间体，接着同硫叶立德作用生成螺环中间体，随后在酸催化下进行异构化形成α,β不饱和醛中间体，再通过 Meerwein-Ponndorf-Verley 反应对羰基还原得到环戊烯基甲醇中间体。该中间体中的双键经过 Sharpless 环氧化形成顺式的环氧中间体，接着硼氢化钠和三氯化铝将环氧化物还原生成顺式二醇中间体，然后甲磺酰氯选择性地同伯羟基反应产生甲磺酸酯中间体，最后 1H-1,2,4-三唑取代甲磺酰氧基得到顺式叶菌唑。

6.6.6　苯醚甲环唑的合成

苯醚甲环唑（difenoconazole）是具有内吸性和较高安全性的三唑类杀菌剂，广泛应用于防治危害果树、蔬菜等作物的各种病害。

该产品的合成方法大多以间二氯苯、对氯苯酚、氯乙酰氯、1H-1,2,4-三唑和 1,2-丙二醇为原料，具体路线如图 6-73 所示。间二氯苯先同对氯苯酚在碱的作用下形成二芳基醚，然后在路易斯酸的催化下与乙酰氯发生傅克酰基化反应生成苯氧基苯乙酮，接着 1,2-丙二醇将羰基转变为相应的缩酮并引入甲基环戊二噁烷片段，随之进行羰基的α-位溴化，最后在碱的作用下与 1H-1,2,4-三唑缩合得到产品。也可以先进行羰基的α-位溴化，然后将羰基转化为缩酮，再与 1H-1,2,4-三唑缩合得到产品，还可以在羰基的α位溴化后，先同 1H-1,2,4-三唑缩合，再将羰基转变为缩酮得到产品。

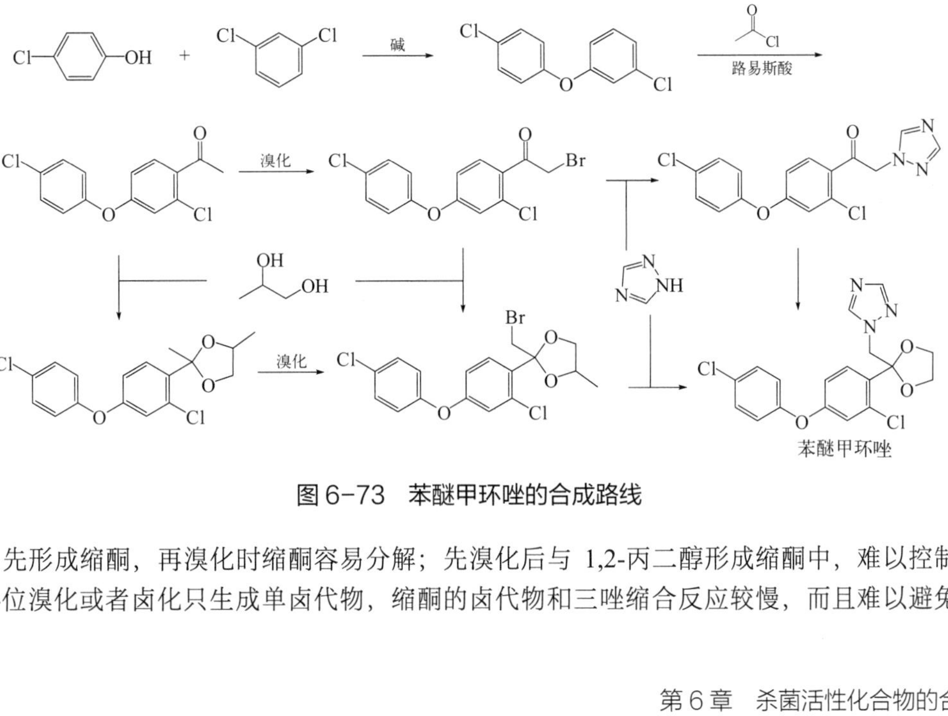

图 6-73　苯醚甲环唑的合成路线

先形成缩酮，再溴化时缩酮容易分解；先溴化后与 1,2-丙二醇形成缩酮中，难以控制羰基α-位溴化或者卤化只生成单卤代物，缩酮的卤代物和三唑缩合反应较慢，而且难以避免三唑异构体副产物的形成等问题。

针对上述路线中的问题，王旭等设计利用 2-(1,2,4-三唑-1-基)乙酰氯与 3,4′-二氯二苯醚缩合得到含有三唑环片段的主要中间体，然后与 1,2-丙二醇缩合将羰基转换为缩酮得到苯醚甲环唑。2-(1,2,4-三唑-1-基)乙酰氯可通过 1H-1,2,4-三唑与溴乙酸苄酯缩合，氢化还原脱去苄基生成 2-(1,2,4-三唑-1-基)乙酸，再同光气反应得到，如图 6-74 所示。

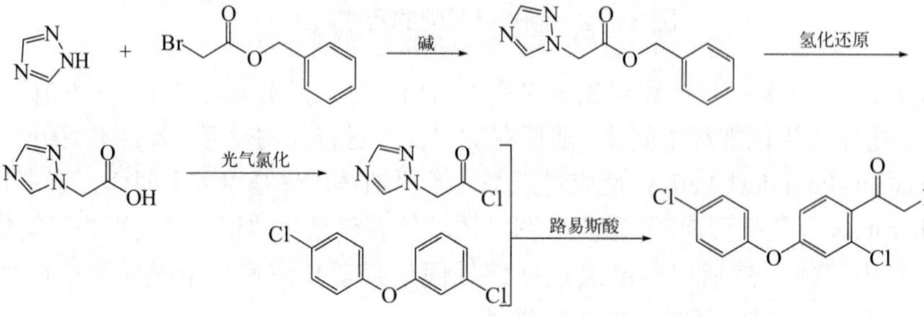

图 6-74　苯醚甲环唑中间体的合成路线

该路线虽然可以避免羰基α-位溴化时多溴代物的生成，也可避免溴化时缩酮片段的水解，但是增加了制备 2-(1,2,4-三唑-1-基)乙酰氯，以及回收苯甲醇等步骤。

6.6.7　氟环唑的合成

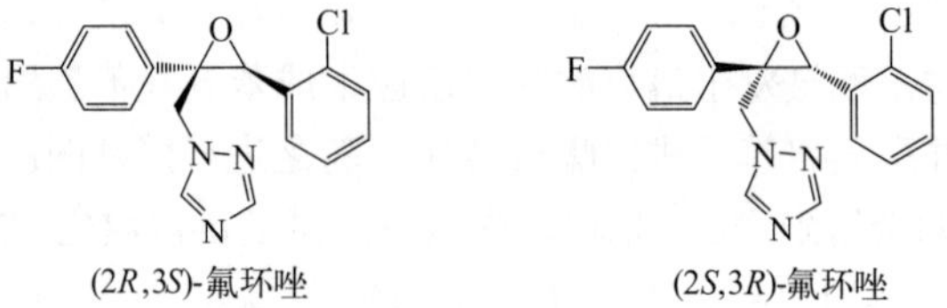

(2R,3S)-氟环唑　　　　　　　　(2S,3R)-氟环唑

氟环唑（epoxiconazole）是巴斯夫公司开发的杀菌谱广、持效期长的三唑类杀菌剂，对小麦叶枯病和锈病具有很高的防效。该分子含有两个不对称碳原子，如果合成中没有手性控制，理论上产品应该是四个光学异构体的混合物，实际工业产品为(2R, 3S)-氟环唑和(2S, 3R)-氟环唑两个光学异构体的混合物。根据起始原料的不同，采用的化学反应不同，该产品也有多条合成路线。

6.6.7.1　巴斯夫合成路线

巴斯夫专利中的方法是以 3-(2-氯苯基)-2-(4-氟苯基)丙烯醛为原料，先经过双氧水对烯烃环氧化，然后硼氢化钠将醛基还原为羟基，接着将羟基与甲磺酰氯反应产生相应的磺酸酯，随之与 4-氨基-1,2,4-三唑反应得到三唑的季铵盐，最后利用亚硝酸钠对游离氨基进行重氮化水解脱去氨基得到产品氟环唑，如图 6-75 所示。

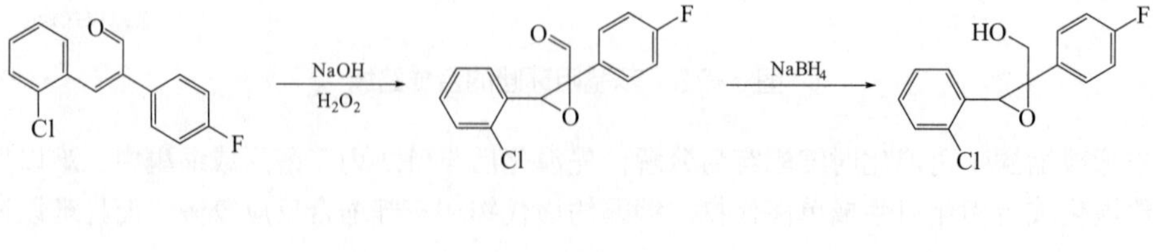

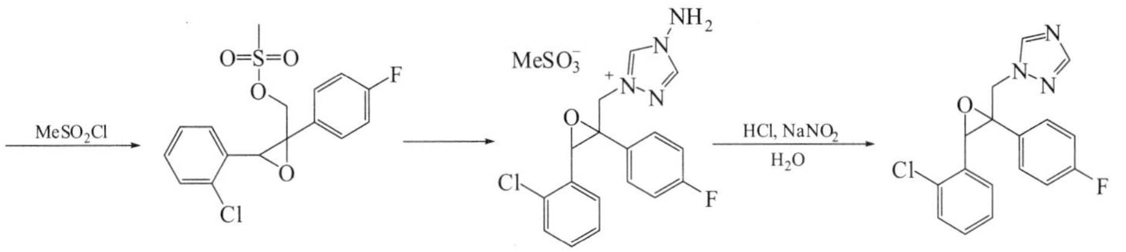

图 6-75 氟环唑的合成路线一

原料 3-(2-氯苯基)-2-(4-氟苯基)丙烯醛可通过邻氯苯甲醛和对氟苯乙醛的羟醛缩合反应制得。在 4-氨基-1,2,4-三唑与中间体磺酸酯反应中，受到位阻限制磺酸酯中的环氧乙烷环不受影响，而且产物中 4-氨基-1,2,4-三唑中的 1-位氮原子形成季铵离子，相应的季铵盐从溶剂中析出，通过固液分离可以得到高含量的季铵盐。因此，该路线可以得到高含量的氟环唑产品，但是反应步骤较长。

6.6.7.2 格氏反应路线

此路线以邻氯苄基氯和 2-氯-4′-氟苯乙酮为原料，两个原料通过格氏反应得到二苯基取代的 2-丙醇中间体，然后在硫酸催化下生成二苯基取代的 3-氯-1-丙烯，接着双氧水对中间体的双键进行环氧化得到环氧中间体，最后在碱的作用下与 1H-1,2,4-三唑或者 1,2,4-三唑的盐反应得到产品；也可以中间体二苯基取代的 3-氯-1-丙烯先同 1H-1,2,4-三唑缩合，再对双键进行环氧化得到产品，如图 6-76 所示。

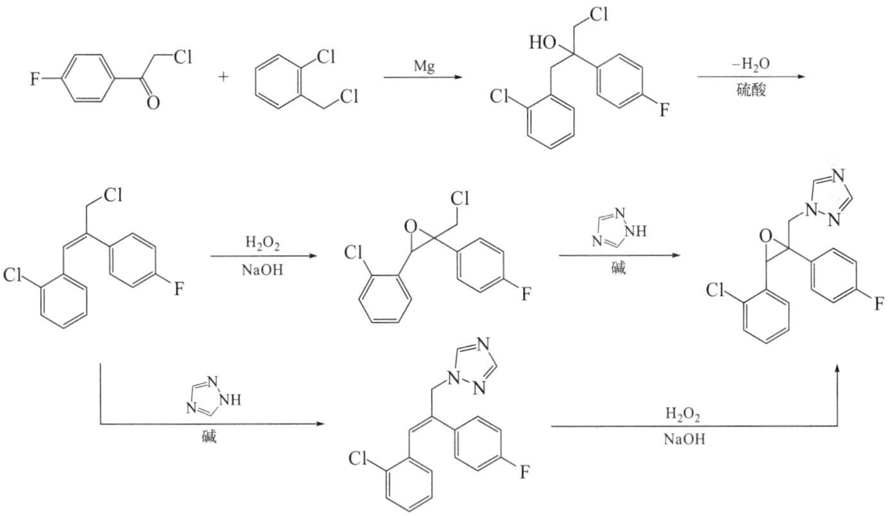

图 6-76 氟环唑的合成路线二

该路线使用格氏反应，反应条件苛刻，而且产品中会存在三唑异构引起的杂质。

6.6.7.3 维蒂希反应路线

该路线先将 2-氯氯苄转变为相应的磷酸酯或者磷叶立德，然后通过维蒂希反应与对氟苯甲醛缩合生成二苯基取代的丙烯，接着利用磺酰氯进行烯丙基氯化得到二苯基取代的 3-氯-1-

丙烯中间体，然后继续格氏反应路线中的后续反应得到产品，如图 6-77 所示。

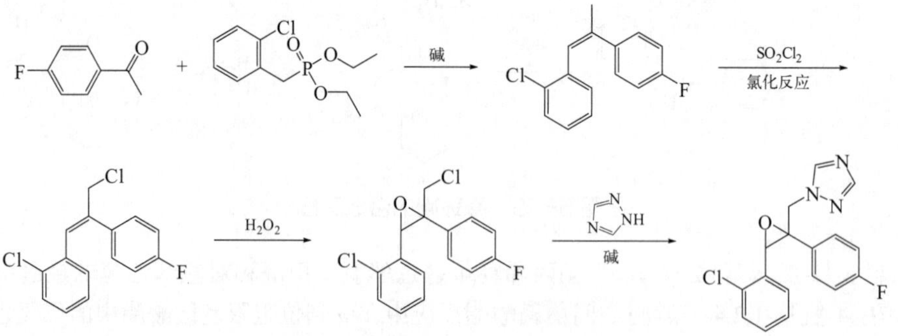

图 6-77　氟环唑的合成路线三

此路线中的维蒂希反应收率较低，而且后处理相对比较麻烦。

6.6.7.4　硫叶立德路线

同格氏反应路线一样，该路线也采用邻氯氯苄和 2-氯-4′-氟苯乙酮为起始原料，将 2-氯氯苄与二甲硫醚反应制得相应的硫叶立德中间体和 2-氯-4′-氟苯乙酮与 1H-1,2,4-三唑反应生成 2-三唑基-4′-氟苯乙酮中间体进行酮羰基的环氧化反应得到产物，如图 6-78 所示。

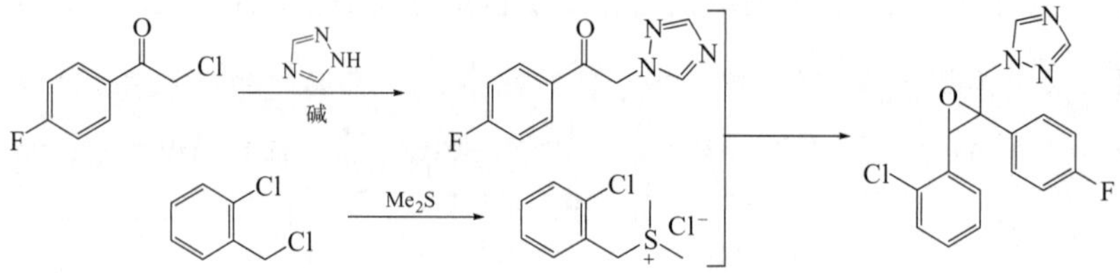

图 6-78　氟环唑的合成路线四

此路线中的羰基环氧化反应收率低于 20%，不适合工业化生产。

6.6.8　腈菌唑的合成

腈菌唑　　　　　　　　　腈苯唑

腈菌唑（myclobutanil）和腈苯唑（fenbuconazole）皆由罗门哈斯公司发现，两个产品结构中的氰基代替了前述三唑类杀菌剂结构中的羟基或者含氧杂环。腈菌唑和腈苯唑属于内吸传导型三唑类杀菌剂，能够抑制病原菌菌丝的伸长，阻止已发芽的病原菌孢子侵入作物组织，对病害既具有预防又具有治疗作用，其中腈菌唑的持效期较长，而且两个产品的合成也非常相似。

腈菌唑的合成有两条路线，均以对氯苯乙腈、1-溴丁烷和 1H-1,2,4-三唑为原料。

6.6.8.1　路线 A

先将对氯苯乙腈和 1-溴丁烷进行烷基化反应生成中间体 2-丁基-4′-氯苯乙腈，接着同二溴甲烷进行烷基化反应产生 2-溴甲基-2-丁基-4′-氯苯乙腈，然后再同 1H-1,2,4-三唑缩合得到产品腈菌唑，如图 6-79 所示。

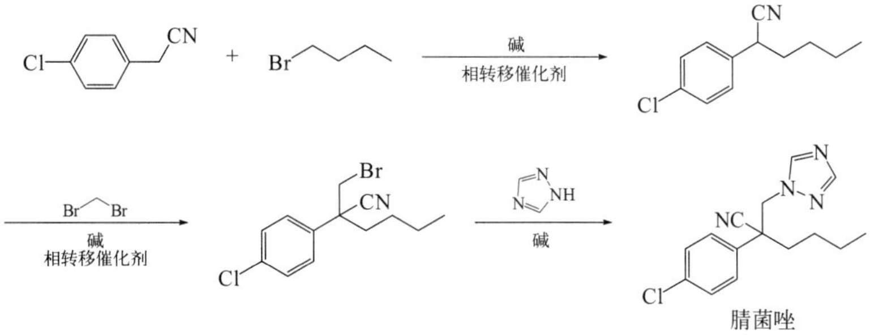

图 6-79　腈菌唑的合成路线一

该路线中使用的二溴甲烷价格较高，而且最后两个溴原子均转入副产物中，造成生产成本较高。

6.6.8.2　路线 B

先将 1H-1,2,4-三唑同多聚甲醛缩合得到 1-羟甲基-1,2,4-三唑，然后与二氯亚砜反应生成 1-氯甲基-1,2,4-三唑盐酸盐，再同上面制得的 2-丁基-4′-氯苯乙腈进行烷基化反应生成产品腈菌唑，如图 6-80 所示。

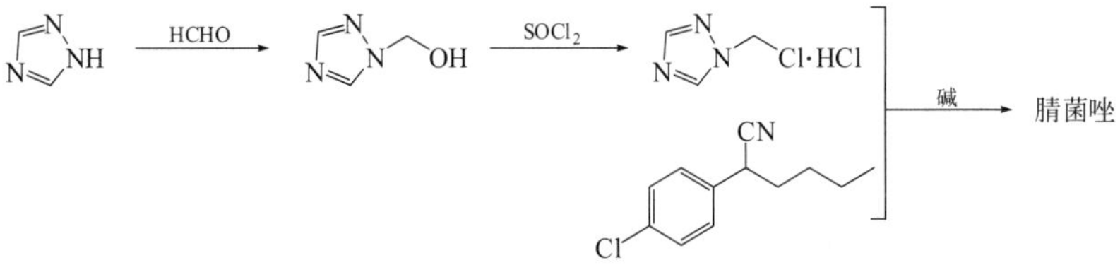

图 6-80　腈菌唑的合成路线二

该路线避免使用二溴甲烷，相对而言经济性较高。

6.6.9　腈苯唑的合成

腈苯唑的合成以苯乙腈和 2-对氯苯基-1-氯乙烷为主要原料，采用与腈菌唑相同的合成路线，如图 6-81 和图 6-82 所示。

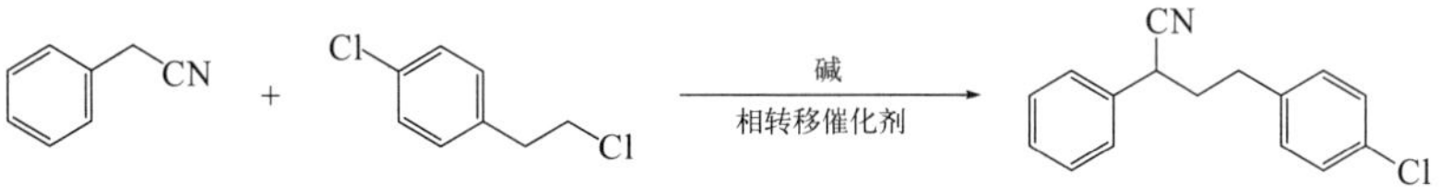

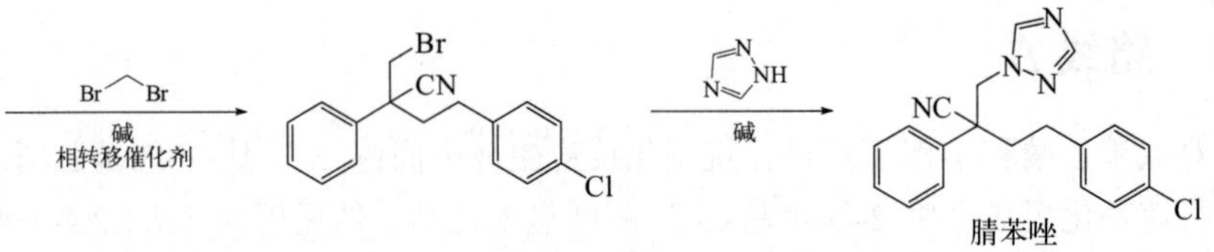

图 6-81　腈苯唑的合成路线一

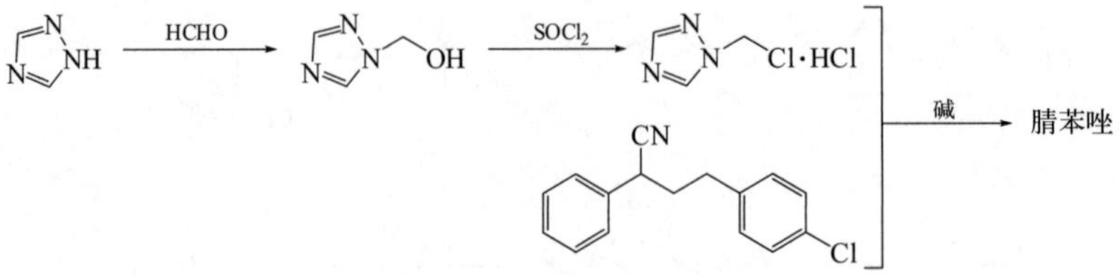

图 6-82　腈苯唑的合成路线二

6.6.10　丙硫菌唑的合成

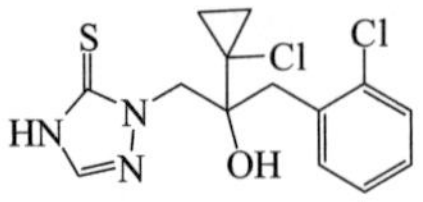

丙硫菌唑的化学结构

丙硫菌唑（prothioconazole）具有良好的内吸性，优异的保护、治疗和铲除活性，并且持效期长，同时对作物有增产作用。丙硫菌唑与其他三唑类杀菌剂的作用机理一致，但是分子结构中的 1,2-二氢-1,2,4-三唑-3-硫酮单元取代了前述三唑类杀菌剂中的 1,2,4-三唑活性单元，而且相比具有更广谱的杀菌活性。

丙硫菌唑的合成基本需要经过环氧乙烷或者取代丙醇中间体。基于引入三唑环的方式，其合成可以分为两种路线。策略 A：同前面三唑类杀菌剂的合成方法类似，先合成不含硫的丙硫菌唑前体或者脱硫丙硫菌唑，然后单质硫在较高温度下对三唑环进行自由基加成得到目标分子。策略 B：先合成肼基中间体，然后同其他原料反应及关环得到产品。

6.6.10.1　1-(1-氯环丙基)-1-(2-氯苄基)环氧乙烷

1-(1-氯环丙基)-1-(2-氯苄基)环氧乙烷是合成丙硫菌唑的主要中间体之一，其合成路线如图 6-83 所示。先将 2-氯苄基氯与金属锌反应制得 2-氯苄基氯化锌，然后同 1-氯环丙基甲酸酯或 1-氯环丙基甲酰氯反应制得 1-(1-氯环丙基)-3-(2-氯苄基)丙酮中间体。该中间体同二甲亚砜与氯甲烷制得的硫叶立德反应得到中间体 1-(1-氯环丙基)-1-(2-氯苄基)环氧乙烷。

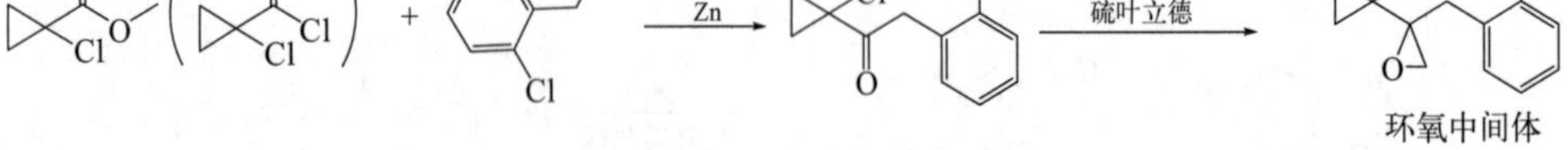

图 6-83　1-(1-氯环丙基)-1-(2-氯苄基)环氧乙烷的合成路线

6.6.10.2 2-(1-氯环丙基)-3-氯-1-(2-氯苯基)-2-丙醇

2-(1-氯环丙基)-3-氯-1-(2-氯苯基)-2-丙醇和中间体 1-(1-氯环丙基)-1-(2-氯苄基)环氧乙烷的结构类似，也是合成丙硫菌唑的主要中间体之一，其合成路线如图 6-84 所示。邻氯氯苄在醚类试剂中，先同金属镁反应生成相应格氏试剂邻氯苄基氯化镁，然后与 2-氯-1-(1-氯环丙基)-1-乙酮反应得到 2-(1-氯环丙基)-3-氯-1-(2-氯苯基)-2-丙醇。

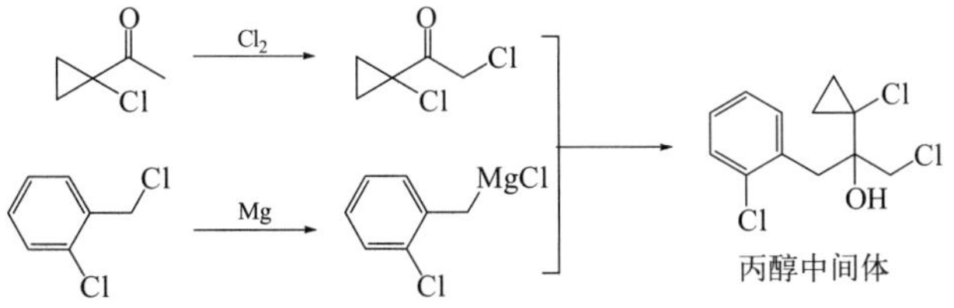

图 6-84 2-(1-氯环丙基)-3-氯-1-(2-氯苯基)-2-丙醇的合成路线

6.6.10.3 丙硫菌唑

（1）策略 A 在碱性条件下，6.6.10.1 中合成的环氧中间体或者 6.6.10.2 中合成的丙醇中间体与 1H-1,2,4-三唑反应生成脱硫丙硫菌唑中间体，然后在较高温度下与单质硫在溶剂中经过自由基反应得到丙硫菌唑，如图 6-85 所示。

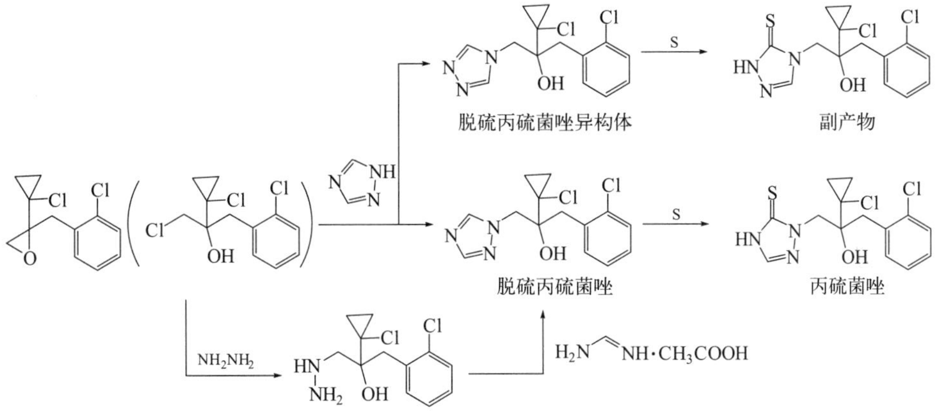

图 6-85 丙硫菌唑的合成路线一

同单质硫的自由基反应中，溶剂为 N-甲基吡咯酮时，收率仅为 20%，改为 N,N-二甲基甲酰胺时，反应过程中通入空气，收率可以提高到 75%，而在无水无氧的四氢呋喃中，以丁基锂作为碱，反应收率可以提升到 93%。但是该路线中无法避免因 1H-1,2,4-三唑异构产生的副产物，该副产物影响产品质量，而且去除该副产物的分离提纯影响收率。为了减少三唑异构体副产物的生成，环氧中间体或者丙醇中间体先与水合肼反应生成肼基中间体，接着同乙酸甲脒反应得到脱硫丙硫菌唑。该方法可以避免因三唑异构产生的副产物，可是总收率欠佳。而以氢氰酸制得的 N-二氯甲基甲脒盐酸盐代替乙酸甲脒，反应收率可以提升到 99%以上。

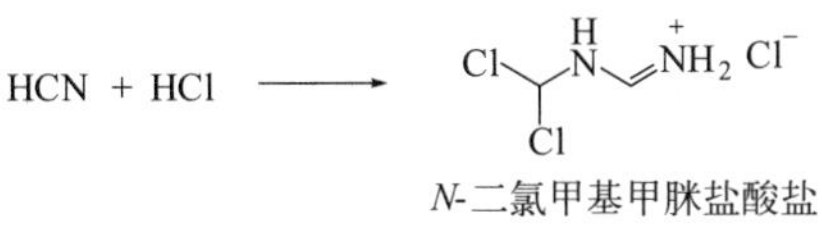

N-二氯甲基甲脒盐酸盐

（2）策略 B　策略 B 中的肼基中间体可先与硫氰酸钾或者硫氰酸铵反应生成氨基硫脲中间体，接着与丙酮等羰基化合物反应产生 5,5-二甲基-三唑啉硫酮中间体，然后再同甲酸和甲酸异丁酯反应得到丙硫菌唑，或者氨基硫脲中间体与甲醛直接关环生成三唑啉硫酮，接着氧气氧化得到丙硫菌唑，如图 6-86 所示。

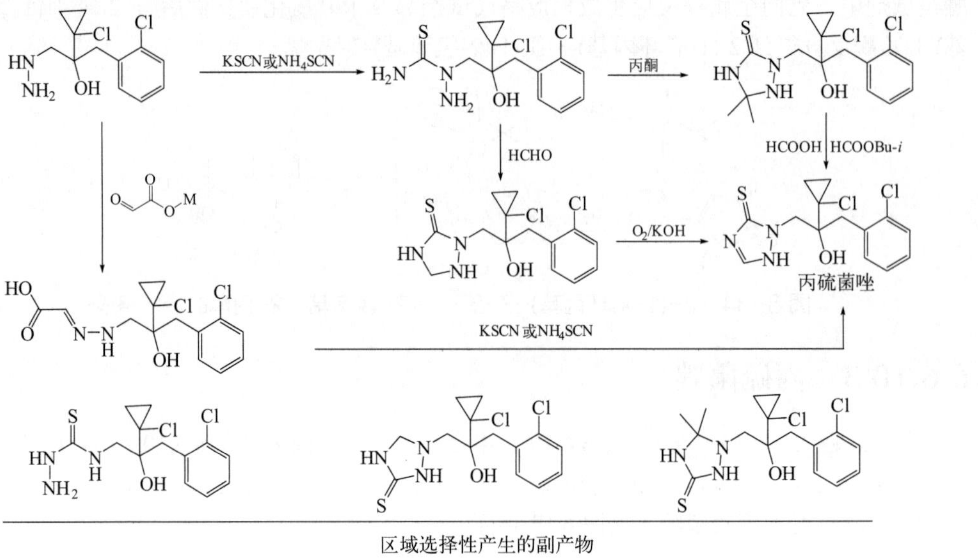

图 6-86　丙硫菌唑的合成路线二

两种方法在一定程度上降低了因三唑异构生成副产物的量，但是无法避免因区域选择性生成相应的副产物，而且以芳香羰基或者取代羰基化合物与氨基硫脲反应，最后需要脱去保护基，路线不经济；采用甲醛与氨基硫脲直接关环的方法，由于关环形成的中间体含有活泼氢，容易继续同甲醛反应生成相应的副产物或者焦油。

为了避免上述方法中的缺点，盛秋菊等采用乙醛酸或其盐先同肼基中间体反应生成含亚氨基乙酸中间体，然后再同硫氰酸铵或者硫氰酸钾反应得到丙硫菌唑。该方法可以避免因区域选择性生成相应的副产物。

6.6.11　三环唑的合成

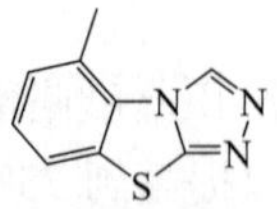

三环唑

三环唑（tricyclazole）由三个并环组成，结构上与上述三唑类杀菌剂明显不同，而且其作用方式也不同。该分子的杀菌作用机理主要是抑制附着孢黑色素的形成，从而抑制孢子萌发和附着孢形成，阻止病菌侵入和减少稻瘟病菌孢子的产生。

该产品的合成基本是以 2-甲基苯胺为原料，合成路线如图 6-87 所示。

将 2-甲基苯胺溶解在溶剂中，加入硫酸和硫氰化钠后，升温搅拌至反应完全得到 2-甲苯基硫脲；将 2-基苯基硫脲溶解在溶剂中，然后通入氯气反应，搅拌至反应完全，生成关环产物 2-氨基-4-甲基苯并噻唑；将适量的溶剂、盐酸和水混合后，加入 2-氨基-4-甲基苯并噻唑和肼的盐酸盐，升温搅拌至反应完全，得到中间体 2-肼基-4-甲基苯并噻唑；然后在搅拌下，将 2-肼基-4-甲基苯并噻唑加入到一定量溶剂和甲酸的反应容器中，加热升温至反应结束，减压回收溶剂和过量的甲酸，进行相应的后处理得到扩环产物三环唑。

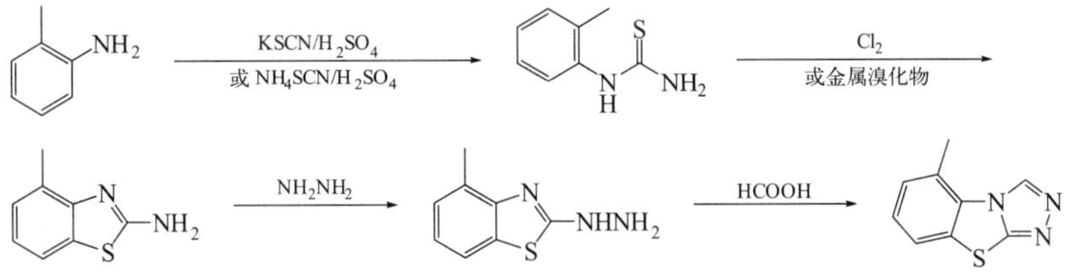

图 6-87　三环唑的合成路线

6.6.12　吲唑磺菌胺的合成

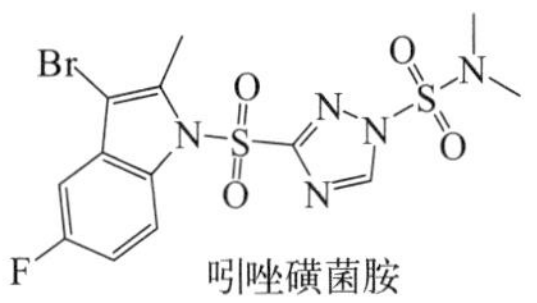

吲唑磺菌胺

吲唑磺菌胺（amisulbrom）含有 1,2,4-三唑环单元结构，但分子骨架结构与其他三唑类杀菌剂完全不同，而且作用方式也不同，属于细胞色素 bc$_1$ 的 CoQ 还原位点抑制剂。该产品分子结构中含有两个芳香单元，并且由磺酰胺键相连，因此基于逆合成分析的合成路线设计，可从磺酰胺键将该分子回推出两个中间体，一个是氮原子上含有活泼氢的中间体 3-溴-6-氟-2-甲基吲哚，另一个是含有磺酰氯的中间体 1-(N,N-二甲基氨基磺酰基三唑-3-基)磺酰氯。

6.6.12.1　3-溴-6-氟-2-甲基吲哚

3-溴-6-氟-2-甲基吲哚的合成路线如图 6-88 所示，具体方法为 2,5-二氟硝基苯和碳酸钾粉末加入 DMF 中，搅拌下加热到一定温度后，滴加乙酰乙酸甲酯，继续搅拌至反应结束，生成 2-(4-氟-2-硝基苯基)乙酰乙酸甲酯。将 2-(4-氟-2-硝基苯基)乙酰乙酸甲酯溶解在乙酸中，随之加入 50%硫酸，逐渐加热，回流反应 5h 后，经过后处理得到 1-(4-氟-2-硝基苯基)丙酮。

在钯碳催化下，1-(4-氟-2-硝基苯基)丙酮中的硝基被氢气还原，继而与羰基发生分子内关环反应生成 6-氟-2-甲基吲哚。将 6-氟-2-甲基吲哚和氢氧化钠加入甲苯中，反应体系置换为氮气氛围后，在 5℃滴加计量的液溴，滴加结束后得到 3-溴-6-氟-2-甲基吲哚。

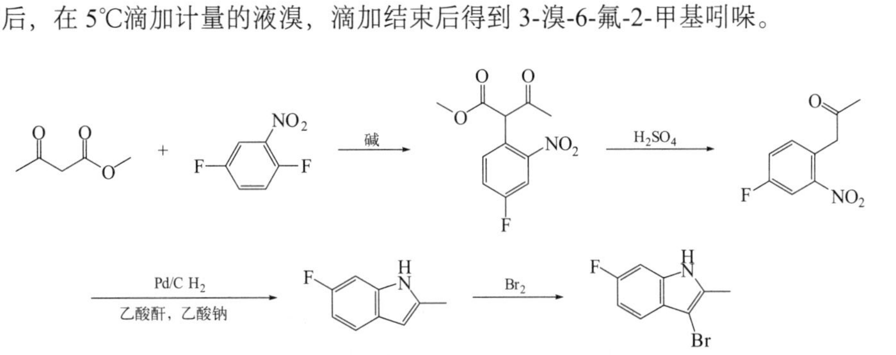

图 6-88　3-溴-6-氟-2-甲基吲哚的合成路线

钯碳还原并关环反应的收率仅有 70%左右，收率较低的原因可能是部分中间产物 6-氟-1-羟基-2-甲基吲哚互变异构为 6-氟-2-甲基假吲哚的氮氧化物，该氮氧化物会被进一步还原为 6-氟-1-羟基-2-甲基二氢吲哚，如图 6-89 所示。

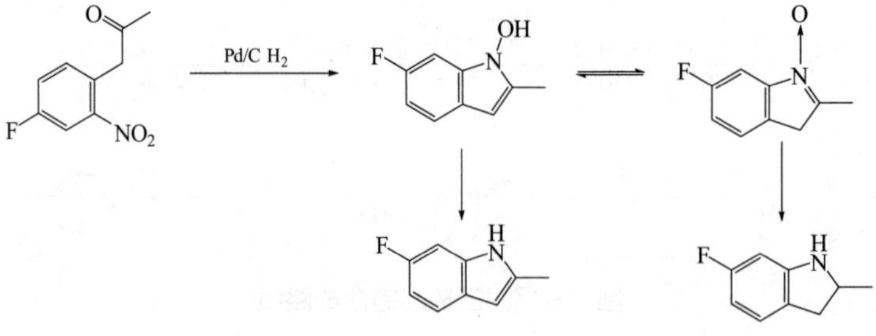

图 6-89　6-氟-2-甲基吲哚合成中的副反应

在催化氢化反应体系中，加入酰化试剂将中间体 6-氟-1-羟基-2-甲基吲哚转化为 1-酰氧基-6-氟-2-甲基吲哚可以避免氮氧化物的形成，从而可提高反应收率到 90%以上。因此，在甲苯溶液中，加入钯碳催化剂、1-(4-氟-2-硝基苯基)丙酮、乙酸钠和乙酸酐后，反应体系经过氮气和氢气置换后，在 50℃常压下，氢气对硝基进行氢化，同时关环生成目标产物 6-氟-2-甲基吲哚。

6.6.12.2　1-(*N*,*N*-二甲基氨基磺酰基三唑-3-基)磺酰氯

一分子 3-巯基-1*H*-1,2,4-三唑与一分子苯磺酰氯反应形成中间体硫代苯磺酸三唑基酯。接着在吡啶的存在下，该中间体同另一分子 3-巯基-1*H*-1,2,4-三唑反应生成对称双三唑基二硫醚。然后，在碳酸钾作用下，该二硫醚分子同 *N*,*N*-二甲基氨基磺酰氯反应产生对称双(1-*N*,*N*-二甲基氨基磺酰基三唑-3-基)二硫醚。最后，在乙酸中氯气对双(1-*N*,*N*-二甲基氨基磺酰基-三唑-3-基)二硫醚分子进行氧化得到 1-(*N*,*N*-二甲基氨基磺酰基-三唑-3-基)磺酰氯，如图 6-90 所示。

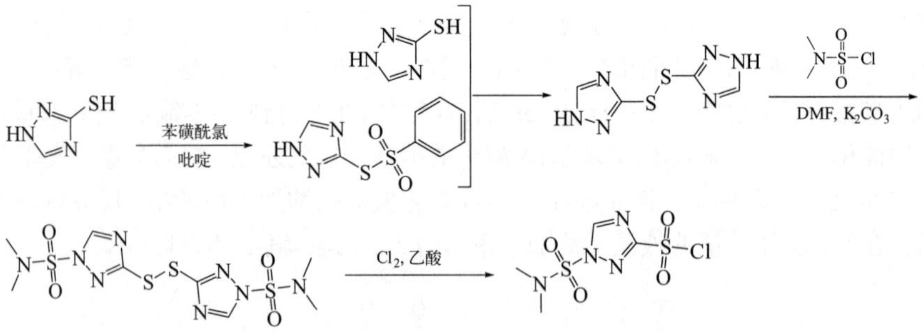

图 6-90　1-(*N*,*N*-二甲基氨基磺酰基-三唑-3-基)磺酰氯的合成路线

6.6.12.3　吲哚磺菌胺

在甲苯中，加入中间体 3-溴-6-氟-2-甲基吲哚、氢氧化钠、四丁基氯化铵、二甘醇二甲醚。反应体系置换为氮气氛围后，接着减压到 30mmHg 压力下将溶液加热回流两小时形成 3-溴-6-氟-2-甲基吲哚的钠盐，然后滴加 1-(*N*,*N*-二甲基氨基磺酰基三唑-3-基)磺酰氯的二甘醇二甲醚溶液，滴加结束后搅拌至反应结束得到目标产物吲唑磺菌胺。

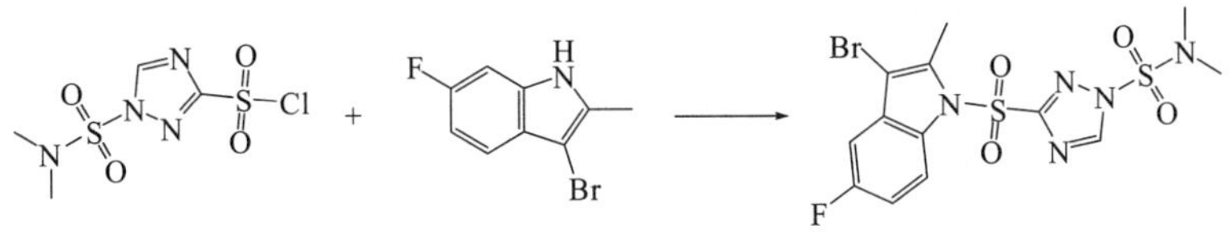

6.7 咪唑类及苯并咪唑杀菌剂

分子结构中含有咪唑环单元的杀菌剂分子较少，基本可以划分两类：一类是仅含有咪唑环单元，其作用方式和三唑类杀菌剂如戊唑醇、丙硫菌唑等类似；另一类是含有苯并咪唑单元的多菌灵、噻菌灵等杀菌剂分子。

6.7.1 抑霉唑的合成

抑霉唑（imazalil）的分子中含有炔丙基、苄基和咪唑基三个结构单元，其合成可以间二氯苯为原料。间二氯苯先同氯乙酰氯进行傅克酰基化反应生成中间体 2-氯-2′,4′二氯苯乙酮，然后羰基的α-位氯代物与咪唑进行烷基化反应形成中间体 2-(咪唑-1 基)-2′,4′二氯苯乙酮，接着硼氢化钠还原羰基为苄位羟基，再同炔丙基溴或者炔丙基氯进行醚化反应得到抑霉唑。也可以利用间二氯苯先同乙酰氯或者乙酸酐进行傅克酰基化反应，然后进行卤化反应，再同咪唑反应得到核心中间体 2-(咪唑-1 基)-2′,4′二氯苯乙酮，但是相比前面的方法，后者反应步骤多一步，而且中间体卤化反应时难以控制仅得到单卤代物，如图 6-91 所示。

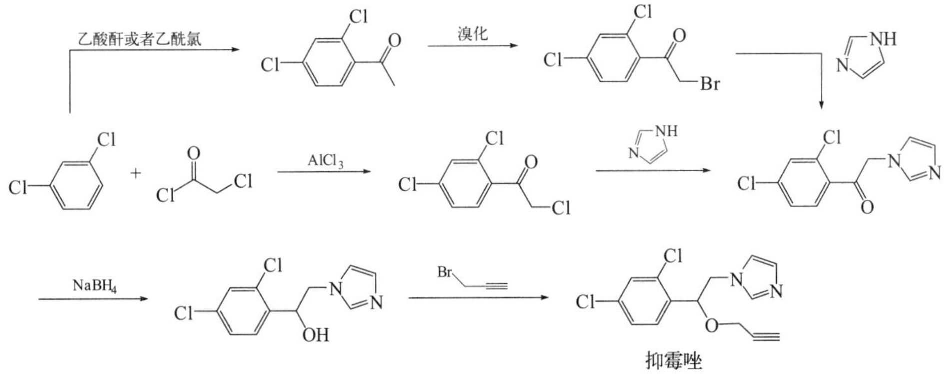

图 6-91 抑霉唑的合成路线

6.7.2 咪鲜胺的合成

三氯苯基、咪唑基、丙基和亚乙基通过醚键和脲的结构连在一起构成咪鲜胺（prochloraz）

分子。结合逆合成分析和原料是否容易获取，可以回推出合成咪鲜胺的基本原料为三氯苯酚、二氯乙烷、丙胺、光气和咪唑。

工业生产中大多采用路线以三氯苯酚为起始原料，在碱存在下先与过量二氯乙烷反应，反应结束后移去过量的二氯乙烷。接着在碱存在下同过量的丙胺反应，反应结束移去过量的丙胺后，将反应产物溶入甲苯中，然后同光气或者双光气反应得到相应的氨基甲酰氯，最后在碱作用下同咪唑缩合得到咪鲜胺，如图6-92。

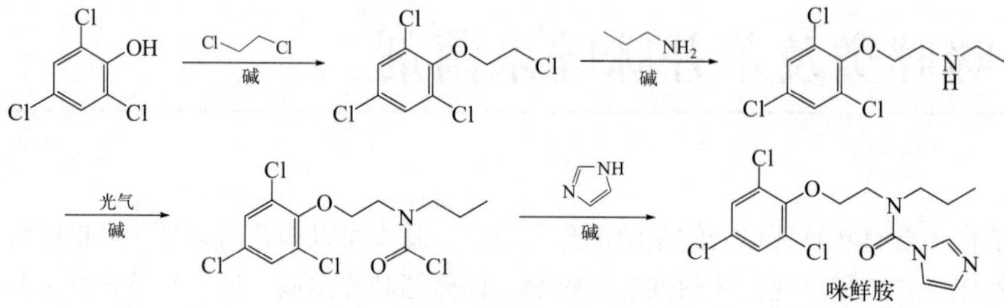

图 6-92　咪鲜胺的合成路线一

也可以咪唑为起始原料，先与光气或者双光气反应生产咪唑甲酰氯，然后通过不同的路线，与不同的原料或者中间体先后反应得到产品咪鲜胺，如图6-93所示。

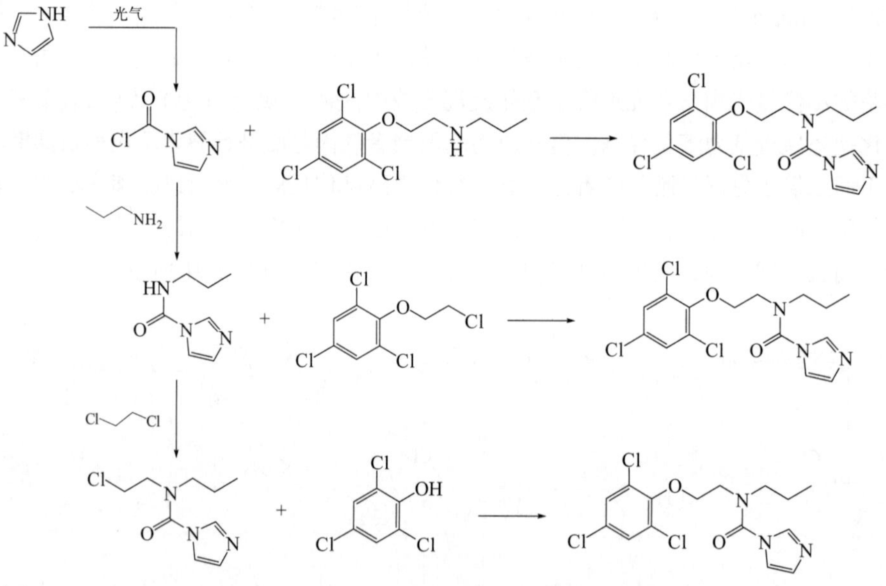

图 6-93　咪鲜胺的合成路线二

以咪唑为起始原料的合成方法，先生成咪唑甲酰氯，然后同丙胺、1,2-二氯乙烷和2,4,6-三氯苯酚先后反应的路线，可称之为直线法，而利用原料合成两个不同的中间体，继而两个中间体反应合成产品，例如咪唑和光气反应得到中间体咪唑酰氯，2,4,6-三氯苯酚与1,2-二氯乙烷反应得到的产品与丙胺缩合产生中间体 *N*-(2,4,6-三氯苯氧基乙基)-*N*-丙基胺，然后咪唑酰氯和 *N*-(2,4,6-三氯苯氧基乙基)-*N*-丙基胺反应得到咪鲜胺，该法称之为平衡法。通常情况下，平衡法比直线法具有优势，尤其是对一些价格较贵的原料，可在路线的后期引入，平衡法更有意义。但是，在咪鲜胺的合成中，由于咪唑与光气反应后，生成的咪唑基甲酰氯容易固化或者黏附在反应容器中，实际操作中难以处理，因此咪鲜胺的工业化生产采用的是直线法。

6.7.3 多菌灵的合成

苯并咪唑类杀菌剂是 1960 年末 1970 年初出现的一类高效、广谱的内吸杀菌剂，该类药剂的成功开发和推广应用，被认为是 20 世纪植物病害化学防治中最重要的事件，使植物病害化学防治从此进入一个新的历史阶段。其作用方式是特异性地与植物病原菌的β-微管蛋白结合，进而干扰微管装配，菌丝停止生长。但是该类杀菌剂的作用机制单一，病原菌很容易产生抗性。

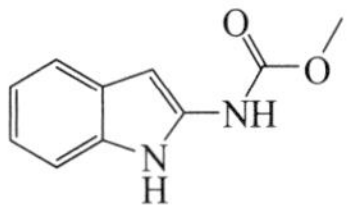

多菌灵

多菌灵（carbendazim）是一种高效低毒广谱的内吸性杀真菌剂，持效期较长，既可作为植物病害的杀菌剂，又可作为工业杀菌剂用于造纸、纺织皮革等工业防霉。其合成方法较多，大多是利用类似 N-氰基氨基甲酸甲酯的中间体与邻苯二胺缩合生成多菌灵，工业上则以石灰氮为原料生产该产品，如图 6-94 所示。

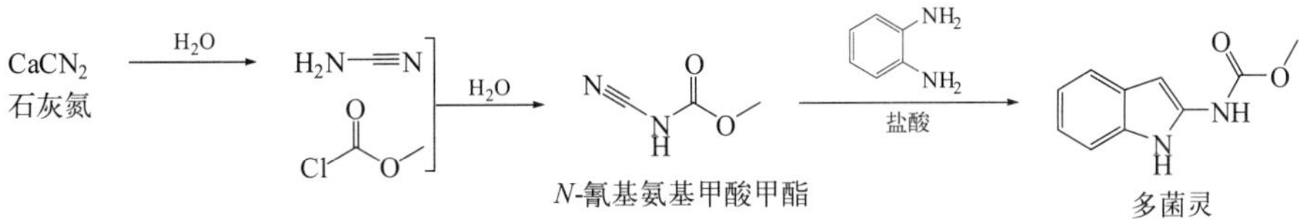

图 6-94 多菌灵的合成路线

在反应釜中加入计量的水，控制温度在 35℃左右，搅拌下加入工业石灰氮，并维持一段时间后，离心除去固体杂质。将滤液转移到 N-氰基氨甲基酸甲酯制备釜中，滴入计量的氯甲酸甲酯，严格控制反应温度在 45℃左右，搅拌至反应液 pH 达到 6~8，再进行离心过滤，得到 N-氰基氨甲基酸甲酯的钙盐溶液。将钙盐溶液转移到多菌灵合成釜中，搅拌下加入计量的邻苯二胺，然后升温至 40℃后滴加盐酸，并严格控制反应体系的 pH 不高于 5。随后慢慢升温至 100℃，在升温期间严格监测体系的 pH 值，当 pH 高于 5 时，及时补加盐酸，直到邻苯二胺在体系中的残留量少于 5g/L，再搅拌反应 1h 后，降温后处理得到目标产品。如果体系的酸性不够，副产的氨气会同 N-氰基氨基甲酸甲酯酸性一端反应，生成季铵盐，无法同邻苯二胺反应。

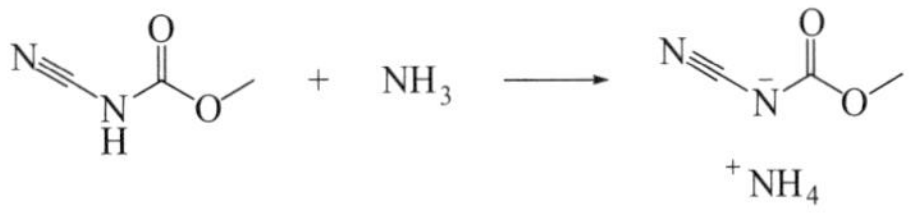

除了以石灰氮为原料外，还可以脲、硫脲、硫氰酸钾等为起始原料，利用如图 6-95 所示的路线制得 N-氰基氨基甲酸甲酯或者其类似物，然后合成多菌灵。

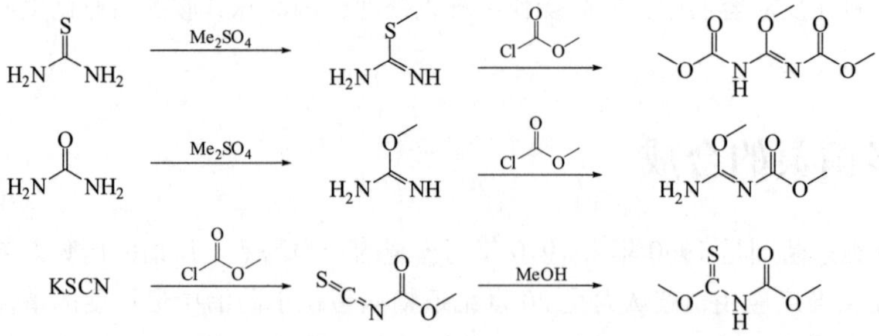

图6-95 N-氰基氨基甲酸甲酯类似物的合成反应

6.7.4 噻菌灵的合成

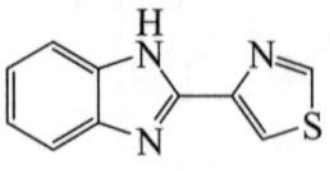

噻菌灵

噻菌灵（thiabendazole）是一种高效、广谱、内吸性杀菌剂，持效期长，既可用于多种作物真菌病害的防治及果蔬的防腐保鲜，又可用于工业防霉剂以及人、畜肠道的驱虫药剂。可以邻苯二胺和乳酸为原料，通过如图6-96所示的路线合成该产品。

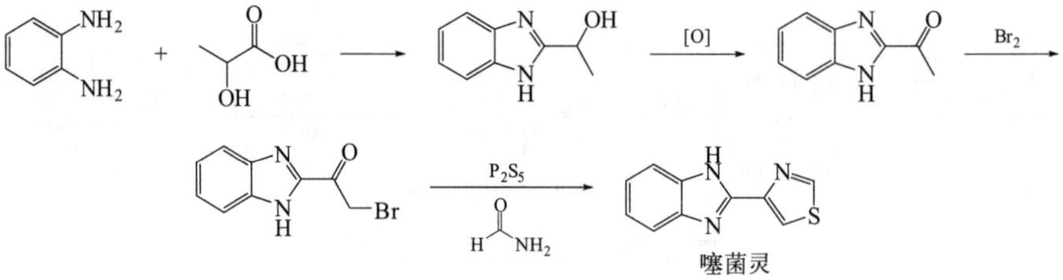

图6-96 噻菌灵的合成路线一

在反应容器中加入计量的清水、邻苯二胺和乳酸，加热搅拌，随后慢慢加入28%～30%盐酸。加毕加热回流4h，冷却至30℃，滴加液碱中和反应液至pH 7～8后，过滤，水洗得到中间体2-(α-羟乙基)苯并咪唑。将得到的2-(α-羟乙基)苯并咪唑加入氧化釜中，搅拌下加热到20～50℃，分批加入高锰酸钾。加毕后，在50℃搅拌1h，然后进行后处理得到2-乙酰基苯并咪唑。将2-乙酰基苯并咪唑溶于N,N-二甲基甲酰胺和氢溴酸（体积比9:1）溶液中，然后在10℃左右滴加含有液溴的N,N-二甲基甲酰胺和氢溴酸溶液，滴加完毕接着搅拌至溴化结束，后处理得到中间体1-(1H-苯并咪唑-2-基)-溴乙酮。将五硫化二磷溶于乙酸乙酯中，搅拌升温至45℃，慢慢滴加甲酰胺，滴加完毕继续搅拌1.5h生成硫代甲酰胺溶液，接着慢慢加入中间体1-(1H-苯并咪唑-2-基)-溴乙酮，并继续搅拌至反应完全，然后进行后处理得到产品噻菌灵。该路线合成工艺简单、价格低廉、反应条件温和、收率较高，但是高锰酸钾作为氧化剂，后处理麻烦，而且产生的废水和固废难以处理。以双氧水或者有机过酸代替高锰酸钾氧化中间体醇为酮的研究，对该产品的清洁化生产非常有意义。

也可以4-氰基噻唑和邻苯二胺直接合成噻菌灵，反应在水相中进行。反应结束后，将不溶于水的固体过滤、水洗和干燥后得到产品（图6-97）。

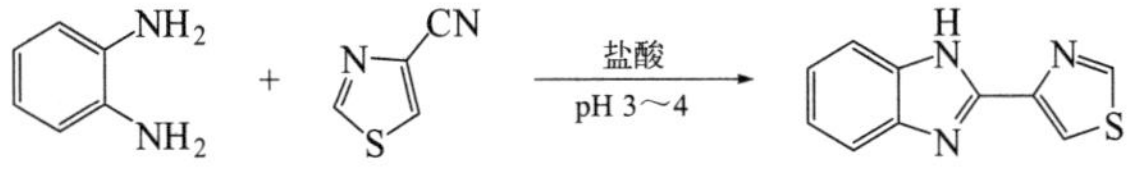

图 6-97　噻菌灵的合成路线二

该路线简单，一步反应得到产品。但是合成 4-氰基噻唑时，工艺条件苛刻，例如反应体系中需要加入乙二胺四乙酸和抗坏血酸，精确控制反应体系的 pH 值等。

邻苯二胺也可分别同噻唑-4-甲酰氯、噻唑-4-甲酰胺、噻唑-4-甲酸甲酯或噻唑-4-甲醛反应生成噻菌灵，如图 6-98 所示。

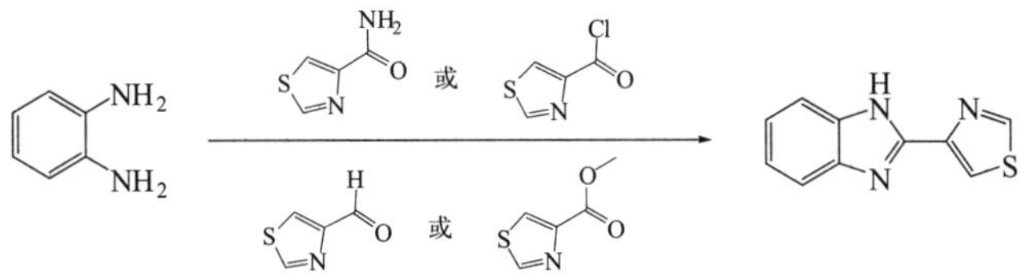

图 6-98　噻菌灵的合成路线三

以邻硝基苯胺为原料，经过氨基和羧基的缩合、中间体的羟基氧化、α-甲基溴化和与硫代甲酰胺缩合生成中间体 N-(2-硝基苯基)噻唑-4-甲酰胺，然后对苯环硝基进行还原关环后也生成噻菌灵，如图 6-99 所示。

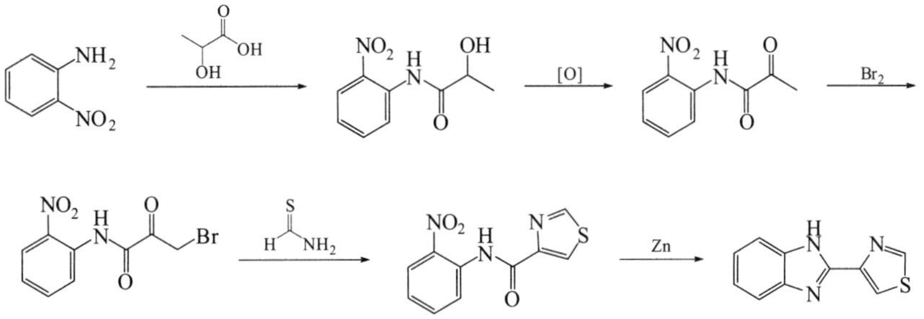

图 6-99　噻菌灵的合成路线四

也可以邻硝基苯胺与噻唑-4-甲酰氯直接缩合生成中间体 N-(2-硝基苯基)-噻唑-4-甲酰胺（图 6-100），接着如图 6-99 中所示的还原关环得到产品。

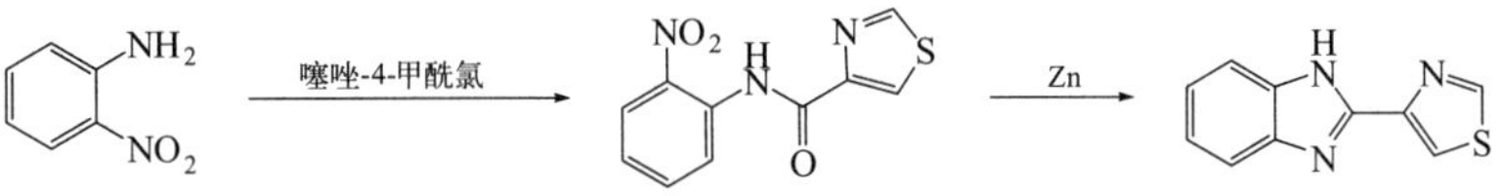

图 6-100　噻菌灵的合成路线五

6.7.5　甲基硫菌灵的合成

甲基硫菌灵，也称为甲基托布津（thiophanate-methyl），该产品的化学结构不含苯丙咪唑环，但是该产品在植物体内转化为多菌灵而发挥杀菌作用。其合成相对简单，在催化剂的作用下，硫氰酸钾或者硫氰酸钠与氯甲酸甲酯反应得到中间体异硫氰酸基甲酸甲酯，然后同邻苯二胺缩合生成甲基硫菌灵，如图 6-101 所示。

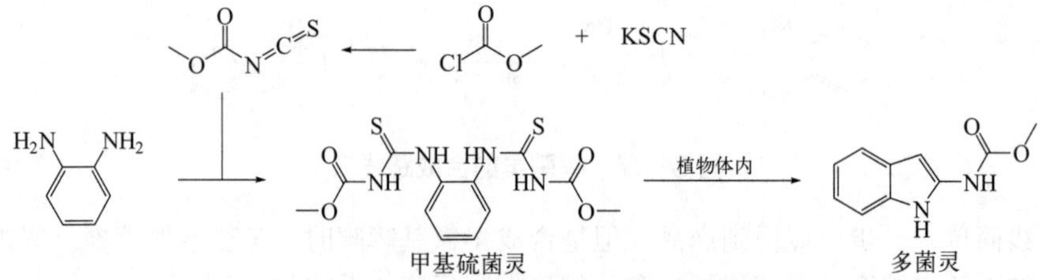

图 6-101　甲基硫菌灵的合成路线

6.8　苯并噻唑类杀菌剂

杀菌剂苯噻菌胺、烯丙苯噻唑（probenazole）和毒氟磷等中包含苯并噻唑活性结构片段，其中苯噻菌胺的合成已在 6.1.7 中介绍。烯丙苯噻唑和毒氟磷，除了具有杀菌活性外，还兼有作物抗病免疫激活活性。

6.8.1　烯丙苯噻唑的合成

烯丙苯噻唑系日本明治制果早在 1973 年开发的异噻唑类杀菌剂，并作为一般杀菌剂用于防治水稻稻瘟病及水稻白叶枯病。三环唑等对稻瘟病的优异防效限制了该产品的市场需求。1995 年汽巴-嘉基公司（现在的先正达公司）创制了杀菌剂活化酯（acibenzolar），并提出了抗病激活剂的理论，之后人们发现烯丙苯噻唑亦是抗病激活剂。

抗病激活剂类产品并不直接杀灭病菌，而是通过激发作物"系统获得抗性（systemic acquired resistance）"，抗御病原菌对作物的侵害。我国大量使用的生物发酵类产品井冈霉素亦具有抗病激活活性。基于作用方式的特异性，该类产品需要预先使用。因此，烯丙苯噻唑主要用于水稻苗期，抵抗植物病原菌对作物的侵染。

该产品可以合成糖精的中间体 2-氯磺酰基苯甲酸为原料，合成路线如图 6-102 所示。

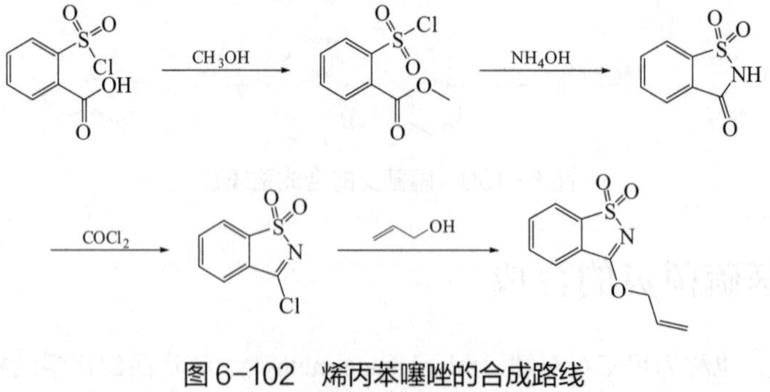

图 6-102　烯丙苯噻唑的合成路线

2-氯磺酰基苯甲酸先同甲醇进行酯化反应生成 2-氯磺酰基苯甲酸甲酯，接着 2-氯磺酰基苯甲酸甲酯与氨水作用生成 1,1-二氧代苯并异噻唑，然后光气反应将 1,1-二氧代苯并异噻唑酮转化为 1,1-二氧代-3-氯苯并异噻唑，1,1-二氧代-3-氯苯并异噻唑再与烯丙醇反应得到烯丙苯噻唑。

6.8.2 毒氟磷的合成

毒氟磷可以由亚磷酸二乙酯、邻氟苯甲醛和 2-氨基-4-甲基苯并噻唑通过曼尼希反应合成。

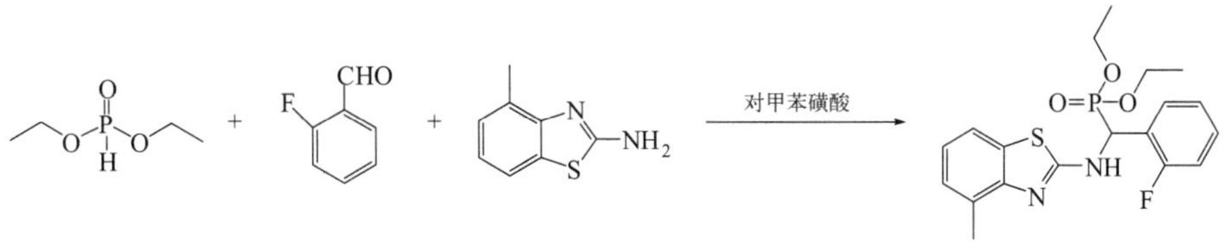

6.8.2.1 曼尼希反应

曼尼希（Mannich）反应，也称胺甲基化（aminomethylation）反应，是含有活泼氢的化合物（通常为羰基化合物）与甲醛和二级胺或者氨同时缩合，生成 β-氨基（羰基）化合物的有机化学反应。一般醛亚胺与 α-亚甲基羰基化合物的反应也被称为曼尼希反应。反应的产物 β-氨基（羰基）化合物称为曼尼希碱，简称曼氏碱。该反应的通式和机理如图 6-103 和图 6-104 所示。

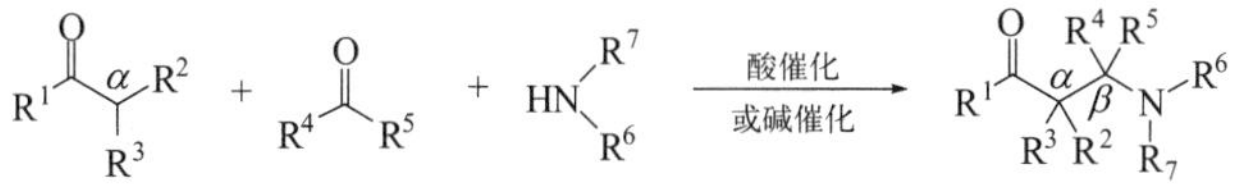

图 6-103　曼尼希反应

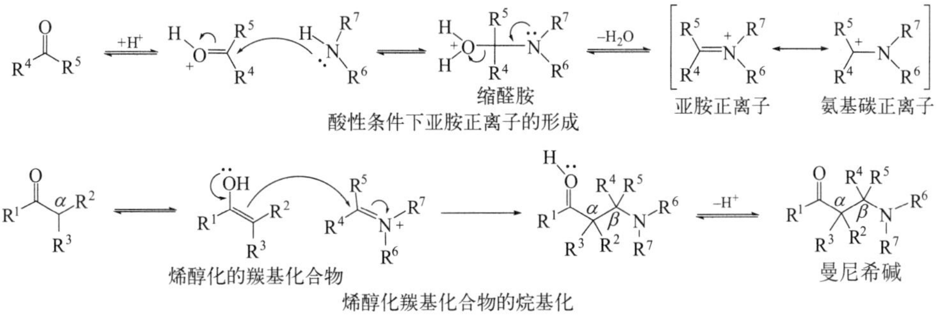

图 6-104　曼尼希反应的酸催化机理

6.8.2.2 毒氟磷

示例合成反应如下：在带分水装置的 1000L 搪瓷反应釜中加入 2-氨基-4-甲基苯并噻唑（60kg）、邻氟苯甲醛（45kg）、对甲苯磺酸（3kg）和甲苯（500kg），加热回流状态下反应约 5h。然后加入亚磷酸二乙酯（76kg），接着搅拌反应 4h。蒸除溶剂后，降温至 70℃，加入一定量乙醇，加热至回流 1h，冷却降温至 20℃，继续保持搅拌 3h，再离心进行固液分离，固体产物干燥，得无色晶体状毒氟磷产物（125kg），收率 84%。

参考文献

[1] 孙家隆. 现代农药合成技术. 北京: 化学工业出版社, 2011.

[2] 徐朝洁. 精甲霜灵的合成工艺研究. 石家庄: 河北科技大学, 2017.

[3] 李华, 苏夏, 刘利平. 一种烯酰吗啉的生产方法. CN107935966.

[4] 慕长炜, 袁会珠, 李楠, 等. 4-[3-(吡啶-4-基)-3-取代苯基丙烯酰]吗啉类化合物的合成及杀菌活性. 高等学校化学学报, 2007, 28(10): 1902-1906.

[5] 覃兆海, 万川, 韩小强, 等. 新型农用杀菌剂丁吡吗啉的合成工艺改进. CN103483245.

[6] 顾旻旻, 尹凯, 柴华强, 等. 杀菌剂啶酰菌胺合成新工艺. 化学工程与技术, 2020, 10(4): 237-241.

[7] Xu L, Liu F Y, Zhang Q, et al. The amine-catalysed Suzuki-Miyaura-type coupling of aryl halides and arylboronic acids. Nature Catalysis, 2021(4): 71-78.

[8] 张慧丽, 张文, 康永利, 等. 新型烟酰胺类杀菌剂啶酰菌胺的合成. 农药, 2016, 55(7): 491-492.

[9] 樊小彬, 锅章红, 江朋. 一种取代联苯的制备方法. CN105294492.

[10] 施继成, 徐天汝. 一种制备 3′,4′-二氯-2-氨基联苯的方法. CN111056950.

[11] Straub A, Himmler T. Preparation of biphenylamines as fungicides. DE 102006016462, 2007.

[12] 韩晓蕾, 谢晓辉, 张贤赛, 等. 联苯吡菌胺的合成. 农药, 2019, 58(3): 174-176.

[13] Pazenok S, Lui N. Preparation of 2-dihaloacyl-3-amino-acrylic acids. WO 2009043444, 2008.

[14] Zierke T, Maywald V, Rack M, et al. Preparation of 2-(aminomethylidene)-4,4-difluoro-3-oxobutyric esters. WO 2009133178, 2009.

[15] 王明春, 李庆毅. 一种卤素取代化合物及其制备方法和应用. CN 110577503, 2019.

[16] 王宇, 李利锋, 毛春晖, 等. 一种 3-(二氟甲基)-1-甲基-1H-吡唑-4-羧酸的制备方法. CN103560723, 2013.

[17] Bowden M C, Gott B D, Jackson D A, et al. Processes for the preparation of 3-dihalomethyl-1-methyl-1H-pyrazole-4-carboxaldehydes and -carboxylic acids. WO 2009000441, 2009.

[18] Bowden M C, Gott B D, Jackson D A. Processes for the preparation of 3-dihalomethyl-1-methylpyrazoles. WO 2009000442, 2009.

[19] 全春生, 党铭铭, 刘民华. 苯并烯氟菌唑及关键中间体合成方法述评. 农药, 2018, 57(6): 395-399.

[20] Ehrenfreundj, Tobler H, Walter H. Heterocyclocarboxamide derivatives. WO 2004035589, 2004.

[21] Walter H, Corsi C, Ehrenfreund J, et al. Synergistic fungicidal compositions. WO 2006037632, 2006.

[22] Ehrenfreund J, Tobler H, Walter H. O-cyclopropyl-carboxanilides and their use as fungicides. WO 2003074491, 2003.

[23] Hodges G R, Mitchell L, Robinson A J. Methods for the preparation of fungicides. WO 2010072631, 2010.

[24] Schleth F, Vettiger T, Rommel M, et al. Process for the preparation of pyrazole carboxylic acid amides. WO 2011131544, 2011.

[25] Tobler H, Walter H, Ehrenfreund J, et al. Heterocyclic amide derivatives useful as microbiocides. WO 2007048556, 2007.

[26] Wang J J, Miguel R, Robert P D, et al. Aminolysis of esters or lactones promoted by NaHMDS-a general and efficient method for the preparation of N-aryl amides. Synlett, 2001(9): 1485-1487.

[27] Juan C, Antonio L P. New experimental strategies in amide synthesis using N,N-bis[2-oxo-3-oxazolidinyl] phosphorodiamidic chloride. Synthesis, 1984(5): 413-417.

[28] Bowden M C, Jackson D A, Saint-Dizier A C, et al. Process for the preparation of amides. WO 2009138375, 2009.

[29] Dumeunier R, Schleth F, Vettiger T, et al. Process for the preparation of 3-difluoromethyl-1-methyl-1H-pyrazole-4-carboxylic acid (9-dichloromethylene-1,2,3,4-tetrahydro-1,4-methanonaphthalen-5-yl)amide.

WO2011131545, 2011.

[30] Gribkov D, Muller A, Lagger M, et al. Process for the preparation of pyrazole carboxylic acid amides. WO 2011015416, 2011.

[31] Gribkov D, Antelmann B, Giordano F, et al. Process for the preparation of benzonorbornenes. WO 2010049228, 2010.

[32] Robert A S, Denise M C, Leo A P. Demonstration and analysis of bridging regioselectivity operative during Di-. pi. -methane photorearrangement of ortho-substituted benzonorbornadienes and anti-7,8-benzotricyclo [4.2.2.02,5]deca-3,7,9-trienes. J Am Chem Soc, 1977, 99(11): 3734-3744.

[33] Harald W, Hans T, Denis G, et al. Sedaxane, isopyrazam and solatenol[TM]: novel broad-spectrum fungicides inhibiting succinate dehydrogenase(SDHI) synthesis challenges and biological aspects. Chimia, 2015, 69(7/8): 425-434.

[34] Stephane J, Andrew J F E, Clemens L, et al. Synthetic approaches to the 2010~2014 new agrochemicals. Bioorganic & Medicinal Chemistry, 2016, 24(3): 317-341.

[35] Riordan P D, Amin M R, Jackson T H. Cyanation process for the preparation of 2-cyanopyridines from 2-halopyridines. US6699993.

[36] Vangelisti M. A novel process for the preparation of 2-aminomethylpyridine derivatives via Ni-catalized hydrogenation of 2-cyanopyridine derivatives. EP 1422221.

[37] Moradi W A, Schnatterer A. Improved process for the preparation of fluopicolide from 1-[3-chloro-5-(trifluoromethyl)pyridin-2-yl]methanamine acetate obtained by a Raney-Nickel hydrogenation and 2,6-dichlorobenzoyl chloride in water/toluene in the presence of sodium hydroxide. WO2019101769.

[38] 贾俊, 刘足和, 姚源, 等. 氟吡菌胺的制备方法. CN107814759.

[39] 郑勇. 3-氯-5-氟-2-吡啶甲胺盐的制备. CN109553570.

[40] Mairi I, McAllister, C′edric B, et al. The hydrogenation of mandelonitrile over a Pd/C catalyst: towards a mechanistic understanding. RSC Adv. , 2019(9): 26116.

[41] Bowden M C, Clark T A, Giordano F D B, et al. Process for preparation of phenyl propargyl ethers and intermediates thereof. WO 2017020381, 2007.

[42] 刘瑞宾, 许文明, 李宁, 等. 双炔酰菌胺的制备方法. CN 102584621, 2014.

[43] Jones J D, Deboos G A, Wilkinson P, et al. Process for preparation of pyrimidine compounds. WO 9208703, 2007.

[44] 王海水, 王雅冬, 王青青. 一种水杨腈的制备方法. CN 111848443, 2020.

[45] 李红卫, 过学军, 黄显超, 等. 一种中间体制备嘧菌酯的合成方法. CN 109651262, 2019.

[46] 陈标. 一种嘧菌酯的合成方法. CN 107235920, 2017.

[47] Liu S Z, Mu C X, Wang W J, et al. Method for preparation of Azoxystrobin and its analog. US 8278445, 2012.

[48] 王陈敏. 吡唑醚菌酯的合成研究. 南京: 南京理工大学, 2013.

[49] 冯广军. 吡唑醚菌酯的合成工艺研究. 南京: 南京理工大学, 2018.

[50] 白玉兰, 许洁, 吴现力, 等. 吡唑醚菌酯合成工艺的原子经济性评价. 农药, 2020, 59(3): 175-179.

[51] Stamm A, Goetz R, Goetz N, et al. Process and catalysts for producing 2-(chloromethyl)benzoyl chlorides via the phosgenation of phthalides. WO 2001042183.

[52] 何永利, 李勇, 邱长婷, 等. 一种肟菌酯的制备方法. CN 103524378.

[53] 陆翠军, 刘建华, 杜晓华. 肟菌酯的合成工艺. 农药, 2011, 50(3): 187-191.

[54] Liu Y Y, Lv K Z, Li Y, et al. Synthesis, fungicidal activity, structure-activity relationships (SARs) and density functional theory (DFT) studies of novel strobilurin analogues containing arylpyrazole rings. Scientific Reports, 2018, 8(1): 1-14.

[55] 张荣华, 朱志良, 李义久. 一种高产率肟菌酯的合成工艺. CN 100334070.

[56] 倪越彪, 孙炬晖, 徐俊平. 一种肟菌酯的制备方法. CN 101941921.

[57] Ziegler H, Mayer W, Kroehl T, et al. Crystalline modifications to pyraclostrobin. WO 2006136357,

2006.

[58] 陈维一, 陆军. 香豆素类衍生物的合成, 化学研究与应用, 2001, 13(1): 76-77.

[59] Seidel E M, Friese D D, Fung, et al. Preparation of 2-hydroxy-6-trifluoromethylpyridine from 2-fluoro-6-trifluoromethylpyridine and an alkali metal hydroxide. WO 2000014068, 2000.

[60] Chen Y, Lu H, Dai H, et al. New manufacturing route to picoxystrobin. Organic Process Research & Development, 2016, 20 (2): 195-198.

[61] 刘长令, 迟会伟, 崔东亮, 等. 取代的对三氟甲基苯醚类化合物及其制备与应用. CN 1887874, 2007.

[62] 徐新刚, 王月梅, 李宗英, 等. 新型杀菌剂乙嘧酚合成研究. 应用化学, 2010, 39(7): 1109-1110.

[63] 周启璠, 邢磊, 陈国良. 杀菌剂乙嘧酚的合成改进. 农药, 2014, 53(3): 174-175.

[64] 刘昱霖, 王胜得, 毛春晖, 等. 杀菌剂乙嘧酚的合成研究. 精细化工中间体, 2012, 42(1): 25-27.

[65] 权正军, 燕中飞, 王喜存. 一种嘧菌胺的制备方法. CN104003944, 2016.

[66] 宋卫国, 杨大伟, 夏艳, 等. 洛氟普啶的制备方法. CN102993173, 2014.

[67] 李斌栋, 宋国盛, 侯静. 一种 5-正丁基-2-乙氨基-4-羟基-6-甲基嘧啶的制备方法. CN112679440, 2021.

[68] 邹建平, 陈克潜. 有机硫化学. 苏州: 苏州大学出版社, 1998.

[69] Bailey W F, Patricia J J. The mechanism of the lithium-halogen interchange reaction: a review of the literature. Journal of Organometallic Chemistry, 1988, 352(1-2): 1-46.

[70] Caille S, Crockett R, Walker, et al. Catalytic asymmetric synthesis of a tertiary benzylic carbon center via phenol-directed alkene hydrogenation. Journal of Organic Chemistry, 2011, 76(13): 5198-5206.

[71] 范云龙, 罗佳. 一种 2,2-二甲基环戊酮的制备方法. CN 113004133, 2021.

[72] Zierke T, Kemper P. Process for preparation of *cis*-5-[1-(4-chlorophenyl)-methylene]-1-hydroxymethyl-2,2-dimethylcyclopentanol and (−)-*cis*-metconazole. WO 2013117629, 2013.

[73] 王旭, 毕旌富, 王良清, 等. 一种含二氧戊环的三唑类化合物及其中间体的制备方法. CN 113336715, 2021.

[74] Noack R, Sander M, Henningsen M. Preparation of 1,2,4-triazol-1-ylmethyloxiranes from aminotriazole and epoxymethyl mesylates. WO 2004000835, 2003.

[75] 周志豪, 周彬, 蔡军义, 等. 一种氟环唑中间体的制备方法. CN 105085439, 2015.

[76] 姜鹏, 王嫱, 于海波, 等. 一种锰催化剂及其催化三唑烯环氧化制备氟环唑的应用. CN 111848504, 2020.

[77] 盛秋菊, 张志明, 王君良, 等. 一种丙硫菌唑及其光学活性体的合成方法. CN 105949137, 2016.

[78] Fukuda K, Kondo Y, Tanaka N, et al. Preparation of indole derivatives as intermediates for fungicides. WO 2003082860, 2003.

[79] Lin J, Zhou S, Xu J X, et al. Design, synthesis, and structure-activity relationship of economical triazole sulfonamide aryl derivatives with high fungicidal activity. J. Agric. Food Chem., 2020, 68(25): 6792-6801.

[80] 李红霞, 陆悦键, 周明国. 苯并咪唑类杀菌剂的研究进展. 中国植物病害化学防治研究(第三卷). 2002, 24-32.

[81] 柴江波, 高中良, 张占萌, 等. 噻菌灵的合成工艺研究. 化学试剂, 2016, 38(12): 1235-1238.

[82] Patti A P, Tzu-Ching C, Lynn E A. Process for preparing thiabendazole. US 5310924, 1994.

[83] 张青, 韦洁玲, 李现玲, 等. 毒氟磷的合成方法. CN 102391207, 2012.

[84] Jin L H, Song B A, Zhang G P, et al. Synthesis, X-ray crystallographic analysis, and antitumor activity of *N*-(benzothiazole-2-yl)-1-(fluorophenyl)-*O,O*-dialkyl-alpha-aminophosphonates. Bioorganic & Medicinal Chemistry Letters, 2006(16): 1537-1543.

[85] 张一宾, 徐进. 作物抗病激活剂烯丙苯噻唑的合成. 现代农药, 2012(11): 13-14, 21.

第7章
植物生长调节活性化合物的合成

植物生长调节剂（plant growth regulators）是一类能够调节植物生长发育，由人工合成的（或从微生物中提取的天然的）有机化合物。在农业生产上，植物生长调节剂能够有效调节作物的生育过程，达到稳产增产、改善品质、增强作物抗逆性等目的。

7.1　乙烯利的合成

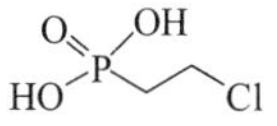

乙烯利

乙烯利（ethephon）是含磷的植物生长调节剂，在植物体内被代谢为乙烯，而且也能诱导植株产生乙烯。其作用机制与植物自身代谢产生的植物激素乙烯一样，具有增进乳液分泌、加速成熟、脱落、衰老以及促进开花的生理效应。乙烯利的合成主要四种方法，其中三种以三氯化磷为起始原料。

（1）氯乙烯与亚磷酸二酯路线　以氯乙烯与亚磷酸二酯可合成乙烯利，具体方法为：将亚磷酸二乙酯加热至90℃，通入氮气30min，接着加入少许引发剂，通入氯乙烯，控制加成反应温度，得到2-氯乙基膦酸二乙酯。然后将该加成产物加入浓盐酸中，于120～130℃回流24h，水解制得乙烯利。也可以亚磷酸同氯乙烯直接反应，得到乙烯利，如图7-1所示。

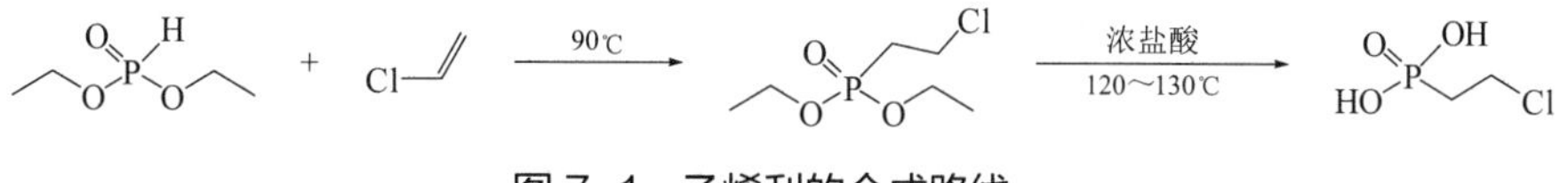

图7-1　乙烯利的合成路线一

（2）乙烯与三氯化磷路线　在压力40MPa和25℃条件下，将计量的乙烯缓慢地通入三氯化磷中，待充分溶解后缓慢通入过量的空气（或氧气）。反应结束后得到2-氯乙基膦酰二氯和三氯化磷的混合物，通过蒸馏移除三氯化磷和低沸点化合物。接着在40℃以下，将2-氯乙基膦酰二氯滴加到水中，经过水解生成乙烯利，如图7-2所示。

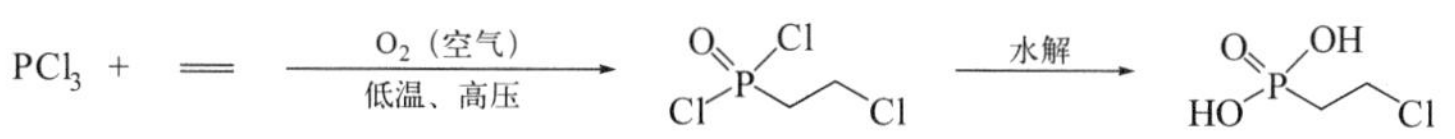

图7-2　乙烯利的合成路线二

此法可以得到纯度较高的乙烯利产品，但是第一步中三氯化磷的利用率较低，而且需要高压条件，反应条件难以控制。

(3) 三氯化磷与二氯乙烷路线 由二氯乙烷和三氯化磷在无水三氯化铝催化下形成络合物，然后加入定量的水将络合物转化为氯乙基膦酰二氯，再接着进一步水解生成乙烯利，如图 7-3 所示。

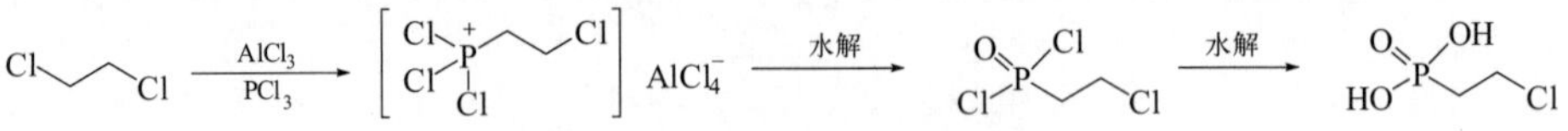

图 7-3 乙烯利的合成路线三

该路线工艺条件比较苛刻，反应不易控制，尤其是第二步水解生成氯乙基膦酰二氯的选择性较低，整个路线收率较低，而且难以避免乙基二膦酸的产生。

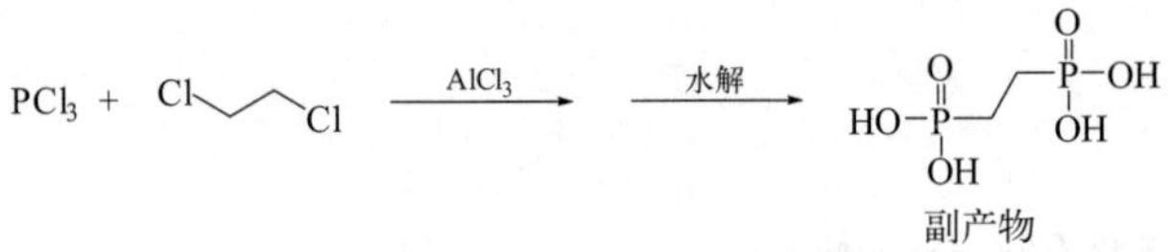

(4) 三氯化磷与环氧乙烷路线 该路线以三氯化磷和环氧乙烷为起始原料，经过三步反应得到产品。反应设备简单，大多企业采用传统的间歇式工艺生产乙烯利。传统的间歇式工艺难以得到高纯度的产品，而微通道技术可以降低反应风险，提高产品质量，目前已有企业开发并采用微通道技术生产该产品。

① 微反应技术 微反应技术，即采用微反应器代替传统的反应器进行化学反应的工艺技术。微反应器包括微换热器、微混合器以及微控制器，也称为微通道反应器。它是一种利用精密加工技术制造的具有微结构的管道式微型反应器，几何尺寸在 10μm～3mm 范围内，以替代宏观的玻璃器皿如烧瓶、试管等及工业上传统的反应釜。微反应器中最关键的部分是一系列有序的三维结构的微通道，其反应体积从几纳升到几微升，长度通常为几厘米，有利于实现反应物在微通道内快速连续流动。

微反应器技术能够实现热量的迅速有效交换，避免了不稳定中间体的堆积，能够改善化学合成中的选择性而提升其原子经济性，降低或者避免化工生产中的危险性。较低的制造和操作成本，较少的后处理程序，以及能够实时分析化学合成的内在安全，推动了对环境和经济影响较低的化学合成设计的进行。

微反应器的上述特性源于其体积小的三个特点：a. 快速混合:在流动微反应器中，与间歇条件形成鲜明对比的是，混合是通过分子扩散进行的，避免了传统反应釜内可能的浓度梯度。b. 高表面与体积比:微反应器的微观结构允许进行非常快速的传热，从而实现快速冷却、加热和反应温度的精确控制。c. 停留时间短: 对于涉及不稳定或寿命较短的反应中间体时，反应器中较短的停留时间能够提升反应的选择性、收率和反应的安全性。反应液在反应器中的停留时间，严格依赖于反应特性，并决定反应器的长度、体积和流量的设计。

具体生产工艺如下：

② 酯化反应合成亚膦酸三酯 在搪玻璃反应釜中，加入一定量的三氯化磷，冰盐冷却和搅拌下，将环氧乙烷气体通入三氯化磷中，控制反应温度在 20～25℃，待通入量达到三氯化磷重量时，停止通入环氧乙烷气体，继续搅拌至反应完全，经过后处理后得到三（2-氯乙基）亚磷酸酯，如图 7-4 所示。

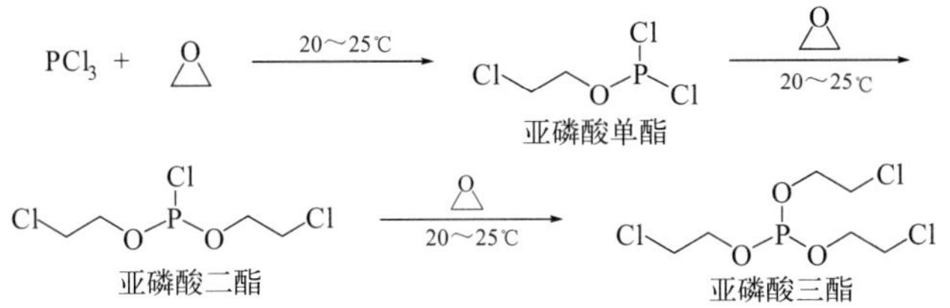

图 7-4 三(2-氯乙基)亚磷酸酯的合成路线

该步反应中环氧乙烷逐步同三氯化磷反应，生成亚磷酸单酯的过程非常快，几乎是瞬间的，而生成产物亚磷酸三酯较慢，因而反应需要 10 多个小时，才能将亚磷酸二酯完全转化为亚磷酸三酯。该步又是剧烈的放热反应，局部温度控制不当，环氧乙烷不仅容易汽化，而且容易发生自聚；三氯化磷极易与环境中的水发生反应生成亚磷酸，且极易被氧化为三氯氧磷；环氧乙烷和三氯化磷中的杂质对产品质量有较大影响。因此，该步反应顺利进行，除了控制温度外，还需要控制环氧乙烷和三氯化磷的质量，以及控制体系无水和无氧。

原料中或者反应中产生的氯化氢可与环氧乙烷反应产生 2-氯乙醇，2-氯乙醇与三氯化磷进一步反应生成副产物 1,2-二氯乙烷等，如图 7-5 所示。

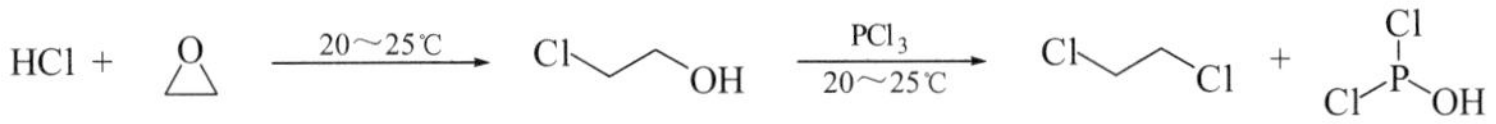

图 7-5 氯化氢和环氧乙烷之间的副反应

③ 重排反应合成膦酸二酯 搅拌下，将三(2-氯乙基)亚磷酸酯从不锈钢反应釜的底口加入，从进料口上口溢出，在 220～240℃经过分子内重排生成 2-氯乙基膦酸二(2-氯乙基)酯，如图 7-6 所示。

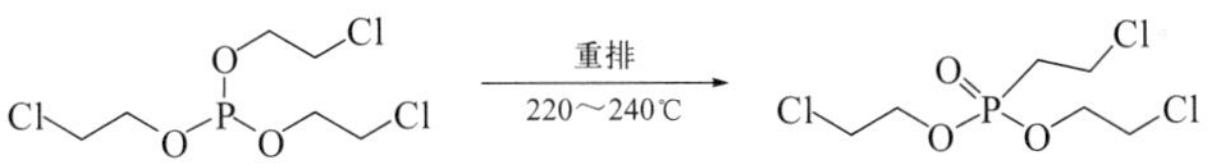

图 7-6 亚磷酸三(2-氯乙基)酯的重排反应

该步反应机理较为复杂，极易发生副反应。在无溶剂的条件下，控制不当反应温度会发生飙升的现象，加剧副反应的发生。加入溶剂有利于控制反应温度，但是操作成本会增加。下面是可能发生的副反应：

在高温下，亚磷酸三酯中残存的 2-氯乙醇会分子间脱水，生成 2-氯乙基醚。

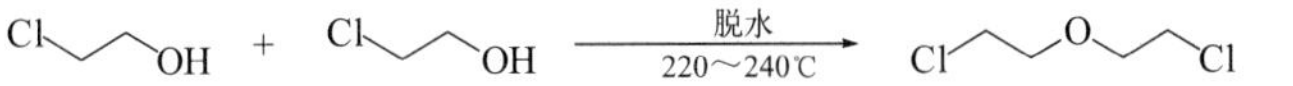

产品膦酸二酯分子内脱去 1,2-二氯乙烷，生成 2-氯乙基五元环磷酸酯。

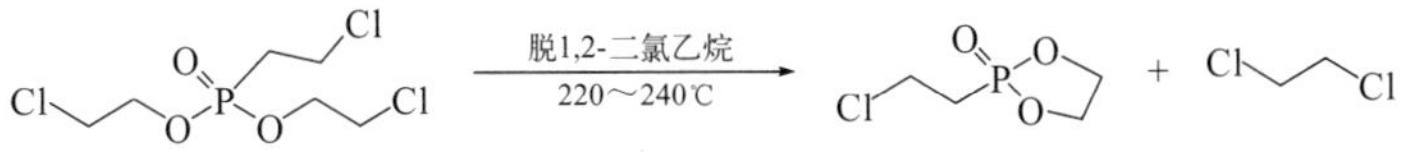

两分子亚磷酸三酯脱去 1,2-二氯乙烷，生成含有两个磷原子的膦酸二酯。

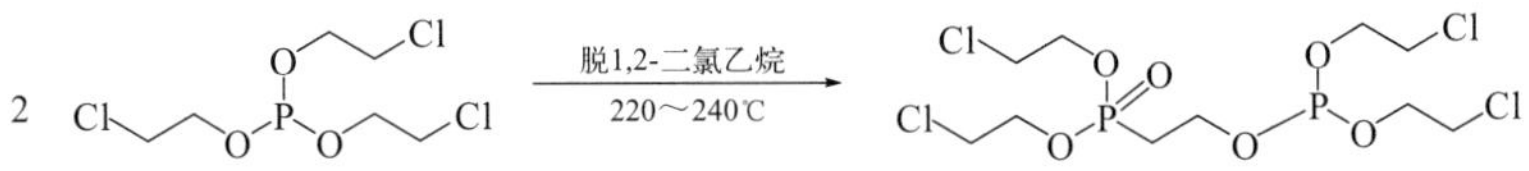

亚磷酸三酯也可能同产物膦酸二酯反应，脱去一分子 1,2-二氯乙烷，生成两个含有两个膦酸酯单元的副产物。

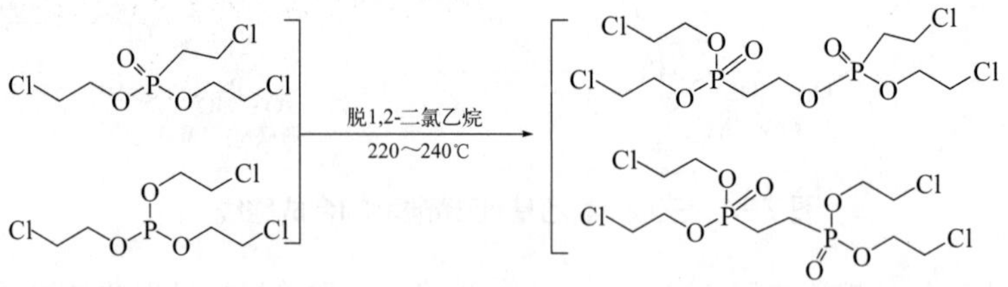

产品 2-氯乙基膦酸二酯也可能分子内脱去氯化氢，生成乙烯基膦酸二酯。

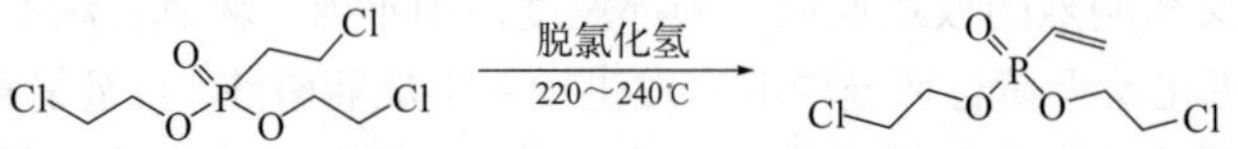

④ 酸解反应合成乙烯利　在 160～180℃条件下，直接将氯化氢气体通入 2-氯乙基膦酸二酯中，或者在 100～140℃下加入浓盐酸发生酸解反应生成乙烯利，然后经过蒸馏等步骤去除低沸点的 1,2-二氯乙烷等杂质或者副产物得到乙烯利产品，如图 7-7 所示。该步反应可以在加压或者常压下进行，加压下可以缩短反应时间，抑制副反应的发生。

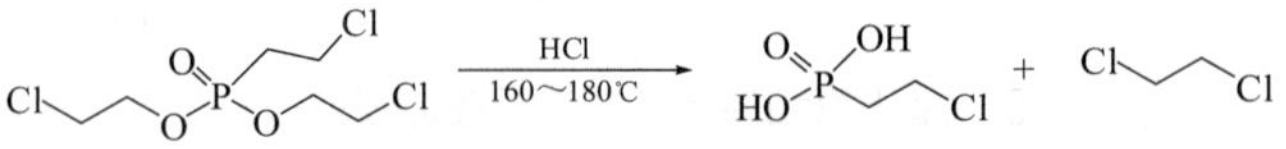

图 7-7　乙烯利合成反应

该步酸解包括如图 7-8 所示的两步反应：

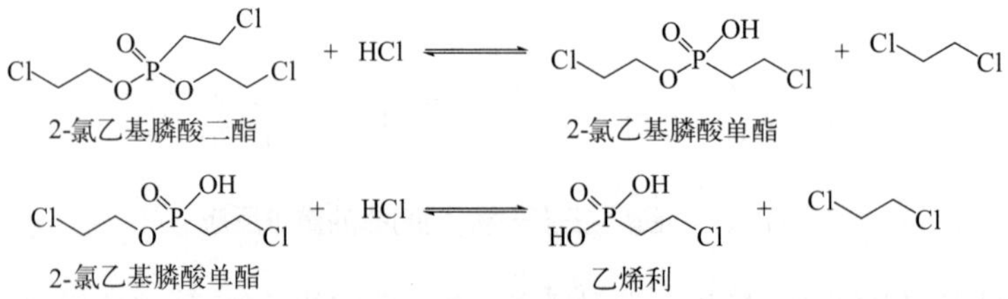

2-氯乙基膦酸二酯　　+ HCl　⇌　2-氯乙基膦酸单酯　+ Cl

2-氯乙基膦酸单酯　　+ HCl　⇌　乙烯利　+ Cl

图 7-8　2-氯乙基膦酸二酯酸解生成乙烯利的反应过程

上述两步反应在较高温度和较大压力下均是可逆反应。通常情况下，温度需要高于 100℃低于 200℃，当温度低于 100℃时，反应进行非常慢，而温度高于 200℃时，产物容易分解；反应的压力需要控制在 2.75～6.9bar（1bar=100kPa），压力较低时，体系中的气体氯化氢同底物膦酸二酯或者膦酸单酯碰撞的机会较低，反应速度较慢，而压力较高时，产物会同酸解生成的 1,2-二氯乙烷发生逆反应。反应历程显示，将反应中生成的 1,2-二氯乙烷及时移除，有利于产物的生成，但是移除 1,2-二氯乙烷时，难免会将氯化氢移除，降低体系中氯化氢的浓度，会影响中间体单酯完全转换为产品。因此，专利或者相关文献中，大量地研究了加料量、加料方式、反应温度、反应压力、反应时间和 1,2-二氯乙烷的移除。

同时，原料膦酸二酯中的部分杂质也可以被氯化氢酸解形成产品，以及乙基二膦酸，如图 7-9 所示。

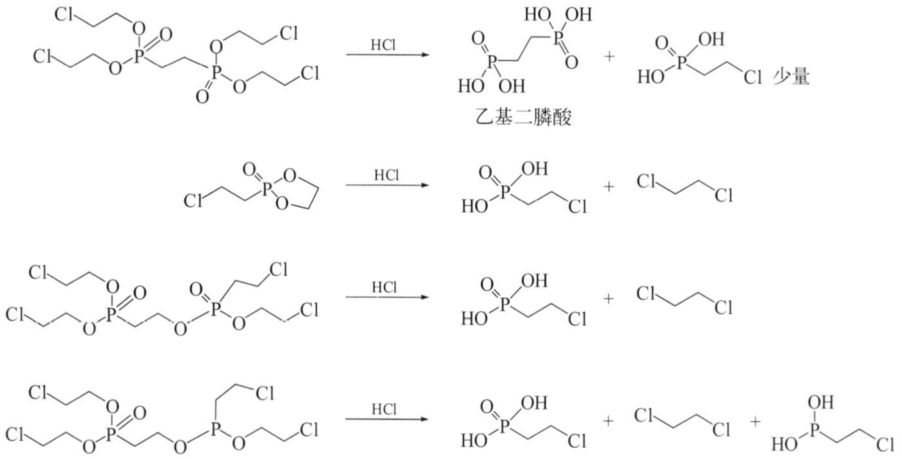

图 7-9　副产物在酸解过程中转化为乙烯利的反应

　　该路线中，第一步三氯化磷和环氧乙烷酯化生成亚磷酸三酯是剧烈的放热反应，第二步亚磷酸三酯的重排需要控制在 220～240℃ 高温范围内进行，第三步氯化氢酸解 2-氯乙基膦酸二酯也需要在 160～180℃ 较高温度和一定压力下进行，三步反应均需要有效的热交换体系，控制反应温度，抑制副反应的发生。传统的釜式间歇式工艺，难以对反应体系温度、压力等进行精确控制，难以抑制副产物的生成，造成产品含量较低。而微反应技术或者微通道反应器，可以解决反应体系热量的快速交换，使反应在相对稳定的温度范围内进行，能够提高反应收率和产品纯度，但是微通道反应器需要准确的相应配套设施，如计量泵、温度控制单元等，投资成本较高，而且反应容量难以快速放大。微通道反应器同传统的间歇式工艺模式在一定程度上融合，可能会实现质优价廉乙烯利的生产。目前，国内已有企业实现乙烯利的微通道连续化生产，如图 7-10 所示。

图 7-10　乙烯利全流程微反应工业化装置

思考题：

（1）为什么水解二氯乙烷、三氯化磷和无水三氯化铝形成的络合物时，首先要加入计量的水，然后再加入大量的水进行完全水解？

（2）简述氯乙酸和亚磷酸二酯反应的可能机理。

（3）为什么微反应器或者微通道反应器有利于控制副反应的发生？

7.2　苯哒嗪丙酯的合成

　　苯哒嗪丙酯是小麦去雄剂，可以用于作物杂交种子的培育。其合成路线如图 7-11 所示。在反应容器中加入水、碳酸钾和 4-羟基-6-甲基吡喃-2-酮，冷却到 5℃ 以下，滴加对氯苯基重氮盐溶液，进行偶联反应。得到的中间体在碱性条件进行重排，生成哒嗪酮-3-羧酸钾盐，酸化后产生中间体哒嗪酮-3-羧酸。二氯亚砜将该中间体转化为其酰氯后，与丙醇酯化得到产品苯哒嗪丙酯。

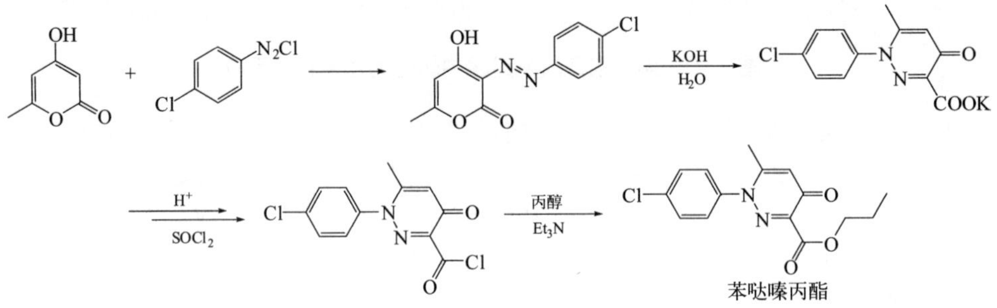

图 7-11　苯哒嗪丙酯的合成路线

　　中间体重排反应的可能机理如图 7-12 所示。

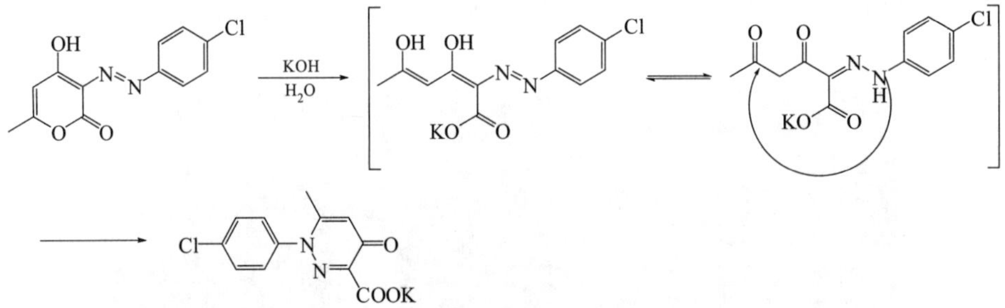

图 7-12　叠氮中间体重排生成哒嗪环的可能机理

7.3　环丙酰胺酸的合成

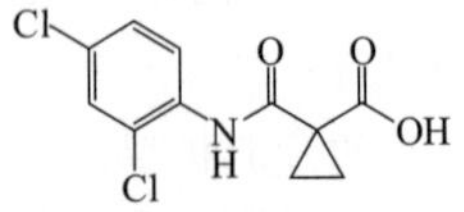

环丙酰胺酸

环丙酰胺酸（cyclanilide）是生长素极性运输的抑制剂，可增加粮食产量、防止果实脱落、促进开花结果、抗倒伏、增强抵抗力等，主要用于谷物、棉花等作物。该化合物的合成路线如图 7-13 所示。

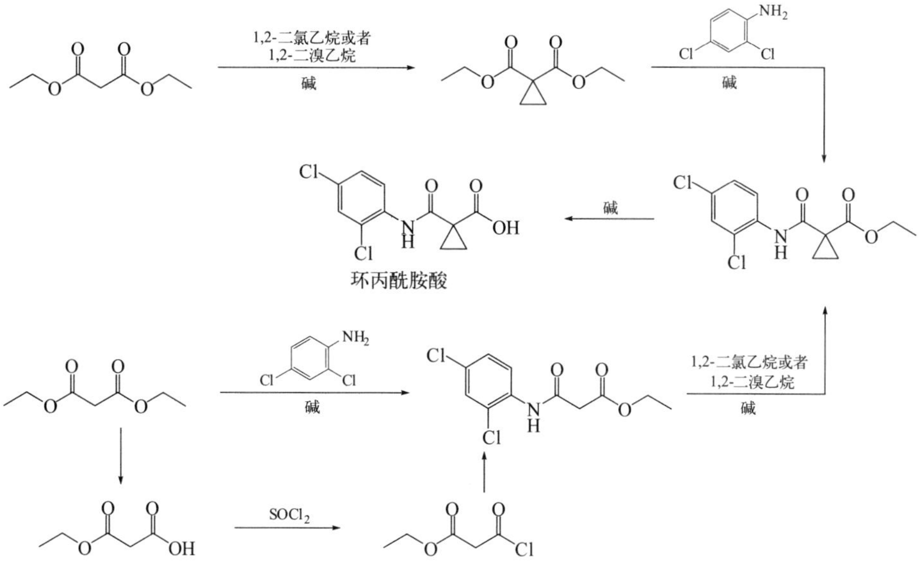

图 7-13　环丙酰胺酸的合成路线

（1）路线 A　以丙二酸酯和 1,2-二卤代乙烷为原料，先在碱的作用下，在丙二酸酯羰基的 α 位引入环丙基，然后同 2,4-二氯苯胺缩合，再进行皂化反应和酸化得到产品环丙酰胺酸。

（2）路线 B　丙二酸酯先同 2,4-二氯苯胺缩合，接着在羰基的 α 位引入环丙基，然后皂化、酸化得到产品。也可以先将丙二酸酯转变为丙二酸单酯单酰氯，然后同 2,4-二氯苯胺缩合，接着与 1,2-二卤乙烷反应引入环丙基，再进行皂化和酸解得到产品。

7.4　抗倒酯的合成

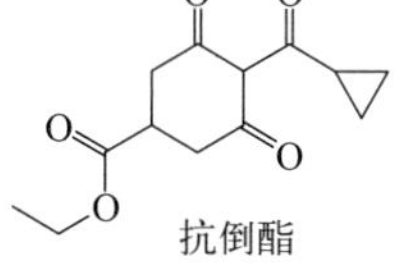

抗倒酯（trinexapac-ethyl）是一种具有高效植物生长调节活性的 1,3-环己二酮类衍生物，土壤、植株及施药时间等对该产品的药效影响较小。该分子中含有环己二酮结构单元，其合成同环己二酮类除草剂烯草酮相似，先从小分子开始构建环己二酮骨架，然后同环丙烷甲酰氯酯化生成烯醇酯，接着在催化剂作用下进行转位得到抗倒酯分子，如图 7-14 所示。

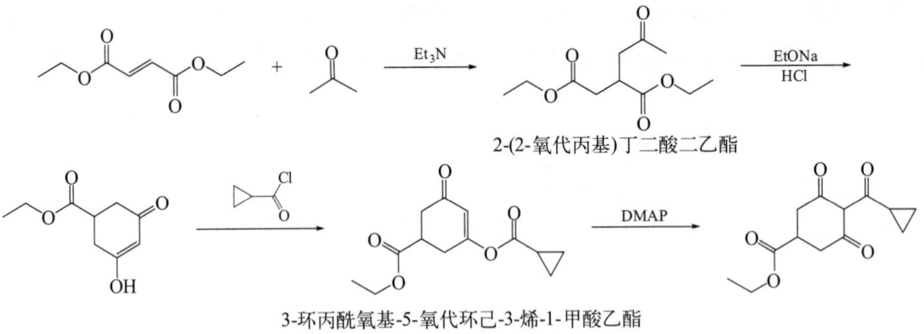

图 7-14 抗倒酯的合成路线

（1）2-(2-氧代丙基)丁二酸二乙酯 在压力容器中，加入计量丁烯二酸二乙酯和丙酮。搅拌下加入二乙胺，然后在 2h 内逐渐升温至 150～155℃，并且压力达到 1.0MPa，接着维持该反应温度和压力 14h。反应结束后，降到室温并将压力恢复到常压，接着将物料转移至蒸馏装置，蒸出低沸点馏分，再进行减压蒸馏，在 132～136℃（0.097MPa）下，收集中间体 2-(2-氧代丙基)丁二酸二乙酯。

丙酮的沸点较低，该步反应要求的温度较高，因而反应需要在 1.0MPa 的压力下进行，而且反应时间较长。2017 年张鹏飞等将丁烯二酸二乙酯先同乙醇钠发生加成，然后再在常压下与丙酮反应，并进行环合得到 3-羟基-5-氧代环己-3-烯-1-甲酸乙酯，如图 7-15 所示。

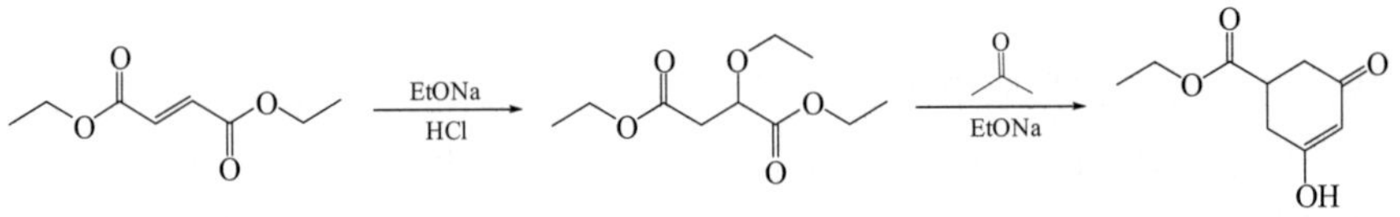

图 7-15　3-羟基-5-氧代环己-3-烯-1-甲酸乙酯的合成反应

2015 年盛秋菊等介绍另一种方法，在有机碱醇钾条件下，丁烯二酸二乙酯同乙酰乙酸叔丁酯(或者异丙酯)缩合，得到的中间体在对甲苯磺酸的作用下生成 2-(2-氧代丙基)丁二酸二乙酯，如图 7-16 所示。

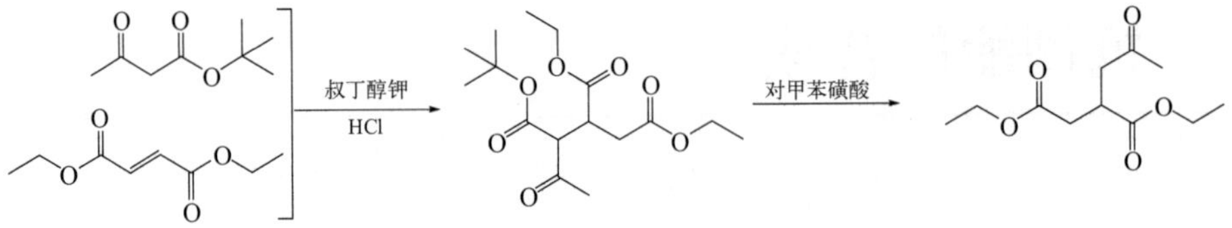

图 7-16　2-(2-氧代丙基)丁二酸二乙酯的合成反应

（2）3-环丙酰氧基-5-氧代环己-3-烯-1-甲酸乙酯 在反应容器中，加入溶剂甲苯和乙醇钠，然后加热至 60℃后，慢慢加入计量的 2-(2-氧代丙基)丁二酸二乙酯，接着升温到 80℃搅拌至原料关环完全。将反应混合物冷却到室温，加入计量的三乙胺，再将反应混合物冷却到-5℃后，慢慢滴加环丙烷甲酰氯，同时通过滴加三乙胺保持反应液的 pH 弱碱性。环丙甲酰氯滴加结束后，维持在-5～0℃到反应结束，随之进行水洗等后处理得到 3-环丙酰氧基-5-氧代环己-3-烯-1-甲酸乙酯溶液。

（3）抗倒酯　在 3-环丙酰氧基-5-氧代环己-3-烯-1-甲酸乙酯溶液中，加入计量转位催化剂 4-二甲基氨基吡啶，然后加热至 85℃，并在 85～90℃下搅拌至转位完成，然后进行水洗、结晶等后处理得到抗倒酯产品。

转位催化剂除了 4-二甲基氨基吡啶，也有报道使用叠氮化钠的，反应结束将溶液酸化后，叠氮化钠转化为叠氮酸，进一步分解为氮气，简化催化剂的分离去除，但是叠氮酸受撞击容易爆炸。

7.5　噻苯隆的合成

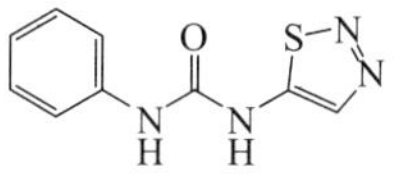

噻苯隆

噻苯隆（thidiazuron）诱导植物细胞分裂，组织愈伤能力比一般细胞分裂素高数百倍，主要用作棉花采收前的脱叶剂，它不仅使棉桃早熟开裂，易于采摘，还能使之增产 10%～20%，也可广泛应用于各种蔬菜，提升蔬菜坐果率、产量和品质。

该产品是典型的 1,3-二取代的脲类分子，可通过一分子的异氰酸酯和一分子的取代胺合成，即苯基异氰酸酯与 5-氨基-1,2,3-噻二唑反应，或者苯胺与 1,2,3-噻二唑基-5-异氰酸酯反应，如图 7-17 所示。

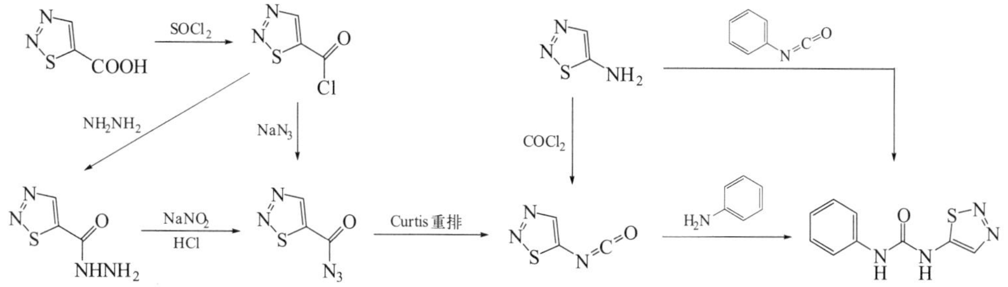

图 7-17　噻苯隆的合成路线

工业生产中，大多采用苯基异氰酸酯与 5-氨基-1,2,3-噻二唑反应合成噻苯隆。两个相关中间体的合成方法如下所述。

（1）5-氨基-1,2,3-噻二唑的合成　该中间体是一个含有三个杂原子的五元杂环，通常有两种合成方法。

① 肼基甲酸酯法　该法以碳酸二甲酯和水合肼为原料，合成路线如图 7-18 所示。

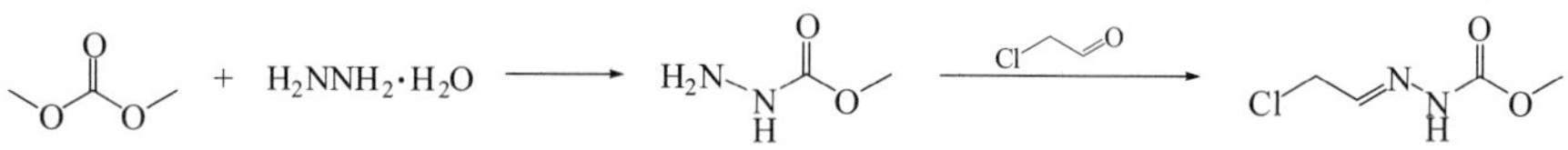

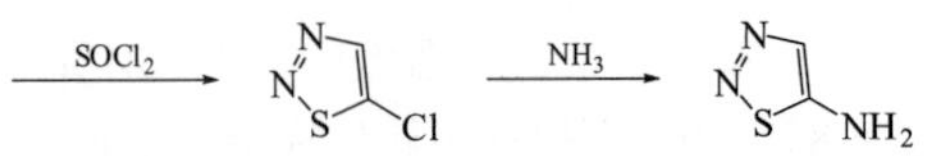

图7-18 5-氨基-1,2,3-噻二唑的合成路线一

碳酸二甲酯逐步加入85%的水合肼中，剧烈搅拌到反应液变得透明后，加热回流至反应完全，接着蒸出部分水和副产物甲醇得到肼基甲酸甲酯溶液。在0～5℃搅拌下，将肼基甲酸甲酯溶液缓慢滴加到10%的2-氯乙醛溶液中，开始滴加后很快产生大量白色固体，滴毕搅拌10min。然后在室温下继续搅拌30min，固液分离、水洗和干燥固体，得到中间体2-氯乙基亚肼基甲酸甲酯。在0～5℃搅拌下，将2-氯乙基亚肼基甲酸甲酯的氯仿溶液滴入二氯亚砜中，滴毕缓慢升温至室温后搅拌24h，然后酸化中和、水蒸气蒸馏等得到中间体5-氯-1,2,3-噻二唑。反应容器在干冰和甲醇浴冷却下，加入计量的液氨，接着缓慢加入 5-氯-1,2,3-噻二唑，很快有黄色固体生成。搅拌至反应完全后，进行相应的后处理得到产品 5-氨基-1,2,3-噻二唑。中间体2-氯乙基亚肼基甲酸甲酯氯化关环的可能机理如图7-19所示。

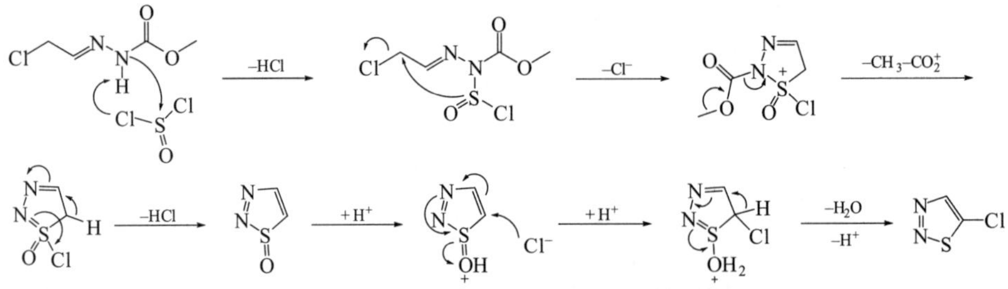

图7-19 2-氯乙基亚肼基甲酸甲酯氯化关环的可能机理

该方法共有四步反应，总收率不高，而且需要液氨原料和冷却剂干冰，限制其工业化生产。

② 重氮乙腈法 在反应容器中，将氨基乙腈盐酸盐溶解于水中，接着加入有机溶剂，然后在0～5℃搅拌下，滴加亚硝酸钠水溶液，滴毕搅拌至反应完全，静置、液液分离。有机相经过碱洗、干燥后，得到重氮乙腈溶液。在重氮乙腈溶液中加入一定量的三乙胺，冷却到-8℃，通入计量硫化氢气体，搅拌至反应完全，固液分离、干燥得到 5-氨基-1,2,3-噻二唑（图7-20）。

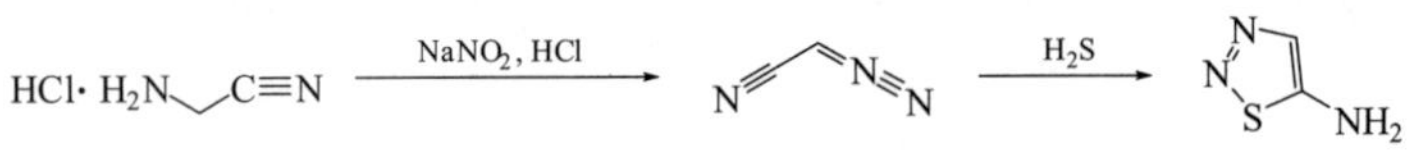

图7-20 5-氨基-1,2,3-噻二唑的合成路线二

该路线步骤较短，但是反应中间体重氮乙腈不稳定，不仅要控制温度，而且反应中产生大量含盐废水等。2020年万金方的专利中，采用亚硝酰硫酸代替亚硝酸钠，并且利用管道式反应器合成重氮乙腈，可以降低含盐废水量，在一定程度上提升操作安全性。

（2）1,2,3-噻二唑-5-甲酸 将丙醛酸乙酯二乙缩醛加到三氟乙酸、水和二氯甲烷溶液中，室温下搅拌得到丙醛酸乙酯。然后，将丙醛酸乙酯溶解在乙醇和水中，在醋酸钠的作用下，与氨基脲反应得到氨基甲酰基肼烯基丙酸乙酯。接着，将氨基甲酰基肼烯基丙酸乙酯与二氯亚砜反应并关环，生成 1,2,3-噻二唑-5-甲酸乙酯。最后，碱性条件下将 1,2,3-噻二唑-5-甲酸乙酯水解，并酸化得到 1,2,3-噻二唑-5-甲酸（图7-21）。

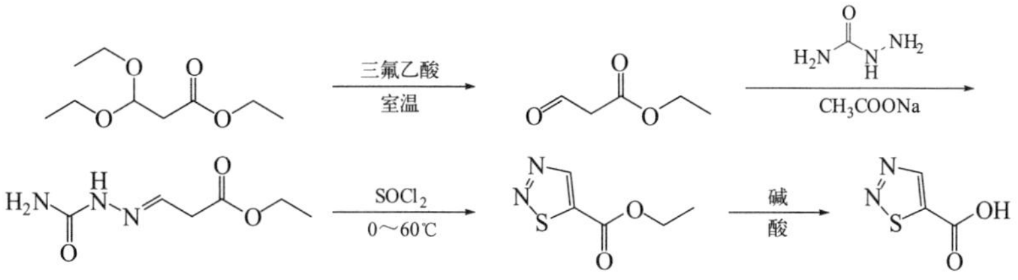

图 7-21 1,2,3-噻二唑-5-甲酸的合成路线

（3）插羰法合成噻苯隆 异氰酸酯与取代胺类化合物的反应可以高收率地得到噻苯隆等脲类产品，但制备异氰酸酯的方法，主要通过取代胺类化合物与光气类产品反应；或者以取代羧酸为原料，将其转化为酰氯，继而转化为酰基叠氮，再通过 Curtis 重排，也可将酰氯转化为酰肼，随之在亚硝酸的作用下发生重氮化反应。这些制备方法中，有的涉及较多反应步骤，有的涉及较复杂的操作，而且均副产小分子化合物，原子利用率较低。

为了解决上述制备方法中的一些缺点，2019 年张晓鹏等利用非金属硒氧化插羰反应，实现苯胺和 5-氨基-1,2,3-噻二唑同一氧化碳反应，直接生成噻苯隆分子，如图 7-22 所示。

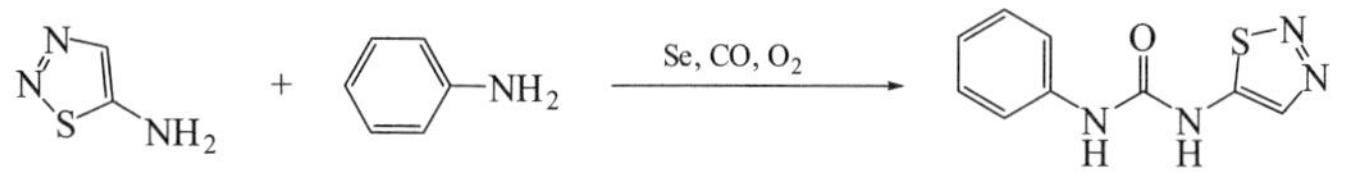

图 7-22 噻苯隆的插羰法合成反应

该方法虽然简单，然而也存在一定问题，例如产率不到 70%，远低于异氰酸酯与取代胺反应至少 90%的收率；除了目标产物分子，也有两分子苯胺或者两分子 5-氨基-1,2,3-噻二唑与一分子一氧化碳反应，产生两个对称的 1,3-取代脲副产物。即使该方法同传统的异氰酸酯路线相比，存在一定的劣势，但是该方法以简便、原子经济性高的特点，为不对称取代脲类化合物合成提出了新的思路。

插羰反应的可能机理如图 7-23 所示。

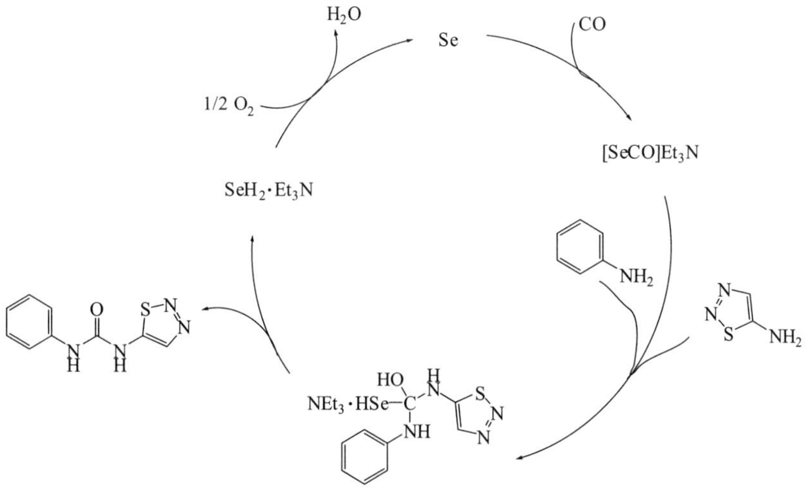

图 7-23 噻苯隆插羰法合成反应的可能机理

参考文献

[1] Flavio F, Giovanna P, Leonardo D, et al. Contribution of microreactor technology and flow chemistry to the development of green and sustainable synthesis. Beilstein J. Org. Chem., 2017(13): 520-542.

[2] Dominique M R, Bertin Z, Fabio R, et al. Microreactor technology and continuous processes in the fine chemical and pharmaceutical industry: is the revolution underway? Organic Process Research & Development, 2008(12): 905-910.

[3] 吴迪, 高朋召. 微反应器技术及其研究进展. 中国陶瓷工业, 2018, 25(5): 19-26.

[4] 欧亚周, 李华轩, 王争, 等. 一种制备环丙酰胺酸的方法. CN 107879946, 2018.

[5] 张朋飞, 王敬军, 王聚强, 等. 调环酸钙和抗倒酯的合成方法. CN 107162907, 2017.

[6] 盛秋菊, 陈玲, 刘伟平, 等. 一种抗倒酯及其中间体的制备方法. CN 105085270, 2015.

[7] Kevin C, Baton R. Process for the preparation of acylated 1,3-dicarbonyl copounds. US 6657074, 2003.

[8] Staehler, Gerhard. (2-Chloroethyl)phosphonic acid. GB 1373513, 1974.

[9] Randall D I, Wynn R W. Mono-2-haloethyl(2-chloroethyl)phosphonate. US 3626037, 1968.

[10] Randall D I, Vogel C. 2-Chloroethyl phosphonic acid. US 3808265, 1974.

[11] Drach J E, Pendell B J. Aliphatic phosphonic acids. US 4064163, 1977.

[12] 齐传民, 陈万义, 杨凌春, 等. 新型化学杂交剂哒嗪酮衍生物的合成及其对小麦去雄活性研究. 有机化学, 2004, 24(6): 645-649.

[13] 陈万义, 王道全, 蒋明亮, 等. 一种新化学杂交剂. CN 1053949, 2000.

[14] Young K Z, John J. Process for the preparation of aliphatic phosphonic acid. US 4728466, 1988.

[15] 李尚昕, 刘波, 黄金. 乙烯利生产过程中的副反应. 山东化工, 2011(40): 60-61, 64.

[16] 陈云生, 王文彪. 高纯乙烯利的合成工艺. 安徽化工, 2021, 47(2): 62-63.

[17] Zhang W L, Sun D Q. Preparation of high quality ethephon using domestic diester bis-(2-chloroethyl)-2-chloroethylphosphonate as substrate. Asian Journal of Chemistry, 2013, 25 (11): 6463-6464.

[18] 赵林涛. 乙烯利合成工艺研究. 上海: 华东理工大学, 2011.

[19] 李鹏, 李杰, 黄金, 等. 一种通过微通道反应器超声强化乙烯利的方法及装置. CN 112592369, 2021.

[20] 毛苏雅, 徐铮, 岳晟. 一种连续酸解制备 2-氯乙基磷酸的微通道反应工艺. CN 111410665, 2020.

[21] Zhang X P, Dong S X, Ding Q Q, et al. Selenium-catalyzed oxidative carbonylation of 1,2,3-thiadiazol-5-amine with amines to 1,2,3-thiadiazol-5-ylureas. Chinese Chemical Letters, 2019, 30(2): 375-378.

[22] 徐在礼, 王满仓, 刘双思, 等. 一种 1-苯基-3-(1,2,3-噻二唑-5-基)脲的制备方法. CN 111763183, 2020.

[23] 于春红, 王凤潮. 噻苯隆的合成方法改进. 现代农药, 2014, 13(6): 25-26.

[24] 张大永. 5-氨基-1,2,4-噻二唑的合成. 南京师范大学学报(工程技术版), 2005(5): 58-60.

[25] 万金方, 姜育田, 朱学军, 等. 一种连续化制备 5-氨基-1,2,3-噻二唑的方法及装置. CN 111018806, 2020.

[26] Tripathy R, Ghose A, Singh J, et al. 1,2,3-Thiadiazole substituted pyrazolones as potent KDR/VEGFR-2-kinase inhibitors. Bioorganic & Medicinal Chemistry Letters, 2007, 17(6): 1793-1798.

[27] 3-Acylazopropionic acid esters. GB 2081265, 1981.

中文索引

（按汉语拼音排序）

英文索引